半導体物理

浜口智尋
著

朝倉書店

はしがき

トランジスターが発明されたのは 1947 年 12 月で，それから 50 年以上が経つ．半導体の研究は 1930 年代にさかのぼるが，半導体の物性が理解されるようになったのは 1960 年代である．つまり，トランジスターが発明された頃は，ゲルマニウムが直接遷移型か間接遷移型かもそれほど明確な解釈はなされていなかった．筆者が半導体の研究にとりかかかったのは 1960 年で，当時半導体の物性を理解することは入門者にとって非常に困難であった．テキストとしてはショックレーの著書くらいのもので，完読するには相当の知識を必要とした．当時，すでに接合型トランジスターやシリコンを用いたバイポーラ・トランジスターが出始めていたから，半導体の事業化は着実に進行しつつあった．その後半導体素子が集積化され，半導体を用いたコンピューターの普及と共に，半導体メモリーの需要が急激に増大したのは 1970 年代後半から 1980 年代にかけてである．このようにして，半導体は今や，情報化時代を担うキーデバイスとなり，半導体技術なくして現在の高度情報化時代を語ることはできない．

一方，半導体の物性に目を向けると，1950 年代に電気的性質や光学的性質が詳細に研究され，半導体のエネルギー帯構造が少しずつ明らかにされるようになった．この手がかりを与えたのは 1955 年に報告されたサイクロトロン共鳴の実験とその詳細な解析である．これにより，ゲルマニウムとシリコンは伝導帯が多数バレー構造をしており，価電子帯は縮退した重い正孔と軽い正孔のバンドからなることが分かった．1966 年には擬ポテンシャル法や $\boldsymbol{k}\cdot\boldsymbol{p}$ 摂動法によるエネルギー帯構造の計算が報告され，半導体の基本的な性質はほとんど理解できるようになった．この頃，半導体における高電界下でのホット・エレクトロン現象，Gunn 効果や音響電気効果に基づく電流不安定現象が大きな関心をあつめた．一方，光学的性質では変調分光や光散乱の手法が確立し，1960 年代後半から 1970 年代にかけて大成功をおさめた．これらの成果は半導体のバルクの物性についてより深い解釈を可能にした．

ちょうどこの頃，つまり半導体バルクの物性理論が確立した 1960 年代後半から 1970 年代にかけて，江崎玲於奈博士を中心とした分子ビーム・エピタキシャル成長法による半導体ヘテロ構造を用いた量子井戸や超格子構造の研究が注目をあつめるようになった．これらの研究は，量子力学で予測できる種々の現象を実験により実証したもので，これまでのバルク半導体の研究とは全く異なり，実験室で新しい構造を自作する，いわゆるバンドギャップ・エンジニアリングという領域を確立した．これらの研究は，実験室段階の物性研究で，実用化を目指したものではなかった．1970 年代後半にヘテロ構造における変調ドープのアイディアが発表され，1980 年に高電子移動度トランジスター (HEMT) が実用化されるに及んで，この分野の研究は産官学に広がった．その後，HEMT は衛星放送の受信装置として世界的に広く利用されるようになった．1990 年代に入り，携帯電話の普及と共に高周波，高出力の素子が必要となり，GaAs を用いた電界効果トランジスター (MESFET) が利用されるようになり，シリコン中心の半導体産業の一角に食い込むようになった．

1980 年に MOSFET の 2 次元電子ガスを用いて，フォン・クリッツィング (Klaus von Klitzing) らが発見した量子ホール効果は，半導体物性研究の流れを一変させた感がある．ついで，分数量子ホール効果の発見があり，この分野の研究は国際会議の主題となった．ちょうどこの頃，半導体微細加工技術を駆使してヘテロ構造をさらに加工したり，金属リングを作り，新しい現象を見つけ出す試みがなされるようになった．アハロノフ・ボーム効果，バリスティック伝導，干渉効果，1 次元電子伝導，量子ドットなどの研究などである．この研究に用いられた試料は，ミクロとマクロの中間に位置し，メゾスコピック領域とよばれ，現在も半導体物性研究の中心課題として取り上げられている．

以上は，半導体物性研究の歴史のあらましを独断的に述べたものである．これから半導体物性の研究をしたり，半導体の物理現象を利用してデバイスを作る研究を始める者には半導体物性の深い理解が要求される．1960年代に手探りで研究を始めた著者とは全く異なる立場にあり，これらの完成した物理を理解した上で研究に取り掛からなければならない．1980年代から数々の半導体関連のテキストが発行されているが，残念ながら半導体の基礎から最近の新しい現象の理解までを取り上げたものは存在しないように思われる．著者は以前に固体物理上，下 (丸善，絶版) を発表したが，そのうちの半導体物性の部分は大変役立ったと言われ，その内容を基にもう少し詳細な記述をしたテキストを出して欲しいと，何人かの方に執筆を勧められた．しかし，多忙な研究に追われ短期間で完成することは不可能であった．大学院での授業のテキストとして少しずつ内容を増やす方法をとったため執筆に相当の時間を要した．本書の執筆に取り掛かってすでに10年余りが経つ．その間の半導体物理の進歩も著しく，テキストに組み入れたいテーマも増える一方であった．

1999年9月から約1か月間ウイーン工科大学に客員教授として招待され，オーストリアとドイツのいくつかの大学と研究所を訪れる機会に恵まれた．すでに9割の執筆を終え，最後の8章を書き始めたところであった．汽車の旅の途中や研究室，ホテルで執筆を続け，かなりの進展が得られた．ちょうど，マックスプランク固体物理学研究所を訪れていた折，このテキストの内容を von Klitzing 博士に話したところ，非常に興味があるので是非 Springer から出すようにと勧められた．ウイーンに帰ると，Springer から出版したいとの電子メールが入っており，日本語版の完成後に執筆するとの返事を出した．また，旅行中でも，Mathematica やその他のソフトを用いて，計算を図表化することは容易であった．

本書は，半導体を初めて学ぶ人のための入門書ではない．わが国では学部 2 ～ 4 年生で固体物性や半導体の講義でその基礎を学ぶことになっている．本書の目次を見れば明らかなように，半導体の電子統計，pn 接合，pnp や npn のバイポーラ・トランジスター，MOSFET などの半導体デバイスには触れていない．これらを学んだ後，半導体物性やデバイスの研究を始める研究者や大学院学生を対象と考えてまとめた．本書の大半は大阪大学大学院工学研究科の博士前期課程学生に対して何回か講義を行い，加筆修正したものをベースとしている．半導体物性の研究にはエネルギー帯構造の理解が必須である．そのような観点から，エネルギー帯構造の計算法やサイクロトロン共鳴の実験と理論に大きなスペースを割いている．本書の内容に関する限り，その多くは執筆者の研究室で研究テーマとして取り上げたものである．そのような理由から，本書で用いられている図面の多くは研究室から発表したものか，再度測定し直したデータをもとにしている．決して著名なかつプライオリティーのある論文を無視した訳ではない．本テキスト執筆のはじめから，LaTeX で編集し，EPS ファイルを挿入することにしていた．図面を書くときデータをディジタル化しなければならないが，スキャナーを用いるよりは，ディジタルデータを利用したり，適当なソフトを用いて図面を描いた方が美しくかつ加工がしやすい．そのような理由から我々のグループのデータを多く用いることになってしまった．複雑な曲線の計算には Mathematica を，また簡単な関数で表現できる式の場合 Sma4 for Windows を用いて描画し，PowerPoint を用いて挿入文字を編集した．エネルギー帯構造の計算には HP BASIC を用いた．しかし，8章の多くの図面は曲線が複雑なため，曲線のみをスキャナーで取り込み，文字は PowerPoint で挿入した．本書は半導体の理論を志すものを対象にして執筆したものではない．内容はなるべく一電子近似で理解できる形にしてあり，シュレディンガーの方程式と摂動法を理解しておれば十分理解できるように努めた．

本書を執筆するに当たり，多数の大学院学生の学位論文や修士論文を参照させていただいた．また，日常の討論で得た内容も多く含まれている．これらの方々の名前を列挙することはできないが彼等に感謝したい．また，内容をチェックしてくれた森 伸也博士，森藤正人博士に，ラマン散乱のディジタル・データをとってくれた久保 等氏に感謝したい．本書は全て LaTeX で書かれており，図面は EPS ファイルとしてある．LaTeX 形式については百瀬英毅博士の助けを借り，最終段階で森 伸也博士のきめ細かい修正を得てきれいな形とすることができた．森博士に対しては本書の内容のチェックのみならず，LaTeX 形式の修正など多岐にわたる助力に対し重ねて感謝の意を表したい． 執筆の初期の段階での (10 年ほど以前になるが) Laurence Eaves 博士と Klaus von Klitzing 博士の励ましは，常に心の中にとどまり今日の出版に導いてくれたものと深く感謝している．多くの部分は自宅で執筆したものであるが，家内の忍耐に対してもここで感謝の気持ちを表したい．

2001 年 3 月 30 日

宝塚の自宅にて

浜口智尋

目次

第1章

電子のエネルギー帯構造

1.1 自由電子モデル

半導体の物理的性質を理解するには，結晶内の電子のエネルギー状態を知る必要がある．その電子のエネルギー状態は，結晶の周期ポテンシャルを反映するため，ポテンシャルの形状と大きさが分からなければ，予測することが出来ない．そのポテンシャルを直接実験により決定する方法は今までのところ存在しない．このようなことから，理論計算により，近似的にエネルギー状態を求める方法が主流となっている．この章では，電子のエネルギー状態，つまりエネルギー帯構造の計算方法について述べるが，理解を助けるために最も単純化した系の電子状態の計算から始める．

簡単のため，図1.1に示すように周期的に並んだ1次元の結晶を考え，各原子は1個の電子を放出

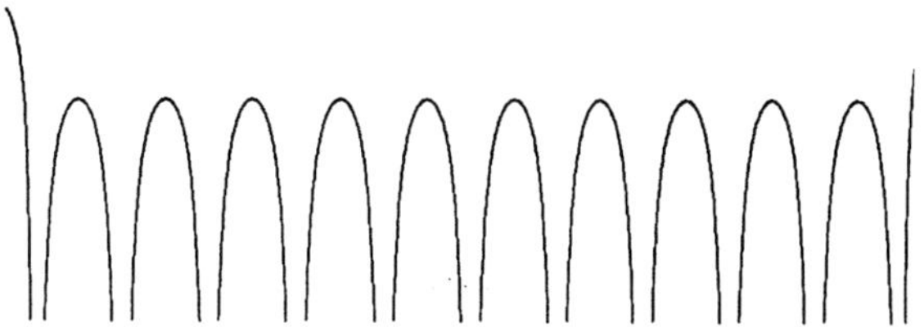

図1.1: 1次元結晶の周期ポテンシャル

し，$+e$ に帯電しているものとする．各イオンの作るポテンシャルエネルギーは $V(r) = -e^2/4\pi\epsilon_0 r$ (r はイオンの中心からの距離）で与えられるから，各イオンのポテンシャルの和をとると，図1.1のようなポテンシャルが得られる．図より明らかなように，両端のポテンシャルは内部よりも高く，電子に対する壁を構成し，電子はこの壁ではさまれた内部に閉じ込められる．しかし，このモデルは非常に単純化しており，電子が存在しない場合に相当している．実際の系では，多数の電子が存在し，電子－電子の相互作用が重要な働きをする．この多電子系の問題については，ここでは論じないことにする．電子間の相互作用を無視すれば，1個の電子を考え，その電子状態を求め，多数の電子をパウリの排他律を満たすようにつめればよい．

金属における大きな電気伝導は，多数の動ける電子が存在することによる．したがって，電子のエ

ネルギーはポテンシャルの山よりも高く，壁の高さよりも低いと考えられる．このようなことから，図 1.2 に示すように，井戸型ポテンシャル内に閉じ込められた電子の問題として近似することができる．図 1.2 に示すように，$x = 0$ と $x = L$ でポテンシャルは無限大であるとする．このとき電子の状態は，１次元のシュレディンガー方程式で与えられる．

$$\left[-\frac{\hbar^2}{2m}\frac{d^2}{dx^2} + V(x)\right]\Psi(x) = \mathcal{E}\Psi(x) \tag{1.1}$$

この方程式の解は

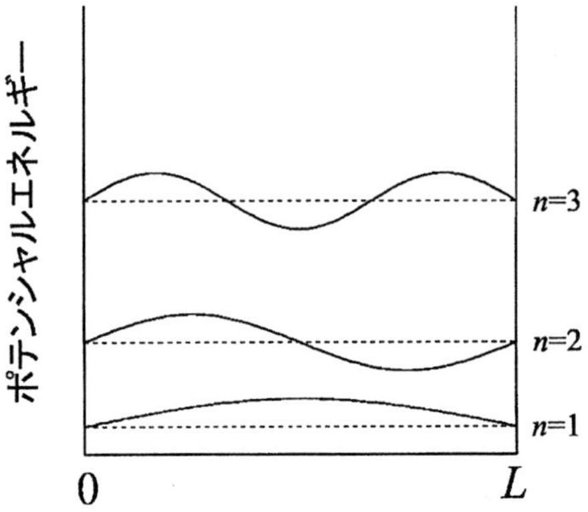

図 1.2: 井戸型ポテンシャル

$$\begin{aligned}\Psi(x) &= A\sin(k_n) = A\sin\left(\frac{\pi}{L}\cdot n\right)\\ \mathcal{E} &= \frac{\hbar^2}{2m}k_n^2 = \frac{\hbar^2}{2m}\cdot\left(\frac{\pi n}{L}\right)^2\\ k_n &= \frac{\pi}{L}\cdot n \qquad (n = 1, 2, 3, \ldots)\end{aligned} \tag{1.2}$$

で与えられる．図 1.2 には，$n = 1, 2, 3$ に対する波動関数 (実線) と固有値 (破線) が示してある．この井戸型ポテンシャルを３次元に拡張することは容易であるが，エネルギー帯構造を理解するには周期的境界条件に基づくブロッホの定理を用いた方が便利であるので，ここではその取り扱いを省略する．

1.2 ブロッホの定理

ブロッホの定理は結晶のポテンシャルが周期性を有することから，$\boldsymbol{T}$ を結晶の並進ベクトルとすると，電子の波動関数が $\boldsymbol{r}$ と $\boldsymbol{r}+\boldsymbol{T}$ でその大きさが等しく，結晶の長さだけの平行移動に対しては波動関数の位相も等しいと仮定することによって導かれる．この仮定を周期的境界条件とよぶ (x 方向の長さを L とすると，x と $x+L$ で波動関数が等しい)．その結果をまとめると，次のようになる[1.4]．

$$\Psi(\boldsymbol{r}) = \exp(i\boldsymbol{k}\cdot\boldsymbol{r})u_k(\boldsymbol{r}) \tag{1.3}$$

$$u_k(\boldsymbol{r}+\boldsymbol{T}) = u_k(\boldsymbol{r}) \tag{1.4}$$

$$\boldsymbol{k} = \frac{2\pi}{N}(n_x\boldsymbol{a}^* + n_y\boldsymbol{b}^* + n_z\boldsymbol{c}^*) \tag{1.5}$$

ここに，$\boldsymbol{T} = n_1\boldsymbol{a} + n_2\boldsymbol{b} + n_3\boldsymbol{c}$ は格子の周期性を示す並進ベクトルで

$$\boldsymbol{a}^* = \frac{\boldsymbol{b}\times\boldsymbol{c}}{\boldsymbol{a}\cdot(\boldsymbol{b}\times\boldsymbol{c})},\quad \boldsymbol{b}^* = \frac{\boldsymbol{c}\times\boldsymbol{a}}{\boldsymbol{a}\cdot(\boldsymbol{b}\times\boldsymbol{c})},\quad \boldsymbol{c}^* = \frac{\boldsymbol{a}\times\boldsymbol{b}}{\boldsymbol{a}\cdot(\boldsymbol{b}\times\boldsymbol{c})} \tag{1.6}$$

は逆格子のベクトルと呼ばれる[1.4]．逆格子のベクトル $(\boldsymbol{a}^*, \boldsymbol{b}^*, \boldsymbol{c}^*)$ と格子ベクトル $(\boldsymbol{a}, \boldsymbol{b}, \boldsymbol{c})$ の間には次の関係が成立する[1.4]．

$$\boldsymbol{a}^*\cdot\boldsymbol{a} = \boldsymbol{b}^*\cdot\boldsymbol{b} = \boldsymbol{c}^*\cdot\boldsymbol{c} = 1 \tag{1.7}$$

$$\boldsymbol{a}^*\cdot\boldsymbol{b} = \boldsymbol{a}^*\cdot\boldsymbol{c} =, \cdots, = \boldsymbol{c}^*\cdot\boldsymbol{a} = \boldsymbol{c}^*\cdot\boldsymbol{b} = 0. \tag{1.8}$$

周期関数は逆格子ベクトル

$$\boldsymbol{G}_n = 2\pi(n_1\boldsymbol{a}^* + n_2\boldsymbol{b}^* + n_3\boldsymbol{c}^*) \qquad (n_1,\ n_2,\ n_3\ \text{は整数}) \tag{1.9}$$

を用いてフーリエ展開できるので，ブロッホ関数の周期項 u_k と周期ポテンシャル $V(\boldsymbol{r})$ は

$$u_k(\boldsymbol{r}) = \sum_m A(\boldsymbol{G}_m)\exp(-i\boldsymbol{G}_m\cdot\boldsymbol{r}) \tag{1.10}$$

$$V(\boldsymbol{r}) = \sum_n V(\boldsymbol{G}_n)\exp(-i\boldsymbol{G}_n\cdot\boldsymbol{r}) \tag{1.11}$$

と表される．ここに，$A(\boldsymbol{G}_m)$ と $V(\boldsymbol{G}_n)$ はフーリエ展開の係数である．逆変換によりこれらの係数は次式で与えられる．

$$A(\boldsymbol{G}_i) = \frac{1}{\Omega}\int_\Omega \exp(+i\boldsymbol{G}_i\cdot\boldsymbol{r})u_k(\boldsymbol{r})d^3\boldsymbol{r} \tag{1.12}$$

$$V(\boldsymbol{G}_j) = \frac{1}{\Omega}\int_\Omega \exp(+i\boldsymbol{G}_j\cdot\boldsymbol{r})V(\boldsymbol{r})d^3\boldsymbol{r}. \tag{1.13}$$

ここに，Ω は単位胞の体積である．また，逆格子ベクトルの性質を用いて

$$\frac{1}{\Omega}\int_\Omega \exp\left[i\left(\boldsymbol{G}_m - \boldsymbol{G}_n\right)\cdot\boldsymbol{r}\right]d^3\boldsymbol{r} = \delta_{mn} \tag{1.14}$$

が成立する (付録 A.2 を参照)．ここで，クロネッカーのデルタ記号

$$\delta_{mn} = \begin{cases} 1, & m = n\ \text{のとき} \\ 0, & m \neq n\ \text{のとき} \end{cases} \tag{1.15}$$

を用いた．

1.3　ほとんど自由な電子による近似

簡単のため 1 次元の場合を考える．式 (1.13) より

$$V(G_n) = \frac{1}{a}\int_0^a V(x)\exp(iG_n x)dx \tag{1.16}$$

を得る．上式において $G_n = 0$ とおくと

$$V(0) = \frac{1}{a}\int_0^a V(x)dx \tag{1.17}$$

となり，0 次のフーリエ係数 $V(0)$ はポテンシャルの平均値を表している．3 次元の場合には

$$V(0) = \frac{1}{\Omega}\int_{\Omega} V(\boldsymbol{r})d^3\boldsymbol{r} \tag{1.18}$$

となり，同様にポテンシャルの平均値を表している．エネルギーの基準をこの $V(0)$ にとることにすると，以下の計算で $V(0) = 0$ とおける．周期ポテンシャル中の電子の状態はシュレディンガーの方程式

$$\left[-\frac{\hbar^2}{2m}\nabla^2 + V(\boldsymbol{r})\right]\Psi(\boldsymbol{r}) = \mathcal{E}(\boldsymbol{k})\Psi(\boldsymbol{r}) \tag{1.19}$$

を解くことにより求められる．式 (1.10) を式 (1.3) に代入すると

$$\begin{aligned}\Psi(\boldsymbol{r}) &= \frac{1}{\sqrt{\Omega}}\exp(i\boldsymbol{k}\cdot\boldsymbol{r})\sum_n A(\boldsymbol{G}_n)\exp(-i\boldsymbol{G}_n\cdot\boldsymbol{r}) \\ &= \frac{1}{\sqrt{\Omega}}\sum_n A(\boldsymbol{G}_n)\exp\left[i\left(\boldsymbol{k}-\boldsymbol{G}_n\right)\cdot\boldsymbol{r}\right]\end{aligned} \tag{1.20}$$

を得る．ただし，因子 $1/\sqrt{\Omega}$ は波動関数 $\Psi(\boldsymbol{r})$ を単位胞内で規格化するために用いた．式 (1.11) と式 (1.20) を式 (1.19) に代入すると次式を得る．

$$\begin{aligned}&\frac{1}{\sqrt{\Omega}}\sum_n\left[\frac{\hbar^2}{2m}(\boldsymbol{k}-\boldsymbol{G}_n)^2 - \mathcal{E}(\boldsymbol{k}) + \sum_m V(\boldsymbol{G}_m)\exp(-i\boldsymbol{G}_m\cdot\boldsymbol{r})\right] \\ &\qquad \times A(\boldsymbol{G}_n)\exp\left[i(\boldsymbol{k}-\boldsymbol{G}_n)\cdot\boldsymbol{r}\right] = 0\end{aligned} \tag{1.21}$$

この式の両辺に $(1/\sqrt{\Omega})\exp[-i(\boldsymbol{k}-\boldsymbol{G}_l)\cdot\boldsymbol{r}]$ をかけ，単位胞内で積分し，式 (1.15) の性質を用いると，第 1 項と第 2 項の積分は $n = l$ のとき，第 3 項は $-(\boldsymbol{G}_m + \boldsymbol{G}_n) = -\boldsymbol{G}_l$(あるいは $\boldsymbol{G}_l - \boldsymbol{G}_n = \boldsymbol{G}_m$) つまり $m = l - n$ のときのみ 0 でないので

$$\left[\frac{\hbar^2}{2m}\left(\boldsymbol{k}-\boldsymbol{G}_l\right)^2 - \mathcal{E}(\boldsymbol{k})\right]A(\boldsymbol{G}_l) + \sum_n V(\boldsymbol{G}_l - \boldsymbol{G}_n)A(\boldsymbol{G}_n) = 0 \tag{1.22}$$

を得る．

自由電子近似では図 1.2 に示すような井戸型ポテンシャルを考えるので，ポテンシャルのフーリエ係数 $V(0)$ 以外の係数は $V(\boldsymbol{G}_m) = 0$ $(m \neq 0)$ である．$V(0)$ をエネルギーの基準にとると，$V(\boldsymbol{r}) = 0$ とおけるから式 (1.19) は次のような解を与える．

$$\mathcal{E}(\boldsymbol{k}) = \frac{\hbar^2 k^2}{2m} \tag{1.23}$$

$$\Psi(\boldsymbol{r}) = \frac{1}{\sqrt{\Omega}}A(0)\exp(i\boldsymbol{k}\cdot\boldsymbol{r}) \tag{1.24}$$

ほとんど自由な電子による近似では，ポテンシャルは図 1.2 に示すような井戸型に近いものと考えられ，そのフーリエ成分のうち $V(0)$ のみを考慮して，他は小さいと考える．式 (1.22) において，エネルギー $\mathcal{E}(\boldsymbol{k})$ に式 (1.23) を代入し，第 2 項では $A(0)$ のみを考慮すると

$$\left[\frac{\hbar^2}{2m}(\boldsymbol{k}-\boldsymbol{G}_l)^2 - \frac{\hbar^2 k^2}{2m}\right]A(\boldsymbol{G}_l) + V(\boldsymbol{G}_l)A(0) = 0 \tag{1.25}$$

を得る．これより次式が得られる．

$$A(\boldsymbol{G}_l) = \frac{V(\boldsymbol{G}_l)A(0)}{(\hbar^2/2m)\left[k^2 - (\boldsymbol{k} - \boldsymbol{G}_l)^2\right]} \tag{1.26}$$

ほとんど自由な電子による近似を考えているので，電子の波動関数は式 (1.24) で近似できるはずである．つまり，$A(\boldsymbol{G}_l)$ は $\boldsymbol{G}_l = 0$ 以外では非常に小さいはずである．ところが，式 (1.26) の結果によると，$(\boldsymbol{k} - \boldsymbol{G}_l)^2 \sim k^2$ のとき $A(\boldsymbol{G}_l)$ は非常に大きな値をとる．

$$(\boldsymbol{k} - \boldsymbol{G}_l)^2 = k^2 \tag{1.27}$$

は**ブラッグ反射の条件**とよばれ，ブリルアン領域を決める式となっている．

$A(0)$ 以外に $A(\boldsymbol{G}_l)$ が大きいと考えて，他は無視できるものとすると，式 (1.22) より

$$\left[\frac{\hbar^2}{2m}k^2 - \mathcal{E}(\boldsymbol{k})\right] A(0) + V(-\boldsymbol{G}_l)A(\boldsymbol{G}_l) = 0 \tag{1.28}$$

$$\left[\frac{\hbar^2}{2m}(\boldsymbol{k} - \boldsymbol{G}_l)^2 - \mathcal{E}(\boldsymbol{k})\right] A(\boldsymbol{G}_l) + V(\boldsymbol{G}_l)A(0) = 0 \tag{1.29}$$

$A(0)$ と $A(\boldsymbol{G}_l)$ が同時に 0 とならないためには，式 (1.28) と式 (1.29) で $A(0)$ と $A(\boldsymbol{G}_l)$ を係数とする連立方程式の行列式が 0 でなければならない．

$$\begin{bmatrix} (\hbar^2/2m)k^2 - \mathcal{E}(\boldsymbol{k}) & V(-\boldsymbol{G}_l) \\ V(\boldsymbol{G}_l) & (\hbar^2/2m)(\boldsymbol{k} - \boldsymbol{G}_l)^2 - \mathcal{E}(\boldsymbol{k}) \end{bmatrix} = 0 \tag{1.30}$$

これより

$$\mathcal{E}(\boldsymbol{k}) = \frac{1}{2}\left[\frac{\hbar^2}{2m}\left\{k^2 + (\boldsymbol{k} - \boldsymbol{G}_l)^2\right\} \right. \\ \left. \pm\sqrt{\left(\frac{\hbar^2}{2m}\right)^2\left\{k^2 - (\boldsymbol{k} - \boldsymbol{G}_l)^2\right\}^2 + 4|V(\boldsymbol{G}_l)|^2}\right] \tag{1.31}$$

を得る．ここで，$V(-\boldsymbol{G}_l) = V^*(\boldsymbol{G}_l)$ の関係を用いた．これより $k^2 = (\boldsymbol{k} - \boldsymbol{G}_l)^2$，つまり $2\boldsymbol{k}\cdot\boldsymbol{G}_l = G_l^2$ のとき

$$\mathcal{E}(\boldsymbol{k}) = \frac{\hbar^2 k^2}{2m} \pm |V(\boldsymbol{G}_l)| \tag{1.32}$$

となり，エネルギーに $2|V(\boldsymbol{G}_l)|$ だけの飛びができる．

上の結果を 1 次元結晶の場合に応用してみる．式 (1.31) の $\boldsymbol{G}_l$ を $\boldsymbol{G}_n$ とおき $\boldsymbol{G}_n = 2\pi n/a(n = 0, \pm1, \pm2, \pm3, \cdots)$ とおくと

$$\mathcal{E}(k) = \frac{1}{2}\left[\frac{\hbar^2}{2m}\left\{k^2 + \left(k - \frac{2\pi n}{a}\right)^2\right\} \right. \\ \left. \pm\sqrt{\left(\frac{\hbar^2}{2m}\right)^2\left\{k^2 - \left(k - \frac{2\pi n}{a}\right)^2\right\}^2 + 4|V(G_n)|^2}\right]. \tag{1.33}$$

$k^2 = G_n^2 = (k - 2\pi n/a)^2$ つまり $k = n\pi/a$ 以外では，$\mathcal{E}(k) \cong \hbar^2 k^2/2m$ とならなければならない．これより式 (1.33) の ± 符号のとり方はつぎのようになる．根号の中の符号より，$k < (k - G_n)^2$ ではマイナス符号，$k > (k - G_n)^2$ のときプラス符号をとればよい．したがって $k \approx n\pi/a > 0$ のとき

$$k \leq \frac{n\pi}{a}: \quad \mathcal{E}(k) = \frac{\hbar^2 k^2}{2m} - |V(G_n)| \tag{1.34}$$

$$k \geq \frac{n\pi}{a}: \quad \mathcal{E}(k) = \frac{\hbar^2 k^2}{2m} + |V(G_n)| \tag{1.35}$$

の関係を得る．これらの結果をもとに $\mathcal{E}(\boldsymbol{k})$ を k に対してプロットすると図 1.3(a) のようになる．N

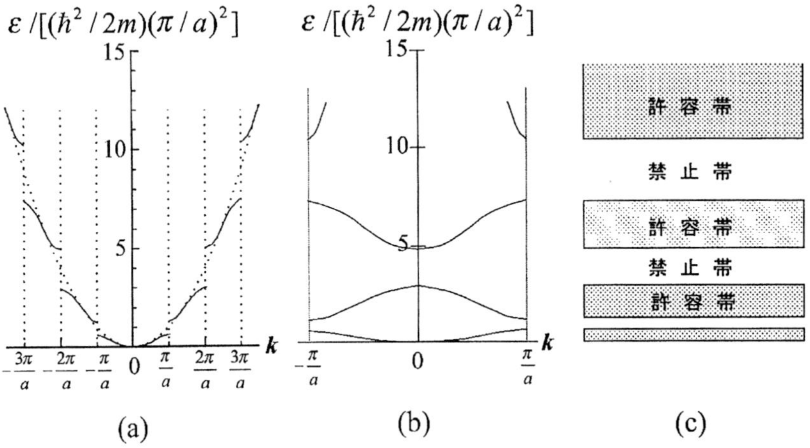

図 1.3: ほとんど自由な電子による近似から求めた 1 次元結晶のエネルギー帯構造 (a) 拡張領域，(b) 還元領域，(c) 実空間での表示．エネルギーの単位は $(\hbar^2/2m)(\pi/a)^2$．

個の格子からなる系では N 個の自由度をもち，波数ベクトルは $k = -\pi/a$ から $k = \pi/a$ の間の N 個の値をもつ．したがって，図 1.3(a) のような表し方を拡張領域での表示という．k の自由度を考えると，エネルギー帯は $-\pi/a < k \leq \pi/a$ の領域で表されるはずである．このことは，波数ベクトル $\boldsymbol{k}$ と $\boldsymbol{k} + \boldsymbol{G}_m$ では，式 (1.20) の波動関数が全く等価になることから理解される (詳細は次節 1.4 を参照)．このことを用いると，図 1.3(a) で $-2\pi/a < k \leq -\pi/a$ は $G = 2\pi/a$ を加えることにより $0 < k \leq \pi/a$ に，また，$\pi/a < k \leq 2\pi/a$ は $G = -2\pi/a$ を加えることにより $-\pi/a < k \leq 0$ に移せる．このようなことから $-\pi/a < k \leq \pi/a$ を**第 1 ブリルアン領域**，$-2\pi/a < k \leq -\pi/a$ と $\pi/a \leq k \leq 2\pi/a$ を**第 2 ブリルアン領域**とよぶ．以下同様にして，第 3 ブリルアン領域以上も第 1 ブリルアン領域に還元できる．このようにして，電子のエネルギーと波数ベクトルの関係 $\mathcal{E}(\boldsymbol{k})$ を第 1 ブリルアン領域でプロットしたのが図 1.3(b) である．この図 1.3 を還元領域で表した**エネルギー帯構造**とよび，エネルギー帯構造といえばこの図を意味する．なお，図 1.3(c) は電子の許された状態をカゲで，電子の存在できない領域を空白で示したもので，前者を**許容帯**，後者を**禁止帯**とよび，横軸は半導体の座標軸に対応している．

1.4 還元領域表示

結晶中の電子に対するブロッホ関数は

$$\psi(\boldsymbol{r}) = \frac{1}{\sqrt{\Omega}} \sum_l A(\boldsymbol{G}_l) e^{i(\boldsymbol{k}-\boldsymbol{G}_l)\cdot\boldsymbol{r}} \tag{1.36}$$

で与えられる．この波動関数について，$\boldsymbol{k}-\boldsymbol{G}_l$ と $\boldsymbol{k}$ の間の関係を調べてみる．座標 $\boldsymbol{r}$ における $e^{i\boldsymbol{k}\cdot\boldsymbol{r}}$ と $e^{i(\boldsymbol{k}-\boldsymbol{G}_l)\cdot\boldsymbol{r}}$ の位相差は $\boldsymbol{G}_l\cdot\boldsymbol{r}$ である．いま，座標が並進ベクトル $\boldsymbol{T}$ だけ異なる位置

$$\boldsymbol{r} \to \boldsymbol{r}+\boldsymbol{T} \tag{1.37}$$

でのこのブロッホ関数の位相差を調べてみる．

$$\boldsymbol{T} = n_1\boldsymbol{a} + n_2\boldsymbol{b} + n_3\boldsymbol{c} \tag{1.38}$$
$$\boldsymbol{G}_l = 2\pi(m_1\boldsymbol{a}^* + m_2\boldsymbol{b}^* + m_3\boldsymbol{c}^*) \tag{1.39}$$
$$\boldsymbol{G}_l\cdot\boldsymbol{T} = 2\pi(m_1n_1 + m_2n_2 + m_3n_3) = 2\pi n \tag{1.40}$$

であるから，

$$\boldsymbol{k}\cdot(\boldsymbol{r}+\boldsymbol{T}) - (\boldsymbol{k}-\boldsymbol{G}_l)\cdot(\boldsymbol{r}+\boldsymbol{T}) = \boldsymbol{G}_l\cdot\boldsymbol{r} + \boldsymbol{G}_l\cdot\boldsymbol{T} = \boldsymbol{G}_l\cdot\boldsymbol{r} + 2\pi n \tag{1.41}$$

ただし，n は整数で，

$$\boldsymbol{a}^*\cdot\boldsymbol{a} = 1$$

の関係を用いた．

上の結果から明らかなように，座標 $\boldsymbol{r}$ と $\boldsymbol{r}+\boldsymbol{T}$ における $e^{i\boldsymbol{k}\cdot\boldsymbol{r}}$ と $e^{i(\boldsymbol{k}-\boldsymbol{G}_l)\cdot\boldsymbol{r}}$ の位相差の違いは $2\pi n$ で，ブロッホ関数 $\psi(\boldsymbol{r})$ の性質は全く変わらない．このことから，結晶中の電子は $\boldsymbol{k}$ と $\boldsymbol{k}-\boldsymbol{G}_l$ で等価であることが示される．この結果を用いて，電子の状態 $\boldsymbol{k}$ を $\boldsymbol{k}-\boldsymbol{G}_l$ に還元し，第1ブリルアン領域内で表示することができる．このようにして表したエネルギー帯構造を**還元領域表示** (reduced zone scheme) とよび，あらゆる $\boldsymbol{k}$ の領域で表示する方法を**拡張領域表示** (extended zone scheme) とよぶ．

1.5 自由電子帯

結晶のエネルギー帯構造を計算するには，いくつかの準備が必要である．その過程は

1. ブリルアン領域を計算により求める．
2. ポテンシャルがゼロの場合の電子帯構造，つまり自由電子帯あるいは無格子帯構造と呼ばれるエネルギー帯を計算し，ブリルアン領域の還元領域表示で求める．
3. 適当な近似法で実際にエネルギー帯構造を計算する．

である．このように，自由電子帯の計算がエネルギー帯構造計算の出発点である．自由電子帯あるいは無格子帯と呼ばれるものは次のようなものである．

$V(\boldsymbol{r})=0$ の極限で，結晶格子の周期性を保持したエネルギー帯である．一例として，最も重要な面心立方格子 (fcc) の無格子帯について考えてみよう．結晶格子のポテンシャルがゼロであるから，電子のエネルギーは自由電子に対するもので，

$$\mathcal{E}(\boldsymbol{k})=\frac{\hbar^2}{2m}k^2 \tag{1.42}$$

で与えられる．初めに，面心立方格子の逆格子ベクトルを求めてみよう．図 1.4(a) は面心立方格子を示したもので，この格子原子を $(a/4, a/4, a/4)$ だけ平行移動したものと重ねて表示した図 1.4(b) はダイヤモンド型結晶構造と呼ばれている．したがって，ダイヤモンド型結晶構造は面心立方格子に属する．ダイヤモンド，シリコンやゲルマニウムがこの結晶構造をしている．一方，平行移動した原子が元の原子と異なる図 1.4(c) は閃亜鉛鉱型結晶構造と呼ばれ，GaAs, GaP, AlAs, InAs, InSb などがこの結晶構造に属する．単位ベクトルを $\boldsymbol{e}$ とおくと，

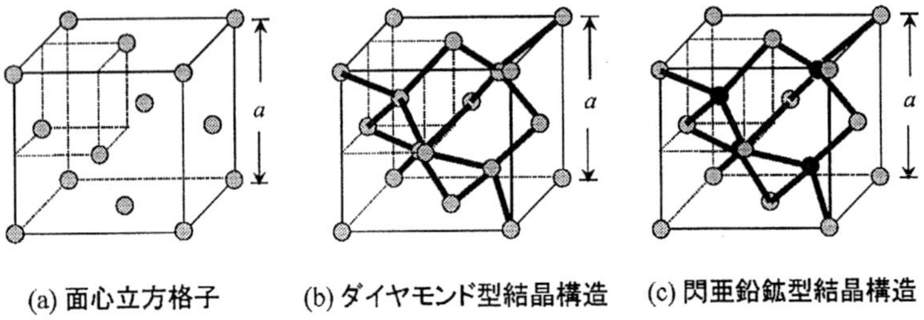

図 1.4: (a) 面心立方格子，(b) 面心立方格子 (a) の格子原子を $(a/4, a/4, a/4)$ 平行移動して得られるダイヤモンド型結晶構造，(c) 平行移動した格子原子が元の格子原子と異なる場合，閃亜鉛鉱型結晶構造となる．

$$\begin{aligned}
\boldsymbol{a}&=\frac{a}{2}(\boldsymbol{e}_x+\boldsymbol{e}_y)\\
\boldsymbol{b}&=\frac{a}{2}(\boldsymbol{e}_y+\boldsymbol{e}_z)\\
\boldsymbol{c}&=\frac{a}{2}(\boldsymbol{e}_z+\boldsymbol{e}_x)\\
v&=\boldsymbol{a}\cdot(\boldsymbol{b}\times\boldsymbol{c})=\left(\frac{a}{2}\right)^3(\boldsymbol{e}_x+\boldsymbol{e}_y)[(\boldsymbol{e}_y+\boldsymbol{e}_z)\times(\boldsymbol{e}_z+\boldsymbol{e}_x)]\\
&=2\left(\frac{a}{2}\right)^3=\frac{1}{4}a^3
\end{aligned} \tag{1.43}$$

であるから，fcc の逆格子は

$$\begin{aligned}
\boldsymbol{a}^*&=\frac{\boldsymbol{b}\times\boldsymbol{c}}{v}=\left(\frac{a}{2}\right)^2\frac{(\boldsymbol{e}_y+\boldsymbol{e}_z)\times(\boldsymbol{e}_z+\boldsymbol{e}_x)}{v}\\
&=\left(\frac{a}{2}\right)^2\frac{(\boldsymbol{e}_x-\boldsymbol{e}_z+\boldsymbol{e}_y)}{a^3/4}\\
&=\frac{1}{a}(\boldsymbol{e}_x+\boldsymbol{e}_y-\boldsymbol{e}_z)
\end{aligned} \tag{1.44}$$

$$\boldsymbol{b}^*=\frac{1}{a}(-\boldsymbol{e}_x+\boldsymbol{e}_y+\boldsymbol{e}_z) \tag{1.45}$$

$$\boldsymbol{c}^*=\frac{1}{a}(\boldsymbol{e}_x-\boldsymbol{e}_y+\boldsymbol{e}_z) \tag{1.46}$$

となる．つまり，逆格子は体心立方格子をなす．この結果を用いて，逆格子ベクトル $\boldsymbol{G}$ は次式で与えられる．

$$\boldsymbol{G} = 2\pi(n_1\boldsymbol{a}^* + n_2\boldsymbol{b}^* + n_3\boldsymbol{c}^*) \tag{1.47}$$

この結果，ブリルアン領域は

$$k^2 = (\boldsymbol{k} - \boldsymbol{G}_l)^2 \tag{1.48}$$

つまり，

$$2\boldsymbol{k}\cdot\boldsymbol{G}_l = G_l^2 \tag{1.49}$$

で与えられる．fcc の第 1 ブリルアン領域は図 1.5(a) のようになる．なお，参考のため体心立方格子（その逆格子ベクトルは面心立方格子をなす）の第 1 ブリルアン領域を図 1.5(b) に示す．

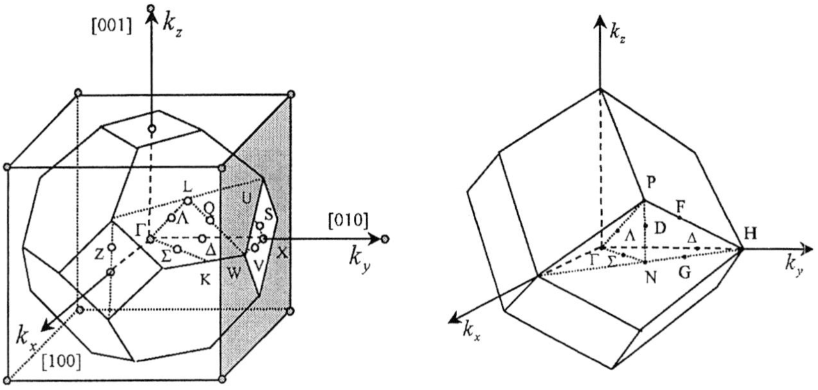

(a) 面心立方格子　　(b) 体心立方格子

図 1.5: (a) 面心立方格子と (b) 体心立方格子の第 1 ブリルアン領域

還元領域表示とするため，

$$\boldsymbol{k}' = \boldsymbol{k} - \boldsymbol{G} \tag{1.50}$$

の関係を用い，$\boldsymbol{k}'$ が第 1 ブリルアン領域になるようにとると，無格子帯は

$$\mathcal{E}(\boldsymbol{k}') = \frac{\hbar^2}{2m}(\boldsymbol{k}' + \boldsymbol{G})^2 \tag{1.51}$$

の関係を用い，次のように容易に計算できる．まず，逆格子ベクトルの小さいものから順にいくつかを示すと次の関係が得られる．

$$\boldsymbol{G}_0 = \frac{2\pi}{a}(0, 0, 0) \tag{1.52a}$$

$$\boldsymbol{G}_3 = \frac{2\pi}{a}(\pm 1, \pm 1, \pm 1) \tag{1.52b}$$

$$\boldsymbol{G}_4 = \frac{2\pi}{a}(\pm 2, 0, 0) \tag{1.52c}$$

$$\boldsymbol{G}_8 = \frac{2\pi}{a}(\pm 2, \pm 2, 0) \tag{1.52d}$$

$$\boldsymbol{G}_{11} = \frac{2\pi}{a}(\pm 3, \pm 1, \pm 1) \tag{1.52e}$$

これを式 (1.51) に代入すると自由電子帯は容易に描ける．以下では，$\boldsymbol{k}'$ を $\boldsymbol{k}$ とおき，第1ブリルアン領域内の $\boldsymbol{k}$ を考慮するものとする．

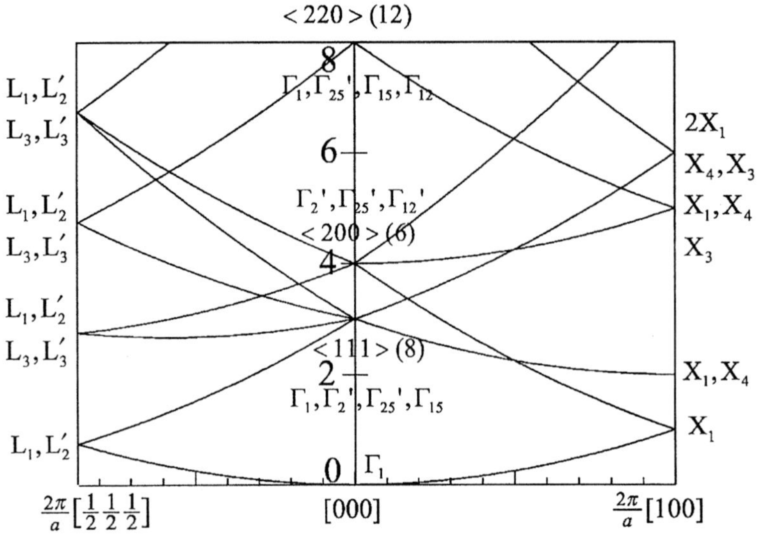

図 1.6: 面心立方格子の自由電子帯．⟨111⟩, ⟨200⟩, ⟨220⟩ はそれぞれ，逆格子ベクトル G_3, G_4, G_8 に対応し，( ) 内の数字は波動関数の縮重度を表している．

図 1.5 に示されている $\boldsymbol{k}$ 空間の ⟨100⟩ 方向，つまり Γ 点から X 点に沿ってのエネルギー帯構造 $\mathcal{E}-\boldsymbol{k}$ 曲線を求めてみよう．このとき $k_y = k_z = 0$ であるから，上の逆格子ベクトルを式 (1.42) に代入すれば (ただし，エネルギーは $\hbar^2(2\pi/a)^2/2m$ の単位で，$\boldsymbol{k}$ は $2\pi/a$ の単位で与えられるものとする)

$$
\begin{aligned}
\boldsymbol{G}_0: \quad & \mathcal{E} = k_x^2 \\
\boldsymbol{G}_3: \quad & \mathcal{E} = (k_x \pm 1)^2 + (\pm 1)^2 + (\pm 1)^2 \\
& \quad = \begin{cases} (k_x - 1)^2 + 2 & (4\text{ 重縮退}) \\ (k_x + 1)^2 + 2 & (4\text{ 重縮退}) \end{cases} \\
\boldsymbol{G}_4: \quad & \mathcal{E} = \begin{cases} k_x^2 + 4 & (4\text{ 重縮退}) \\ (k_x - 2)^2 & (1\text{ 重縮退}) \\ (k_x + 2)^2 & (1\text{ 重縮退}) \end{cases}
\end{aligned}
\tag{1.53}
$$

これを図示すると図 1.6 のようになる．

次に $\boldsymbol{k}$ 空間の ⟨111⟩ 方向，つまり Γ 点から L 点に沿って $\mathcal{E}-\boldsymbol{k}$ 曲線を求めると次のようになる．

$$
\begin{aligned}
\boldsymbol{G}_0: \quad & \mathcal{E} = k_x^2 + k_y^2 + k_z^2 \equiv k_{111}^2 \\
\boldsymbol{G}_3: \quad & \mathcal{E} = (k_x \pm 1)^2 + (k_y \pm 1)^2 + (k_z \pm 1)^2 \\
\boldsymbol{G}_4: \quad & \mathcal{E} = \begin{cases} (k_x \pm 2)^2 + k_y^2 + k_z^2 & (2\text{ 重縮退}) \\ k_x^2 + (k_y \pm 2)^2 + k_z^2 & (2\text{ 重縮退}) \\ k_x^2 + k_y^2 + (k_z \pm 2)^2 & (2\text{ 重縮退}) \end{cases}
\end{aligned}
\tag{1.54}
$$

ここに，$k_x^2 + k_y^2 + k_z^2 = k_{111}^2$ で，$k_x = k_y = k_z = k_{111}/\sqrt{3}$ である．これらの結果を用いると容易に ⟨111⟩ 方向の $\mathcal{E}-\boldsymbol{k}$ 曲線，つまり図 1.6 の左半分の曲線を描くことができる．図では，$\mathrm{O_h}$ 群の対称

性を表す記号をブリルアン領域の端に対して示した．

1.6 擬ポテンシャル法

結晶内の電子状態は

$$\left[-\frac{\hbar^2}{2m}\nabla^2+V(\boldsymbol{r})\right]\Psi_n(\boldsymbol{r})=\mathcal{E}_n(\boldsymbol{k})\Psi_n(\boldsymbol{r}) \tag{1.55}$$

を解くことにより求められる．しかし，ポテンシャル $V(\boldsymbol{r})$ が求まらなければ，この式は解くことができない．波動関数の直交性を用いると，経験的なパラメーターを導入することにより良い精度で解くことが可能となる．

いま，殻内電子の波動関数を φ_j とし，そのエネルギーを $\mathcal{E}_j$ とすると，

$$H|\varphi_j\rangle=[H_0+V(\boldsymbol{r})]\,|\varphi_j\rangle=\mathcal{E}_j|\varphi_j\rangle \tag{1.56}$$

ここに，

$$H_0=-\frac{\hbar^2}{2m}\nabla^2 \tag{1.57}$$

である．いま求めようとしている電子状態に対するブロッホ関数 $|\Psi\rangle$ と $|\varphi_j\rangle$ は直交するから

$$\langle\varphi_j|\Psi\rangle=0 \tag{1.58}$$

の関係が成立する．この直交関係は波動関数として

$$|\Psi(\boldsymbol{k},\boldsymbol{r})\rangle=|\chi_n(\boldsymbol{k},\boldsymbol{r})\rangle-\sum_j\langle\varphi_j|\chi_n\rangle|\varphi_j\rangle \tag{1.59}$$

を仮定することにより満たされる．なぜなら，

$$\begin{aligned}\langle\varphi_{j'}|\Psi\rangle&=\langle\varphi_{j'}|\chi_n\rangle-\sum_j\langle\varphi_j|\chi_n\rangle\langle\varphi_{j'}|\varphi_j\rangle\\&=\langle\varphi_{j'}|\chi_n\rangle-\sum_j\langle\varphi_j|\chi_n\rangle\delta_{j'j}\equiv 0.\end{aligned} \tag{1.60}$$

上式で一部添字が省略されている．$|\chi_n\rangle$ については制限をしていないことに注意する必要がある．そこで，$|\chi_n(\boldsymbol{k},\boldsymbol{r})\rangle$ として平面波を選ぶと，式 (1.59) は直交化平面波 OPW (orthogonalized plane wave) と呼ばれる．式 (1.59) を式 (1.55) に代入すると，

$$H|\chi_n\rangle-\sum_j\langle\varphi_j|\chi_n\rangle H|\varphi_j\rangle=\mathcal{E}_n(\boldsymbol{k})\left\{|\chi_n\rangle-\sum_j\langle\varphi_j|\chi_n\rangle|\varphi_j\rangle\right\} \tag{1.61}$$

つまり，

$$H|\chi_n\rangle+\sum_j[\mathcal{E}_n(\boldsymbol{k})-\mathcal{E}_j]|\varphi_j\rangle\langle\varphi_j|\chi_n\rangle=\mathcal{E}_n(\boldsymbol{k})|\chi_n\rangle \tag{1.62}$$

を得る．そこで，

$$V_p=\sum_j[\mathcal{E}_n(\boldsymbol{k})-\mathcal{E}_j]\,|\varphi_j\rangle\langle\varphi_j| \tag{1.63}$$

とおくと,

$$[H+V_p]|\chi_n\rangle=\mathcal{E}_n(\boldsymbol{k})|\chi_n\rangle \tag{1.64}$$

あるいは,

$$[H_0+V(\boldsymbol{r})+V_p(\boldsymbol{r})]|\chi_n\rangle=\mathcal{E}_n(\boldsymbol{k})|\chi_n\rangle \tag{1.65}$$

が得られる．ここに，$\mathcal{E}_n(\boldsymbol{k})$ は今考えているバンドのエネルギーである．殻内電子のエネルギー $\mathcal{E}_j$ とバンドのエネルギー $\mathcal{E}_n(\boldsymbol{k})$ の間には

$$\mathcal{E}_n(\boldsymbol{k})>\mathcal{E}_j \tag{1.66}$$

の関係が成立するから,

$$V_p>0 \tag{1.67}$$

となる．$V(\boldsymbol{r})<0$ であるから,

$$[H_0+V_{ps}(\boldsymbol{r})]|\chi_n\rangle=\mathcal{E}_n(\boldsymbol{k})|\chi_n\rangle \tag{1.68}$$

$$V_{ps}=V(\boldsymbol{r})+V_p(\boldsymbol{r}) \tag{1.69}$$

と書くことにすると，V_{ps} を小さくすることが可能である．$V_{ps}(\boldsymbol{r})$ も周期関数であるから,

$$V_{ps}(\boldsymbol{r})=\sum_j V_{ps}(\boldsymbol{G}_j)e^{-i\boldsymbol{G}_j\cdot\boldsymbol{r}} \tag{1.70}$$

のようにフーリエ展開でき，フーリエ係数 $V_{ps}(\boldsymbol{G}_j)$ は

$$V_{ps}(\boldsymbol{G}_j)=\frac{1}{\sqrt{\Omega}}\int_\Omega V_{ps}(\boldsymbol{r})e^{i\boldsymbol{G}_j\cdot\boldsymbol{r}}d^3\boldsymbol{r} \tag{1.71}$$

で与えられる．

上に述べたように $V_{ps}(\boldsymbol{r})$ が小さくなるように選べるということは $V_{ps}(\boldsymbol{G}_j)$ が $\boldsymbol{G}_j$ のある限られた値についてのみ大きく，他は小さくなるように選ぶことが可能であるということを意味している．$|V_{ps}(\boldsymbol{r})|$ は $|V(\boldsymbol{r})|$ よりも小さいが，フーリエ係数が少ない数で収束するという保証はない．経験的に $V_{ps}(\boldsymbol{r})$ のフーリエ係数を適当に選び，半導体の臨界点の形状やエネルギーが実測値と合うように選ぶ方法を経験的擬ポテンシャル法 (empirical pseudopotential method) とよぶ.

擬ポテンシャル法では，$V_{ps}(\boldsymbol{G}_j)$ の大きいものすべてを考慮し，$|\chi_n\rangle$ として自由電子バンドのブロッホ関数を用いる．つまり,

$$\left[-\frac{\hbar^2}{2m}\nabla^2+V_{ps}(\boldsymbol{r})\right]|\chi_n(\boldsymbol{r})\rangle=\mathcal{E}_n|\chi_n(\boldsymbol{r})\rangle \tag{1.72}$$

$$|\chi_n(\boldsymbol{r})\rangle=e^{i(\boldsymbol{k}+\boldsymbol{G}_j)\cdot\boldsymbol{r}} \tag{1.73}$$

$$V_{ps}(\boldsymbol{r})=\sum_{j'} V_{ps}(\boldsymbol{G}_{j'})e^{-i\boldsymbol{G}_{j'}\cdot\boldsymbol{r}} \tag{1.74}$$

を解けばエネルギー帯構造が計算できる．これらの関係より,

$$\left[-\frac{\hbar^2}{2m}\nabla^2+\sum_{j'}V_{ps}(\boldsymbol{G}_{j'})e^{-i\boldsymbol{G}_{j'}\cdot\boldsymbol{r}}\right]e^{i(\boldsymbol{k}+\boldsymbol{G}_j)\cdot\boldsymbol{r}}=\mathcal{E}_n(\boldsymbol{k})e^{i(\boldsymbol{k}+\boldsymbol{G}_j)\cdot\boldsymbol{r}} \tag{1.75}$$

が得られる.

この方程式の固有値と固有関数は，次のような行列式を解くことにより容易に求まる．

$$H_p = -\frac{\hbar^2}{2m}\nabla^2 + V_{ps}(\boldsymbol{r}) \tag{1.76}$$

とおき，

$$H_p|\boldsymbol{k}+\boldsymbol{G}_j\rangle = \mathcal{E}_n(\boldsymbol{k})|\boldsymbol{k}+\boldsymbol{G}_j\rangle \tag{1.77}$$

$$|\boldsymbol{k}+\boldsymbol{G}_j\rangle = e^{i(\boldsymbol{k}+\boldsymbol{G}_j)\cdot\boldsymbol{r}} \tag{1.78}$$

と書くことにする．この方程式の固有値は永年方程式

$$||\langle|\boldsymbol{k}+\boldsymbol{G}_i|H_p|\boldsymbol{k}+\boldsymbol{G}_j\rangle - \mathcal{E}(\boldsymbol{k})\delta_{i,j}|| = 0 \tag{1.79}$$

を解くことにより求まる．この永年方程式は $V_{ps}(\boldsymbol{G}_j)$ さえ与えられれば市販のパソコンで容易に解ける方程式である．ちなみに，先にあげた式 (1.52e) で与えられる逆格子ベクトルから構成される自由電子バンドのブロッホ関数のみで，かなり良いエネルギー帯構造が，パソコンを用いて数分で計算できるであろう．これまでに報告されている擬ポテンシャルのフーリエ係数が表 1.1 に示してある．Ge

表 1.1: 代表的な半導体の擬ポテンシャル定数 [Rydberg] ([1.11]より)

	V_3^S	V_8^S	V_{11}^S	V_3^A	V_4^A	V_{11}^A
Si	−0.21	+0.04	+0.08	0	0	0
Ge	−0.23	+0.01	+0.06	0	0	0
Sn	−0.20	0.00	+0.04	0	0	0
GaP	−0.22	+0.03	+0.07	+0.12	+0.07	+0.02
GaAs	−0.23	+0.01	+0.06	+0.07	+0.05	+0.01
AlSb	−0.21	+0.02	+0.06	+0.06	+0.04	+0.02
InP	−0.23	+0.01	+0.06	+0.07	+0.05	+0.01
GaSb	−0.22	0.00	+0.05	+0.06	+0.05	+0.01
InAs	−0.22	0.00	+0.05	+0.08	+0.05	+0.03
InSb	−0.20	0.00	+0.04	+0.06	+0.05	+0.01
ZnS	−0.22	+0.03	+0.07	+0.24	+0.14	+0.04
ZnSe	−0.23	+0.03	+0.06	+0.18	+0.12	+0.03
ZnTe	−0.22	0.00	+0.05	+0.13	+0.10	+0.01
CdTe	−0.20	0.00	+0.04	+0.15	+0.09	+0.04

や Si 等のようにダイヤモンド型結晶構造では，単位胞に 2 個の原子 A と $B(A = B)$ を有し，GaAs 等のような閃亜鉛鉱型結晶では，単位胞の 2 個の原子 A と B が異種 $(A \neq B)$ であることを考慮しな

ければならない．$\boldsymbol{\tau} = (a/8)(111)$ とおくと，A と B 原子の位置は $\boldsymbol{R}^A = -\boldsymbol{\tau}$，$\boldsymbol{R}^B = \boldsymbol{\tau}$ となるから

$$\begin{aligned} V_{ps}(\boldsymbol{G}_j) &= V^S(\boldsymbol{G}_j)\cos(\boldsymbol{G}_j \cdot \boldsymbol{\tau}) + iV^A(\boldsymbol{G}_j)\sin(\boldsymbol{G}_j \cdot \boldsymbol{\tau}) \\ V^S(\boldsymbol{G}_j) &= [V_A(\boldsymbol{G}_j) + V_B(\boldsymbol{G}_j)]/2 \\ V^A(\boldsymbol{G}_j) &= [V_A(\boldsymbol{G}_j) - V_B(\boldsymbol{G}_j)]/2 \end{aligned} \tag{1.80}$$

となる．当然ダイヤモンド型では $V^A(\boldsymbol{G}_j) = 0$ となる．表 1.1 では，$V^S(\boldsymbol{G}_j) = V_j^A$，$V^A(\boldsymbol{G}_j) = V_j^A$ とおき，式 (1.52e) の関係を用い，V_3^S，V_8^S，V_{11}^S，V_3^A，V_8^A，V_{11}^A の値がいくつかの代表的な半導体に対して示してある．これらの擬ポテンシャルのフーリエ係数を用いて計算したエネルギー帯構造は実験結果とよい一致を示すことが示されている．つまり，これらのフーリエ係数以外の高次の係数は小さく無視できる．表 1.1 に示されている Cohen と Bergstresser [1.11] により求められた擬ポテンシャルの値を用い，式 (1.75) において，最大約 130 個の平面波を用いて計算したエネルギー帯構造が図 1.7 に示してある．計算では，$7\mathcal{E}_0 < \mathcal{E} \leq 21\mathcal{E}_0$ $(\mathcal{E}_0 = (\hbar^2/2m)(2\pi/a)^2)$ の自由電子状態は Löwdin の摂動法 [1.19] を用いて近似し，$\mathcal{E} \leq 7\mathcal{E}_0$ の自由電子状態に対する対角化を行った．したがって，行列要素としてはおよそ 20×20 となる．X 点や L 点近傍で少し滑らかさを欠くのはこの近似による誤差である．なお，Cohen と Bergstresser [1.11] の計算手法は非局所擬ポテンシャル法とよばれるもので，スピン・軌道角運動量相互作用をとりいれた局所擬ポテンシャル法によるバンド計算は後に Chelikowsky と Cohen によりなされている [1.12]．

1.7　$\boldsymbol{k} \cdot \boldsymbol{p}$ 摂動

$\boldsymbol{k} \cdot \boldsymbol{p}$ 摂動は 1956 年に Kane [1.14] により III-V 族化合物半導体 InSb 等の伝導帯の解析に適用され成功を収めてから注目されるようになったが，古くは 1936 年に，Bouckaert, Smoluchowski と Wigner [1.15] によりブリルアン領域の対称点の指標を議論するのに用いられている．また，Dresselhaus, Kip と Kittel [1.16] は Ge の価電子帯構造の解析で大きな成功を収めている．この $\boldsymbol{k} \cdot \boldsymbol{p}$ 摂動の価電子帯構造解析への応用についてはサイクロトロン共鳴の解析の項で詳しく論じる．ここでは，Cardona と Pollak [1.17] により用いられたエネルギー帯構造計算の方法について述べる．

非相対論的 一電子に対するシュレディンガー方程式を考える．

$$\left[-\frac{\hbar^2}{2m}\nabla^2 + V(\boldsymbol{r})\right]\Psi(\boldsymbol{r}) = \mathcal{E}\Psi(\boldsymbol{r}) \tag{1.81}$$

ここに，$V(\boldsymbol{r})$ は格子の周期をもつポテンシャルである．式 (1.81) の解はブロッホ関数

$$\Psi(\boldsymbol{r}) = e^{i\boldsymbol{k}\boldsymbol{r}}u_{n,\boldsymbol{k}}(\boldsymbol{r}) \tag{1.82}$$

で与えられる．ここに，$u_{n,\boldsymbol{k}}$ は結晶格子の周期をもつ関数である．このブロッホ関数を式 (1.81) に代入する．

$$\nabla\Psi(\boldsymbol{r}) = i\boldsymbol{k}\Psi(\boldsymbol{r}) + e^{i\boldsymbol{k}\cdot\boldsymbol{r}}\nabla u_{n,\boldsymbol{k}}(\boldsymbol{r}) \tag{1.83a}$$

$$\begin{aligned} \nabla^2\Psi(\boldsymbol{r}) &= -k^2\Psi(\boldsymbol{r}) + 2i\boldsymbol{k}e^{i\boldsymbol{k}\cdot\boldsymbol{r}}\nabla u_{n,\boldsymbol{k}}(\boldsymbol{r}) + e^{i\boldsymbol{k}\cdot\boldsymbol{r}}\nabla^2 u_{n,\boldsymbol{k}}(\boldsymbol{r}) \\ &= e^{i\boldsymbol{k}\cdot\boldsymbol{r}}(-k^2 + 2i\boldsymbol{k}\cdot\nabla + \nabla^2)u_{n,\boldsymbol{k}}(\boldsymbol{r}) \end{aligned} \tag{1.83b}$$

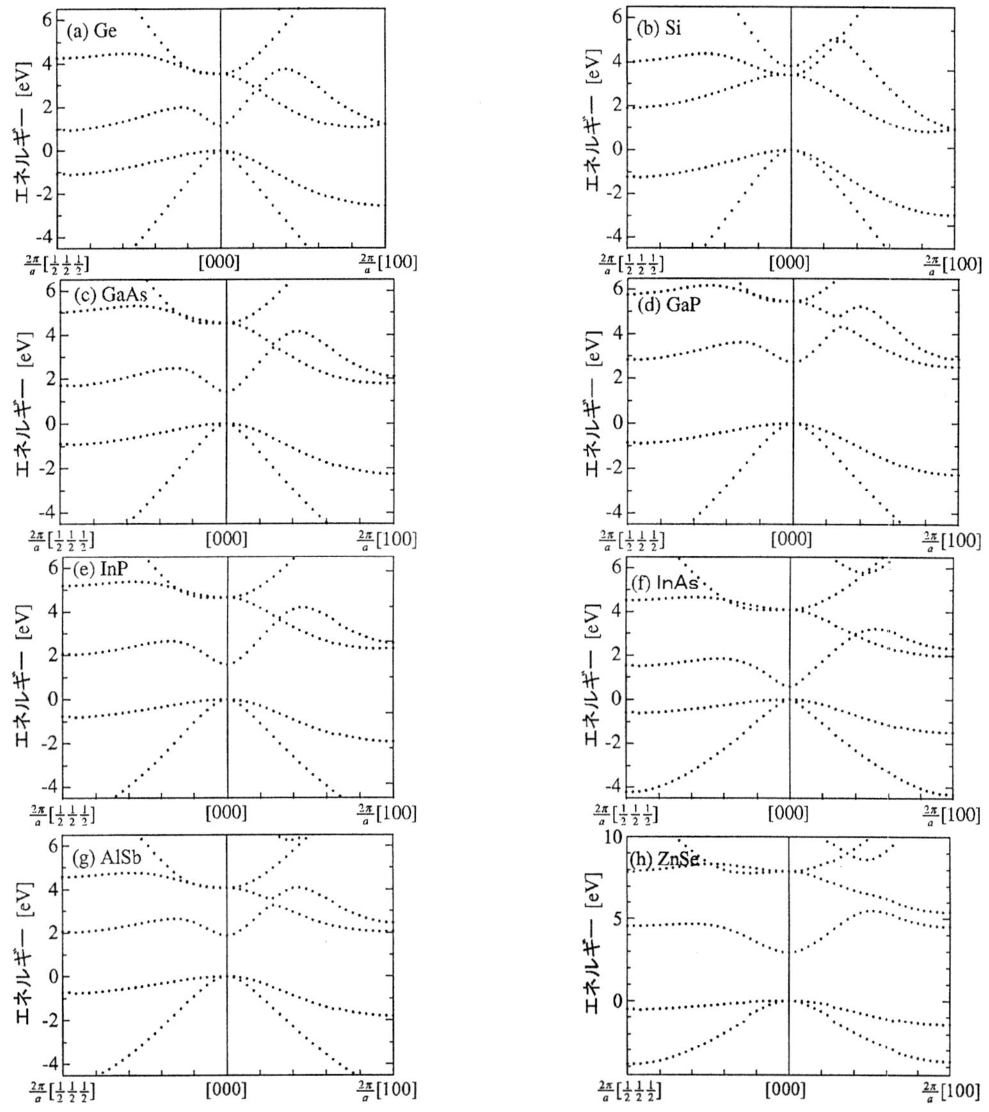

図 1.7: 擬ポテンシャル法で求めた (a) Ge，(b) Si，(c) GaAs，(d) GaP，(e) InP，(f) InAs，(g) AlSb および (h) ZnSe のエネルギー帯構造．スピン・軌道角運動量相互作用を無視している．

なる関係があるから，

$$\left[-\frac{\hbar^2}{2m}\nabla^2 - i\frac{\hbar^2}{m}(\boldsymbol{k}\cdot\nabla) + V(\boldsymbol{r})\right]u_{n,\boldsymbol{k}}(\boldsymbol{r}) = \left[\mathcal{E}_n(\boldsymbol{k}) - \frac{\hbar^2 k^2}{2m}\right]u_{n,\boldsymbol{k}}(\boldsymbol{r}) \tag{1.84}$$

となる．あるいは，$-i\hbar\nabla = \boldsymbol{p}$ なる関係を用いると，

$$\left[H_0 + \frac{\hbar}{m}\boldsymbol{k}\cdot\boldsymbol{p}\right]u_{n,\boldsymbol{k}}(\boldsymbol{r}) = \left[\mathcal{E}_n(\boldsymbol{k}) - \frac{\hbar^2 k^2}{2m}\right]u_{n,\boldsymbol{k}}(\boldsymbol{r}) \tag{1.85}$$

と書ける．ここに，H_0 は $\boldsymbol{k}=0$ におけるハミルトニアンである．右辺の [　] 内はオペレーターを含まない定数 (c-number) であるから，エネルギー固有値 $\mathcal{E}_n(\boldsymbol{k})$ を $\hbar^2k^2/2m$ だけシフトさせるに

表 1.2: $\boldsymbol{k}\cdot\boldsymbol{p}$ 摂動に用いた固有状態に対応する固有値 [Rydberg] (文献[1.17]による)

		ゲルマニウム			シリコン		
$\boldsymbol{k}=0$ 状態	平面波	$\boldsymbol{k}\cdot\boldsymbol{p}$	O.P.W.[a]	pseudo	$\boldsymbol{k}\cdot\boldsymbol{p}$	O.P.W.[a]	pseudo
$\Gamma^l_{25'}$	[111]	0.00	0.00	0.00	0.00	0.00	0.00
$\Gamma2'^l$	[111]	0.0728[b]	−0.081	−0.007	0.265[b]	0.164	0.23
Γ_{15}	[111]	0.232[b]	0.231	0.272	0.252[b]	0.238	0.28
Γ^u_1	[111]	0.571	0.571	0.444	0.520	0.692	0.52
Γ^l_1	[000]	−0.966	−0.929	−0.950	−0.950	−0.863	−0.97
$\Gamma_{12'}$	[200]	0.770	0.770	0.620	0.710	0.696	0.71
$\Gamma^u_{25'}$	[200]	1.25[c]		0.890	0.940		0.94
$\Gamma^u_{2'}$	[200]	1.35		0.897	0.990		0.99

[a]F. Herman, in *Proceedings of the International Conference on the Physics of Semiconductors, Paris, 1964* (Dunod Cie, Paris, 1964), p.3.

[b]M. Cardona, J. Phys. Chem. Solids **24** (1963) 1543 .

[c]G. Dresselhaus, A. F. Kip, and C. Kittel, Phys. Rev. **98** (1955) 368; E. O. Kane, J. Phys. Chem. Solids **1** (1956) 82.

過ぎない．上の式で $\boldsymbol{k}\cdot\boldsymbol{p}$ の項を摂動として扱う方法を $\boldsymbol{k}\cdot\boldsymbol{p}$ 摂動と呼ぶ．式 (1.85) を $\boldsymbol{k}=0$ の状態に対して解くと (対角化すると) $\boldsymbol{k}=0$ におけるエネルギー固有値と固有状態，つまり Γ 点におけるエネルギー固有値と固有状態を与える．この状態を出発点にして $\boldsymbol{k}\cdot\boldsymbol{p}$ ハミルトニアンを対角化すれば，ブリルアン領域全体のエネルギー状態を計算することができる．$\boldsymbol{k}\cdot\boldsymbol{p}$ ハミルトニアンは反転対称を有する半導体では後に示すように非対角成分のみを有する．群論を用いると $\boldsymbol{k}\cdot\boldsymbol{p}$ の行列要素を著しく少なくすることができる．Cardona と Pollak は $\boldsymbol{k}=0$ における 15 の電子状態 (波動関数とエネルギー固有値) を用いて，非常に精度の良いエネルギー帯構造を計算する方法を提案した．ここでは簡単のため，スピン・軌道相互作用を無視して Ge や Si のエネルギー帯構造を計算する方法を示す．図 1.6 に示した自由電子帯を出発点として，まず擬ポテンシャル法などで Γ 点における $\Gamma^l_1, \Gamma^u_1, \Gamma_{2'}, \Gamma^l_{25'}, \Gamma_{15}, \Gamma^u_{25'}, \Gamma_{12}$ の 15 の固有状態を考える．ここに，l, u は下と上のエネルギー状態を示し，群論の指標の次元を見れば，$\Gamma_{25'}$ などは 3 次元で，3 つの固有状態からなることがわかる．この固有値をまとめたのが表 1.2 である．群論のテキストには指標とともに基底関数が与えられているが，運動量オペレーター $\boldsymbol{p}$ の対称性が Γ_{15} と同じであることに注意すれば，15 の固有状態に対する $\boldsymbol{k}\cdot\boldsymbol{p}$ の行列要素のうちゼロでない成分は表 1.3 に示した下記の成分のみである．ここで運動量行列要素 P などに 2 倍の因子が含まれているのは，計算に原子単位 (atomic unit) を用いているためである．つまり，$P^2/2m$ や $\hbar^2k^2/2m$ をエネルギーの原子単位で表したものを，P^2 や k^2 とおいていることに注意されたい．

$$P = 2i\langle\Gamma^l_{25'}|\boldsymbol{p}|\Gamma^l_{2'}\rangle \tag{1.86a}$$

$$Q = 2i\langle\Gamma^l_{25'}|\boldsymbol{p}|\Gamma_{15}\rangle \tag{1.86b}$$

$$R = 2i\langle\Gamma^l_{25'}|\boldsymbol{p}|\Gamma_{12'}\rangle \tag{1.86c}$$
$$P'' = 2i\langle\Gamma^l_{25'}|\boldsymbol{p}|\Gamma^u_{2'}\rangle \tag{1.86d}$$
$$P' = 2i\langle\Gamma^u_{25'}|\boldsymbol{p}|\Gamma^l_{2'}\rangle \tag{1.86e}$$
$$Q' = 2i\langle\Gamma^u_{25'}|\boldsymbol{p}|\Gamma_{15}\rangle \tag{1.86f}$$
$$R' = 2i\langle\Gamma^u_{25'}|\boldsymbol{p}|\Gamma_{12'}\rangle \tag{1.86g}$$
$$P''' = 2i\langle\Gamma^u_{25'}|\boldsymbol{p}|\Gamma_{15}\rangle \tag{1.86h}$$
$$T = 2i\langle\Gamma^u_1|\boldsymbol{p}|\Gamma_{15}\rangle \tag{1.86i}$$
$$T' = 2i\langle\Gamma^l_1|\boldsymbol{p}|\Gamma_{15}\rangle \tag{1.86j}$$

表 1.3: $\boldsymbol{k}\cdot\boldsymbol{p}$ 摂動に用いた運動量行列要素 [atomic units]

運動量行列要素	ゲルマニウム			シリコン		
	$\boldsymbol{k}\cdot\boldsymbol{p}$	pseudo	C. R.	$\boldsymbol{k}\cdot\boldsymbol{p}$	pseudo	C. R.
$P\ =2i\langle\Gamma^l_{25'}|\boldsymbol{p}|\Gamma^l_{2'}\rangle$	1.360	1.24	1.36[a]	1.200	1.27	1.20[b]
$Q\ =2i\langle\Gamma^l_{25'}|\boldsymbol{p}|\Gamma_{15}\rangle$	1.070	0.99	1.07[a]	1.050	1.05	1.05[b]
$R\ =2i\langle\Gamma^l_{25'}|\boldsymbol{p}|\Gamma_{12'}\rangle$	0.8049	0.75	0.92[c]	0.830	0.74	0.68[d]
$P''=2i\langle\Gamma^l_{25'}|\boldsymbol{p}|\Gamma^u_{2'}\rangle$	0.1000	0.09		0.100	0.10	
$P'\ =2i\langle\Gamma^u_{25'}|\boldsymbol{p}|\Gamma^l_{2'}\rangle$	0.1715	0.0092		−0.090	−0.10	
$Q'\ =2i\langle\Gamma^u_{25'}|\boldsymbol{p}|\Gamma_{15}\rangle$	−0.752	−0.65		−0.807	−0.64	
$R'\ =2i\langle\Gamma^u_{25'}|\boldsymbol{p}|\Gamma_{12'}\rangle$	1.4357	1.13		1.210	1.21	
$P'''=2i\langle\Gamma^u_{25'}|\boldsymbol{p}|\Gamma_{15}\rangle$	1.6231	1.30		1.32	1.37	
$T\ =2i\langle\Gamma^u_1|\boldsymbol{p}|\Gamma_{15}\rangle$	1.2003	1.11		1.080	1.18	
$T'\ =2i\langle\Gamma^l_1|\boldsymbol{p}|\Gamma_{15}\rangle$	0.5323	0.41		0.206	0.34	

[a]B. W. Levinger and D. R. Frankl, J. Phys. Chem. Solids **20** (1961) 281.

[b]J. C. Hensel and G. Feher, Phys. Rev. **129** (1963) 1041.

[c]サイクロトロン共鳴の実験データから計算.

[d]文献 b のサイクロトロン共鳴のデータから計算.

これらの表に与えられたパラメーターを用いれば，Ge と Si のエネルギー帯は容易に計算される．つまり，与えられた 15 の基底関数を用いて 15×15 の $\boldsymbol{k}\cdot\boldsymbol{p}$ を含む行列要素を求め，対角化すれば各 $\boldsymbol{k}$ におけるエネルギーとその固有ベクトルを求めることができる．実際の計算では，群論の助けを借りると 15×15 の行列は既約化でき，小さな行列に分解できる．この結果については Cardona と Pollak の論文[1.17] に詳しく説明されているので，その求め方について少し補足しておく．エネルギーバンド計算を $\boldsymbol{k}$ の $\langle100\rangle$ と $\langle111\rangle$ 方向について求めることを考える．$\langle100\rangle$ 方向は Γ 点から出発して X 点に至る方向であり，Δ 軸を通る．表 1.4 の適合関係 (compatibility relation) (文献[1.15]による) を用いると $\boldsymbol{k}\cdot\boldsymbol{p}$ ハミルトニアンは次のように簡約化される．ただし，以下の計算では先に述べたように原子単位を用い，自由電子バンドのエネルギー ($\hbar^2 k^2/2m$) を k^2 で，運動量行列要素 P に対して $P^2/2m$ を P^2 で表している．

1. [100] 方向

(a) Δ_5 バンド

表 1.4 より次の 3 つの Γ バンドより成る．ただし，カッコ内は高エネルギーにつき無視する．

Δ_5 バンド: $(\Gamma_{15'}), \Gamma_{25'}^u, \Gamma_{25'}^l, \Gamma_{15}$

この 3 つのバンドに対する行列要素は

$$\left\| \begin{array}{ccc} k_x^2 & Qk_x & 0 \\ Qk_x & \mathcal{E}(\Gamma_{15}) + k_x^2 & Q'k_x \\ 0 & Q'k_x & \mathcal{E}(\Gamma_{25'}^u) + k_x^2 \end{array} \right\| \tag{1.87}$$

(b) Δ_1 バンド

Δ_1 バンド: $\Gamma_1^l, \Gamma_1^u, (\Gamma_{12}), \Gamma_{15}$

この 3 つのバンドに対する行列要素は

$$\left\| \begin{array}{ccc} \mathcal{E}(\Gamma_{15}) + k_x^2 & Tk_x & T'k_x \\ Tk_x & \mathcal{E}(\Gamma_1^u) + k_x^2 & 0 \\ T'k_x & 0 & \mathcal{E}(\Gamma_1^l) + k_x^2 \end{array} \right\| \tag{1.88}$$

(c) Δ_2' バンド

Δ_2' バンド: $\Gamma_{25'}^l, \Gamma_{25'}^u, \Gamma_{2'}^l, \Gamma_{2'}^u, \Gamma_{12'}$

この 5 つのバンドに対する行列要素は

$$\left\| \begin{array}{ccccc} \mathcal{E}(\Gamma_{2'}^l) + k_x^2 & Pk_x & 0 & P'k_x & 0 \\ Pk_x & k_x^2 & \sqrt{2}Rk_x & 0 & P''k_x \\ 0 & \sqrt{2}Rk_x & \mathcal{E}(\Gamma_{12'}) + k_x^2 & \sqrt{2}R'k_x & 0 \\ P'k_x & 0 & \sqrt{2}R'k_x & \mathcal{E}(\Gamma_{25'}^u) + k_x^2 & P'''k_x \\ 0 & P''k_x & 0 & P'''k_x & \mathcal{E}(\Gamma_{2'}^u) + k_x^2 \end{array} \right\| \tag{1.89}$$

2. [110] 方向

表 1.4 から，$\Sigma_1, \Sigma_4, \Sigma_3, \Sigma_2$ が含まれるから，

(a) Σ_1 バンド: $\Gamma_1^l, \Gamma_1^u, (\Gamma_{12}), \Gamma_{25'}^l, \Gamma_{25'}^u, \Gamma_{15}$ の 5 つのバンド

(b) Σ_4 バンド: $(\Gamma_2), (\Gamma_{12}), (\Gamma_{15'}), \Gamma_{15}, (\Gamma_{25})$ の 1 つのバンド

(c) Σ_3 バンド: $(\Gamma_{15'}), \Gamma_{25'}^l, \Gamma_{25'}^u, \Gamma_{2'}^l, \Gamma_{2'}^u, \Gamma_{12'}, \Gamma_{15}$ の 6 つのバンド

(d) Σ_2 バンド: $(\Gamma_{15'}), \Gamma_{25'}l, \Gamma_{25'}^u, (\Gamma_{1'}), \Gamma_{12'}, (\Gamma_{25})$ の 3 つのバンド

となるから，[110] 方向の Σ バンドに対しては 15×15 のハミルトニアン行列は 6×6, 5×5, 3×3, 1×1 の行列に簡約化される．

3. [111] 方向

表 1.4 から，Λ_1, Λ_3 が含まれるから，

(a) Λ_1 バンド: $\Gamma_1^l, \Gamma_1^u, \Gamma_{25'}^l, \Gamma_{25'}^u, \Gamma_{2'}^l, \Gamma_{2'}^u, \Gamma_{15}$ の 7 つのバンド

(b) Λ_3 バンド: $(\Gamma_{12}), (\Gamma_{15'}), \Gamma_{25'}^{l}, \Gamma_{25'}^{u}, \Gamma_{12'}, \Gamma_{15}, (\Gamma_{25})$ の 4 つのバンド

となるから，[111] 方向の Λ バンドに対しては 7×7 と 4×4 の行列に簡約化される．[111] 方向の行列要素については Cardona と Pollak の論文[1.17]を参照されたい．

この $\boldsymbol{k}\cdot\boldsymbol{p}$ 摂動により計算したエネルギー帯構造が図 1.8 に示してある．ただし，計算ではスピン・軌道角運動量相互作用を考慮しているので，15×15 の複素行列を対角化して解いている．反転対称を持たない III-V 化合物半導体は非対称ポテンシャルを持つので，スピン・軌道相互作用を無視しても 15 の複素行列を対角化しなければならない．計算に用いたパラメーターは参考文献[1.17], [1.20] ～ [1.23]による．このように，$\boldsymbol{k}\cdot\boldsymbol{p}$ 摂動によると非常に簡単にしかも精度の良いエネルギー帯構造が計算でき，光学遷移などについても遷移の行列要素を正確に計算することが可能となる．

表 1.4: 適合関係 (compatibility relations)

Γ_1	Γ_2	Γ_{12}	$\Gamma_{15'}$	$\Gamma_{25'}$	$\Gamma_{1'}$	$\Gamma_{2'}$	$\Gamma_{12'}$	Γ_{15}	Γ_{25}
Δ_1	Δ_2	$\Delta_1\Delta_2$	$\Delta_1'\Delta_5$	$\Delta_2'\Delta_5$	Δ_1'	Δ_2'	$\Delta_1'\Delta_2'$	$\Delta_1\Delta_5$	$\Delta_2\Delta_5$
Λ_1	Λ_2	Λ_3	$\Lambda_2\Lambda_3$	$\Lambda_1\Lambda_3$	Λ_2	Λ_1	Λ_3	$\Lambda_1\Lambda_3$	$\Lambda_2\Lambda_3$
Σ_1	Σ_4	$\Sigma_1\Sigma_4$	$\Sigma_2\Sigma_3\Sigma_4$	$\Sigma_1\Sigma_2\Sigma_3$	Σ_2	Σ_3	$\Sigma_2\Sigma_3$	$\Sigma_1\Sigma_3\Sigma_4$	$\Sigma_1\Sigma_2\Sigma_4$
X_1	X_2	X_3	X_4	X_5	X_1'	X_2'	X_3'	X_4'	X_5'
Δ_1	Δ_2	Δ_2'	Δ_1'	Δ_5	Δ_1'	Δ_2'	Δ_2	Δ_1	Δ_5
Z_1	Z_1	Z_4	Z_4	Z_2Z_3	Z_2	Z_2	Z_3	Z_3	Z_1Z_4
S_1	S_4	S_1	S_4	S_2S_3	S_2	S_3	S_2	S_3	S_1S_4
M_1	M_2	M_3	M_4	M_5	M_1'	M_2'	M_3'	M_4'	M_5'
Σ_1	Σ_1	Σ_4	Σ_4	$\Sigma_2\Sigma_3$	Σ_2	Σ_2	Σ_3	Σ_3	$\Sigma_1\Sigma_4$
Z_1	Z_1	Z_3	Z_3	Z_2Z_4	Z_2	Z_2	Z_4	Z_4	Z_1Z_3
T_1	T_2	T_2'	T_1'	T_5	T_1'	T_2'	T_2	T_1	T_5

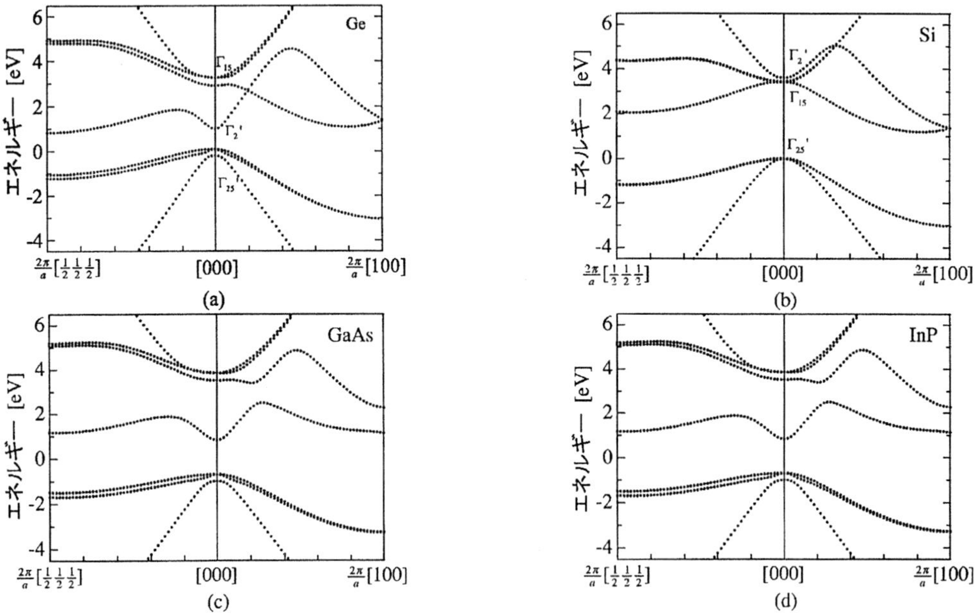

図 1.8: $\boldsymbol{k} \cdot \boldsymbol{p}$ 摂動により計算した (a) Ge，(b) Si，(c) GaAs，(d) InP のエネルギー帯構造．ただし，スピン・軌道相互作用を考慮してある．

第 2 章

サイクロトロン共鳴とエネルギー帯

2.1 サイクロトロン共鳴

サイクロトロン共鳴は，半導体の電子の有効質量を決定する最も有力な方法として広く用いられ大きな成功を修めてきた．しかし，このサイクロトロン共鳴は Si や Ge の伝導帯と価電子帯の決定に大きな役割を果たし，後にエネルギー帯構造の精密な決定へとつながったことに注意しなければならない．ここでは，伝導帯の多数バレー構造と伝導帯電子の有効質量の異方性を議論するために，サイクロトロン共鳴の実験とその解析法を述べるが，後に $\boldsymbol{k}\cdot\boldsymbol{p}$ 摂動による価電子帯構造の解析の項で，再びこの実験の重要性を論じる．

電荷 q の荷電粒子を磁界中におくと，粒子は磁界のまわりを回転運動する．これは，磁界 $\boldsymbol{B}$ と粒子の速度 $\boldsymbol{v}$ に直交する方向に力を受けるからで，この力をローレンツ力と呼ぶ．

$$\boldsymbol{F}_L = q\boldsymbol{v} \times \boldsymbol{B} \tag{2.1}$$

粒子は散乱されないとすると，運動の方程式は質量 m の粒子に対して

$$m\frac{d\boldsymbol{v}}{dt} = q\boldsymbol{v} \times \boldsymbol{B} \tag{2.2}$$

となるから，磁界を z 方向にとり $\boldsymbol{B} = (0, 0, B_z)$ とおくと

$$m\frac{dv_x}{dt} = qv_yB_z$$
$$m\frac{dv_y}{dt} = -qv_xB_z$$

つまり，

$$\frac{d^2v_x}{dt^2} = -\frac{qB_z}{m}v_x \tag{2.3}$$

となり，v_y についても同様の式が得られるので，その解は次式で与えられる．

$$v_x = A\cos(\omega_c t), \qquad v_y = A\sin(\omega_c t) \tag{2.4}$$

ここに，

$$\omega_c = \frac{qB_z}{m} \tag{2.5}$$

である．このように，粒子は角周波数 ω_c で磁界に垂直な面内 (x, y 面) を等速運動することになる．この運動をサイクロトロン運動と呼び，外部からこの角周波数 ($\omega = \omega_c$) の電磁波を印加すると，粒子は電磁波を共鳴的に吸収することになる．これをサイクロトロン共鳴と呼び，ω_c をサイクロトロン (角) 周波数とよぶ．半導体の中の粒子 (電子や正孔) は散乱を受けるから，散乱の平均時間 (衝突の緩和時間) を τ とすると，

$$\omega_c \tau \gg 1 \tag{2.6}$$

でなければ，その共鳴はボケてしまう．つまり，式 (2.6) が満たされなければサイクロトロン共鳴は明確に観測できない．つまり，サイクロトロン共鳴を観測するには，磁界を高くするか ($\boldsymbol{B}\uparrow; \omega_c \uparrow; \omega \uparrow$)，散乱の少ない条件 ($\tau \uparrow; T \downarrow$) を実現しなければならない．典型的な半導体についてこの条件を吟味してみる．

いま，半導体の電子の有効質量を $m^* = 0.1m$ ($m = 9.1 \times 10^{-31}$ kg は自由電子の質量) とすると，磁界 $B = 1$ T では，

$$\omega_c = \frac{1.6 \times 10^{-19} \times 1}{0.1 \times 9.1 \times 10^{-31}} \simeq 2 \times 10^{12} \text{rad/s}$$

となり，周波数 $f = \omega/2\pi \simeq 3 \times 10^{11}$ Hz のマイクロ波が必要となる．式 (2.6) を満たすには，

$$\omega_c \tau = \frac{qB}{m^*}\tau = \mu B \tag{2.7}$$

となるから，電子移動度として $\mu = 1 \text{m}^2/\text{V s} = 10^4 \text{cm}^2/\text{V s}$ 以上を有することが要求される．磁界を高くするには超伝導マグネットを必要とし，ω_c が高くなるから高周波の電磁波を必要とする．電磁石で容易に実現できる 1 T 以下の磁界を用いると，電子移動度を $10^4 \text{cm}^2/\text{V s}$ 以上となるようにしなければならない．電子移動度を高くするには，散乱の少なくなる低温でのサイクロトロン共鳴の実験が必要となる．このような理由から Ge で最初に行われたサイクロトロン共鳴の実験は，液体ヘリウム温度 ($T = 4.2$ K) でなされた．低温になると，電子はほとんどドナー準位に落ちて，いわゆるフリーズアウト (freeze-out) の状態になり，伝導帯にキャリアが存在しなくなるが，光照射によりキャリアを励起すると，電子のみならず正孔のサイクロトロン共鳴も同時に観測することができる．

ここで，サイクロトロン共鳴の共鳴曲線について考察してみよう．最初に，簡単のため電子は等方的な有効質量 m^* をもつ場合を考える．この電子に対する運動方程式は

$$m^* \frac{d\boldsymbol{v}}{dt} + \frac{m^* \boldsymbol{v}}{\tau} = q(\boldsymbol{E} + \boldsymbol{v} \times \boldsymbol{B}) \tag{2.8}$$

とかける．マイクロ波は直線偏波しており $\boldsymbol{E} = (E_x, 0, 0)$，磁界は z 方向に印加されており $\boldsymbol{B} = (0, 0, B_z)$ であるとする．印加マイクロ波の角周波数を ω ($E = E_x \cos(\omega t) = \Re\{E_x \exp(-i\omega t)\}$) とすると ($d/dt = -i\omega$ とおき)

$$m^* \left(-i\omega + \frac{1}{\tau}\right) v_x = q(E_x + v_y B_z) \tag{2.9}$$

$$m^* \left(-i\omega + \frac{1}{\tau}\right) v_y = q(0 - v_x B_z) \tag{2.10}$$

を得る．これより，

$$v_x = \frac{q\tau}{m^*} \cdot \frac{(1 - i\omega\tau)}{(1 - i\omega\tau)^2 + \omega_c^2 \tau^2} E_x \tag{2.11}$$

$$v_y = -\frac{q\tau}{m^*} \cdot \frac{\omega_c \tau}{(1 - i\omega\tau)^2 + \omega_c^2 \tau^2} E_x \tag{2.12}$$

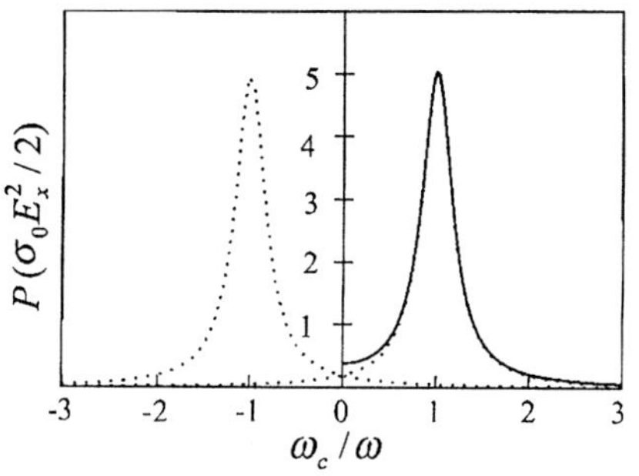

図 2.1: サイクロトロン共鳴吸収曲線．$\omega_c > 0$ の点線は $q > 0$ の正孔に，$\omega_c < 0$ は $q < 0$ の電子による共鳴に対応する．円偏波に対しては右まわりと左まわりに対応する．また，実線は直線偏波に対する共鳴曲線である．($\omega\tau = 5$)

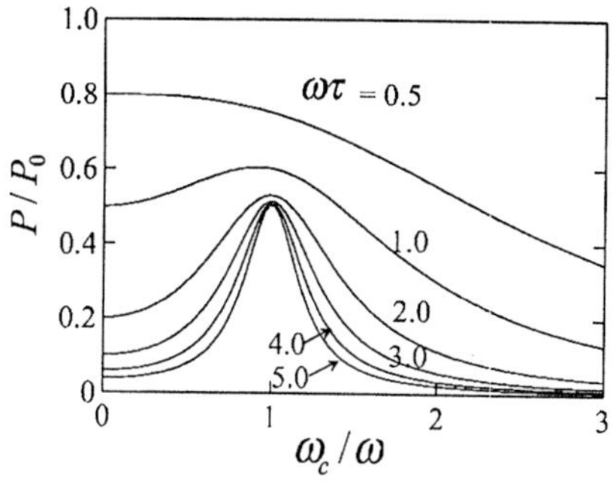

図 2.2: サイクロトロン共鳴の吸収曲線．$\omega\tau = 0.5$, 1.0, 2.0, 3.0, 4.0, 5.0 に対する曲線．

となるから，x 方向の電流密度 $J_x = nqv_x$ を求め，単位時間に単位体積中で吸収されるエネルギー P を求めると次のようになる．

$$\begin{aligned} P &= \frac{1}{2}\Re(J_x E_x) = \frac{1}{2}\frac{nq^2\tau}{m^*}E_x^2 \cdot \Re\left[\frac{1 - i\omega\tau}{(1 - i\omega\tau)^2 + \omega_c^2\tau^2}\right] \\ &\equiv \frac{1}{4}\sigma_0 E_x^2 \cdot \Re\left[\frac{1}{(1 - i\omega\tau) - i\omega_c\tau} + \frac{1}{(1 - i\omega\tau) + i\omega_c\tau}\right] \\ &= \frac{1}{4}\sigma_0 E_x^2 \left[\frac{1}{(\omega - \omega_c)^2\tau^2 + 1} + \frac{1}{(\omega + \omega_c)^2\tau^2 + 1}\right] \end{aligned} \tag{2.13}$$

ここに，$\sigma_0 = nq^2\tau/m^*$ は直流電界に対する導電率で，$\omega_c = qB/m^*$ はサイクロトロン角周波数である．式 (2.13) の右辺の 2 つの項を分けてプロットすると図 2.1 の点線のように $\omega = \pm\omega_c$ を中心にした対称な 2 つのローレンツ関数

$$F_L(\omega) = \frac{\Gamma/2\pi}{(\omega - \omega_c)^2 + (\Gamma/2)^2} \tag{2.14}$$

で表される．このローレンツ関数は半値幅が Γ で，ω に関する積分が 1 となる性質を有する．したがって，Γ が小さくなると δ 関数の性質を示すことになる．共鳴ピークが 2 つ現れるのは，電荷 q の符号により $\omega_c > 0$ と $\omega_c < 0$ となることから，正孔と電子の共鳴に対応することがわかる．円偏波を用いると，右まわりと左まわりで，正孔と電子のいずれかによる共鳴が観測できる．図 2.1 の実線は直線偏波による一種類のキャリアの共鳴吸収曲線を表す．図 2.2 は種々の $\omega\tau$ に対してサイクロトロン共鳴曲線が変化する様子を示したもので，実験では磁界を変えて共鳴を観測するので，横軸を磁界 (ω_c/ω) にとってある．共鳴の半値幅は $2/\tau$ となることも理解される．

つぎに，シリコンやゲルマニウムの伝導帯の電子の有効質量を論じるため，有効質量に異方性のある場合を考える．有効質量テンソルを $\tilde{m}$ とおくと，電荷 q のキャリアに対する運動方程式は

$$\tilde{m}\cdot\dot{\boldsymbol{v}} + \frac{\tilde{m}\cdot\boldsymbol{v}}{\tau} = q(\boldsymbol{E} + \boldsymbol{v}\times\boldsymbol{B}) \tag{2.15}$$

と書ける．電界 $\boldsymbol{E}$ が $\boldsymbol{E}\exp(-i\omega t)$ で，$\boldsymbol{v}$ も $\boldsymbol{v}\exp(-i\omega t)$ で変化するものとすれば，$d/dt=-i\omega$ とおき，

$$\left(-i\omega+\frac{1}{\tau}\right)\tilde{m}\cdot\boldsymbol{v}=q(\boldsymbol{E}+\boldsymbol{v}\times\boldsymbol{B}) \tag{2.16}$$

が成立する．この式を解くのに次のような変数を導入すると都合がよい．

$$\omega'=\omega+i\frac{1}{\tau} \tag{2.17}$$

いま，有効質量テンソル $\tilde{m}$ が対角成分のみを有するものとして，

$$\left[\frac{1}{\tilde{m}}\right]=\begin{bmatrix}1/m_1 & 0 & 0\\ 0 & 1/m_2 & 0\\ 0 & 0 & 1/m_3\end{bmatrix} \tag{2.18}$$

とすると，式 (2.16) は，任意の方向にかけた磁界

$$\boldsymbol{B}=(B_x,B_y,B_z)\equiv B(\alpha,\beta,\gamma)$$

に対して次のように書ける．ただし，共鳴の条件は電界 $\boldsymbol{E}=0$ でも求まるので，簡単のため $\boldsymbol{E}=0$ とおくことにする．式 (2.16) を成分に分けて書くと，

$$\begin{cases} i\omega' m_1 v_x+q(v_yB_z-v_zB_y)=0\\ i\omega' m_2 v_x+q(v_zB_x-v_xB_z)=0\\ i\omega' m_3 v_x+q(v_xB_y-v_yB_x)=0\end{cases}$$

磁界が主軸 x,y,z となす角の方向余弦を α,β,γ とすると，上式の永年方程式は

$$\begin{vmatrix} i\omega' m_1 & qB\gamma & -qB\beta\\ -qB\gamma & i\omega' m_2 & qB\alpha\\ qB\beta & -qB\alpha & i\omega' m_3\end{vmatrix}=0 \tag{2.19}$$

となる．これを ω' について解けばよいわけであるが，$\omega'=(\omega+i/\tau)$ であるから，$\omega\tau\gg 1$ (共鳴の条件) のときには $\omega'\cong\omega$ となるので，$\omega'=\omega=\omega_c$ とおき，上式より

$$\omega_c=\frac{qB}{m^*}=qB\sqrt{\frac{m_1\alpha^2+m_2\beta^2+m_3\gamma^2}{m_1m_2m_3}} \tag{2.20}$$

が得られる．ここに，m^* はサイクロトロン質量である．

サイクロトロン共鳴の実験装置の代表的な例を図 2.3 に示す．マイクロ波発信器から出たマイクロ波 (発信周波数を固定する回路が組み込まれる) は導波管を通して可変磁界中におかれた空洞共振器に導かれる．空洞共振器には半導体試料が挿入されており，温度可変のクライオスタットに入れられている．磁界を変化させ，共鳴が起こるとマイクロ波の吸収が増大するので，導波管の一方に取り付けられた検波器でマイクロ波の出力を測定すれば吸収強度を磁界の関数として測定することができる．はじめに述べたように，$\omega_c\tau\gg 1$ を実現するために低温とするので，キャリアを励起するため光を照射する．光の照射を周期的に行い，その周期で変化するマイクロ波の吸収を位相検波器 (ロックインアンプ) を用いて精度よく測定することができる．このようにして測定した Ge と Si におけるサイクロトロン共鳴の一例を図 2.4 と図 2.5 に示す[2.1]．これらの図に示すように，複数の電子と 2 種類の

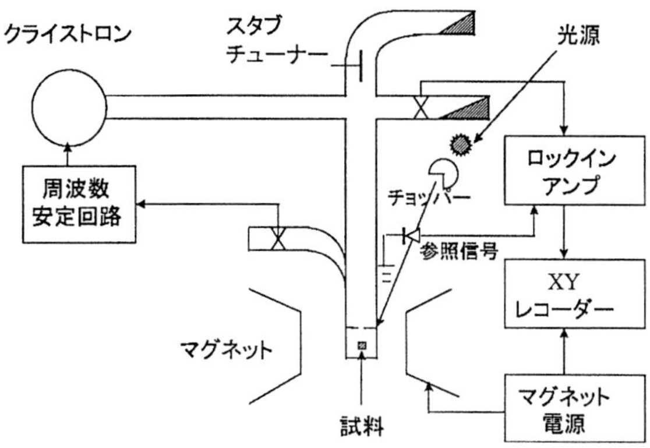

図 2.3: サイクロトロン共鳴の実験装置．クライストロンで発生したマイクロ波を試料の入った空洞共振器に導波管で導く．試料の入った部分はクライオスタットに入れ，低温に保たれている．キャリアが凍結 (freeze-out) しているので，光源からの光をチョッパーでパルス化し，石英のチューブで試料室に導く．磁界を変化させマイクロ波の吸収をロックイン増幅器で測定しレコーダーで記録する．

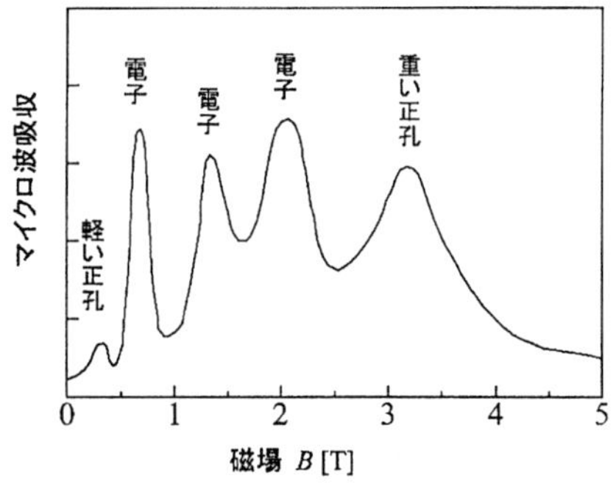

図 2.4: Ge におけるサイクロトロン共鳴．$\omega/2\pi =$ 24GHz, $T = 4.2$K．磁界は (110) 面内で [001] 軸より 60° の方向．

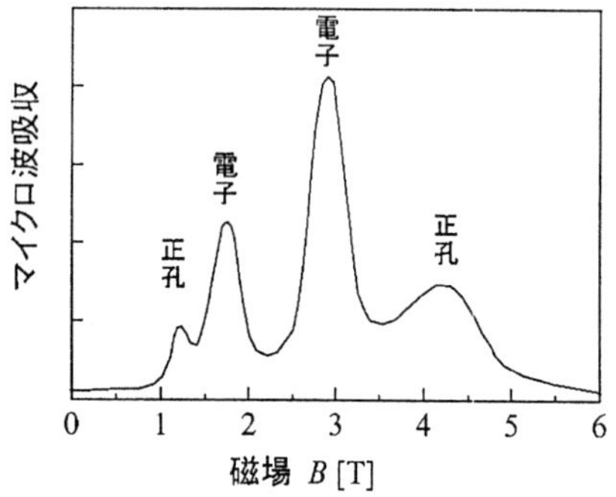

図 2.5: Si におけるサイクロトロン共鳴．$\omega/2\pi =$ 24GHz, $T = 4.2$K．磁界は (110) 面内で [001] 軸より 30° の方向．

正孔 (重い正孔と軽い正孔) が観測されるが，この複数の共鳴については，後にその説明と解析法を述べる．結晶の $\langle 001 \rangle$ 方向と磁界のなす方向を変えて，サイクロトロン共鳴の測定を行い，そのピークの磁界 B_c

$$m^* = \frac{qB_c}{\omega}$$

から電子のサイクロトロン質量を求め，磁界の方向に対してプロットすると Ge では図 2.6，Si では図 2.7 のようになる．

これらの曲線を解析することを試みる．まず，エネルギー帯構造の計算結果を見れば明らかなように，Ge では伝導帯の底は $\langle 111 \rangle$ 軸の L 点に，Si では $\langle 100 \rangle$ 方向の X 点から約 0.15 内側の Δ 軸上にある．これらの軸方向を $\boldsymbol{k}$ ベクトルの主軸方向 (k_z 方向とし，伝導帯底で $\boldsymbol{k} = 0$ とおく) にとる

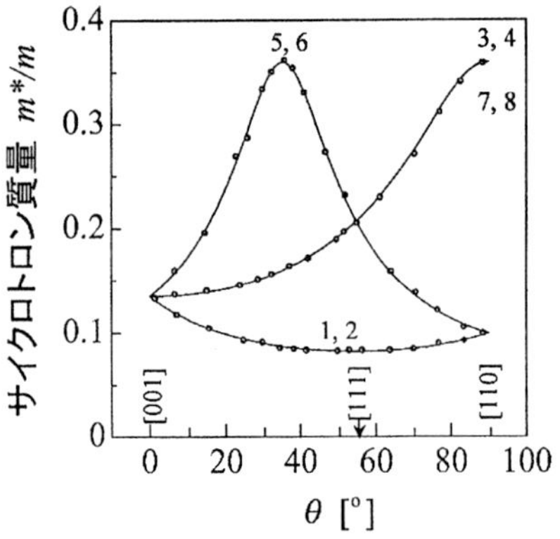

図 2.6: Ge における伝導電子のサイクロトロン質量の結晶軸依存性．θ は磁界が (110) 面内で [001] 軸となす角．

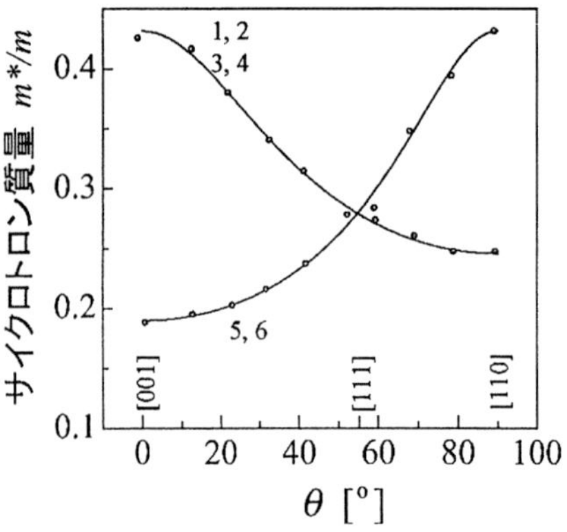

図 2.7: Si における伝導電子のサイクロトロン質量の結晶軸依存性．θ は磁界が (110) 面内で [001] 軸となす角．

と，対称性からこれらの伝導帯は

$$\mathcal{E} = \frac{\hbar^2}{2m_t}(k_x^2 + k_y^2) + \frac{\hbar^2}{2m_l}k_z^2 \tag{2.21}$$

と書ける．これらの伝導帯の等エネルギー面を図示すると Ge では図 2.8，Si では図 2.9 のようになる．このように伝導帯の底が複数個になることから，これらの伝導帯を多数バレー構造 (many valley structure) と呼ぶ．ただし，Ge では対角線上の 2 つのバレーは逆格子ベクトル $\boldsymbol{G}$ だけ離れており，全く等価であるから 8 個の等エネルギー面 (バレー) は 4 個 と理解すべきである．

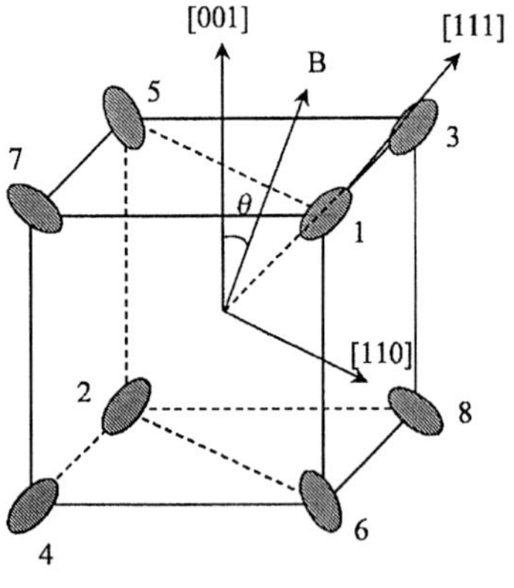

図 2.8: Ge における伝導帯の多数バレー構造

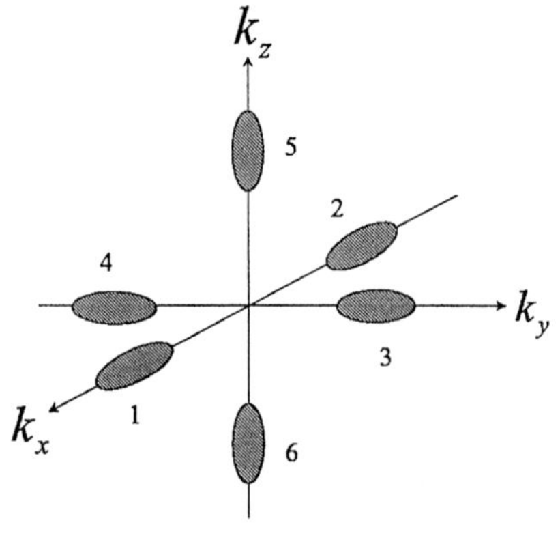

図 2.9: Si における伝導帯の多数バレー構造

このような回転楕円体をした等エネルギー面に対するサイクロトロン質量は，式 (2.20) において $m_1 = m_2 = m_t, m_3 = m_l$ とおいて，

$$\frac{1}{m_c^*} = \sqrt{\frac{m_t(1-\gamma^2) + m_l\gamma^2}{m_t^2 m_l}} \tag{2.22}$$

と書ける．ここに，γ は磁界と回転楕円体の主軸 (k_z 方向) との間の方向余弦 ($B_z = B\gamma$) である．

いま，磁界 $\boldsymbol{B}$ が (110) 面内で $\langle 001 \rangle$ 方向より θ の角をなすものとすると

$$\boldsymbol{B} = B\Big(\frac{\sin\theta}{\sqrt{2}}, \frac{\sin\theta}{\sqrt{2}}, \cos\theta\Big) \equiv B\boldsymbol{e}_B$$

と表すことにする．

はじめに，Ge の場合について考える．バレーを 4 個考えればよいが，等価なものも含めて 8 個とも考えることにする．8 個のバレーの主軸 $\langle 111 \rangle$ 方向の単位ベクトルは

$$\begin{aligned}\boldsymbol{e}_m \quad : \quad & \pm\frac{1}{\sqrt{3}}(1,1,1); && (\text{バレー } 1,\ 2)\\ & \pm\frac{1}{\sqrt{3}}(-1,1,1); && (\text{バレー } 3,\ 4)\\ & \pm\frac{1}{\sqrt{3}}(-1,-1,1); && (\text{バレー } 5,\ 6)\\ & \pm\frac{1}{\sqrt{3}}(1,-1,1); && (\text{バレー } 7,\ 8)\end{aligned} \tag{2.23}$$

と表せるから，各バレーの主軸と磁界のなす方向余弦 γ は

$$\begin{aligned}\gamma &= \boldsymbol{e}_m \cdot \boldsymbol{e}_B\\ &= \pm\frac{1}{\sqrt{3}}(\sqrt{2}\sin\theta + \cos\theta); && (\text{バレー } 1,\ 2)\\ &= \pm\frac{1}{\sqrt{3}}(\cos\theta); && (\text{バレー } 3,\ 4,\ 7,\ 8)\\ &= \pm\frac{1}{\sqrt{3}}(-\sqrt{2}\sin\theta + \cos\theta); && (\text{バレー } 5,\ 6)\end{aligned} \tag{2.24}$$

となり，これを式 (2.22) に代入すると，結局 3 本の曲線が得られ，図 2.6 のような実線になる．ただし，これらの実線は

$$m_t = 0.082m, \qquad m_l = 1.58m \tag{2.25}$$

とおいて計算した．

Si における伝導帯の等エネルギー面は図 2.9 のようになっており，バレーは $\langle 100 \rangle$ 方向に 6 個存在する．このバレーの底はエネルギー帯構造の計算結果や実験の解析からブリルアン領域の X 点の近く，$k_x = 0.85(2\pi/a)$ のところにある．Ge の場合と同様に磁界を (110) 面内で $\langle 001 \rangle$ 方向から θ の角度となるように印加した場合，各バレーの長軸との方向余弦は

$$\begin{aligned}\gamma &= \pm\frac{1}{\sqrt{2}}\sin\theta; && (\text{バレー } 1,\ 2,\ 3,\ 4)\\ \gamma &= \pm\cos\theta; && (\text{バレー } 5,\ 6)\end{aligned} \tag{2.26}$$

となる．これらの関係を式 (2.22) に代入し

$$m_t = 0.19m, \qquad m_l = 0.98m \tag{2.27}$$

とおくと，図 2.7 の実線が得られる．

2.2　価電子帯の解析

図 2.4 と図 2.5 を見るかぎりでは，Ge と Si における正孔に対するサイクロトロン共鳴のピークは 2 つで，電子の場合よりも単純に見える．しかし，実際には電子の場合よりも複雑である．電子の場合と同様に (110) 面内で磁界の方向を ⟨001⟩ から変化させたときのサイクロトロン質量をプロットすると Ge では図 2.10，Si では図 2.11 のようになり，電子の場合と全く異なる傾向が見られる．磁界の方向を変えても 2 つのピークが交差しないことから，正孔には 2 種類のものが存在すると言える．そこで，有効質量の重い方を**重い正孔** (heavy hole)，軽い方を**軽い正孔** (light hole) とよぶ．図 2.10 および図 2.11 より，重い正孔には異方性があるが，軽い正孔は等方的で，共鳴吸収の半値幅は重い正孔の方が広い特徴がある．これらの結果は価電子帯構造と密接な関係があるので，$\boldsymbol{k}\cdot\boldsymbol{p}$ 摂動による価電子帯構造の解析を述べる[2.1]．

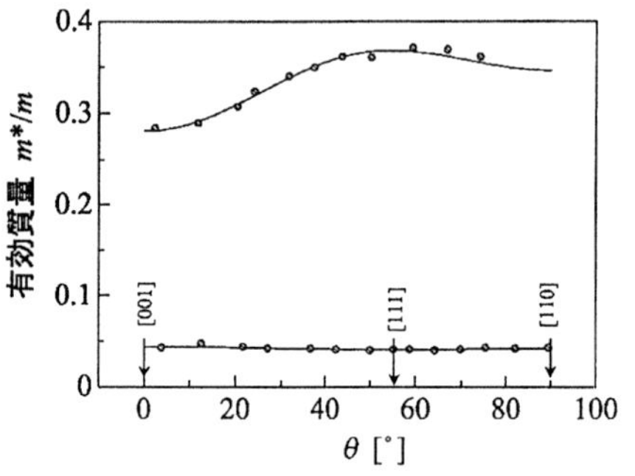

図 2.10: Ge における正孔のサイクロトロン質量．θ は (110) 面内で磁界と ⟨001⟩ 軸の間の角．

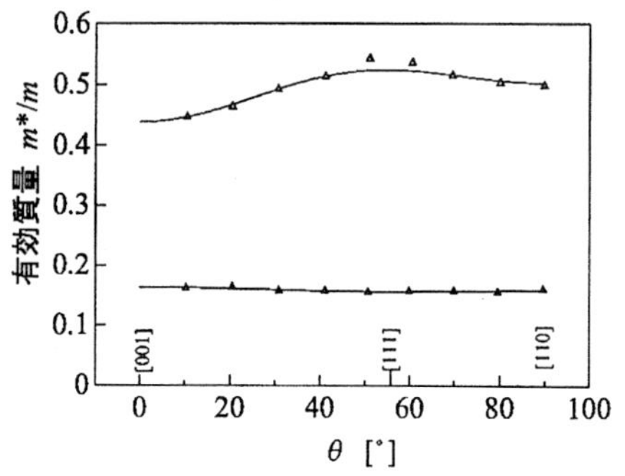

図 2.11: Si における正孔のサイクロトロン質量．θ は (110) 面内で磁界と ⟨001⟩ 軸の間の角．

エネルギー帯構造の計算のところで述べたように，価電子帯は Γ 点 ($\boldsymbol{k}=0$) に頂上を有する 3 重縮退した $\Gamma_{25'}$ で表される対称性をもったバンドである．そこで，基底関数として $|X\rangle, |Y\rangle, |Z\rangle$ を考える．また，Γ 点における最も低い伝導帯は $\Gamma_{2'}$ で，その基底関数は $|xyz\rangle$ で表される．簡単のためこれら 4 つのバンドについて，$\boldsymbol{k}\cdot\boldsymbol{p}$ 摂動を考えてみる．摂動項がない場合，

$$H_0|j\rangle = \mathcal{E}_j|j\rangle \qquad (|j\rangle = |\Gamma_{2'}\rangle, |X\rangle, |Y\rangle, |Z\rangle) \tag{2.28}$$

と書けるが，これはハミルトニアン H_0 の行列として

$$\begin{array}{cccc} |\Gamma_2'\rangle & |X\rangle & |Y\rangle & |Z\rangle \end{array}$$
$$\begin{bmatrix} \mathcal{E}_c & 0 & 0 & 0 \\ 0 & \mathcal{E}_v & 0 & 0 \\ 0 & 0 & \mathcal{E}_v & 0 \\ 0 & 0 & 0 & \mathcal{E}_v \end{bmatrix} \tag{2.29}$$

となる．$\boldsymbol{k}\cdot\boldsymbol{p}$ 摂動によりこのエネルギー帯がどのようになるかを考察してみる．

$$(H_0 + H_1)|j\rangle = \left(\mathcal{E}_j - \frac{\hbar^2 k^2}{2m}\right)|j\rangle \equiv \lambda_j|j\rangle \tag{2.30}$$

$$\lambda_j = \mathcal{E}_j - \frac{\hbar^2 k^2}{2m} \tag{2.31}$$

とすると，

$$\langle \Gamma_2' | H_1 | X \rangle = \langle \Gamma_2' | -i\frac{\hbar^2}{m}\boldsymbol{k}\nabla | X \rangle = \langle xyz | -i\frac{\hbar^2}{m}k_x \frac{\partial}{\partial x} | yz \rangle \equiv Pk_x \tag{2.32}$$

などの関係が成立するから，次のような行列式が得られる．

$$\begin{array}{cccc} |\Gamma_2'\rangle & |X\rangle & |Y\rangle & |Z\rangle \end{array}$$
$$\begin{bmatrix} \mathcal{E}_c - \lambda_j & Pk_x & Pk_y & Pk_z \\ Pk_x & \mathcal{E}_v - \lambda_j & 0 & 0 \\ Pk_y & 0 & \mathcal{E}_v - \lambda_j & 0 \\ Pk_z & 0 & 0 & \mathcal{E}_v - \lambda_j \end{bmatrix} = 0 \tag{2.33}$$

これより，

$$\mathcal{E}_{1,2} = \frac{\mathcal{E}_c + \mathcal{E}_v}{2} \pm \sqrt{\left(\frac{\mathcal{E}_c - \mathcal{E}_v}{2}\right)^2 + P^2 k^2} + \frac{\hbar^2 k^2}{2m} \tag{2.34}$$

$$\mathcal{E}_{3,4} = \mathcal{E}_v + \frac{\hbar^2 k^2}{2m} \tag{2.35}$$

が得られる．この結果を見ると，1 つの伝導帯と縮退した 3 つの価電子帯は，摂動項 H_1 により，1 つの伝導帯 $\mathcal{E}_1$ と縮退のとれた 1 つの価電子帯 $\mathcal{E}_2$ と縮退した 2 つの価電子帯に分かれる．しかし，縮退した価電子帯 $\mathcal{E}_3$ と $\mathcal{E}_4$ は下に凸のバンドとなり，正孔の有効質量が負になるという不合理さがある．実際にサイクロトロン共鳴で観測される信号は，有効質量の異なる重い正孔と軽い正孔の 2 種類の価電子帯のもので，後の解析から分かるように，これ以外にスピン軌道分裂したバンドが存在する．それではどのような方法で価電子帯の解析がなされるのであろうか．$\boldsymbol{k}\cdot\boldsymbol{p}$ の項で説明したように，エネルギー帯構造の計算では $\Gamma_{25'}$ と $\Gamma_{2'}$ 以外にも多数のバンドを考慮した．したがって，上のような正しくない結果が得られたのは $\Gamma_{2'}$ バンドとの相互作用のみを考慮したためであると結論できる．

価電子帯の解析には，Dresselhaus, Kip, Kittel [2.1] の方法と Luttinger, Kohn [2.6] の方法の 2 つの方法があるがここでは後者に近い方法で説明する．

$$(H_0 + H_1)|j\rangle = \left(\mathcal{E}_j - \frac{\hbar^2 k^2}{2m}\right)|j\rangle \tag{2.36}$$

において，縮退した $|\Gamma_{25'}\rangle$ 以外の固有ベクトル全部を考慮し，2 次の摂動を考える．上の結果からも明らかなように，最も近接した伝導帯 $\Gamma_{2'}$ でも，その 1 次の摂動は価電子帯にほとんど影響を与えないから，1 次の摂動は無視することにする．$\boldsymbol{k} = 0$ における価電子帯の状態 $\Gamma_{25'}$ を

$$|j\rangle = |X\rangle, |Y\rangle, |Z\rangle$$

とし，この価電子帯のエネルギーを

$$\mathcal{E}_j = \mathcal{E}_v \equiv \mathcal{E}_0$$

とおくことにする．式 (2.36) における，$\Gamma_{25'}$ 価電子帯に対する 2 次の摂動の結果は

$$\mathcal{E} = \frac{\hbar^2 k^2}{2m} + \sum_{i,j'} \frac{\langle j|H_1|i\rangle\langle i|H_1|j'\rangle}{\mathcal{E}_0 - \mathcal{E}_i} + \mathcal{E}_0 \tag{2.37}$$

となる．ここに，$|j\rangle, |j'\rangle$ は固有値 $\mathcal{E}_0$ を有する3重縮退した $\Gamma_{25'}$ 価電子帯の固有状態 $|X\rangle$, $|Y\rangle$, $|Z\rangle$ に対応し，$|i\rangle$ は固有値 $\mathcal{E}_i$ を有する $\Gamma_{25'}$ 価電子帯以外のエネルギー帯の波動関数である．摂動項は

$$H_1 = \frac{\hbar}{m}\boldsymbol{k}\cdot\boldsymbol{p} = -i\frac{\hbar^2}{m}\boldsymbol{k}\cdot\nabla = -i\frac{\hbar^2}{m}\left(k_x\frac{\partial}{\partial x} + k_y\frac{\partial}{\partial y} + k_x\frac{\partial}{\partial z}\right)$$
$$= \frac{\hbar}{m}(k_x p_x + k_y p_y + k_z p_z) = \sum_l \frac{\hbar}{m} k_l p_l \tag{2.38}$$

であるから，行列要素を

$$\langle i|p_l|j\rangle = \pi_{ij}^l \tag{2.39}$$

とおくと，式 (2.37) は次のように書ける．

$$\mathcal{E}(\boldsymbol{k}) = \mathcal{E}_0 + \frac{\hbar^2 k^2}{2m} + \frac{\hbar^2}{m^2}\sum_{l,m}\sum_{i,j'}\frac{\pi_{ji}^l \pi_{ij'}^m}{\mathcal{E}_0 - \mathcal{E}_i}k_l k_m$$
$$\equiv \mathcal{E}_0 + \sum_{l,m}\sum_{j'} D_{jj'}^{lm} k_l k_m \tag{2.40}$$

ここに，

$$D_{jj'}^{lm} = \frac{\hbar^2}{2m}\delta_{jj'}\delta_{lm} + \frac{\hbar^2}{m^2}\sum_i \frac{\pi_{ji}^l \pi_{ij'}^m}{\mathcal{E}_0 - \mathcal{E}_i} \tag{2.41}$$

である．価電子帯の固有状態 $|j\rangle$ と $|j'\rangle$ は $\Gamma_{25'}$ に属する $|X\rangle$, $|Y\rangle$, $|Z\rangle$ の対称性をもつ．式 (2.40) で与えられるエネルギーの $\boldsymbol{k}$ 依存性を考えてみる．添字の j, j', l, m はそれぞれ3つの組み合わせの1つをとるので，

$$\begin{array}{cccccc} xx & yy & zz & yz, zy & xz, zx & xy, yx \\ 1 & 2 & 3 & 4 & 5 & 6 \end{array}$$

$$\begin{array}{cccccc} XX & YY & ZZ & YZ, ZY & XZ, ZX & XY, YX \\ 1 & 2 & 3 & 4 & 5 & 6 \end{array}$$

なるテンソルの記号を用いることにし

$$\alpha, \beta = 1, 2, 3, 4, 5, 6 \tag{2.42}$$

とすると，

$$D_{ij}^{lm} \equiv D_{\alpha\beta} \tag{2.43}$$

と表すことができる．$D_{jj'}^{lm}$ は4階テンソルであり，立方晶では

$$\begin{vmatrix} D_{11} & D_{12} & D_{12} & 0 & 0 & 0 \\ D_{12} & D_{11} & D_{12} & 0 & 0 & 0 \\ D_{12} & D_{12} & D_{11} & 0 & 0 & 0 \\ 0 & 0 & 0 & D_{44} & 0 & 0 \\ 0 & 0 & 0 & 0 & D_{44} & 0 \\ 0 & 0 & 0 & 0 & 0 & D_{44} \end{vmatrix} \tag{2.44}$$

であるから，0でない成分は次のようになる．

$$D_{11} = D_{XX}^{xx} = D_{YY}^{yy} = D_{ZZ}^{zz} = L$$
$$D_{12} = D_{XX}^{yy} = D_{XX}^{ZZ} = D_{YY}^{xx} = D_{YY}^{zz} = D_{ZZ}^{xx} = D_{ZZ}^{yy} = M \tag{2.45}$$
$$D_{44} = D_{XY}^{xy} + D_{XY}^{yx} = D_{YZ}^{yz} + D_{YZ}^{zy} = D_{ZX}^{zx} + D_{ZX}^{xz} = N$$

この結果を用いると，$\boldsymbol{k}\cdot\boldsymbol{p}$ ハミルトニアンの行列要素は次のようになる．

$$\begin{array}{c|ccc|} & |X\rangle & |Y\rangle & |Z\rangle \\ \langle X| & Lk_x^2+M(k_y^2+k_z^2) & Nk_xk_y & Nk_xk_z \\ \langle Y| & Nk_xk_y & Lk_y^2+M(k_x^2+k_z^2) & Nk_yk_z \\ \langle Z| & Nk_xk_z & Nk_yk_z & Lk_z^2+M(k_x^2+k_y^2) \end{array} \tag{2.46}$$

また，L, M, N は式 (2.41) より次のように書くこともできる[2.1], [2.2].

$$\begin{aligned} L &= \frac{\hbar^2}{2m}+\frac{\hbar^2}{m^2}\sum_i \frac{\pi^x_{Xi}\pi^x_{iX}}{\mathcal{E}_0-\mathcal{E}_i} \\ M &= \frac{\hbar^2}{2m}+\frac{\hbar^2}{m^2}\sum_i \frac{\pi^y_{Xi}\pi^y_{iX}}{\mathcal{E}_0-\mathcal{E}_i} \\ N &= \frac{\hbar^2}{m^2}\sum_i \frac{\pi^x_{Xi}\pi^y_{iY}+\pi^y_{Xi}\pi^x_{iY}}{\mathcal{E}_0-\mathcal{E}_i} \end{aligned} \tag{2.47}$$

以上の結果，$\boldsymbol{k}=0$ で 3 重縮退していた価電子帯はバンド間の相互作用により分裂し，その $\mathcal{E}(\boldsymbol{k})$ 曲線は式 (2.46) で与えられる．その様子を示したのが図 2.12 の左に示してある．しかし，実験結果によると，価電子帯は図 2.12 の右の図に示すように，$\boldsymbol{k}=0$ で 3 重縮退ではなく，2 重縮退した重い正孔と軽い正孔のバンドから成ることが知られている．これは，スピン・軌道角運動量の相互作用によるものでその扱いは次に示される通りである．

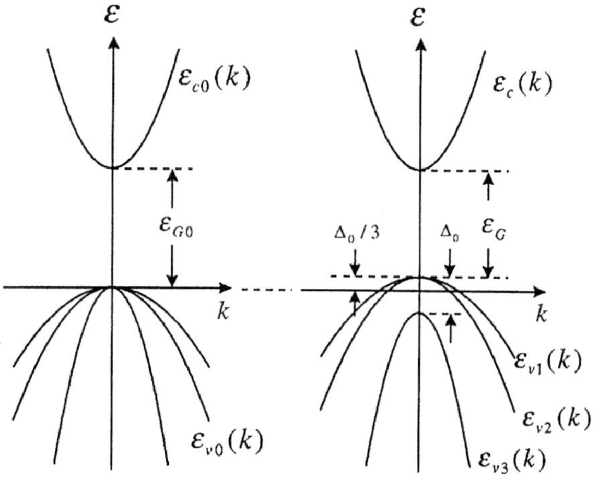

図 2.12: 価電子帯構造．左図はバンド間の相互作用により $\boldsymbol{k}=0$ 以外で縮退がとれる様子を，右図はスピン・軌道角運動量相互作用により $\boldsymbol{k}=0$ で縮退がとれる様子を示す．

2.3 スピン・軌道相互作用

電子の相対論的効果により，軌道角運動量とスピン角運動量の間には相互作用が働く[2.1] ~ [2.3]．この相互作用のハミルトニアン H_{so} は

$$H_{\mathrm{so}}=\xi(r)\boldsymbol{L}\cdot\boldsymbol{S} \tag{2.48}$$

$$\xi(r) = \frac{1}{2m^2c^2}\frac{1}{r}\frac{dV}{dr} \tag{2.49}$$

で与えられる．ここに，$\boldsymbol{L}$ と $\boldsymbol{S}$ はそれぞれ軌道およびスピン角運動量である．いま，スピン角運動量を

$$\boldsymbol{S} = \frac{\hbar}{2}\boldsymbol{\sigma}$$

とおき，パウリのスピン行列

$$\sigma_x = \begin{bmatrix} 0 & 1 \\ 1 & 0 \end{bmatrix}, \quad \sigma_y = \begin{bmatrix} 0 & -i \\ i & 0 \end{bmatrix}, \quad \sigma_z = \begin{bmatrix} 1 & 0 \\ 0 & -1 \end{bmatrix} \tag{2.50}$$

を用いる．スピン $S_z = +\hbar/2$ と $S_z = -\hbar/2$ をもつ状態を $\uparrow$ と $\downarrow$ とすると，それぞれのスピンの固有状態は次のように表せる．

$$|\uparrow\rangle = |\alpha\rangle = \begin{bmatrix} 1 \\ 0 \end{bmatrix}, \quad |\downarrow\rangle = |\beta\rangle = \begin{bmatrix} 0 \\ 1 \end{bmatrix} \tag{2.51}$$

$\Gamma_{25'}$ 価電子帯の固有状態は $|X\rangle, |Y\rangle, |Z\rangle$ で表され，その軌道角運動量 $\boldsymbol{L} = \boldsymbol{r} \times \boldsymbol{p}$ は量子数 1 に対応し，その演算子の行列表示は

$$L_x = \frac{\hbar}{\sqrt{2}}\begin{bmatrix} 0 & 1 & 0 \\ 1 & 0 & 1 \\ 0 & 1 & 0 \end{bmatrix}, \quad L_y = \frac{\hbar}{\sqrt{2}}\begin{bmatrix} 0 & -i & 0 \\ i & 0 & -i \\ 0 & i & 0 \end{bmatrix}, \quad L_z = \hbar\begin{bmatrix} 1 & 0 & 0 \\ 0 & 0 & 0 \\ 0 & 0 & -1 \end{bmatrix} \tag{2.52}$$

で与えられる．固有状態の基底を

$$u_+ = \frac{1}{\sqrt{2}}(|X\rangle + i|Y\rangle) = \begin{bmatrix} 1 \\ 0 \\ 0 \end{bmatrix}, \tag{2.53a}$$

$$u_- = \frac{1}{\sqrt{2}}(|X\rangle - i|Y\rangle) = \begin{bmatrix} 0 \\ 0 \\ 1 \end{bmatrix}, \tag{2.53b}$$

$$u_z = |Z\rangle = \begin{bmatrix} 0 \\ 1 \\ 0 \end{bmatrix} \tag{2.53c}$$

に選ぶと，角運動量の演算子は

$$L_\pm = L_x \pm iL_y \tag{2.54}$$

に対し

$$L_+ = \sqrt{2}\hbar\begin{bmatrix} 0 & 1 & 0 \\ 0 & 0 & 1 \\ 0 & 0 & 0 \end{bmatrix}, \quad L_- = \sqrt{2}\hbar\begin{bmatrix} 0 & 0 & 0 \\ 1 & 0 & 0 \\ 0 & 1 & 0 \end{bmatrix} \tag{2.55}$$

で与えられる．全く同様にして，スピン角運動量の表現も

$$\sigma_\pm = \sigma_x \pm i\sigma_y \tag{2.56}$$

とおくと，次のようになる．

$$\sigma_+ = 2\begin{bmatrix} 0 & 1 \\ 0 & 0 \end{bmatrix}, \quad \sigma_- = 2\begin{bmatrix} 0 & 0 \\ 1 & 0 \end{bmatrix} \tag{2.57}$$

スピン・軌道相互作用のハミルトニアンは

$$
\begin{aligned}
H_{\mathrm{so}} &= \frac{\Delta}{\hbar}\boldsymbol{L}\cdot\boldsymbol{\sigma} \\
&= \frac{\Delta}{\hbar}(L_x\sigma_x + L_y\sigma_y + L_z\sigma_z) \\
&= \frac{\Delta}{\hbar}\left[\frac{1}{2}(L_+\sigma_- + L_-\sigma_+) + L_z\sigma_z\right]
\end{aligned}
\tag{2.58}
$$

と表される．ここに，$3\Delta = \Delta_0$ はスピン・軌道分裂エネルギーと呼ばれ，後に示すように価電子帯の分裂の大きさを与える．

価電子帯 $|u_+\alpha\rangle$, $|u_+\beta\rangle$, $|u_z\alpha\rangle$, $|u_-\beta\rangle$, $|u_-\alpha\rangle$, $|u_z\beta\rangle$ の 6 つの状態に対して，スピン・軌道角運動量相互作用ハミルトニアンの行列要素を求めると次のようになる．

$$
\begin{array}{cccccc}
u_+\alpha & u_+\beta & u_z\alpha & u_-\beta & u_-\alpha & u_z\beta
\end{array}
$$
$$
\left|\begin{array}{cccccc}
\Delta & 0 & 0 & 0 & 0 & 0 \\
0 & -\Delta & \sqrt{2}\Delta & 0 & 0 & 0 \\
0 & \sqrt{2}\Delta & 0 & 0 & 0 & 0 \\
0 & 0 & 0 & \Delta & 0 & 0 \\
0 & 0 & 0 & 0 & -\Delta & \sqrt{2}\Delta \\
0 & 0 & 0 & 0 & \sqrt{2}\Delta & 0
\end{array}\right|
\tag{2.59}
$$

式 (2.59) は以下のようにして求められる．

$$
\begin{aligned}
L_+\sigma_-|u_+\alpha\rangle &= L_+|u_+\rangle\sigma_-|\alpha\rangle \\
&= \sqrt{2}\hbar\begin{bmatrix}0&1&0\\0&0&1\\0&0&0\end{bmatrix}\begin{bmatrix}1\\0\\0\end{bmatrix}\times 2\begin{bmatrix}0&0\\1&0\end{bmatrix}\begin{bmatrix}1\\0\end{bmatrix} = 0
\end{aligned}
\tag{2.60a}
$$

$$
\begin{aligned}
L_-\sigma_+|u_+\alpha\rangle &= L_-|u_+\rangle\sigma_+|\alpha\rangle \\
&= \sqrt{2}\hbar\begin{bmatrix}0&0&0\\1&0&0\\0&1&0\end{bmatrix}\begin{bmatrix}1\\0\\0\end{bmatrix}\times 2\begin{bmatrix}0&1\\0&0\end{bmatrix}\begin{bmatrix}1\\0\end{bmatrix} = 0
\end{aligned}
\tag{2.60b}
$$

$$
\begin{aligned}
L_z\sigma_z|u_+\alpha\rangle &= \hbar\begin{bmatrix}1&0&0\\0&0&0\\0&0&-1\end{bmatrix}\begin{bmatrix}1\\0\\0\end{bmatrix}\begin{bmatrix}1&0\\0&-1\end{bmatrix}\begin{bmatrix}1\\0\end{bmatrix} \\
&= \hbar\begin{bmatrix}1\\0\\0\end{bmatrix}\begin{bmatrix}1\\0\end{bmatrix} = \hbar|u_+\rangle|\alpha\rangle = \hbar|u_+\alpha\rangle
\end{aligned}
\tag{2.60c}
$$

これより，

$$
\langle u_+\alpha|L_+\sigma_-|u_+\alpha\rangle = \hbar \tag{2.61}
$$

以下同様にして，式 (2.59) の結果を得ることができる．

さて，式 (2.59) は 6×6 の行列であるが，非対角成分は 0 が多く，よく見ると全く等価な 3×3 の 2 つの行列に分割されている．その 3×3 の行列も 1×1 と 2×2 の行列からなっている．したがって，2×2 の行列式を対角化すれば容易に次の結果が得られる．

$$\begin{vmatrix} \Delta & 0 & 0 & 0 & 0 & 0 \\ 0 & \Delta & 0 & 0 & 0 & 0 \\ 0 & 0 & -2\Delta & 0 & 0 & 0 \\ 0 & 0 & 0 & \Delta & 0 & 0 \\ 0 & 0 & 0 & 0 & \Delta & 0 \\ 0 & 0 & 0 & 0 & 0 & -2\Delta \end{vmatrix} \tag{2.62}$$

この結果，スピン・軌道角運動量相互作用により6重縮退した価電子帯は(スピンを考慮して)，Δ だけ高エネルギー側にシフトした4重縮退した重い正孔と軽い正孔の価電子帯と 2Δ だけ低エネルギー側にシフトした2重縮退したスピン軌道分裂した価電子帯に分かれる(図2.12を参照)．また，$\boldsymbol{k}=0$ で4重縮退した価電子帯は $\boldsymbol{k}\neq 0$ では，縮退がとれる．それぞれの固有値に対する固有ベクトルは次のようになる．

$$u_{v2} = \left|\frac{3}{2}, \frac{3}{2}\right\rangle = |u_+\alpha\rangle = \sqrt{\frac{1}{2}}\,|(X+iY)\uparrow\rangle \tag{2.63a}$$

$$\begin{aligned} u_{v1} &= \left|\frac{3}{2}, \frac{1}{2}\right\rangle = i\left[\frac{1}{\sqrt{3}}\,|u_+\beta\rangle - \sqrt{\frac{2}{3}}\,|u_z\alpha\rangle\right] \\ &= i\sqrt{\frac{1}{6}}\,[|(X+iY)\downarrow\rangle - 2\,|Z\uparrow\rangle] \end{aligned} \tag{2.63b}$$

$$\begin{aligned} u_{v3} &= \left|\frac{1}{2}, \frac{1}{2}\right\rangle = \sqrt{\frac{2}{3}}\,|u_+\beta\rangle + \sqrt{\frac{1}{3}}\,|u_z\alpha\rangle \\ &= \sqrt{\frac{1}{3}}\,[|(X+iY)\downarrow\rangle + |Z\uparrow\rangle] \end{aligned} \tag{2.63c}$$

$$u_{v2} = \left|\frac{3}{2}, -\frac{3}{2}\right\rangle = i\,|u_-\beta\rangle = i\sqrt{\frac{1}{2}}\,|(X-iY)\downarrow\rangle \tag{2.63d}$$

$$\begin{aligned} u_{v1} &= \left|\frac{3}{2}, -\frac{1}{2}\right\rangle = \frac{1}{\sqrt{3}}\,|u_-\alpha\rangle + \sqrt{\frac{2}{3}}\,|u_z\beta\rangle \\ &= \sqrt{\frac{1}{6}}\,[|(X-iY)\uparrow\rangle + 2\,|Z\downarrow\rangle] \end{aligned} \tag{2.63e}$$

$$\begin{aligned} u_{v3} &= \left|\frac{1}{2}, -\frac{1}{2}\right\rangle = i\left[-\sqrt{\frac{2}{3}}\,|u_-\alpha\rangle + \frac{1}{\sqrt{3}}\,|u_z\beta\rangle\right] \\ &= i\sqrt{\frac{1}{3}}\,[-|(X-iY)\uparrow\rangle + |Z\downarrow\rangle] \end{aligned} \tag{2.63f}$$

式(2.62)と式(2.63a)~(2.63f)の結果は次のようにして導出できる．2行2列の行列式はユニタリー変換により容易に計算できる．つまり，

$$\boldsymbol{T}\boldsymbol{T}^* = \boldsymbol{T}\boldsymbol{T}^{-1} = \boldsymbol{I} \tag{2.64}$$

で与えられる $\boldsymbol{T}$ を用いて，ユニタリー変換を施す．

$$\boldsymbol{T}^*\begin{bmatrix} -\Delta & \sqrt{2}\Delta \\ \sqrt{2}\Delta & 0 \end{bmatrix}\boldsymbol{T} = \boldsymbol{Q}_d = \begin{bmatrix} \lambda_1 & 0 \\ 0 & \lambda_2 \end{bmatrix} \tag{2.65}$$

のように，ユニタリー変換を施して行列を対角化することにより (対角行列 $\boldsymbol{Q}_d$ を求めることにより)，固有値 λ_1 と λ_2 を求める．この固有値は行列式

$$\begin{bmatrix} -\Delta-\lambda & \sqrt{2}\Delta \\ \sqrt{2}\Delta & -\lambda \end{bmatrix} = 0 \tag{2.66}$$

より

$$\lambda(\lambda+\Delta) - 2\Delta^2 = 0$$

つまり

$$\lambda_1 = \Delta, \qquad \lambda_2 = -2\Delta \tag{2.67}$$

となる．そこで

$$\boldsymbol{T} = \begin{bmatrix} t_{11} & t_{12} \\ t_{21} & t_{22} \end{bmatrix}, \qquad \boldsymbol{T}^{-1} = \begin{bmatrix} t_{11} & t_{21} \\ t_{12} & t_{22} \end{bmatrix}$$

とおくと

$$\begin{bmatrix} -\Delta & \sqrt{2}\Delta \\ \sqrt{2}\Delta & 0 \end{bmatrix} \boldsymbol{T} = \boldsymbol{T} \begin{bmatrix} \Delta & 0 \\ 0 & -2\Delta \end{bmatrix} \tag{2.68}$$

つまり，

$$\begin{bmatrix} -\Delta & \sqrt{2}\Delta \\ \sqrt{2}\Delta & 0 \end{bmatrix} \begin{bmatrix} t_{11} & t_{12} \\ t_{21} & t_{22} \end{bmatrix} = \begin{bmatrix} t_{11} & t_{12} \\ t_{21} & t_{22} \end{bmatrix} \begin{bmatrix} \Delta & 0 \\ 0 & -2\Delta \end{bmatrix}$$

であるから，

$$\begin{cases} -t_{11} + \sqrt{2}t_{21} & = & t_{11} \\ -t_{12} + \sqrt{2}t_{22} & = & -2t_{12} \\ \sqrt{2}t_{11} & = & t_{21} \\ \sqrt{2}t_{12} & = & -2t_{22} \end{cases}$$

$$\frac{t_{11}}{t_{21}} = \frac{1}{\sqrt{2}}, \qquad \frac{t_{12}}{t_{22}} = -\sqrt{2}$$

$$t_{11}^2 + t_{12}^2 = 1, \quad t_{21}^2 + t_{22}^2 = 1$$

$$t_{11} = \frac{1}{\sqrt{3}}, \qquad t_{12} = \mp\sqrt{\frac{2}{3}}, \qquad t_{21} = \sqrt{\frac{2}{3}}, \qquad t_{22} = \pm\frac{1}{\sqrt{3}}$$

これより，ユニタリー変換行列は

$$\boldsymbol{T} = \begin{bmatrix} \frac{1}{\sqrt{3}} & \mp\sqrt{\frac{2}{3}} \\ \sqrt{\frac{2}{3}} & \pm\frac{1}{\sqrt{3}} \end{bmatrix} \tag{2.69}$$

で与えられ，固有関数は

$$\Psi' = \boldsymbol{T}\Psi$$

より求められる．その結果は式 (2.63a)～(2.63f) となる．ただし，固有関数の位相は $|3/2, 3/2\rangle$ と $|3/2, -3/2\rangle$ などが時間反転を満たすように選んである．通常は i を省略して書かれている．

さて，価電子帯の波数ベクトル $\boldsymbol{k}$ 依存性，つまりサイクロトロン質量や有効質量はどのようにして求められるのであろうか．これは先に示した Luttinger と Kohn [2.6] の方法によればよいことが分かる．ただし，基底関数 (固有関数) として上に求めたスピン・軌道相互作用を考慮したものを用いればよい．スピン・軌道角運動量相互作用のハミルトニアンを対角化したときの固有関数式 (2.63a)～(2.63f) を用いると，Dresellhaus, Kip と Kittel [2.1] により計算されている結果を得る．

$$
\begin{vmatrix}
\frac{H_{11}+H_{22}}{2} & -\frac{H_{13}-iH_{23}}{\sqrt{3}} & -\frac{H_{11}-H_{22}-2iH_{12}}{2\sqrt{3}} & 0 & \frac{H_{13}-iH_{23}}{\sqrt{6}} & -\frac{H_{11}-H_{22}-2iH_{12}}{\sqrt{6}} \\
-\frac{H_{13}+iH_{23}}{\sqrt{3}} & \frac{4H_{33}+H_{11}+H_{22}}{6} & 0 & -\frac{H_{11}-H_{22}-2iH_{12}}{2\sqrt{3}} & -\frac{H_{11}+H_{22}-2H_{33}}{3\sqrt{2}} & \frac{H_{13}-iH_{23}}{\sqrt{2}} \\
-\frac{H_{11}-H_{22}+2iH_{12}}{2\sqrt{3}} & 0 & \frac{4H_{33}+H_{11}+H_{22}}{6} & \frac{H_{13}-iH_{23}}{\sqrt{3}} & \frac{H_{13}+iH_{23}}{\sqrt{2}} & \frac{H_{11}+H_{22}-2H_{33}}{3\sqrt{2}} \\
0 & -\frac{H_{11}-H_{22}+2iH_{12}}{2\sqrt{3}} & \frac{H_{13}+iH_{23}}{\sqrt{3}} & \frac{H_{11}+H_{22}}{2} & \frac{H_{11}-H_{22}+2iH_{12}}{\sqrt{6}} & -\frac{H_{13}+iH_{23}}{\sqrt{6}} \\
-\frac{H_{13}+iH_{23}}{\sqrt{6}} & -\frac{H_{11}+H_{22}-2H_{33}}{3\sqrt{2}} & \frac{H_{13}-iH_{23}}{\sqrt{2}} & \frac{H_{11}-H_{22}-2iH_{12}}{\sqrt{6}} & \frac{H_{11}+H_{22}+H_{33}}{3}-\Delta_0 & 0 \\
-\frac{H_{11}-H_{22}+2iH_{12}}{\sqrt{6}} & \frac{H_{13}+iH_{23}}{\sqrt{2}} & \frac{H_{11}+H_{22}-2H_{33}}{3\sqrt{2}} & -\frac{H_{13}-iH_{23}}{\sqrt{6}} & 0 & \frac{H_{11}+H_{22}+H_{33}}{3}-\Delta_0
\end{vmatrix}
\tag{2.70}
$$

ここに,

$$
\begin{aligned}
H_{11} &= Lk_x^2 + M(k_y^2 + k_z^2) \\
H_{22} &= Lk_y^2 + M(k_z^2 + k_x^2) \\
H_{33} &= Lk_z^2 + M(k_x^2 + k_y^2) \\
H_{12} &= Nk_xk_y \\
H_{23} &= Nk_yk_z \\
H_{13} &= Nk_xk_z
\end{aligned}
$$

である. 上の行列式は近似的に, 左上の 4×4 と右下の 2×2 の二つの行列式に分離できる[2.1]. 残りの二つの 2×4 のブロックは解に k^4/Δ_0 程度の誤差を与えるだけなので, この近似が十分であることが分かる. 4×4 の根は

$$
\mathcal{E}(\boldsymbol{k}) = Ak^2 \pm \sqrt{B^2k^4 + C^2(k_x^2k_y^2 + k_y^2k_x^2 + k_z^2k_x^2)} \tag{2.71}
$$

で与えられる．ここに

$$A = \frac{1}{3}(L + 2M)$$
$$B = \frac{1}{3}(L - M) \tag{2.72}$$
$$C = \frac{1}{3}[N^2 - (L - M)^2]$$

である．また，2×2 の行列式からは

$$\mathcal{E}(\boldsymbol{k}) = Ak^2 - \Delta_0 \tag{2.73}$$

が得られる．

式 (2.71) からは重い正孔 (heavy hole) と軽い正孔 (light hole) のバンドが，また式 (2.73) からは，スピン・軌道角運動量相互作用で分裂したバンド (spin-orbit split-off band) の波数ベクトル依存性が求まる．式 (2.71) によると，$C \neq 0$ のとき，等エネルギー面は球面とならず，ウォープした面 (warped surface) となる．図 2.13 に，ゲルマニウムにおける (100) 面の等エネルギー面をプロットしてある．複雑な形状をした価電子帯のサイクロトロン質量を求めるには工夫が必要である[2.1]．正

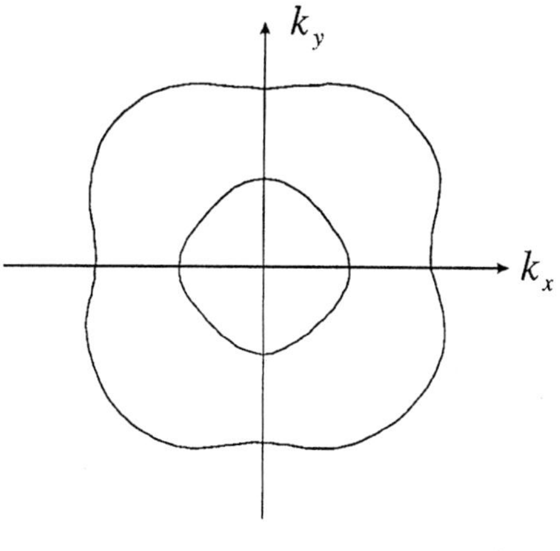

図 2.13: Ge の価電子帯の (001) 面における等エネルギー面

孔の波数ベクトルを $\boldsymbol{k}$ として，これを円柱座標 (k_H, ρ, ϕ) を用いて表すことにする．ここに k_H は磁界に平行な成分である．このとき

$$m^* = \frac{\hbar^2}{2\pi} \oint \frac{\rho d\phi}{\partial \mathcal{E}/\partial \rho}. \tag{2.74}$$

(001) 面に垂直な磁界を考え，$k_H = 0$ とすると (正孔の運動は磁界に垂直な面内で $k_H = 0$ としても一般性を失わないから)，

$$m^* = \frac{\hbar^2}{\pi} \int_0^{\pi/2} \frac{d\phi}{A \pm \{B^2 + \frac{1}{4}C^2[1 + g(\phi)]\}^{1/2}} \tag{2.75}$$

となる．ここに，

$$g(\phi) = -3(3\cos^2\theta - 1)[(\cos^2\theta - 3)\cos^4\phi + 2\cos^2\phi] \tag{2.76}$$

である．また，θ は (110) 面内で (001) 方向からの角である．$g(\phi)$ の項を展開すると

$$m^* = \frac{\hbar^2}{2}\frac{1}{A \pm \sqrt{B^2 + (C/2)^2}} \times \left\{1 \pm \frac{C^2(1 - 3\cos^2\theta)^2}{64\sqrt{B^2 + (C/2)^2}\left[A \pm \sqrt{B^2 + (C/2)^2}\right]} + \dots\right\} \tag{2.77}$$

となる．この結果を用いて，A, B, C を適当に選び，サイクロトロン質量が実験結果と合うようにして求めた曲線が図 2.10 と図 2.11 に示してある．このとき Ge に対しては

$$\begin{aligned} A &= -(13.0 \pm 0.2)(\hbar^2/2m) \\ |B| &= (8.9 \pm 0.1)(\hbar^2/2m) \\ |C| &= (10.3 \pm 0.2)(\hbar^2/2m) \end{aligned} \tag{2.78}$$

が得られる．Si に対しては

$$\begin{aligned} A &= -(4.1 \pm 0.2)(\hbar^2/2m) \\ |B| &= (1.6 \pm 0.2)(\hbar^2/2m) \\ |C| &= (3.3 \pm 0.5)(\hbar^2/2m) \end{aligned} \tag{2.79}$$

が得られている．これらの値を用いて，式 (2.72) から L, M, N の値を求めるのは容易である[2.1]．なお，正孔の有効質量の平均値を式 (2.71) を用いて，$\boldsymbol{k}$ 空間で平均操作から求めると次のようになる．

$$\frac{m}{m_{hh}} = -A - \sqrt{B^2 + \frac{C^2}{5}} \tag{2.80}$$

$$\frac{m}{m_{hh}} = -A + \sqrt{B^2 + \frac{C^2}{5}} \tag{2.81}$$

ただし，A, B, C は無次元の質量で，式 (2.79) を $\hbar^2/2m$ の単位で表してある．また，種々の文献で平方根の中が $C^2/6$ となっているのは間違いである．この関係を用いて求めた Ge (Si) の重い正孔と軽い正孔の平均質量は，それぞれ $0.336m$ ($0.520m$) と $0.0434m$ ($0.159m$) となる．

2.4 伝導帯の非放物線性

前節の結果を用いると，スピン・軌道相互作用を考慮した場合の伝導帯の構造を求めることができる．簡単のため，伝導帯 $|\Gamma_{2'}\rangle$ と価電子帯 $|\Gamma_{25'}\rangle$ のみを考えることにする．このときの $\boldsymbol{k}\cdot\boldsymbol{p}$ ハミルトニアンの行列は

$$\begin{vmatrix} \mathcal{E}_{c0} - \lambda & 0 & Pk & 0 \\ 0 & \mathcal{E}_{v0} - \Delta_0/3 - \lambda & \sqrt{2}\Delta_0/3 & 0 \\ Pk & \sqrt{2}\Delta_0/3 & \mathcal{E}_{v0} - \lambda & 0 \\ 0 & 0 & 0 & \mathcal{E}_{v0} + \Delta_0/3 - \lambda \end{vmatrix} = 0 \tag{2.82}$$

となる．ただし，単位系としてはバンド計算のときに用いたように P^2 と k^2 $(= \hbar^2k^2/2m)$ がエネルギーの単位 (atomic unit) で表されている．このとき $\lambda = \mathcal{E} - k^2$ で，一般性を失わないので簡単の

ため，$k_x = k_y = 0$，$k_z = k$ とおいた．この行列式の左上 3×3 の行列から

$$\left(\lambda - \mathcal{E}_{v0} + \frac{2\Delta_0}{3}\right)\left(\lambda - \mathcal{E}_{v0} - \frac{\Delta_0}{3}\right)\left(\lambda - \mathcal{E}_{c0}\right) - P^2k^2\left(\lambda - \mathcal{E}_{v0} + \frac{\Delta_0}{3}\right) = 0 \qquad (2.83)$$

が得られる．いま，

$$\mathcal{E}_c = \mathcal{E}_{c0} \qquad \mathcal{E}_v = \mathcal{E}_{v0} + \frac{\Delta_0}{3} \qquad \mathcal{E}_c - \mathcal{E}_v = \mathcal{E}_G \qquad (2.84)$$

とおくと

$$(\lambda - \mathcal{E}_v + \Delta_0)(\lambda - \mathcal{E}_v)(\lambda - \mathcal{E}_c) - P^2k^2(\lambda - \mathcal{E}_v + \frac{2\Delta_0}{3}) = 0 \qquad (2.85)$$

が得られる．伝導帯のバンド端有効質量は次のような近似で求めることができる．$\hbar^2k^2/2m$ の項が小さいとし，$\lambda - \mathcal{E}_c$ の項以外の λ に $\mathcal{E}_c$ を代入して

$$\lambda = \mathcal{E}_c(\boldsymbol{k}) - k^2 = \frac{P^2k^2(\mathcal{E}_c - \mathcal{E}_v + 2\Delta_0/3)}{(\mathcal{E}_c - \mathcal{E}_v + \Delta_0)(\mathcal{E}_c - \mathcal{E}_v)} + \mathcal{E}_c \qquad (2.86)$$

つまり，

$$\mathcal{E}(\boldsymbol{k}) = k^2 + \frac{P^2k^2}{3}\left[\frac{2}{\mathcal{E}_G} + \frac{1}{\mathcal{E}_G + \Delta_0}\right] + \mathcal{E}_c \qquad (2.87)$$

となるから，バンド端有効質量 m_0^* は

$$\frac{m}{m_0^*} = 1 + \frac{P^2}{3}\left[\frac{2}{\mathcal{E}_G} + \frac{1}{\mathcal{E}_G + \Delta_0}\right] \qquad (2.88)$$

で与えられる．この関係は III-V 化合物半導体で測定された電子の有効質量とよい一致を示すことが次の例からわかる．たとえば，GaAs の運動量行列要素は表 1.3 に示したように，$P = 1.360$ であるから $P^2 = 1.360^2 \times 13.6 = 25.2$ eV となる．GaAs のエネルギー禁止帯幅は $\mathcal{E}_G = 1.53$ eV でスピン軌道分裂エネルギーは $\Delta_0 = 0.34$ eV であるから，これらを式 (2.88) に代入すると，GaAs のバンド端有効質量として $m_0^* = 0.061m$ がえられ，実測値の $0.067m$ とかなりよい一致を示す．

式 (2.85) において，$\lambda = \mathcal{E}_c(\boldsymbol{k}) - k^2 (= \mathcal{E}_c(\boldsymbol{k}) - \hbar^2k^2/2m)$ の関係を代入すると，伝導帯の電子のエネルギー $\mathcal{E}_c(\boldsymbol{k})$ の $\boldsymbol{k}$ 依存性は放物線バンド

$$\mathcal{E}_c(\boldsymbol{k}) = \frac{\hbar^2k^2}{2m} \qquad (2.89)$$

からずれることになる．このようなバンドを非放物線バンドと呼ぶ．

伝導帯のエネルギーを k^4 のオーダーまで求めるには，k^6 のオーダーの項を与える λ^3 の項を省略する．λ に関する 2 次方程式を解くと

$$\mathcal{E}(\boldsymbol{k}) = \frac{\hbar^2k^2}{2m_0^*} - \left(1 - \frac{m_0^*}{m}\right)^2\left(\frac{\hbar^2k^2}{2m_0^*}\right)^2\left[\frac{3\mathcal{E}_G + 4\Delta_0 + 2\Delta_0^2/\mathcal{E}_G}{(\mathcal{E}_G + \Delta_0)(3\mathcal{E}_G + 2\Delta_0)}\right] \qquad (2.90)$$

が得られる．

もう一つのよい例として，InSb のように $\Delta_0 \gg \mathcal{E}_G$ の場合を考える．このとき式 (2.85) より

$$(\lambda - \mathcal{E}_c)(\lambda - \mathcal{E}_v) - \frac{2}{3}P^2k^2 = 0 \qquad (2.91)$$

となるから，伝導帯は

$$\mathcal{E}(\boldsymbol{k}) = k^2 + \frac{\mathcal{E}_c + \mathcal{E}_v}{2} + \sqrt{\frac{(\mathcal{E}_c - \mathcal{E}_v)^2}{4} + \frac{2}{3}P^2k^2} \tag{2.92}$$

で与えられる．このような近似は，伝導帯と価電子帯の頂上のバンドのみを考えるので，2バンドモデル (two band model) と呼ばれる．伝導帯の底のエネルギーを $\mathcal{E}_c = 0$ とおき，k^2 を $\hbar^2k^2/2m$ でおきかえると，

$$\begin{aligned}\mathcal{E}(\boldsymbol{k}) &= \frac{\hbar^2k^2}{2m} + \frac{\mathcal{E}_G}{2}\left[\sqrt{1 + \frac{8P^2}{3\mathcal{E}_G^2}\cdot\frac{\hbar^2k^2}{2m}} + 1\right] \\ &= \frac{\hbar^2k^2}{2m} + \frac{\mathcal{E}_G}{2}\left[\sqrt{1 + \frac{4\mathcal{E}_p}{\mathcal{E}_G^2}\cdot\frac{\hbar^2k^2}{2m}} + 1\right]\end{aligned} \tag{2.93}$$

を得る．ここに，

$$\mathcal{E}_p = \frac{2P^2}{3} \tag{2.94}$$

とおいた．式 (2.93) を $\hbar^2k^2/2m$ について解くと

$$\frac{\hbar^2k^2}{2m} = \mathcal{E} + \frac{\mathcal{E}_G + \mathcal{E}_p}{2}\left[1 - \sqrt{1 + \frac{4\mathcal{E}_p\mathcal{E}}{(\mathcal{E}_G + \mathcal{E}_p)^2}}\right] \tag{2.95}$$

が得られる．$\mathcal{E}$ が小さいものとして，上式の根号の部分を展開すると

$$\frac{\hbar^2k^2}{2m} = \mathcal{E}\left[\frac{\mathcal{E}_G}{\mathcal{E}_G + \mathcal{E}_p} + \frac{\mathcal{E}_p^2\mathcal{E}}{(\mathcal{E}_G + \mathcal{E}_p)^3} - \frac{2\mathcal{E}_p^3\mathcal{E}^2}{(\mathcal{E}_G + \mathcal{E}_p)^5} + \cdots\cdots\right] \tag{2.96}$$

なる関係が導かれる．$\mathcal{E} \to 0$ でエネルギー帯は放物線 $\mathcal{E} = \hbar^2k^2/2m_0^*$ に近づかなければならないから，バンド端の有効質量は

$$m_0^*/m = \frac{\mathcal{E}_G}{\mathcal{E}_G + \mathcal{E}_p} \tag{2.97}$$

となる．例えば，InSb では $\mathcal{E}_G = 0.235$ eV，$m_0^*/m = 0.0138$，$\Delta_0 = 0.9$ eV であるから，$\Delta_0 > \mathcal{E}_G$ の条件が満たされる．これより $\mathcal{E}_p \approx 17$ eV となり，エネルギーバンド計算の結果から得られている $\mathcal{E}_p \approx 20$ eV とよく一致する．式 (2.96) と式 (2.97) より

$$\frac{\hbar^2k^2}{2m_0^*} = \gamma(\mathcal{E}) = \mathcal{E}[1 + \alpha\mathcal{E} + \beta\mathcal{E}^2 + \cdots\cdots] \tag{2.98}$$

と書ける．ここに，

$$\alpha = \frac{\mathcal{E}_p^2}{\mathcal{E}_G(\mathcal{E}_G + \mathcal{E}_p)^2} = \left(1 - \frac{m_0^*}{m}\right)^2\cdot\frac{1}{\mathcal{E}_G} \tag{2.99}$$

$$\beta = -\frac{2\mathcal{E}_p^3}{\mathcal{E}_G(\mathcal{E}_G + \mathcal{E}_p)^4} \tag{2.100}$$

である．通常 $\mathcal{E}_G \ll \mathcal{E}_p$ なので，式 (2.98) において右辺の第3項以下を省略すると

$$\frac{\hbar^2k^2}{2m_0^*} \equiv \gamma(\mathcal{E}) = \mathcal{E}\left(1 + \frac{\mathcal{E}}{\mathcal{E}_G}\right) \tag{2.101}$$

とおける．

2.5 磁界中の電子の運動とランダウ準位

2.5.1 ランダウ準位

ここでは，磁界中での電子の運動について，久保等[2.4], [2.5]の方法に従い，3.2 節で証明する有効質量近似を用いて論じることにする．均一な磁界 $\boldsymbol{B}$ のもとでの電子のハミルトニアンは次のように書ける．

$$H = \frac{1}{2m}(\boldsymbol{p} + e\boldsymbol{A})^2 \tag{2.102}$$

ここに，$\boldsymbol{A}$ はベクトルポテンシャルで磁界との間には

$$\boldsymbol{B} = \nabla \times \boldsymbol{A} \tag{2.103}$$

の関係がある．$\nabla \cdot \boldsymbol{A} = 0$ であるから，

$$\boldsymbol{A} \cdot \boldsymbol{p} - \boldsymbol{p} \cdot \boldsymbol{A} = i\hbar\nabla \cdot \boldsymbol{A} = 0 \tag{2.104}$$

が成立し，運動量オペレーターとベクトルポテンシャルは交換する．次のような一般化した運動量オペレーター[2.4]を定義する．

$$\boldsymbol{\pi} = \boldsymbol{p} + e\boldsymbol{A} \tag{2.105}$$

このとき，有効質量ハミルトニアンは次式で与えられる．

$$H = \mathcal{E}_0(\boldsymbol{\pi}) + U(\boldsymbol{r}) \tag{2.106}$$

ここに，$\mathcal{E}_0(\boldsymbol{p})$ は結晶運動量 (crystal momentum)$\boldsymbol{p} = \hbar\boldsymbol{k}$ をもつ電子のブロッホ状態を表し，$U(\boldsymbol{r})$ は摂動ポテンシャルである．有効質量近似では，$\mathcal{E}_0(-i\hbar\nabla)$ あるいは $\mathcal{E}_0(-i\hbar\nabla + e\boldsymbol{A})$ と選ぶことができる．運動量オペレーターは次の交換関係を満たす．

$$\boldsymbol{\pi} \times \boldsymbol{\pi} = -i\hbar e\boldsymbol{B}. \tag{2.107a}$$

磁界 $\boldsymbol{B}$ が z 方向に印加された場合を考えると，

$$\pi_x = p_x + eA_x \tag{2.107b}$$
$$\pi_y = p_y + eA_y \tag{2.107c}$$
$$\pi_z = p_z \tag{2.107d}$$

であるから，交換関係は次のようになる．

$$[\pi_x, \pi_y] = -i\hbar eB_z \tag{2.108a}$$
$$[\pi_x, x] = [\pi_y, y] = -i\hbar. \tag{2.108b}$$

次に示すような変数を定義する．

$$\xi = \frac{1}{eB_z}\pi_y,\ \eta = -\frac{1}{eB_z}\pi_x \tag{2.109a}$$

$$X = x - \xi,\ Y = y - \eta. \tag{2.109b}$$

式 (2.108b) を用いると次の関係を得る.

$$[\xi, \eta] = \frac{\hbar}{i}\frac{1}{eB_z} \equiv \frac{l^2}{i} \tag{2.110a}$$

$$[X, Y] = -\frac{\hbar}{i}\frac{1}{eB_z} \equiv -\frac{l^2}{i} \tag{2.110b}$$

$$[\xi, X] = [\eta, X] = [\xi, Y] = [\eta, Y] = 0 \tag{2.110c}$$

ここに,

$$l = \sqrt{\hbar/eB_z} \tag{2.111}$$

は基底状態のサイクロトロン半径に対応し，電子の質量と無関係な量である．これらの交換関係から次のような変数の組はカノニカル変数の完全系をなすことが分かる.

$$(\xi, \eta), \quad (X, Y), \quad (p_z, z)$$

また，ハミルトニアンは相対座標を用いて

$$H = \frac{\hbar^2}{2m^* l^4}(\xi^2 + \eta^2) + \frac{\hbar^2 k_z^2}{2m^*} \tag{2.112}$$

と表すことができる.

はじめに，摂動ポテンシャル U が無い場合を考える．X と Y がハミルトニアン $\mathcal{E}_0(\boldsymbol{\pi})$ に含まれていないので, これらの変数は時間により変化しない. 座標 (X, Y) は磁界 $\boldsymbol{B}$ に垂直な $x-y$ 面内でのサイクロトロン運動の中心を表している．このことから (X, Y) は中心座標 (center coordinates) と呼ばれることがある．式 (2.109b) より ξ と η はサイクロトロン運動の座標 (X, Y) に対する相対座標を表している．式 (2.110b) と不確定性原理により，つぎの関係の存在することが分かる.

$$\Delta X \Delta Y = 2\pi l^2 = \frac{h}{eB_z}. \tag{2.113}$$

この関係は固有状態 $\mathcal{E}_0(\pi_x, \pi_y, p_z)$ の縮重度と呼ばれることもある．エネルギー固有値が (X, Y) によらず一定となることから，サイクロトロン中心の座標が (x, y) 面内で動いてもそのエネルギー固有値が不変である．x, y 方向の試料の大きさを L_x, L_y とすると，サイクロトロン軌道の面積 πl^2 が $L_x L_y/\pi l^2$ 個とれるから，単位面積当たり，$1/\pi l^2$ 個の縮退した状態があることになる (ただし，因子 2 の違いがある).

スカラー有効質量で表せるような等エネルギー面が球面をした放物線バンド $\mathcal{E}_0(\boldsymbol{k}) = \hbar^2 k^2/2m^*$ を考える．ランダウゲージ $\boldsymbol{A} = (0, B_z x, 0)$ を用いると, 磁界中の有効質量方程式は

$$\left[\frac{1}{2m^*}(p_y + eB_z x)^2 + \frac{p_x^2}{2m^*} + \frac{p_z^2}{2m^*}\right]\psi = \mathcal{E}\psi \tag{2.114}$$

ここで, $\mathcal{E}_0(\boldsymbol{\pi})$, p_z と p_y は互いに交換するから，固有関数として次のようなものを選ぶことができる.

$$\psi = \exp(ik_y)\exp(ik_z)F(x) \tag{2.115}$$

式 (2.115) を式 (2.114) に代入すると, 関数 $F(x)$ は次の関係を満たさなければならない.

$$\left[\frac{p_x^2}{2m^*} + \frac{1}{2m^*}\left(2e\hbar k_y B_z x + e^2 B_z^2 x^2\right)\right]F(x) = \mathcal{E}' F(x) \tag{2.116}$$

ここに,

$$\mathcal{E} = \mathcal{E}' + \frac{\hbar^2 k_y^2}{2m^*} + \frac{\hbar^2 k_z^2}{2m^*}. \tag{2.117}$$

式 (2.116) は次の関係を代入すると簡単になる.

$$X = -\frac{\hbar k_y}{eB_z} \tag{2.118}$$

つまり,

$$\begin{aligned}\left[\frac{p_x^2}{2m^*} + \frac{e^2 B_z^2}{2m^*}(x-X)^2\right] F(x) &= \left(\mathcal{E}' + \frac{\hbar^2 k_y^2}{2m^*}\right) F(x)\\ &= \left(\mathcal{E} - \frac{\hbar^2 k_z^2}{2m^*}\right) F(x).\end{aligned} \tag{2.119}$$

この式を見れば x から (X, ξ) への変数変換の意味は明らかである. つまり, 磁界中の電子の運動は相対座標 $\xi = x - X$ で記述できる. この式は 1 次元の単純調和振動子でその角周波数

$$\omega_c = \frac{eB_z}{m^*} \tag{2.120}$$

を用いて次式で与えられる.

$$\left[\frac{p_\xi^2}{2m^*} + \frac{1}{2}m^*\omega_c^2\xi^2\right] F(\xi) = \left(\mathcal{E} - \frac{\hbar^2 k_z^2}{2m^*}\right) F(\xi). \tag{2.121}$$

この運動に付随したエネルギーは

$$\mathcal{E} = \left(N + \frac{1}{2}\right)\hbar\omega_c + \frac{\hbar^2 k_z^2}{2m^*} \tag{2.122}$$

で与えられ, N はランダウ準位の量子数を表している. 式 (2.121) に対する固有状態は次式で与えられる.

$$\begin{aligned}|N, X, p_z\rangle = &\frac{1}{(2^N N! \sqrt{\pi} l)^{1/2}} \exp\left(-\frac{|x-X|^2}{2l^2}\right)\\ &\times \exp\left\{i\left(\frac{p_z z}{\hbar} - \frac{Xy}{l^2}\right)\right\} H_N\left(\frac{x-X}{l}\right).\end{aligned} \tag{2.123}$$

ここに, $H_N(x)$ はエルミートの多項式である. 以上の結果を図示したのが図 2.14 で, 左に示すようなエネルギー帯に磁場 $\boldsymbol{B}$ を z 方向に印加すると, 右図のように x, y 面内の運動が量子化され, ランダウ準位が形成される.

摂動ポテンシャル U がある場合には, 式 (2.106) に $\mathcal{E}_0 + U$ を用いて運動の方程式を解かなければならない. 演算子 $\boldsymbol{Q}$ に対する運動の方程式は

$$\dot{\boldsymbol{Q}} = \frac{i}{\hbar}[H, \boldsymbol{Q}] \tag{2.124}$$

で与えられるから,

$$\begin{aligned}\dot{\xi} &= \frac{i}{\hbar}[H, \xi] = \frac{i}{\hbar}\frac{1}{eB_z}[H, \pi_y]\\ \dot{\eta} &= \frac{i}{\hbar}[H, \eta] = -\frac{i}{\hbar}\frac{1}{eB_z}[H, \pi_x].\end{aligned}$$

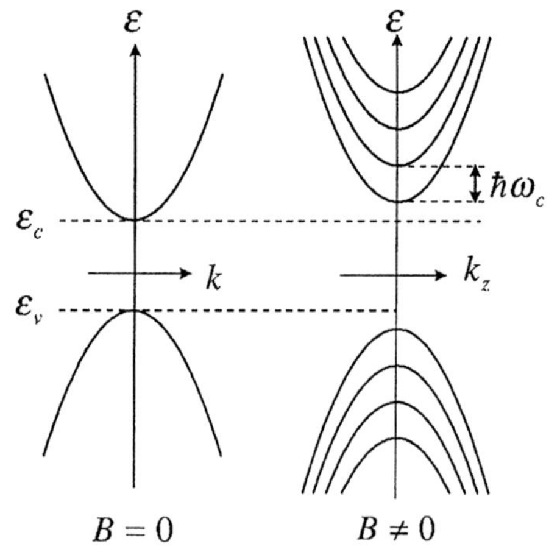

図 2.14: 磁場中での電子の状態．磁場に垂直な面内の運動が量子化され，右図のようにランダウ準位を形成する．

ここで，交換関係式 (2.108b) を用いると

$$\dot{\xi} = \frac{\partial \mathcal{E}_0}{\partial \pi_x} - \frac{1}{eB_z}\frac{\partial U}{\partial y} \tag{2.125a}$$

$$\dot{\eta} = \frac{\partial \mathcal{E}_0}{\partial \pi_y} + \frac{1}{eB_z}\frac{\partial U}{\partial x}. \tag{2.125b}$$

同様にして，

$$\dot{X} = \frac{i}{\hbar}[H, X] = \frac{i}{\hbar}[U, X] = \frac{1}{eB_z}\frac{\partial U}{\partial y} \tag{2.126a}$$

$$\dot{Y} = \frac{i}{\hbar}[U, Y] = -\frac{1}{eB_z}\frac{\partial U}{\partial x} \tag{2.126b}$$

$$\dot{p}_z = -\frac{\partial U}{\partial z},\ \dot{z} = \frac{\partial \mathcal{E}_0}{\partial p_z}. \tag{2.126c}$$

これらの式をまとめると次のようになる．

$$\dot{\pi}_x = -eB_z\frac{\partial \mathcal{E}_0}{\partial \pi_y} - \frac{\partial U}{\partial x} \tag{2.127a}$$

$$\dot{\pi}_y = +eB_z\frac{\partial \mathcal{E}_0}{\partial \pi_x} - \frac{\partial U}{\partial y}. \tag{2.127b}$$

速度 $\boldsymbol{v} = (v_x, v_y, v_z)$ は次のように書ける．

$$v_x \equiv \dot{x} = \dot{\xi} + \dot{X} = \frac{\partial \mathcal{E}_0}{\partial \pi_x} \tag{2.128a}$$

$$v_y \equiv \dot{y} = \dot{\eta} + \dot{Y} = \frac{\partial \mathcal{E}_0}{\partial \pi_y} \tag{2.128b}$$

$$v_z \equiv \dot{z} = \frac{\partial \mathcal{E}_0}{\partial p_z}. \tag{2.128c}$$

一様な電界の下では，摂動ポテンシャルは

$$\frac{\partial U}{\partial x} = -eE_x,\ \frac{\partial U}{\partial y} = 0 \tag{2.129}$$

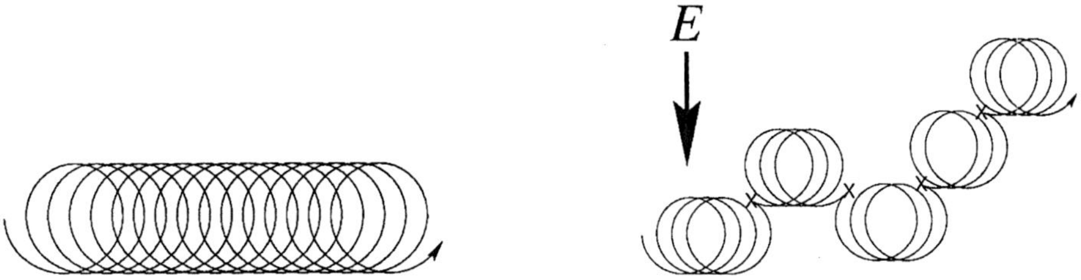

図 2.15: 磁界 (紙面に垂直) と電界の中での電子の運動: 散乱がない場合 (左), 散乱がある場合 (右).

であるから，式 (2.126a) と式 (2.126b) から

$$\dot{Y} = \frac{E_x}{B_z}, \qquad \dot{X} = 0 \tag{2.130}$$

となるが，これはサイクロトロン中心が一定の速度 E_x/B_z で磁界に垂直な方向に動くことを意味している．(図 2.15(左)) 散乱中心が存在する場合には，電子は図 2.15(右) に示すように，散乱によりサイクロトロン中心を変えながらドリフト運動をする．

次に状態密度について考察してみよう．電子は (x, y) 面内で量子化され，そのエネルギーはサイクロトロン中心の位置によらないため，$p_d = 1/2\pi l^2$ の縮重度がある．k_z 方向に対しては $k_z = (2\pi/L_z)n$ $(n = 0, \pm 1, \pm 2, \pm 3, \ldots)$ であるから

$$\sum_{k_z} = \frac{L_z}{2\pi}\int_{-k_0}^{+k_0} dk_z = \frac{L_z}{\pi}\int_0^{+k_0} dk_z \tag{2.131}$$

ここに，$k_0 = (2\pi/L_z)(N/2)$ で k_z は N 個の自由度があるものとする．式 (2.122) より

$$\mathcal{E}' = \mathcal{E} - (n + \frac{1}{2})\hbar\omega_c = \frac{\hbar^2 k_z^2}{2m^*} \tag{2.132}$$

となるから

$$\sum_{k_z} = \frac{L_z}{\pi}\int_0^{+k_0} dk_z = \frac{L_z\sqrt{2m^*}}{2\pi\hbar\sqrt{\mathcal{E}'}} d\mathcal{E}' \tag{2.133}$$

を得る．これに縮重度 p_d をかけることにより，磁界中での電子の状態の数は

$$N(\mathcal{E}') = \frac{L_x L_y L_z e B_z \sqrt{2m^*}}{(2\pi\hbar)^2}\frac{1}{\sqrt{\mathcal{E}'}} \tag{2.134}$$

となる．これより $\mathcal{E}$ と $\mathcal{E} + d\mathcal{E}$ の間で許されるエネルギーの状態密度 $g(\mathcal{E}, B_z)$ (単位体積当たり) は

$$g(\mathcal{E}, B_z) = \frac{eB_z\sqrt{2m^*}}{(2\pi\hbar)^2}\sum_n \frac{1}{\sqrt{\mathcal{E} - (n + \frac{1}{2})\hbar\omega_c}} \tag{2.135}$$

となる．この様子を示したのが図 2.16 である．

さて，ここでサイクロトロン共鳴の量子力学的取り扱いについて考えてみよう．電子は電磁波を吸収してランダウ準位間を遷移することによりサイクロトロン共鳴が起こる．4.2 節で述べるように，電

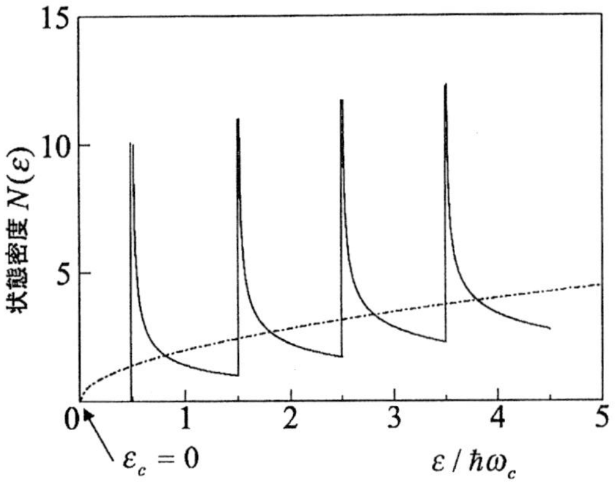

図 2.16: 磁場中における電子の状態密度．ランダウ準位の底での発散はブロードニングを考慮すると有限となる．一点鎖線は $B = 0$ における 3 次元電子の状態密度．

磁波をベクトルポテンシャルを用いて表すと，電子－電磁波間の相互作用に関する摂動項は式 (4.30) で与えられるように

$$H_{er} = \frac{e}{m}\boldsymbol{A} \cdot \boldsymbol{p} \tag{2.136}$$

となる．ベクトルポテンシャルを $\boldsymbol{A} = \boldsymbol{e} \cdot A$ とおくと，円偏波に対しては

$$e_{\pm} = \frac{1}{\sqrt{2}}(e_x \pm e_y), \qquad p_{\pm} = \frac{1}{\sqrt{2}}(p_x \pm p_y) \tag{2.137}$$

z 方向成分を e_z，p_z とすると，遷移の確率は円偏波，直線偏波ともに同じ結果を与える.つまり，磁界中での電子に対する波動関数の式 (2.123) を用いて，

$$\begin{aligned} w &= \frac{2\pi}{\hbar} |\langle N', X', p_z' | H_{er} | N, X, p_z \rangle|^2 \\ &= 2\pi \frac{e^3 A^2}{m^*} B(N+1) \delta_{k_y, k_y'} \delta_{k_z, k_z'} \delta_{N, N' \pm 1} \delta[\hbar\omega - \hbar\omega_c] \end{aligned} \tag{2.138}$$

となる．これより，サイクロトロン共鳴の選択則は，$\delta k_y = k_y' - k_y = 0$，$\delta k_z = k_z' - k_z = 0$，$\delta N = N' - N = \pm 1$ となることが分かる．

2.5.2 非線形放物線バンドの場合

半導体の伝導帯や価電子帯は非放物線的バンドをしていることは 2.4 節で述べた．放物線バンドの場合は上述のようにエネルギーが等間隔のランダウ準位を形成することを示した．そこで，このような非放物線バンドにおけるランダウ準位の解析法について述べる[2.6], [2.7]．伝導帯と価電子帯の波動関数を $\boldsymbol{k} = 0$ におけるブロッホ関数を用いて

$$|n\boldsymbol{k}\rangle = u_{n,0} e^{i\boldsymbol{k}\cdot\boldsymbol{r}} \tag{2.139}$$

と表すことにする．この $u_{n,0}$ は 2.3 節で述べたようにスピン・軌道相互作用のハミルトニアンを対角化するようにして次のように表される．

$$u_{1,0}(\boldsymbol{r}) = |S \uparrow\rangle, \quad u_{2,0}(\boldsymbol{r}) = |iS \downarrow\rangle \tag{2.140a}$$

$$u_{3,0}(\boldsymbol{r}) = |(1/\sqrt{2})(X + iY) \uparrow\rangle \tag{2.140b}$$

$$u_{4,0}(\boldsymbol{r}) = |(i/\sqrt{2})(X - iY)\downarrow\rangle \tag{2.140c}$$
$$u_{5,0}(\boldsymbol{r}) = |(1/\sqrt{6})[(X - iY)\uparrow + 2Z\downarrow]\rangle \tag{2.140d}$$
$$u_{6,0}(\boldsymbol{r}) = |(i/\sqrt{6})[(X + iY)\downarrow - 2Z\uparrow]\rangle \tag{2.140e}$$
$$u_{7,0}(\boldsymbol{r}) = |(i/\sqrt{3})[-(X - iY)\uparrow + Z\downarrow]\rangle \tag{2.140f}$$
$$u_{8,0}(\boldsymbol{r}) = |(1/\sqrt{3})[(X + iY)\downarrow + Z\uparrow]\rangle \tag{2.140g}$$

いま，磁界を z 方向に印加したとして，ベクトルポテンシャルを

$$A_x = -By, \quad A_y = 0, \quad A_z = 0 \tag{2.141}$$

とおくと，ハミルトニアンは

$$H = H_0 + \frac{s}{m} y p_x + \frac{s^2}{2m} y^2 \tag{2.142}$$

となる．ここに s は先に定義したサイクロトロン半径 l との間に

$$s = \frac{eB}{\hbar} = \frac{1}{l^2} \tag{2.143}$$

の関係がある．磁界の寄与を含む項の行列要素には次の関係がある．

$$\begin{aligned}
\langle n\boldsymbol{k}|yp_x|n'\boldsymbol{k}'\rangle &= \int e^{i(\boldsymbol{k}'-\boldsymbol{k})\cdot\boldsymbol{r}} u_{n,0}^* y(k_x - i\nabla_x) n_{n',0} d^3\boldsymbol{r} \\
&= -i\frac{\partial}{\partial k_y'} \int e^{i(\boldsymbol{k}'-\boldsymbol{k})\cdot\boldsymbol{r}} u_{n,0}^* (k_x - i\nabla_x) u_{n',0} d^3\boldsymbol{r} \\
&= -i\frac{\partial}{\partial k_y'} [(k_x + \pi_{nn'}^x)\delta(\boldsymbol{k}' - \boldsymbol{k})] \\
&= (k_x\delta_{nn'} + \pi_{nn'}^x)\frac{1}{i}\frac{\partial\delta(\boldsymbol{k}' - \boldsymbol{k})}{\partial k_y'}
\end{aligned} \tag{2.144}$$

同様にして，

$$\begin{aligned}
\langle n\boldsymbol{k}|y^2|n'\boldsymbol{k}'\rangle &= \int y^2 e^{i(\boldsymbol{k}'-\boldsymbol{k})\cdot\boldsymbol{r}} u_{n,0}^* u_{n',0} d^3\boldsymbol{r} \\
&= \left(-i\frac{\partial}{\partial k_y'}\right)^2 \int e^{i(\boldsymbol{k}'-\boldsymbol{k})\cdot\boldsymbol{r}} u_{n,0}^* u_{n',0} d^3\boldsymbol{r} \\
&= -\frac{\partial^2\delta(\boldsymbol{k}' - \boldsymbol{k})}{\partial k_y'^2}\delta_{nn'}
\end{aligned} \tag{2.145}$$

また，

$$\begin{aligned}
\langle n\boldsymbol{k}|H_0|n'\boldsymbol{k}'\rangle &= \langle n\boldsymbol{k}| - \frac{\hbar^2}{2m}\nabla^2 + V(\boldsymbol{r})|n'\boldsymbol{k}'\rangle \\
&= \left[\left(\mathcal{E}_n + \frac{\hbar^2 k^2}{2m}\right)\delta_{nn'} + \frac{\hbar}{m}k_\alpha \pi_{nn'}^\alpha\right]\delta(\boldsymbol{k} - \boldsymbol{k}')
\end{aligned} \tag{2.146}$$

である．

はじめに，伝導帯のランダウ準位に対する近似解を求める方法について述べる．求める 0 次の波動関数を

$$\Psi(\boldsymbol{r}) = \sum_j f_j(\boldsymbol{r}) u_{j,0}(\boldsymbol{r}) \tag{2.147}$$

とおく．ハミルトニアン H の行列要素は次のようになる．

$$\left|\begin{array}{cccccccc} \mathcal{E}_G-\lambda & 0 & \sqrt{\frac{1}{2}}P\bar{k}_+ & 0 & \sqrt{\frac{1}{6}}P\bar{k}_- & i\sqrt{\frac{2}{3}}Pk_z & -i\sqrt{\frac{1}{3}}P\bar{k}_- & \sqrt{\frac{1}{3}}Pk_z \\ 0 & \mathcal{E}_G-\lambda & 0 & \sqrt{\frac{1}{2}}P\bar{k}_- & -\sqrt{\frac{2}{3}}Pk_z & \sqrt{\frac{1}{6}}P\bar{k}_+ & \sqrt{\frac{1}{3}}Pk_z & -i\sqrt{\frac{1}{3}}P\bar{k}_+ \\ \sqrt{\frac{1}{2}}P\bar{k}_+ & 0 & -\lambda & 0 & 0 & 0 & 0 & 0 \\ 0 & \sqrt{\frac{1}{2}}P\bar{k}_- & 0 & -\lambda & 0 & 0 & 0 & 0 \\ \sqrt{\frac{1}{6}}P\bar{k}_- & -\sqrt{\frac{2}{3}}Pk_z & 0 & 0 & -\lambda & 0 & 0 & 0 \\ -i\sqrt{\frac{2}{3}}Pk_z & \sqrt{\frac{1}{6}}P\bar{k}_+ & 0 & 0 & 0 & -\lambda & 0 & 0 \\ i\sqrt{\frac{1}{3}}P\bar{k}_- & \sqrt{\frac{1}{3}}Pk_z & 0 & 0 & 0 & 0 & -\Delta_0-\lambda & 0 \\ \sqrt{\frac{1}{3}}Pk_z & i\sqrt{\frac{1}{3}}P\bar{k}_+ & 0 & 0 & 0 & 0 & 0 & -\Delta_0-\lambda \end{array}\right\| \begin{array}{c} f_1 \\ f_2 \\ f_3 \\ f_4 \\ f_5 \\ f_6 \\ f_7 \\ f_8 \end{array}\right| = 0 \tag{2.148}$$

ここに，

$$\begin{aligned} \lambda &= \mathcal{E} - \frac{\hbar^2\bar{k}^2}{2m} \\ \bar{k}^2 &= \bar{k}_x^2 + \bar{k}_y^2 + k_z^2 \\ \bar{k}_\pm &= \bar{k}_x \pm \bar{k}_y \\ \bar{k}_x &= k_x - is\frac{\partial}{\partial k_y} \\ \bar{k}_y &= k_y \end{aligned} \tag{2.149}$$

さて，前節ではベクトルポテンシャルを $(0, B_zx, 0)$ ととり，ここでは $(-B_zy, 0, 0)$ なるゲージを選んだ．前節で示したようにエネルギーはサイクロトロン中心の位置 $X = -\hbar k_y/eB_z$ に依存しない．したがって，ここで選んだゲージではエネルギーは k_x に依存しないことになる．そこで，以下の計算では簡単のため $k_x = 0$ とおくことにする．式 (2.148) では スピン・軌道相互作用の $\boldsymbol{k}$ 依存性の寄与は小さいと考え無視している．式 (2.148) は $\hbar^2\bar{k}^2/2m$ の寄与が小さいと考えると容易に解ける．ここでは，ランダウ準位の底 ($k_z = 0$) の値を調べるのでこの近似を使うことにする[2.7]．このとき，式 (2.148) から，f_1, f_2 以外の項を消去して容易に次の 2 式を得る．

$$\begin{aligned} &\left[(\mathcal{E}_G-\lambda)\lambda + \frac{2}{3}P^2\left(k_z^2+k_y^2-s^2\frac{\partial^2}{\partial k_y^2}+\frac{1}{2}s\right)\right. \\ &\qquad \left. + \frac{P^2\lambda}{3(\Delta_0+\lambda)}\left(k_z^2+k_y^2-s^2\frac{\partial^2}{\partial k_y^2}-s\right)\right] f_1 = 0 \end{aligned} \tag{2.150}$$

$$\begin{aligned} &\left[(\mathcal{E}_G-\lambda)\lambda + \frac{2}{3}P^2\left(k_z^2+k_y^2-s^2\frac{\partial^2}{\partial k_y^2}-\frac{1}{2}s\right)\right. \\ &\qquad \left. + \frac{P^2\lambda}{3(\Delta_0+\lambda)}\left(k_z^2+k_y^2-s^2\frac{\partial^2}{\partial k_y^2}+s\right)\right] f_2 = 0 \end{aligned} \tag{2.151}$$

上式は無次元の $k_y/\sqrt{s}$ についての方程式とみなすと調和振動子の解で与えられることは明らかである．つまり

$$\lambda_{n\pm}(\lambda_{n\pm}-\mathcal{E}_G)(\lambda_{n\pm}+\Delta_0) - P^2\left[k_z^2+s(2n+1)\right]\left[\lambda_{n\pm}+\frac{2}{3}\Delta_0\right]$$

$$\pm\frac{1}{3}P^2\Delta_0 s = 0. \tag{2.152}$$

式 (2.152) は磁界 $B=0$，つまり，$s=0$ のとき先に求めた非放物線バンドの結果と一致する．この式に，$\lambda = \mathcal{E} - \hbar^2k^2/2m$ の関係を用い，スピン分裂の項は小さいので無視し，バンド端の有効質量 m_0^* を用いると，$k_x=0$ におけるランダウ準位は次のように近似される (式 (2.90) より容易に求められる) [2.8].

$$\mathcal{E}_n = \left(n+\frac{1}{2}\right)\hbar\omega_c - \left(1-\frac{m_0^*}{m}\right)^2\left[\frac{3\mathcal{E}_G + 4\Delta_0 + 2\Delta_0^2/\mathcal{E}_G}{(\mathcal{E}_G+\Delta_0)(3\mathcal{E}_G+2\Delta_0)}\right] \times\left(n+\frac{1}{2}\right)^2(\hbar\omega_c)^2 \tag{2.153}$$

ここに m_0^* は伝導帯底での有効質量で，先に求めたように

$$\frac{1}{m_0^*} = \frac{1}{m} + \frac{2P}{3\hbar}\left[\frac{2}{\mathcal{E}_G} + \frac{1}{\mathcal{E}_G+\Delta_0}\right] \tag{2.154}$$

である．また，$\hbar\omega_c = \hbar eB/m_0^*$ である．

Kane の 2 バンドモデル (two-band model) を用いると次のように近似することもできる．$\mathcal{E} \ll \mathcal{E}_G + \Delta_0$ とおけば，式 (2.152) より，

$$\mathcal{E}_n = -\frac{\mathcal{E}_G}{2} + \left[\left(\frac{\mathcal{E}_G}{2}\right)^2 + D\mathcal{E}_G\right]^{1/2} \tag{2.155}$$

$$D = \hbar\omega_c\left(n+\frac{1}{2}\right) + \frac{\hbar^2k_z^2}{2m_0^*} \pm \frac{1}{2}\mu_B|g_0^*|B \tag{2.156}$$

となるが，このときのバンド端有効質量と有効 g 因子は

$$\frac{1}{m_0^*} = \frac{4P^2}{3\hbar^2}\frac{\Delta_0 + 3\mathcal{E}_G/2}{\mathcal{E}_G(\Delta_0+\mathcal{E}_G)} \tag{2.157}$$

$$\frac{1}{g_0^*} = -\frac{m}{m_0^*}\frac{\Delta_0}{\Delta_0 + 3\mathcal{E}_G/2} \tag{2.158}$$

となる．ここに μ_B はボーア磁子である．GaAs の場合を例にとると，式 (2.153) と式 (2.155) のいずれを用いても差異は小さく，式 (2.153) の方が約 0.3% 大きな値を与える程度である．

2.5.3 価電子帯のランダウ準位

価電子帯のランダウ準位の計算法は，縮退とスピン・軌道相互作用の存在のためにいささか複雑である．ここでは，Luttinger の方法[2.2]の概要と，それを用いた Pidgeon-Brown [2.9]の式について述べる．式 (2.45) と式 (2.46) を用いて，まず価電子帯の状態を調べる．非対角成分 Nk_xk_y の項は

$$D_{XY} = D_{XY}^{xy}k_xk_y + D_{XY}^{yx}k_yk_x \tag{2.159}$$

である．いま，反対称の定数

$$K = D_{XY}^{xy} - D_{XY}^{yx} \tag{2.160}$$

を定義すると

$$D_{XY} = N\{k_x k_y\} + \frac{1}{2}K(k_x, k_y) \tag{2.161a}$$

と書ける．ここに，

$$\{k_x k_y\} = \frac{1}{2}(k_x k_y + k_y k_x) \tag{2.161b}$$

$$(k_x, k_y) = k_x k_y - k_y k_x \tag{2.161c}$$

である．式 (2.108b) の関係から

$$(k_x, k_y) = -ieB_z \tag{2.162}$$

が成立するので，

$$D_{XY} = N\{k_x k_y\} + \frac{K}{2i}eB_z. \tag{2.163}$$

同様にして

$$D_{YX} = N\{k_x k_y\} - \frac{K}{2i}eB_z. \tag{2.164}$$

その他の成分についても全く同様に表すことができる．その結果，式 (2.46) は 2 つの項に分けられる．

$$D = D^{(S)} + D^{(A)}. \tag{2.165}$$

ここに，$D^{(S)}$ は式 (2.46) において $k_\alpha k_\beta \to \{k_\alpha k_\beta\}$ とおいて得られる．また，$D^{(A)}$ は次のようになる．

$$D^{(A)} = \frac{eK}{2}\begin{vmatrix} 0 & -iB_z & iB_y \\ iB_z & 0 & -iB_x \\ -iB_y & iB_x & 0 \end{vmatrix} \tag{2.166}$$

いま，4×4 の行列の J_x, J_y, J_z として次のような角運動量オペレーターと同じ性質のものを定義する．

$$(J_x, J_y) = iJ_z, (J_y, J_z) = iJ_x, (J_z, J_x) = iJ_y \tag{2.167a}$$

$$J_x^2 + J_y^2 + J_z^2 = \frac{3}{2}\left(\frac{3}{2}+1\right) = \frac{15}{4}. \tag{2.167b}$$

以上の関係を用いると，いわゆる Luttinger ハミルトニアンが次のように求められる．

$$D = \frac{1}{m}\Biggl\{\left(\gamma_1 + \frac{5\gamma_2}{2}\right)\frac{k^2}{2} - \gamma_2(k_x^2 J_x^2 + k_y^2 J_y^2 + k_z^2 + J_z^2)$$
$$-2\gamma_3(\{k_x k_y\}\{J_x J_y\} + \{k_y k_z\}\{J_y J_z\} + \{k_z k_x\}\{J_z J_x\})$$
$$+e\kappa \boldsymbol{J} \cdot \boldsymbol{B} eq(J_x^3 B_x + J_y^3 B_y + J_z^3 B_z)\Biggr\}. \tag{2.168}$$

ここに，

$$\frac{1}{2m}\gamma_1 = -\frac{1}{3}(L + 2M), \qquad \frac{1}{m}(3\kappa + 1) = -K, \tag{2.169a}$$

$$\frac{1}{2m}\gamma_2 = -\frac{1}{6}(L - M), \qquad \frac{1}{2m}\gamma_3 = -\frac{1}{6}N. \tag{2.169b}$$

q は Γ_{15} バンドのスピン軌道分裂による補正で，その寄与は小さく通常無視される．これらの係数をラッティンジャー因子 (Luttinger parameters) とよぶ．

Luttinger-Kohn の方法[2.6]にしたがい $\boldsymbol{k}\cdot\boldsymbol{p}$ ハミルトニアンを次のように表す (atomic units を用いる).

$$\sum_j \left\{ D^{\alpha\beta}_{jj'}k_{lm} + \pi^l_{jj'}k_l + \frac{1}{2}s(\sigma_3)_{jj'} + \frac{1}{4c^2}[(\boldsymbol{\sigma}\times\nabla V)\cdot\boldsymbol{p}]_{jj'} + \mathcal{E}_{j'}\delta_{jj'} \right\} f_{j'}(\boldsymbol{r}) = \mathcal{E} f_j(\boldsymbol{r}) \tag{2.170}$$

ここに，

$$D^{lm}_{jj'} \equiv \frac{1}{2}\delta_{jj'}\delta_{lm} + \sum_i \frac{\pi^l_{ji}\pi^m_{ij'}}{\mathcal{E}_0 - \mathcal{E}_i} \tag{2.171}$$

ここで，j と j' は2個の伝導帯と6個の価電子帯について，i はあらゆるバンドについて，また l, m は 座標成分 1,2,3 あるいは x, y, z についての和を表す．$\mathcal{E}_i$ は状態 i のエネルギー，$\mathcal{E}_j$ は 状態 j のエネルギーの平均値を表す．式 (2.140g) と式 (2.147) を用いて式 (2.170) を計算すると，8×8 の行列を得るが，磁界 $\boldsymbol{B}$ を $(1\bar{1}0)$ 面にとると，Luttinger の行列 D は

$$D = D_0 + D_1 \tag{2.172}$$

となり，D_0 は厳密に解くことができる．D_1 は摂動によって解くことができるが[2.9]，ここでは省略する．以下 $k_3 = 0$ とおく．D_0 は 4×4 の行列に分けることが可能である．

$$D_0 = \begin{vmatrix} D_a & 0 \\ 0 & D_b \end{vmatrix} \tag{2.173}$$

以下の計算では，伝導帯の摂動項，つまり式 (2.171) の第2項からの寄与を省略する (Pidgeon-Brown の式でも，実際の計算では $F=0$ とおき省略している)．このようにして次の関係を容易に得ることができる．

$$\begin{vmatrix} \mathcal{E}_G - \mathcal{E}_a + s(n+1) & i\sqrt{s}Pa^\dagger & i\sqrt{\frac{1}{3}}sPa & \sqrt{\frac{2}{3}}sPa \\ -i\sqrt{s}Pa & -s[(\gamma_1+\gamma')(n+\frac{1}{2})+\frac{3}{2}\kappa]-\mathcal{E}_a & -s\sqrt{3}\gamma'' a^2 & -is\sqrt{6}\gamma' a^2 \\ -i\sqrt{\frac{1}{3}}sPa^\dagger & -s\sqrt{3}\gamma'' a^{\dagger 2} & -s[(\gamma_1-\gamma')(n+\frac{1}{2})-\frac{1}{2}\kappa]-\mathcal{E}_a & is\sqrt{2}[\gamma'(n+\frac{1}{2})-\frac{1}{2}\kappa] \\ \sqrt{\frac{2}{3}}sPa^\dagger & is\sqrt{6}\gamma' a^{\dagger 2} & -is\sqrt{2}[\gamma'(n+\frac{1}{2})-\frac{1}{2}\kappa] & -s[\gamma_1(n+\frac{1}{2})-\kappa]-\Delta_0-\mathcal{E}_a \end{vmatrix} \begin{vmatrix} f_1 \\ f_3 \\ f_5 \\ f_7 \end{vmatrix} = 0 \tag{2.174}$$

$$\begin{vmatrix} \mathcal{E}_G - \mathcal{E}_b + sn & i\sqrt{\frac{1}{3}}sPa^\dagger \\ -i\sqrt{\frac{1}{3}}sPa^\dagger & -s[(\gamma_1-\gamma')(n+\frac{1}{2})+\frac{1}{2}\kappa]-\mathcal{E}_b \\ -i\sqrt{s}Pa^\dagger & -s\sqrt{3}\gamma'' a^{\dagger 2} \\ \sqrt{\frac{2}{3}}sPa & -is\sqrt{2}[\gamma'(n+\frac{1}{2})+\frac{1}{2}\kappa] \end{vmatrix}$$

$$
\begin{array}{cc}
i\sqrt{s}Pa & \sqrt{\frac{2}{3}}sPa^\dagger \\
-s\sqrt{3}\gamma'' a^2 & is\sqrt{2}[\gamma'(n+\frac{1}{2})+\frac{1}{2}\kappa] \\
-s[(\gamma_1+\gamma')(n+\frac{1}{2})-\frac{3}{2}\kappa]-\mathcal{E}_b & is\sqrt{6}\gamma' a^{\dagger 2} \\
-is\sqrt{6}[\gamma' a^2 & -s[\gamma_1(n+\frac{1}{2})+\kappa]-\Delta_0-\mathcal{E}_b
\end{array}
\left|\begin{array}{c} f_2 \\ f_6 \\ f_4 \\ f_8 \end{array}\right| = 0 \quad (2.175)
$$

ここで，次のような生成と消滅の演算子 $a^\dagger$ と a を定義した．

$$a^\dagger = \frac{1}{\sqrt{2s}}(k_1 + ik_2) \quad (2.176a)$$

$$a = \frac{1}{\sqrt{2s}}(k_1 - ik_2) \quad (2.176b)$$

$$n = a^\dagger a \quad (2.176c)$$

P は先に定義した運動量行列要素 ($P = -i\langle S|p_z|Z\rangle$) で，$\gamma'$ と γ'' は

$$\gamma' = \gamma_3 + (\gamma_2 - \gamma_3)\left[\frac{1}{2}(3\cos^2\theta - 1)\right]^2 \quad (2.177a)$$

$$\gamma'' = \frac{1}{3}\gamma_3 + \frac{1}{3}\gamma_2 + \frac{1}{6}(\gamma_2 - \gamma_3)\left[\frac{1}{2}(3\cos^2\theta - 1)\right]^2 \quad (2.177b)$$

で，θ は z 軸と磁界のなす角である．ここで用いた価電子帯パラメーターの $\gamma_1, \gamma_2, \gamma_3, \kappa$ は ラッティンジャーパラメーター $\gamma_1^L, \gamma_2^L, \gamma_3^L, \kappa^L$ と異なり，次のようなものである．

$$\gamma_1 = \gamma_1^L - \frac{2P^2}{3\mathcal{E}_G} \quad (2.178a)$$

$$\gamma_2 = \gamma_2^L - \frac{P^2}{3\mathcal{E}_G} \quad (2.178b)$$

$$\gamma_3 = \gamma_3^L - \frac{P^2}{3\mathcal{E}_G} \quad (2.178c)$$

$$\kappa = \kappa^L - \frac{P^2}{3\mathcal{E}_G} \quad (2.178d)$$

ここで以下に，式 (2.176a)~(2.176c) の関係の導出を示す．一般化した運動量を用い

$$\pi_x = p_x + eA_x = p_x - yeB \quad (2.179a)$$

$$\pi_y = p_y + eA_y = p_y \quad (2.179b)$$

とすると，これより

$$k_1 = -i\frac{\partial}{\partial x} + \frac{eA_x}{\hbar} \quad (2.180a)$$

$$k_2 = -i\hbar\frac{\partial}{\partial y} + \frac{eA_y}{\hbar} \quad (2.180b)$$

となるから

$$\hbar^2(k_1, k_2) = (p_x + eA_x, p_y + eA_y)$$

$$= (p_x, p_y) + (p_x, eA_y) + (eA_x, p_y) + e^2(A_xA_y - A_yA_x)$$
$$= 0 + (p_x, 0) + (-eBy, p_y) + 0$$
$$= -eB(y, p_y) = -i\hbar eB$$
$$(k_1, k_2) = \frac{eB}{i\hbar} \equiv \frac{s}{i} \tag{2.181}$$

なる関係が得られる．そこで

$$k_1 = \sqrt{s}p, \qquad k_2 = \sqrt{s}q \tag{2.182}$$

を定義すると，p，q はカノニカル変数で交換関係

$$(p, q) = \frac{1}{i} \tag{2.183}$$

を満たす．そこで，新たに生成と消滅のオペレーター $a^\dagger, a$ を次のように定義する．

$$a^\dagger = \frac{1}{\sqrt{2}}(p + iq) = \frac{1}{\sqrt{2s}}(k_1 + ik_2) \tag{2.184a}$$
$$a = \frac{1}{\sqrt{2}}(p - iq) = \frac{1}{\sqrt{2s}}(k_1 - ik_2) \tag{2.184b}$$

これらのオペレーターは交換関係

$$(a, a^\dagger) = 1 \tag{2.185}$$

を満たし，次のような関係も成立する．

$$\frac{1}{2}(p^2 + q^2)u_n = (a^\dagger a + \frac{1}{2})u_n = (n + \frac{1}{2})u_n \tag{2.186a}$$
$$a^\dagger a u_n = nu_n \tag{2.186b}$$
$$au_n = \sqrt{n}u_{n-1} \tag{2.186c}$$
$$a^\dagger u_n = \sqrt{n+1}u_{n+1} \tag{2.186d}$$
$$n = a^\dagger a \tag{2.186e}$$

以上の結果，式 (2.176a)~(2.176c) が導けた．

式 (2.174) と (2.175) を見れば明らかなように，この固有方程式の解は調和振動子の解を用いて次のように書ける．

$$f_a = \begin{vmatrix} a_1\Phi_n \\ a_3\Phi_{n-1} \\ a_5\Phi_{n+1} \\ a_7\Phi_{n+1} \end{vmatrix}, \qquad f_b = \begin{vmatrix} a_2\Phi_n \\ a_6\Phi_{n-1} \\ a_4\Phi_{n+1} \\ a_8\Phi_{n-1} \end{vmatrix} \tag{2.187}$$

これらの関係を用いると a と b に対する固有値として次の式を得る．

$$\begin{vmatrix} \mathcal{E}_G - \mathcal{E}_a + s(n+1) & i\sqrt{sn}P \\ i - i\sqrt{sn}P & -s[(\gamma_1 + \gamma')(n - \frac{1}{2}) + \frac{3}{2}\kappa] - \mathcal{E}_a \\ -i\sqrt{\frac{1}{3}s(n+1)}P & -s\sqrt{3n(n+1)}\gamma'' \\ \sqrt{\frac{3}{2}s(n+1)}P & is\sqrt{6n(n+1)}\gamma' \end{vmatrix}$$

$$
\begin{array}{cc}
\sqrt{\frac{1}{3}s(n+1)}P & \sqrt{\frac{2}{3}s(n+1)}P \\
-s\sqrt{3n(n+1)}\gamma'' & -is\sqrt{6n(n+1)}\gamma' \\
-s[(\gamma_1-\gamma')(n+\frac{3}{2})-\frac{1}{2}\kappa]-\mathcal{E}_a & is\sqrt{2}[\gamma'(n+\frac{3}{2})-\frac{1}{2}\kappa] \\
-is\sqrt{2}[\gamma'(n+\frac{3}{2})-\frac{1}{2}\kappa] & -s[\gamma_1(n+\frac{3}{2})-\kappa]-\Delta_0-\mathcal{E}_a
\end{array}\right| = 0
$$

$$
\left|\begin{array}{cc}
\mathcal{E}_G-\mathcal{E}_b+sn & i\sqrt{\frac{1}{3}sn}P \\
-i\sqrt{\frac{1}{3}sn}P & -s[(\gamma_1-\gamma')(n-\frac{1}{2})+\frac{1}{2}\kappa]-\mathcal{E}_b \\
-i\sqrt{s(n+1)}P & -s\sqrt{3n(n+1)}\gamma'' \\
\sqrt{\frac{3}{2}sn}P & is\sqrt{2}[\gamma'(n-\frac{1}{2})+\frac{1}{2}\kappa
\end{array}\right.
$$

$$
\begin{array}{cc}
i\sqrt{s(n+1)}P & \sqrt{\frac{2}{3}sn}P \\
-s\sqrt{3n(n+1)}\gamma'' & -is\sqrt{2)}[\gamma'(n-\frac{1}{2})+\frac{1}{2}\kappa] \\
-s[(\gamma_1+\gamma')(n+\frac{3}{2})-\frac{3}{2}\kappa]-\mathcal{E}_b & is\sqrt{6n(n+1)}\gamma' \\
-is\sqrt{6n(n+1)}\gamma' & -s[\gamma_1(n-\frac{1}{2})+\kappa]-\Delta_0-\mathcal{E}_b
\end{array}\right| = 0
$$

これらの式は $n \geq 1$ で成り立つ．$n=-1$ に対しては $a_1=a_3=a_2=a_6=a_8=0$ とおき，$n=0$ に対しては，$a_3=a_6=a_8=0$ とおけばよい．これらの式を解くことにより，伝導帯の電子及び価電子帯の正孔に対するランダウ準位を容易に求めることができる．また，ランダウ準位間の遷移に対する選択則も求めることができる．

第 3 章

ワニエ関数と有効質量近似

3.1　ワニエ関数

エネルギー帯 n における電子のブロッホ関数を $b_{\boldsymbol{k}n}(\boldsymbol{r})$ とすると，ワニエ関数 (Wannier function) $w_n(\boldsymbol{r}-\boldsymbol{R}_j)$ はブロッホ関数のフーリエ変換

$$w_n(\boldsymbol{r}-\boldsymbol{R}_j)=\frac{1}{\sqrt{N}}\sum_{\boldsymbol{k}}\exp(-i\boldsymbol{k}\cdot\boldsymbol{R}_j)b_{\boldsymbol{k}n}(\boldsymbol{r}) \tag{3.1}$$

で定義される[3.1]．ここに，N は原子の数で $\boldsymbol{R}_j$ は j 番目の原子点を表す．ブロッホ関数が結晶全体に広がっているのに対し，ワニエ関数は各原子点に局在した性質を持っているのが特徴である．次に，このワニエ関数の種々の性質について考えてみよう．

まず最初に，ブロッホ関数はワニエ関数で次のように展開できる．

$$b_{\boldsymbol{k}n}(\boldsymbol{r})=\frac{1}{\sqrt{N}}\sum_{j}\exp(i\boldsymbol{k}\cdot\boldsymbol{R}_j)\cdot w_n(\boldsymbol{r}-\boldsymbol{R}_j) \tag{3.2}$$

これは式 (3.1) で与えられるワニエ関数の逆変換であるが，次のように証明することができる．式 (3.2) に式 (3.1) を代入すると

$$\begin{aligned}b_{\boldsymbol{k}n}(\boldsymbol{r})&=\frac{1}{\sqrt{N}}\sum_{j}\exp(i\boldsymbol{k}\cdot\boldsymbol{R}_j)\frac{1}{\sqrt{N}}\sum_{\boldsymbol{k}'}\exp(-i\boldsymbol{k}'\cdot\boldsymbol{R}_j)b_{\boldsymbol{k}'n}(\boldsymbol{r})\\&=\frac{1}{N}\sum_{j\boldsymbol{k}'}\exp\{i(\boldsymbol{k}-\boldsymbol{k}')\cdot\boldsymbol{R}_j\}\,b_{\boldsymbol{k}'n}(\boldsymbol{r})\equiv b_{\boldsymbol{k}n}(\boldsymbol{r})\end{aligned} \tag{3.3}$$

なぜならば，付録 A.2 の式 (A.18) で与えられるように

$$\sum_{j}\exp\{i(\boldsymbol{k}-\boldsymbol{k}')\cdot\boldsymbol{R}_j\}=N\delta_{\boldsymbol{k},\boldsymbol{k}'} \tag{3.4}$$

が成立するからである．

次に，ワニエ関数の直交性つまり異なる原子点のまわりに局在するワニエ関数，あるいは異なるエネルギー帯に属するワニエ関数は直交することを示そう．

$$\int w^*_{n'}(\boldsymbol{r}-\boldsymbol{R}_{j'})w_n(\boldsymbol{r}-\boldsymbol{R}_j)d^3\boldsymbol{r}$$

$$= \frac{1}{N}\sum_{\boldsymbol{k},\boldsymbol{k}'}\int d^3\boldsymbol{r}\exp(i\boldsymbol{k}'\cdot\boldsymbol{R}_{j'} - i\boldsymbol{k}\cdot\boldsymbol{R}_j)b^*_{\boldsymbol{k}'n'}(\boldsymbol{r})b_{\boldsymbol{k}n}(\boldsymbol{r})$$
$$= \frac{1}{N}\sum_{\boldsymbol{k},\boldsymbol{k}'}\exp(i\boldsymbol{k}'\cdot\boldsymbol{R}_{j'} - i\boldsymbol{k}\cdot\boldsymbol{R}_j)\int b^*_{\boldsymbol{k}'n'}(\boldsymbol{r})b_{\boldsymbol{k}n}(\boldsymbol{r})d^3\boldsymbol{r}$$
$$= \frac{1}{N}\sum_{\boldsymbol{k}}\exp\{i\boldsymbol{k}\cdot(\boldsymbol{R}_{j'} - \boldsymbol{R}_j)\}\delta_{n,n'} = \delta_{j,j'}\delta_{n,n'} \tag{3.5}$$

となり，直交性が証明される．

ワニエ関数 $w_n(\boldsymbol{r}-\boldsymbol{R}_j)$ が各々の格子点 $\boldsymbol{R}_j$ のまわりに局在することを次のような特別な例をとって考えてみよう．ブロッホ関数が

$$b_{\boldsymbol{k}n}(\boldsymbol{r}) = u_{0n}(\boldsymbol{r})\exp(i\boldsymbol{k}\cdot\boldsymbol{r}) \tag{3.6}$$

のように，$u_{0n}(\boldsymbol{r})$ は $\boldsymbol{k}$ に依存しないものとする．このことは $\boldsymbol{k}\cdot\boldsymbol{p}$ 摂動理論で述べたように，バンド端での電子を記述するには十分によい近似である．このとき，ワニエ関数は

$$w_n(\boldsymbol{r}-\boldsymbol{R}_j) = \frac{1}{\sqrt{N}}u_{0n}(\boldsymbol{r})\sum_{\boldsymbol{k}}\exp\{i\boldsymbol{k}\cdot(\boldsymbol{r}-\boldsymbol{R}_j)\} \tag{3.7}$$

となる．付録 A.2 の式 (A.11) と式 (A.12) で与えられるように

$$\sum_{\boldsymbol{k}} e^{i\boldsymbol{k}\cdot(\boldsymbol{r}-\boldsymbol{R}_j)} = L^3\delta(\boldsymbol{r}-\boldsymbol{R}_j) \tag{3.8}$$
$$\frac{1}{L^3}\int d^3\boldsymbol{r}e^{i(\boldsymbol{k}-\boldsymbol{k}')\cdot\boldsymbol{r}} = \delta_{\boldsymbol{k},\boldsymbol{k}'} \tag{3.9}$$

の関係が成立する．ここに，$\delta(\boldsymbol{r}-\boldsymbol{r}')$ はディラックのデルタ関数，$\delta_{\boldsymbol{k},\boldsymbol{k}'}$ はクロネッカーのデルタ記号である．この結果を用いると

$$w_n(\boldsymbol{r}-\boldsymbol{R}_j) = \frac{1}{\sqrt{N}}u_{0n}(\boldsymbol{r})L^3\delta(\boldsymbol{r}-\boldsymbol{R}_j) \tag{3.10}$$

となる．したがって，ワニエ関数は格子点 $\boldsymbol{R}_j$ 近辺に局在した関数である．

3.2 有効質量近似

摂動ポテンシャル $H_1(\boldsymbol{r})$ が格子定数 a に比べ緩やかに変化するとき，1電子ハミルトニアンに対するシュレディンガー方程式

$$[H_0 + H_1(\boldsymbol{r})]\Psi(\boldsymbol{r}) = \mathcal{E}\cdot\Psi(\boldsymbol{r}) \tag{3.11}$$
$$H_0 = \frac{p^2}{2m} + V(\boldsymbol{r}) \tag{3.12}$$

を解くことは，次の方程式を解くことと等価であることが示される．

$$\left[-\frac{\hbar^2}{2m^*}\nabla^2 + H_1(\boldsymbol{r})\right]F(\boldsymbol{r}) = \mathcal{E}\cdot F(\boldsymbol{r}) \tag{3.13}$$

ここに，m^* はいま考えている電子の有効質量で，簡単のためスカラー質量を考え，エネルギー $\mathcal{E}$ と波数ベクトル $\boldsymbol{k}$ の間に

$$\mathcal{E}_0(\boldsymbol{k}) = \frac{\hbar^2 k^2}{2m^*} \tag{3.14}$$

の関係があるとした．式 (3.13) を**有効質量方程式** (effective mass equation)，このような近似を**有効質量近似** (effective mass approximation) とよぶ．

式 (3.11) の固有関数 $\Psi(\boldsymbol{r})$ を求めることを考えてみる．ワニエ関数はブロッホ関数のフーリエ変換であるから，規格，直交，完備性を備えているので，任意の関数はワニエ関数で展開できる．

$$\Psi(\boldsymbol{r}) = \sum_n \sum_j F_n(\boldsymbol{R}_j) w_n(\boldsymbol{r} - \boldsymbol{R}_j) \tag{3.15}$$

以下の計算では簡単のため，1つのエネルギー帯を考え添字 n を省略する．

摂動のない場合のシュレディンガー方程式はブロッホ関数 $b_{\boldsymbol{k}n}(\boldsymbol{r})$ を用いて

$$H_0 b_{\boldsymbol{k}}(\boldsymbol{r}) = \mathcal{E}_0(\boldsymbol{k}) b_{\boldsymbol{k}}(\boldsymbol{r}) \tag{3.16}$$

と書ける．式 (3.11) に

$$\Psi(\boldsymbol{r}) = \sum_{j'} F(\boldsymbol{R}_{j'}) w(\boldsymbol{r} - \boldsymbol{R}_{j'}) \tag{3.17}$$

を代入し，両辺に左から $w^*(\boldsymbol{r} - \boldsymbol{R}_j)$ をかけ積分すると

$$\begin{aligned}
&\int \sum_{j'} w^*(\boldsymbol{r} - \boldsymbol{R}_j) H_0 F(\boldsymbol{R}_{j'}) w(\boldsymbol{r} - \boldsymbol{R}_{j'}) d^3\boldsymbol{r} \\
&+ \int \sum_{j'} w^*(\boldsymbol{r} - \boldsymbol{R}_j) H_1 F(\boldsymbol{R}_{j'}) w(\boldsymbol{r} - \boldsymbol{R}_{j'}) d^3\boldsymbol{r} \\
&\qquad = \int \mathcal{E} \sum_{j'} w^*(\boldsymbol{r} - \boldsymbol{R}_j) F(\boldsymbol{R}_{j'}) w(\boldsymbol{r} - \boldsymbol{R}_{j'}) d^3\boldsymbol{r}
\end{aligned} \tag{3.18}$$

となる．いま，

$$(H_0)_{jj'} = \int w^*(\boldsymbol{r} - \boldsymbol{R}_j) H_0 w(\boldsymbol{r} - \boldsymbol{R}_{j'}) d^3\boldsymbol{r} \tag{3.19}$$

$$(H_1)_{jj'} = \int w^*(\boldsymbol{r} - \boldsymbol{R}_j) H_1 w(\boldsymbol{r} - \boldsymbol{R}_{j'}) d^3\boldsymbol{r} \tag{3.20}$$

とおくと，式 (3.18) は次のようになる．

$$\sum_{j'} (H_0)_{jj'} \cdot F(\boldsymbol{R}_{j'}) + \sum_{j'} (H_1)_{jj'} \cdot F(\boldsymbol{R}_{j'}) = \mathcal{E} \cdot F(\boldsymbol{R}_j). \tag{3.21}$$

上式の右辺は式 (3.5) を用いて書きかえた．はじめの仮定により，H_1 は非常にゆるやかに変化するポテンシャルと考えているので，以下のような近似が可能である．ワニエ関数の性質から，$w^*(\boldsymbol{r} - \boldsymbol{R}_j)$ と $w(\boldsymbol{r} - \boldsymbol{R}_{j'})$ はそれぞれ $\boldsymbol{R}_j$ と $\boldsymbol{R}_{j'}$ に局在した波動関数であるから，式 (3.20) では，$w^*(\boldsymbol{r} - \boldsymbol{R}_j)$ と $w(\boldsymbol{r} - \boldsymbol{R}_{j'})$ の重なりのある部分の積分のみが寄与する．つまり，$(\boldsymbol{R}_j - \boldsymbol{R}_{j'})$ の小さい値，いいか

えれば最近接原子のワニエ関数の積分までか，もっと近似的には $\boldsymbol{R}_j = \boldsymbol{R}_{j'}$ のときのみが積分に寄与する．したがって，式 (3.20) の j' についての和は近似的に

$$\sum_{j'} (H_1)_{jj'} \simeq H_1(\boldsymbol{R}_j) \int w^*(\boldsymbol{r} - \boldsymbol{R}_j) w(\boldsymbol{r} - \boldsymbol{R}_j) d^3\boldsymbol{r} = H_1(\boldsymbol{R}_j) \tag{3.22}$$

と書くことができる．また，式 (3.20) からわかるように，$(H_0)_{jj'}$ は $(\boldsymbol{R}_j - \boldsymbol{R}_{j'})$ の関数となる．これはワニエ関数の性質を用いて次のように証明できる．H_0 は並進操作に対して不変であるから，$\boldsymbol{r} - \boldsymbol{R}_j$ をあらたに $\boldsymbol{r}$ とおきかえて

$$(H_0)_{jj'} = \int w^*(\boldsymbol{r}) H_0 w(\boldsymbol{r} - \boldsymbol{R}_{j'} + \boldsymbol{R}_j) d^3\boldsymbol{r} \equiv h_0(\boldsymbol{R}_j - \boldsymbol{R}_{j'}) \tag{3.23}$$

となる．これらの結果を用いると式 (3.21) は次のような一連の方程式となる．

$$\sum_{j'} h_0(\boldsymbol{R}_j - \boldsymbol{R}_{j'}) F(\boldsymbol{R}_{j'}) + H_1(\boldsymbol{R}_j) F(\boldsymbol{R}_j) = \mathcal{E} \cdot F(\boldsymbol{R}_j). \tag{3.24}$$

上式左辺の第1項目の和の順序を入れかえることにより，$(\boldsymbol{R}_j - \boldsymbol{R}_{j'}) \to \boldsymbol{R}_{j'}$ となり，次式を得る．

$$\sum_{j'} h_0(\boldsymbol{R}_{j'}) F(\boldsymbol{R}_j - \boldsymbol{R}_{j'}) + H_1(\boldsymbol{R}_j) F(\boldsymbol{R}_j) = \mathcal{E} \cdot F(\boldsymbol{R}_j). \tag{3.25}$$

ところで，式 (3.12) より

$$\mathcal{E}_0(\boldsymbol{k}) = \int b^*_{\boldsymbol{k}}(\boldsymbol{r}) H_0 b_{\boldsymbol{k}}(\boldsymbol{r}) d^3\boldsymbol{r} \tag{3.26}$$

を得るが，ブロッホ関数をワニエ関数で展開した式 (3.2) を用いると

$$\begin{aligned} \mathcal{E}_0(\boldsymbol{k}) &= \frac{1}{N} \sum_j \sum_{j'} \exp[-i\boldsymbol{k} \cdot (\boldsymbol{R}_j - \boldsymbol{R}_{j'})] (H_0)_{jj'} \\ &= \frac{1}{N} \sum_j \sum_{j'} \exp[-i\boldsymbol{k} \cdot (\boldsymbol{R}_j - \boldsymbol{R}_{j'})] h_0(\boldsymbol{R}_j - \boldsymbol{R}_{j'}). \end{aligned} \tag{3.27}$$

ここで，$\boldsymbol{R}_j$ も $\boldsymbol{R}_{j'}$ も同じ格子点の1つを表していることに注意すれば ($\boldsymbol{R}_{j'}$ を固定して $\boldsymbol{R}_j$ についての和をとれば，$j' = 1, 2, 3, \cdots, N$ に対してすべて同じになるので)

$$\mathcal{E}_0(\boldsymbol{k}) = \frac{1}{N} \sum_j N \exp(-i\boldsymbol{k} \cdot \boldsymbol{R}_j) h_0(\boldsymbol{R}_j) = \sum_j \exp(-i\boldsymbol{k} \cdot \boldsymbol{R}_j) h_0(\boldsymbol{R}_j) \tag{3.28}$$

となる．この結果は次のようにしても理解できる．$\mathcal{E}_0(\boldsymbol{k})$ は $\boldsymbol{k}$ 空間で周期関数となっており，その周期は逆格子ベクトルであるから，$\mathcal{E}_0(\boldsymbol{k})$ は格子ベクトル $\boldsymbol{R}_j$ で上式のように展開できる．このときのフーリエ係数 $h_0(\boldsymbol{R}_j)$ は次式で与えられる．

$$h_0(\boldsymbol{R}_j) = \frac{1}{N} \sum_{\boldsymbol{k}} \mathcal{E}_0(\boldsymbol{k}) \exp(i\boldsymbol{k} \cdot \boldsymbol{R}_j). \tag{3.29}$$

ところで，$F(r - R_j)$ なる関数を考え，これを r のまわりでテイラー展開すると

$$F(r - R_j) = F(r) - R_j \frac{d}{dr} F(r) + \frac{1}{2!} (R_j)^2 \frac{d^2}{dr^2} F(r) - \cdots \tag{3.30}$$

となる．$F(\boldsymbol{r}-\boldsymbol{R}_j)$ に対しては

$$F(\boldsymbol{r}-\boldsymbol{R}_j) = F(\boldsymbol{r}) - \boldsymbol{R}_j \cdot \nabla F(\boldsymbol{r}) + \frac{1}{2!}(\boldsymbol{R}_j \cdot \nabla)[\boldsymbol{R}_j \cdot \nabla F(\boldsymbol{r})] - \cdots$$
$$= \exp(-\boldsymbol{R}_j \cdot \nabla)F(\boldsymbol{r}) \tag{3.31}$$

が成立する．したがって

$$\sum_{j'} h_0(\boldsymbol{R}_{j'})F(\boldsymbol{r}-\boldsymbol{R}_{j'}) = \sum_{j'} h_0(\boldsymbol{R}_{j'})\exp(-\boldsymbol{R}_{j'} \cdot \nabla)F(\boldsymbol{r}). \tag{3.32}$$

一方，式 (3.28) の両辺に $F(\boldsymbol{r})$ をかけると

$$\mathcal{E}_0(\boldsymbol{k})F(\boldsymbol{r}) = \sum_{j'} h_0(\boldsymbol{R}_{j'})\exp(-i\boldsymbol{k} \cdot \boldsymbol{R}_{j'})F(\boldsymbol{r}) \tag{3.33}$$

が得られる．式 (3.32) と式 (3.33) を比較すると，式 (3.33) において $\boldsymbol{k}$ を $-i\nabla$ でおきかえたものが式 (3.32) の右辺と一致する．したがって

$$\sum_{j'} h_0(\boldsymbol{R}_{j'})F(\boldsymbol{r}-\boldsymbol{R}_{j'}) = \mathcal{E}(-i\nabla)F(\boldsymbol{r}) \tag{3.34}$$

なる関係が得られる．これを用いると，式 (3.25) において $\boldsymbol{R}_j$ を $\boldsymbol{r}$ とおいた

$$\sum_{j'} h_0(\boldsymbol{R}_{j'})F(\boldsymbol{r}-\boldsymbol{R}_{j'}) + H_1(\boldsymbol{R}_j)F(\boldsymbol{r}) = \mathcal{E} \cdot F(\boldsymbol{r}) \tag{3.35}$$

は次のように書きかえることができる．

$$\mathcal{E}_0(-i\nabla)F(\boldsymbol{r}) + H_1(\boldsymbol{r})F(\boldsymbol{r}) = \mathcal{E} \cdot F(\boldsymbol{r}). \tag{3.36}$$

あるいは

$$[\mathcal{E}_0(-i\nabla) + H_1(\boldsymbol{r})]\,F(\boldsymbol{r}) = \mathcal{E} \cdot F(\boldsymbol{r}) \tag{3.37}$$

と書いてこれを**有効質量方程式** (effective mass equation) とよぶ．また，このような近似法を**有効質量近似** (effective mass approximation) とよぶ．

式 (3.37) で求められる $F(\boldsymbol{r})$ は包絡関数 (envelope function) とよばれ，波動関数 $\Psi(\boldsymbol{r})$ をワニエ関数で展開したときの係数 $F(\boldsymbol{R}_j)$ は，$F(\boldsymbol{r})$ の $\boldsymbol{r}$ を $\boldsymbol{R}_j$ とおいて求められる．もちろん，$F(\boldsymbol{r})$ は格子間隔 $(\boldsymbol{R}_{j+1}-\boldsymbol{R}_j)$ に比べ緩やかに変化する関数でなければならない．

$\mathcal{E}_0(\boldsymbol{k})$ は摂動 H_1 がないときの電子エネルギーの波数ベクトル $\boldsymbol{k}$ 依存性で，エネルギーバンドを意味する．そこで，あるバンド端の有効質量が等方的で

$$\mathcal{E}_0(\boldsymbol{k}) = \frac{\hbar^2 k^2}{2m^*} \tag{3.38}$$

と近似すると，有効質量方程式は

$$\left[-\frac{\hbar^2}{2m^*}\nabla^2 + H_1(\boldsymbol{r})\right] F(\boldsymbol{r}) = \mathcal{E} \cdot F(\boldsymbol{r}) \tag{3.39}$$

となる． この式は式 (3.11) において，結晶の周期ポテンシャルが消え，電子の質量が有効質量 m^* で置き換えられている．このようなことから有効質量方程式というよび方が用いられる．半導体における種々の物性はこの有効質量近似を用いて計算される．このようなわけで半導体の有効質量の決定は非常に重要な意味を持っている．有効質量近似や有効質量方程式は，この他の方法でも導くことができる[3.2]．

3.3 浅い不純物準位

有効質量近似の典型的な例としてドナー準位の計算を行ってみる．簡単化するためスカラー質量 m^* を用いて表せるエネルギー帯に付随した浅い不純物準位を考える．このとき解くべき有効質量方程式は

$$\left[-\frac{\hbar^2}{2m^*}\nabla^2 - \frac{e^2}{4\pi\kappa\epsilon_0 r}\right] F(\boldsymbol{r}) = \mathcal{E}\cdot F(\boldsymbol{r}) \tag{3.40}$$

と書ける．この式は水素原子の電子状態を求めるときのシュレディンガー方程式と等価である．つまり，水素原子に対する方程式において，電子の質量を m から m^* に，真空の誘電率を半導体媒質の誘電率 $\kappa\epsilon_0 = \epsilon$ と置き換えたものが上式である．したがって，基底状態のエネルギーと波動関数の広がりを与える有効ボーア半径 a_I は

$$\mathcal{E} = -\frac{m^* e^4}{2(4\pi\epsilon)^2\hbar^2} = \frac{m^*/m}{(\epsilon/\epsilon_0)^2}\mathcal{E}_R \tag{3.41}$$

$$\mathcal{E}_R = \frac{me^4}{2(4\pi\epsilon_0)^2\hbar^2} \tag{3.42}$$

$$a_I = \frac{4\pi^2\epsilon}{m^* e^2} = \frac{\epsilon/\epsilon_0}{m^*/m}a_B \tag{3.43}$$

となる．ここに，$\mathcal{E}_R$ は水素原子のイオン化エネルギー ($\mathcal{E}_R = 1\text{Rydberg} = 13.6\text{eV}$) である．いま，電子の有効質量を $m^* = 0.25m$ とし，比誘電率を $\epsilon/\epsilon_0 = 16$ とするとドナーのイオン化エネルギーは 0.013eV となり，Ge で観測されている値に近い．

ところが，Ge と Si の伝導帯はそれぞれブリルアン領域の L 点と X 点近くの Δ 点に存在し，多数バレー構造をしている．これらの伝導帯における電子の有効質量は異方性をもっている．したがって，上に述べたような等方的な有効質量をもつ有効質量方程式で解くことはできない．また，等エネルギー面が $\boldsymbol{k}$ 空間で複数個存在するため，これに付随したドナー状態は縮退している．ここでは簡単のため，非縮退の系として扱う．

いま，等エネルギー面が回転楕円体で表されるような伝導帯を考え，その長軸方向に k_z を選ぶことにする．波数ベクトルを伝導帯の底に相当する $\boldsymbol{k}_0$ から測ることにすれば，長軸方向の有効質量 m_l とこれに垂直な方向の有効質量 m_t を用いて

$$\mathcal{E}_c(\boldsymbol{k}) = \frac{\hbar^2}{2}\left(\frac{k_x^2 + k_y^2}{m_t} + \frac{k_z^2}{m_l}\right) \tag{3.44}$$

と書くことができる．したがって，この伝導帯に対する有効質量方程式は

$$\left[-\frac{\hbar^2}{2m_t}\left(\frac{\partial^2}{\partial x^2} + \frac{\partial^2}{\partial y^2}\right) - \frac{\hbar^2}{2m_l}\frac{\partial^2}{\partial z^2} - \frac{e^2}{4\pi\epsilon(x^2+y^2+z^2)^{1/2}}\right]\psi(\boldsymbol{r}) = \mathcal{E}\cdot\psi(\boldsymbol{r}) \tag{3.45}$$

となる．ここで，ϵ は半導体中の誘電率である．有効質量の比を

$$\gamma = \frac{m_t}{m_l} \qquad (< 1) \tag{3.46}$$

として，式 (3.45) を円柱座標系で書き直すと

$$\left[-\frac{\hbar^2}{2m_t}\left(\frac{1}{r}\frac{\partial}{\partial r}r\frac{\partial}{\partial r} + \frac{1}{r^2}\frac{\partial^2}{\partial\varphi^2} + \gamma\frac{\partial^2}{\partial z^2}\right) - \frac{e^2}{4\pi\epsilon(r^2+z^2)^{1/2}}\right]\psi(\boldsymbol{r}) = \mathcal{E}\cdot\psi(\boldsymbol{r}) \tag{3.47}$$

この式より有効質量ハミルトニアンは

$$\mathcal{H} = -\frac{\hbar^2}{2m_t}\left(\frac{1}{r}\frac{\partial}{\partial r}r\frac{\partial}{\partial r} + \frac{1}{r^2}\frac{\partial^2}{\partial\varphi^2} + \gamma\frac{\partial^2}{\partial z^2}\right) - \frac{e^2}{4\pi\epsilon(r^2+z^2)^{1/2}} \tag{3.48}$$

と表せる.

式 (3.47) を解析的に解くことはできない. そこで, ドナーの基底準位を求めるために, 変分法を採用することにする. 基底関数として次式を仮定する[3.3], [3.4].

$$\psi = (\pi a^2 b)^{-1/2}\exp\left[-\left(\frac{r^2}{a^2}+\frac{z^2}{b^2}\right)^{1/2}\right] \tag{3.49}$$

ここで, $a > b$ であり, ψ は規格化 $\langle\psi|\psi\rangle = 1$ を満たしている. $\langle\psi|\mathcal{H}|\psi\rangle$ を求めるために, 次のような変数変換をする.

$$\begin{aligned}
r &= au\cos v \\
z &= bu\sin v \\
\int_V d^3\boldsymbol{r} &= 2\pi\int_0^{+\infty} rdr\int_{-\infty}^{+\infty} dz \\
&= 2\pi\int_0^{+\infty}\int_{-\pi/2}^{+\pi/2} abu^2\cos v\ dv\ du.
\end{aligned}$$

これより, ドナーの基底準位は次式で与えられる.

$$\begin{aligned}
\mathcal{E} &= \langle\psi^*|\mathcal{H}|\psi\rangle \\
&= -\frac{\hbar^2}{2m_t}\int_0^{+\infty}\int_{-\pi/2}^{+\pi/2}\left\{\left(\frac{\cos^2 v}{a^2}+\gamma\frac{\sin^2 v}{b^2}\right)(u^{-1}+1)\right. \\
&\quad \left. -\left(\frac{2}{a^2}+\frac{\gamma}{b^2}\right)u^{-1} + \frac{2}{a_I(a^2\cos^2 v + b^2\sin^2 v)^{1/2}}u^{-1}\right\} \\
&\quad \times\exp^{-2u} 2u^2\cos v\ dv\ du \\
&= -\frac{\hbar^2}{2m_t}\left[-\frac{2}{3a^2}-\frac{\gamma}{3b^2}+\frac{2}{a_I\sqrt{a^2-b^2}}\sin^{-1}\sqrt{\frac{a^2-b^2}{a^2}}\right].
\end{aligned} \tag{3.50}$$

この式 (3.50) において a, b を変化させたときの $\mathcal{E}$ の最小値がドナーの基底準位である. 最小値を求めるために, さらに次のような変数変換を行う.

$$\rho^2 = \frac{a^2-b^2}{a^2} \qquad (0 < \rho^2 < 1) \tag{3.51}$$

これを用いて b を消去すると,

$$\mathcal{E} = -\frac{\hbar^2}{2m_t}\left[-\frac{2(1-\rho^2)+\gamma}{3a^3(1-\rho-2)} + \frac{2\sin^{-1}\rho}{\rho a a_I}\right] \tag{3.52}$$

を得る. この式を最小にする a を求めると

$$a = \frac{\rho[2(1-\rho^2)+\gamma]}{3(1-\rho^2)\sin^{-1}\rho}a_I \tag{3.53}$$

となる．これを式 (3.50) に代入すると次の結果を得る．

$$\mathcal{E} = \frac{3(1-\rho^2)(\sin^{-1}\rho)^2}{\rho^2[2(1-\rho^2)+\gamma]}\mathcal{E}_I. \tag{3.54}$$

ここに，

$$\begin{aligned}\mathcal{E}_I &= -\frac{m_t e^4}{2\hbar^2(4\pi\epsilon)^2} \\ &= -\frac{m_t}{m}\left(\frac{\epsilon_0}{\epsilon}\right)^2\mathcal{E}_R \qquad (\mathcal{E}_R = 13.6\text{eV: Rydberg エネルギー})\end{aligned} \tag{3.55}$$

である．つまり，$\mathcal{E}_I$ はスカラー有効質量 m_t，誘電率 ϵ の半導体中におけるドナーの基底準位である．

式 (3.54) を最小にする ρ を求めれば，任意の $\gamma = m_t/m_l$ に対するドナーのイオン化エネルギーが得られる．式 (3.54) の最小値は解析的には求まらないので数値計算により求めた結果が図 3.1 に示してある．

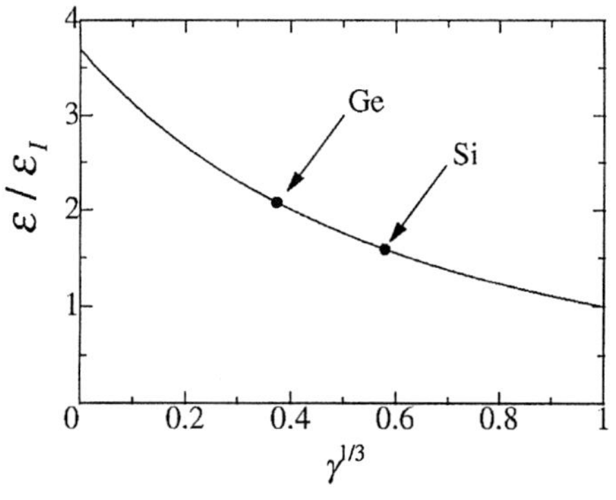

図 3.1: 有効質量方程式を変分法で解いて求めたドナーのイオン化エネルギーを有効質量比 $\gamma = m_t/m_l$ の関数としてプロットしたもの．

3.4 Ge と Si の不純物準位

表 3.1 で与えられるパラメーターを用いて，Ge と Si に対するドナー準位を求めた結果を表 3.3 に示す．ドナーのイオン化エネルギーは Ge で 9.05 meV，Si で 29.0 meV となる．表 3.2 に示す実測値によると，Ge では約 10 meV, Si の P では 45 meV であり，Ge での一致が非常によいのに対して Si ではあまりよいとは言えない．

表 3.2 に Si と Ge の各種ドナーのイオン化エネルギーの実験値がまとめてある．励起状態の電子準位を求めるには，それぞれの変分関数を決めなければならない．通常用いられている変分関数は表 3.4 に示してある．また，表 3.5 に変分法で求めた励起準位を含むドナーのスペクトル準位を示す．この計算結果に対して，実験結果は表 3.6 のようになる．表 3.6 あるいは図 3.2 に示すように，Si におけるドナーのイオン化エネルギーのうち基底準位については実験と有効質量近似の一致はよくないが，

表 3.1: Ge と Si のドナー準位の計算に用いたパラメーター．無次元化した値を用いている．

	m_t/m	m_l/m	γ	ϵ/ϵ_0
Ge	0.082	1.58	0.0519	16.0
Si	0.190	0.98	0.1939	11.9

表 3.2: Si と Ge における各種ドナーのイオン化エネルギーの実測値 $\mathcal{E}_0$ [meV]

不純物	Li	P	As	Sb	Bi
Si	33	45	49	39	69
Ge		12.0	12.7	9.6	

表 3.3: 有効質量近似 (変分法) によるドナーの基底準位の計算結果

	$-\mathcal{E}_I$ [meV]	$-\mathcal{E}/\mathcal{E}_I$	$(-\mathcal{E})$ [meV]	a_I [Å]	a/a_I	(a) [Å]	b/a_I	(b) [Å]
Ge	4.36	2.08	(9.05)	103.2	0.622	(64.2)	0.221	(22.8)
Si	18.3	1.59	(29.0)	33.14	0.740	(24.5)	0.415	(13.8)

励起状態の一致は非常によい．この不一致の原因として二つが考えられる．まず，Si や Ge の伝導帯は複数のバレーから成ること (バレー・軌道相互作用; (valley-orbit interaction) [3.5] ~ [3.8]．もう一つは，基底準位のみの不一致が大きいことから，基底準位の計算に対して有効質量近似があまりよい近似ではないことが考えられる (Central cell correction の必要性) [3.6]．

(a) バレー・軌道相互作用

Si の伝導帯の底は ブリルアン領域の $\langle 100\rangle$ 方向の Δ 点に存在する 6 つの等価なバレーから成っている．これらのバレーにおける電子は次のように記述することができる．

$$\psi^{(i)}(\boldsymbol{r}) = \sum_{j=1}^{6} \alpha_j^i F_j(\boldsymbol{r}) u_j(\boldsymbol{r}) \exp(i\boldsymbol{k}_{0j}\cdot\boldsymbol{r}) \qquad (i=1,\ldots,6) \tag{3.56}$$

ここに，$j=1,2,\ldots,6$ は 6 つの伝導帯の底 $(k_0,0,0),(-k_0,0,0),\ldots,(0,0,-k_0)$ に対してとるものとし，$u_j(\boldsymbol{r})\exp(i\boldsymbol{k}_{0j}\cdot\boldsymbol{r})$ は j 番目の伝導帯におけるブロッホ関数で，$F_j(\boldsymbol{r})$ は有効質量近似で求ま

表 3.4: ドナーの励起準位を求めるための変分関数

状態	変 分 関 数
1s	$(\pi a^2 b)^{-1/2}\exp[-\left(\frac{r^2}{a^2}+\frac{z^2}{b^2}\right)^{1/2}]$
2s	$(C_1+C_2r^2+C_3z^2)\exp[-(\frac{r^2}{a^2}+\frac{z^2}{b^2})^{1/2}]$
$2\mathrm{p}_0$	$Cz\exp[-(\frac{r^2}{a^2}+\frac{z^2}{b^2})^{1/2}]$
$2\mathrm{p}_{\pm1}$	$Cr\exp[-(\frac{r^2}{a^2}+\frac{z^2}{b^2})^{1/2}]\exp(\pm i\phi)$
$3\mathrm{p}_0$	$(C_1+C_2r^2+C_3z^2)z\exp-[(\frac{r^2}{a^2}+\frac{z^2}{b^2})^{1/2}]$
$3\mathrm{p}_{\pm1}$	$(C_1+C_2r^2+C_3z^2)r\exp[-(\frac{r^2}{a^2}+\frac{z^2}{b^2})^{1/2}]\exp(\pm i\phi)$

表 3.5: 有効質量近似で求めた Si と Ge におけるドナーの基底準位と励起準位

準位	Si	Ge
1s	-29 ± 1	-9.2 ± 0.2
2p, $m = 0$	-10.9 ± 0.2	-4.5 ± 0.2
2s	-8.8 ± 0.6	
2p, $m = \pm 1$	-5.9 ± 0.1	-1.60 ± 0.03
3p, $m = 0$	-5.7 ± 0.6	-2.35 ± 0.2
3p, $m = \pm 1$	-2.9 ± 0.05	-0.85 ± 0.05

表 3.6: Si におけるドナーの基底準位と励起準位の実測値 [meV]

不純物	基底準位	励起準位			
P	45	10.5	5.5	2.4	0.4
As	53	10.9	5.6	2.4	0.1
Sb	43	11.2	6.5	3.1	
有効質量近似	29	10.9	5.9	2.9	

る水素原子的な包絡関数である．これらの線形結合の式を，群論の助けを借りて既約表現とすると，係数 α_j^i は次式で与えられる．

$$
\begin{aligned}
&\alpha_j^1 : 1/\sqrt{6}(1,1,1,1,1,1) && (A_1) \\
&\left.\begin{aligned}\alpha_j^2 &: 1/2(1,1,-1,-1,0,0) \\ \alpha_j^3 &: 1/2(1,1,0,0,-1,-1)\end{aligned}\right\} && (E) \\
&\left.\begin{aligned}\alpha_j^4 &: 1/\sqrt{2}(1,-1,0,0,0,0) \\ \alpha_j^5 &: 1/\sqrt{2}(0,0,1,-1,0,0) \\ \alpha_j^6 &: 1/\sqrt{2}(0,0,0,0,1,-1)\end{aligned}\right\} && (T_1)
\end{aligned}
\tag{3.57}
$$

これより明らかなように，Si におけるドナーの基底準位はバレー・軌道相互作用により 1 重項，2 重項と 3 重項の 3 つの準位に分裂する可能性がある．バレー・軌道相互作用のハミルトニアンを $H_{\rm vo}$ とし，$\langle F_i(\boldsymbol{r}) \exp[i(\boldsymbol{k}_{0i} - \boldsymbol{k}_{0j}) \cdot \boldsymbol{r}] | H_{\rm vo} | F_j(\boldsymbol{r}) \rangle = -\Delta$ とおくと，$F_j(\boldsymbol{r})$ $(j = 1, 2, \ldots, 6)$ の作る行列要素は

$$
\langle i | H_{\rm vo} | j \rangle = \begin{vmatrix} 0 & -\Delta & -\Delta & -\Delta & -\Delta & -\Delta \\ -\Delta & 0 & -\Delta & -\Delta & -\Delta & -\Delta \\ -\Delta & -\Delta & 0 & -\Delta & -\Delta & -\Delta \\ -\Delta & -\Delta & -\Delta & 0 & -\Delta & -\Delta \\ -\Delta & -\Delta & -\Delta & -\Delta & 0 & -\Delta \\ -\Delta & -\Delta & -\Delta & -\Delta & -\Delta & 0 \end{vmatrix}
\tag{3.58}
$$

となる．この行列を対角化すると，1 つの 5Δ と 5 重縮退した $-\Delta$ の対角成分が得られ，1 重の固有値に対する固有状態は式 (3.58) の 1 重項 (A_1) に対応し，5 重縮退の固有値に対する固有状態は

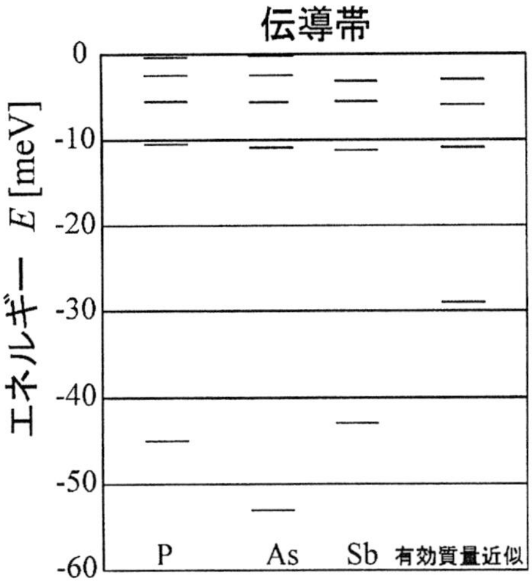

図 3.2: Si における P，As，Sb ドナーの準位．実験結果と有効質量近似の比較．

式 (3.58) の 2 重項と 3 重項に対応している．2 重項と 3 重項の分裂は，バレー $(\pm k_0, 0, 0)$ などの組 (g-type) と，バレー $(k_0, 0, 0)$ と $(0, k_0, 0)$ などの組 (f-type) の間で，バレー・軌道相互作用が少し異なると考えると理解できる．つまり，g-タイプに対する相互作用を $(1+\delta)\Delta$ と置くと，行列要素は次のようになる．

$$\begin{vmatrix} 0 & -(1+\delta)\Delta & -\Delta & -\Delta & -\Delta & -\Delta \\ -(1+\delta)\Delta & 0 & -\Delta & -\Delta & -\Delta & -\Delta \\ -\Delta & -\Delta & 0 & -(1+\delta)\Delta & -\Delta & -\Delta \\ -\Delta & -\Delta & -(1+\delta)\Delta & 0 & -\Delta & -\Delta \\ -\Delta & -\Delta & -\Delta & -\Delta & 0 & -(1+\delta)\Delta \\ -\Delta & -\Delta & -\Delta & -\Delta & -(1+\delta)\Delta & 0 \end{vmatrix}$$
$$= \begin{vmatrix} -5\Delta-\delta\Delta & 0 & 0 & 0 & 0 & 0 \\ 0 & \Delta-\delta\Delta & 0 & 0 & 0 & 0 \\ 0 & 0 & \Delta-\delta\Delta & 0 & 0 & 0 \\ 0 & 0 & 0 & \Delta+\delta\Delta & 0 & 0 \\ 0 & 0 & 0 & 0 & \Delta+\delta\Delta & 0 \\ 0 & 0 & 0 & 0 & 0 & \Delta+\delta\Delta \end{vmatrix} \tag{3.59}$$

これより，1 重項 (singlet) A_1 を基底状態とすると，次の結果が得られる．

$$\begin{aligned} \mathcal{E}(A_1) &= 0 && \text{(singlet)} \\ \mathcal{E}(E) &= 6\Delta && \text{(doublet)} \\ \mathcal{E}(T_1) &= 6\Delta + 2\delta\Delta && \text{(triplet)} \end{aligned} \tag{3.60}$$

赤外線吸収の実験結果を解析すると，Si における P，As，Sb ドナーの基底状態の束縛エネルギーは表 3.7 のようである[3.9]．赤外吸収の強度比などの解析結果から，Si における P ドナーに対しては次のようになることがわかった．式 (3.60) で与えられる値は $6\Delta = 13.10$ meV，$2\delta\Delta = -1.37$ meV となり，P ドナーの基底状態は，$1s(A_1)$ (singlet)，$1s(T_1)$ (triplet)，$1s(E)$ (doublet) の順に分裂する．このバレー・軌道相互作用のエネルギーは小さく，基底状態 ($1s$ 状態) における有効質量近似と

表 3.7: Si における V 族ドナー P, As, Sb の 1s 状態の束縛エネルギー [meV].

状態	P	As	Sb
$1s(E)$	32.21	31.01	30.23
$1s(T_1)$	33.58	32.42	32.65
$1s(A_1)$	45.31	53.51	42.51

実験値の食い違いを説明することができない.

(b) 中心ポテンシャルの補正

有効質量近似が成立するための条件は，ドナーの有効ボーア定数 a_I が格子定数 a に比べ十分大きいことである ($a_I \gg a$). 表 3.3 に示されているように，Si と Ge を比べると Si における変分定数 a，b の方が Ge の値よりも小さい．また，励起状態の実効軌道距離は基底状態に比べて大きくなる．これらのことは，Si と Ge では Ge の方が一致のよいことを，また Si におけるドナーの励起状態が実験と有効質量近似で非常によく一致することを説明してくれる．さらに，ドナー元素の違いは有効質量近似には出てこない．不純物ポテンシャルは殻の中心近くではクーロン的でないことがあげられる．また，ドナー電子と殻内電子との交換相互作用や相関効果なども重要である．殻の中心近くではスクリーニング効果が弱められるであろう．このようなことを考慮すると，基底状態の有効質量近似にはポテンシャルの違いを入れた補正が必要になることが予想される．ここでは，実験データを基にした中心ポテンシャルの補正 (central cell correction) について述べる.

この方法は基底状態に見かけ上，ポテンシャルの補正を行ったような近似を用い，これをもとに基底状態と励起状態の間の赤外線吸収スペクトルを説明しようとするものである．有効質量近似は励起状態の計算に対して非常によい結果を与えるから，これに対する補正は不要である．一般に，基底状態の束縛エネルギーに対する実験値 $\mathcal{E}_{\rm obs}$ は有効質量近似の結果よりも大きいから，図 3.3 に示すように，この実験値に対応する波動関数は有効質量近似の波動関数よりもポテンシャル中心の距離 r に対してより急激に減衰するはずである．そこで,

$$r \geq r_s; \quad \psi = \frac{1}{6} F(\boldsymbol{r}) \sum_{j=1}^{6} u_j(\boldsymbol{r}) e^{i\boldsymbol{k}_j \cdot \boldsymbol{r}} \tag{3.61}$$

$$\left[-\frac{\hbar^2}{2m^*} \nabla^2 - \frac{e^2}{4\pi\epsilon r} \right] F(\boldsymbol{r}) = \mathcal{E}_{\rm obs} F(\boldsymbol{r}) \tag{3.62}$$

$$F(\infty) = 0 \tag{3.63}$$

と置き，実験値に合うような $F(\boldsymbol{r})$

$$F(\boldsymbol{r}) \sim e^{-r/a^*} \tag{3.64}$$

を求める．ここに，a^* は有効質量近似の解との間に

$$a^* = \sqrt{\frac{\mathcal{E}_{\rm effmass}}{\mathcal{E}_{\rm obs}}} a_I \tag{3.65}$$

の関係がある．$r < r_s$ の領域ではポテンシャルは不純物ドナー特有の補正が必要であるが

$$r < r_s; \quad F(\boldsymbol{r}) \simeq F(\boldsymbol{r}_s) \tag{3.66}$$

と近似することにする．この手続きが図 3.3 に示してある．この補正を中心ポテンシャル補正 と呼ぶ．この結果を用いると赤外吸収のスペクトル強度の解析が可能となり，実験結果をよく説明することができる[3.9]．

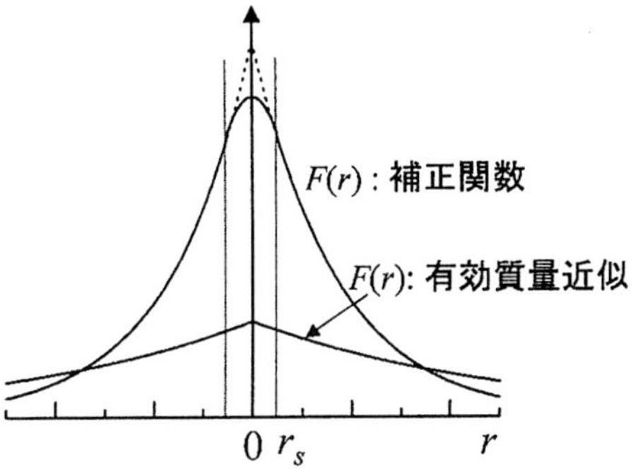

図 3.3: Si のドナーの基底状態の波動関数に対する補正．有効質量近似の解と補正した包絡関数．

第 4 章

光学的性質 1

4.1　光の反射と吸収

古典論では光は電磁波でマクスウエル (Maxwell) の方程式で記述される．つまり，電界 $\boldsymbol{E}$，電気変位 $\boldsymbol{D}$，磁界 $\boldsymbol{H}$，磁束密度 $\boldsymbol{B}$，電流密度 $\boldsymbol{J}$，電荷密度 ρ の間には，

$$\nabla \times \boldsymbol{E} = -\frac{\partial \boldsymbol{B}}{\partial t} \tag{4.1a}$$

$$\nabla \times \boldsymbol{H} = \boldsymbol{J} = \sigma \boldsymbol{E} + \frac{\partial \boldsymbol{D}}{\partial t} \tag{4.1b}$$

$$\nabla \cdot \boldsymbol{D} = \rho \tag{4.1c}$$

$$\nabla \cdot \boldsymbol{B} = 0 \tag{4.1d}$$

なる関係が成立する．媒質の比誘電率を

$$\kappa = \kappa_1 + i\kappa_2 \tag{4.2}$$

とすると，

$$\boldsymbol{D} = \kappa \epsilon_0 \boldsymbol{E} \tag{4.3}$$

と書ける．媒質には余剰電荷は無いものとすると，上のマクスウエルの方程式から次のような関係が得られる．簡単のため，伝導に寄与する電荷も存在せず，$\sigma = 0$ とする．(伝導電子が存在する場合，後述のように複素電気伝導度を用いればよい [式 (4.24) ～ 式 (4.25b) と 5.5 節を参照]．)

$$\begin{aligned}\nabla \times \nabla \times \boldsymbol{E} &= -\frac{\partial}{\partial t}(\nabla \times \boldsymbol{B}) \\ &= -\mu_0 \frac{\partial}{\partial t}\left(\sigma \boldsymbol{E} + \frac{\partial \boldsymbol{D}}{\partial t}\right) \\ &= -\mu_0 \kappa \epsilon_0 \frac{\partial^2}{\partial t^2}\boldsymbol{E}\end{aligned} \tag{4.4}$$

の関係が成立する．媒質には余剰電荷は存在しないものとして $\rho = 0$ とおくと

$$\nabla \times \nabla \times \boldsymbol{E} = \nabla(\nabla \cdot \boldsymbol{E}) - \nabla^2 \boldsymbol{E}, \qquad \nabla \cdot \boldsymbol{E} = 0$$

より

$$\nabla^2 \boldsymbol{E} = \mu_0 \epsilon_0 \kappa \frac{\partial^2 \boldsymbol{E}}{\partial t^2}. \tag{4.5}$$

いま，電磁波として平面波

$$\boldsymbol{E} \sim \boldsymbol{E} \exp[i(\boldsymbol{k} \cdot \boldsymbol{r} - \omega t)] \tag{4.6}$$

を考える．これを式 (4.5) に代入すると，

$$(ik)^2 = (-i\omega)^2 \mu_0 \epsilon_0 \kappa \tag{4.7}$$

が得られるから，これより電磁波の位相速度は

$$\frac{\omega}{k} = \frac{1}{\sqrt{\epsilon_0 \mu_0}\sqrt{\kappa}} = \frac{c}{\sqrt{\kappa}} = c' \tag{4.8}$$

となる．ここに真空中では，$\kappa = 1$ であるから真空中の光速は

$$c = \frac{1}{\sqrt{\epsilon_0 \mu_0}} \cong 3.0 \times 10^8 \quad \mathrm{m/s} \tag{4.9}$$

となる．媒質中の光速との間に

$$c' = \frac{c}{\sqrt{\kappa}} = \frac{c}{n} \tag{4.10}$$

の関係が成立する．ここに $n = \sqrt{\kappa}$ は**屈折率**と呼ばれるが，誘電率を複素数で表しているので，一般には後に示すように複素屈折率を用いて定義する必要がある．z 方向に伝播する電磁波の振幅を $\boldsymbol{E}_\perp$ とすると，

$$\begin{aligned} \boldsymbol{E}(z,t) &= \boldsymbol{E}_\perp \exp[i(kz - \omega t)] = \boldsymbol{E}_\perp \exp\left[i\omega\left(\frac{k}{\omega}z - t\right)\right] \\ &= \boldsymbol{E}_\perp \exp\left[i\omega\left(\frac{\sqrt{\kappa}}{c}z - t\right)\right] \end{aligned} \tag{4.11}$$

と書ける．入射，反射及び透過電磁波の電界を

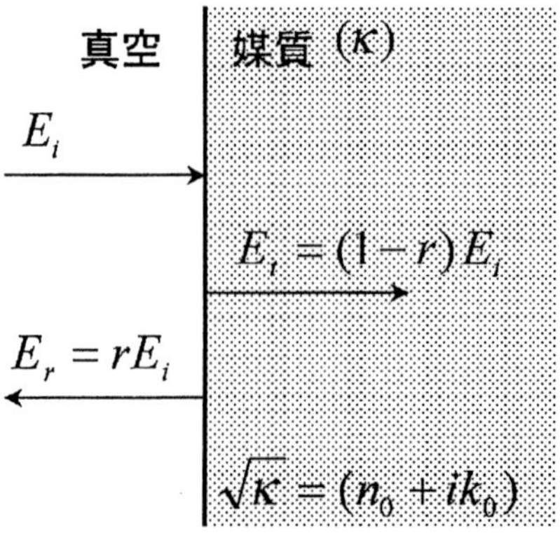

図 4.1: 媒質界面での光の反射と透過

$$\boldsymbol{E}_i \exp\left[i\omega\left(\frac{1}{c}z - t\right)\right]$$

$$\boldsymbol{E}_r \exp\left[i\omega\left(-\frac{1}{c}z - t\right)\right]$$

$$\boldsymbol{E}_t \exp\left[i\omega\left(\frac{\sqrt{\kappa}}{c}z - t\right)\right]$$

とおき，図 4.1 に示すような系を考える．媒質の境界面に電荷が無ければ，電界とその勾配が $z = 0$ で連続でなければならないから，反射係数を r ，透過係数を t とすると $(\boldsymbol{E}_r = r\boldsymbol{E}_i, \boldsymbol{E}_t = t\boldsymbol{E}_i)$，

$$1 = r + t \tag{4.12a}$$

$$1 = -r + t\sqrt{\kappa} = -r + (1 - r)\sqrt{\kappa} \tag{4.12b}$$

の関係が得られる．これより，

$$r = \frac{\sqrt{\kappa} - 1}{\sqrt{\kappa} + 1} \tag{4.13}$$

なる関係が得られる．いま，複素屈折率 n^* を

$$\sqrt{\kappa} = n^* \equiv n_0 + ik_0 \tag{4.14}$$

で定義すると

$$\sqrt{\kappa_1 + i\kappa_2} = n_0 + ik_0 \tag{4.15}$$

より次の関係式が得られる．

$$\kappa_1 = n_0^2 - k_0^2 \tag{4.16a}$$

$$\kappa_2 = 2n_0k_0 \tag{4.16b}$$

n_0 を屈折率 (refractive index)，k_0 を消衰係数 (extinction coefficient) とよぶ．この関係を用いると振幅反射係数は

$$r = \frac{n_0 - 1 + ik_0}{n_0 + 1 + ik_0} = |r| \tan\theta, \quad \tan\theta = \frac{2k_0}{n_0^2 + k_0^2 - 1} \tag{4.17}$$

となる．電磁波の反射率は通常，入力エネルギーに対して定義されるので，E^2，H^2 または ポインティングベクトル $\boldsymbol{E} \times \boldsymbol{H}$ に対する反射率と考えることができ

$$\begin{aligned} R = |r|^2 &= \frac{(n_0 - 1)^2 + k_0^2}{(n_0 + 1)^2 + k_0^2} \\ &= \frac{(\kappa_1^2 + \kappa_2^2)^{1/2} - [2\kappa_1 + 2(\kappa_1^2 + \kappa_2^2)^{1/2}]^{1/2} + 1}{(\kappa_1^2 + \kappa_2^2)^{1/2} + [2\kappa_1 + 2(\kappa_1^2 + \kappa_2^2)^{1/2}]^{1/2} + 1} \end{aligned} \tag{4.18}$$

なる関係が得られる．式 (4.11) に式 (4.14) を代入すると，

$$\begin{aligned} \boldsymbol{E}(z, t) = \boldsymbol{E}_\perp \exp\left[i\omega\left(\frac{\sqrt{\kappa}}{c}z - t\right)\right] &= \boldsymbol{E}_\perp \exp\left[i\omega\left(\frac{n_0 + ik_0}{c}z - t\right)\right] \\ = \boldsymbol{E}_\perp \exp\left(-\frac{\omega k_0}{c}z\right) \exp\left[i\omega\left(\frac{n_0}{c}z - t\right)\right] \end{aligned} \tag{4.19}$$

となるから，電気的エネルギーあるいはポインティングベクトルの減衰は

$$I \propto E^2 \propto E_\perp^2 \exp\left(-2\frac{\omega k_0}{c}z\right) \equiv \exp(-\alpha z) \tag{4.20}$$

で与えられる．ここに，

$$\alpha = 2\frac{\omega k_0}{c} = \frac{\omega\kappa_2}{n_0 c} \tag{4.21}$$

は吸収係数 (absorption coefficient) と呼ばれ，入射光が単位距離進むとその強度は $1/e \simeq 1/2.7 \simeq 0.37$ となることを表す．

次に，複素導電率と複素誘電率の関係および電力損失 (誘電損失) について考察してみる．式 (4.1b) の電気変位 $\boldsymbol{D}$ に複素誘電率を用いると，

$$\boldsymbol{D} = \kappa\epsilon_0\boldsymbol{E} = (\kappa_1 + i\kappa_2)\epsilon_0\boldsymbol{E} \tag{4.22}$$

となるから，$\partial/\partial t \to -i\omega$ とすると，電流密度は

$$\boldsymbol{J} = \sigma\boldsymbol{E} + \frac{\partial\boldsymbol{D}}{\partial t} = \sigma\boldsymbol{E} - i\omega(\kappa_1 + i\kappa_2)\epsilon_0\boldsymbol{E} \equiv \sigma^*\boldsymbol{E} \tag{4.23}$$

となる．そこで，複素導電率 σ^*

$$\sigma^* = \sigma_r + i\sigma_i \tag{4.24}$$

を定義すると，

$$\sigma_r = \sigma + \omega\kappa_2\epsilon_0 \tag{4.25a}$$

$$\sigma_i = -\omega\kappa_1\epsilon_0 \tag{4.25b}$$

と書ける．単位体積当たりの電力損失は $w = \sigma_r E^2/2$ で与えられるから，$\kappa = \kappa_1 + i\kappa_2$ の誘電体では

$$w = \frac{1}{2}\omega\kappa_2\epsilon_0 E^2 \tag{4.26}$$

となり，誘電損失としてよく知られた関係が得られる．この関係は光学遷移と光吸収係数を結び付けるのに後ほど用いる．また，半導体のように，自由電子がある場合の誘電率の実数部 κ_1 は

$$\kappa_1 = \kappa_l - \frac{\sigma_i}{\omega\epsilon_0} \tag{4.27}$$

で与えられる．ここに，κ_l は結晶格子からの寄与による誘電率の実数部である．この関係はプラズマ振動を古典的に論じる場合によく用いられる (5.4.1 項および 5.5 節参照)．

4.2 直接遷移と吸収係数

ここでは，入射光による価電子帯の電子が伝導帯に直接遷移するバンド間直接遷移について考察する．まず，完全な結晶に光が入射したときの電子の振る舞いについて考えてみよう．電子に対するハミルトニアンは

$$H = \frac{1}{2m}(\boldsymbol{p} + e\boldsymbol{A})^2 + V(\boldsymbol{r}) \tag{4.28}$$

と書ける．ここに，$\boldsymbol{A}$ は電磁界のベクトルポテンシャルで，$V(\boldsymbol{r})$ は結晶の周期ポテンシャルである．電磁界を平面波とすると，ベクトルポテンシャルは

$$\boldsymbol{A} = \frac{1}{2}A_0\boldsymbol{e}\left[e^{i(\boldsymbol{k}_p\cdot\boldsymbol{r}-\omega t)} + e^{-i(\boldsymbol{k}_p\cdot\boldsymbol{r}-\omega t)}\right] \tag{4.29}$$

と表すことができる．ここに，$\boldsymbol{k}_p$ は電磁界の波数ベクトル，$\boldsymbol{e}$ は電磁界の電気ベクトル方向の単位ベクトル (偏向ベクトル) である．また，上式では電磁界を実数表示するため，ベクトルポテンシャルの複素共役量を加えてある．$\boldsymbol{A}\cdot\boldsymbol{p}=\boldsymbol{p}\cdot\boldsymbol{A}$ の関係を用い，A^2 の項は小さいとして無視すると，ハミルトニアンは次のように書ける．

$$H \simeq \frac{p^2}{2m} + V(\boldsymbol{r}) + \frac{e}{m}\boldsymbol{A}\cdot\boldsymbol{p} \equiv H_0 + H_1 \tag{4.30}$$

$H_1=(e/m)\boldsymbol{A}\cdot\boldsymbol{p}$ を摂動項と考え，入射光によって電子が状態 $|v\boldsymbol{k}\rangle$ から状態 $|c\boldsymbol{k}'\rangle$ に遷移する単位時間当たりの確率 w_{cv} を求めると，次のようになる．

$$\begin{aligned} w_{cv} &= \frac{2\pi}{\hbar}\left|\langle c\boldsymbol{k}'|\frac{e}{m}\boldsymbol{A}\cdot\boldsymbol{p}|v\boldsymbol{k}\rangle\right|^2 \delta\left[\mathcal{E}_c(\boldsymbol{k}')-\mathcal{E}_v(\boldsymbol{k})-\hbar\omega\right] \\ &= \frac{\pi e^2}{2\hbar m^2}A_0^2\left|\langle c\boldsymbol{k}'|\exp(i\boldsymbol{k}_p\cdot\boldsymbol{r})\boldsymbol{e}\cdot\boldsymbol{p}|v\boldsymbol{k}\rangle\right|^2 \delta\left[\mathcal{E}_c(\boldsymbol{k}')-\mathcal{E}_v(\boldsymbol{k})-\hbar\omega\right]. \end{aligned} \tag{4.31}$$

上式において，運動量オペレーター $\boldsymbol{p}$ を含む行列要素は遷移のマトリックス要素とも呼ばれ，遷移の選択則と遷移強度を与える．電子の状態を表す波動関数として，ブロッホ関数

$$|j\boldsymbol{k}\rangle = e^{i\boldsymbol{k}\cdot\boldsymbol{r}}u_{j\boldsymbol{k}}(\boldsymbol{r}) \tag{4.32}$$

を用いることにする．ここに，$j=v,\ c$ は価電子帯と伝導帯の状態を表している．遷移の行列要素は

$$\begin{aligned} \boldsymbol{e}\cdot\boldsymbol{p}_{cv} &= \frac{1}{V}\int_V e^{-i\boldsymbol{k}'\cdot\boldsymbol{r}}u^*_{c\boldsymbol{k}'}(\boldsymbol{r})e^{i\boldsymbol{k}_p\cdot\boldsymbol{r}}\boldsymbol{e}\cdot\boldsymbol{p}e^{i\boldsymbol{k}\cdot\boldsymbol{r}}u_{v\boldsymbol{k}}(\boldsymbol{r})d^3\boldsymbol{r} \\ &= \frac{1}{V}\int_V e^{i(\boldsymbol{k}_p+\boldsymbol{k}-\boldsymbol{k}')\cdot\boldsymbol{r}}u^*_{c\boldsymbol{k}'}(\boldsymbol{r})\boldsymbol{e}\cdot(\boldsymbol{p}+\hbar\boldsymbol{k})u_{v\boldsymbol{k}}(\boldsymbol{r})d^3\boldsymbol{r} \end{aligned} \tag{4.33}$$

となる．ブロッホ関数の性質 $u(\boldsymbol{r})=u(\boldsymbol{r}+\boldsymbol{R}_l)$($\boldsymbol{R}_l$は基本格子ベクトル) を用いると

$$\begin{aligned} \boldsymbol{e}\cdot\boldsymbol{p}_{cv} &= \frac{1}{V}\sum_l \exp\{i(\boldsymbol{k}_p+\boldsymbol{k}-\boldsymbol{k}')\cdot\boldsymbol{R}_l\} \\ &\quad\times\int_\Omega e^{i(\boldsymbol{k}_p+\boldsymbol{k}-\boldsymbol{k}')\cdot\boldsymbol{r}}u^*_{c\boldsymbol{k}'}(\boldsymbol{r})\boldsymbol{e}\cdot(\boldsymbol{p}+\hbar\boldsymbol{k})u_{v\boldsymbol{k}'}(\boldsymbol{r})d^3\boldsymbol{r} \end{aligned} \tag{4.34}$$

と書ける．ここに，Ω は単位胞 (の体積) を意味する．$\boldsymbol{R}_l$ についての和は

$$\boldsymbol{k}_p+\boldsymbol{k}-\boldsymbol{k}' = \boldsymbol{G}_m(=m\boldsymbol{G}) \tag{4.35}$$

以外は 0 となる．ここに，$\boldsymbol{G}_m$ は逆格子ベクトル ($\boldsymbol{G}$ は最小の逆格子ベクトルで，m は整数) である．光の波数ベクトルは 1μm の波長に対して，$|\boldsymbol{k}_p|=6.28\times10^4\mathrm{cm}^{-1}$ で，逆格子ベクトルの大きさは格子定数を 5Å とすると，$|\boldsymbol{G}|=1.06\times10^8\mathrm{cm}^{-1}$ となり，一般に $k_p \ll G$ が成立する．したがって，式 (4.34) の積分で最も寄与の大きいのは $\boldsymbol{G}_m=0$ ($m=0$) の場合である．これはまた，運動量保存則を表していると考えることができる．この結果，式 (4.35) は

$$\boldsymbol{k}'=\boldsymbol{k} \tag{4.36}$$

となる．すなわち，$\boldsymbol{k}$ 空間で電子は同じ $\boldsymbol{k}$ の状態間の遷移が可能となる．このことから，このような遷移を直接遷移 (direct transition) とよぶ．式 (4.34) の積分のうち，$\hbar\boldsymbol{k}$ に関する項はブロッホ関数の直交性から消えるので，結局

$$\boldsymbol{e}\cdot\boldsymbol{p}_{cv} = \frac{1}{\Omega}\int_\Omega u^*_{c\boldsymbol{k}'}(\boldsymbol{r})\boldsymbol{e}\cdot\boldsymbol{p}u_{v\boldsymbol{k}}(\boldsymbol{r})d^3\boldsymbol{r}\delta_{\boldsymbol{k},\boldsymbol{k}'} \tag{4.37}$$

が得られる.

以上の結果を用いると，単位時間単位体積当たりに吸収されるフォトンのエネルギー $\hbar\omega w_{cv}$ を計算することができる．この吸収量は媒質内で消費されるエネルギーつまり，式 (4.26) に等しい．したがって，

$$\hbar\omega w_{cv} = \frac{1}{2}\omega\kappa_2\epsilon_0 E_0^2 \tag{4.38}$$

なる関係が成立する．電界とベクトルポテンシャルとの間には，$\boldsymbol{E} = -\partial\boldsymbol{A}/\partial t$ の関係があるから，$E_0 = \omega A_0$ とおけ，誘電率の虚数部は

$$\kappa_2 = \frac{2\hbar}{\epsilon_0\omega^2 A_0^2}\omega_{cv} = \frac{\pi e^2}{\epsilon_0 m^2\omega^2}\sum_{\boldsymbol{k},\boldsymbol{k}'}|\boldsymbol{e}\cdot\boldsymbol{p}_{cv}|^2\,\delta\left[\mathcal{E}_c(\boldsymbol{k}') - \mathcal{E}_v(\boldsymbol{k}) - \hbar\omega\right]\delta_{\boldsymbol{k}\boldsymbol{k}'} \tag{4.39}$$

と書ける．また，吸収係数はこの κ_2 を式 (4.21) に代入して求まる.

4.3 結合状態密度

前節で求めた誘電率の式において，行列要素 $\boldsymbol{e}\cdot\boldsymbol{p}_{cv}$ が $\boldsymbol{k}$ に関してゆるやかに変化するとすると (一般にこれはよい近似である)，$|\boldsymbol{e}\cdot\boldsymbol{p}_{cv}|^2$ の項は和の外に出すことができる．このとき誘電率の虚数部は次のように表される.

$$\kappa_2(\omega) = \frac{\pi e^2}{\epsilon_0 m^2\omega^2}|\boldsymbol{e}\cdot\boldsymbol{p}_{cv}|^2\sum_{\boldsymbol{k}}\delta[\mathcal{E}_{cv}(\boldsymbol{k}) - \hbar\omega] \tag{4.40}$$

$$\mathcal{E}_{cv}(\boldsymbol{k}) = \mathcal{E}_c(\boldsymbol{k}) - \mathcal{E}_v(\boldsymbol{k}). \tag{4.41}$$

式 (4.40) において，$\sum$ の項は状態 $|v\boldsymbol{k}\rangle$ と $|c\boldsymbol{k}\rangle$ のペアに関する状態密度と考えることができ，**結合状態密度** (joint density of states) とよばれる．$\sum$ を積分に置き換えると，結合状態密度 $J_{cv}(\hbar\omega)$ は

$$J_{cv}(\hbar\omega) = \sum_{\boldsymbol{k}}\delta[\mathcal{E}_{cv}(\boldsymbol{k}) - \hbar\omega] = \frac{2}{(2\pi)^3}\int d^3\boldsymbol{k}\cdot\delta[\mathcal{E}_{cv}(\boldsymbol{k}) - \hbar\omega] \tag{4.42}$$

となる．ここに，スピン因子 2 を考慮している．$\boldsymbol{k}$ 空間で $\mathcal{E} = \hbar\omega$ と $\hbar\omega + d(\hbar\omega)$ の 2 つの等エネルギー面を考えると

$$J_{cv}(\hbar\omega)\cdot d(\hbar\omega) = \frac{2}{(2\pi)^3}\int_{\hbar\omega=\mathcal{E}_{cv}}\frac{dS}{|\nabla_{\boldsymbol{k}}\mathcal{E}_{cv}(\boldsymbol{k})|}\cdot d(\hbar\omega) \tag{4.43}$$

となるので，結合状態密度 $J_{cv}(\hbar\omega)$ は次のように書ける.

$$J_{cv}(\hbar\omega) = \frac{2}{(2\pi)^3}\int_{\hbar\omega=\mathcal{E}_{cv}}\frac{dS}{|\nabla_{\boldsymbol{k}}\mathcal{E}_{cv}(\boldsymbol{k})|} \tag{4.44}$$

ここで，積分は δ 関数のため，$\hbar\omega = \mathcal{E}_{cv}(\boldsymbol{k})$ となる等エネルギー面上で行うことに注意しなければならない.

この状態密度に関する一般式は次のようにして導かれる．図 4.2 に示すように，$\boldsymbol{k}$ 空間におけるエネルギー $\mathcal{E}$ の等エネルギー面と，微小エネルギー $\delta\mathcal{E}$ だけ離れた $\mathcal{E} + \delta\mathcal{E}$ なる等エネルギー面を考え

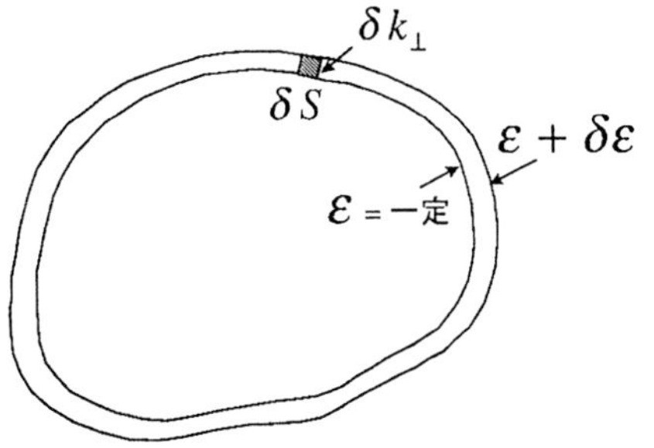

図 4.2: 状態密度を求めるための，等エネルギー面 $\mathcal{E}$ と $\mathcal{E}+\delta\mathcal{E}$ を示す．$\boldsymbol{k}$ 空間の微小体積素 $\delta V(\boldsymbol{k})$ は底面積 δS とこれに垂直な $\delta k_\perp$ の積で与えられる．

る．この 2 つの等エネルギー面に囲まれた，底面積 δS 高さ $\delta k_\perp$ が $\boldsymbol{k}$ 空間の微小体積素 $\delta V(\boldsymbol{k})$ である．$\boldsymbol{k}$ 空間の微小体積素 $d^3\boldsymbol{k}$ 当たり許される状態の数は単位体積当たり

$$\frac{2}{(2\pi)^3}d^3\boldsymbol{k}=\frac{2}{(2\pi)^3}\delta V(\boldsymbol{k}) \tag{4.45}$$

である．2 つの等エネルギー面間の距離は，$(\partial k_\perp/\partial\mathcal{E})\delta\mathcal{E}=(\partial\mathcal{E}/\partial k_\perp)^{-1}\delta\mathcal{E}$ と書ける．ここに，$\partial\mathcal{E}/\partial k_\perp$ は等エネルギー面の法線方向の微係数で，

$$\frac{\partial\mathcal{E}}{\partial k_\perp}=|\nabla_{\boldsymbol{k}}\mathcal{E}|=\sqrt{\left(\frac{\partial\mathcal{E}}{\partial k_x}\right)^2+\left(\frac{\partial\mathcal{E}}{\partial k_y}\right)^2+\left(\frac{\partial\mathcal{E}}{\partial k_z}\right)^2} \tag{4.46}$$

つまり，

$$\delta k_\perp=\frac{\delta\mathcal{E}}{|\nabla_{\boldsymbol{k}}\mathcal{E}|} \tag{4.47}$$

となる．$\delta V(\boldsymbol{k})$ は底面積 δS と高さ $\delta k_\perp$ の積で与えられるから，$\mathcal{E}$ と $\mathcal{E}+\delta\mathcal{E}$ の間にある状態密度 $\rho(\mathcal{E})d\mathcal{E}$ は

$$\rho(\mathcal{E})d\mathcal{E}=\frac{2}{(2\pi)^3}\int_S\frac{dS}{|\nabla_{\boldsymbol{k}}\mathcal{E}|}d\mathcal{E} \tag{4.48}$$

となる．結合状態密度に対しては $\mathcal{E}(\boldsymbol{k})$ の代わりに $\mathcal{E}_{cv}(\boldsymbol{k})$ を用いればよく，式 (4.44) の得られることは明らかであろう．

$\nabla_{\boldsymbol{k}}\mathcal{E}_{cv}(\boldsymbol{k})=0$ となるとき，$J_{cv}(\hbar\omega)$ の被積分関数は発散するから，状態密度は発散する．これを結合状態密度の**特異点**とよぶ．この条件は次の 2 つの場合に満たされる．

$$\nabla_{\boldsymbol{k}}\mathcal{E}_c(\boldsymbol{k})=\nabla_{\boldsymbol{k}}\mathcal{E}_v(\boldsymbol{k})=0 \tag{4.49}$$

$$\nabla_{\boldsymbol{k}}\mathcal{E}_c(\boldsymbol{k})=\nabla_{\boldsymbol{k}}\mathcal{E}_v(\boldsymbol{k})\neq 0 \tag{4.50}$$

これらの式は 2 つのバンドでの接線が平行となる条件を示しているが，前者の場合には両方の接線が水平となる．この条件はブリルアン領域内の対称性の高い点においてほとんどの場合に満たされている．たとえば，Γ 点においてはすべての場合に J_{cv} は**特異点**となっている．2 番目の条件は前者に比べ緩やかな条件で，ブリルアン領域内のどのような位置においても満たされる可能性がある．J_{cv} は特異点の形状で異なる振舞いを示し，臨界点 (critical point) と呼ばれることもある．これらの特

異点の性質は最初 van Hove [4.5]によってフォノンの状態密度に関して研究されたもので，**ヴァン・ホーブの特異点**と呼ばれることがある．

$\mathcal{E}_{cv}(\boldsymbol{k})$ を $\nabla_{\boldsymbol{k}}(\boldsymbol{k})=0$ となる点 $(\boldsymbol{k}=\boldsymbol{k}_0, \mathcal{E}_{cv}=\mathcal{E}_G)$ のまわりでテイラー展開し，2次の項までとると

$$\mathcal{E}_{cv}=\mathcal{E}_G+\sum_{i=1}^{3}\frac{\hbar^2}{2\mu_i}(k_i-k_{i0})^2 \tag{4.51}$$

と書くことができる．ここで，$\boldsymbol{k}$ について の1次の項は $\nabla_{\boldsymbol{k}}\mathcal{E}_{cv}=0$ の条件により消えている．μ_i は質量の次元をもつ量で，伝導帯および価電子帯の有効質量 m_e^* および m_h^* を用いると

$$\frac{1}{\mu_i}=\frac{1}{m_{e,i}^*}+\frac{1}{m_{h,i}^*} \tag{4.52}$$

と表され，電子–正孔の還元質量 (reduced mass) と呼ばれている．臨界点近傍の結合状態密度 J_{cv} は次のようにして計算できる．

$$s_i=\frac{\hbar(k_i-k_{i0})}{\sqrt{2|\mu_i|}} \tag{4.53}$$

とおくと，式 (4.51) は次のように書ける．

$$\mathcal{E}_{cv}(s)=\mathcal{E}_G+\sum_{i=1}^{3}\alpha_i s_i^2 \tag{4.54}$$

ここに，$\alpha_i=\pm 1$ は μ_i の符号を意味し，$\mu_i>0$ なら $\alpha_i=+1$，$\mu_i<0$ なら $\alpha_i=-1$ である．この変数変換を用いると，式 (4.44) は次のようになる (M_0 臨界点: すべての α_i に対して $\alpha_i>0$)

$$\begin{aligned}J_{cv}(\omega)&=\frac{2}{(2\pi)^3}\left(\frac{8|\mu_1\mu_2\mu_3|}{\hbar^6}\right)^{1/2}\int_{\mathcal{E}_{cv}=\hbar\omega}\frac{dS}{|\nabla_S\mathcal{E}_{cv}(s)|}\\&=\frac{2}{(2\pi)^3}\left(\frac{8|\mu_1\mu_2\mu_3|}{\hbar^6}\right)^{1/2}\int_{\mathcal{E}_{cv}=\hbar\omega}\frac{dS}{2s}\end{aligned} \tag{4.55}$$

ここに，$s=(s_1^2+s_2^2+s_3^2)^{1/2}$ である．式 (4.51) あるいは式 (4.54) から明らかなように，臨界点は μ_i の符号の組み合わせによって4種類に分類できる．μ_1, μ_2, μ_3 のすべてが正の場合を M_0 型，1つが負で他の2つが正の場合を M_1 型，2つが負で1つが正の場合を M_2 型，すべてが負の場合を M_3 型臨界点とよぶ．すなわち，μ_i の中で負の値をもつものの数 0, 1, 2, 3 を M の添字としてつける方法が採用されている．

最も簡単な例として，μ_i のすべてが正の場合 (M_0 臨界点) について J_{cv} を計算してみる．この場合には，$\mathcal{E}_{cv}-\mathcal{E}_G=s_1^2+s_2^2+s_3^2=s^2$ であるから，$\hbar\omega>\mathcal{E}_G$ のとき，$\int dS=4\pi s^2$ となり，

$$J_{cv}(\hbar\omega)=\begin{cases}0, & \hbar\omega\le\mathcal{E}_G\\ \dfrac{4\pi}{(2\pi)^3}\left(\dfrac{8\mu_1\mu_2\mu_3}{\hbar^6}\right)^{1/2}\sqrt{\hbar\omega-\mathcal{E}_G}, & \hbar\omega\ge\mathcal{E}_G\end{cases} \tag{4.56}$$

となる．その他の組み合わせ (M_1, M_2, M_3) についても J_{cv} が計算されており (たとえば，[4.6], [4.7]を参照)，その結果をまとめると表4.1のようになる． 以上の結果，M_0 点における誘電率の虚

表 4.1: 3 次元の臨界点近傍における結合状態密度 $J_{cv}(\hbar\omega)$

臨界点の型				$J_{cv}(\hbar\omega)$	
名称	μ_1	μ_2	μ_3	$\hbar\omega \leq \mathcal{E}_G$	$\hbar\omega \geq \mathcal{E}_G$
M_0	+	+	+	0	$C_1(\hbar\omega - \mathcal{E}_G)^{1/2}$
M_1	−	+	+	$C_2 - C_1(\mathcal{E}_G - \hbar\omega)^{1/2}$	C_2
M_2	−	−	+	C_2	$C_2 - C_1(\hbar\omega - \mathcal{E}_G)^{1/2}$
M_3	−	−	−	$C_1(\mathcal{E}_G - \hbar\omega)^{1/2}$	0

$$C_1 = \frac{4\pi}{(2\pi)^3}\left(\frac{8\mu_1\mu_2\mu_3}{\hbar^6}\right)^{1/2}$$

表 4.2: 1 次元および 2 次元エネルギー帯の臨界点近傍における結合状態密度 $J_{cv}(\hbar\omega)$

臨界点の型		$J_{cv}(\hbar\omega)$	
次元	名称	$\hbar\omega \leq \mathcal{E}_G$	$\hbar\omega \geq \mathcal{E}_G$
1 次元	M_0	0	$A(\hbar\omega - \mathcal{E}_G)^{-1/2}$
1 次元	M_1	$A(\mathcal{E}_G - \hbar\omega)^{-1/2}$	0
2 次元	M_0	0	B_1
2 次元	M_1	$(B_1/\pi)(B_2 - \ln\lvert\mathcal{E}_G - \hbar\omega\rvert)$	$(B_1/\pi)(B_2 - \ln\lvert\mathcal{E}_G - \hbar\omega\rvert)$
2 次元	M_2	B_1	0

$$A = \frac{2}{4\pi}\cdot\left(\frac{2|\mu|}{\hbar^2}\right)^{1/2}, \quad B_1 = \frac{2}{4\pi}\cdot\left(\frac{4|\mu_1\mu_2|}{\hbar^4}\right)^{1/2},$$
$$B_2 = \ln|2B_3 - (\mathcal{E}_G - \hbar\omega) + 2\sqrt{B_3^2 - (\mathcal{E}_G - \hbar\omega)B_3}|$$

数部は次式で与えられる．

$$\kappa_2(\omega) = \frac{e^2}{2\pi\epsilon_0 m^2\omega^2}|\boldsymbol{e}\cdot\boldsymbol{p}_{cv}|^2\left(\frac{8\mu_1\mu_2\mu_3}{\hbar^6}\right)^{1/2}\sqrt{\hbar\omega - \mathcal{E}_G}, \quad \hbar\omega > \mathcal{E}_G \tag{4.57}$$

これを式 (4.21) に代入すると吸収係数は次のようになる．

$$\alpha(\omega) = \frac{e^2|\boldsymbol{e}\cdot\boldsymbol{p}_{cv}|^2}{2\pi\epsilon_0 m^2 c n_0\omega}\left(\frac{8\mu_1\mu_2\mu_3}{\hbar^6}\right)^{1/2}\sqrt{\hbar\omega - \mathcal{E}_G}, \quad \hbar\omega > \mathcal{E}_G \tag{4.58}$$

M_0 点 (すべての μ_i が正) においては $\mathcal{E}_{cv}$ が $\boldsymbol{k}_0$ で極小となり，M_3 点 (すべての μ_i が負) においては $\mathcal{E}_{cv}$ が $\boldsymbol{k}_0$ で極大となることが式 (4.51) からわかる．一方，M_1 (あるいは M_2) 型臨界点においては，$\mathcal{E}_{cv}$ は $\boldsymbol{k}_0$ において鞍点となっている．すなわち，$\mathcal{E}_{cv}$ は $\boldsymbol{k}$ のある方向に対しては $\boldsymbol{k}_0$ で極大 (極小) となるが，別の方向に対しては $\boldsymbol{k}_0$ で極小 (極大) となっている．

一対のバンドを考えると，最も低いエネルギーにある臨界点は M_0 であり，最も高いエネルギーに

あるのは M_3 臨界点である．例えば，単純立方格子のエネルギーバンドは強結合近似計算によると

$$\mathcal{E}_{cv}(\boldsymbol{k}) = (\mathcal{E}_G + 3\gamma) - \gamma(\cos k_x a + \cos k_y a + \cos k_z a) \tag{4.59}$$

となる．これを用いて結合状態密度 J_{cv} を計算すると図 4.3(a) が得られる．2 次元および 1 次元の

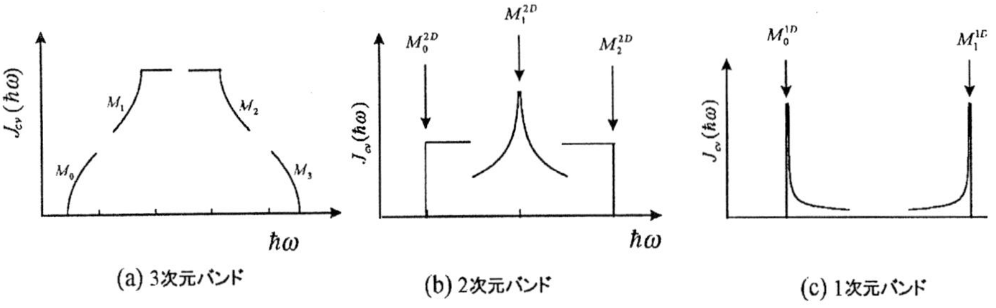

図 4.3: (a) 3 次元，(b) 2 次元，および (c) 1 次元における結合状態密度 $J_{cv}(\hbar\omega)$.

場合の結合状態密度 J_{cv} を表 4.2 および図 4.3(b) と (c) に示してある．この図に示すように，2 次元の臨界点における鞍点と 1 次元の臨界点では，結合状態密度 J_{cv} は発散する．

4.4 間接遷移

4.1 と 4.2 節では価電子帯の電子がフォトンを 1 個吸収して伝導帯に $\boldsymbol{k}$ 空間で垂直遷移する過程，つまり直接遷移について述べたが，Ge や Si のように価電子帯の頂上と伝導帯の底が $\boldsymbol{k}$ 空間の異なる位置に存在するときには，直接吸収端以下のエネルギー領域でも顕著な光吸収が観測される．この光吸収は，電子がフォトンを吸収する以外に 1 個またはそれ以上のフォノンを吸収あるいは放出して遷移することによって生じる．このような遷移は 2 次以上の摂動となるので，遷移の確率は前述の直接遷移に比べて小さい．また，この場合，始状態から終状態への遷移が中間状態 (virtual state) を経て起こることから間接遷移 (indirect transition) とよばれている．

電子のハミルトニアンを H_e，格子振動 (フォノン) のハミルトニアンを H_l とおき，この系に電子ーフォノン相互作用 H_{el} と電子ーフォトン相互作用 H_{er} を導入すると全体のハミルトニアンは

$$H = H_e + H_l + H_{el} + H_{er} \tag{4.60}$$

と表される．電子とフォノンの系を含むハミルトニアン $H_0 = H_e + H_l$ に対する固有状態は

$$|j\rangle = \begin{cases} |c\boldsymbol{k}, n_{\boldsymbol{q}}^{\alpha}\rangle & (\text{伝導帯の電子に対して}) \\ |v\boldsymbol{k}, n_{\boldsymbol{q}}^{\alpha}\rangle & (\text{価電子帯の電子に対して}) \end{cases} \tag{4.61}$$

ここに，$\boldsymbol{k}$ は電子の波数ベクトルを，$n_{\boldsymbol{q}}^{\alpha}$ はモード α，波数ベクトル $\boldsymbol{q}$ のフォノンの量子数を表している．摂動のハミルトニアンを

$$H' = H_{el} + H_{er} \tag{4.62}$$

とおき，摂動を2次まで考慮すると，始状態 $|i\rangle$ から中間状態 $|m\rangle$ を経て終状態 $|f\rangle$ への遷移確率は

$$w_{if}=\frac{2\pi}{\hbar}\left|\langle f|H'|i\rangle+\sum_m\frac{\langle f|H'|m\rangle\langle m|H'|i\rangle}{\mathcal{E}_i-\mathcal{E}_m}\right|^2\delta(\mathcal{E}_i-\mathcal{E}_f) \tag{4.63}$$

で与えられる．ここで，$\langle f|H'|i\rangle=\langle f|H_{er}|i\rangle+\langle f|H_{el}|i\rangle=0$ となることは次の考察から明らかである．$\langle f|H_{er}|i\rangle$ は，先に示した直接遷移に相当し，$\boldsymbol{k}$ 空間の同じ $\boldsymbol{k}$ の間の遷移のみ許される．間接遷移では，始状態 $|i\rangle$ の価電子帯頂上付近と終状態 $|f\rangle$ の伝導帯底付近の $\boldsymbol{k}$ ベクトルが大きく異なることから $\langle f|H_{er}|i\rangle=0$ となる．一方，$\langle f|H_{el}|i\rangle$ では $\boldsymbol{k}$ ベクトルの保存は満たされるが，フォノンのエネルギーが小さいためにエネルギー保存則を満たすことができず $\langle f|H_{el}|i\rangle=0$ となる．この結果，間接遷移に対しては式 (4.63) の第2項のみが寄与し，結局次式が得られる．

$$w_{if}=\frac{2\pi}{\hbar}\left|\sum_m\frac{\langle f|H'|m\rangle\langle m|H'|i\rangle}{\mathcal{E}_i-\mathcal{E}_m}\right|^2\delta(\mathcal{E}_i-\mathcal{E}_f) \tag{4.64}$$

式 (4.62) を上式に代入すると $\langle f|H_{el}|m\rangle\langle m|H_{el}|i\rangle$，$\langle f|H_{er}|m\rangle\langle m|H_{er}|i\rangle$ などの項も現れるが，上に述べた理由からこれらの項も無視できる．結局，図4.4に示すような2つの過程のみが残る．つまり，

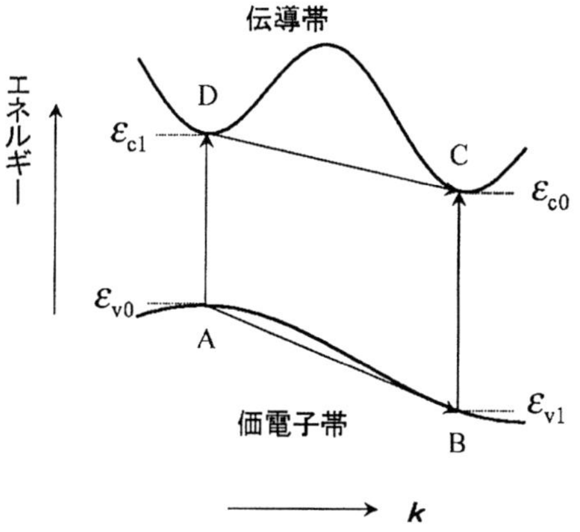

図4.4: 間接遷移の過程

第1の過程は価電子帯の頂上付近 A の電子がフォトンを吸収して伝導帯 D の中間状態に遷移し，ついでフォノンを吸収または放出して終状態の伝導帯 C に遷移する過程である．第2の過程は価電子帯 A の電子がフォノンを吸収あるいは放出して中間状態の価電子帯 B に電子が遷移し，その電子がフォトンを吸収して終状態の伝導帯 C に遷移する過程である．この第2の過程は，最初に価電子帯 B の電子がフォトンを吸収して伝導帯に遷移し B に電子のいない中間状態 (正孔) を作り，ここに価電子帯 A の電子が遷移すると考えることもできる．これらの過程を式で表すと次のようになる．

$$\begin{aligned}w_{if}=\frac{2\pi}{\hbar}\Bigg|&\frac{\langle C\boldsymbol{k}_f,n_{\boldsymbol{q}}^{\alpha}\pm1|H_{el}|D\boldsymbol{k}_i,n_{\boldsymbol{q}}^{\alpha}\rangle\langle D\boldsymbol{k}_i,n_{\boldsymbol{q}}^{\alpha}|H_{er}|A\boldsymbol{k}_i,n_{\boldsymbol{q}}^{\alpha}\rangle}{\mathcal{E}_i-\mathcal{E}_D}\\&+\frac{\langle C\boldsymbol{k}_f,n_{\boldsymbol{q}}^{\alpha}\pm1|H_{er}|B\boldsymbol{k}_f,n_{\boldsymbol{q}}^{\alpha}\pm1\rangle\langle B\boldsymbol{k}_f,n_{\boldsymbol{q}}^{\alpha}\pm1|H_{el}|A\boldsymbol{k}_i,n_{\boldsymbol{q}}^{\alpha}\rangle}{\mathcal{E}_i-\mathcal{E}_B}\Bigg|^2\\&\times\delta(\mathcal{E}_i-\mathcal{E}_f)\end{aligned} \tag{4.65}$$

ここに，複号の上側はフォノンの放出，下側はフォノンの吸収に対応している．

$$\begin{aligned}
&\boldsymbol{k}_f = \boldsymbol{k}_i \mp \boldsymbol{q},\\
&\mathcal{E}_i - \mathcal{E}_f = \mathcal{E}_v(\boldsymbol{k}_i) + \hbar\omega \mp \hbar\omega_{\boldsymbol{q}}^{\alpha} - \mathcal{E}_c(\boldsymbol{k}_f),\\
&\mathcal{E}_i - \mathcal{E}_D = \mathcal{E}_v(\boldsymbol{k}_i) + \hbar\omega - \mathcal{E}_D(\boldsymbol{k}_i) \cong \mathcal{E}_c(\boldsymbol{k}_f) - \mathcal{E}_D(\boldsymbol{k}_i) \cong \mathcal{E}_{c0} - \mathcal{E}_{c1},\\
&\mathcal{E}_i - \mathcal{E}_B = \mathcal{E}_v(\boldsymbol{k}_i) \mp \hbar\omega_{\boldsymbol{q}}^{\alpha} - \mathcal{E}_B(\boldsymbol{k}_f) \cong \mathcal{E}_v(\boldsymbol{k}_i) - \mathcal{E}_B(\boldsymbol{k}_f) \cong \mathcal{E}_{v0} - \mathcal{E}_{v1}.
\end{aligned}$$

上式の近似はフォノンのエネルギー $\hbar\omega_{\boldsymbol{q}}$ が小さいとして無視した場合に成立する．

行列要素は波数ベクトル $\boldsymbol{k}$ にほとんど依存しないと仮定し，

$$w_{if} = \frac{2\pi}{\hbar}\sum_{m,\alpha,\pm}\left|M_{cv}^{m,\alpha,\pm}\right|^2 \delta(\mathcal{E}_i - \mathcal{E}_f) \tag{4.66}$$

と近似すると，誘電率の虚数部は直接遷移の場合と同様にして

$$\kappa_2(\omega) = \frac{\pi e^2}{\epsilon_0 m^2\omega^2}\sum_{m,\alpha,\pm}\left|M_{cv}^{m,\alpha,\pm}\right|^2 \sum_{\boldsymbol{k},\boldsymbol{k}'}\delta\left[\mathcal{E}_c(\boldsymbol{k}') - \mathcal{E}_v(\boldsymbol{k}) - \hbar\omega \pm \hbar\omega_{\boldsymbol{q}}^{\alpha}\right] \tag{4.67}$$

となる．ここで，第1番目の和は中間状態 (m) およびフォノンの分枝 (α) についての放出 $(+)$ と吸収 $(-)$ について行うことを意味している．また，フォノンの放出の確率は $n_{\boldsymbol{q}}^{\alpha}+1$，吸収の確率は $n_{\boldsymbol{q}}^{\alpha}$ に比例し，フォノンの数 $n_{\boldsymbol{q}}$ はボース統計により

$$n_{\boldsymbol{q}}^{\alpha} = \frac{1}{\exp(\hbar\omega_q^{\alpha}/k_BT) - 1} \tag{4.68}$$

で与えられる．したがって式 (4.66) は次のように表せる．

$$\begin{aligned}
w_{if} = \frac{2\pi}{\hbar}\sum_{m,\alpha,\pm}&\left[\left|A_{cv}^{m,\pm}\right|^2 (n_{\boldsymbol{q}}^{\alpha} + \frac{1}{2} \pm \frac{1}{2})\right]\\
&\times \sum_{\boldsymbol{k},\boldsymbol{k}'}\delta\left[\mathcal{E}_c(\boldsymbol{k}') - \mathcal{E}_v(\boldsymbol{k}) - \hbar\omega \pm \hbar\omega_{\boldsymbol{q}}^{\alpha}\right]
\end{aligned} \tag{4.69}$$

また，第2番目の $\boldsymbol{k}$ および $\boldsymbol{k}'$ に関する和の項は，間接遷移についての結合状態密度を表し，次のように計算される．

$$\begin{aligned}
J_{cv}^{\mathrm{ind}} &= \sum_{\boldsymbol{k},\boldsymbol{k}'}\delta\left[\mathcal{E}_c(\boldsymbol{k}') - \mathcal{E}_v(\boldsymbol{k}) - \hbar\omega \pm \hbar\omega_{\boldsymbol{q}}^{\alpha}\right]\\
&= \sum_{\boldsymbol{k},\boldsymbol{k}'}\delta\left[\mathcal{E}_{c0} - \mathcal{E}_{v0} + \frac{\hbar^2}{2}\left(\frac{k_x^2}{m_{hx}} + \frac{k_y^2}{m_{hy}} + \frac{k_z^2}{m_{hz}}\right.\right.\\
&\qquad\left.\left. + \frac{k'^2_x}{m_{\mathrm{ex}}} + \frac{k'^2_y}{m_{ey}} + \frac{k'^2_z}{m_{ez}}\right) - \hbar\omega \pm \hbar\omega_{\boldsymbol{q}}^{\alpha}\right]
\end{aligned} \tag{4.70}$$

ここに，伝導帯の底近傍では有効質量 m_e を用いて $\mathcal{E}_c(\boldsymbol{k}') = \hbar^2 k'^2/2m_e + \mathcal{E}_{c0}$，価電子帯の頂上近傍では $\mathcal{E}_v(\boldsymbol{k}) = -\hbar^2k^2/2m_h + \mathcal{E}_{v0}$ のように放物線近似をした．$\sum_{\boldsymbol{k}}$ を $2/(2\pi)^3\int d^3\boldsymbol{k}$ におきかえ，$x = \hbar k_x/\sqrt{2m_{hx}}$，$x' = \hbar k'_x/\sqrt{2m_{\mathrm{ex}}}, \ldots$ などと変数変換すると

$$\begin{aligned}
J_{cv}^{\mathrm{ind}} = \frac{2K}{(2\pi)^6}&\int dx\,dy\,dz\,dx'dy'dz'\\
&\times\delta\left(x^2 + y^2 + z^2 + x'^2 + y'^2 + z'^2 + \mathcal{E}_G - \hbar\omega \pm \hbar\omega_{\boldsymbol{q}}^{\alpha}\right).
\end{aligned} \tag{4.71}$$

ここで，遷移に際してはスピンの向きが変わること (spin-flip) がないと考え，因子 2 を一方のバンドのみにかけた．K と $\mathcal{E}_G$ は次式で与えられる．

$$K = \sqrt{\frac{2^6 m_{hx} m_{hy} m_{hz} m_{\mathrm{ex}} m_{ey} m_{ez}}{\hbar^{12}}}$$

$$\mathcal{E}_G = \mathcal{E}_{c0} - \mathcal{E}_{v0}.$$

J_{cv}^{ind} の積分において，球座標変換 $(x, y, z) = (r, \theta, \phi)$ のように変換し，$r^2 = s$，$r'^2 = s'$ とおくと ($\int \sin\theta d\theta d\phi = 4\pi$ などとなることから)

$$J_{cv}^{\mathrm{ind}} = \frac{2K}{(2\pi)^6} \int (4\pi)^2 \frac{ds ds'}{4} \sqrt{ss'} \delta(s + s' + \mathcal{E}_G - \hbar\omega \pm \hbar\omega_{\boldsymbol{q}}^{\alpha})$$

となる．この積分は δ 関数の性質を用いて計算することができ，

$$\begin{aligned} J_{cv}^{\mathrm{ind}} &= \frac{4\pi^2}{(2\pi)^6} 2K \int_0^{\hbar\omega \mp \hbar\omega_{\boldsymbol{q}}^{\alpha} - \mathcal{E}_G} \sqrt{s} \sqrt{\hbar\omega \mp \hbar\omega_{\boldsymbol{q}}^{\alpha} - \mathcal{E}_G - s} \; ds \\ &= \frac{2K}{(2\pi)^4} \cdot \frac{\pi}{8} (\hbar\omega \mp \hbar\omega_{\boldsymbol{q}}^{\alpha} - \mathcal{E}_G)^2 \end{aligned} \tag{4.72}$$

が得られる．これらの結果，間接遷移の誘電関数は次のようになる．

$$\begin{aligned} \kappa_2(\omega) &= \frac{\pi e^2}{\epsilon_0 m^2 \omega^2} \cdot \frac{K}{(4\pi)^3} \sum_{m,\alpha,\pm} \left| M_{cv}^{m,\alpha,\pm} \right|^2 (\hbar\omega \mp \hbar\omega_{\boldsymbol{q}}^{\alpha} - \mathcal{E}_G)^2 \\ &= \frac{\pi e^2}{\epsilon_0 m^2 \omega^2} \cdot \frac{K}{(4\pi)^3} \sum_{m,\alpha} \left[\left| A_{cv}^{m,\alpha,+} \right|^2 \cdot \frac{(\hbar\omega - \hbar\omega_{\boldsymbol{q}}^{\alpha} - \mathcal{E}_G)^2}{1 - \exp(-\hbar\omega_{\boldsymbol{q}}^{\alpha}/k_B T)} \right. \\ &\qquad \left. + \left| A_{cv}^{m,\alpha,-} \right|^2 \cdot \frac{(\hbar\omega + \hbar\omega_{\boldsymbol{q}}^{\alpha} - \mathcal{E}_G)^2}{\exp(\hbar\omega_{\boldsymbol{q}}^{\alpha}/k_B T) - 1} \right] \end{aligned} \tag{4.73}$$

上式の右辺で第 1 項はフォノンの放出をともなう遷移を表し，第 2 項はフォノンの吸収をともなう遷移を表している．

中間状態としてどのバンドをとるかは，フォノンのモード (分枝) とその変形ポテンシャルに依存する．簡単のため，中間状態およびフォノンの分枝をそれぞれ 1 つだけを考え，間接遷移の吸収係数の温度依存性を考えてみる．第 2 項の指数関数を含む分母は $k_B T \ll \hbar\omega_{\boldsymbol{q}}^{\alpha}$ のとき非常に大きくなりフォノンの吸収をともなう遷移は低温で生じないことを示している．一方，第 1 項の分母は $k_B T \ll \hbar\omega_{\boldsymbol{q}}^{\alpha}$ のとき 1 となる．したがって，低温ではフォノンの放出をともなう遷移のみが起こることになる．この様子を示したのが図 4.5 である．図では，$\sqrt{\kappa_2} \propto \sqrt{\alpha} \propto (\hbar\omega \mp \hbar\omega_{\boldsymbol{q}} - \mathcal{E}_G)$ (α : 吸収係数) となることを考慮して，縦軸を $\sqrt{\kappa_2}$ にとり，横軸を $(\hbar\omega - \mathcal{E}_G)$ として，いくつかの温度に対してプロットしてある．低温になるとフォノンの吸収が減少する様子が分かる．また，関与するフォノンのエネルギーは低エネルギー側の直線部の幅の半分で与えられ，バンドギャップ $\mathcal{E}_G$ はその中央に位置することが分かる．図 4.6 は Si における吸収係数の平方根 $\sqrt{\alpha}$ をフォトンエネルギーに対してプロットしたもので，図 4.5 に示した傾向がよく表れている[4.8]．なお，温度上昇とともに折れ曲がりの点が低エネルギー側に移動するのは，バンドギャップ禁止帯幅が温度とともに減少するからである．また，図 4.7 には Ge における実験結果を示す[4.9]．この図で，たとえば 249K のスペクトルにおいて，約

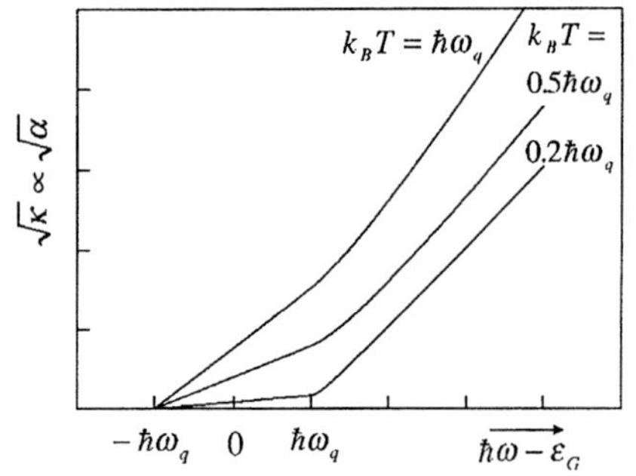

図 4.5: 間接吸収端における吸収係数の 1/2 乗 $\sqrt{\alpha} \propto \sqrt{\kappa}$ 対フォトンエネルギー $\hbar\omega - \mathcal{E}_G$ の関係の温度依存性.

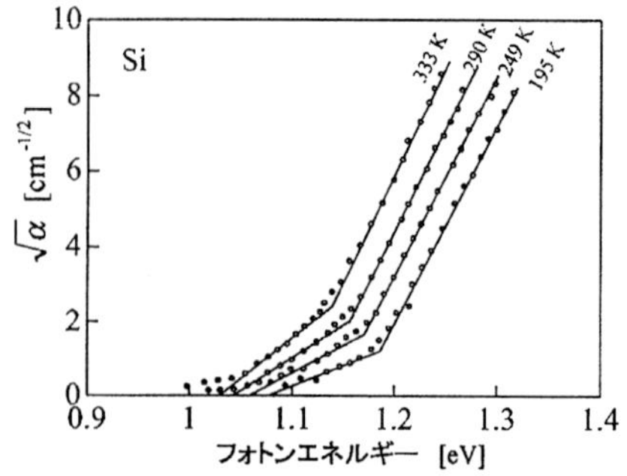

図 4.6: Si における吸収係数の 1/2 乗 $\sqrt{\alpha}$ をフォトンエネルギー $\hbar\omega$ に対してプロットしたもの. フォノンの吸収, 放出をともなう間接遷移の特徴をよく表している. (文献[4.8]による)

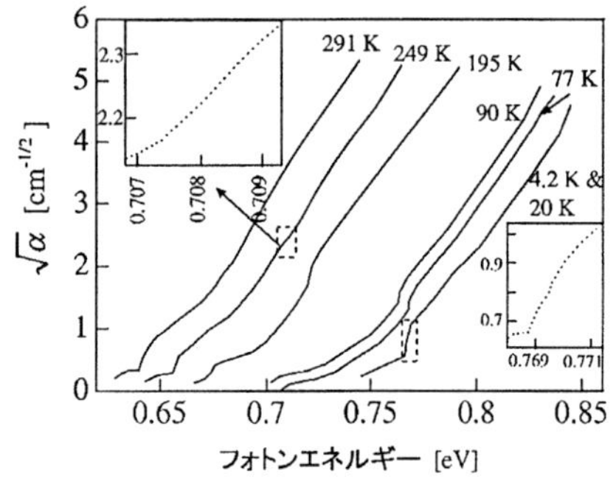

図 4.7: Ge の間接吸収端における吸収係数 α の 1/2 乗 $\sqrt{\alpha}$ をフォトンエネルギー $\hbar\omega$ に対してプロットしたもの. (文献[4.9]による)

0.65eV と 0.71eV に折れ曲がりが見られるが, これらはそれぞれ 1 個の LA フォノンの吸収および放出をともなう遷移である. このうち, フォノンの吸収をともなう遷移は低温で消滅している. なお, 4.2K でのスペクトルで 0.77eV 付近の LA フォノンの放出をともなう吸収の立ち上がり以下の領域でも若干の光吸収が見られるが, これは TA フォノンの放出をともなう禁止遷移であるといわれている. さらに, この図では吸収係数の 1/2 乗が直線でなくふくらみをもっているが, これは後に述べる励起子の寄与があるためである.

4.5 励起子

4.5.1 直接励起子

これまでに述べた光吸収のスペクトルでは, 価電子帯の電子 (波数ベクトル $\boldsymbol{k}$) が伝導帯に励起されて (波数ベクトル $\boldsymbol{k}' = \boldsymbol{k}_e$), 価電子帯に正孔をつくるが (正孔に対する波数ベクトルは $\boldsymbol{k}_h = -\boldsymbol{k}$), この電子と正孔の間のクーロン相互作用を無視してきた. ここでは, M_0 点近傍での電子と正孔のクーロン相互作用を取り入れた扱いについて述べるが, 比較的弱く束縛された状態, ワニエ励起子 (Wannier exciton) についてのみ考える. 電子と正孔が結合した状態を**励起子** (exciton) と呼ぶ. 電子と正孔の

相互作用を無視すると，1個の電子と1個の正孔からなる系の波動関数は

$$\Psi_{ij}(\boldsymbol{r}_e, \boldsymbol{r}_h) = \psi_{i\boldsymbol{k}_e}(\boldsymbol{r}_e)\psi_{j\boldsymbol{k}_h}(\boldsymbol{r}_h)$$

と書ける．ここに，i, j はバンドを示し，$\boldsymbol{r}_e, \boldsymbol{r}_h, \boldsymbol{k}_e, \boldsymbol{k}_h$ はそれぞれ電子，正孔の位置および波数ベクトルを表す．$\psi_{j\boldsymbol{k}}(\boldsymbol{r})$ はブロッホ関数で表すことができる．クーロン相互作用のない場合の伝導帯と価電子帯の電子に対するハミルトニアンをそれぞれ H_e，H_v と書き表すと次のようになる．[注1]

$$H_e\psi_{c\boldsymbol{k}_e}(\boldsymbol{r}_e) = \mathcal{E}_c(\boldsymbol{k}_e)\psi_{c\boldsymbol{k}_e}(\boldsymbol{r}_e),$$
$$H_v\psi_{v\boldsymbol{k}_v}(\boldsymbol{r}_v) = \mathcal{E}_v(\boldsymbol{k}_v)\psi_{v\boldsymbol{k}_v}(\boldsymbol{r}_v).$$

以下の計算では価電子帯における正孔に対するハミルトニアン H_h を考え，ブロッホ関数は $\psi_{v,\boldsymbol{k}_h}(\boldsymbol{r}_h) = \psi_{v,\boldsymbol{k}_v}(\boldsymbol{r}_v)$ の関係を用いる．結晶運動量に関しては，電子と正孔で符号が反対になることに注意して，この電子－正孔の系の全波数ベクトルを次のように定義する．

$$\boldsymbol{K} = \boldsymbol{k}' + (-\boldsymbol{k}) = \boldsymbol{k}_e + \boldsymbol{k}_h.$$

電子–正孔相互作用 $V(\boldsymbol{r}_e - \boldsymbol{r}_h)$ がある場合の励起子に対するハミルトニアンは

$$H = H_e + H_h + V(\boldsymbol{r}_e - \boldsymbol{r}_h) \tag{4.74}$$

と書けるが，励起子の波動関数は

$$\Psi^{n,\boldsymbol{K}}(\boldsymbol{r}_e, \boldsymbol{r}_h) = \sum_{c,\boldsymbol{k}_e,v,\boldsymbol{k}_h} A^{n,\boldsymbol{K}}_{cv}(\boldsymbol{k}_e, \boldsymbol{k}_h)\psi_{c\boldsymbol{k}_e}(\boldsymbol{r}_e)\psi_{v\boldsymbol{k}_h}(\boldsymbol{r}_h) \tag{4.75}$$

と展開することができる．式 (4.75) の波動関数を式 (4.74) のハミルトニアンに作用させ，左側からブロッホ関数の複素共役 $\psi^*_{c'\boldsymbol{k}'_e}(\boldsymbol{r}_e)\psi^*_{v'\boldsymbol{k}'_h}(\boldsymbol{r}_h)$ をかけ，$\boldsymbol{r}_e$，$\boldsymbol{r}_h$ に関する積分を行うと，ブロッホ関数の直交性により

$$\begin{aligned}&\Big[\mathcal{E}_{c'}(\boldsymbol{k}'_e) + \mathcal{E}_{h'}(\boldsymbol{k}'_h) - \mathcal{E}\Big]A^{n,\boldsymbol{K}}_{c'v'}(\boldsymbol{k}'_e, \boldsymbol{k}'_h)\\ &\quad + \sum_{c,\boldsymbol{k}_e,v,\boldsymbol{k}_h}\langle c'\boldsymbol{k}'_e; v'\boldsymbol{k}'_h|V(\boldsymbol{r}_e - \boldsymbol{r}_h)|c\boldsymbol{k}_e; v\boldsymbol{k}_h\rangle A^{n,\boldsymbol{K}}_{cv}(\boldsymbol{k}_e, \boldsymbol{k}_h) = 0\end{aligned} \tag{4.76}$$

となる．いま，ワニエ励起子の特徴を入れ，励起子は弱く束縛されており，電子－正孔相互作用のポテンシャル $V(\boldsymbol{r}_e - \boldsymbol{r}_h)$ は結晶の単位胞に比べゆるやかに変化するものと仮定する．ブロッホ関数の周期性を考え，積分を単位胞の積分の和に置き換えると，上式の積分で $V(\boldsymbol{r}_e - \boldsymbol{r}_h)$ は積分の外に出せ，結局次のような近似が成り立つ．($c', \boldsymbol{k}'_e$ などのダッシュをとり $c, \boldsymbol{k}_e$ などとしている)

$$\Big[\mathcal{E}_c(\boldsymbol{k}_e) + \mathcal{E}_h(\boldsymbol{k}_h) + V(\boldsymbol{r}_e - \boldsymbol{r}_h) - \mathcal{E}\Big]A^{n,\boldsymbol{K}}_{cv}(\boldsymbol{k}_e, \boldsymbol{k}_h) = 0. \tag{4.77}$$

いま，電子と正孔のエネルギー帯は球対称の放物線バンドで表せるものと仮定し，価電子帯の頂上を $\mathcal{E}_v = 0$ とすると

$$\mathcal{E}_c(\boldsymbol{k}_e) = \frac{\hbar^2 k_e^2}{2m_e} + \mathcal{E}_G$$
$$\mathcal{E}_h(\boldsymbol{k}_h) = \frac{\hbar^2 k_h^2}{2m_h}$$

注1 価電子帯の電子に対するハミルトニアン H_v を考え，そのブロッホ関数 $\psi_{v,\boldsymbol{k}}(\boldsymbol{r}_v)$ とエネルギー固有値 $\mathcal{E}_v(\boldsymbol{k}_v)$ を考えており，正孔の状態で表すと $\boldsymbol{k}_h = -\boldsymbol{k}_v$，$\mathcal{E}_h(\boldsymbol{k}_h) = -\mathcal{E}_v(-\boldsymbol{k}_v)$ であることに注意されたい．

で，$\mathcal{E}_c - \mathcal{E}_v = \mathcal{E}_G$ は禁止帯幅である．$A_{cv}^{n,\boldsymbol{K}}$ のフーリエ変換は

$$\Phi_{cv}^{n,\boldsymbol{K}}(\boldsymbol{r}_e, \boldsymbol{r}_h) = \frac{1}{V} \sum_{\boldsymbol{k}_e, \boldsymbol{k}_h} \exp(i\boldsymbol{k}_e \cdot \boldsymbol{r}_e) \exp(i\boldsymbol{k}_h \cdot \boldsymbol{r}_h) \cdot A_{cv}^{n,\boldsymbol{K}}(\boldsymbol{k}_e, \boldsymbol{k}_h) \tag{4.78}$$

で与えられるが，式 (4.77) も同様にフーリエ変換すると

$$\left[\mathcal{E}_c(-i\nabla_e) + \mathcal{E}_h(-i\nabla_h) + V(\boldsymbol{r}_e - \boldsymbol{r}_h) - \mathcal{E} \right] \Phi_{cv}^{n,\boldsymbol{K}}(\boldsymbol{r}_e, \boldsymbol{r}_h) = 0 \tag{4.79}$$

が得られる．この式を導くのに，上の放物線バンドの仮定のもとで

$$\begin{aligned} \mathcal{E}_c(-i\nabla_e)\Phi_{cv}^{n,\boldsymbol{K}}(\boldsymbol{r}_e, \boldsymbol{r}_h) &= \left[-\frac{\hbar^2}{2m_e}\nabla_e^2 + \mathcal{E}_G \right] \Phi_{cv}^{n,\boldsymbol{K}}(\boldsymbol{r}_e, \boldsymbol{r}_h) \\ &= \left[\frac{\hbar^2 k_e^2}{2m_e} + \mathcal{E}_G \right] \Phi_{cv}^{n,\boldsymbol{K}}(\boldsymbol{r}_e, \boldsymbol{r}_h) = \mathcal{E}_c(\boldsymbol{k}_e)\Phi_{cv}^{n,\boldsymbol{K}}(\boldsymbol{r}_e, \boldsymbol{r}_h) \end{aligned}$$

などの関係を用いた．式 (4.79) は励起子に対する**有効質量近似**あるいは**有効質量方程式**である．この関係は 3.2 節で導いた有効質量方程式を用いれば直ちに導けることは明らかである．

励起子に対する有効質量方程式 (4.79) は次のように書ける．

$$\left[-\frac{\hbar^2}{2m_e}\nabla_e^2 + \mathcal{E}_G - \frac{\hbar^2}{2m_h}\nabla_h^2 - \frac{e^2}{4\pi\epsilon|\boldsymbol{r}_e - \boldsymbol{r}_h|} - \mathcal{E} \right] \Phi_{cv}^{n,\boldsymbol{K}}(\boldsymbol{r}_e, \boldsymbol{r}_h) = 0 \tag{4.80}$$

この方程式は量子力学における 2 体問題で，重心運動と相対運動に分離することにより解くことができる．そこで，

$$\boldsymbol{r} = \boldsymbol{r}_e - \boldsymbol{r}_h, \quad \boldsymbol{R} = \frac{m_e\boldsymbol{r}_e + m_h\boldsymbol{r}_h}{m_e + m_h}$$

$$\frac{1}{\mu} = \frac{1}{m_e} + \frac{1}{m_h}, \quad M = m_e + m_h$$

とおくと，式 (4.80) は

$$\begin{aligned} &\left[\left(-\frac{\hbar^2}{2M}\nabla_{\boldsymbol{R}}^2 \right) + \left(-\frac{\hbar^2}{2\mu}\nabla_{\boldsymbol{r}}^2 - \frac{e^2}{4\pi\epsilon r} \right) \right] \Phi^{n,\boldsymbol{K}}(\boldsymbol{r}, \boldsymbol{R}) \\ &= [\mathcal{E} - \mathcal{E}_G] \cdot \Phi^{n,\boldsymbol{K}}(\boldsymbol{r}, \boldsymbol{R}) \end{aligned} \tag{4.81}$$

と書ける．この方程式の解は

$$\Phi^{n,\boldsymbol{K}}(\boldsymbol{r}, \boldsymbol{R}) = \phi_{\boldsymbol{K}}(\boldsymbol{R})\psi_n(\boldsymbol{r})$$

で与えられ，$\phi_{\boldsymbol{K}}(\boldsymbol{R})$ と $\psi_n(\boldsymbol{r})$ はそれぞれ

$$H_{\boldsymbol{R}}\phi_{\boldsymbol{K}}(\boldsymbol{R}) \equiv -\frac{\hbar^2}{2M}\nabla_{\boldsymbol{R}}^2\, \phi_{\boldsymbol{K}}(\boldsymbol{R}) = \mathcal{E}(\boldsymbol{K}) \cdot \phi_{\boldsymbol{K}}(\boldsymbol{R}) \tag{4.82}$$

$$H_{\boldsymbol{r}}\psi_n(\boldsymbol{r}) \equiv \left[-\frac{\hbar^2}{2\mu}\nabla_{\boldsymbol{r}}^2 + V(\boldsymbol{r}) \right] \psi_n(\boldsymbol{r}) = \mathcal{E}_n \cdot \psi_n(\boldsymbol{r}) \tag{4.83}$$

のように分離した方程式の形で与えられる．このときの系全体 (励起子) のエネルギー $\mathcal{E}$ は

$$\mathcal{E} = \mathcal{E}(\boldsymbol{K}) + \mathcal{E}_n + \mathcal{E}_G \tag{4.84}$$

で与えられる．重心運動のエネルギー $\mathcal{E}(\boldsymbol{K})$ は $\phi_{\boldsymbol{K}}(\boldsymbol{R}) \propto \exp(i\boldsymbol{K}\cdot\boldsymbol{R})$ を用いて式 (4.82) より

$$\mathcal{E}(\boldsymbol{K}) = \frac{\hbar^2 K^2}{2M} \tag{4.85}$$

となる．一方，相対運動のエネルギー $\mathcal{E}_n$ は式 (4.83) より求まるが，その解はドナー不純物に対する有効質量方程式と全く同様の形となる．したがって，

$$\mathcal{E}_n = -\frac{\mu}{m}\left(\frac{\epsilon_0}{\epsilon}\right)^2 \cdot \frac{\mathcal{E}_H}{n^2} = -\frac{\mathcal{E}_{\rm ex}}{n^2} \quad (n = 1, 2, 3, \cdots) \tag{4.86}$$

$$\mathcal{E}_{\rm ex} = \frac{\mu}{m}\left(\frac{\epsilon_0}{\epsilon}\right)^2 \mathcal{E}_H = \frac{\mu e^4}{8\epsilon^2\hbar^2} \tag{4.87}$$

が得られる．ここに $\mathcal{E}_H$ は水素原子のイオン化エネルギーである．これらの結果，励起子の全エネルギーは次のようになる．

$$\mathcal{E} = -\frac{\mathcal{E}_{\rm ex}}{n^2} + \frac{\hbar^2 K^2}{2M} + \mathcal{E}_G. \tag{4.88}$$

ただし，上式ではエネルギーの基準を伝導帯の底 ($\mathcal{E}_c = 0$) にとっている．これらの結果から，励起子状態では電子－正孔対はその重心が並進波数ベクトル $\boldsymbol{K}$ で並進運動をしながら，クーロン引力 $-e^2/4\pi\epsilon r$ を及ぼし合って相対運動をしていることがわかる．かつ，エネルギーは相対運動のエネルギー $\mathcal{E}_n$ と並進運動のエネルギー $\mathcal{E}_{\boldsymbol{K}} = \hbar^2 K^2/2M$ の和で与えられる．

一例として，GaAs に近い値をとり，$\mu/m = 0.05$, $\epsilon/\epsilon_0 = 13$ とすれば，$\mathcal{E}_n = -3\times 10^{-4}\mathcal{E}_H/n^2$ となり，基底状態 ($n = 1$) の結合エネルギーは 4meV 程度となる．励起子のボーア半径は式 (3.43) と同様にして $a_{\rm ex} = (m/\mu)(\epsilon/\epsilon_0)a_B$ で与えられ $a_{\rm ex} \approx 150$Å となることも明らかである．図 4.8 は励起子のエネルギー状態を模式的に示したもので，エネルギーは並進運動の波数ベクトル $\boldsymbol{K}$ に依存

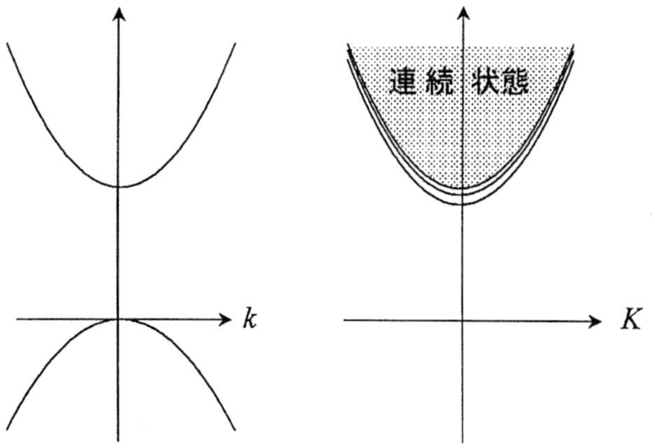

図 4.8: 励起子のエネルギー状態

することに注意しなければならない．通常，フォトンと励起子の相互作用を問題にするので $\boldsymbol{K} = 0$ と考えてよい．

上の例で示したように励起子の有効ボーア半径は格子定数に比べ十分に大きく，有効質量近似の条件を満たしている．励起子を相対運動 ($\boldsymbol{r}$) と並進 (重心) 運動 ($\boldsymbol{R}$) に分け，有効質量方程式の波動関

数を

$$\Phi^{n,\boldsymbol{K}}(\boldsymbol{r},\boldsymbol{R}) = \frac{1}{\sqrt{V}}\exp(i\boldsymbol{K}\cdot\boldsymbol{R})\phi_n(\boldsymbol{r}) \tag{4.89}$$

と書くことにする．この $\phi_n(\boldsymbol{r})$ を励起子の胞絡関数 (envelope function) とよぶことがある．励起子の基底関数は水素原子やドナーの結果から明らかなように

$$\phi_1(\boldsymbol{r}) = \frac{1}{\sqrt{\pi a_{\rm ex}^3}}\exp(-r/a_{\rm ex}) \tag{4.90}$$

で与えられ，$a_{\rm ex} = (m/\mu)(\epsilon/\epsilon_0)a_B$ は励起子のボーア半径である．

励起子の波動関数式 (4.89) を逆変換して，係数 $A_{cv}^{n,\boldsymbol{K}}(\boldsymbol{k}_e,\boldsymbol{k}_h)$ を求めると次のようになる．

$$\begin{aligned}
A_{cv}^{n,\boldsymbol{K}}(\boldsymbol{k}_e,\boldsymbol{k}_h) &= \frac{1}{V}\int d^3\boldsymbol{r}_e d^3\boldsymbol{r}_h e^{-i\boldsymbol{k}_e\cdot\boldsymbol{r}_e}e^{-i\boldsymbol{k}_h\cdot\boldsymbol{r}_h}\Phi_{cv}^{n,\boldsymbol{K}}(\boldsymbol{k}_e,\boldsymbol{k}_h) \\
&= \frac{1}{\sqrt{V}}\int d^3\boldsymbol{r}d^3\boldsymbol{R}e^{-i\boldsymbol{R}\cdot(\boldsymbol{k}_e+\boldsymbol{k}_h-\boldsymbol{K})}\phi_n(\boldsymbol{r})e^{-i\boldsymbol{k}^*\cdot\boldsymbol{r}} \\
&= \frac{1}{\sqrt{V}}\int d^3\boldsymbol{r}e^{-i\boldsymbol{k}^*\cdot\boldsymbol{r}}\phi_n(\boldsymbol{r})\delta_{\boldsymbol{K},\boldsymbol{k}_e+\boldsymbol{k}_h}
\end{aligned} \tag{4.91}$$

$$\boldsymbol{k}^* = \frac{m_h\boldsymbol{k}_e - m_e\boldsymbol{k}_h}{M} \tag{4.92}$$

この結果，励起子の全波数ベクトル $\boldsymbol{K}$ は電子と正孔の波数ベクトルの和 $(\boldsymbol{k}_e+\boldsymbol{k}_h)$ に等しいことがわかる．基底状態の波動関数について考察してみる．式 (4.90) を上式に代入すると，$n=1$ に対しては次のようになる．

$$A_{cv}^{1,\boldsymbol{K}}(\boldsymbol{k}_e,\boldsymbol{k}_h) = \frac{1}{\sqrt{V}}\left(\frac{64\pi}{a_{\rm ex}^5}\right)^{1/2}\frac{1}{(k^{*2}+1/a_{\rm ex}^2)^2}\,\delta_{\boldsymbol{K},\boldsymbol{k}_e+\boldsymbol{k}_h}. \tag{4.93}$$

この結果，$A_{cv}^{1,\boldsymbol{K}}(\boldsymbol{k}_e,\boldsymbol{k}_h)$ は $|\boldsymbol{k}_e|,|\boldsymbol{k}_h|$ が $1/a_{\rm ex}$ を超えると急激に小さくなり，励起子の $1s$ 状態に寄与するエネルギーバンドはブリルアン領域の $\boldsymbol{k}| \le 1/a_{\rm ex}$ の領域に限られる．ワニエ励起子では，$a_{\rm ex}$ が格子定数に比べ非常に大きいので $\boldsymbol{k}$ 空間の狭い領域のバンドが寄与しているといえる．このことは浅い不純物であるドナーの基底状態に対してもいえる．

次に，励起子状態を考慮した光吸収について考察しよう．価電子帯の電子が伝導帯に励起される前の状態を基底状態 $\Psi_0 = \phi_{c,\boldsymbol{k}_e}\phi_{v,-\boldsymbol{k}_h} = \phi_{c,\boldsymbol{k}_e}\phi_{v,\boldsymbol{k}_e}$ とし，この基底状態から励起子の励起状態 $\Psi^{\lambda,\boldsymbol{K}}$ への遷移確率を考える．4.2 節で述べた取り扱いにしたがい，単位時間当たりの遷移確率 w_{if} は次のように書ける．

$$\begin{aligned}
w_{if} &= \frac{2\pi}{\hbar}\cdot\frac{e^2}{m^2}|A_0|^2\frac{1}{V}\sum_{\lambda}\left|\langle\Psi^{\lambda,\boldsymbol{K}}|\exp(i\boldsymbol{k}_p\cdot\boldsymbol{r})\boldsymbol{e}\cdot\boldsymbol{p}|\Psi_0\rangle\right|^2 \\
&\qquad\times\delta(\mathcal{E}_G+\mathcal{E}_\lambda-\hbar\omega) \\
&= \frac{2\pi}{\hbar}\cdot\frac{e^2}{m^2}|A_0|^2\frac{1}{V}\sum_{\boldsymbol{k}_e,\lambda}\left|A_{cv}^{\lambda,\boldsymbol{K}}(\boldsymbol{k}_e,-\boldsymbol{k}_e)\langle\phi_{c,\boldsymbol{k}_e}|\boldsymbol{e}\cdot\boldsymbol{p}|\phi_{v,\boldsymbol{k}_e}\rangle\right|^2 \\
&\qquad\times\delta(\mathcal{E}_G+\mathcal{E}_\lambda-\hbar\omega).
\end{aligned} \tag{4.94}$$

ここで，光の波数ベクトル $\boldsymbol{k}_p$ は 0 とし，運動量保存則より $\boldsymbol{k}_e = -\boldsymbol{k}_h$ を用いた．また，$\mathcal{E}_\lambda$ は励起子の全エネルギーで，連続状態 $(\mathcal{E}_n > 0)$ も含めて考えている．$A_{cv}^{\lambda,\boldsymbol{K}}$ は先に述べたように $\boldsymbol{k}_e \approx 0$ で

のみ大きな値をもつので $\langle\phi_{c,\boldsymbol{k}_e}|\boldsymbol{e}\cdot\boldsymbol{p}|\phi_{v,\boldsymbol{k}_e}\rangle$ の項は，考えている $\boldsymbol{k}$ 空間の範囲内では一定とみなせ，さらに $\boldsymbol{k}_e=-\boldsymbol{k}_h$ の条件より

$$A_{cv}^{\lambda,\boldsymbol{K}}(\boldsymbol{k}_e,-\boldsymbol{k}_h)=\frac{1}{V}\int d^3\boldsymbol{r}_e d^3\boldsymbol{r}_h \exp[-i\boldsymbol{k}_e\cdot(\boldsymbol{r}_e-\boldsymbol{r}_h)]\Phi_{cv}^{\lambda,\boldsymbol{K}}(\boldsymbol{r}_e,\boldsymbol{r}_h) \tag{4.95}$$

となる．したがって，式 (4.95) で $\boldsymbol{k}_e$ についての和が残るためには，付録 A.2 に示すように，$\boldsymbol{r}_e-\boldsymbol{r}_h=0$ でなければならない．すなわち

$$w_{if}=\frac{2\pi}{\hbar}\cdot\frac{e^2}{m^2}|A_0|^2\sum_{\lambda}|\boldsymbol{e}\cdot\boldsymbol{p}_{cv}|^2|\phi_\lambda(0)|^2\ \delta(\mathcal{E}_G+\mathcal{E}_\lambda-\hbar\omega) \tag{4.96}$$

が得られる．ここで $|\boldsymbol{e}\cdot\boldsymbol{p}_{cv}|$ は 4.2 節で定義した運動量行列要素である．誘電率の虚数部 $\kappa_2(\omega)=\epsilon_2(\omega)/\epsilon_0$ は次のように書ける．

$$\kappa_2(\omega)=\frac{\pi e^2}{\epsilon_0 m^2\omega^2}|\boldsymbol{e}\cdot\boldsymbol{p}_{cv}|^2\sum_{\lambda}|\phi_\lambda(0)|^2\ \delta(\mathcal{E}_G+\mathcal{E}_\lambda-\hbar\omega). \tag{4.97}$$

はじめに，不連続な励起子束縛状態への遷移について考える．簡単のためスカラー有効質量をもつ放物線バンドを仮定すると，束縛状態に対しては，$\phi_\lambda(0)\neq 0$ となるのは s 状態のみなので，量子数 λ は主量子数 n のみで記述することができ

$$|\phi_n(0)|^2=\frac{1}{\pi a_{\rm ex}^3 n^3} \tag{4.98}$$

$$\mathcal{E}_\lambda=\mathcal{E}_n=-\frac{\mathcal{E}_{\rm ex}}{n^2} \tag{4.99}$$

であり，したがって束縛状態に対しては

$$\kappa_2(\omega)=\frac{\pi e^2}{\epsilon_0 m^2\omega^2}|\boldsymbol{e}\cdot\boldsymbol{p}_{cv}|^2\frac{1}{\pi a_{\rm ex}^3}\sum_n\frac{1}{n^3}\ \delta\left(\mathcal{E}_G-\frac{\mathcal{E}_{\rm ex}}{n^2}-\hbar\omega\right) \tag{4.100}$$

となる．上式では電子のスピンによる縮退を無視し，したがって $\kappa_2(\omega)$ は 4.2 節の結果と比べ係数 2 だけ小さくなっている．式 (4.100) の結果によれば，励起子吸収のスペクトルは振動子強度が $1/n^3$ に比例する線スペクトルの列となり，この列は $\hbar\omega=\mathcal{E}_G$ に収束する．

一方，連続状態に対しては，$\phi_\lambda(0)\neq 0$ となるのは磁気量子数 $m=0$ の場合のみで，内部状態は相対運動の波数ベクトル $\boldsymbol{k}$ のみで決まる．Elliott によれば[4.10]

$$|\phi_{\boldsymbol{k}}(0)|^2=\frac{\pi\alpha_0\exp(\pi\alpha_0)}{\sinh(\pi\alpha_0)}, \tag{4.101}$$

$$\mathcal{E}_\lambda=\mathcal{E}_{\boldsymbol{k}}=\frac{\hbar^2k^2}{2\mu}. \tag{4.102}$$

ここで，$\alpha_0=(a_{\rm ex}|\boldsymbol{k}|)^{-1}=[\mathcal{E}_{\rm ex}/(\hbar\omega-\mathcal{E}_G)]^{1/2}$ とおいた．そこで，4.2 節の結果を用いると，連続状態に対しては

$$\kappa_2(\omega)=\frac{\pi e^2}{\epsilon_0 m^2\omega^2}\frac{2\pi}{(2\pi)^3}\left(\frac{8\mu_1\mu_2\mu_3}{\hbar^6}\right)^{1/2}\mathcal{E}_{\rm ex}^{1/2}|\boldsymbol{e}\cdot\boldsymbol{p}_{cv}|^2\frac{\pi\exp(\pi\alpha_0)}{\sinh(\pi\alpha_0)} \tag{4.103}$$

が得られる．

ここで，2 つの極端な場合を考えてみる．$\alpha_0 \to 0$ $(\hbar\omega \to \infty)$ と，$\alpha_0 \to \infty$ $(\hbar\omega \to \mathcal{E}_G)$ に対する $\kappa_2(\omega)$ の漸近的な値は次のようになる．

$$\kappa_2(\omega)_{\alpha_0\to 0} = \frac{\pi e^2}{\epsilon_0 m^2\omega^2}\frac{2\pi}{(2\pi)^3}\left(\frac{8\mu_1\mu_2\mu_3}{\hbar^6}\right)^{1/2}|\boldsymbol{e}\cdot\boldsymbol{p}_{cv}|^2\sqrt{\hbar\omega-\mathcal{E}_G} \tag{4.104a}$$

$$\kappa_2(\omega)_{\alpha_0\to\infty} = \frac{\pi e^2}{\epsilon_0 m^2\omega^2}\frac{1}{2\pi}\left(\frac{8\mu_1\mu_2\mu_3}{\hbar^6}\right)^{1/2}\mathcal{E}_{\mathrm{ex}}^{1/2}|\boldsymbol{e}\cdot\boldsymbol{p}_{cv}|^2 \tag{4.104b}$$

$\alpha_0 \to 0$ の場合，$\mathcal{E}_{\mathrm{ex}}$ が非常に小さく $\hbar^2k^2/2\mu \gg \mathcal{E}_{\mathrm{ex}}$ の関係が成立するから，電子 − 正孔相互作用ポテンシャルに比べて，励起子の運動エネルギーが十分に大きいので，このクーロン相互作用は無視でき，この極限では 1 電子近似の場合と同一の結果を得ることが期待される．実際，式 (4.104a) は 4.3 節で，M_0 臨界点に対して求めた結果の式 (4.57) とスピン因子 2 をのぞいて一致している．

一方，$\alpha_0 \to \infty$ の場合には，$n \to \infty$ の場合の束縛状態に対する $\kappa_2(\omega)$ の値と一致することが期待される．n が十分に大きい場合には，隣どうしの線スペクトルは重なり合って分離できなくなるので，これを準連続状態と考えると，状態密度は $(d\mathcal{E}/dn)^{-1} = n^3/2\mathcal{E}_{\mathrm{ex}}$ となる．これより

$$|\phi_n(0)|^2\cdot\left(\frac{d\mathcal{E}}{dn}\right)^{-1} = \frac{1}{2\pi a_{\mathrm{ex}}^3\mathcal{E}_{\mathrm{ex}}} = \frac{1}{2\pi}\left(\frac{8\mu^3}{\hbar^6}\right)^{1/2}\mathcal{E}_{\mathrm{ex}}^{1/2} \tag{4.105}$$

となる．$\mu^3 = \mu_1\mu_2\mu_3$ とおくと，束縛状態から求めた式 (4.100) の $\kappa_2(\omega)$ と連続状態から求めた $\kappa_2(\omega)$ とは $\hbar\omega = \mathcal{E}_G$ で一致することがわかる．図 4.9 に電子−正孔相互作用を考慮した場合の光吸収のスペクトル ($\alpha(\omega) \propto \kappa_2(\omega)$ のスペクトル) が示してある．比較のため，電子−正孔相互作用を無視した 1 電子近似の誘電率も示してある．なお，計算では，ローレンツ関数による近似を用い，ブロードニングとして $\Gamma = 0.2\mathcal{E}_{\mathrm{ex}}$ とおき，スピンによる縮退は考慮していない．図では，$n = 1$ と $n = 2$ に対する励起子吸収がはっきりと認められる．

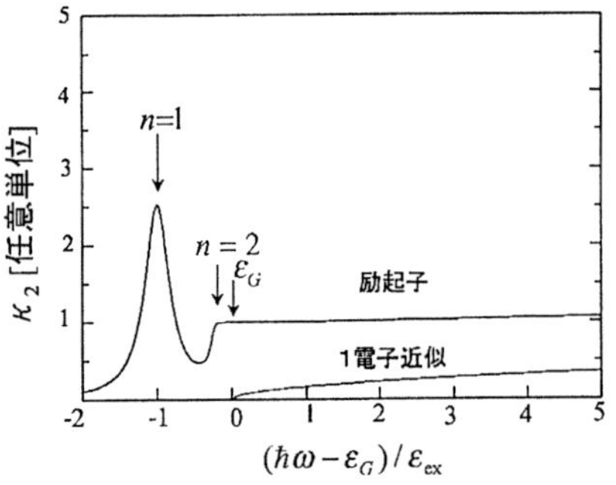

図 4.9: 励起子による光吸収．直接励起子効果を考慮した場合と 1 電子近似の場合の基礎吸収端における κ_2 のスペクトル．束縛励起子に対しては $\Gamma = 0.2\mathcal{E}_{\mathrm{ex}}$ としてローレンツ関数近似を用いている．

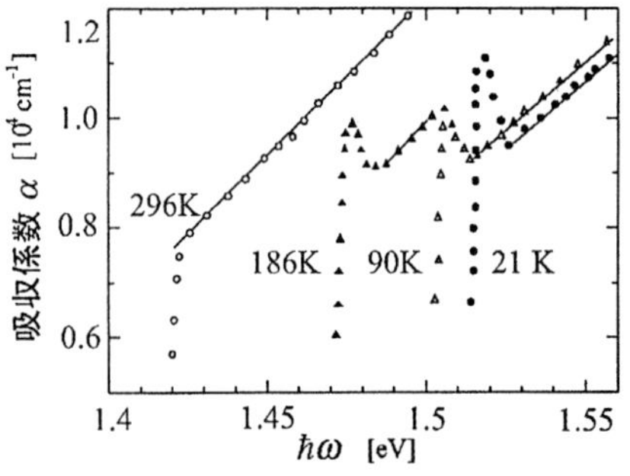

図 4.10: GaAs における光吸収スペクトルで，励起子吸収がはっきりと見られる．(M. D. Sturge 文献 [4.12] による)

ここで，束縛励起子に関する誘電関数のローレンツ関数近似について述べる．式 (4.100) を

$$\kappa_2(\omega) = C\cdot\delta\left(\mathcal{E}_G - \frac{\mathcal{E}_{\mathrm{ex}}}{n^2} - \hbar\omega\right)$$

と表すことにする．付録 A に示すように，デルタ関数は $\Gamma \to 0$ の極限でローレンツ関数で近似できる．ディラックの恒等式 (A.2) を用い $\Gamma \to 0$ の極限で

$$\frac{1}{\mathcal{E}_G - \mathcal{E}_{\text{ex}}/n^2 - (\hbar\omega + i\Gamma)} = \mathcal{P}\left\{\frac{1}{\mathcal{E}_G - \mathcal{E}_{\text{ex}}/n^2 - \hbar\omega}\right\} + i\pi\delta\left(\mathcal{E}_G - \mathcal{E}_{\text{ex}}/n^2 - \hbar\omega\right) \tag{4.106}$$

と書ける．したがって，誘電関数 $\kappa_2(\omega)$ と上の関数の虚数部を比較して

$$\begin{aligned}\kappa_2(\omega) &= \Im\left\{\frac{C/\pi}{\mathcal{E}_G - \mathcal{E}_{\text{ex}}/n^2 - (\hbar\omega + i\Gamma)}\right\} = \frac{C\Gamma/\pi}{(\mathcal{E}_G - \mathcal{E}_{\text{ex}}/n^2 - \hbar\omega)^2 + \Gamma^2} \\ &= C \cdot \delta\left(\mathcal{E}_G - \frac{\mathcal{E}_{\text{ex}}}{n^2} - \hbar\omega\right)\end{aligned} \tag{4.107}$$

の関係が得られる．上式で 2 番目の関数の係数を $C = 1$ としたものはローレンツ関数とよばれる．このローレンツ関数は中心 $\hbar\omega = (\mathcal{E}_G - \mathcal{E}_{\text{ex}}/n^2)$，半値幅 Γ で，$\hbar\omega$ についての積分値は 1 となる．つまり $\Gamma \to 0$ の極限で $\delta(\mathcal{E}_G - \mathcal{E}_{\text{ex}}/n^2 - \hbar\omega)$ と等価である．この結果から明らかなように，デルタ関数の部分をローレンツ関数で置き換えて近似することができる．また，誘電関数の実数部は 4.6 節で述べるクラマース・クローニッヒの関係式 (4.126a) を用いて次のように求まる．

$$\begin{aligned}\kappa_1(\omega) &= \frac{2}{\pi}\mathcal{P}\int_0^\infty \frac{\omega'\kappa_2(\omega')}{(\omega')^2 - \omega^2}d\omega' \\ &= \frac{2}{\pi}\mathcal{P}\int_0^\infty \frac{\omega' \cdot C \cdot \delta(\mathcal{E}_G - \mathcal{E}_{\text{ex}}/n^2 - \hbar\omega')}{(\omega')^2 - \omega^2}d\omega' \\ &= \frac{2C}{\pi}\frac{\mathcal{E}_G - \mathcal{E}_{\text{ex}}/n^2}{(\mathcal{E}_G - \mathcal{E}_{\text{ex}}/n^2)^2 - (\hbar\omega)^2}.\end{aligned} \tag{4.108}$$

この結果は次のように近似することが可能である．

$$\begin{aligned}\kappa_1(\omega) &= \frac{2C}{\pi}\frac{\mathcal{E}_G - \mathcal{E}_{\text{ex}}/n^2}{(\mathcal{E}_G - \mathcal{E}_{\text{ex}}/n^2)^2 - (\hbar\omega)^2} \\ &= \frac{C/\pi}{\mathcal{E}_G - \mathcal{E}_{\text{ex}}/n^2 - \hbar\omega} + \frac{C/\pi}{\mathcal{E}_G - \mathcal{E}_{\text{ex}}/n^2 + \hbar\omega} \\ &\simeq \frac{C/\pi}{\mathcal{E}_G - \mathcal{E}_{\text{ex}}/n^2 - \hbar\omega}.\end{aligned} \tag{4.109}$$

最後の近似は，第 2 番目の式において，第 2 項は非共鳴で第 1 項に比べ小さいので無視して得られた．これらの結果を用いると励起子の複素誘電関数を近似的に

$$\kappa(\omega) = \kappa_1(\omega) + i\kappa_2(\omega) = \frac{C/\pi}{\mathcal{E}_G - \mathcal{E}_{\text{ex}}/n^2 - (\hbar\omega + i\Gamma)} \tag{4.110}$$

で定義することができる．この結果は，第 2 量子化の方法を用いて得られる結果と等しい[4.11]．図 4.10 に，GaAs における吸収係数の実測結果を示す[4.12]．低温 ($T = 186$, 90, 21 K) で $n = 1$ に対する励起子吸収がみられ，図 4.9 に示した計算結果とよく対応していることがわかる．

4.5.2 間接励起子

上の計算では，価電子帯の頂上と伝導帯の底が共に $\boldsymbol{k}=0$ にあると考えた．次に，Ge，Si や GaP のように，ブリルアン領域で異なる $\boldsymbol{k}$ の位置にある間接遷移型の半導体における励起子 (間接励起子) について考えてみる．両者がそれぞれ $\boldsymbol{k}_{v0}(=-\boldsymbol{k}_{h0})$，$\boldsymbol{k}_{c0}(=\boldsymbol{k}_{e0})$ $(\boldsymbol{k}_{v0}\neq\boldsymbol{k}_{c0})$ とする．これらのバンドを放物線で近似し

$$\mathcal{E}_c=\mathcal{E}_G+\frac{\hbar^2}{2m_e}(\boldsymbol{k}_c-\boldsymbol{k}_{c0})^2$$
$$\mathcal{E}_h=-\mathcal{E}_v=\frac{\hbar^2}{2m_h}(\boldsymbol{k}_v-\boldsymbol{k}_{v0})^2$$

と書くことにする．ここで，$\boldsymbol{k}_e'=\boldsymbol{k}_c-\boldsymbol{k}_{c0}=\boldsymbol{k}_e-\boldsymbol{k}_{c0}$，$\boldsymbol{k}_h'=-(\boldsymbol{k}_v-\boldsymbol{k}_{v0})\equiv\boldsymbol{k}_h-\boldsymbol{k}_{h0}$ とおくと，この励起子に対する有効質量方程式は

$$\left[-\frac{\hbar^2}{2m_e}\nabla_e^2-\frac{\hbar^2}{2m_h}\nabla_h^2-\frac{e^2}{4\pi\epsilon r}\right]\Phi^{\lambda,\boldsymbol{K}'}(\boldsymbol{r}_e,\boldsymbol{r}_h)=\mathcal{E}_\lambda\Phi^{\lambda,\boldsymbol{K}'}(\boldsymbol{r}_e,\boldsymbol{r}_h) \tag{4.111}$$

となる．ここに，

$$\boldsymbol{K}'=\boldsymbol{k}_e'+\boldsymbol{k}_h'=(\boldsymbol{k}_e+\boldsymbol{k}_h)-(\boldsymbol{k}_{e0}+\boldsymbol{k}_{h0})$$

である．$\Phi^{\lambda,\boldsymbol{K}'}(\boldsymbol{r}_e,\boldsymbol{r}_h)$ は直接励起子と同様にして，並進 (重心) 運動 $(\boldsymbol{R})$ と相対運動 $(\boldsymbol{r})$ に分離すると

$$\Phi^{\lambda,\boldsymbol{K}'}=\frac{1}{\sqrt{V}}\phi_\lambda(\boldsymbol{r})\exp(i\boldsymbol{K}'\cdot\boldsymbol{R})$$

と書くことができ，$\phi_\lambda(\boldsymbol{r})$ は式 (4.83) を満たしている．したがって，この励起子の全エネルギーは束縛状態に対して

$$\mathcal{E}_\lambda=\mathcal{E}_n=-\mathcal{E}_{\mathrm{ex}}/n^2+\frac{\hbar^2K'^2}{2M} \tag{4.112}$$

となる．この結果，間接励起子の誘電関数は，束縛状態に対して次のようになる．

$$\begin{aligned}\kappa_2(\omega)&=\frac{\pi e^2}{\epsilon_0 m^2\omega^2}\sum_{m,\alpha,\pm}|\boldsymbol{e}\cdot\boldsymbol{p}_{cv}^{m,\alpha,\pm}|^2|\phi_n(0)|^2\\&\quad\times\delta\left[\mathcal{E}_G-\frac{\mathcal{E}_{\mathrm{ex}}}{n^2}+\frac{\hbar^2}{2M}\left\{\boldsymbol{k}_e+\boldsymbol{k}_h-(\boldsymbol{k}_{e0}+\boldsymbol{k}_{h0})\right\}^2-\hbar\omega\pm\hbar\omega_{\boldsymbol{q}}^{\alpha}\right]\\&=\frac{\pi e^2}{\epsilon_0 m^2\omega^2}\cdot\frac{1}{2\pi^2}\sum_{m,\alpha,\pm}|\boldsymbol{e}\cdot\boldsymbol{p}_{cv}^{m,\alpha,\pm}|^2\frac{1}{\pi a_{\mathrm{ex}}^3}\cdot\left(\frac{2M}{\hbar^2}\right)^{3/2}\cdot\frac{1}{n^3}\\&\quad\times\sqrt{\hbar\omega-\mathcal{E}_G\mp\hbar\omega_{\boldsymbol{q}}^{\alpha}+\mathcal{E}_{\mathrm{ex}}/n^2}\end{aligned} \tag{4.113}$$

この結果からわかるように，間接励起子の束縛状態による $\kappa_2(\omega)$ は線スペクトルとはならずに，連続スペクトルとなる．これは，間接励起子の場合の並進波数ベクトル $\boldsymbol{K}'$ は直接吸収端における励起子 (直接励起子) の場合と異なり，格子振動と運動量をやりとりすることにより任意の値をもつことができるためである．式 (4.113) を模式的に表すと図 4.11 のようになる．4.5.1 項で述べた 1 電子近似から得られた結果と同様，$\kappa_2(\omega)$ は $\mathcal{E}_G-\mathcal{E}_{\mathrm{ex}}/n^2\pm\hbar\omega_{q\alpha}$ で立ち上がり，その 2 つの立ち上がりの

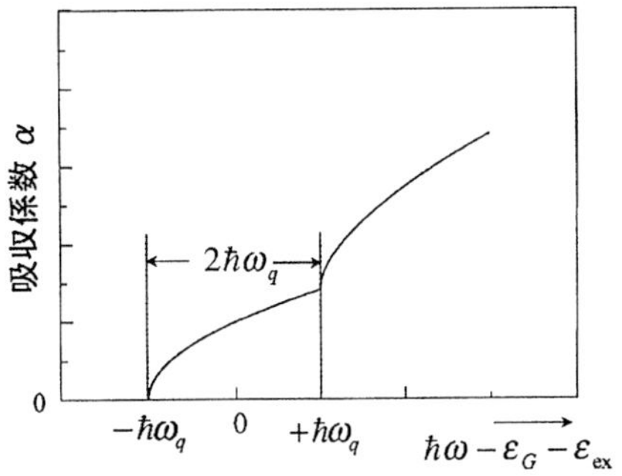

図 4.11: 間接励起子による光吸収のスペクトル．$\alpha(\omega) \propto \kappa_2(\omega)$ をフォトンエネルギーに対してプロットした模式図．フォノンの放出と吸収による立ち上がりが見られる．

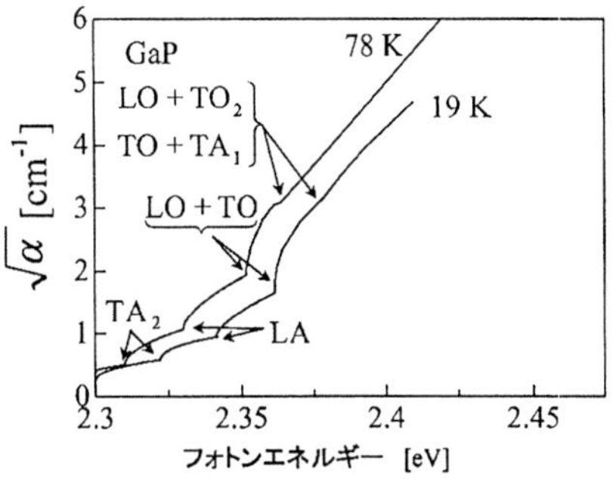

図 4.12: GaP の間接吸収端における吸収係数の 1/2 乗 $\alpha^{1/2}$ をフォトンエネルギーに対してプロットしたもの．矢印はフォノン放出に伴う励起子効果の立ち上がりを示す．(M. Gershenzon 他: 文献[4.13]による)

中心を原点 ($\hbar\omega = \mathcal{E}_G - \mathcal{E}_{\rm ex}$) にとると，フォノンのエネルギー $\hbar\omega_{\boldsymbol{q}}^{\alpha}$ の 2 倍が立ち上がり点のエネルギーに等しい．また，図 4.7 における $\sqrt{\alpha}$ のフォトンエネルギーに対するプロットでの直線からのずれも，この励起子による効果として説明される．GaP において測定された間接励起子による光吸収スペクトルを図 4.12 に示すが，これは式 (4.113) から期待される通りの形をしていることがわかる [4.13]．図には間接遷移に関与するフォノンの種類が示してある．なお，連続状態の場合にはエネルギー $\hbar\omega$ に対する $\kappa_2(\omega)$ は一般に解析的には求めることができず，$\hbar\omega - \mathcal{E}_G \gg \mathcal{E}_{\rm ex}$ の場合のみ 1 電子近似の場合と一致する漸近的な結果が得られる ([4.10]を参照)．

4.6 誘電関数

角周波数 ω の 外部電場 $\boldsymbol{E}(\omega)$ に対する物質の分極ベクトル $\boldsymbol{P}(\omega)$ は

$$\boldsymbol{P}(\omega) = \chi(\omega)\epsilon_0 \boldsymbol{E}(\omega) \tag{4.114}$$

と書ける．ここに，$\chi(\omega)$ は帯電率テンソル (susceptibility tensor) とよばれる．この帯電率は実数の周波数に関する解析関数であるから コーシー (Cauchy) の関係を用いて

$$\chi(\omega) = \int_{-\infty}^{+\infty} \frac{d\omega'}{2\pi i} \frac{\chi(\omega')}{\omega' - \omega - i\varepsilon} \tag{4.115}$$

と書くことができる．ここに，ε は正の無限に小さい数である．付録 A に示した式 (A.2)

$$\lim_{\varepsilon \to 0} \frac{1}{\omega - i\varepsilon} = \mathcal{P}\frac{1}{\omega} + i\pi\delta(\omega) \tag{4.116}$$

の関係を用いて，式 (4.115) の積分を実行すると次のようになる．

$$\chi(\omega) = \mathcal{P}\int_{-\infty}^{\infty} \frac{d\omega'}{2\pi i} \frac{\chi(\omega')}{\omega' - \omega} + \frac{1}{2}\int_{-\infty}^{\infty} d\omega' \chi(\omega')\delta(\omega' - \omega). \tag{4.117}$$

あるいは

$$\chi(\omega) = \mathcal{P}\int_{-\infty}^{\infty} \frac{d\omega'}{\pi i} \frac{\chi(\omega)}{\omega' - \omega} \tag{4.118}$$

を得る．そこで，複素帯電率を

$$\chi(\omega) = \chi_1(\omega) + i\chi_2(\omega) \tag{4.119}$$

と定義すると，先の式 (4.118) より次の関係式を得る．

$$\chi_1(\omega) = \mathcal{P}\int_{-\infty}^{\infty} \frac{d\omega'}{\pi} \frac{\chi_2(\omega')}{\omega' - \omega} \tag{4.120a}$$

$$\chi_2(\omega) = -\mathcal{P}\int_{-\infty}^{\infty} \frac{d\omega'}{\pi} \frac{\chi_1(\omega')}{\omega' - \omega} \tag{4.120b}$$

χ_1 の積分領域を 2 つの部分にわけると次のように書ける．

$$\chi_1(\omega) = \mathcal{P}\int_{-\infty}^{0} \frac{d\omega'}{\pi} \frac{\chi_2(\omega')}{\omega' - \omega} + \mathcal{P}\int_{0}^{\infty} \frac{d\omega'}{\pi} \frac{\chi_2(\omega')}{\omega' - \omega}.$$

帯電率テンソル (誘電率テンソル) などに関する定理 (reality condition) $\chi(\omega) = \chi^*(-\omega)$ から

$$\chi_1(\omega) = \chi_1(-\omega) \tag{4.121a}$$

$$\chi_2(\omega) = -\chi_2(-\omega) \tag{4.121b}$$

の関係が得られる[4.15]．これを用いると

$$\begin{aligned}\chi_1(\omega) &= \mathcal{P}\int_{0}^{\infty} \frac{d\omega'}{\pi}\chi_2(\omega')\left[\frac{1}{\omega' + \omega} + \frac{1}{\omega' - \omega}\right] \\ &= \mathcal{P}\int_{0}^{\infty} \frac{d\omega'}{\pi}\chi_2(\omega')\frac{2\omega'}{\omega'^2 - \omega^2}\end{aligned} \tag{4.122}$$

が得られる．$\chi_2(\omega)$ についても同様に計算でき，結局次の関係を得る．

$$\chi_1(\omega) = \frac{2}{\pi}\mathcal{P}\int_{0}^{\infty} \frac{\omega'\chi_2(\omega')}{\omega'^2 - \omega^2}d\omega' \tag{4.123a}$$

$$\chi_2(\omega) = -\frac{2\omega}{\pi}\mathcal{P}\int_{0}^{\infty} \frac{\chi_1(\omega')}{\omega'^2 - \omega^2}d\omega' \tag{4.123b}$$

この関係を**クラマース・クローニッヒの関係** (Kramers-Kronig relations) とよび，この関係で変換を施すことをクラマース・クローニッヒ変換とよぶ．誘電率 $\kappa(\omega)$ に関しては，電気変位 $\boldsymbol{D}$ が

$$\begin{aligned}\boldsymbol{D} &= \epsilon_0\boldsymbol{E} + \boldsymbol{P} = (1 + \chi)\epsilon_0\boldsymbol{E} \\ &\equiv \kappa\epsilon_0\boldsymbol{E} \equiv \epsilon\boldsymbol{E}\end{aligned} \tag{4.124}$$

と表されるから，次の関係が成立する．

$$\kappa(\omega) = 1 + \chi(\omega) \tag{4.125}$$

これより，誘電率 $\kappa(\omega)$ に対するクラマース・クローニッヒの関係は次のようになる．

$$\kappa_1(\omega) = 1 + \frac{2}{\pi}\mathcal{P}\int_{0}^{\infty} \frac{\omega'\kappa_2(\omega')}{\omega'^2 - \omega^2}d\omega' \tag{4.126a}$$

$$\kappa_2(\omega) = -\frac{2\omega}{\pi}\mathcal{P}\int_{0}^{\infty} \frac{\kappa_1(\omega')}{\omega'^2 - \omega^2}d\omega' \tag{4.126b}$$

あるいは，式 (4.40) を用いると

$$\chi_2(\omega) = \kappa_2(\omega) = \frac{\pi}{\epsilon_0}\left(\frac{e}{m\omega}\right)^2 \sum_{\boldsymbol{k}} |\boldsymbol{e}\cdot\boldsymbol{p}_{cv}|^2 \delta\left[\mathcal{E}_{cv}(\boldsymbol{k}) - \hbar\omega\right] \tag{4.127a}$$

$$\begin{aligned}\chi_1(\omega) = \kappa_1(\omega) - 1 &= \frac{2}{\pi}\int_0^\infty \frac{\omega'\kappa_2(\omega')d\omega'}{\omega'^2 - \omega^2} \\ &= \frac{2}{\epsilon_0}\left(\frac{e\hbar}{m}\right)^2 \sum_{\boldsymbol{k}} \frac{|\boldsymbol{e}\cdot\boldsymbol{p}_{cv}|^2}{\mathcal{E}_{cv}(\boldsymbol{k})}\cdot\frac{1}{\mathcal{E}_{cv}^2(\boldsymbol{k}) - \hbar^2\omega^2}\end{aligned} \tag{4.127b}$$

と表すことができる．図 4.13 は $\boldsymbol{k}\cdot\boldsymbol{p}$ 摂動法で計算した Ge のエネルギー帯構造に，種々の臨界点

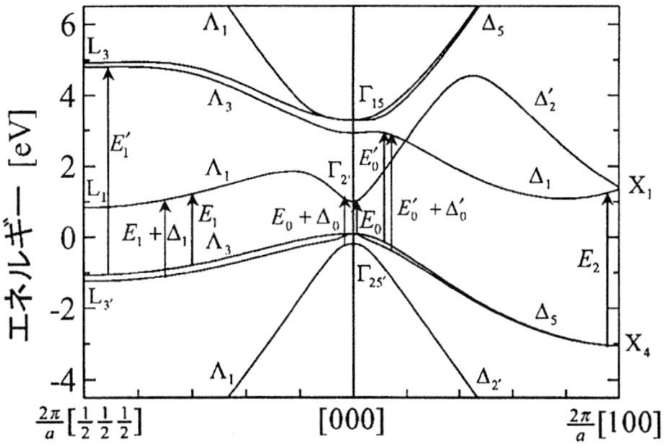

図 4.13: $\boldsymbol{k}\cdot\boldsymbol{p}$ 摂動法で計算した Ge のエネルギー帯構造と各種臨界点に対応する直接遷移

での光学遷移を矢印で示したもので，臨界点の名称は Cardona の定義に従った[4.6], [4.14]．また，エネルギー帯の対称性を示す表示には群論のシングルグループを用いており，実際にはダブルグループによる表示の方が正しい．ここでは，バンド計算に用いた基底関数との対応が分かるようにシングルグループによる表示を用いた．以下に，図 4.13 に示した臨界点における誘電関数を求める．

4.6.1 E_0，$E_0+\Delta_0$ 端

4.2 節と 4.3 節に示した方法で，E_0，$E_0+\Delta_0$ バンド端における光吸収 (誘電率の虚数部) の計算を行い，これから誘電率の実数部をクラマース・クローニッヒの関係を用いて計算することができる[注2]．まず，誘電率の虚数部は E_0 端については

$$\kappa_2(\omega) = \sum_{i=1,2} A|\langle c|p|v_i\rangle|^2 \frac{1}{\omega^2}(\omega-\omega_0)^{1/2} \tag{4.128}$$

$$A = \frac{e\hbar^{1/2}}{2\pi\epsilon_0 m^2}\left(\frac{2\mu_i}{\hbar^2}\right)^{3/2} \tag{4.129}$$

注2 この節では慣例にしたがい，光学遷移の臨界点に対して E_0, E_1, E_2 などの記号を用いるので，エネルギーを $\mathcal{E}_j$ ではなく，一部 E_j で表している．本書では電界に対して記号 $\boldsymbol{E}$ を用いているが混同することはないものと思われるので，このような記号の採用を行った．

ここに，i は価電子帯の重い正孔と軽い正孔のバンドについての和を意味し，μ_i はこれらのバンドと伝導帯の間の還元有効質量である．また，$\omega_0 = E_0/\hbar \equiv \mathcal{E}_G/\hbar$ である．スピン・軌道分裂帯と伝導帯との間の吸収係数 ($E_0 + \Delta_0$ 端) も全く同様で，運動量行列要素は $|\langle c|p|v_{so}\rangle|^2 = |\langle c|p|v_i\rangle|^2 \equiv P^2$ であり (式 (2.63a) – (2.63f) を参照)，還元質量として μ_{so}，ω_0 の代わりに $\omega_{0s} = (\mathcal{E}_G + \Delta_0)/\hbar$ を用いればよい．式 (4.126a) を用いると

$$\kappa_1(\omega) - 1 = AP^2\omega_0^{-3/2}\frac{1}{x_0^2}\left[2 - (1+x_0)^{1/2} - (1-x_0)^{1/2}\right] \tag{4.130}$$

となる．ここに，$x_0 = \omega/\omega_0$ である．

$\boldsymbol{k}\cdot\boldsymbol{p}$ 摂動のところで述べたように，有効質量は運動量行列要素 P と禁止帯幅の関数として与えられる．以下の計算では簡単のため $\hbar = 1$，$m = 1$ とおくことにする．式 (2.88) より

$$\frac{1}{m(\Gamma_{2'})} = 1 + \frac{2P^2}{3}\left(\frac{2}{\omega_0} + \frac{1}{\omega_0 + \Delta_0}\right) \tag{4.131}$$

また，価電子帯については，高次の摂動を無視し，$\Gamma_{2'}$ 伝導帯と $\Gamma_{25'}$ 価電子帯のみを考慮する．式 (2.71) と式 (2.73) の結果をもとに，$\langle 001\rangle$ 方向の有効質量を求めると

$$\frac{1}{m_{hh}(001)} \simeq -1 \quad \left(+\frac{2Q^2}{\mathcal{E}(\Gamma_{15}) - \mathcal{E}(\Gamma_{25'})}\right) \tag{4.132a}$$

$$\frac{1}{m_{lh}(001)} \simeq -1 + \frac{4P^2}{3\omega_0} \tag{4.132b}$$

$$\frac{1}{m_{so}} \simeq -1 + \frac{2P^2}{3(\omega_0 + \Delta_0)} \tag{4.132c}$$

これより，伝導帯と価電子帯の間の還元質量は次式で与えられる．ただし，$\Delta_0 \ll \omega_0$ とする．

$$\frac{1}{\mu_{hh}} = \frac{1}{m(\Gamma_{2'})} + \frac{1}{m_{hh}} \simeq \frac{2P^2}{\omega_0} \tag{4.133a}$$

$$\frac{1}{\mu_{lh}} = \frac{1}{m(\Gamma_{2'})} + \frac{1}{m_{lh}} \simeq \frac{10P^2}{3\omega_0} \tag{4.133b}$$

$$\frac{1}{\mu_{so}} = \frac{1}{m(\Gamma_{2'})} + \frac{1}{m_{so}} \simeq \frac{8P^2}{3\omega_0} \tag{4.133c}$$

したがって，E_0，$E_0 + \Delta_0$ 端の寄与を考慮した誘電関数の実数部は

$$\begin{aligned}\kappa_1(\omega) - 1 &= C_0''\left[f(x_0) + \frac{(\frac{3}{4})^{3/2}}{1 + (\frac{3}{5})^{3/2}}f(x_{0s})\right] \\ &= C_0''\left[f(x_0) + 0.443f(x_{0s})\right]\end{aligned} \tag{4.134}$$

で与えられる．ここに，$C_0'' \sim (2/3)[1+(3/5)^{3/2}]P^{-1} \simeq P^{-1}$ は定数，$x_0 = \omega/\omega_0$，$x_{0s} = \omega/(\omega_0+\Delta_0)$ で，$f(x)$ は次式で与えられる．

$$f(x) = x^{-2}\left[2 - (1+x)^{1/2} - (1-x)^{1/2}\right]. \tag{4.135}$$

4.6.2 E_1，$E_1 + \Delta_1$ 端

光学遷移における結合状態密度は式 (4.44) で与えられ，式 (4.49)，式 (4.50) の条件を満たすとき発散することを述べた．エネルギー帯構造の計算で示したように，すべての半導体で $\langle 111 \rangle$ 方向に沿った広い k 空間で，伝導帯と価電子帯が平行になり，式 (4.50) の関係を満たしている．$\Gamma_{2'}$ から出た Λ_1 伝導帯と $\Gamma_{25'}$ に起因する Λ_3 (2 重縮退したバンドでスピン・軌道相互作用を入れると重い正孔と軽い正孔に分裂する) がこれに相当し，この臨界点を E_1 および $E_1 + \Delta_1$ 端と呼ぶ．このように $\langle 111 \rangle$ 方向の広い範囲で平行であることから，この臨界点は 2 次元的と考えることができる．2 次元の状態密度はステップ関数で与えられ

$$\left.\begin{aligned} E_1 \quad &: \kappa_2 = B|\langle c|p|v\rangle|^2\omega^{-2}H(\omega-\omega_1) \\ E_1+\Delta_1 \quad &: \kappa_2 = B'|\langle c|p|v\rangle|^2\omega^{-2}H(\omega-\omega_1-\Delta_1) \end{aligned}\right\} \tag{4.136}$$

ここに，$B = \sqrt{3}\pi\mu(E_1)e^2/\epsilon_0\hbar^2m^2a_0$，$B' = \sqrt{3}\pi\mu(E_1+\Delta_1)e^2/\epsilon_0\hbar^2m^2a_0 \simeq B$，$H$ はステップ関数で $x<0$ で $H(x)=0$，$x>0$ で $H(x)=1$ である．詳細は Cardona [4.16] および Higginbotham ら [4.17] の論文を参照されたい．また，a_0 は格子定数で $dk_xdk_ydk_z$ に関する積分で，$\int dk_z = 2\pi\sqrt{3}/a_0$ から出てくる．

E_1 端と $E_1 + \Delta_1$ 端における誘電関数の実数部は，クラマース・クローニッヒの関係を用いて次式のように求まる．

$$\begin{aligned} E_1 : \kappa_1(\omega) - 1 &= -\frac{B}{\pi}|\langle c|p|v\rangle|^2\omega^{-2}\ln\left|\frac{\omega_1^2-\omega^2}{\omega_1^2}\right| \\ &= \frac{B}{\pi}|\langle c|p|v\rangle|^2\omega_1^{-2}\left(1+\frac{1}{2}\frac{\omega^2}{\omega_1^2}+\cdots\right), \end{aligned} \tag{4.137}$$

$$\begin{aligned} E_1+\Delta_1 : \kappa_1(\omega) - 1 &= -\frac{B'}{\pi}|\langle c|p|v\rangle|^2\omega^{-2}\ln\left|\frac{(\omega_1+\Delta_1)^2-\omega^2}{(\omega_1+\Delta_1)^2}\right| \\ &= \frac{B'}{\pi}|\langle c|p|v\rangle|^2(\omega_1+\Delta_1)^{-2}\left(1+\frac{1}{2}\frac{\omega^2}{(\omega_1+\Delta_1)^2}+\cdots\right). \end{aligned} \tag{4.138}$$

4.6.3 E_2 端

半導体の光学的性質を調べると，$\hbar\omega \simeq 4$eV 近辺で状態密度に大きなピークが現れるが，このピークに対する臨界点を E_2 端とよんでいる．このピークをもたらす臨界点の形状やその由来は現在のところあまり定かではない．種々の臨界点が集合しているとも考えられる．また，エネルギー帯を簡単な近似で求めて説明しようとした例もいくつかはあるが，いずれも説得力のあるものではないのでここでは詳しく触れないことにし，Higginbotham, Cardona と Pollak [4.17] の考えを引用する．$\hbar\omega = E_2$ で大きなピークを有することから，これを調和振動子型のモデルで近似する．電子分極のような Drude 型の分散を考えると[4.18]，

$$\kappa_1(\omega) - 1 \simeq \frac{C_2''\omega_2^2}{\omega_2^2-\omega^2} \simeq C_2''(1+x_2^2). \tag{4.139}$$

ここに，$\hbar\omega_2 = E_2$，$x_2 = \omega/\omega_2$ である．

4.6.4 励起子

直接遷移型半導体では，基礎吸収端より少し低いエネルギーで励起されるエキシトン (励起子) 吸収が観測される．これは電子と正孔がクーロン引力で結合したもので，この結合を切るエネルギーを与えると，自由な電子と正孔に解離する．この励起子については 4.5 節で解説してある．簡単のため，E_0 端での励起子の基底状態のみを考慮すると，その吸収曲線はローレンツ型関数でよく近似できる．4.5 節で述べたように，直接励起子効果による誘電率の実数部は式 (4.108) で与えられ

$$\kappa_1(\omega) \simeq \frac{C_{\rm ex}''\omega_{\rm ex}^2}{\omega_{\rm ex}^2 - \omega^2} = \frac{C_{\rm ex}''}{1 - x_{\rm ex}^2} \tag{4.140}$$

と書ける．ここに，$\hbar\omega_{\rm ex}$ は励起子のエネルギー準位で，励起子の結合エネルギーは $\mathcal{E}_{\rm ex} = \hbar(\omega_0 - \omega_{\rm ex})$ である．また，$x_{\rm ex} = \omega/\omega_{\rm ex}$ とおいた．

以上の結果をまとめると，半導体における誘電関数の実数部は E_0 以下のエネルギーでは

$$\kappa_1(\omega) - 1 = \frac{C_{\rm ex}''}{1 - x_{\rm ex}^2} + C_0''\left[f(x_0) + \frac{1}{2}\left(\frac{\omega_0}{\omega_{0s}}\right)^{3/2} f(x_{0s})\right] + C_1''\left[h(x_1) + \left(\frac{\omega_1}{\omega_{1s}}\right)^2 h(x_{1s})\right] + C_2''(1 + x_2^2) \tag{4.141}$$

で与えられる．ここに，$x_1 = \omega/\omega_1$，$x_{1s} = \omega/(\omega_1 + \Delta_1)$ で

$$h(x) = 1 + \frac{1}{2}x^2 \tag{4.142}$$

である．あまり分散のない臨界点からの寄与を含めて，$\kappa_1(\omega) - 1$ の定数 1 の代わりに，定数 D を用いると，上に求めた式はほとんどの半導体における誘電率の実数部の分散の実験結果をうまく説明することが出来る．図 4.14 と図 4.15 は Ge と GaAs における誘電関数の実数部の実験結果と式 (4.141) において励起子の寄与を無視して計算した結果との比較を示したもので，理論曲線が実験データをよく説明することが分かる．なお，このフィッティングから決定したパラメーターを表 4.3 に示

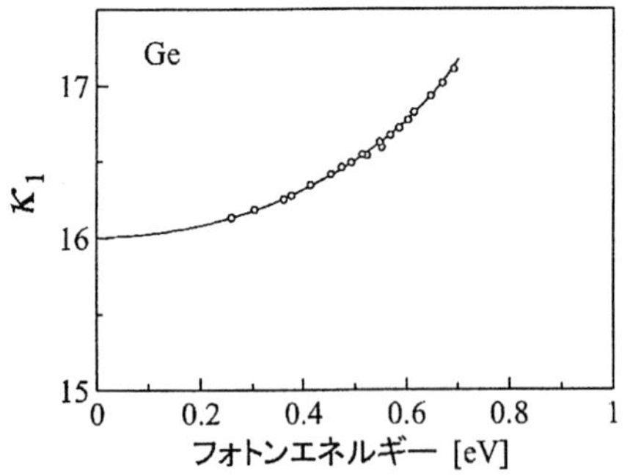

図 4.14: Ge における誘電関数の実数部の実験結果と理論式 (4.141) によるフィッティング (励起子の項は含まない)．(文献[4.17]を参照)

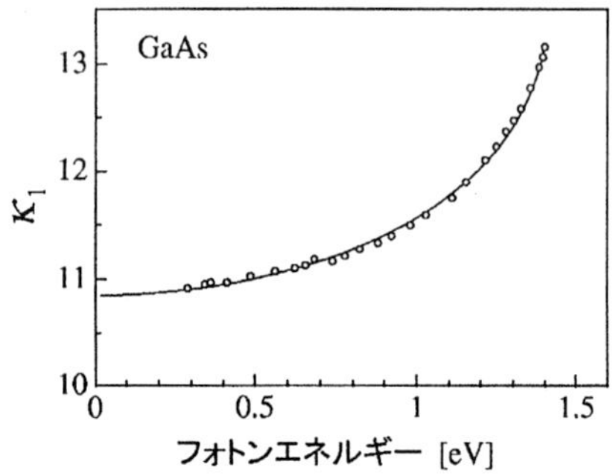

図 4.15: GaAs における誘電関数の実数部の実験結果と理論式 (4.141) によるフィッティング．励起子効果を無視．(文献[4.17]を参照)

表 4.3: Ge と GaAs における誘電率の実数部のフィッティングパラメーター．用いた臨界点のエネルギー値は 300 K における値で単位は [eV].

	Ge		GaAs	
	実験	計算	実験	計算
C_0''	4.85	1.90	7.60	1.53
C_1''	5.60	3.22	2.05	2.50
C_2''	3.10		3.50	
E_0	0.797		1.43	
$E_0+\Delta_0$	1.087		1.77	
E_1	2.22		2.895	
$E_1+\Delta_1$	2.42		3.17	
E_2	4.49		4.94	

してある．大抵の場合，E_0 と $E_0+\Delta_0$ の寄与を考えればよいことも示されている[4.19]．このとき，誘電関数として E_0 と $E_0+\Delta_0$ の寄与が大きいとし，他の臨界点からの寄与を分散のない定数 D で置き換えると

$$\kappa_1(\omega) = C_0''\left[f\left(\frac{\omega}{\omega_0}\right) + \frac{1}{2}\left(\frac{\omega_0}{\omega_{0s}}\right)^{3/2} f\left(\frac{\omega}{\omega_{0s}}\right)\right] + D \tag{4.143}$$

のように近似できる．実験結果の解析から得られる C_0'' の値と理論計算から予測される値との違いは励起子効果の無視やその他の臨界点の無視によるものと考えられている．

4.7 ピエゾ複屈折

4.7.1 ピエゾ複屈折の現象論

半導体結晶に 1 軸性応力を印加すると，応力に平行な方向と垂直な方向では屈折率が異なるようになる．この効果をピエゾ複屈折 (piezobirefringence) とよぶ．ピエゾ複屈折の実験では，通常直線偏向した光を応力方向に対して 45° の偏光角で入射させ，ピエゾ複屈折により誘起される応力に平行と垂直方向に偏向した光の位相差 Δ を測定することによってなされる．試料の厚みを t とすると，単位長さ当たりの位相差は次式で与えられる．

$$\frac{\Delta}{t} = \frac{2\pi\left(n_{\parallel} - n_{\perp}\right)}{\lambda}. \tag{4.144}$$

ここに， λ は入射光の波長，$n_{\parallel}$ と $n_{\perp}$ は応力軸に平行および垂直方向に偏向した光に対する屈折率である．実験は光が透過する領域で行われるから，光の吸収は小さく，誘電率の虚数部は無視でき

$(\kappa_2 \simeq 0)$，式 (4.144) は次のようになる．

$$\frac{\Delta}{t} = \frac{2\pi}{\lambda}\left[\frac{(\kappa_1)_\parallel - (\kappa_1)_\perp}{n_\parallel + n_\perp}\right] \simeq \frac{\pi}{\lambda n_0}\left[(\kappa_1)_\parallel - (\kappa_1)_\perp\right]. \tag{4.145}$$

ここに，n_0 は応力がない場合の屈折率で，式 (4.15) より $n_\parallel = \sqrt{(\kappa_1)_\parallel}$ などの関係を用いた．ピエゾ複屈折現象は半導体の応力効果を解析するのに重要であることは明らかであるが，この現象が価電子帯の構造を強く反映していること，誘電関数の応用であることなど半導体物理学で重要な領域を占めている．ここでは，ピエゾ複屈折の現象論と半導体のエネルギー帯構造を考慮した理論解析の方法を述べる．応力の代わりに，フォノンを考えればブリルアン散乱やラマン散乱の現象論とも関連していることが予想されるであろう．

結晶に応力 T_{kl} が印加されると，誘電率テンソル κ_{ij} が $\Delta\kappa_{ij}$ だけ変化する．このとき，

$$\Delta\kappa_{ij} = Q_{ijkl}T_{kl} \tag{4.146}$$

と書くことにすると，Q_{ijkl} はピエゾ複屈折テンソルとよばれ，4階のテンソル量である．4階テンソルを $Q_{\alpha\beta}$ $(\alpha, \beta = 1, 2, \ldots, 6)$ とすると，例えば立方晶では Q_{11}, Q_{12}, Q_{44} の3つの量のみが現れることは，結晶の対象性から証明される ([4.15] 参照)．一例として，応力を [100] 方向にかけると $(T_{xx} = T_1 = X)$，応力に平行な偏光に対しては

$$\Delta\kappa_\parallel = \Delta\kappa_{xx} = Q_{xxxx}T_{xx} = Q_{11}X$$

となり，垂直方向の偏光に対しては

$$\Delta\kappa_\perp = \Delta\kappa_{zz} = Q_{zzxx}T_{xx} = Q_{31}T_1 = Q_{12}X$$

が得られる．したがって，ピエゾ複屈折係数 $\alpha(100)$ は

$$\alpha(100) = \frac{\kappa_\parallel - \kappa_\perp}{X} = Q_{11} - Q_{12} \tag{4.147}$$

で与えられる．その他の方向についても同様にして求まる．

以上は現象論で，実際の半導体ではそのエネルギー帯構造を反映して，それぞれの特異点 (臨界点) 特有の振る舞いをする．一般に，半導体に応力を印加すると格子点がひずみ，電子のエネルギー状態が変化する．この効果を定量的に取り扱うために定義された量が変形ポテンシャル (deformation potential) である．この変形ポテンシャルは電子とフォノンの相互作用を取り扱う場合にも必要となるので，ここでは一般論を述べ，その後これを用いたピエゾ複屈折理論を解説する．

4.7.2 変形ポテンシャル理論

変形の前後の座標ベクトルを $\boldsymbol{r}$，$\boldsymbol{r}'$ として，変位ベクトルを $\boldsymbol{u}$ とする．このときこれらのベクトルの間には

$$\boldsymbol{u} = \boldsymbol{r} - \boldsymbol{r}' = \boldsymbol{e} \cdot \boldsymbol{r} \tag{4.148}$$

の関係が成立する．ここに，$\boldsymbol{e}$ はひずみテンソルで

$$\boldsymbol{e} = e_{ij} = \frac{1}{2}\left(\frac{\partial u_i}{\partial r_j} + \frac{\partial u_j}{\partial r_i}\right) \tag{4.149}$$

で与えられる．式 (4.148) を成分に分けて書き改めると

$$r_i' = r_i - \sum_j e_{ij} r_j \tag{4.150}$$

と表される．旧座標 $\boldsymbol{r}$ における演算子 ∇ を新座標 $\boldsymbol{r}'$ で表すことを考えると，

$$\frac{\partial}{\partial r_i} = \frac{\partial}{\partial r_i'} - \sum_j e_{ij} \frac{\partial}{\partial r_j'} \tag{4.151}$$

となるから

$$\frac{\partial^2}{\partial r_i^2} = \left(\frac{\partial}{\partial r_i'} - \sum_j e_{ij} \frac{\partial}{\partial r_j'} \right)^2 \simeq \frac{\partial^2}{\partial r_i'^2} - 2 \sum_j e_{ij} \frac{\partial^2}{\partial r_i' \partial r_j'} \tag{4.152}$$

を得る．ただし，上式では e_{ij} の 1 次までを考え，2 次の項は省略した．これより

$$\nabla^2 = \nabla'^2 - 2 \sum_{i,j} e_{ij} \frac{\partial^2}{\partial r_i' \partial_j'} \tag{4.153}$$

なる関係が得られる．一方，結晶のポテンシャルは

$$V(\boldsymbol{r}) = V(\boldsymbol{r}' + \boldsymbol{e} \cdot \boldsymbol{r}) \simeq V(\boldsymbol{r}' + \boldsymbol{e} \cdot \boldsymbol{r}') \tag{4.154}$$

であるから，これを $\boldsymbol{e}$ で展開すると

$$V(\boldsymbol{r}) = V_0(\boldsymbol{r}') + \sum_{i,j} V_{ij}(\boldsymbol{r}') e_{ij} \tag{4.155}$$

ここに，展開係数 $V_{ij}(\boldsymbol{r}')$ は

$$V_{ij}(\boldsymbol{r}') = \left. \frac{\partial V(\boldsymbol{r}' + \boldsymbol{e} \cdot \boldsymbol{r}')}{\partial e_{ij}} \right|_{e=0} = - \frac{\partial V(\boldsymbol{r}' + \boldsymbol{e} \cdot \boldsymbol{r}')}{\partial r_i'} r_j' \tag{4.156}$$

で与えられる．[注3] 結晶の変形によるスピン・軌道相互作用への影響はないものとする．実際に，これまでに報告されている実験結果をみると，応力などによる変形でスピン・軌道角運動量相互作用の変化は観測されていない．したがって，結晶が変形を受けた場合の電子に対するハミルトニアンを

$$H = H_0 + H_{\text{so}} + H_s \tag{4.157}$$

$$H_0 = -\frac{\hbar^2}{2m} + V_0(\boldsymbol{r}) \tag{4.158}$$

と書くことができる．ここに，H_0 は変形を受けていない半導体のハミルトニアンで，H_{so} はスピン・軌道角運動量相互作用，H_s は変形による効果を表すハミルトニアンである．式 (4.153) と式 (4.155) を用いると，

$$H_s = \frac{\hbar^2}{m} \sum_{ij} e_{ij} \frac{\partial^2}{\partial r_i \partial r_j} + V_{ij} e_{ij} \equiv \sum_{ij} D^{ij} e_{ij} \tag{4.159}$$

注3 式 (4.150) より，

$$\frac{\partial V}{\partial e_{ij}} = \frac{\partial V}{\partial r_i'} \frac{\partial r_i'}{\partial e_{ij}} = -\frac{\partial V}{\partial r_i'} r_j \simeq -\frac{\partial V}{\partial r_i'} r_j'$$

である．ここに，

$$D^{ij} = \frac{\hbar^2}{m}\frac{\partial^2}{\partial r_i \partial r_j} + V_{ij} \tag{4.160}$$

を変形ポテンシャル演算子 (deformation potential operator) とよぶ．

簡単のため立方晶の場合について論じる．ただし，一般の結晶についても同様の計算が可能であることは以下の取り扱いで明らかである．スピン・軌道相互作用は無視して，価電子帯は3重縮退した p 軌道 (あるいは $\Gamma_{25'}$ を考えても同じであることは，2.2節の価電子帯構造の解析のところで述べた) を考える．以下の取り扱いは2.2節と全く同様である．H_s の行列要素を計算すると

$$\langle k|H_s|l\rangle = \sum_{ij}\langle k|D^{ij}|l\rangle e_{ij} \equiv \sum_{ij} D_{klij}e_{ij} \tag{4.161}$$

と表せる．ここに

$$D_{klij} = \langle k|D^{ij}|l\rangle \tag{4.162}$$

で，D_{klij} は4階テンソルで変形ポテンシャルテンソル (deformation potential tensor) とよばれ，式 (2.44) で与えられるがその物理量は当然異なることは理解できるであろう．式 (2.53b) を用いると

$$\begin{aligned}\langle u_+|H_s|u_+\rangle &= \frac{1}{2}\,(D_{xxxx}e_{xx} + D_{xxyy}e_{yy} + D_{xxzz}e_{zz} \qquad (4.163)\\ &\quad + D_{yyxx}e_{xx} + D_{yyyy}e_{yy} + D_{yyzz}e_{zz})\\ &= \frac{1}{2}(D_{11} + D_{12})(e_{xx} + e_{yy}) + D_{12}e_{zz}\\ &\equiv G_1 \qquad (4.164)\end{aligned}$$

などとなり，結局次式のような行列要素が得られる．

$$\langle k|H_s|l\rangle = \begin{vmatrix} G_1 & G_2 & G_4 \\ G_2^* & G_1 & G_4^* \\ G_4^* & G_4 & G_3 \end{vmatrix} \tag{4.165}$$

$$\begin{aligned}G_1 &= \frac{1}{2}(D_{11} + D_{12})(e_{xx} + e_{yy}) + D_{12}e_{zz}\\ G_2 &= \frac{1}{2}(D_{11} - D_{12})(e_{xx} - e_{yy}) - 2iD_{44}e_{xy}\\ G_3 &= D_{12}(e_{xx} + e_{yy}) + D_{11}e_{zz}\\ G_4 &= \sqrt{2}D_{44}(e_{xz} - ie_{yz})\end{aligned}$$

このような考察から明らかなように，半導体の価電子帯における応力やひずみによるエネルギー準位の変化を表す変形ポテンシャル定数は D_{11}，D_{12}，D_{44} の3種類である．上の取り扱いをさらに簡略化し，実験データをより解析しやすくするため，体積変化 $(e_{xx} + e_{yy} + e_{zz})$ に比例する静水圧変形ポテンシャル項と1軸性変形ポテンシャルに分離した式を導いたのは Picus と Bir である[4.20]．$\boldsymbol{k} = 0$ にある $\Gamma_{25'}$ バンドに対するひずみ効果のハミルトニアン (orbital-strain Hamiltonian あるいは単に starin Hamiltonian ともいう) は

$$\begin{aligned}H_s^{(i)} &= -a^{(i)}(e_{xx} + e_{yy} + e_{zz}) - 3b^{(i)}\left[(L_x^2 - \frac{1}{3}\boldsymbol{L}^2)e_{xx} + \text{c.p.}\right]\\ &\quad - \frac{6d^{(i)}}{\sqrt{3}}\,[\{L_xL_y\}e_{xy} + \text{c.p.}]\end{aligned} \tag{4.166}$$

で与えられる．ここに，i は 3 つの価電子帯の 1 つを表し，$\boldsymbol{L}$ は式 (2.52) で与えられる量子数 1 に対応する角運動量演算子を $\hbar$ で割った無次元の演算子である．c.p. は x，y，z についての循環 (cyclic permutation) を意味し，$\{L_xL_y\} = (1/2)(L_xL_y + L_yL_x)$ である．定数 $a^{(i)}$ はバンド i における静水圧変形ポテンシャルとよばれ，$b^{(i)}$，$d^{(i)}$ は 1 軸性応力に対する変形ポテンシャルと呼ばれる (それぞれ，ひずみの対称性が正方晶と菱面体晶に対応)．実験では，静水圧に対して $\Gamma_{2'}(\Gamma_1)$ 伝導帯と $\Gamma_{25'}(\Gamma_{15})$ 価電子帯のエネルギー差の変化が測定されるので，変形ポテンシャル $a^{(i)}$ はバンド間エネルギーの相対変化量に対応している．$D_{\alpha\beta}$ を含む H_s を用いても，$a^{(i)}$，$b^{(i)}$，$d^{(i)}$ を含む H_s を用いても解析結果は同じである．また，これらの定数の間の関係も容易に導ける．

4.7.3 応力によるエネルギー帯構造の変化

典型的な半導体 (Ge や GaAs など) の $\boldsymbol{k} = 0$ (Γ) 点付近の伝導帯と価電子帯の構造を模式的に表したのが図 4.16 である．この図に示すように，応力を印加していないとき，価電子帯はスピン・軌道

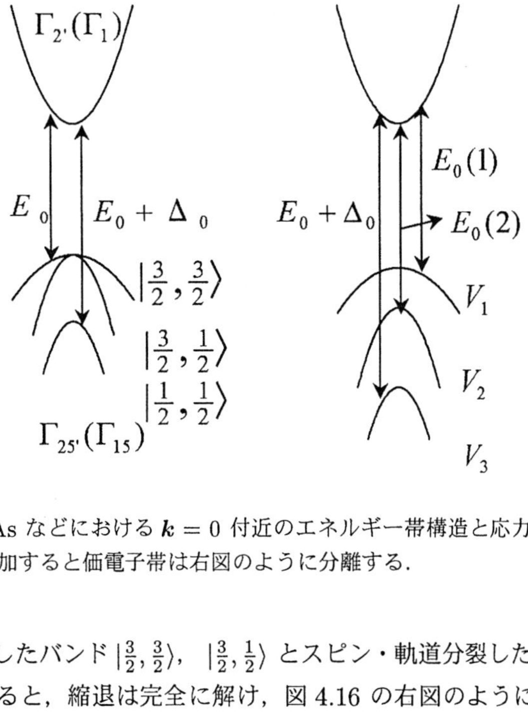

図 4.16: Ge や GaAs などにおける $\boldsymbol{k} = 0$ 付近のエネルギー帯構造と応力効果．左は応力がない場合で，応力を印加すると価電子帯は右図のように分離する．

相互作用により 2 重縮退したバンド $|\frac{3}{2}, \frac{3}{2}\rangle$，$|\frac{3}{2}, \frac{1}{2}\rangle$ とスピン・軌道分裂したバンド $|\frac{1}{2}, \frac{1}{2}\rangle$ から成っている．これに応力を加えると，縮退は完全に解け，図 4.16 の右図のようになる．したがって光学的性質などが応力を印加することにより大きく変化することが予想される．もちろん，分離した価電子帯の波動関数の形状により光学遷移が決まるので，ピエゾ複屈折のような現象が顕著に現れるわけである．通常の実験では，[001]，[111]，および [110] 方向に 1 軸性応力を印加する．このときの応力の大きさ X とひずみの間には次の関係がある (付録 B 参照)．

[001] 応力

$$e_{zz} = s_{11}X$$
$$e_{xx} = e_{yy} = s_{12}X$$
$$e_{xy} = e_{xz} = e_{yz} = 0$$

[111] 応力

$$e_{xx} = e_{yy} = e_{zz} = (s_{11} + 2s_{12})(\tfrac{1}{3}X)$$
$$e_{xy} = e_{yz} = e_{zx} = (\tfrac{1}{2}s_{44})(\tfrac{1}{3}X)$$

[110] 応力

$$e_{xx} = e_{yy} = (s_{11} + s_{12})(\tfrac{1}{2}X)$$
$$e_{zz} = s_{12}X$$
$$e_{xy} = (\tfrac{1}{2}s_{44})(\tfrac{1}{2}X)$$
$$e_{xz} = e_{yz} = 0$$

ここに，$s_{\alpha\beta}$ ($e_{ij} = s_{ijkl}T_{kl}$, $e_\alpha = s_{\alpha\beta}T_\beta$; $i, j = x, y, x$; $\alpha, \beta = 1, 2, \cdots, 6$) は弾性コンプライアンス定数である (付録 B を参照).

[001] 応力に対しては，上式を式 (4.166) に代入すると

$$\begin{aligned} H_s &= -a(s_{11} + 2s_{12})X - 3b(s_{11} - s_{12})X(L_z^2 - \frac{1}{3}\boldsymbol{L}^2) \\ &= -\delta E_H - \frac{3}{2}\delta E_{001}(L_x^2 - \frac{1}{3}\boldsymbol{L}^2) \end{aligned} \tag{4.167}$$

を得る．ここに，$\delta E_H = a(s_{11} + 2s_{12})X = (\partial\mathcal{E}_g/\partial P) \times P$ はひずみの静水圧成分による禁止帯幅の変化で，$\delta E_{001} = 2b(s_{11} - s_{12})X$ は $J = 3/2$ 価電子帯の線形分裂を表している．はじめにも述べたようにひずみはスピン・軌道相互作用に影響を及ぼさないとして取り扱えるから，ハミルトニアン $H_{so} + H_s$ の行列要素を対角化するには，H_s の行列要素を対角化した結果を用いればよい．したがって，2.3 節で求めたスピン・軌道相互作用で分離した価電子帯の波動関数式 (2.63a)~(2.63c) を用いることができる．この固有関数を用いてひずみハミルトニアン H_s の行列要素を計算すると (価電子帯の角運動量に対して $|J, m_J\rangle$ の表示を用いる)

$$\begin{array}{ccc} |\frac{3}{2}, \frac{3}{2}\rangle & |\frac{3}{2}, \frac{1}{2}\rangle & |\frac{1}{2}, \frac{1}{2}\rangle \end{array}$$
$$\begin{vmatrix} \frac{1}{3}\Delta_0 - \delta E_H - \frac{1}{2}\delta E_{001} & 0 & 0 \\ 0 & \frac{1}{3}\Delta_0 - \delta E_H + \frac{1}{2}\delta E_{001} & \frac{1}{2}\sqrt{2}\delta E_{001} \\ 0 & \frac{1}{2}\sqrt{2}\delta E_{001} & -\frac{2}{3}\Delta_0 - \delta E_H \end{vmatrix} \tag{4.168}$$

行列要素の対角化により価電子帯のエネルギー分裂が求まり，その結果 $\boldsymbol{k} = 0$ における伝導帯と価電子帯のエネルギー差は次式で与えられる．ただし，近似は $\delta E_{001} \ll \Delta_0$ のときに成立する．

$$\Delta(\mathcal{E}_c - \mathcal{E}_{v2}) = -\frac{1}{3}\Delta_0 + \delta E_H + \frac{1}{2}\delta E_{001} \tag{4.169a}$$

$$\begin{aligned} \Delta(\mathcal{E}_c - \mathcal{E}_{v1}) &= \frac{1}{6}\Delta_0 + \delta E_H - \frac{1}{4}\delta E_{001} \\ &\quad -\frac{1}{2}\left[\Delta_0^2 + \Delta_0\delta E_{001} + (9/4)(\delta E_{001})^2\right]^{1/2} \end{aligned} \tag{4.169b}$$

$$\approx -\frac{1}{3}\Delta_0 + \delta E_H - \frac{1}{2}\delta E_{001} - \frac{1}{2}(\delta E_{001})^2/\Delta_0 + \cdots \tag{4.169c}$$

$$\begin{aligned} \Delta(\mathcal{E}_c - \mathcal{E}_{v3}) &= \frac{1}{6}\Delta_0 + \delta E_H - \frac{1}{4}\delta E_{001} \\ &\quad +\frac{1}{2}\left[\Delta_0^2 + \Delta_0\delta E_{001} + (9/4)(\delta E_{001})^2\right]^{1/2} \end{aligned} \tag{4.169d}$$

$$\approx +\frac{2}{3}\Delta_0 + \delta E_H + \frac{1}{2}(\delta E_{001})^2/\Delta_0 + \cdots \tag{4.169e}$$

応力印加時の価電子帯の波動関数は次のようになる.

$$u_{v2,X} = |\frac{3}{2}, \frac{3}{2}\rangle \tag{4.170a}$$

$$u_{v1,X} = |\frac{3}{2}, \frac{1}{2}\rangle + \frac{1}{\sqrt{2}}\alpha_0|\frac{1}{2}, \frac{1}{2}\rangle \tag{4.170b}$$

$$u_{v3,X} = |\frac{1}{2}, \frac{1}{2}\rangle - \frac{1}{\sqrt{2}}\alpha_0|\frac{3}{2}, \frac{1}{2}\rangle \tag{4.170c}$$

ここに, $\alpha_0 = \delta E_{001}/\Delta_0$ である. この結果を用いると, これらの価電子帯と伝導帯との間の光学遷移の強度を決める運動量行列要素の 2 乗は次のようになる.

$$|\langle c|p_{\parallel}|v_2\rangle|^2 = 0 \tag{4.171a}$$

$$|\langle c|p_{\perp}|v_2\rangle|^2 = \frac{1}{2}P^2 \tag{4.171b}$$

$$|\langle c|p_{\parallel}|v_1\rangle|^2 = \frac{2}{3}P^2(1 + \alpha_0 - \frac{3}{4}\alpha_0^2 + \cdots) \tag{4.171c}$$

$$|\langle c|p_{\perp}|v_1\rangle|^2 = \frac{1}{6}P^2(1 - 2\alpha_0 + \frac{3}{2}\alpha_0^2 + \cdots) \tag{4.171d}$$

$$|\langle c|p_{\parallel}|v_3\rangle|^2 = \frac{1}{3}P^2(1 - 2\alpha_0 + \frac{3}{2}\alpha_0^2 + \cdots) \tag{4.171e}$$

$$|\langle c, |p_{\perp}|v_3\rangle|^2 = \frac{1}{3}P^2(1 + \alpha_0 - \frac{3}{4}\alpha_0^2 + \cdots) \tag{4.171f}$$

上式で, P は価電子帯 $|\Gamma_{25'}\rangle$ と伝導帯 $|\Gamma_{2'}\rangle$ の間の運動量行列要素で

$$P = \langle c\uparrow|p_x|X\uparrow\rangle = \langle c\uparrow|p_y|Y\uparrow\rangle = \langle c\uparrow|p_z|Z\uparrow\rangle \tag{4.172}$$

である. (111) と (110) 方向についても全く同様に計算できる[4.14]. 誘電率の実数部 κ_1 の応力による変化はこれらの結果と式 (4.130) を用いて次のように計算できる. E_0 ギャップに対しては

$$\Delta\kappa_1(\omega) = \sum_{v_1, v_2}\left(\frac{\partial\kappa_1}{\partial M}\Delta M + \frac{\partial\kappa_1}{\partial\omega_0}\Delta\omega_0 + \frac{1}{2}\frac{\partial^2\kappa_1}{\partial\omega_0^2}(\Delta\omega_0)^2 + \frac{\partial^2\kappa_1}{\partial\omega_0\partial M}\Delta\omega_0\Delta M\right) \tag{4.173}$$

となる. ここに, $M = |\langle c|p_{\parallel,\perp}|v\rangle|^2$ である. これらの結果, E_0 ギャップに対しては次の関係が得られる.

$$(\kappa_1)_{\parallel} - (\kappa_1)_{\perp} = A\omega_0^{-3/2}P^2\left\{\alpha_0\left[f(x_0) - \frac{\Delta_0}{4\hbar\omega_0}g(x_0)\right] - \frac{3}{4}\alpha_0^2\left[f(x_0) + \frac{\Delta_0}{2\hbar\omega_0}g(x_0)\right] + \frac{1}{2}\frac{\alpha_0\alpha_H\Delta_0}{\hbar\omega_0}\left[g(x_0) + \frac{\Delta_0}{4\hbar\omega_0}l(x_0)\right]\right\}. \tag{4.174}$$

また, $E_0 + \Delta_0$ ギャップに対しては次のようになる.

$$(\kappa_1)_{\perp} - (\kappa_1)_{\parallel} = A\omega_{0s}^{-3/2}P^2\left\{\left[-\alpha_0 + \frac{3}{4}\alpha_0^2\right]f(x_{0s}) - \left[\frac{\alpha_0\alpha_H\Delta_0}{2\hbar\omega_{0s}}\right]g(x_{0s})\right\}. \tag{4.175}$$

ここに,

$$f(x) = (1/x^2)[2 - (1+x)^{1/2} - (1-x)^{1/2}] \tag{4.176a}$$
$$g(x) = (1/x^2)[2 - (1+x)^{-1/2} - (1-x)^{-1/2}] \tag{4.176b}$$
$$l(x) = (1/x^2)[2 - (1+x)^{-3/2} - (1-x)^{-3/2}] \tag{4.176c}$$
$$x_0 = \omega/\omega_0, \quad x_{0s} = \omega/\omega_{0s}, \quad \alpha_H = \delta E_H/\Delta_0 \tag{4.176d}$$

E_0, $E_0+\Delta_0$, E_1, $E_1+\Delta_1$ および E_2 臨界点の寄与を考慮すると [100] 応力に対しては

$$\begin{aligned}(\kappa_1)_{\parallel} - (\kappa)_{\perp} &= C_0 X\left\{-g(x_0) + \frac{4\omega_0}{\Delta_0}\left[f(x_0) - \left(\frac{\omega_0}{\omega_{0s}}\right)^{3/2} f(x_{0s})\right]\right\} \\ &= C_1 X\left\{1 + \frac{1}{2}x_1^2 - \left(\frac{\omega_1}{\omega_{1s}}\right)^2\left(1 + \frac{1}{2}x_{1s}^2\right)\right\} \\ &\quad + C_2 X\left\{1 + 2x_2^2\right\}\end{aligned} \tag{4.177}$$

となる[4.17].

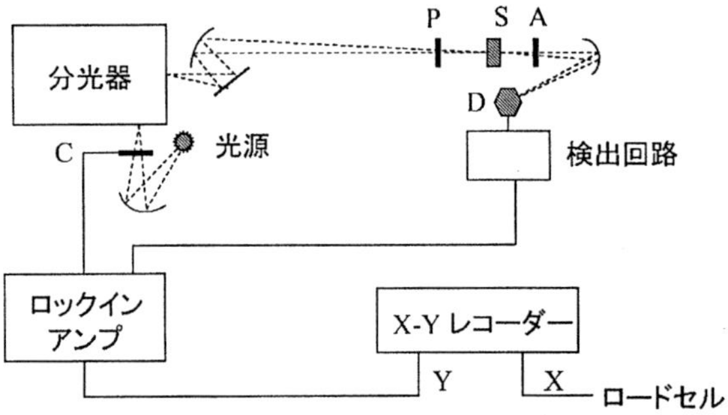

図 4.17: ピエゾ複屈折の実験装置. P と A は偏光子と検光子, S は試料, D は検出器で, C はチョッパー. ロードセルは圧力変換素子で試料の応力を測定する.

ピエゾ複屈折の実験には図 4.17 のような装置が用いられる. 光源を出た光はチョッパーでパルス化され, 分光された後偏向子を経て試料に入射する. 偏向子の偏光方向は応力方向に対して 45° とし, 応力方向に対し平行と垂直の偏向成分が等しくなるような光入射とする. 試料を通過した光信号は検光子を通した後検出されるが, 検光子の偏光方向は偏向子に平行か垂直かの 2 通りの方法がとられる. このときの検出される光強度は

$$I = \frac{1}{2}I_0(1 \pm \cos\Delta) \tag{4.178}$$

で与えられる. ここに, Δ は光が試料を通過した後の平行方向と垂直方向の成分の位相差で, 式 (4.144) または式 (4.145) で与えられる. 記号 $\pm$ は検光子の配置が平行と垂直に対応している. 透過光強度は応力に対して cos 関数的に振動し, これより Δ/t と応力 X の関係が求まる. Δ/t を X の関数としてプロットし, その勾配から式 (4.145) を用いて $[(\kappa_1)_{\parallel} - (\kappa_1)_{\perp}]/X$ が求まる. この測定を異なる入射フォトンエネルギーに対して行い, プロットしたのが図 4.18 である. この図より明らかなように GaAs におけるピエゾ複屈折は理論でよく説明される. また, この解析から変形ポテンシャルを決定することができる.

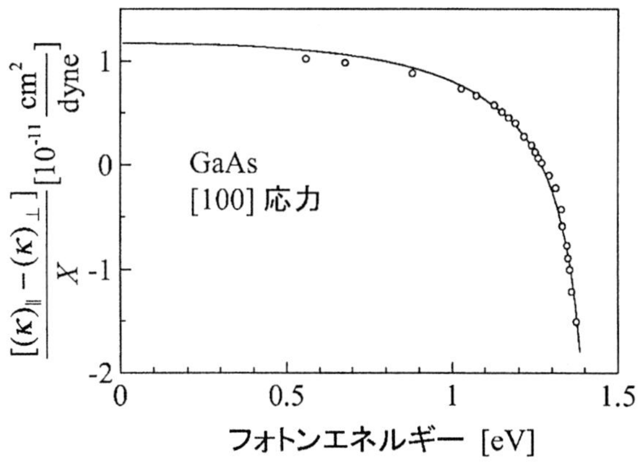

図 4.18: GaAs におけるピエゾ複屈折係数 $[(\kappa_1)_\parallel - (\kappa_1)_\perp]/X$ の実験データ[4.17]をフォトンエネルギーに対してプロットしたもので，実線は理論曲線式 (4.177) によるフィット．臨界点のエネルギー値は表 4.3 を用い，$C_0 = -0.51$, $C_1 = -10.0$, $C_2 = 3.6$ [10^{-11} cm^2/dyne] とした．

第5章

光学的性質 2

5.1 変調分光

5.1.1 電気光学効果

結晶に静電界を印加することによって屈折率が変化する現象には，屈折率の変化率が電界の 1 次に比例するポッケルス効果 (Pockels effect) や電界の 2 次に比例するカー効果 (Kerr effect) が古くから知られており，これらの現象を総称して電気光学効果 (electro-optic effect) とよんでいる．これらの効果は結晶の透明領域，すなわち基礎吸収端よりも十分低エネルギー領域において観測される現象である．たとえば，ポッケルスの電気光学効果は結晶に電界 $\boldsymbol{E}$ を印加した場合の屈折率変化が

$$(\delta\kappa^{-1})^{ij} = r_{ijk}E_k(\equiv \delta\beta_{ij})$$

で表される．ここに，$(\delta\kappa^{-1})^{ij}$ は誘電率の逆数の変化分の ij 成分である，定数 r_{ijk} はポッケルスの電気光学テンソル (electro-optic tensor) と呼ばれる．この節ではこのような現象論ではなく，電界を印加した場合の光学臨界点近傍での誘電率の変化を定量的に求める方法について考察する．

静電界 $\boldsymbol{E}$ の印加によって，電子のハミルトニアンにポテンシャルエネルギーの項 $-e\boldsymbol{E}\cdot\boldsymbol{r}$ が付加されるため，ハミルトニアンは電界方向に対して並進対称性を失う．これは，電界によって波数ベクトル $\boldsymbol{k}_0$ と $\boldsymbol{k} = \boldsymbol{k}_0 - e\boldsymbol{E}t/\hbar$ の状態がミキシングを起こすことを意味している．このことについては，後に考察することにして以下，静電界下における光学遷移について考える．

クーロン相互作用を無視すると，電子–正孔対の相対運動に対する有効質量方程式は次のように書ける．

$$\left[-\frac{\hbar^2}{2\mu}\nabla^2 - e\boldsymbol{E}\cdot\boldsymbol{r}\right]\psi(\boldsymbol{r}) = \mathcal{E}\psi(\boldsymbol{r}). \tag{5.1}$$

あるいは

$$\left[-\frac{\hbar^2}{2\mu_x}\frac{d^2}{dx^2} - \frac{\hbar^2}{2\mu_y}\frac{d^2}{dy^2} - \frac{\hbar^2}{2\mu_z}\frac{d^2}{dz^2} - e(E_x x + E_y y + E_z z)\right]\psi(x,y,z) = \mathcal{E}\psi(x,y,z) \tag{5.2}$$

と書ける．ここに，μ_i は還元有効質量テンソルの主軸方向の値である．上式の解は $\psi(x)\psi(y)\psi(z)$ の

ように変数分離でき，それぞれは次の方程式を満たしている．

$$\left[-\frac{\hbar^2}{2\mu_i}\frac{d^2}{dr_i^2} - eE_i r_i - \mathcal{E}_i\right]\psi(r_i) = 0, \tag{5.3a}$$

$$\mathcal{E} = \mathcal{E}_x + \mathcal{E}_y + \mathcal{E}_z. \tag{5.3b}$$

式 (5.3a) は次に示すような変数変換を行って容易に解ける．

$$\hbar\theta_i = \left(\frac{e^2 E_i^2 \hbar^2}{2\mu_i}\right)^{1/3} \tag{5.4}$$

$$\xi_i = \frac{\mathcal{E}_i + eE_i r_i}{\hbar\theta_i} \tag{5.5}$$

とおくと，式 (5.3a) は次のようになる．

$$\frac{d^2\psi(\xi_i)}{d\xi_i^2} = -\xi_i\psi(\xi_i) \tag{5.6}$$

この方程式の解はよく知られたエアリー関数 (Airy function) で与えられ[5.12]，

$$\psi(\xi_i) = C_i \mathrm{Ai}(-\xi_i) \tag{5.7}$$

と書き表せる．ここに，C_i は $\psi(\xi)$ の規格化定数で

$$C_i = \frac{\sqrt{e|E_i|}}{\hbar\theta} \tag{5.8}$$

で与えられる．したがって，式 (5.3a) の解は次のようになる．

$$\psi(\xi_x, \xi_y, \xi_z) = C_x C_y C_z \mathrm{Ai}(-\xi_x)\mathrm{Ai}(-\xi_y)\mathrm{Ai}(-\xi_z). \tag{5.9}$$

5.1.2 フランツ・ケルディッシュ効果

簡単のため，電界を x 方向に印加した場合について考える．このとき $E_y = E_z = 0$ であるから，式 (5.3a) は

$$\left[-\frac{\hbar^2}{2\mu_x}\frac{d^2}{dx^2} + \frac{\hbar^2 k_y^2}{2\mu_y} + \frac{\hbar^2 k_z^2}{2\mu_z} - eEx\right]\psi(x,y,z) = \mathcal{E}\psi(x,y,x) \tag{5.10}$$

となり，この解は

$$\psi(x,y,z) = C\cdot\mathrm{Ai}\left(\frac{-eEx - \mathcal{E} + \hbar^2 k_y^2/2\mu_y + \hbar^2 k_z^2/2\mu_z}{\hbar\theta_x}\right) \times \exp\{i(k_y y + k_z z)\} \tag{5.11}$$

で与えられる．この波動関数は予想されるように，y, z 方向に対しては周期性をもつのでブロッホ関数で与えられるが x 方向に対しては並進対称を失い，電子－正孔の波動関数に局在化が起こる．いま，$k_y = k_z = 0$，$\mathcal{E} = 0$ とすると，

$$\psi(x) = C\cdot\mathrm{Ai}(-eEx/\hbar\theta_x) \tag{5.12}$$

となる．これを x 方向について画くと図 5.1 のようになる．有効質量 μ_x をもった粒子の 1 次元運動と考えると，ポテンシャルが正 $(-eEx > 0)$ となる領域 $(x < 0)$ には古典的な運動では粒子は侵入することはできず，$x = 0$ の点は運動の回帰点となる．しかし，図 5.1 に示すように量子力学的な計算では $x < 0$ の領域にも侵入し，波動関数は指数関数的なすそをもっている．この結果，禁止帯幅以下のフォトンに対しても光遷移が可能となる．これがフランツ・ケルディッシュ効果 (Franz-Keldysh effect) [5.13], [5.14]であるが，その定量的な式は後に示す．

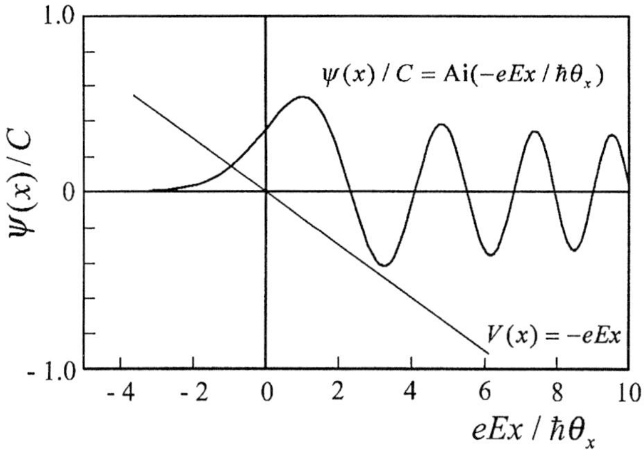

図 5.1: 静電界中における電子－正孔対の波動関数．傾斜ポテンシャル障壁に対する電子の波動関数で $x < 0$ の領域 $(\mathcal{E} < V = -eEx)$ にも侵入する．

次に，バンド間遷移における電界効果について考察する．式 (5.9) で与えられる波動関数 $\psi(x, y, z)$ は 4.5 節で述べた励起子のエンベロープ関数と同様に，電子－正孔対の相対運動を表すものなので，式 (5.9) を式 (4.97) に代入して，静電界 $\boldsymbol{E}$ の存在する場合の複素誘電率の虚数部 $\kappa_2(\omega, \boldsymbol{E}) = \epsilon_2(\omega, \boldsymbol{E})/\epsilon_0$ を求めることができる．式 (4.97) の λ に関する和を $\int d\mathcal{E}_x\, d\mathcal{E}_y\, d\mathcal{E}_z$ におきかえると

$$\begin{aligned}\kappa_2(\omega, \boldsymbol{E}) = {} & \frac{\pi e^2 |\boldsymbol{e}\cdot\boldsymbol{p}_{cv}|^2}{\epsilon_0 m^2 \omega^2} \frac{e^3 |E_x E_y E_z|}{(\hbar\theta_x \hbar\theta_y \hbar\theta_z)^2} \int d\mathcal{E}_x\, d\mathcal{E}_y\, d\mathcal{E} z \\ & \times \left| \mathrm{Ai}\left(-\frac{\mathcal{E}_x}{\hbar\theta_x}\right) \cdot \mathrm{Ai}\left(-\frac{\mathcal{E}_y}{\hbar\theta_y}\right) \cdot \mathrm{Ai}\left(-\frac{\mathcal{E}_z}{\hbar\theta_z}\right) \right|^2 \\ & \times \delta(\mathcal{E}_G + \mathcal{E}_x + \mathcal{E}_y + \mathcal{E}_z - \hbar\omega) \end{aligned} \tag{5.13}$$

となるが，この式は，ヴァン・ホーブの特異点に対して容易に計算できる．一例として M_0 点 $(\mu_x, \mu_y, \mu_z > 0)$ について計算してみよう．電界 $\boldsymbol{E}$ は主軸の 1 つの方向 x 方向に平行 $(E_x \neq 0, E_y = E_z = 0)$ であるとすると，先に計算した 1 次元の場合と同様になる．$d\mathcal{E}_x d\mathcal{E}_y$ に関する積分は 2 次元バンドの状態密度 $J_{cv}^{2D}(\hbar\omega - \mathcal{E}_G - \mathcal{E}_x)$ で与えられ

$$\begin{aligned}\kappa_2(\omega, \boldsymbol{E}) = {} & \frac{\pi e^2}{\epsilon_0 m^2 \omega^2} |\boldsymbol{e}\cdot\boldsymbol{p}_{cv}|^2 \frac{e|E_x|}{(\hbar\theta_x)^2} \\ & \times \int_{-\infty}^{+\infty} J_{cv}^{2D}(\hbar\omega - \mathcal{E}_G - \mathcal{E}_x) \cdot \left| \mathrm{Ai}\left(-\frac{\mathcal{E}_x}{\hbar\theta_x}\right) \right|^2 d\mathcal{E}_x \end{aligned} \tag{5.14}$$

となる．2 次元バンドの状態密度は表 4.2 より

$$J_{cv}^{2D}(\hbar\omega) = B_1 = \frac{(\mu_y\mu_z)^{1/2}}{\pi\hbar^2}, \qquad \hbar\omega > \mathcal{E}_G$$
$$J_{cv}^{2D}(\hbar\omega) = 0, \qquad \hbar\omega < \mathcal{E}_G$$

であるから，式 (5.14) は次のようになる．

$$\begin{aligned}\kappa_2(\omega, \boldsymbol{E}) &= \frac{\pi e^2}{\epsilon_0 m^2\omega^2}|\boldsymbol{e}\cdot\boldsymbol{p}_{cv}|^2\frac{e|E_x||\mu_y\mu_z|^{1/2}}{(\hbar\theta_x)^2\pi\hbar^2}\int_{-\infty}^{\hbar\omega-\mathcal{E}_G}\left|\mathrm{Ai}\left(-\frac{\mathcal{E}_x}{\hbar\theta_x}\right)\right|^2 d\mathcal{E}_x \\ &= \frac{e^2}{2\epsilon_0 m^2\omega^2}|\boldsymbol{e}\cdot\boldsymbol{p}_{cv}|^2(\hbar\theta_x)^{1/2}\left(\frac{8|\mu_x\mu_y\mu_z|}{\hbar^6}\right)^{1/2} \\ &\quad\times\left[|\mathrm{Ai}'(-\eta)|^2 + \eta|\mathrm{Ai}(-\eta)|^2\right].\end{aligned} \tag{5.15}$$

ここに，

$$\eta = \frac{\hbar\omega - \mathcal{E}_G}{\hbar\theta_x} \tag{5.16}$$

である．

ここで，$\eta \gg 0(\eta \to \infty)$，つまり，$\hbar\omega \gg \mathcal{E}_G$ の場合には，式 (5.15) はエアリー関数の漸近解

$$\lim_{z\to\infty}\mathrm{Ai}(-z) = \frac{1}{\sqrt{\pi}}z^{-1/4}\sin\left(\frac{2}{3}z^{3/2} + \frac{\pi}{4}\right) \tag{5.17a}$$

$$\lim_{z\to\infty}\mathrm{Ai}'(-z) = \frac{1}{\sqrt{\pi}}z^{1/4}\cos\left(\frac{2}{3}z^{3/2} + \frac{\pi}{4}\right) \tag{5.17b}$$

を用いると，

$$|\mathrm{Ai}'(-\eta)|^2 + \eta|\mathrm{Ai}(-\eta)|^2 = \frac{\sqrt{\eta}}{\pi} = \frac{(\hbar\omega - \mathcal{E}_G)^{1/2}}{\pi(\hbar\theta_x)^{1/2}} \tag{5.18}$$

となるから，この結果は 1 電子近似に対する誘電率の式 (4.57) を与える．

一方，禁止帯以下のフォトンエネルギーに対しては，$\eta \ll 0(\eta \to -\infty)$，つまり $\hbar\omega \ll \mathcal{E}_G$ であるから，エアリー関数の漸近解は

$$\lim_{z\to\infty}\mathrm{Ai}(z) = \frac{1}{2\sqrt{\pi}}z^{-1/4}\exp\left(-\frac{2}{3}z^{3/2}\right)\left[1 - \frac{3C_1}{2z^{3/2}}\right] \tag{5.19a}$$

$$\lim_{z\to\infty}\mathrm{Ai}'(z) = \frac{1}{2\sqrt{\pi}}z^{1/4}\exp\left(-\frac{2}{3}z^{3/2}\right)\left[1 + \frac{21C_1}{10z^{3/2}}\right] \tag{5.19b}$$

で与えられる．ここに，$C_1 = 15/216$ である[5.12]．これより，バンドギャップ以下のフォトンエネルギーに対する吸収をあらわす誘電率は

$$\begin{aligned}\kappa_2(\omega, E_x) &= \frac{e^2|\boldsymbol{e}\cdot\boldsymbol{p}_{cv}|^2}{2\epsilon_0 m^2\omega^2}\frac{1}{2\pi}\left(\frac{8|\mu_x\mu_y\mu_z|}{\hbar^6}\right)^{1/2}(\mathcal{E}_G - \hbar\omega)^{1/2}\exp\left[-\frac{4}{3}\left(\frac{\mathcal{E}_G - \hbar\omega}{\hbar\theta_x}\right)^{3/2}\right] \\ &= \frac{1}{2}\kappa_2(\omega)\exp\left[-\frac{4}{3}\left(\frac{\mathcal{E}_G - \hbar\omega}{\hbar\theta_x}\right)^{3/2}\right]\end{aligned} \tag{5.20}$$

あるいは，これを式 (4.21) に代入すると吸収係数 α は次式で与えられる．

$$\alpha(\omega, E_x) = \frac{e^2|\boldsymbol{e}\cdot\boldsymbol{p}_{cv}|^2}{2\epsilon_0 m^2 c n_0 \omega}\frac{1}{2\pi}\left(\frac{8|\mu_x\mu_y\mu_z|}{\hbar^6}\right)^{1/2}(\mathcal{E}_G - \hbar\omega)^{1/2}\exp\left[-\frac{4}{3}\left(\frac{\mathcal{E}_G-\hbar\omega}{\hbar\theta_x}\right)^{3/2}\right]$$
$$= \frac{1}{2}\alpha(\omega)\exp\left[-\frac{4}{3}\left(\frac{\mathcal{E}_G-\hbar\omega}{\hbar\theta_x}\right)^{3/2}\right]. \tag{5.21}$$

ここに，$\kappa_2(\omega)$ および $\alpha(\omega)$ は電界が無い場合の誘電率の虚数部と吸収係数である．この結果より，電界を印加するとバンドギャップ以下のフォトンエネルギーに対しても光吸収が起こり，吸収係数は指数関数的なテールをもつことが分かる．これがフランツとケルディッシュにより独立に予言された効果で，通常フランツ・ケルディッシュ効果とよばれる．この現象は先に述べた波動関数のしみ出し効果で説明できる．図 5.2 に示すように，電界を印加すると電子と正孔は量子力学的効果で，禁止帯中にその波動関数がしみ出し，$\hbar\omega < \mathcal{E}_G$ の領域でも光学遷移が可能となる．このときの吸収係数は上式に示すように指数関数的な振る舞いをすることが予想される．M_0 に対する結果の式 (5.15) を用い

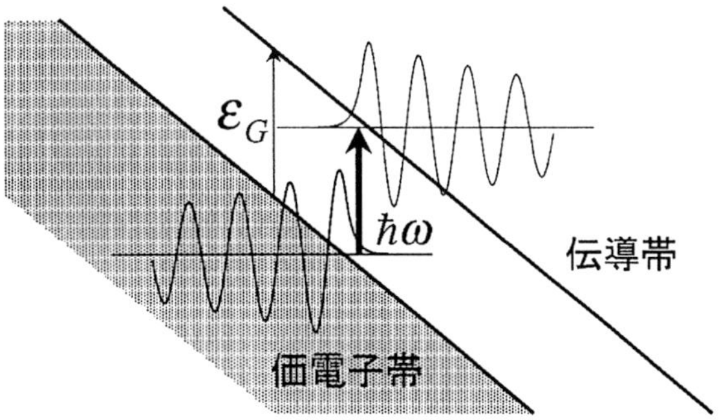

図 5.2: フランツ・ケルディッシュ効果．電子と正孔の波動関数は電界下では禁止帯中にしみ出し，$\hbar\omega < \mathcal{E}_G$ でも光学遷移が起こる．

て，$\kappa_2(\omega, \boldsymbol{E})$ と $\kappa_2(\omega, 0)$ を図示すると図 5.3 のようになる．$\boldsymbol{E}=0$ では，$\hbar\omega < \mathcal{E}_G$ で $\kappa_2(\omega,0)=0$ となっているが，$\boldsymbol{E}\neq 0$ では波動関数が禁止帯中にしみ出し，吸収端以下の領域 ($\hbar\omega < \mathcal{E}_G$) においても $\kappa_2(\omega, \boldsymbol{E})$ が 0 とならず，先の近似解で述べたように指数関数的なすそを引いている．また，吸収端以上の領域において $\kappa_2(\omega,0)$ は $\sqrt{\hbar\omega - \mathcal{E}_G}$ に比例して単調に増加しているが，$\kappa_2(\omega,\boldsymbol{E})$ は振動しながら高エネルギー側で $\kappa_2(\omega,0)$ に漸近する．

5.1.3 変調分光

前項では，半導体に電界を印加すると誘電率が変化することを示した．その変化は臨界点の近傍で大きく，低エネルギー側では指数関数的に減少し，高エネルギー側では振動しながら電界の無い場合の誘電率に収束する．式 (5.15) に適当な変数変換を施すと次式が得られる．

$$\kappa_2(\omega, \boldsymbol{E}) = \int_{-\infty}^{\infty} d\omega' \frac{\omega'^2}{\omega^2}\kappa_2(\omega', 0)\left\{\frac{1}{|\Omega|}\mathrm{Ai}\left(\frac{\omega'-\omega}{\Omega}\right)\right\}. \tag{5.22}$$

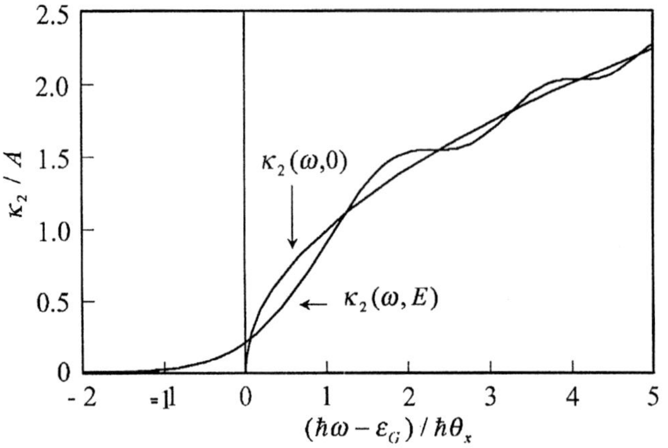

図 5.3: M_0 点近傍における $\kappa_2(\omega, 0)/A$ および $\kappa_2(\omega, E)/A$.

ここに,

$$\Omega = \frac{\theta}{2^{2/3}} = \frac{(\theta_x\theta_y\theta_z)^{1/3}}{2^{2/3}} = \left(\frac{e^2E^2}{8\hbar\mu_e}\right)^{1/3} \tag{5.23}$$

で定義され, $\hbar\Omega$ はエネルギーの次元を有する. μ_e は電界方向の還元質量である. 式 (5.22) は $\kappa_2(\omega, 0)$ がエアリー関数で変調を受けた形をしているが, これは先に述べた電界による異なる $\boldsymbol{k}$ の状態間のミキシングによるものである.

このような電界による誘電率の変化分は, 実験可能な電界強度 ($\leq 10^5$V/cm) ではかなり小さく, 光反射や光吸収の測定によって図 5.3 にあるような指数関数的なすそのひろがりや振動的なスペクトルを測定することは非常に困難である. しかし, 結晶に印加する電界を周期的に変化させて, これに対応した誘電率 κ の変化分

$$\Delta\kappa(\omega, \boldsymbol{E}) = \kappa(\omega, E) - \kappa(\omega, 0) \tag{5.24}$$

を精度よく測定することは可能である. このような方法を光反射あるいは光吸収に利用するとき, これをエレクトロレフレクタンス (electroreflectance) あるいはエレクトロアブソープション (electroabsorption) とよび, 1960 年代以降の光物性研究で広く利用されるようになり, 近赤外から近紫外領域の研究で大きな成功をおさめ, 変調分光として確立された. 一般に, 変調分光は図 5.4 のような装置で行われ, 電界変調のみならず, 種々の変調方法が用いられている. 変調方法として, 電界を印加するエレクトロレフレクタンス 以外に, レーザー光を照射するフォトレフレクタンス (photoreflectance), 試料あるいはホルダーに大電流を流して温度を変調するサーモレフレクタンス (thermoreflectance) や圧電素子で応力変調するピエゾレフレクタンス (piezoreflectance) などがある.

変調を受ける試料の誘電率を $\kappa = \kappa_1 + i\kappa_2$ とし, 変調は試料内で均一であるとすると, 反射率の変化分 $\Delta R/R$ と誘電率の変化分 $\Delta\kappa_1$ と $\Delta\kappa_2$ の間の関係は

$$\frac{\Delta R}{R} = \alpha(\kappa_1, \kappa_2)\Delta\kappa_1 + \beta(\kappa_1, \kappa_2)\Delta\kappa_2 \tag{5.25}$$

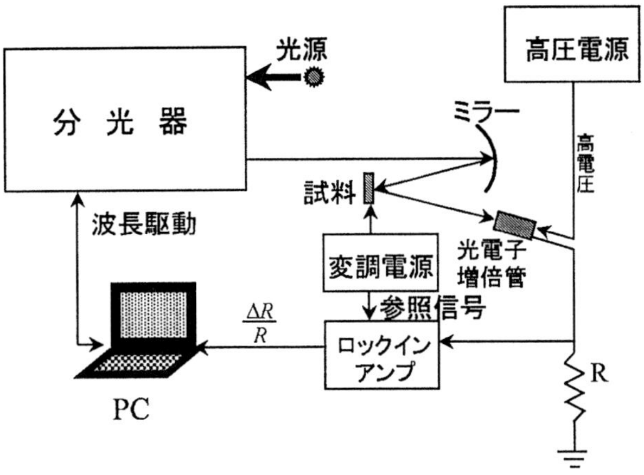

図 5.4: 変調分光測定装置．試料に加える変調によりさまざまな変調分光が可能．

となる．この関係は式 (4.18)

$$R = \frac{(\kappa_1^2+\kappa_2^2)^{1/2} - [\,2\kappa_1 + 2(\kappa_1^2+\kappa_2^2)^{1/2}\,]^{1/2} + 1}{(\kappa_1^2+\kappa_2^2)^{1/2} + [\,2\kappa_1 + 2(\kappa_1^2+\kappa_2^2)^{1/2}\,]^{1/2} + 1} \tag{5.26}$$

を用いて容易に計算することができ，係数は

$$\alpha = \frac{2\gamma}{\gamma^2+\delta^2} \tag{5.27a}$$

$$\beta = \frac{2\delta}{\gamma^2+\delta^2} \tag{5.27b}$$

$$\gamma = \frac{n(n^2-3k^2-n_0)}{n_0} \tag{5.27c}$$

$$\delta = \frac{k(3n^2-k^2-n_0)}{n_0} \tag{5.27d}$$

で与えられる．ここに，n_0 は試料表面と接する吸収のない媒質 (空気など) の屈折率である．n と k は 4.1 節で定義した屈折率係数と消衰係数である $(n+ik=\sqrt{\kappa_1+i\kappa_2})$．$\alpha$ と β は一般に入射するフォトンエネルギーの関数となり，定義した人の名前をとり，セラフィン係数とよぶことがある [5.15]．

誘電率 $\Delta\kappa(\omega,\boldsymbol{E})$ のスペクトルは各々の臨界点に対して，一電子放物線帯近似の範囲で求められている[5.16], [5.17]．たとえば，M_0 点に対しては式 (4.57) と式 (5.15) より，

$$\begin{aligned}\Delta\kappa_2(\omega,\boldsymbol{E}) &= \kappa_2(\omega,\boldsymbol{E}) - \kappa_2(\omega,0)\\ &= A\cdot\{\pi[\mathrm{Ai}'^2(-\eta)+\eta\mathrm{Ai}^2(-\eta)] - u(\eta)\cdot\sqrt{\eta}\}\\ &\equiv A\cdot F(-\eta)\end{aligned} \tag{5.28}$$

となる．誘電率の実数部はこれにクラマース・クローニッヒ変換の式 (4.126a) を用いて計算することができ，次のようになる．

$$\Delta\kappa_1(\omega,\boldsymbol{E}) = A\cdot G(-\eta). \tag{5.29}$$

ここに，関数 $F(-\eta)$ と $F(-\eta)$ は

$$F(-\eta) = \pi[\mathrm{Ai}'^2(-\eta) + \eta \mathrm{Ai}^2(-\eta)] - \sqrt{\eta} \cdot u(\eta) \tag{5.30a}$$

$$G(-\eta) = \pi[\mathrm{Ai}' \cdot \mathrm{Bi}'(-\eta) + \eta \mathrm{Ai}(-\eta) \cdot \mathrm{Bi}^(- \eta)] + \sqrt{-\eta} \cdot u(-\eta) \tag{5.30b}$$

で，$u(x)$ はステップ関数で $x < 0$ で $u(x) = 0$，$x \geq 0$ で $u(x) = 1$ である．また，係数 A は

$$A = \frac{e^2}{2\pi\epsilon_0 m^2 \omega^2} |\boldsymbol{e} \cdot \boldsymbol{p}|^2 \left(\frac{8|\mu_x \mu_y \mu_z|}{\hbar^6} \right)^{1/2} |\hbar\theta|^{1/2} \tag{5.31}$$

である．これらの関数の様子を示したのが図 5.5 と図 5.6 である．

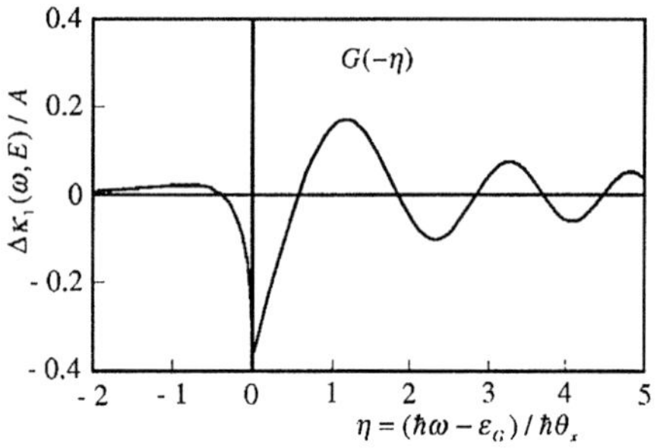

図 5.5: M_0 臨界点における電界印加による誘電率の実数部の変化 $\Delta\kappa_1(\omega, E)$.

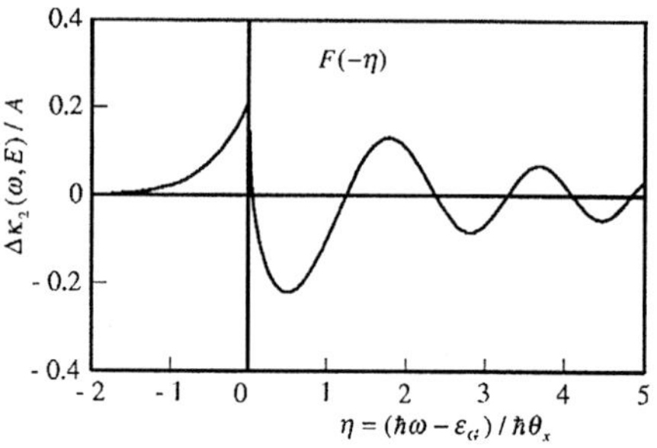

図 5.6: M_0 臨界点における電界印加による誘電率の虚数部の変化 $\Delta\kappa_2(\omega, E)$.

以上の考察で明らかなように，変調分光の方法を用いると誘電関数は臨界点の近傍で鋭く変化する．その変調成分は小さいが，ロックイン増幅器などを用いて変調周波数で変化する成分を観測すれば微弱な信号でも精度よく観測することが可能である．この様子を表したのが図 5.7 である．図の上部は GaAs の反射率をフォトンエネルギーの関数でプロットしたもので，いくつかのピークをもつがそれほどはっきりと区別できない．臨界点 E_0，$E_0 + \Delta_0$ はほとんど同定できないが，E_1，$E_1 + \Delta_1$ や E_2 などは比較的はっきりと認識できる．一方，図の下部にはエレクトロレフレクタンス法で測定したスペクトルが示してある．これを見れば，E_0，$E_0 + \Delta_0$，E_1，$E_1 + \Delta_1, E_0'$，E_2 の全ての臨界点が非常に精度よく観測できることが明らかである．図中のエレクトロレフレクタンスの信号は，電界の均一性やその強度によって著しく変わるので，これらのスペクトルは実験で観測されたものに，少し手を加えてあり，同一試料同一電界で測定したものではない．しかし，それぞれの臨界点近傍で測定すれば，これらのスペクトルに近いものが観測される．

5.1.4 エレクトロレフレクタンス理論と Aspnes の 3 次微分形式

エレクトロレフレクタンス法により実験を行うと，低電界領域では前項で述べたようなフランツ・ケルディッシュ振動ではなく，非常に単純な信号が観測される．詳しい解析の結果によると，この時の信号は誘電率のフォトンエネルギーに関する 3 回微分の形状とよい一致を示す．Aspnes [5.7], [5.19] ~ [5.21] により明らかにされたもので，Aspnes の 3 次微分形式 (third-derivative modulation spectroscopy) と呼ばれる．その原理を分かりやすく説明したのが図 5.8 である．静的変調では格子

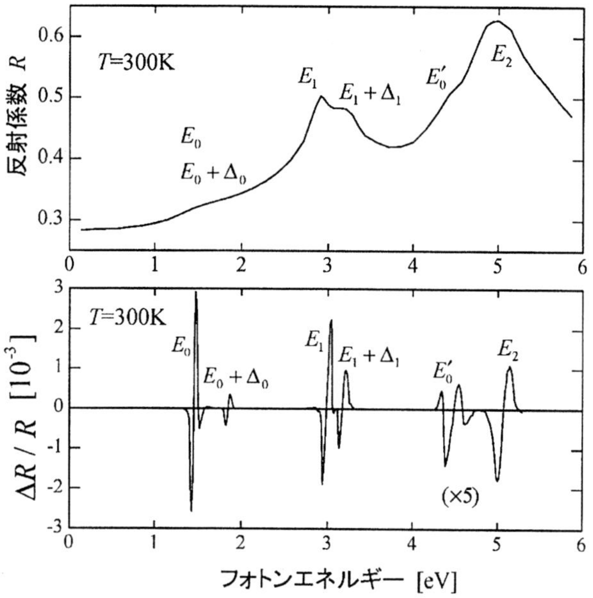

図 5.7: GaAs の室温 (300K) における反射率と変調分光のスペクトルの比較．反射率では臨界点はそれほど鮮明ではないが，エレクトロレフレクタンスのスペクトルでは臨界点近傍で鋭く変化する曲線として観測され，臨界点の同定が非常に精度よく行える．反射率のデータは文献[5.18]による．

の周期性は保たれるから，電子状態のミキシングは起こらず，臨界点が平行移動したような形をとる．このため，誘電率の変化分は 1 次微分形式となる．応力変調や温度変調がこの場合に相当する．たとえば，応力 X により，禁止帯幅が $\Delta\omega_G(X)$ 変化するものとすると，

$$\Delta\kappa_2(\omega, X) = \kappa_2(\omega, X) - \kappa_2(\omega, 0) = \frac{d\kappa_2(\omega, 0)}{d\omega}\Delta\omega_G(X) \tag{5.32}$$

のようになる．一方，電界を印加するとポテンシャルエネルギーに $-e\mathcal{E}x$ の項が加わり，電界方向 (x 方向) の周期性がなくなる．このため，図の下部に示すような遷移が可能となる．この電界変調の理論を理解するため，はじめに定性的な説明を行い，後に理論的解析を示す．

4.3 節の式 (4.57) あるいは 4.6 節の式 (4.128) は次のように書き直すことができる．

$$\kappa_2 = C \cdot \frac{1}{\mathcal{E}^2}[\mathcal{E} - (\mathcal{E}_c - \mathcal{E}_v)]^{1/2}. \tag{5.33}$$

ここに，$\mathcal{E}_c$，$\mathcal{E}_v$ は伝導帯の底，価電子帯の頂上のエネルギーで，$\mathcal{E} = \hbar\omega$ はフォトンエネルギーである．定数 C は運動量行列要素や有効質量を含む定数で，今考えている臨界点近傍では一定であると仮定する．この遷移に対する時間の不確定さはハイゼンベルグの不確定性原理により次式で与えられる．

$$\tau = \frac{\hbar}{\mathcal{E} - (\mathcal{E}_c - \mathcal{E}_v)} \tag{5.34}$$

電界 E_x のもとで，電子－正孔対 (還元質量を $\mu_\parallel$ とする) は，この時間の間に次式で与えられる距離

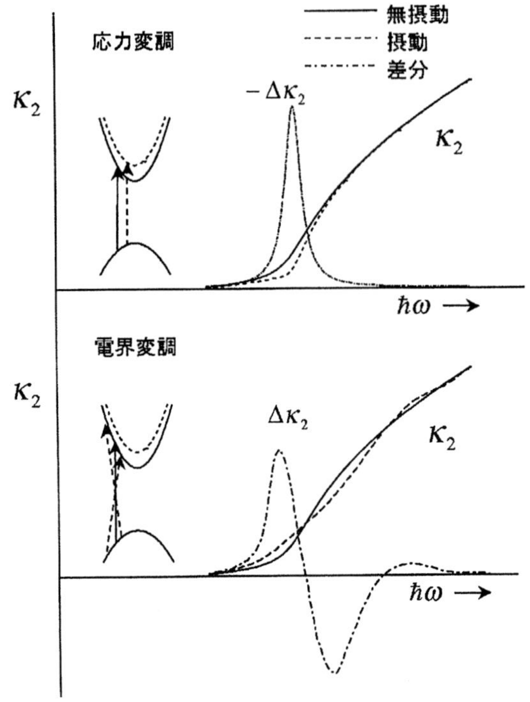

図 5.8: 外部場による誘電率の虚数部の変化を概念的に示したもの．上の図は結晶の周期性を保つような静的外場 (応力など) を印加した場合で，変化分は誘電率の 1 次微分形式で与えられる．一方，電界を印加すると格子の周期性は保たれず，摂動により電子状態のミキシングが起こり，誘電率の変化分は複雑な形をとる．

x だけ移動する．

$$x = -\frac{eE_x}{2\mu_\parallel}\tau^2 = -\frac{eE_x}{2\mu_\parallel}\frac{\hbar^2}{[\mathcal{E}-(\mathcal{E}_c-\mathcal{E}_v)]^2} \tag{5.35}$$

この変位はハミルトニアンにおけるポテンシャルエネルギーの項 $-eE_x$ によるもので，伝導帯の電子と価電子帯の正孔に摂動を与え，その結果エネルギーに

$$\Delta(\mathcal{E}_c-\mathcal{E}_v) = \frac{e^2E_x^2}{2\mu_\parallel}\frac{\hbar^2}{[\mathcal{E}-(\mathcal{E}_c-\mathcal{E}_v)]^2} \tag{5.36}$$

の変化をもたらす．この変化に対する誘電率の変化は，式 (5.33) より次式で与えられる．

$$\begin{aligned}\Delta\kappa_2 &= \frac{d\kappa_2}{d(\mathcal{E}_c-\mathcal{E}_v)}\cdot\Delta(\mathcal{E}_c-\mathcal{E}_v) = -C\frac{e^2E_x^2}{4\mu_\parallel\mathcal{E}^2}\frac{\hbar^2}{[\mathcal{E}-(\mathcal{E}_c-\mathcal{E}_v)]^{5/2}} \\ &= \frac{2\hbar^2e^2E_x^2}{3\mu_\parallel\mathcal{E}^2}\frac{\partial^3}{\partial\mathcal{E}^3}(\mathcal{E}^2\kappa_2) = \frac{4}{3\mathcal{E}^2}(\hbar\theta_x)^3\frac{\partial^3}{\partial\mathcal{E}^3}(\mathcal{E}^2\kappa_2).\end{aligned} \tag{5.37}$$

誘電率の実数部についても全く同様の結果が得られる[注1]．この定性的な考察から明らかなように，電界による誘電率の変化分は，誘電率のエネルギーに関する 3 回微分で与えられる．Aspnes [5.7],

---

注1 133 頁の式 (5.94) を用いればよい[5.4]．

[5.19], [5.21]は偏光解析のデータをもとに，誘電率の3回微分とエレクトロレフレクタンスのデータの間に非常によい一致のあることを示した．

厳密な証明は Aspnes によって与えられており，その概略を示すと以下の通りである．ただし，証明にはいくつかの方法があり，それらについては Aspnes と Rowe の論文[5.20]を参照されたい．誘電率をエネルギー $\mathcal{E}$，ブロードニング定数 Γ，と電界 E の関数として求めると次のようになる[5.20]．この論文では，1電子近似のもとで分極電流を求め，そのフーリエ変換から誘電関数を導いている．

$$\begin{aligned}\kappa_{cv}(\mathcal{E},\Gamma,\boldsymbol{E}) = 1 + \frac{e^2}{\epsilon_0 m^2\omega^2\hbar}\int_{B.Z.} d^3\boldsymbol{k}\int_0^{\infty} dt\left[\boldsymbol{e}\cdot\boldsymbol{p}_{cv}\left(\boldsymbol{k}-\frac{1}{2}\frac{t}{\hbar}e\boldsymbol{E}\right)\right] \\ \times\left[\boldsymbol{e}\cdot\boldsymbol{p}_{cv}\left(\boldsymbol{k}-\frac{1}{2}\frac{t}{\hbar}e\boldsymbol{E}\right)\right]\exp[i(\mathcal{E}+i\Gamma)t/\hbar] \\ \times\exp\left[-i\int_{-t/2}^{t/2}(dt'/\hbar)\mathcal{E}_{cv}(\boldsymbol{k}-e\boldsymbol{E}t'/\hbar)\right].\end{aligned} \tag{5.38}$$

上式の t' に関する積分で，低電界を仮定して指数関数部を次のように展開する．

$$\exp\left[-i\int_{-t/2}^{t/2}(dt'/\hbar)\mathcal{E}_{cv}(\boldsymbol{k}-e\boldsymbol{E}t'/\hbar)\right] \simeq \frac{t}{\hbar}\mathcal{E}_{cv} + \frac{1}{3}t^3\Omega^3 \tag{5.39}$$

ここに

$$(\hbar\Omega)^3 = \frac{1}{3}e^2(\boldsymbol{E}\cdot\nabla_{\boldsymbol{k}})^2\mathcal{E}_{cv} = \frac{e^2E^2\hbar^2}{8\mu_{\parallel}} \tag{5.40}$$

で先に定義した式 (5.4) の θ の関係は式 (5.23) で与えられる．この結果を用いると式 (5.38) は次のようになる．

$$\kappa_{cv}(\mathcal{E},\Gamma,\boldsymbol{E}) = \frac{iQ}{\pi\omega^2}\int_{B.Z.} d^3\boldsymbol{k}\int_0^{\infty}\frac{dt}{\hbar}e^{[-\frac{1}{3}it^3\Omega^3+it(\mathcal{E}+i\Gamma-\mathcal{E}_{cv})/\hbar]} \tag{5.41}$$

ここに，真空の比誘電率を与える1は省略してある．また，Q は次式で与えられる．

$$Q = \frac{\pi e^2|\boldsymbol{e}\cdot\boldsymbol{p}_{cv}|^2}{\epsilon_0 m^2}\frac{2}{(2\pi)^3} \tag{5.42}$$

ここで，$\Gamma \gg |\hbar\Omega|$ とし，積分は $-it^3\Omega^3/3$ の寄与が大きくならない領域でカットできるものと仮定し，

$$\exp(-it^3\Omega^3/3) = 1 - it^3\Omega^3/3 - \cdots \tag{5.43}$$

と展開すると，

$$\begin{aligned}\kappa_{cv}(\mathcal{E},\Gamma,\boldsymbol{E}) \sim -\frac{Q}{\pi\omega^2}\int_{B.Z.} d^3\boldsymbol{k}\frac{1}{\mathcal{E}+i\Gamma-\mathcal{E}_{cv}(\boldsymbol{k})} \\ +\frac{2Q}{\pi\omega^2}\int_{B.Z.} d^3\boldsymbol{k}\frac{(\hbar\Omega)^3}{[\mathcal{E}+i\Gamma-\mathcal{E}_{cv}(\boldsymbol{k})]^4} \\ \equiv \kappa_{cv}(\mathcal{E},\Gamma,0) + \Delta\kappa_{cv}(\mathcal{E},\Gamma,\boldsymbol{E})\end{aligned} \tag{5.44}$$

が得られる．一方，電界がなく $\boldsymbol{E}=0$ のとき，$\hbar\Omega=0$ で

$$\kappa_{cv}(\mathcal{E},\Gamma,0) = -\frac{Q}{\pi\omega^2}\int_{B.Z.} d^3\boldsymbol{k}\frac{1}{\mathcal{E}+i\Gamma-\mathcal{E}_{cv}(\boldsymbol{k})} \tag{5.45}$$

が得られる．この関係が 4.3 節の式 (4.40)，式 (4.42)，式 (4.57) あるいは 4.6 節の式 (4.128) と等しいことは，付録に示したディラックのデルタ関数の性質を用いれば明らかである．これらの結果，次の関係が求まる．

$$\Delta\kappa_{cv}(\mathcal{E},\Gamma,\boldsymbol{E}) \equiv \frac{1}{3\mathcal{E}^2}\left(\hbar\Omega\frac{\partial}{\partial\mathcal{E}}\right)^3 \mathcal{E}^2\kappa_{cv}(\mathcal{E},\Gamma,0). \tag{5.46}$$

この関係は，先に定性的な考察から求めた結果と係数をのぞき一致する．つまり，低電界領域でのエレクトロレフレクタンスのスペクトルは誘電関数のフォトンエネルギーに関する 3 次微分形式で与えられる．このようなことから，式 (5.46) を アスプネス (Aspnes) の 3 次微分形式と呼ぶことがある．さらに高次の項までを考慮すると，実験データがよく説明できることが示されている[5.22]．

これらの結果を用いると，一般に低電界領域のエレクトロレフレクタンススペクトルは

$$\frac{\Delta R}{R} = \Re\left[\sum_j C_j e^{i\theta_j}(\mathcal{E} - E_j + i\Gamma_j)^{-m_j}\right] \tag{5.47}$$

で与えられることになる．ここに E_j は j 番目の臨界点に対するエネルギーで，C_j は振幅定数，θ_j は位相定数，Γ_j はブロードニング定数で，$\Re$ は実数部をとることを意味している．また，$m_j = 4 - d/2$ は臨界点の次元 d に依存し，3 次元，2 次元，1 次元に対して，それぞれ $m_j = 5/2$，3，7/2 となる．

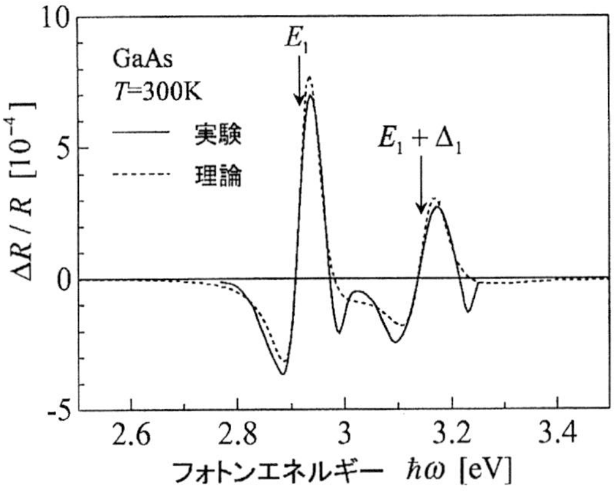

図 5.9: $T = 300$K における GaAs のエレクトロレフレクタンススペクトル．実線は実験データで，破線は Aspnes の 3 次微分理論によるベスト・フィッティングの結果．解析には以下のデータを用いた．$\mathcal{E}_{g1} = E_1 = 2.926$ eV，$\Gamma_1 = 46.4$ meV，$\theta_1 = 3.275$，$C_1 = 0.00386$，$\mathcal{E}_{g2} = E_1 + \Delta_1 = 3.153$ eV，$\Gamma_2 = 59.1$ meV，$\theta_2 = 3.061$，$C_2 = 0.003015$．

図 5.9 には n^+ GaAs 基板上にエピタキシャル成長した n-GaAs の表面に Ni の半透明膜を付けショットキー電極を形成し，基板底面には Au の蒸着膜をつけた構造にしたものに，微少交流電界を印加して変調を行い，エレクトロレフレクタンス信号を検出した結果を実線で示してある．上に述べた Aspnes の 3 次微分形式によるベスト・フィッティングの結果が破線で示してある．この図からも明らかなように，実験データは Aspnes の理論でよく説明されることが分かる．このようにエレクトロレフレクタンスと Aspnes の理論による解析から，臨界点の精密な測定ができる．上の例では，$E_1 = 2.926$ eV，$E_1 + \Delta_1 = 3.153$ eV と求まる．

5.2 ラマン散乱

媒質に電界 $\boldsymbol{E}$ が印加されたときの分極ベクトル $\boldsymbol{P}$ は

$$\boldsymbol{P} = \epsilon_0 \chi \boldsymbol{E}$$

あるいは

$$P_j = \epsilon_0 \chi_{jk} E_k \quad \left(\equiv \sum_k \epsilon_0 \chi_{jk} E_k\right) \tag{5.48}$$

で与えられる．ここに，χ_{jk} は帯電率とよばれ，2 階テンソル量である．媒質に加えられた電界が角周波数 ω_i の交流で場所に依存する場合，これを平面波で

$$\boldsymbol{E}(\boldsymbol{r}, t) = \boldsymbol{E}(\boldsymbol{k}_i, \omega_i) \cos(\boldsymbol{k}_i \cdot \boldsymbol{r} - \omega_i t) \tag{5.49}$$

のように表すと，分極は

$$\boldsymbol{P}(\boldsymbol{k}_i, \omega_i) \cos(\boldsymbol{k}_i \cdot \boldsymbol{r} - \omega_i t) \tag{5.50}$$

と表される．したがって，電界と分極の振幅の間には

$$\boldsymbol{P}(\boldsymbol{k}_i, \omega_i) = \epsilon_0 \chi(\boldsymbol{k}_i, \omega_i) \boldsymbol{E}(\boldsymbol{k}_i, \omega_i) \tag{5.51}$$

の関係がある．

光散乱は，帯電率 χ の局所的変化により誘起されるものである．ここでは，結晶の格子振動を考えているので，原子の変位を

$$\boldsymbol{u}(\boldsymbol{r}, t) = \boldsymbol{u}(\boldsymbol{q}, \omega_q) \cos(\boldsymbol{q} \cdot \boldsymbol{r} - \omega_q t) \tag{5.52}$$

と表すことにする．ここに，$\boldsymbol{q}$ は格子振動の波数ベクトルで，ω_q は角周波数である．格子振動には音響モードと光学モードがあり，これについては後の章で述べてある．格子振動の振幅が格子間隔に比べて十分小さければ，この変位による帯電率の変化をテイラー展開により次のように求めることができる．

$$\chi(\boldsymbol{k}_i, \omega_i, \boldsymbol{u}) = \chi^{(0)}(\boldsymbol{k}_i, \omega_i) + \left(\frac{\partial \chi}{\partial \boldsymbol{u}}\right)_{\boldsymbol{u}=0} \boldsymbol{u}(\boldsymbol{r}, t) + \cdots \tag{5.53}$$

帯電率をテンソルで表すと

$$\chi_{jk} = \chi_{jk}^{(0)} + \chi_{jk,l} u_l + \chi_{jk,lm} u_l u_m + \cdots \tag{5.54}$$

となる．ここに，

$$\chi_{jk,l} = \left(\frac{\partial \chi_{jk}}{\partial u_l}\right)_{\boldsymbol{u}=0}, \quad \chi_{jk,lm} = \left(\frac{\partial^2 \chi_{jk}}{\partial u_l \partial u_m}\right)_{\boldsymbol{u}=0} \tag{5.55}$$

である．これより明らかなように，$\chi_{jk,l}$ は 3 階テンソル，$\chi_{jk,lm}$ は 4 階テンソルである．式 (5.53) と (5.54) の右辺の第 1 項はじょう乱のない場合の帯電率で，第 2 項以上はじょう乱つまり格子振動により誘起された成分である．式 (5.53) の右辺第 2 項までを考え，これを式 (5.51) に代入すると分極は，

$$\boldsymbol{P}(\boldsymbol{r}, t, \boldsymbol{u}) = \boldsymbol{P}^{(0)}(\boldsymbol{r}, t) + \boldsymbol{P}^{(\mathrm{ind})}(\boldsymbol{r}, t, \boldsymbol{u}) \tag{5.56}$$

と表すとされ，それぞれの成分は次のようになる．

$$\boldsymbol{P}^{(0)}(\boldsymbol{r},t)=\chi^{(0)}(\boldsymbol{k}_i,\omega_i)\epsilon_0\boldsymbol{E}(\boldsymbol{k}_i,\omega_i)\cos(\boldsymbol{k}_i\cdot\boldsymbol{r}-\omega_i t) \tag{5.57a}$$

$$\boldsymbol{P}^{(\mathrm{ind})}(\boldsymbol{r},t,\boldsymbol{u})=\left(\frac{\partial\chi}{\partial\boldsymbol{u}}\right)_{\boldsymbol{u}=0}\boldsymbol{u}(\boldsymbol{r},t)\epsilon_0\boldsymbol{E}(\boldsymbol{k}_i,\omega_i)\cos(\boldsymbol{k}_i\cdot\boldsymbol{r}-\omega_i t) \tag{5.57b}$$

上の 2 番目の式は，格子振動によって誘起される分極で，ラマン散乱と関係する項である．このことは次の考察から明らかである．

$$\begin{aligned}&\boldsymbol{P}^{(\mathrm{ind})}(\boldsymbol{r},t,\boldsymbol{u})\\&=\left(\frac{\partial\chi}{\partial\boldsymbol{u}}\right)_{\boldsymbol{u}=0}\boldsymbol{u}(\boldsymbol{q},\omega_q)\cos(\boldsymbol{q}\cdot\boldsymbol{r}-\omega_q t)\epsilon_0\boldsymbol{E}(\boldsymbol{k}_i,\omega_i)\cos(\boldsymbol{k}_i\cdot\boldsymbol{r}-\omega_i t)\\&=\frac{1}{2}\epsilon_0\left(\frac{\partial\chi}{\partial\boldsymbol{u}}\right)_{\boldsymbol{u}=0}\boldsymbol{u}(\boldsymbol{q},\omega_q)\boldsymbol{E}(\boldsymbol{k}_i,\omega_i)\\&\quad\times[\cos\{(\boldsymbol{k}_i+\boldsymbol{q})\cdot\boldsymbol{r}-(\omega_i+\omega_q)t\}+\cos\{(\boldsymbol{k}_i-\boldsymbol{q})\cdot\boldsymbol{r}-(\omega_i-\omega_q)t\}]\end{aligned} \tag{5.58}$$

このように，$\boldsymbol{P}^{(\mathrm{ind})}$ は波数ベクトルが $\boldsymbol{k}_{\mathrm{S}}=(\boldsymbol{k}_i-\boldsymbol{q})$ で角周波数が $\omega_{\mathrm{S}}=(\omega_i-\omega_q)$ のストークス波 (Stokes shifted wave) と，波数ベクトルが $\boldsymbol{k}_{\mathrm{AS}}=(\boldsymbol{k}_i+\boldsymbol{q})$ で角周波数が $\omega_{\mathrm{AS}}=(\omega_i+\omega_q)$ の反ストークス波 (anti-Stokes shifted wave) から成っている．つまり，ラマン散乱ではストークスシフトしたものと反ストークスシフトしたものの 2 種類が観測される．この周波数シフトをラマンシフトとよび，入射レーザー光の角周波数の両サイドにフォノンの角周波数だけシフトした散乱光が現われる．

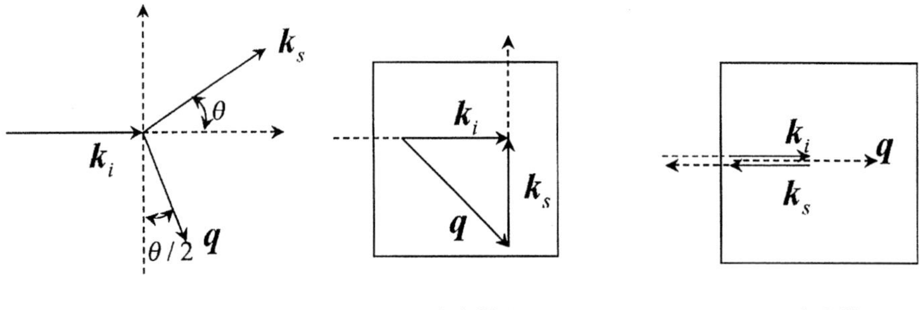

図 5.10: 光散乱測定の配置．(a) 一般的な配置，(b) 直角散乱配置，(c) 後方散乱配置．$\boldsymbol{k}_i$ は入射フォトンの波数ベクトル，$\boldsymbol{k}_s$ は散乱フォトンの波数ベクトル，$\boldsymbol{q}$ はフォノンの波数ベクトル．

エネルギーと運動量の保存則により

$$\omega_i=\omega_s\pm\omega_q \tag{5.59}$$

$$\boldsymbol{k}_i=\boldsymbol{k}_s\pm\boldsymbol{q} \tag{5.60}$$

となる．ここで，複号の + はストークス散乱を，− は反ストークス散乱を意味する．ω_i と ω_s の差は小さいので，$|\boldsymbol{k}_i|$ と $|\boldsymbol{k}_s|$ はほぼ等しいとおける．このとき図 5.10(a) における散乱角 θ を用いて

$$q=2k_i\sin(\theta/2) \tag{5.61}$$

の関係が成立する．

ラマン散乱の強度は $P^{(\mathrm{ind})}$ により決定されることはこれまでの議論で明らかである．以下にラマン散乱の強度を与える式を示すが，その際に用いられるラマンテンソルの定義を行う．上の考察から明らかなように，結晶の格子振動による影響を入れた帯電率 χ_{ij} は次式で与えられる．

$$\chi_{ij} = \chi_{ij}^{(0)} + \sum_k \chi_{ij,k} u_k + \sum_{k,l} \chi_{ij,kl} u_k u_l + 0(u^3) \tag{5.62}$$

ここに，

$$\chi_{ij,k} = \left(\frac{\partial \chi_{ij}}{\partial u_k}\right)_{\boldsymbol{u}=0}, \qquad \chi_{ij,kl} = \left(\frac{\partial^2 \chi_{ij}}{\partial u_j \partial u_l}\right)_{\boldsymbol{u}=0} \tag{5.63}$$

である．u の 1 次に比例する項は 1 次のラマン散乱を与え，上式の χ の 1 回微分の項は 1 次のラマンテンソルとよばれる．全く同様にして，χ の 2 回微分の項は 2 次のラマン散乱を与えるが，ここではその議論をしない．明らかに，$\chi_{ij,k}$ は 3 次のテンソルでそのゼロでない成分は結晶の対称性で決まる．Smith [5.23] によると，1 次のラマン散乱の強度は，非偏向の光を用いた場合，

$$I_s = \frac{3\hbar\omega_s^4 L d\Omega}{\rho c^4 \omega_q} |\chi_{zy,x}|^2 (n_q + 1) \tag{5.64}$$

で与えられる．ここに，L は光の波数ベクトル $\boldsymbol{k}_i$ 方向の結晶の長さで，ρ は結晶の密度，n_q はフォノンの占有数 (ボーズ・アインシュタイン数)，$d\Omega$ は散乱光検出器の立体角である．上式はストークス散乱に対するもので，反ストークスに対しては n_q+1 は n_q となる．この結果は古典的な散乱の理論から導かれたもので，量子力学的考察については後に述べる．

通常のラマン散乱では，偏向した光を用いるが，この場合入射光の偏向方向の単位ベクトルを $\boldsymbol{e}^{(i)}$ とおくと，散乱光は

$$\begin{aligned}\boldsymbol{P}^{(\mathrm{ind})} &\propto \left(\frac{\partial \chi}{\partial \boldsymbol{u}}\right) \boldsymbol{u}(\boldsymbol{q},\omega_q) \cdot \boldsymbol{e}^{(i)} = \left(\frac{\partial \chi_{ij}}{\partial u_k}\right) u_k(\boldsymbol{q},\omega_q) \cdot \boldsymbol{e}^{(i)} \\ &= (\chi_{ij,k}) u_k \cdot e_j^{(i)} \sim R_{ji}^k \cdot e_j^{(i)}\end{aligned}$$

で与えられるから，$\boldsymbol{e}^{(s)}$ 方向に偏向した散乱光の強度は，$\boldsymbol{e}^{(s)} \cdot \boldsymbol{P}^{(\mathrm{ind})}$ より，次式で与えられる．

$$I_s \propto \left| \boldsymbol{e}^{(s)} \cdot \left(\frac{\partial \chi}{\partial \boldsymbol{u}}\right) \boldsymbol{u} \cdot \boldsymbol{e}^{(i)} \right|^2 \sim \left| \boldsymbol{e}^{(i)} \cdot R_{ji}^k \cdot \boldsymbol{e}^{(s)} \right|^2 \sim \left| e_j^{(i)} R_{ji}^k e_i^{(s)} \right|^2. \tag{5.65}$$

ここに，i, j, k は座標の x, y, z 成分をとることを意味し，上付きの $(i), (s)$ は入射光と散乱光を意味する．この，R_{ji}^k のことをラマンテンソルとよぶ．

$\chi_{ij,k}$ は 3 階テンソルであるが，これにベクトル $\boldsymbol{u} = \boldsymbol{\xi} \cdot u$ ($\boldsymbol{\xi}$ は変位方向の単位ベクトル) を掛けたものは 2 階テンソルとなる．つまり，

$$\chi_{ij,k} \cdot \boldsymbol{u} = \sum_k \chi_{ij,k}\, u_k \sim \sum_k R_{ji}^k \xi_k$$

は 2 階テンソル量で，結晶の対称性によりそのゼロでない成分は決まる．つまり，ラマンテンソル R_{ji}^k の成分は結晶の対称性で決まることになる．なお，上の考察で明らかなように，ラマンテンソル R_{ji}^k において，j は入射フォトンの偏向を，i は散乱 (ラマン) 光の偏向方向を，k はフォノンの偏光方向を

表している．無摂動の帯電率は対称2階テンソルであるが，ラマンテンソルは入射光と散乱光の周波数が異なるので，厳密には完全な対称2階テンソル量ではない．このラマンテンソルがラマン散乱の選択則を決定するが，ラマン散乱と赤外吸収は相補的な関係にある．ラマンテンソル $\chi_{ij,k} = (\partial\chi_{ij}/\partial\boldsymbol{u})$ は結晶の対称性を反映する．例えば，反転対称を有する結晶において，このラマンテンソルは反転操作に対しては不変でなければならない．一方，フォノンはこの反転操作に対して符号を変えないもの (even parity; 偶のパリティ) と変えるもの (odd parity; 奇のパリティ) の2種類がある．奇のパリティをもつフォノンの変位 $\boldsymbol{u}$ は，反転操作に対して符号を変えるから，$\chi_{ij,k} = (\partial\chi_{ij}/\partial\boldsymbol{u})$ は符号を変えることになる．つまり，奇のパリティをもつフォノンに対するラマンテンソルはゼロとなる．奇のパリティをもつフォノンは赤外活性で，偶のパリティをもつフォノンは赤外不活性である．

反転対称を持たない結晶が圧電性を有することは容易に証明できる．例えば，GaAs のような閃亜鉛鉱を例にとって考える．圧電性はひずみ e_{jk} によって電界を誘起する現象で，電界の i 方向成分 E_i は

$$E_i = e_{i,jk}e_{jk}$$

と定義される．ここに，$e_{i,jk}$ は圧電定数であり，3階テンソル量である．なお，ひずみについては付録 B を参照されたい．付録 B で定義したテンソルの添字縮小法を用い，$xx = 1$, $yy = 2$, $zz = 3$, $yz = zy = 4$, $zx = xz = 5$, $xy = yx = 6$ とおくと，圧電定数は立方晶 T_d では

$$\begin{bmatrix} 0 & 0 & 0 & e_{1,4} & 0 & 0 \\ 0 & 0 & 0 & 0 & e_{1,4} & 0 \\ 0 & 0 & 0 & 0 & 0 & e_{1,4} \end{bmatrix} \tag{5.66}$$

となり，ゼロでない独立の成分は1個となる．つまり，添字が xyz, yzx, zxy のもののみがゼロでない成分として残る．ラマンテンソル R^k_{ji} についても同様の性質を持ったものが現われるはずである．このことは後に示す群論による考察の結果から明らかとなる．慣例に従いこのラマンテンソルの成分を次のような 3×3 の行列で示す．

$$R^x_{yz}, R^x_{zy} = \begin{bmatrix} 0\,0\,0 \\ 0\,0\,d \\ 0\,d\,0 \end{bmatrix} \quad R^y_{zx}, R^y_{xz} = \begin{bmatrix} 0\,0\,d \\ 0\,0\,0 \\ d\,0\,0 \end{bmatrix} \quad R^z_{xy}, R^z_{yx} = \begin{bmatrix} 0\,d\,0 \\ d\,0\,0 \\ 0\,0\,0 \end{bmatrix} \tag{5.67}$$

はじめにも述べたように，ラマンテンソル $(\sum_k R^k_{ji})$ は2階テンソルであるからひずみテンソルと同様にして既約表現で表すことが可能である．付録 B を参照すると，上に求めたラマンテンソルは Γ_4 に属する．つまり，付録 B の式 (B.17) を用いると，

$$R(\Gamma_1) = \begin{bmatrix} a & 0 & 0 \\ 0 & a & 0 \\ 0 & 0 & a \end{bmatrix}, \tag{5.68}$$

$$R(\Gamma_3) = \begin{bmatrix} b & 0 & 0 \\ 0 & b & 0 \\ 0 & 0 & -2b \end{bmatrix}, \quad \sqrt{3}\begin{bmatrix} b & 0 & 0 \\ 0 & -b & 0 \\ 0 & 0 & 0 \end{bmatrix}, \tag{5.69}$$

$$R(\Gamma_4) = \begin{bmatrix} 0 & 0 & 0 \\ 0 & 0 & d \\ 0 & d & 0 \end{bmatrix}, \quad \begin{bmatrix} 0 & 0 & d \\ 0 & 0 & 0 \\ d & 0 & 0 \end{bmatrix}, \quad \begin{bmatrix} 0 & d & 0 \\ d & 0 & 0 \\ 0 & 0 & 0 \end{bmatrix} \tag{5.70}$$

上式の $R(\Gamma_4)$ は式 (5.67) の R^z_{xy}, R^x_{yz} などと同じものである．また，式 (5.69) で現われる因子 $\sqrt{3}$ は，付録 B で示した基底関数の規格化の形，$(1/\sqrt{2})(e_{xx}-e_{yy}),(1/\sqrt{6})(e_{xx}+e_{yy}-2e_{zz})$，を考慮すれば明らかである．ひずみテンソルとして付録 B の式 (B.18) を用いると，式 (5.69) は次のようになる．

$$R(\Gamma_3)=\begin{bmatrix} b & 0 & 0 \\ 0 & b & 0 \\ 0 & 0 & b \end{bmatrix}, \quad \begin{bmatrix} b & 0 & 0 \\ 0 & b & 0 \\ 0 & 0 & b \end{bmatrix} \tag{5.71}$$

上式で同じテンソルを 2 つ示したのは，このフォノンが 2 重縮退していることを意味する．

群論の助けをかりて，このようなラマンテンソルの一覧表が作られている．ここでは，Loudon [5.9] の導いた表から，立方晶に対するものを表 5.1 に示す．この表において，カッコ内に x, y, z を含む振動様式はラマン活性であると同時に赤外活性のモードであり，分極がその方向を向いている．また，全てのモードが 1 次のラマン散乱として観測される訳ではない．先の例で，T_d に属する結晶では光学フォノンは Γ_4 の対称性をもち，Γ_1 (A_1) や Γ_3 (E) のフォノンは光学フォノンではない．これらのテンソル成分は 2 次のラマン散乱で観測されている．表 5.1 は，ラマンフォノンの波長が無限大 (波数ベクトル $\boldsymbol{q}=0$) の極限を仮定して，結晶の点群を用いてフォノンの分類を行ったものである．実際のラマン散乱では $\boldsymbol{q}\neq 0$ のフォノンが関与する．

表 5.1: 立方晶におけるラマンテンソルとラマン活性フォノンモード

	$\begin{bmatrix} a&0&0\\0&a&0\\0&0&a \end{bmatrix}$	$\begin{bmatrix} b&0&0\\0&b&0\\0&0&b \end{bmatrix}$	$\begin{bmatrix} b&0&0\\0&b&0\\0&0&b \end{bmatrix}$	$\begin{bmatrix} 0&0&0\\0&0&d\\0&d&0 \end{bmatrix}$	$\begin{bmatrix} 0&0&d\\0&0&0\\d&0&0 \end{bmatrix}$	$\begin{bmatrix} 0&d&0\\d&0&0\\0&0&0 \end{bmatrix}$
T	A	E	E	F(x)	F(y)	F(z)
T_h	A_g	E_g	E_g	F_g	F_g	F_g
O	A_1	E	E	F_g	F_g	F_g
T_d	A_1	E	E	$\mathrm{F}_2(x)$	$\mathrm{F}_2(y)$	$\mathrm{F}_2(z)$
O_h	A_{1g}	E_g	E_g	F_{2g}	F_{2g}	F_{2g}

5.2.1 ラマン散乱の選択則

上に求めたラマンテンソルを用いて，1 次のラマン散乱 (first-order Raman scattering, single-phonon Raman scattering) の強度を求める方法について述べる．理解を助けるため，反転対称性を有する点群 O_h と反転対称性を持たない T_d 群について述べる．反転対称性を有する O_h 群の光学フォノンは Γ 点で 3 重縮退した F_2g ($\Gamma_{25'}$) フォノンからなる．これらは 2 つの横波光学フォノン (TO フォノン) と 1 つの縦波光学フォノン (LO フォノン) からなる．散乱効率は

$$I=A\left[\sum_{j,i=x,y,z} e_j^{(i)} R_{ji} e_i^{(s)}\right]^2 \tag{5.72}$$

で与えられる．ここに，A は物質と散乱フォトンの角周波数などできまる比例定数であり，$e_j^{(i)}$，$e_i^{(s)}$ は入射フォトンおよび散乱フォトンの偏光方向単位ベクトルの j，i 方向成分である．図 5.10(a) を考え，散乱フォトンの偏光方向がこの散乱面 (xz 面) に平行な場合と垂直な場合の散乱効率を求めてみる．縮退したフォノンについての散乱効率の和をとることに注意すると，それぞれの偏光方向に対して次の結果が得られる．

$$\begin{aligned} I_{\parallel} &= A\left[(e_x^{(i)} R_{xz})^2 + (e_y^{(i)} R_{yx})^2 + (e_y^{(i)} R_{yz})^2\right] \\ &= A|d|^2\left[(e_x^{(i)}\sin\theta)^2 + (e_y^{(i)})^2(\cos^2\theta + \sin^2\theta)\right] \\ &= A|d|^2\left[(e_x^{(i)}\sin\theta)^2 + (e_y^{(i)} t)^2\right] \end{aligned} \tag{5.73a}$$

$$I_{\perp} = A\left[(e_x^{(i)} R_{xy})^2\right] = A|d|^2\left[(e_x^{(i)})^2\right] \tag{5.73b}$$

一方，反転対称をもたない結晶の T_d フォノンは2重縮退した 横波光学 (TO) フォノンと縦波光学 (LO) フォノンに分裂している．このような場合先に述べたように，ラマンテンソルはフォノンの偏向方向に依存する．そこで，フォノンの偏向方向の単位ベクトルを $\boldsymbol{\xi}$ とおくと，散乱効率は次式で与えられる．

$$I = A\left[\sum_{jikx,y,z} e_j^{(i)} R_{ji}^k \xi_k e_i^{(s)}\right]^2 \tag{5.74}$$

図 5.10(a) の散乱配置を考えると，LO フォノンに対しては

$$\begin{aligned} I_{\parallel}(\mathrm{LO}) &= A_{\mathrm{LO}}\left[e_y^{(i)} R_{yz}^x \xi_x e_z^{(s)} + e_y^{(i)} R_{yx}^z \xi_z e_x^{(s)}\right]^2 \\ &= A_{\mathrm{LO}}|d_{\mathrm{LO}}|^2\left\{e_y^{(i)}\sin(3\theta/2)\right\}^2 \end{aligned} \tag{5.75a}$$

$$I_{\perp}(\mathrm{LO}) = A_{\mathrm{LO}}\left[e_x^{(i)} R_{xy}^z \xi_z e_y^{(s)}\right]^2 = A_{\mathrm{LO}}|d_{\mathrm{LO}}|^2\left\{e_x^{(i)}\sin(\theta/2)\right\}^2 \tag{5.75b}$$

となり，TO フォノンに対しては

$$\begin{aligned} I_{\parallel}(\mathrm{TO}) &= A_{\mathrm{TO}}\left[(e_x^{(i)} R_{xz}^y \xi_y e_z^{(s)})^2 + (e_y^{(i)} R_{yz}^x \xi_x e_z^{(s)} + e_y^{(i)} R_{yx}^z \xi_z e_x^{(s)})^2\right] \\ &= A_{\mathrm{TO}}|d_{\mathrm{TO}}|^2\left[(e_x^{(i)}\sin\theta)^2 + (e_y^{(i)}\cos(3\theta/2))^2\right] \end{aligned} \tag{5.76a}$$

$$I_{\perp}(\mathrm{TO}) = A_{\mathrm{TO}}\left[e_x^{(i)} R_{xy}^z \xi_z e_y^{(s)}\right]^2 = A_{\mathrm{TO}}|d_{\mathrm{TO}}|^2\left\{e_x^{(i)}\cos(\theta/2)\right\}^2 \tag{5.76b}$$

となる．ここで，$A_{\mathrm{LO}}|d_{\mathrm{LO}}|^2 = A_{\mathrm{TO}}|d_{\mathrm{TO}}|^2 = A|d|^2$ とおくと，$I_{\parallel}(\mathrm{LO}) + I_{\parallel}(\mathrm{TO}) = I_{\parallel}$，$I_{\perp}(\mathrm{LO}) + I_{\perp}(\mathrm{TO}) = I_{\perp}$ となり，それぞれ式 (5.73a)，式 (5.73b) と一致する．

図 5.10(b) の直角散乱に対しては $\theta = \pi/2$，図 5.10(c) の後方散乱に対しては $\theta = \pi$ とおけば散乱効率を求めることができる．ラマン散乱では，入射光と散乱光の波数ベクトル $\boldsymbol{k}_i$，$\boldsymbol{k}_s$ と入射光と散乱光の偏光ベクトル $\boldsymbol{e}^{(i)}$，$\boldsymbol{e}^{(s)}$ の4つのベクトルを用いて散乱配置を $\boldsymbol{k}_i(\boldsymbol{e}^{(i)}, \boldsymbol{e}^{(s)})\boldsymbol{k}_s$ で表す．この記述法を用いると T_d 点群における後方散乱の選択則は表 5.2 のようになる．

ところで，ラマン散乱は通常可視領域のレーザー光源を用いて測定される．この場合，Si でも GaAs でも不透明領域 (禁止帯幅のエネルギー値よりも高エネルギー側) になり，入射フォトンは表面で吸収

表 5.2: T_d 群 (GaAs などの閃亜鉛鉱が含まれる) のラマン散乱の選択則．後方散乱と直角散乱の場合が示してある．

散乱配置		選択則	
		TO フォノン	LO フォノン
後方散乱	$z(y,y)\bar{z}; z(x,x)\bar{z}$	0	0
	$z(x,y)\bar{z}; z(y,x)\bar{z}$	0	$\|d_{\mathrm{LO}}\|^2$
直角散乱	$z(x,z)x$	$\|d_{\mathrm{TO}}\|^2$	0
	$z(y,z)x$	$\|d_{\mathrm{TO}}\|^2/2$	$\|d_{\mathrm{LO}}\|^2/2$
	$z(x,y)x$	$\|d_{\mathrm{TO}}\|^2/2$	$\|d_{\mathrm{LO}}\|^2/2$

されてしまう．つまり，直角散乱は観測することができない．そのような訳で，後方散乱配置が用いられる．表 5.2 に示されているように，この後方散乱配置では LO フォノンしか検出できない．TO フォノンを検出するには，y' と z' を [011] と $[0\bar{1}1]$ にとると，$y'(z',x)\bar{y}'$ と $y'(z',z')\bar{y}'$ に対して $|d_{\mathrm{TO}}|^2$ が得られ，LO フォノンに対してはこの配置では 0 となる．

さて，ラマン散乱の実験結果について述べる．これまでに数多くの報告がありそれらを網羅することは本書の目的ではない．そこで，ここでは本書のために著者の研究室で行った測定について述べる．はじめに，T_d 群に属する GaAs のラマン散乱を述べる．ラマン活性の光学フォノンは 表 5.1 に示したように，F_2 (Γ_4 あるいは BSW の記号では Γ_{15}) である．また，表 5.2 を見れば明らかなように，LO フォノンを観測するには GaAs の (001) 面を用いて $z(x,y)\bar{z}$ の配置で，また TO フォノンを観測するには (110) 面を用いて $x'(z',y')\bar{x}'$ の配置で行えばよい．ここに，$[x,y,z]$ は通常の結晶軸を定義するときの直交座標で $[x',y',z']$ は z 軸の周りに 45° 回転したもので (x',z') あるいは (y',z') 面が (110) 面となる．同様の考察は他の立方晶についても行える．このような配置でラマン散乱の選択則と強度がどのようになるかを示したのが図 5.11 である．この図では Si などの O_h 群に対して示しているが，GaAs についても全く同様であることは表 5.1 から明らかである．

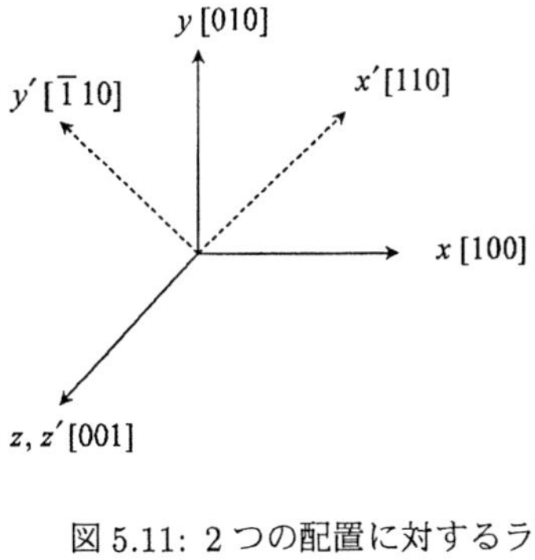

$$(x,y,z):\quad a^2\begin{bmatrix}1&0&0\\0&1&0\\0&0&1\end{bmatrix},\ 4b^2\begin{bmatrix}1&0&0\\0&1&0\\0&0&1\end{bmatrix},\ d^2\begin{bmatrix}0&1&1\\1&0&1\\1&1&0\end{bmatrix}$$

$$(x',y',z'):\quad a^2\begin{bmatrix}1&0&0\\0&1&0\\1&1&0\end{bmatrix},\ b^2\begin{bmatrix}1&3&0\\3&1&0\\0&0&4\end{bmatrix},\ d^2\begin{bmatrix}1&0&1\\0&1&1\\1&1&0\end{bmatrix}$$

$$\Gamma_1 \qquad\qquad \Gamma_{12} \qquad\qquad \Gamma_{25}$$

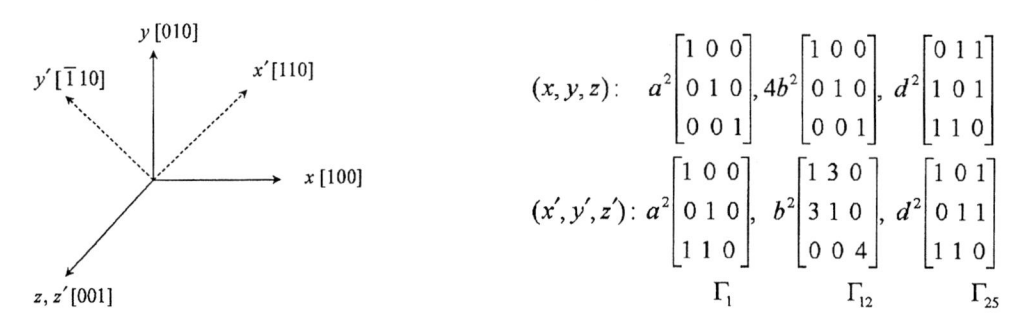

図 5.11: 2 つの配置に対するラマン散乱の強度．Si などの O_h 群に対して求めているが，GaAs などの T_d 群に対しても同様である．表 5.1 をもとに求めた．

ラマン散乱の測定は，ダブルモノクロメーター (double monochromator) やトリプルモノクロメーターと光電子計測や CCD カメラを用いて行われるが，最近発売された Renishaw の Ramascope

(顕微ラマン装置) はレーリー散乱を取り除くのにノッチフィルターを用いた方式を採用しており，非常に精度のよいしかも簡便なラマン散乱測定装置である．これを用いて，$z(x,y)\bar{z}$ の配置で Si におけるラマン散乱を測定した結果を図 5.12(a) に示す．この配置では LO フォノンによる散乱が観測されるはずであるが，200 – 300 cm^{-1} に LO フォノンと同時に禁止された TO フォノン散乱も観測されている．これは，顕微ラマン装置ではフォトンの入射角が焦点深度によっては無視できないことや，偏向角が不完全であることなどによる．TO フォノンによるラマン散乱を観測するには，図 5.11 より，(110) 面を用いて $x'(z',y')\bar{x}'$ の配置で行えばよい．その結果を図 5.12(b) に示す．強い TO フォノンピークと非常に弱い LO フォノンピークが観測される．

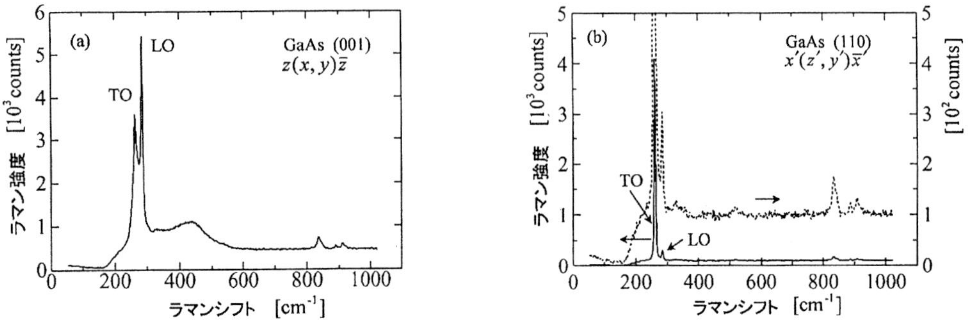

図 5.12: GaAs における室温でのラマン散乱．(a) $z(x,y)\bar{z}$ 配置で LO フォノンが許容，TO フォノンが禁止であるが，配置のわずかなずれで TO フォノンも観測される．(b) $x'(z',y')\bar{x}'$ 配置で TO フォノンが許容，LO フォノンが禁止である．

Si に関しては Temple と Hathaway [5.24]によるマルチフォノンによるラマン散乱の報告がある．この論文を参考にして，(001) 面のみを用いて 1 次と 2 次のラマン散乱を測定する方法を述べる．実験は，GaAs 同様，Renishaw の Ramascope を用いて行った．Si は O_h 群に属し，表 5.1 から A_{1g} (Γ_1)，E_g (Γ_{12})，F_{2g} ($\Gamma_{25'}$) の表現がラマン散乱に寄与する．以下，BSW の記号 (カッコ内) を用いる．光学フォノンは $\Gamma_{25'}$ に属するから，1 次のラマン散乱は $\Gamma_{25'}$ に属するラマンテンソルが関与する．図 5.13 は Si の (001) 面を用いて測定した結果である．表 5.11 より明らかなように，図 5.13(a) の $z(x',x')\bar{z}$ の配置では $\Gamma_1+\Gamma_{12}+\Gamma_{25'}$ のすべての表現のフォノンが観測できる．519 cm^{-1} の強いピークは Γ 点で縮退した TO と LO フォノン ($\Gamma_{25'}$) による 1 フォノンラマン (1 次のラマン) 散乱である．200 – 450 cm^{-1} 以下に見られるブロードなピークは音響フォノンが 2 つ関与した 2 次のラマン散乱であり，1 フォノンピークより少し高エネルギー側にみえるピークは光学フォノンと音響フォノンを同時に放出する 2 次のラマン散乱である．また，1000 cm^{-1} 付近のピークは 2 つの光学フォノンが関与した 2 次のラマン散乱である．2 次のラマン散乱でも，運動量とエネルギーの保存則を満たす必要があり，2 つのフォノンは反対方向の波数ベクトルを持っている．このような 2 次のラマン散乱では，フォノンの状態密度の大きさを反映した散乱強度が得られるので，フォノンの分散を議論するのに重要な情報を提供してくれる．図 5.13(b) は $z(x,y)\bar{z}$ の配置で測定を行ったもので，$\Gamma_{25'}$ のみが許される配置である．図に示すように Γ 点の光学フォノンによる 1 次のラマンと 2 つの光学フォノンが関与した 2 次のラマン散乱が観測される．図 5.13(c) は $z(x,x)\bar{z}$ の配置で $\Gamma_1+\Gamma_{12}$ のフォノン

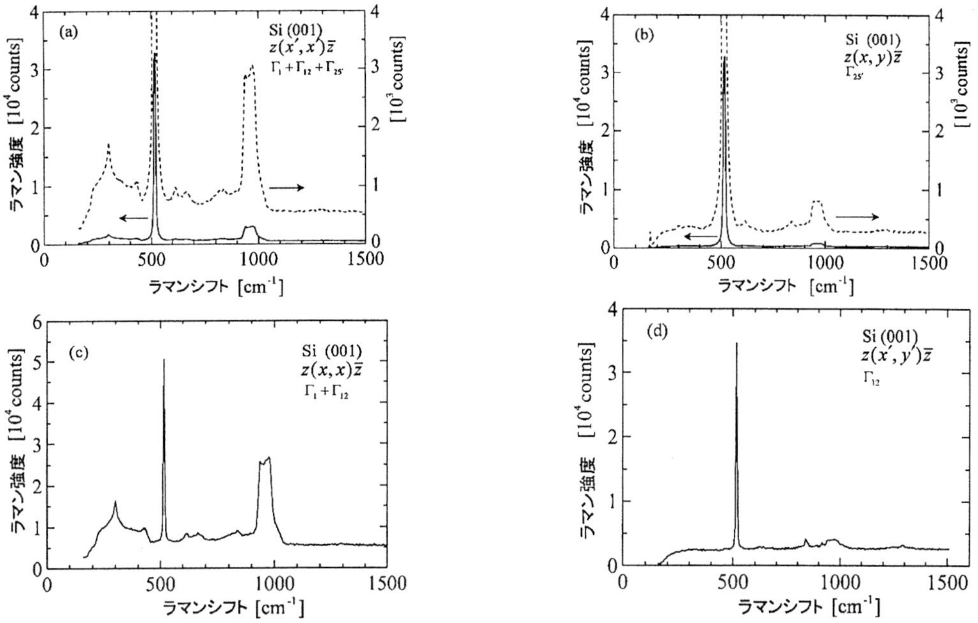

図 5.13: $T = 300$ K での Si (001) 面を用いたラマン散乱. (a) $z(x', x')\bar{z}$ の配置で $\Gamma_1+\Gamma_{12}+\Gamma_{25'}$ のすべての表現のフォノンが観測できる. 519 cm^{-1} のピークは Γ 点における $\Gamma_{25'}$ 光学フォノンによる 1 次のラマン散乱で, 他は 2 次のラマン散乱. (b) $z(x, y)\bar{z}$ の配置で測定を行ったもので, Γ_{25} のみが許される配置である. (c) $z(x, x)\bar{z}$ の配置で $\Gamma_1 + \Gamma_{12}$ のフォノンによる 2 次のラマン散乱が観測される. (d) $z(x', y')\bar{z}$ の配置で, Γ_{12} のみが観測されるが, わずかなミスアライメントによる $\Gamma_{25'}$ の 1 次のフォノンピークが強く, 2 次のラマン 900 – 1000 cm^{-1} 付近に見られる.

が観測される. つまり 2 次のラマン散乱のみが観測される配置で, 弱い $\Gamma_{25'}$ を除き, 音響フォノンと光学フォノンの 2 次のラマン散乱がはっきりと観測されている. 図 5.13(d) の配置 $z(x', y')\bar{z}$ は, Γ_{12} のみが観測される配置であるが, 2 次のラマン散乱が弱く, わずかなミスアライメントで $\Gamma_{25'}$ の光学フォノンによる 1 次のラマン散乱が強く現れ, 微弱ではあるが 900 – 1000 cm^{-1} 付近に 2 次のラマン散乱が認められる.

5.2.2 ラマン散乱の量子力学的考察

ラマン散乱は, 入射フォトンにより結晶の電子状態を基底状態から励起状態に変え, つまり電子と正孔の対を作り, その電子または正孔 (あるいは, 電子－正孔対, 励起子) がフォノンと相互作用 (フォノン散乱) を受けて新しい励起状態に移った後, 再結合して散乱フォトンを放出する過程であると理解される. したがって, 入射フォトンのエネルギーが基礎吸収端に近づくとその散乱効率は急激に増大する. これが後にのべる共鳴ラマン散乱と共鳴ブリルアン散乱である. この様子を模式的に表したのが図 5.14 である. 図では, 重い正孔と軽い正孔の 2 つの価電子帯と伝導帯を考慮し, (a) では励起電子がフォノンによる散乱を受ける場合, (b) は正孔がフォノン散乱を受ける場合が示されてい

る．このような量子力学的過程では，3つの相互作用つまり，(1) 入射フォトンと半導体の電子の相互

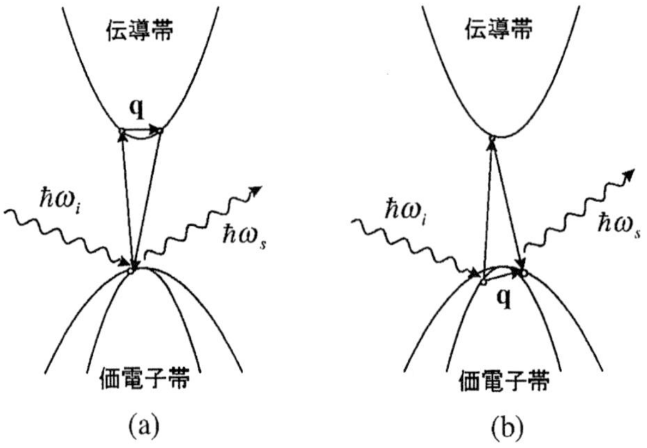

図 5.14: ラマン散乱の量子力学的説明．バンド間遷移とフォノン散乱

作用，(2) 励起電子－正孔対のフォノンとの相互作用，と (3) 再結合発光の過程が含まれ，3次の摂動の問題として取り扱われる．この理論計算は Loudon によってなされている[5.25]．ここでは，より便利な方法としてダイアグラムを用いる方法を Yu と Cardona [5.4]の手法にしたがって説明する．図 5.14 はダイアグラムを用いて図 5.15 のように表される．もちろん，これ以外の種々の方法が用いられている．図 5.15(a) は Loudon の方法で，(b) は Yu と Cardona の方法である．

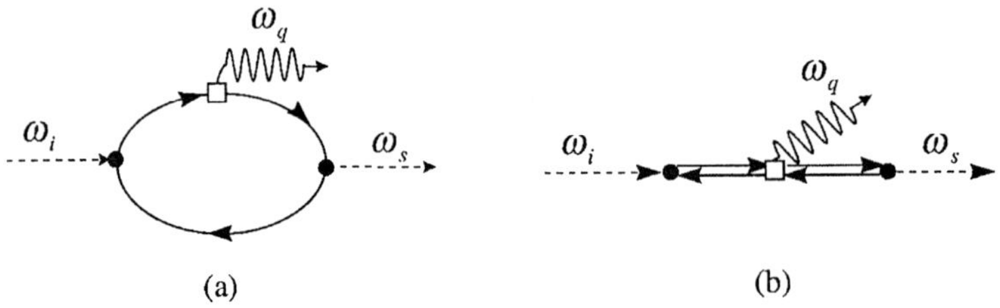

図 5.15: ラマン散乱のダイアグラムによる表示

ダイアグラムを描くにあたって次のような約束をする．

(a) フォトン，電子－正孔対やフォノンのような励起をプロパゲーター (propagator) とよび，図 5.16 に示すように，破線，実線，波線で表す．

(b) これらの励起同士の相互作用をプロパゲーター間の接点で表し，この接点をバーテックス (vertex) とよぶ．バーテックスは種々の記号で表されるが，ここでは，電子－フォトン (電磁場) 間の相互作用を●で電子－フォノン間の相互作用を□で表す．

(c) プロパゲーターには矢印を付す．矢印の方向は相互作用において生成と消滅を表し，矢印がバーテックスに向かっているときは消滅を，反対にバーテックスから出てゆくときは生成を意味する．

(d) 相互作用の時間経過は左から右に向かって進み，全ての相互作用を順序にしたがって並べる．

(e) 1つのダイアグラムが描けたら，バーテックスの並べかえを全て行う．

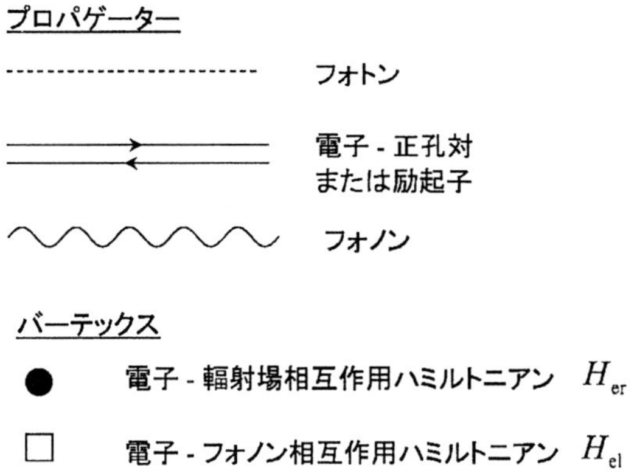

図 5.16: ダイアグラムを表すためのプロパゲーターとバーテックス

これらのことを考慮してラマン散乱のダイアグラムを求めると，バーテックス3個に対して6つのダイアグラムが得られ，それを示したのが図 5.17 である．これらのダイアグラムを用いて，ラマン散乱の摂動計算を行う方法を以下に述べる．始状態を $|i\rangle$ とおき，終状態を $|f\rangle$ とすると，散乱確率はフェルミの黄金則 (Fermi golden rule) を用いて次のように求められる．例題として図 5.17(a) の場合について考えてみよう．解くべき問題は

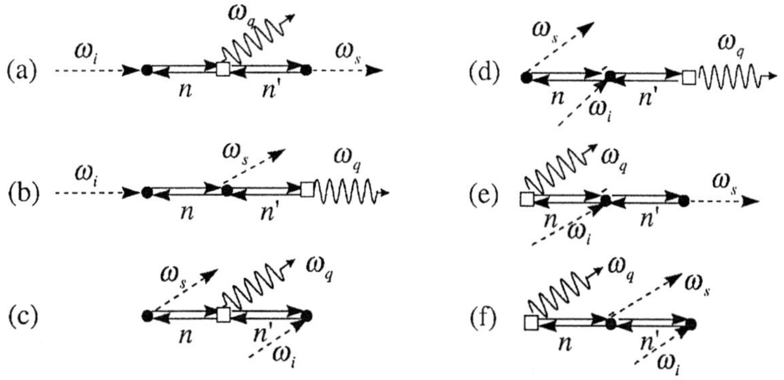

図 5.17: ラマン散乱 (ストークス) に対する6つのダイアグラム

$$H = H_0 + H_{er} + H_{el}$$

で，$H_0 = H_e + H_l$ は，電子および格子振動のハミルトニアンで，H_{er} は電子－フォトン (電磁場) 相互作用を，H_{el} は電子－格子振動相互作用を表すハミルトニアンである．ダイアグラムを用いる場合の手続きは以下の通りである．

(1) 最初のバーテックスからは

$$\sum_n \frac{\langle n|H_{er}(\omega_i)|i\rangle}{[\hbar\omega_i - (\mathcal{E}_n - \mathcal{E}_i)]} \tag{5.77}$$

の項が得られる．ここで，$|i\rangle$ はエネルギー $\mathcal{E}_i$ をもった初期状態で，$|n\rangle$ はエネルギー $\mathcal{E}_n$ をもった中間状態である．エネルギー分母に現われる $\hbar\omega_i$ はその量子 (フォトン) が吸収されるとき + で，放出されるとき − 符号が付く．中間状態 $|n\rangle$ については和をとる．

(2) この規則を用いて，第2のバーテックスからの寄与を加えると

$$\sum_{n,n'} \frac{\langle n'|H_{el}(\omega_q)|n\rangle\langle n|H_{er}(\omega_i)|i\rangle}{[\hbar\omega_i - (\mathcal{E}_n - \mathcal{E}_i) - \hbar\omega_q - (\mathcal{E}_{n'} - \mathcal{E}_n)]\,[\hbar\omega_i - (\mathcal{E}_n - \mathcal{E}_i)]} \tag{5.78}$$

となることは明らかである．ここに，$-\hbar\omega_q$ の符号がマイナスとなっているのは，(1) の約束で，フォノンの放出を表しているためである．この式を整理すると次式が得られる．

$$\sum_{n,n'} \frac{\langle n'|H_{el}(\omega_q)|n\rangle\langle n|H_{er}(\omega_i)|i\rangle}{[\hbar\omega_i - \hbar\omega_q - (\mathcal{E}_{n'} - \mathcal{E}_i)]\,[\hbar\omega_i - (\mathcal{E}_n - \mathcal{E}_i)]} \tag{5.79}$$

以下同様にしてバーテックスを次々と考慮して，高次の摂動を解くことができる．

(3) 最後のバーテックスについては，全エネルギーの保存を取り入れなければならないので，次のような取り扱いが必要である．最後の (第3の) バーテックスに対するエネルギー分母は

$$\begin{aligned}&[\hbar\omega_i - (\mathcal{E}_n - \mathcal{E}_i) - \hbar\omega_q - (\mathcal{E}_{n'} - \mathcal{E}_n) - \hbar\omega_s - (\mathcal{E}_f - \mathcal{E}_i)]\\&\quad = [\hbar\omega_i - \hbar\omega_q - \hbar\omega_s - (\mathcal{E}_i - \mathcal{E}_f)]\end{aligned} \tag{5.80}$$

となるが，ラマン散乱の後には電子は散乱前の基底状態に戻るので，電子の終状態 $|f\rangle$ は始状態 $|i\rangle$ と等しい．つまり，この項は

$$[\hbar\omega_i - \hbar\omega_q - \hbar\omega_s]$$

となる．エネルギー保存則により，この項は 0 でなければならないから，散乱確率の計算では，デルタ関数 $\delta[\hbar\omega_i - \hbar\omega_q - \hbar\omega_s]$ として表され，結局，散乱確率は次式で与えられる．

$$\begin{aligned}&w(-\omega_i, \omega_s, \omega_q)\\&= \frac{2\pi}{\hbar}\left|\sum_{n,n'} \frac{\langle 0|H_{er}(\omega_s)|n'\rangle\langle n'|H_{el}(\omega_q)|n\rangle\langle n|H_{er}(\omega_i)|i\rangle}{[\hbar\omega_i - \hbar\omega_q - (\mathcal{E}_{n'} - \mathcal{E}_i)]\,[\hbar\omega_i - (\mathcal{E}_n - \mathcal{E}_i)]}\right|^2\\&\qquad \times\delta\,[\hbar\omega_i - \hbar\omega_q - \hbar\omega_s].\end{aligned} \tag{5.81}$$

同様にして，図 5.17 における他の 5 つの計算も行える．これらをまとめると次の結果が得られる．ただし，下式では始状態と終状態は基底状態 $|0\rangle$ に等しいと置き $|i\rangle = |f\rangle = |0\rangle$ と書き換えた．

$$\begin{aligned}&w(-\omega_i, \omega_s, \omega_q)\\&= \frac{2\pi}{\hbar}\left|\sum_{n,n'} \frac{\langle 0|H_{er}(\omega_s)|n'\rangle\langle n'|H_{el}(\omega_q)|n\rangle\langle n|H_{er}(\omega_i)|0\rangle}{[\hbar\omega_i - \hbar\omega_q - (\mathcal{E}_{n'} - \mathcal{E}_0)]\,[\hbar\omega_i - (\mathcal{E}_n - \mathcal{E}_0)]}\right.\\&\qquad + \frac{\langle 0|H_{er}(\omega_s)|n'\rangle\langle n'|H_{er}(\omega_q)|n\rangle\langle n|H_{el}(\omega_i)|0\rangle}{[\hbar\omega_i - \hbar\omega_s - (\mathcal{E}_{n'} - \mathcal{E}_0)]\,[\hbar\omega_i - (\mathcal{E}_n - \mathcal{E}_0)]}\\&\qquad + \frac{\langle 0|H_{er}(\omega_s)|n'\rangle\langle n'|H_{el}(\omega_q)|n\rangle\langle n|H_{er}(\omega_i)|0\rangle}{[-\hbar\omega_s - \hbar\omega_q - (\mathcal{E}_{n'} - \mathcal{E}_0)]\,[-\hbar\omega_s - (\mathcal{E}_n - \mathcal{E}_0)]}\end{aligned}$$

$$+\frac{\langle 0|H_{er}(\omega_s)|n'\rangle\langle n'|H_{er}(\omega_q)|n\rangle\langle n|H_{el}(\omega_i)|0\rangle}{[-\hbar\omega_s+\hbar\omega_i-(\mathcal{E}_{n'}-\mathcal{E}_0)][-\hbar\omega_s-(\mathcal{E}_n-\mathcal{E}_0)]}$$
$$+\frac{\langle 0|H_{er}(\omega_s)|n'\rangle\langle n'|H_{el}(\omega_q)|n\rangle\langle n|H_{er}(\omega_i)|0\rangle}{[-\hbar\omega_q+\hbar\omega_i-(\mathcal{E}_{n'}-\mathcal{E}_0)][-\hbar\omega_q-(\mathcal{E}_n-\mathcal{E}_0)]}$$
$$+\left.\frac{\langle 0|H_{er}(\omega_s)|n'\rangle\langle n'|H_{el}(\omega_q)|n\rangle\langle n|H_{er}(\omega_i)|0\rangle}{[-\hbar\omega_q-\hbar\omega_s-(\mathcal{E}_{n'}-\mathcal{E}_0)][-\hbar\omega_q-(\mathcal{E}_n-\mathcal{E}_0)]}\right|^2$$
$$\times\delta[\hbar\omega_i-\hbar\omega_q-\hbar\omega_s]. \tag{5.82}$$

この結果を用いて Loudon [5.9]はラマン散乱の効率を求め，次のような式を導いている．ただし，散乱は位置は先に示した古典理論の Smith のもの (式 (5.64)) と同じである．

$$I=\frac{e^4\omega_s V(n_q+1)Ld\Omega}{4\hbar^3 m^4 d^2 Mc^4\omega_q\omega_i}\left[|R^x_{yz}|^2+|R^y_{zx}|^2+|R^z_{xy}|^2\right] \tag{5.83}$$

ここに，e と m は電子の電荷と質量，d は格子定数，V は結晶の体積，$M(1/M=1/M_1+1/M_2)$ は格子原子の還元質量，n_q はフォノンの占有率である．上式で定義した R^x_{yz} は先に定義したラマンテンソルで，ダイヤモンド型 (O_h) や閃亜鉛鉱型結晶 (T_d) では次のようになる．

$$R^x_{yz}(-\omega_i,\omega_s,\omega_q)=\frac{1}{V}\sum_{\alpha,\beta}\left[\frac{p^z_{0\beta}\Xi^x_{\beta\alpha}p^y_{\alpha 0}}{(\omega_i-\omega_q-\omega_\beta)(\omega_i-\omega_\alpha)}+\text{他の 5 つの項}\right] \tag{5.84}$$

ここに，

$$\hbar\omega_\alpha=\mathcal{E}_\alpha-\mathcal{E}_0,\quad \hbar\omega_\beta=\mathcal{E}_\beta-\mathcal{E}_0$$

で，$p^y_{\alpha 0}=\langle\alpha|p_y|0\rangle$ は運動量行列要素で光の偏向方向 y に対応しており，$\Xi^i_{\alpha\beta}$ は

$$\langle\alpha|H_{el}|\beta\rangle=\Xi^i_{\alpha\beta}\frac{\bar{u}_i}{d}$$

$\boldsymbol{u}$ は光学フォノンに対する原子の相対変位を表し，$\bar{u}_i$ は 6 章で述べるように量子化した $\boldsymbol{u}$ の x 方向成分の振幅を表している．$\Xi^i_{\alpha\beta}$ は変形ポテンシャル定数と呼ばれ，上の定義は Bir と Pikus [5.26] の定義を採用した．Loudon [5.9]によれば，式 (5.83) から与えられる散乱効率は，およそ 10^{-6} から 10^{-7} 程度である．もっとも，式 (5.82) をもとに計算するには，不明の係数が多く不可能である．そこで，最も寄与の大きい項を取り上げ，他はバックグラウンドと考えこれを定数とおいて議論する．このことは，共鳴ラマン散乱と共鳴ブリルアン散乱の解析で用いられ成功を収めている．

以上の結果，古典的 (巨視的) なラマンテンソルと量子力学的計算より求めたラマンテンソルの関係が明らかとなった．ただし，巨視的な理論では $\chi^x_{yz}=\chi_{zy,x}$ などの関係が成立するが，量子論の結果である R^x_{yz} は同じ性質をもたない．これは R^x_{yz} における添字 y,z はフォトンの入射と散乱の偏光方向を意味し，R^x_{zy} は図 5.17(a) において時間経過が右から左に進行する場合に相当し (時間反転)，量子力学的には次のように表すべきである．

$$R^x_{yz}(-\omega_i,\omega_s,\omega_q)=R^x_{zy}(-\omega_i+\omega_q,\omega_s+\omega_q,-\omega_q) \tag{5.85}$$

ラマン散乱では，フォノンのエネルギーがフォトンのエネルギーに比べ十分に小さく，$\omega_q\simeq 0$ とおくことが可能なので

$$R^x_{yz}(-\omega_i,\omega_i,0)=R^x_{zy}(-\omega_i,\omega_i,0) \tag{5.86}$$

となり，R^x_{yz} は $\chi_{yz,x}$ と同じ性質を持つことがわかる．

5.2.3 共鳴ラマン散乱

図 5.14 に示したように，ラマン散乱は入射フォトンにより中間状態としての電子－正孔対の生成をともなう．したがって，入射フォトンのエネルギーが基礎吸収端のエネルギーに近づけば電子－正孔対の生成効率が急激に増大し，ラマン散乱の効率が増大する，いわゆる共鳴ラマン散乱が起こる．このことは前項で求めた散乱効率の式を考察すればより明らかとなる．式 (5.82) において，図 5.17(a) の寄与が最も重要であることは次のような結果を見れば明らかである．式 (5.84) より

$$R^x_{yz} = \frac{1}{V}\sum_{\alpha,\beta}\frac{p^z_{0\beta}\Xi^x_{\beta\alpha}p^y_{\alpha 0}}{(\omega_i-\omega_q-\omega_\beta)(\omega_i-\omega_\alpha)} \tag{5.87}$$

とおいて，等方的放物線バンドを仮定し，運動量行列要素は波数ベクトルに依存せず一定であるとすると，

$$\begin{aligned} R^x_{yz} &= \frac{2}{(2\pi)^3}p^z_{0\beta}\Xi^x_{\beta\alpha}p^y_{\alpha 0} \\ &\times \int_{B.Z.}\frac{4\pi k^2 dk}{\left(\omega_{g\beta}+\omega_q-\omega_i+\dfrac{\hbar k^2}{2\mu}\right)\left(\omega_{g\alpha}-\omega_i+\dfrac{\hbar k^2}{2\mu}\right)} \end{aligned} \tag{5.88}$$

と書き表すことができる．ここに，$\hbar\omega_{g\alpha}$ と $\hbar\omega_{g\beta}$ は入射光と散乱光に対するエネルギー禁止帯幅で図 4.16 に示したような閃亜鉛鉱型結晶では $\hbar\omega_{g\alpha}=\hbar\omega_{g\beta}$ である．μ は中間状態の電子－正孔対の還元質量で簡単のため α と β の状態で等しいとおいた．上式の積分は 334 頁の付録 A.1 の脚注を参照して容易に行える．積分の上限をバンド幅 (伝導帯と価電子帯の結合状態のバンド幅) を $\hbar\Delta\omega_\alpha$ と $\hbar\Delta\omega_\beta$ とおくと，

$$\begin{aligned} R^x_{yz} &= \frac{4}{(2\pi)^2}\cdot\frac{p^z_{0\beta}\Xi^x_{\beta\alpha}p^y_{\alpha 0}}{\omega_{g\beta}-\omega_{g\alpha}+\omega_q}\cdot\left(\frac{2\mu}{\hbar}\right)^{3/2} \\ &\times\left[(\omega_{g\beta}-\omega_s)^{1/2}\arctan\left(\frac{\Delta\omega_\beta}{\omega_{g\beta}-\omega_s}\right)^{1/2}\right. \\ &\qquad\left.-(\omega_{g\alpha}-\omega_i)^{1/2}\arctan\left(\frac{\Delta\omega_\alpha}{\omega_{g\alpha}-\omega_i}\right)^{1/2}\right] \end{aligned} \tag{5.89}$$

となる．簡単のため，$\hbar\omega_{g\alpha}=\hbar\omega_{g\beta}=\hbar\omega_g$ とおくと次式が得られる．

$$\begin{aligned} R^x_{yz}(-\omega_i,\omega_s,\omega_q) &= \frac{1}{2\pi}\left(\frac{2\mu}{\hbar}\right)^{3/2}p^z_{0\beta}\Xi^x_{\beta\alpha}p^y_{\alpha 0} \\ &\times\frac{1}{\omega_q}\left[(\omega_g-\omega_s)^{1/2}-(\omega_g-\omega_i)^{1/2}\right]. \end{aligned} \tag{5.90}$$

この式を用いて，$|R^x_{yz}|^2$ を図示したのが図 5.18 である．図では $\omega_q/\omega_g=0.025$ とおいた．この図より明らかなように，入射フォトンエネルギーが禁止帯幅に近づくと，散乱効率が共鳴的に増大する．このことから，この現象を共鳴ラマン散乱とよぶ．後に述べる共鳴ブリルアン散乱も全く同様でフォノンのエネルギー ω_q が異なるのみである．

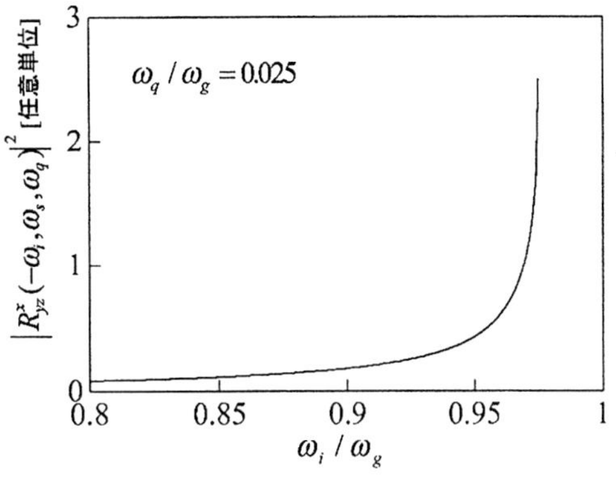

図 5.18: 式 (5.90) から求めた共鳴ラマン散乱 (共鳴ブリルアン散乱) における共鳴項の入射フォトンエネルギー依存性. $\omega_q/\omega_g = 0.025$ とした. 基礎吸収端に近づくと散乱効率が共鳴的に増大する

ところで，ラマン散乱は誘電関数のフォノンによる変調としてとらえることができる．これを指摘したのは Cardona である[5.11], [5.27]．これは以下のような考察から導かれたものである[5.4]．ラマンテンソルの項で中間状態が有限の寿命をもつものとして，ダンピング定数あるいはブロードニング定数を Γ_α とおくと，ラマンテンソルは次のようにかける．

$$R_{yz}^x = \frac{\hbar}{V} \sum_\alpha \frac{p_{0\beta}^z \Xi_{\alpha\alpha}^x p_{\alpha 0}^y}{(\hbar\omega_s - \mathcal{E}_\alpha + i\Gamma_\alpha)(\hbar\omega_i - \mathcal{E}_\alpha + i\Gamma_\alpha)} \tag{5.91}$$

この式を変形して次のように書き直してみる．

$$R_{yz}^x = \frac{p_{0\beta}^z \Xi_{\alpha\alpha}^x p_{\alpha 0}^y}{\omega_q} \sum_{\boldsymbol{k}} \left[\frac{1}{\mathcal{E}_{cv}(\boldsymbol{k}) - \hbar\omega_i - i\Gamma_\alpha} - \frac{1}{\mathcal{E}_{cv}(\boldsymbol{k}) - \hbar\omega_s - i\Gamma_\alpha} \right]. \tag{5.92}$$

ここで，$\hbar\omega_\alpha = \mathcal{E}_\alpha = \mathcal{E}_c(\boldsymbol{k}) - \mathcal{E}_v(\boldsymbol{k}) \equiv \mathcal{E}_{cv}(\boldsymbol{k})$ とおいた．付録 A.1 のデルタ関数の性質を用いると

$$\frac{1}{\mathcal{E}_{cv}(\boldsymbol{k}) - \hbar\omega_i - i\Gamma_\alpha} = \frac{1}{\mathcal{E}_{cv}(\boldsymbol{k}) - \hbar\omega_i} + i\pi\delta\left[\mathcal{E}_{cv}(\boldsymbol{k}) - \hbar\omega_i\right] \tag{5.93}$$

と書ける．式 (4.127b) と比較すれば，上式の虚数部は帯電率 (誘電率) の虚数部に対応することがわかる．また，実数部は式 (4.127b) において，フォトンエネルギーが基礎吸収端に近いと仮定して $(\mathcal{E}_{cv}(\boldsymbol{k}) = \mathcal{E}_g + \hbar^2 k^2/2\mu \sim \omega)$ 式 (4.127b) を

$$\begin{aligned} \sum_{\boldsymbol{k}} \frac{|\boldsymbol{e}\cdot\boldsymbol{p}_{cv}|^2}{\mathcal{E}_{cv}(\boldsymbol{k})} \cdot \frac{1}{\mathcal{E}_{cv}^2 - \hbar^2\omega^2} &= \sum_{\boldsymbol{k}} \frac{|\boldsymbol{e}\cdot\boldsymbol{p}_{cv}|^2}{\mathcal{E}_{cv}(\boldsymbol{k})} \cdot \frac{1}{(\mathcal{E}_{cv} + \hbar\omega)(\mathcal{E}_{cv} + \hbar\omega)} \\ &\sim \frac{|\boldsymbol{e}\cdot\boldsymbol{p}_{cv}|^2}{2\hbar^2\omega^2} \sum_{\boldsymbol{k}} \frac{1}{\mathcal{E}_{cv}(\boldsymbol{k}) - \hbar\omega} \end{aligned} \tag{5.94}$$

のように変形すると，式 (5.93) の実数部を与える．以上の考察から次の関係が導かれる．

$$R_{yz}^x(-\omega_i, \omega_s, \omega_q) \propto \frac{1}{\hbar\omega_q}\left[\kappa(\omega_i) - \kappa(\omega_s)\right]. \tag{5.95}$$

フォノンのエネルギー $\hbar\omega_q$ が ω_i や ω_s に比べ十分に小さいことを考えると，上式は誘電関数の 1 回微分に相当する．つまり，

$$R_{yz}^x(-\omega_i, \omega_s, \omega_q) \propto \frac{\partial\kappa(\omega)}{\partial(\hbar\omega)} \tag{5.96}$$

となるから，散乱効率は $\hbar\omega = \mathcal{E}$ とおいて，

$$I \propto \left| \frac{\partial \kappa}{\partial \mathcal{E}} \right|^2 \tag{5.97}$$

となる．この近似はブリルアン散乱では，関与するフォノンのエネルギーがより小さいので，さらによい近似となる[5.27], [5.28], [5.48]．このような近似方法を準静的近似 (quasistatic approximation) とよぶ．

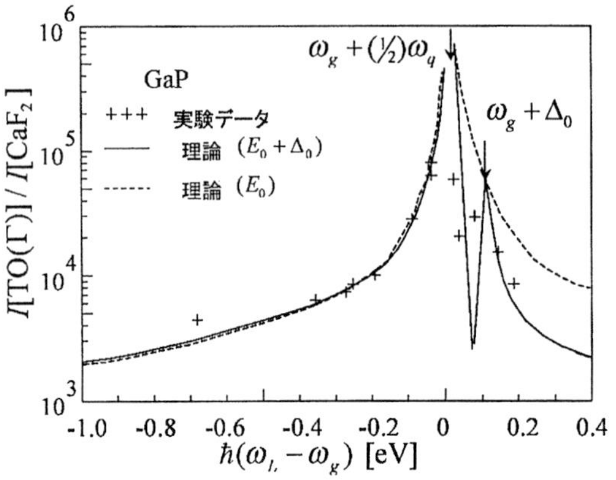

図 5.19: GaP における TO フォノンによるラマン散乱の入射フォトンのエネルギー $\hbar\omega_L$ 依存性．E_0 端と $E_0 + \Delta_0$ 端での共鳴増大が見られる．実線は E_0 端と $E_0 + \Delta_0$ 端を考慮したもので，破線は E_0 端のみを考慮したもの．理論曲線は誘電関数の微分形式 (準静的近似) においてバンドギャップを $\hbar(\omega_g + \omega_q)$ とおいて計算したもの．

共鳴ラマン散乱の実験を行うには，レーザーの発振波長として禁止帯近傍のものを用いなければならない．最も良い例は，GaP の E_0 端付近における測定で，その結果を図 5.19 に示す．実験は GaP の TO フォノンをいくつかのレーザー波長を用いて室温で測定したもので，実線は E_0 とスピン軌道分裂帯 $E_0 + \Delta_0$ の 2 つのバンドの寄与を考慮して式 (5.97) より計算したもので，破線は E_0 端のみを考慮したものである[5.29]．

5.3 ブリルアン散乱

ブリルアン散乱 (Brillouin scattering) は関与する格子振動が音響フォノンであり，本質的には光学フォノンによるラマン散乱と類似している．ただし，光学フォノンが数 10 meV のエネルギーであるのに対して，ブリルアン散乱に関与する音響フォノンのエネルギーは極端に小さく，例えば 1GHz のフォノンのエネルギーはほぼ 4×10^{-6}eV $= 4\mu$eV，1THz のフォノンで 4 meV である．したがって，ラマン散乱のように分光器 (それでもダブルかトリプル回折格子の分光器が要求される) を用いて観測することは非常に難しい．ブリルアン散乱は 1922 年に Brillouin [5.30]により理論的に予言

されたものであるが，注2 それより以前の1889年に Pockels [5.31]により提唱されたポッケルス効果 (Pockels effect) あるいは光弾性効果 (photoelastic effect) の中に含まれる．光弾性効果は固体に弾性的変化を与えると固体の誘電率が変化し，したがって光学的性質に変化が生じる．弾性的変化には固体の熱じょう乱 (格子振動，音波) や静的応力がある．光弾性効果は，一般に次のような光弾性定数 p_{ijkl} を用いて表される．ひずみ e_{kl} が結晶に加わったとき，誘電率の逆数の変化分 $\delta\kappa^{-1}$ は

$$(\delta\kappa^{-1})_{ij} = p_{ijkl}e_{kl} \tag{5.98}$$

と表される．ここに，p_{ijkl} をポッケルスの光弾性定数テンソルとよぶ．これより

$$\delta\kappa_{ij}(\boldsymbol{r},t) = -\kappa_{im}p_{mnkl}e_{kl}\kappa_{nj} \tag{5.99}$$

を得る．ここでは，慣例に従い右辺の添字についての和の記号 $\sum$ を省略している．簡単のため，立方晶や六方晶など誘電率テンソルが対角成分のみからなる場合を考えると，これは次のようになる．

$$\delta\kappa_{ij}(\boldsymbol{r},t) = \delta\chi_{ij}(\boldsymbol{r},t) = -\kappa_{ii}\kappa_{jj}p_{ijkl}e_{kl} \tag{5.100}$$

したがって，散乱効率はラマン散乱の式 (5.64) と同様の式で与えられ，$\chi_{ij,k}u_k$ の代わりに $\delta\kappa_{ij}(=\delta\chi_{ij})$ を代入すればよい．立方晶におけるブリルアン散乱の散乱断面積の理論計算は Benedek と Fritsch [5.32] により，六方晶に対しては Hamaguchi [5.33] により，さらに一般化したものは Nelson, Lazay と Lax [5.34] により求められている．$\delta\kappa_{ij}$ はラマン散乱の $\chi_{ij}^{k}u_k$ と同様2回テンソルであるが，その中に含まれる光弾性定数 p_{ijkl} は4回テンソル量である．したがって，立方晶では p_{11}，p_{12}，p_{44} の3つの独立な定数が，六方晶では p_{11}，p_{12}，p_{13}，p_{44}，$p_{66}=(1/2)(p_{11}-p_{12})$ の5つの定数 (ただし，p_{66} は独立ではない) が存在する．単位立体角当たりのブリルアン散乱の散乱断面積 $\sigma_B(\omega_i)$ は (散乱効率： $I\propto\sigma_B(\omega_i)$)

$$\sigma_B\Delta\Omega \propto \frac{\omega_i^4 k_B T\Delta\Omega}{8\pi^2c^4\rho v_\mu^2\sin(\theta_s')n^{(s)}n^{(i)}}\left|e_i^{(s)}\chi_{ijkl}e_j^{(i)}b_k a_l\right|^2 \tag{5.101}$$

で与えられる[5.34]．ここに，

$$\chi_{ijkl} = -\frac{1}{2}\kappa_{im}p_{mnkl}\kappa_{nj} \tag{5.102}$$

で，ω は入射フォトンの角周波数で散乱フォトンの角周波数との間に $\omega_s=\omega_i\pm\omega_q\simeq\omega_i$ の関係が成立する．c は光速，ρ, v_μ は媒質の密度と音速，$\Delta\Omega$ は検出器の集光立体角，$e_i^{(s)}, e_j^{(i)}$ は散乱光と入射光の偏光方向，θ' は媒質中での散乱角，$n^{(s)}, n^{(i)}$ は散乱光と入射光に対する屈折率である．b_k, a_l は弾性波の単位変位ベクトルと単位波数ベクトルの成分を表している[5.34]．ただし，この文献では格子の変位と回転運動を考慮しているのでここで用いた p_{ijkl} と少し異なる $p_{(ij)kl}$ なる記号を用いており，圧電性に基づく間接効果とポインティングベクトルと波数ベクトルのなす角や透過率，散乱体積なども考慮している．

注2 L. Brillouin は後にアメリカ合衆国に渡って生涯を終えているので，アメリカでの発音に近い「ブリルアン」を用いることにした

5.3.1 散乱角

最初に，等方性結晶における散乱角について考えてみる．結晶中での入射光と散乱光の波数ベクトルを $\boldsymbol{k}_i$，$\boldsymbol{k}_d$ とし，各々の角周波数を ω_i，ω_d とする．波数ベクトル $\boldsymbol{q}$ と角周波数 $\omega_\mu = 2\pi f$ をもった音波によって散乱を受けるものとすれば，運動量とエネルギーの保存則は次のように書ける．

$$\boldsymbol{k}_i \pm \boldsymbol{q} = \boldsymbol{k}_d \tag{5.103a}$$

$$\hbar\omega_i \pm \hbar\omega_\mu = \hbar\omega_d \tag{5.103b}$$

光速を $c(\approx 3\times 10^8 \mathrm{m/s})$ とし，音速を $v_\mu(\approx 3\times 10^3 \mathrm{m/s})$ とすると，$\omega_i = ck_i$，$\omega_d = ck_d$，$\omega_\mu = v_\mu q$ なる関係がある．音速 v_μ が光速 c に比べ非常に小さいので $(v_\mu \ll c)$，入射光の波数ベクトルと同程度の大きさの波数ベクトルをもった音波 (フォノン) に対しては $v_\mu q \ll ck_i$ が成立し，$\omega_\mu \ll \omega_i$ となるので，

$$\omega_i \cong \omega_d, \qquad k_i \cong k_d$$

とみなせる．この結果，k_i，k_d，q は二等辺三角形をなし，図 5.20(a) のような円を使って表すことができる．このとき，入射光と散乱光のなす角 (散乱角) を $\hat{\theta}_s$ とすれば $(\hat{\theta}_s/2 = \hat{\theta}_i = \hat{\theta}_d)$

$$q = 2k_i \sin\left(\frac{\hat{\theta}_s}{2}\right) \tag{5.104}$$

あるいはフォノンの振動数 f は

$$f = \frac{2nv_\mu}{\lambda_0}\sin\left(\frac{\hat{\theta}_s}{2}\right) \tag{5.105}$$

で与えられる．ここに，λ_0 は入射光の空気中での波長，n は屈折率で $k_i = 2\pi n/\lambda_0$ なる関係を用いた．図 5.10(b) と (c) に示したような直角散乱や後方散乱では，内部の散乱角と外部の散乱角は等しいので，この関係がそのまま使える．しかし，図 5.21 のように，入射光や散乱光が入射面に対して垂直でない場合，スネルの法則 (Snell law) を用いて試料外部での角 θ_i，θ_d を求めなければならない．つまり，$\sin\theta_i = n\sin\hat{\theta}_i$，$\theta_i = \theta_d = \theta_s/2$ なる関係を用いて

$$f = \frac{2v_\mu}{\lambda_0}\sin\frac{\theta_s}{2} \tag{5.106}$$

が得られる．この θ_s を結晶外での散乱角とよぶ．

ブリルアン散乱では，散乱光の偏光方向が入射光に対して 90° 回転することがある．異方性結晶では，偏光方向によって屈折率が異なる．例えば，CdS において，散乱面 (入射光と散乱光を含む面) を c 軸と直交するように選び，c 軸方向に偏向した横波音波による散乱を考えてみる．この音波のひずみ成分は e_{zy} であるから，散乱断面積に現われる光弾性定数は $p_{44} = p_{zyzy}$ である．入射光の偏光方向が c 軸に垂直方向に偏光していれば，散乱光は c 軸に平行に偏光する．CdS における屈折率はこの 2 つの偏光方向に対して異なり，この性質を複屈折 (birefringence) と呼ぶ．CdS では $\lambda_0 = 6328\mathrm{nm}$ の光に対して，c 軸に垂直方向の光に対する屈折率は $n_o = 2.460$ で，平行方向の屈折率は $n_e = 2.477$ である．屈折率の差がわずか $(n_e - n_o)/[2(n_e + n_o)] = 0.7\%$ であるが，散乱角に及ぼす影響は無視できない．

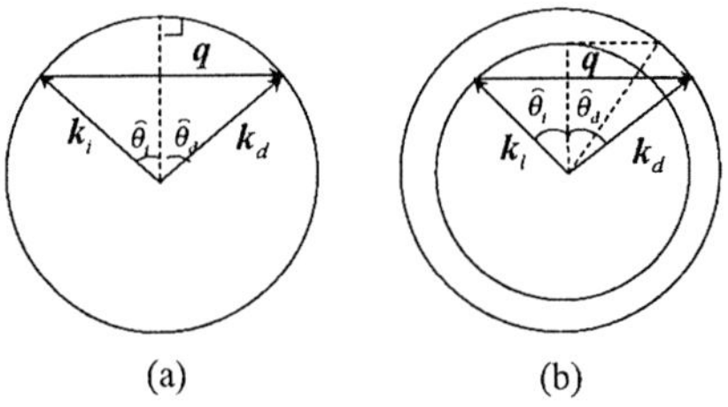

図 5.20: (a) 等方性媒質と (b) 異方性媒質におけるブリルアン散乱のベクトル図

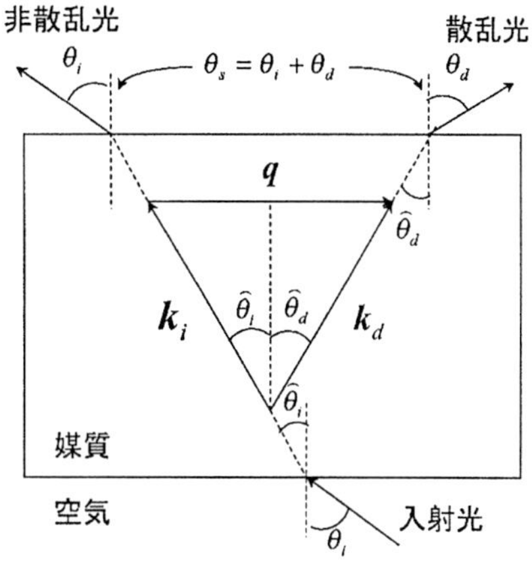

図 5.21: 結晶外部での入射角 θ_i，回折角 θ_d および散乱角 $\theta_s = \theta_i + \theta_d$ と結晶内部での角 $\hat{\theta}_i$，$\hat{\theta}_d$ との関係．

入射光に対する屈折率を n_i，散乱光に対する屈折率を n_d とすると，

$$k_i = \frac{\omega_i}{c} n_i = \frac{2\pi n_i}{\lambda_0} \tag{5.107a}$$

$$k_d = \frac{\omega_d}{c} n_d \cong \frac{\omega_i}{c} n_d = \frac{2\pi n_d}{\lambda_0} \tag{5.107b}$$

となる．この屈折率の違いを表したのが図 5.20(b) で一般に $\hat{\theta}_i \neq \hat{\theta}_d$ となる．この図より，

$$\frac{n_i}{\lambda_0} \sin\hat{\theta}_i + \frac{n_d}{\lambda_0} \sin\hat{\theta}_d = \frac{f}{v_\mu} \tag{5.108a}$$

$$\frac{n_i}{\lambda_0} \cos\hat{\theta}_i = \frac{n_d}{\lambda_0} \cos\hat{\theta}_d \tag{5.108b}$$

が得られる．これより次の関係を得る[5.35]．

$$\sin\hat{\theta}_i = \frac{\lambda_0}{2 n_i v_\mu} \left[f + \frac{v_\mu^2}{f \lambda_0^2} \left(n_i^2 - n_d^2 \right) \right] \tag{5.109a}$$

$$\cos\hat{\theta}_d = \frac{\lambda_0}{2 n_d v_\mu} \left[f - \frac{v_\mu^2}{f \lambda_0^2} \left(n_i^2 - n_d^2 \right) \right] \tag{5.109b}$$

また，内部散乱角 $\hat{\theta}_s = \hat{\theta}_i + \hat{\theta}_d$ は

$$\sin\frac{\hat{\theta}_s}{2} = \frac{f}{2\sqrt{n_i n_d}} \left[\left(\frac{f}{v_\mu} \right)^2 - \frac{(n_i - n_d)^2}{\lambda_0^2} \right]^{1/2} \tag{5.110}$$

で与えられる．

CdS の場合について，式 (5.109a) と式 (5.109b) において，$n_i = n_o = 2.460$，$n_d = n_e = 2.477$ とおいて求めた角度 $\hat{\theta}_i$ と $\hat{\theta}_d$ を図 5.22 に示す．同時に等方性結晶の場合と比較するため，$n_i = n_d =$

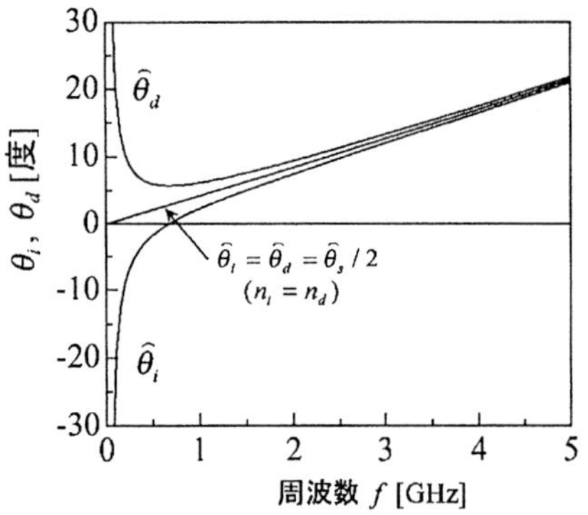

図 5.22: 異方性結晶 (CdS) における結晶内部での入射角 $\hat{\theta}_i$ と回折角 $\hat{\theta}_d$. 等方性結晶では図の直線のようになる.

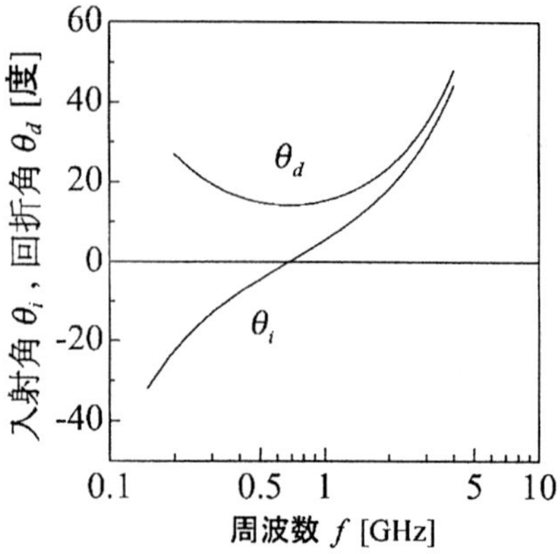

図 5.23: 異方性結晶 (CdS) における結晶外部での入射角 θ_i と回折角 θ_d. $n_i = n_o = 2.460$, $n_d = n_e = 2.477$.

$(n_o + n_e)/2$ として求めた $\hat{\theta}_i = \hat{\theta}_d = \hat{\theta}_s/2$ が直線で示してある. 図 5.21 に示した外部角はスネルの法則を用いて

$$\sin\theta_i = n_i \sin\left\{\sin^{-1}\left(\frac{\lambda_0}{2n_i v_\mu}\left[f + \frac{v_\mu^2}{f\lambda_0^2}\left(n_i^2 - n_d^2\right)\right]\right)\right\}, \tag{5.111}$$

$$\cos\theta_d = n_d \sin\left\{\sin^{-1}\left(\frac{\lambda_0}{2n_d v_\mu}\left[f - \frac{v_\mu^2}{f\lambda_0^2}\left(n_i^2 - n_d^2\right)\right]\right)\right\} \tag{5.112}$$

で与えられる. 等方性結晶では $n_i = n_d$ とおけばよい. この結果を用いて, CdS における結晶外部の入射 θ_i および散乱角 θ_d を示したのが図 5.23 である.

式 (5.110) より明らかなごとく, 周波数が

$$f_0 = \frac{v_\mu}{\lambda_0}\sqrt{n_i^2 - n_d^2} = \frac{v_\mu}{\lambda_0}\sqrt{n_e^2 - n_o^2} \tag{5.113}$$

のとき, 入射角は $\hat{\theta}_i = 0$ となる. また, 観測可能な最小の音波周波数 $f_{\min}$ は式 (5.110) において $\hat{\theta}_s = 0$ とおき,

$$f_{\min} = \frac{v_\mu}{\lambda_0}|n_i - n_d| = \frac{v_\mu}{\lambda_0}(n_e - n_o) \tag{5.114}$$

となる. 一方, 観測可能な最大周波数は $\hat{\theta}_s = \pi$ とおき,

$$f_{\max} = \frac{v_\mu}{\lambda_0}(n_i + n_d) = \frac{v_\mu}{\lambda_0}(n_e - n_o) \tag{5.115}$$

で与えられる. 代表的な異方性結晶である CdS と ZnO について f_0, $f_{\min}$, $f_{\max}$ を求めた結果を表 5.3 に示した. これより明らかなように, $f_0 \approx 1$GHz, $f_{\min} \approx 0.5$GHz, $f_{\max} \approx 15$GHz となる.

5.3.2 ブリルアン散乱の実験

ブリルアン散乱に関与するフォノンは音響モードであり, そのエネルギーはラマン散乱の場合に比べてはるかに小さい. したがって, ブリルアン散乱の周波数シフトを通常の分光器で観測することは

表 5.3: 異方性結晶 CdS と ZnO におけるブリルアン散乱観測周波数

		CdS	ZnO
$f_{\min}$	[GHz]	0.473	0.736
f_0	[GHz]	0.806	1.130
$f_{\max}$	[GHz]	13.7	17.3
$n_i = n_o$		2.460	1.994
$n_d = n_e$		2.477	2.011
v_μ	[m/s]	1.76×10^3	2.74×10^3

不可能である．熱フォノンによるブリルアン散乱を観測するには通常，ファブリー・ペロー干渉分光計 (Fabry-Perot interferometer) なるものが用いられる．これはエタロン板と呼ばれる高い反射率の

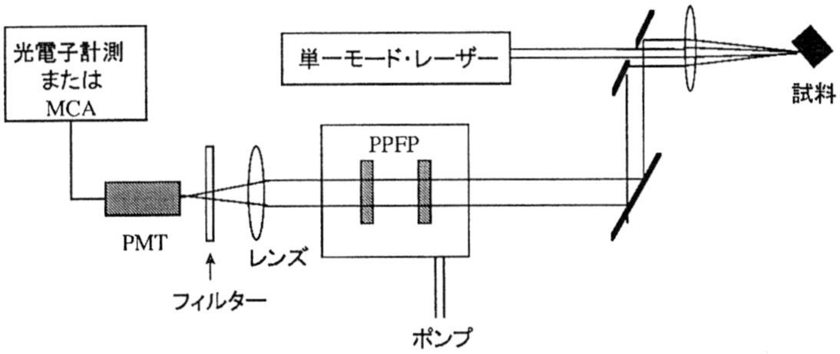

図 5.24: ファブリー・ペロー干渉計を用いたブリルアン散乱観測装置の概略．PPFP は平行平板ファブリー・ペロー干渉計の略．

誘電膜がコーティングされたもの 2 枚を平行に並べたものから構成されている．光の波長の整数倍がこの平行平板の距離に等しくなると干渉が起こる．わずかな波長変化を観測するには，平行平板の距離を圧電素子で微少変化させるか，エタロン板の入った容器のガス (空気) を排気し，その屈折率をわずかに変化させることによって行われる．図 5.24 は，ファブリー・ペロー干渉分光計を用いたブリルアン散乱観測の実験装置の概略を示すものである．さらに精度をあげるには，もう一台のファブリー・ペロー干渉分光計をシリーズに配置したタンデム型装置や，プリズムや反射板を用いて散乱光が干渉計を数回パスする，いわゆるマルチパス・ファブリー・ペロー干渉を用いる[5.36]．また，散乱光は非常に微弱なので検出には光電子計測 (photon counting) やマルチチャンネル・アナライザー (MCA) などが用いられる．図 5.25 は Si (100) 面におけるブリルアン散乱の一例で，レーザー光源として $\lambda = 4880$Å を用いて測定した結果である．図中 R はレーリー散乱 (周波数シフトなし) で，L は縦波音響フォノンによるブリルアンシフトである[5.36]．

固体物性の一つとして，その弾性的性質を測定することは極めて重要で，古くから音速の測定などを用いて研究されてきた．この場合，通常はトランスデューサー (transducer) と呼ばれる薄い圧電性薄膜が用いられる．この圧電薄膜に交流電圧を印加すると厚さで決まる共振周波数で発振が起こる．

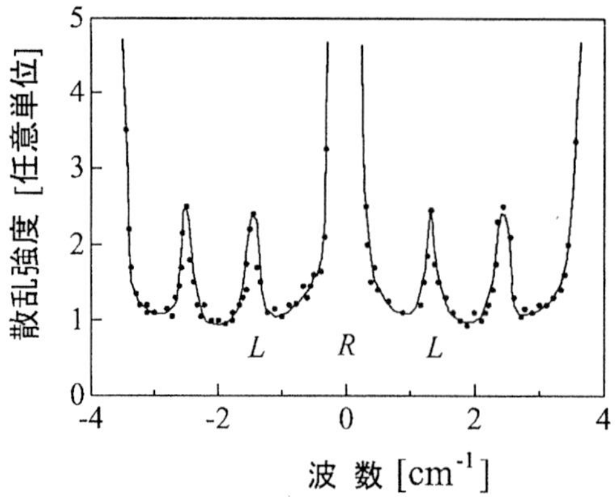

図 5.25: Si (100) 面におけるブリルアン散乱のスペクトル．R はレーリー散乱，L は縦波音響フォノンによるブリルアン散乱を示している．

この薄膜を試料に貼り付け，電圧を印加してトランスデューサーの振動を結晶に伝え，反対の面から反射してきた音波を，再びこの圧電トランスデューサーを用いて電気信号に変換すれば，その遅延時間と結晶の厚みから音速が求まる．圧電トランスデューサーの結晶方位を変えれば，縦波と横波の励起が可能であり，測定物質の結晶軸を選べば，音速の異方性を決める弾性定数 c_{ijkl} を決定することができる．ただし，この圧電トランスデューサーを用いる方法では，励起可能な周波数は MHz からせいぜい 数 10 MHz までである．音波も分散を示し，高周波では音速が低周波に比べ低下する．このようなことから，高周波の音波を測定しようとする試みがなされ，その一つとしてブリルアン散乱の手法が採用されてきた．ブリルアン散乱では，波数ベクトルと周波数が求まり，しかもその周波数が GHz の領域にあり，かつ非破壊で検査できることから，物性研究の優れた手法の一つとして重要視されている．

もう一つの応用例として，1960 – 1970 年代に大きな役割を果たしたのは，ブリルアン散乱を用いた，音響電気効果に基づく電流不安定性現象の解明である．結晶には熱雑音としての音波 (フォノン) が存在し，圧電性があればこの音波とともに移動するポテンシャルの波を誘起する．CdS，ZnO，GaAs や GaSb などの結晶は反点対称性をもたず圧電性があり，このような半導体に電界 E を印加すると電子はドリフト速度 $v_d = \mu E$ (μ: ドリフト移動度) で電界と反対方向 (陰極から陽極方向) に移動する．$v_d > v_\mu$ となると電子は音波の作るポテンシャルの壁を押しながら走るので，電子から音波へとエネルギーが流れる．つまり，電子のドリフト運動によって音波が増幅されるわけである．その増幅係数は $\gamma = v_d/v_\mu - 1$ に比例し，White によれば[5.37] 次式で与えられる．

$$\alpha_e(\omega_\mu, \gamma) = \frac{K^2}{2}\omega_\sigma \left[\frac{\gamma}{\gamma^2 + (\omega_\sigma/\omega_\mu + \omega_\mu/\omega_D)^2}\right]. \tag{5.116}$$

ここに，K は電気機械結合係数，$\omega_\sigma = \sigma/\kappa\epsilon_0$，$\omega_D = ev_\mu^2/\mu k_B T$ で $\sigma = ne\mu$ は導電率である．増幅係数が最大となる周波数は $f_m = \sqrt{\omega_\sigma\omega_D}/2\pi$ で，通常の半導体では数 GHz 程度である．トランスデューサーを用いて注入した音波の増幅は式 (5.116) でよく表されることが示されている．

結晶に高電界を印加し，$\gamma > 1$ の条件が満たされると f_m に近い周波数のフォノンが増幅される．

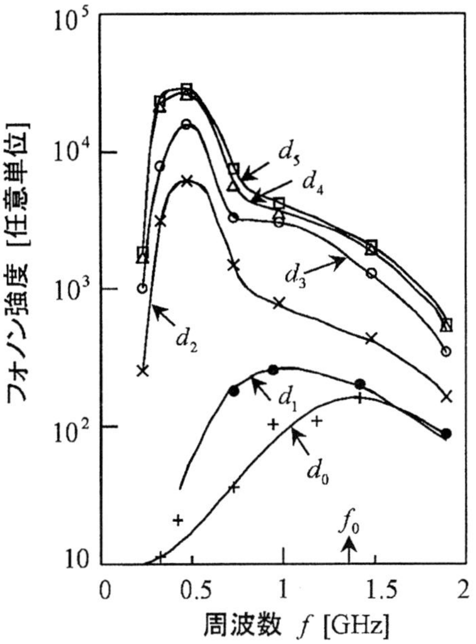

図 5.26: 70 Ω cm の CdS における音響ドメイン中のフォノンのスペクトル．フォノンは c 軸方向に偏波に c 軸に垂直に伝播する横波で，高電界を印加することにより音響電気効果で増幅され，ドメインとなって陰極近傍から陽極方向に伝播する．スペクトルは陰極から種々の距離で測られたもの． $d_0 = 0.1$ cm でドメインが形成される． $d_1 = 0.132$ cm， $d_2 = 0.20$ cm， $d_3 = 0.26$ cm， $d_4 = 0.322$ cm， $d_5 = 0.386$ cm．(文献[5.38]による)

結晶は均一ではなく，抵抗の大きい部分では大きな電界がかかるので，その部分の増幅係数が大きいためより強くフォノンが増幅され，その部分はより高抵抗となる．この高電界の部分は音速で動き，これを高電界ドメインとよぶ．増幅されたフォノンは熱雑音として存在するフォノンの $10^5 \sim 10^6$ 倍にも達し，またパラメトリック機構により $f = f/2 + f/2$ のごとく 1/2 周波数 $f/2$ のフォノンが増幅され，その強度は $10^8 \sim 10^9$ 倍にも達する．このような高電界ドメインのフォノンはファブリー・ペロー干渉計を用いる必要がなく，入射角と散乱角を設定し，通常の光電子増倍管で容易に検出できる．しかも，ドメインとして μs の時間で通過するため，検出器をとおしてパルス信号として高い S/N 比で測定が可能である．その一例を図 5.26 に示す．最初に，陰極近辺で $f_m \simeq 1.4$GHz のフォノンが増幅され，伝播するにつれより低周波のフォノンが強く増幅される様子が見られる[5.38]．この手法を用いて，増幅されたフォノンの空間分布や周波数分布ならびにフォノンの損失機構について詳しく調べられている．GaAs に関しては Purdue 大学のグループの報告が[5.39] ~ [5.41]，また CdS については大阪大学のグループなどの報告がある[5.42]．

5.3.3 共鳴ブリルアン散乱

これまでに述べてきたラマン散乱やブリルアン散乱は全てレーザーを光源として用いている．これに対して，Garrod と Bray [5.43] は，増幅されたフォノンの強度が十分に強ければ分光器を用いて得た光源を用いても，ブリルアン散乱の測定ができると予測して，GaAs 基礎の基礎吸収端の領域で波長を変えてブリルアン散乱の強度の測定を行った．この結果は，これまでに報告されている共鳴ブリルアン散乱の中で (後述のポラリトン散乱をのぞく)，最も示唆に富んだ内容を提供してくれた．図 5.27 は，GaAs の [110] 方向に高電界を印加して電子を音速よりも速く走らせ，音響電気効果により高密度フォノンからなる高電界ドメインを発生させ，その高密度フォノンからのブリルアン散乱を基

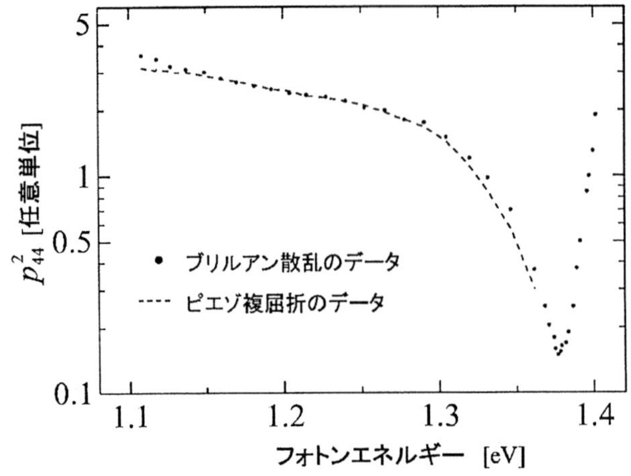

図 5.27: 音響ドメインを用いたブリルアン散乱から求めた光弾性定数の 2 乗の入射フォトンエネルギー依存性．GaAs における 0.35 GHz の fast-TA フォノンを用い，吸収係数の補正などを行っている．破線はピエゾ複屈折のデータ．(文献[5.43]による)

礎吸収端付近で測定したものである．周波数 0.35 GHz のフォノンを検出するように，入射角と散乱角を選び，増幅した高密度フォノンを用いることにより，ブリルアン散乱の強度を強くしているため，水銀ランプに高電流パルスを重畳し，分光器を通したものを光源として用いている．基礎吸収端付近での吸収係数の補正を行って，散乱強度の ω_i^4 依存性を考慮して求めた光弾性定数の 2 乗の入射フォトン依存性を示したのが図 5.27 である．また，図の破線はピエゾ複屈折の実験から求めた $|p_{44}|^2$ である．$|p_{44}|^2$ が $\hbar\omega_i = 1.38$ eV 付近で極小を示すことは，このフォトンエネルギーで p_{44} の符号の反転が起こることを意味している．そこで，光弾性定数とピエゾ複屈折の関係について考察してみる．

4.7 節のピエゾ複屈折のところで述べたように，結晶に応力を印加すると，応力に平行な方向と垂直な方向の屈折率が変化し，(応力が小さいとき) その差は応力に比例する．誘電率テンソルの変化分を $\Delta\tilde{\kappa}$，応力テンソルを $\tilde{T}$ とおくと，

$$\Delta\tilde{\kappa} = \tilde{Q} \cdot \tilde{T} \tag{5.117}$$

と表したとき $\tilde{Q}$ をピエゾ複屈折テンソルとよび，4.7 節で定義した $\tilde{\alpha}$ と対応づけることができる．付録 B に定義したひずみテンソル $\tilde{e}$ を $\tilde{e} = \tilde{s}\tilde{T}$ ($\tilde{s}$: 弾性コンプライアンス定数) と表すと式 (5.100) より

$$\Delta\tilde{\kappa} = -\tilde{\kappa}\tilde{\kappa}\tilde{p}\tilde{s}\tilde{T} = \tilde{\alpha}\tilde{T} \tag{5.118}$$

となるから，

$$\tilde{Q} = -\tilde{\kappa}\tilde{\kappa}\tilde{p}\tilde{s} = \tilde{\alpha} \tag{5.119}$$

の関係が得られる．

結晶の [100] と [111] 方向に応力を印加した場合を考えると，[100] 応力に対しては

$$\alpha(100) = \frac{\Delta\kappa_{\parallel} - \Delta\kappa_{\perp}}{X} = Q_{11} - Q_{12} = -\kappa^2(p_{11} - p_{12})(s_{11} - s_{12}) \tag{5.120}$$

[111] 応力に対しては

$$\alpha(111) = \frac{\Delta\kappa_{\parallel} - \Delta\kappa_{\perp}}{X} = Q_{44} = -\kappa^2 p_{44} s_{44} \tag{5.121}$$

を得る．以上の考察から分かるように，ピエゾ複屈折の実験よりブリルアン散乱の散乱断面積を決定する光弾性定数 $\tilde{p}$ が求められる．

図 5.27 の破線は Feldman と Horowitz [5.44] が測定したピエゾ複屈折のデータをもとにプロットしたもので，ブリルアン散乱の実験結果と非常によい一致を示す．

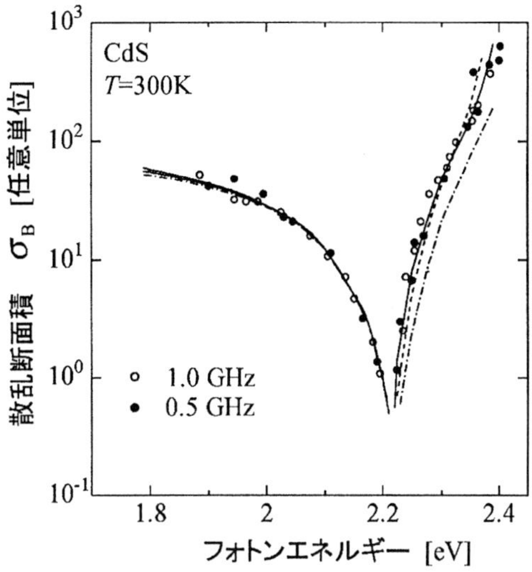

図 5.28: CdS における音響ドメインを用いたブリルアン散乱から求めた散乱断面積の入射フォトンエネルギー依存性．CdS の c 面内を伝播する 1 GHz と 0.5 GHz の TA フォノンを用い，吸収係数の補正などを行っている．破線 (1 点鎖線) は式 (5.89) において $\hbar\omega_{gi} = 2.40$ (2.494) eV，$\hbar\omega_{gs} = 2.38$ (2.480) eV とおいて求めた．実線は励起子効果を考慮して $\hbar\omega_{gi} = 2.494$ eV，$\hbar\omega_{gs} = 2.480$ eV として計算したもの．いずれも共鳴相殺を考慮している (文献[5.45]による)．

図 5.28 は，半導体 CdS における音響フォノンドメインを用いて共鳴ブリルアン散乱の測定を行った結果で，GaAs と同様共鳴相殺と基礎吸収端近傍での共鳴増大が見られる[5.45]．図中の理論曲線は式 (5.89) を用い

$$\sigma_B \propto |R_{is} - R_0|^2 \tag{5.122}$$

とおいて共鳴相殺効果を考慮した式をもとに計算したものである．ここに，R_0 は種々の高エネルギー領域の臨界点からの寄与を取り入れたものである．図中の破線 (1 点鎖線) は $\hbar\omega_{gi} = 2.40(2.494)$ eV，$\hbar\omega_{gs} = 2.38(2.480)$ eV とおいて計算した結果で，実線は励起子効果を考慮し，$\hbar\omega_{gi} = 2.494$ eV，$\hbar\omega_{gs} = 2.480$ eV とおいて求めた．励起子効果を無視すると，エネルギー禁止帯幅を実測値よりも小さく ($\hbar\omega_{gi} = 2.40$ eV，$\hbar\omega_{gs} = 2.38$ eV) 選ばなければならないこと，励起子効果を入れた式でよく説明できることなどから，CdS では励起子の寄与の大きいことが分かる (励起子束縛エネルギー: $\mathcal{E}_{\rm ex} = 28$ meV)．CdS に結晶軸の異なる CdS や他の結晶をボンドして，CdS において音響電気効果で増幅したフォノンを注入する方法で，種々のモードのフォノンや種々の結晶での共鳴ブリルアン散乱の実験がなされ，Loudon の理論や誘電関数理論で解析が行われている[5.28], [5.46] ~ [5.48]．

5.4 ポラリトン

5.4.1 フォノン・ポラリトン

6章の6.1.1で述べるように，単位胞に2個以上（α 個とする）の原子を有する結晶では，1つの縦波と2つの横波音響フォノンの他に $3\alpha - 3$ 個の光学フォノンが励起される．簡単のため，単位胞に2個の原子をもつ結晶について考える．それぞれの質量を M_1，M_2 とすると，Ge や Si などの O_h 群では質量，電荷ともに等しく，格子原子の相対変位がおきても分極は発生しない．つまり，フォノンの波数ベクトル $\boldsymbol{q} = 0$ で，縦波光学フォノンと横波光学フォノンは縮退しており，その角周波数は $\omega_0 = \sqrt{2k_0/M_r}$ ($1/M_r = 1/M_1 + 1/M_2$，k_0：ばね定数）で与えられる．$\boldsymbol{q} \neq 0$ では，弾性定数の異方性により，縦波と横波の縮退が解ける．一方，GaAs など反転対称性のない T_d 群では，2種類の原子のイオン性の違いから分極を誘起し，これが格子原子に力を及ぼし，$\boldsymbol{q} = 0$ で，縦波と横波の縮退が解ける．いま，正負の電荷 $\pm e^*$ をもつ格子原子の質量を M_+，M_- とおき，分極による各格子原子への電界の寄与を考慮して局所電界 $\boldsymbol{E}_{\mathrm{loc}}$ を用いると，それぞれの変位 $\boldsymbol{u}_+$，$\boldsymbol{u}_-$ に関する運動方程式は次のようになる．

$$M_+ \frac{d^2\boldsymbol{u}_+}{dt^2} = -2k_0(\boldsymbol{u}_+ - \boldsymbol{u}_-) + e^*\boldsymbol{E}_{\mathrm{loc}} \tag{5.123a}$$

$$M_- \frac{d^2\boldsymbol{u}_-}{dt^2} = -2k_0(\boldsymbol{u}_- - \boldsymbol{u}_+) - e^*\boldsymbol{E}_{\mathrm{loc}} \tag{5.123b}$$

局所電界は印加電界 $\boldsymbol{E}$ に対して，$\boldsymbol{E}_{\mathrm{loc}} = \boldsymbol{E} + \boldsymbol{P}/3\epsilon_0$ とおいた．これより

$$M_r \frac{d^2}{dt^2}(\boldsymbol{u}_+ - \boldsymbol{u}_-) = -2k_0(\boldsymbol{u}_+ - \boldsymbol{u}_-) + e^*\boldsymbol{E}_{\mathrm{loc}} \tag{5.124}$$

が得られる．印加電界の角周波数を ω として，局所電界を $\boldsymbol{E}_{\mathrm{loc}} \exp(-i\omega t)$ とすると，

$$\boldsymbol{u}_+ - \boldsymbol{u}_- = \frac{(e^*/M_r)\boldsymbol{E}_{\mathrm{loc}} \exp(-i\omega t)}{\omega_0^2 - \omega^2} \tag{5.125}$$

となり，双極子モーメントは $\boldsymbol{\mu} = e^*(\boldsymbol{u}_+ - \boldsymbol{u}_-)$ で与えられるから，分極 $\boldsymbol{P}$ は単位胞の密度を N として

$$\boldsymbol{P} = Ne^*(\boldsymbol{u}_+ - \boldsymbol{u}_-) \tag{5.126}$$

となる．各格子原子における電子分極の寄与を考慮し，クラウジウス・モソッチの式を用いると，誘電率は[注3]

$$\kappa(\omega) = \kappa_\infty + \frac{\kappa_0 - \kappa_\infty}{1 - (\omega/\omega_{\mathrm{TO}})^2} \tag{5.127}$$

となる[5.49]．ここに，κ_0 は静電誘電率，κ_∞ は高周波誘電率である．また，横波光学フォノンの角周波数 ω_{TO} は

$$\omega_{\mathrm{TO}}^2 = \frac{\kappa_\infty + 2}{\kappa_0 + 2}\omega_0^2 \tag{5.128}$$

注3 以下の関係の導出は6.3.6項を参照されたい．

で与えられ，イオン分極の寄与がなければ，$\kappa_0 = \kappa_\infty$ で，$\omega_{\mathrm{TO}} = \omega_{\mathrm{LO}} = \omega_0$ となる．ここに，イオン分極のある場合の縦波光学フォノンの角周波数 ω_{LO} については以下に議論する．

式 (5.127) において $\kappa(\omega) = 0$ となる角周波数を縦波光学フォノンの角周波数とよぶ．これより

$$\frac{\omega_{\mathrm{LO}}^2}{\omega_{\mathrm{TO}}^2} = \frac{\kappa_0}{\kappa_\infty} \tag{5.129}$$

が成立する．この関係をリディン・サックス・テラー (Lyddane-Sachs-Teller) の式とよぶ．この関係を用いると誘電関数は次のようにも書ける．

$$\kappa(\omega) = \kappa_\infty \left(1 + \frac{\omega_{\mathrm{LO}}^2 - \omega_{\mathrm{TO}}^2}{\omega_{\mathrm{TO}}^2 - \omega^2}\right) = \kappa_\infty \frac{\omega_{\mathrm{LO}}^2 - \omega^2}{\omega_{\mathrm{TO}}^2 - \omega^2} \tag{5.130}$$

誘電率は $\omega_{\mathrm{TO}} \leq \omega \leq \omega_{\mathrm{LO}}$ で負になり，この領域では全反射が起こる．

いま，外部から

$$\boldsymbol{E}(\boldsymbol{r}, t) = \boldsymbol{E}_0 \exp(i[\boldsymbol{k} \cdot \boldsymbol{r} - \omega t]) \tag{5.131}$$

の電界が加わった場合，この媒質の格子振動と電界との相互作用を考えてみる．この媒質には余剰電荷はなく，電気変位 $\boldsymbol{D}$ に対して

$$\mathrm{div}\boldsymbol{D} = 0 \tag{5.132}$$

であるから，これより

$$\kappa(\omega)(\boldsymbol{k} \cdot \boldsymbol{E}_0) = 0 \tag{5.133}$$

が得られ，$\kappa(\omega) = 0$ か $(\boldsymbol{k} \cdot \boldsymbol{E}_0) = 0$ のいずれかが満たされなければならない．

(1) 横波: $(\boldsymbol{k} \cdot \boldsymbol{E}_0) = 0$ の場合

波数ベクトル $\boldsymbol{k}$ と電界ベクトル $\boldsymbol{E}_0$ が互いに直交することから横波を表しており，外部電界と媒質内部の横波格子振動で誘起される電界とが相互作用をする．このときの媒質の誘電関数は式 (5.130) で与えられる．誘電率 $\kappa(\omega)$ は $\omega = \omega_{\mathrm{TO}}$ で発散し，その虚数部はデルタ関数的に振る舞うことから，共鳴が起こる．この共鳴周波数は横波格子振動に付随した共鳴周波数であるので，横波共鳴周波数とよぶ．

(2) 縦波: $\boldsymbol{k} \parallel \boldsymbol{E}_0$ で $\kappa = 0$ の場合

電界が縦波の場合，$\boldsymbol{k} \cdot \boldsymbol{E}_0 \neq 0$ であるから，$\kappa = 0$ でなければならない．この条件を満たす角周波数は ω_{LO} で，式 (5.129) で与えられることを述べた．この式より，$\omega_{\mathrm{LO}} > \omega_{\mathrm{TO}}$ であることが分かる．縦波であるから外部電磁波とは相互作用しない．これらのことを理解するため，次のような単純化したモデルを用いて説明をする．格子振動による分極を $\boldsymbol{P}_{\mathrm{latt}}$ とおき，格子振動より高周波数領域で分散を示す分極 (電子の変位が関与した分極：電子分極，光学遷移，プラズマ振動など) を $\boldsymbol{P}_{\mathrm{ele}} = \kappa_\infty \epsilon_0$ とおく．κ_∞ は高周波誘電率あるいは光学誘電率とよばれることがある．

$$\begin{aligned} \boldsymbol{D} &= \epsilon_0 \boldsymbol{E} + \boldsymbol{P} = \epsilon_0 \boldsymbol{E} + \boldsymbol{P}_{\mathrm{latt}} + \boldsymbol{P}_{\mathrm{ele}} \\ &= \kappa_\infty \epsilon_0 \boldsymbol{E} + \boldsymbol{P}_{\mathrm{latt}} \equiv \kappa(\omega) \epsilon_0 \boldsymbol{E} \end{aligned} \tag{5.134}$$

と表すことができる．$\omega = \omega_{\rm LO}$ で $\kappa(\omega_{\rm LO}) = 0$ となるから，$\boldsymbol{D} = 0$ となる．電気変位が $\boldsymbol{D} = 0$ でも，格子振動によって電界は誘起されるから $\boldsymbol{E} \neq 0$ である．この縦波電界を $\boldsymbol{E}_{\rm latt}$ とかくことにすると，上式から

$$\boldsymbol{E}_{\rm latt} = -\frac{1}{\kappa_\infty \epsilon_0}\boldsymbol{P} \tag{5.135}$$

が得られる．簡単のため，式 (5.124) において，局所電界への分極の寄与を無視する ($\boldsymbol{E} = \boldsymbol{E}_{\rm loc}$)．このとき，$\omega_{\rm TO} = \sqrt{2k_0/M_r}$ となる．また，$\boldsymbol{u}_+ - \boldsymbol{u}_- = \tilde{\boldsymbol{u}}$ とおいて

$$\frac{d^2}{dt^2}\tilde{\boldsymbol{u}} = -\omega_{\rm TO}^2\tilde{\boldsymbol{u}} + e^*\boldsymbol{E}_{\rm latt} \tag{5.136}$$

が得られる．単位胞の密度を N とすると，分極は $\boldsymbol{P} = Ne^*\tilde{\boldsymbol{u}}$ で与えられるから，$\boldsymbol{E}_{\rm latt} = 1/(\kappa_\infty\epsilon_0)Ne^*\tilde{\boldsymbol{u}}$ を上式に代入すると，$\omega = \omega_{\rm LO}$ で

$$\omega_{\rm LO}^2 = \omega_{\rm TO}^2 + \frac{N(e^*)^2}{M_r\kappa_\infty\epsilon_0} \tag{5.137}$$

となり，横波光学フォノンの周波数より高い周波数となる．これは，分極 $\boldsymbol{P}_{\rm latt}$ により電界 $\boldsymbol{E}_{\rm latt}$ が誘起され，誘起電界の方向が分極と反対向きであるため，格子間のばね定数による復元力にこの電界による復元力が付加され，縦波光学フォノンの周波数が高くなるものと理解される．また，$\boldsymbol{P} = (\kappa\epsilon_0 - 1)\boldsymbol{E}$ の関係と静電誘電率 κ_0 をもちいると

$$(\kappa_0 - \kappa_\infty) = \frac{N(e^*)^2}{M_r\epsilon_0\omega_{\rm TO}^2} \tag{5.138}$$

が得られるので，これを式 (5.137) に代入すれば，リディン・サックス・テラーの式 (5.129) の導けることは明らかである．

4.1 節で述べたように，媒質中の電磁波はマクスウエルの方程式で記述される．電磁波を平面波とすると

$$c^2k^2 = \omega^2\kappa(\omega) \tag{5.139}$$

で与えられるから，これに式 (5.129) を代入して次の関係を得る．

$$c^2k^2 = \omega^2\left[\kappa_\infty + \frac{\kappa_0 - \kappa_\infty}{1 - (\omega^2/\omega_{\rm TO}^2)}\right]. \tag{5.140}$$

この関係をプロットしたのが図 5.29 である．この関係は，横波電磁波と格子振動が結合したもので，この分散関係で与えられる波をフォノン・ポラリトン (phonon-polariton) とよぶ．

図で，傾きのある破線は TO フォノンからの寄与がないときの横波電磁波で $\omega = kc$ は真空中を，$\omega = kc/\sqrt{\kappa_\infty}$ は誘電率 κ_∞ の媒質中を伝播する電磁波を意味する．水平の実線は結合していない LO フォノン，水平の破線は結合していない TO フォノン．実線の曲線で，UPL はフォトンとフォノンの結合したポラリトンの上方分枝 (upper polariton branch)，LPL は下方分枝 (lower polariton branch) である．LO フォノンはフォトンと結合しないので実線で示してある．計算には $\kappa_0 = 15$, $\kappa_\infty = 10$ を用いた．この図でも明らかなように，フォノンと結合したフォトンの波に対する解は $\omega_{\rm TO} \leq \omega \leq \omega_{\rm LO}$ の領域で存在しない．つまり全反射の領域が現われる．ただし，実際の媒質

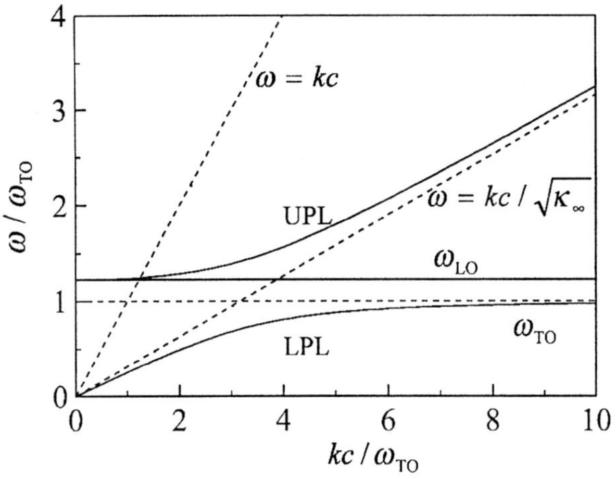

図 5.29: フォノン・ポラリトンの分散曲線．図中の破線 $\omega = kc$, $\omega = kc/\sqrt{\kappa_\infty}$ はそれぞれフォノンと結合していない真空中のフォトン，誘電率 κ_∞ の媒質中でのフォトン曲線．水平の実線は結合していない LO フォノン，水平の破線は結合してい ない TO フォノン．実線の曲線で，UPL はフォトンとフォノンの結合したポラリトンの上方分枝 (upper polariton branch)，LPL は下方分枝 (lower polariton branch) である．LO フォノンはフォトンと結合しないので実線で示してある．計算には $\kappa_0 = 15$, $\kappa_\infty = 10$ を用いた．

ではダンピングの効果があり，その効果を表すのに，式 (5.140) の分母で $\omega^2 \to \omega^2 + i\omega\gamma$ とおくと，この領域にも電磁波が侵入し 100% よりも小さい反射率を示す．

フォノン・ポラリトンによるラマン散乱の実験は Henry と Hopfield [5.50]による GaP での実験がよく知られている．

5.4.2 励起子ポラリトン

はじめに，励起子の運動エネルギー $\hbar^2 K^2/2M$ の項を無視する．この場合を空間分散を無視した近似とよぶ．励起子の誘電関数は 4.5 節で求めたように式 (4.110)

$$\kappa(\omega) = \kappa_1(\omega) + i\kappa_2(\omega) = \frac{C/\pi}{\mathcal{E}_G - \mathcal{E}_{\mathrm{ex}}/n^2 - (\hbar\omega + i\Gamma)} \tag{5.141}$$

で与えられる．励起子の基底状態のみを考慮することにして，$n = 1$ とし，$\mathcal{E}_G - \mathcal{E}_{\mathrm{ex}} = \hbar\omega_0$ とおき，励起子以外の誘電率への寄与を κ_∞ で表すと

$$\kappa(\omega) = \kappa_\infty \left[1 + \frac{\Delta_{\mathrm{ex}}}{\omega_0 - (\omega + i\gamma)} \right] \tag{5.142}$$

と書くことができる．ここに，$\hbar\gamma = \Gamma$ とおいた．光学フォノンの場合と同様にして，励起子の存在する媒質を伝播するフォトンの波は，マクスウエルの方程式の解として与えられる．したがって，$\boldsymbol{k} \cdot \boldsymbol{E} = 0$, $\kappa(\omega) \neq 0$ の横波と $\boldsymbol{k} \parallel \boldsymbol{E}$, $\kappa(\omega) = 0$ の 縦波の 2 つの解が存在する．横波に対しては

$$c^2 k^2 = \omega^2 \kappa(\omega) \tag{5.143}$$

より，励起子とフォトンの結合した励起子ポラリトンの分散が求められる．縦波光学フォノンの場合と全く同様にして，媒質中での縦波の解が存在し，

$$\kappa(\omega) = 0 \tag{5.144}$$

より，縦波励起子の角周波数 ω_l は

$$\omega_l = \omega_0 + \Delta_{\rm ex} \tag{5.145}$$

で与えられる．横波励起子の角周波数は $\omega_t = \omega_0$ であるから，$\Delta_{\rm ex}$ のことを励起子の縦波–横波 (LT) 分裂 (longitudinal-transverse splitting) とよぶ．

いま，式 (5.142) を解くに際して，波数ベクトル $\boldsymbol{k}$ が複素数であるとし，

$$k = k_1 + ik_2 \tag{5.146}$$

とおくと，式 (5.142) の実数部と虚数部より

$$\frac{\omega^2\kappa_\infty}{c^2}\left(1 + \frac{\Delta_{\rm ex}}{\omega_0 - \omega}\right) = k_1^2 - k_2^2 \tag{5.147a}$$

$$\pi\delta(\omega - \omega_0)\frac{\omega_0^2\kappa_\infty}{c^2} = 2k_1k_2 \tag{5.147b}$$

ここで，付録 A に述べるディラックのデルタ関数の関係式を用いた．虚数部は $\delta(\omega - \omega_0)$ に比例し，$\hbar\omega = \hbar\omega_0 (= \mathcal{E}_G - \mathcal{E}_{\rm ex})$ での共鳴を表している．この共鳴領域以外では k_2 は無視できるから

$$\omega\sqrt{\frac{\omega - \omega_0 - \Delta_{\rm ex}}{\omega - \omega_0}} = \frac{ck_1}{\sqrt{\kappa_\infty}} \tag{5.148}$$

が得られる．これが励起子ポラリトンの分散を与える．その様子を示したのが図 5.30 である．図は，

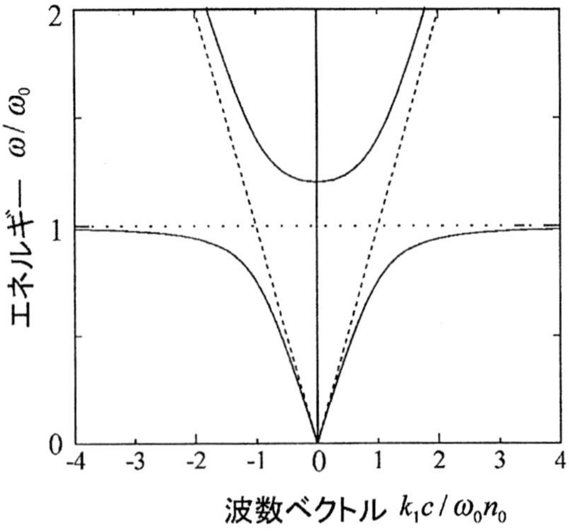

図 5.30: 空間分散を無視した場合 (重心運動の運動量 : $\hbar\boldsymbol{K} = 0$) の励起子ポラリトンの分散曲線．縦波励起子角周波数 ω_l と横波励起子角周波数 ω_t の差，LT 分裂を $\Delta_{\rm ex}$ $\Delta_{\rm ex}/\omega_0 = 0.2$ とした．$\hbar\omega_0 = \mathcal{E}_G - \mathcal{E}_{\rm ex}$．破線は媒体中でのフォトンの分散曲線．

はじめに仮定したように励起子の運動エネルギー $\hbar^2K^2/2M$ (重心運動の運動量 : $\hbar\boldsymbol{K}$) を無視した場合の励起子ポラリトンの分散曲線である．分散を計算するに当たって，縦波励起子角周波数 ω_l と横波励起子角周波数 ω_t の差，LT 分裂を $\Delta_{\rm ex}$ $\Delta_{\rm ex}/\omega_0 = 0.2$ とした．$\omega \ll \omega_0$ で

$$\omega \simeq \frac{ck_1}{\sqrt{\kappa_\infty(1+\Delta_{\rm ex}/\omega_0)}} \tag{5.149}$$

となり，フォトンのような振る舞いをするが，その時の媒質の実効的な誘電率は κ_∞ ではなく $\kappa_\infty(1+\Delta_{\rm ex}/\omega_0)$ であるので光の伝播速度は $c/\sqrt{\kappa_\infty}$ よりも少し遅い．$\omega_0 < \omega < \omega_0 + \Delta_{\rm ex}$ では $\kappa(\omega) \leq 0$ となり，解が存在せずフォノン・ポラリトンと同様に全反射領域となる．$\omega \gg \omega_0$ では再びフォトンのような振る舞いを示し，その伝播速度は $c/\sqrt{\kappa_\infty}$ となる．

励起子の運動エネルギーの項を考慮すると，誘電関数は

$$\kappa(\omega) = \kappa_\infty\left(1 + \frac{\Delta_{\rm ex}}{\omega_0 + \hbar K^2/2M - \omega - i\gamma}\right) \tag{5.150}$$

で与えられるから，これを式 (5.143) に代入して

$$\frac{c^2k^2}{\kappa_\infty\omega^2} = 1 + \frac{\Delta_{\rm ex}}{\omega_0 + \hbar K^2/2M - \omega - i\gamma} \tag{5.151}$$

となる．この式を解くのは少し面倒なので $\Delta_{\rm ex} \ll \omega_0$ であることを考慮して，$\omega_l^2 - \omega_t^2 \simeq 2\omega_t\Delta_{\rm ex}$ などのように近似すると次式のような ω^2 に関する 2 次方程式が得られる．

$$\frac{c^2k^2}{\kappa_\infty\omega^2} = 1 + \frac{\omega_l^2 - \omega_t^2}{\omega_t^2 + \omega_t(\hbar K^2/M) - \omega^2} \tag{5.152}$$

この式を用いて励起子ポラリトンの分散を求めたのが図 5.31 である．図では，縦波励起子 $\hbar\omega_l$ と横波励起子 $\hbar\omega_t = 1.515$eV の差，LT 分裂を $\hbar\Delta_{\rm ex} =$0.08meVとし，励起子の質量を $M = 0.6$ とした．ポラリトンの上方分枝を 1，下方分枝を 2 で表し，ブリルアン散乱のストークス遷移を矢印で示した．散乱の配置は後方散乱配置で，入射フォトンにより励起されたポラリトンは散乱後，波数ベクトルが反対方向を向いている．なお，ここに示した値は GaAs に対応するもので，GaAs におけるポラリトンによるブリルアン散乱の実験から決められた値である[5.51]．

5.5 自由キャリア吸収とプラズモン

有効質量 m^*，電荷 $-e$，密度 n の電子が存在する系に電界 $\boldsymbol{E} = \boldsymbol{E}_0\exp(-i\omega t)$ を印加した場合を考える．電子の緩和時間を τ とすると，運動方程式は

$$m^*\frac{d^2}{dt^2}\boldsymbol{x} + \frac{m^*}{\tau}\frac{d}{dt}\boldsymbol{x} = -e\boldsymbol{E}_0e^{-i\omega t} \tag{5.153}$$

と表せる．これより，電子の変位は次式で与えられる．

$$\boldsymbol{x} = \frac{-e\boldsymbol{E}}{m^*(-\omega^2 - i\omega/\tau)}. \tag{5.154}$$

この変位による分極 $\boldsymbol{P}$ は

$$\boldsymbol{P} = n(-e)\boldsymbol{x} \tag{5.155}$$

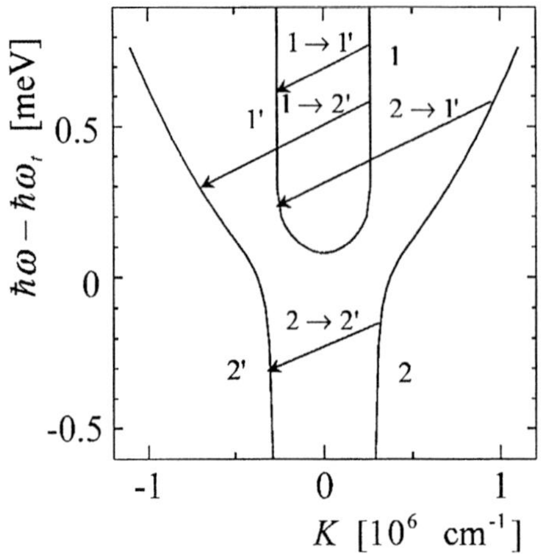

図 5.31: 空間分散を考慮した場合 (重心運動の運動量 : $\hbar \boldsymbol{K} \neq 0$) の GaAs における励起子ポラリトンの分散曲線．縦波励起子 $\hbar\omega_l$ と横波励起子 $\hbar\omega_t = 1.515$eV の差，LT 分裂を $\hbar\Delta = 0.08$meV とし，励起子の質量を $M = 0.6$ とした．ポラリトンの上方分枝を 1，下方分枝を 2 で表し，ブリルアン散乱のストークス遷移を矢印で示した．散乱の配置は後方散乱配置で，入射フォトンにより励起されたポラリトンは散乱後，波数ベクトルが反対方向を向いている．

となる．バックグラウンドの分極 $\boldsymbol{P}_\infty$ と誘電率 κ_∞ の間の関係 $\epsilon_0\boldsymbol{E} + \boldsymbol{P}_\infty = \kappa_\infty\epsilon_0\boldsymbol{E}$ と $\epsilon_0\boldsymbol{E} + \boldsymbol{P}_\infty + \boldsymbol{P} = \kappa\epsilon_0\boldsymbol{E}$ より，誘電率は

$$\kappa(\omega) = \kappa_\infty - \frac{ne^2}{\epsilon_0 m^* \omega(\omega + i/\tau)} \tag{5.156}$$

となる．いま，プラズマ周波数 (plasma frequency) を

$$\omega_p = \sqrt{\frac{ne^2}{\kappa_\infty \epsilon_0 m^*}} \tag{5.157}$$

で定義すると，誘電率は次のようになる．

$$\kappa(\omega) = \kappa_\infty \left[1 - \frac{\omega_p^2}{\omega(\omega + i/\tau)}\right] \tag{5.158}$$

電子の密度を $n \simeq 1 \times 10^{18}\mathrm{cm}^{-3}$ とし，$m^* = m_0$，$\kappa_\infty = 12$ とすると，$\omega_p \simeq 1.6 \times 10^{13}$ となり，後に述べるように，通常の半導体では $\tau \simeq 10^{-12}$s であるので プラズマ周波数近辺では $\omega_p\tau \gg 1$ が満たされる (金属の場合，可視領域でもこの条件が満たされる)．このとき

$$\kappa(\omega) = \kappa_\infty \left[1 - \frac{\omega_p^2}{\omega^2}\right] \tag{5.159}$$

となり，$\omega = \omega_p$ で $\kappa(\omega_p) = 0$ が成り立ち，フォノン・ポラリトンや励起子ポラリトンで説明したように，自由電子の系でも縦波プラズマ振動，つまりプラズモンが励起される．この縦波プラズマ振動について考察してみる．いま，図 5.32 に示すような系を考える．金属の場合，正に帯電した金属イオ

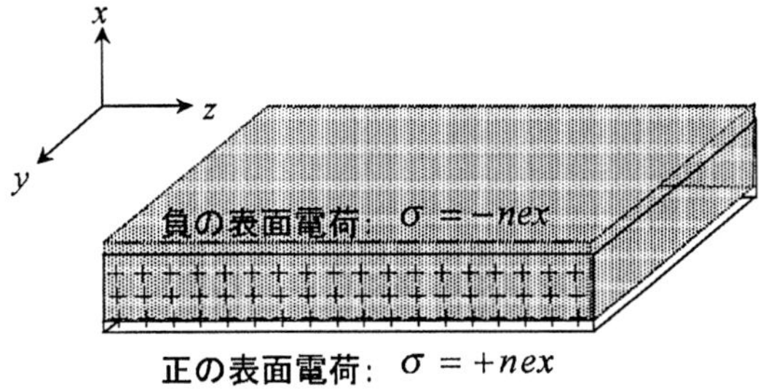

図 5.32: 金属や半導体でのプラズマ振動の模式図．金属イオンあるいは半導体のドナーイオンなどの正電荷は + 記号で，伝導電子は薄く塗りつぶして示してある．最初，平衡位置にあった電子が，集団運動して $\boldsymbol{x}$ だけ変位すると，分極 $\boldsymbol{P} = n(-e)\boldsymbol{x}$ が起こり，表面密度 $\pm ne|x|$ の表面電荷が現われ，これによって誘起された電界は，電子の変位を戻す方向に働く．この復元力のため，電子はプラズマ周波数 ω_p で集団運動 (プラズマ振動) をする．

ンのまわりに負電荷の自由電子が詰まっている．半導体の場合，正に帯電したドナーイオンのまわりに負電荷の伝導電子が存在する．図では，これらの正イオンは + 記号で，自由電子は薄く塗りつぶして示してある．この系には余剰電荷は存在せず電気的に中性である．正イオンは電子のように自由に動けないので電子の変位を考えればよい．外部電界がなくとも，図に示すように自由電子が x 方向に $\boldsymbol{x}$ だけ変位すると，$\boldsymbol{P} = n(-e)\boldsymbol{x}$ の分極が現れる．$\boldsymbol{D} = \kappa_\infty \epsilon_0 \boldsymbol{E} + \boldsymbol{P} = \kappa(\omega_p)\epsilon_0 \boldsymbol{E} = 0$ であるから，この分極により電界 $\boldsymbol{E}_l = -\boldsymbol{P}/\kappa_\infty \epsilon_0 = ne\boldsymbol{x}/\kappa_\infty \epsilon_0$ が誘起され，その方向は分極 $\boldsymbol{P}$ と反対向きであるため，電子には復元力として働き，電子はもとの平衡位置に戻されようとする．このようにして電子の集団はプラズマ周波数 ω_p で共振することになる．正の電荷と負の電荷からなる系で，両電荷の相対変位を伴う集団運動をプラズマ振動とよぶが，この集団運動が固体でも励起されることを意味している．

さて，式 (5.156) において，複素誘電率 $\kappa = \kappa_1 + i\kappa_2$ を用いると，

$$\kappa_1(\omega) = \kappa_\infty - \frac{ne^2\tau^2}{\epsilon_0 m^*(\omega^2\tau^2 + 1)} \tag{5.160}$$

$$\kappa_2(\omega) = \frac{ne^2\tau}{\epsilon_0 m^* \omega(\omega^2\tau^2 + 1)} \tag{5.161}$$

となる．4.1 節で述べたように，電磁波の吸収は誘電率の虚数部 κ_2 に比例し式 (4.21) で与えられる．つまり，吸収係数は

$$\alpha = \frac{\omega\kappa_2}{n_0 c} = \frac{ne^2\tau}{\epsilon_0 m^* n_0 c(\omega^2\tau^2 + 1)} \tag{5.162}$$

で与えられる．このように，自由キャリア (伝導電子や正孔) の存在する系に角周波数 ω の電磁波を印加すると，その電磁波は自由キャリアに働き吸収される，これを自由キャリア吸収 (free carrier absorption) と呼ぶ．この時の吸収係数が式 (5.162) で与えられる．自由キャリア吸収はキャリアがフォトンのエネルギーを吸収して同一バンド内での遷移によって起こる現象である．この場合，電子の始状態と終状態を $\mathcal{E}(\boldsymbol{k}_i)$，$\mathcal{E}(\boldsymbol{k}_f)$ とおくと，エネルギー保存則 $\hbar\omega = \mathcal{E}(\boldsymbol{k}_f) - \mathcal{E}(\boldsymbol{k}_i)$ と運動量保存則 $\hbar\boldsymbol{k} = \hbar\boldsymbol{k}_f - \hbar\boldsymbol{k}_i$ が成立しなければならない．しかし，フォトンに対して，小さな波数ベクトル

$\boldsymbol{k}$ で大きなエネルギーを与えるため，垂直遷移しか起こらず，同時にエネルギーと運動量の保存則を満たすことができない．したがって，遷移を完結するには，フォノンや不純物による散乱で運動量の保存則を満たす必要がある．つまり，自由キャリア吸収は間接遷移と同様，高次の摂動を含む過程である．これらについては Fan らの論文に詳しい[5.52]．式 (5.161) において，$\omega\tau \gg 1$ とすると，κ_2 は ω^{-3} に比例し，したがって吸収係数は ω^{-2} に比例する．ただし，τ が角周波数 ω に依存しないと仮定した場合で，実際には $\alpha(\omega) \propto \omega^{-1.5\sim-3.5}$ が観測されており，それは電子の散乱機構の違いによるものであるとされている．参考までに，電子や正孔の移動度との関係を示しておく．電子の速度を $\boldsymbol{v}$ とおくと，電子の運動の方程式は

$$m^*\frac{d\boldsymbol{v}}{dt} + \frac{m^*\boldsymbol{v}}{\tau} = -e\boldsymbol{E}_0 e^{-i\omega t} \tag{5.163}$$

となるから，交流電界下での電子のドリフト速度は

$$\boldsymbol{v} = -\frac{e\boldsymbol{E}}{m^*(-i\omega + 1/\tau)} \tag{5.164}$$

と表せるから，$\boldsymbol{v} = -\mu\boldsymbol{E}$ で定義される電子移動度 μ は次式で与えられる．

$$\mu = \frac{e\tau}{m^*(1 - i\omega\tau)} \tag{5.165}$$

電気伝導度 σ は電流密度 $\boldsymbol{J} = n(-e)\boldsymbol{v} = ne\mu\boldsymbol{E} = \sigma\boldsymbol{E}$ の関係より

$$\sigma = ne\mu = \frac{ne^2}{m^*}\frac{\tau}{1 - i\omega\tau} \tag{5.166}$$

となる．4.1 節で述べた式 (4.24) と式 (4.25a)，式 (4.25b) の関係を用い，バックグラウンドの誘電率 κ_∞ を考慮すると，上式は先に求めた式 (5.160) と式 (5.161) の関係を与える．

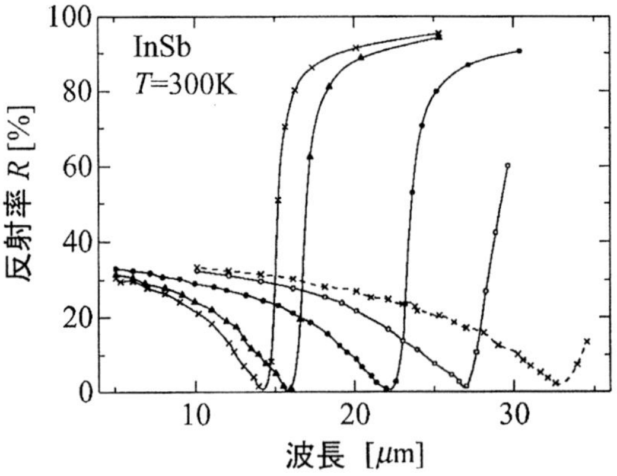

図 5.33: 室温における n-InSb のプラズマ・エッジ近傍での反射率の波長依存性．キャリア密度は右から左の曲線に対して，$n = 3.5 \times 10^{17}\text{cm}^{-3}$，$6.2 \times 10^{17}\text{cm}^{-3}$，$1.2 \times 10^{18}\text{cm}^{-3}$，$2.8 \times 10^{18}\text{cm}^{-3}$，$4.0 \times 10^{18}\text{cm}^{-3}$. (Spitzer and Fan: 文献[5.53]による).

誘電関数がプラズマ周波数で 0 となることから，この周波数の電磁波は全反射を受ける．いま，τ が大きく，吸収が小さい場合を考えてみる．式 (4.18) で与えられる反射率を

$$R = \frac{(n_0 - 1)^2 + k_0^2}{(n_0 + 1)^2 + k_0^2} \approx \frac{(n_0 - 1)^2}{(n_0 + 1)^2} \tag{5.167}$$

と近似すると，プラズマ周波数 $\omega = \omega_p$ で反射率は $R = 1$ となる．一方，反射率が 0 となる角周波数は

$$\omega(R = 0) = \sqrt{\frac{ne^2}{m^*(\kappa_\infty - 1)\epsilon_0}} \tag{5.168}$$

で与えられるので，反射率のエッジが $\omega(R = 0)$ と ω_p の間に存在する．この様子を実験で示したのが Spitzer と Fan で，その結果が図 5.33 である[5.53]．

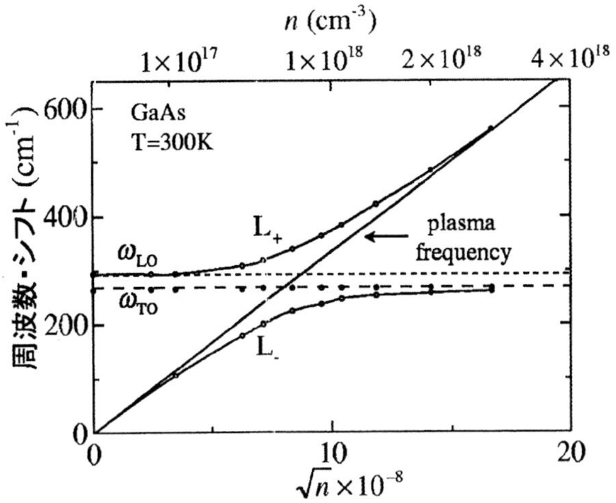

図 5.34: 室温での GaAs におけるラマンシフトの電子密度依存性．L_+，L_- は LO フォノンと結合したプラズモンの解で，式 (5.170) より求めた．○と●は Mooradian による実験データで，実線は式 (5.170) において $\omega_{\mathrm{LO}} = 292\mathrm{cm}^{-1}$，$\omega_{\mathrm{TO}} = 269\mathrm{cm}^{-1}$ とおいて求めた結果である (文献[5.56]参照)．

上に述べたプラズマ振動の誘電関数への寄与では，$\omega = \omega_p$ 近傍で光学フォノンの分散がないものとして，バックグラウンドの誘電率 κ_∞ を仮定している．しかし，プラズマ振動はキャリアの密度の平方根に比例し，その角周波数を光学フォノンの角周波数に近づけることが可能である．このような状況では，横波光学フォノンはプラズマ振動と結合しないことが予想されるが，縦波光学フォノンとプラズマ振動がいずれも縦波であるため結合することが考えられる．誘電関数はダンピングの項を無視すると，式 (5.130) と式 (5.159) より

$$\kappa(\omega) = \kappa_\infty \left[1 - \frac{\omega_p^2}{\omega^2} + \frac{(\kappa_0 - \kappa_\infty)\omega_{\mathrm{TO}}}{\omega_{\mathrm{TO}}^2 - \omega^2}\right] = \kappa_\infty \left[-\frac{\omega_p^2}{\omega^2} + \frac{\omega_{\mathrm{LO}}^2 - \omega^2}{\omega_{\mathrm{TO}}^2 - \omega^2}\right] \tag{5.169}$$

で与えられる．結合モードは縦波であるので $\kappa(\omega) = 0$ の条件から，

$$\omega_\pm^2 = \frac{1}{2}\left(\omega_{\mathrm{LO}}^2 + \omega_p^2\right) \pm \frac{1}{2}\left[(\omega_{\mathrm{LO}}^2 + \omega_p^2) - 4\omega_p^2\omega_{\mathrm{TO}}^2\right]^{1/2} \tag{5.170}$$

なる解が得られる．ここに，ω_+ と ω_- は ω_{LO} よりも上方と下方のプラズモンと LO フォノンの結合したモードの共鳴周波数である．このような，プラズマ振動と縦波光学フォノンの結合つまり，プラズモン－LO フォノン結合モードは Gurevich らにより予言され[5.54]，Mooradian と Wright に

より実験で確認されている[5.55], [5.56]．図 5.34 は Mooradian による室温での GaAs における実験結果を示す[5.56]．この図より明らかなように，TO フォノンはプラズモンと結合せず，ラマンシフトは $\omega_{\mathrm{TO}} = 269\ \mathrm{cm}^{-1}$ でほぼ一定である．これに対して，LO フォノンはプラズモンと結合し，電子密度が低いとき，$\omega_{\mathrm{LO}} = 292\mathrm{cm}^{-1}$ に漸近する上方分枝 L_+ と，0 に近づく下方分枝 L_- に分離する．L_+ 分枝は高電子密度ではプラズマ周波数 ω_p に近づき，L_- 分枝は TO フォノン ω_{TO} に近づく．図中の L_+ と L_- の実線は式 (5.170) より，$\omega_{\mathrm{LO}} = 292\ \mathrm{cm}^{-1}$，$\omega_{\mathrm{TO}} = 269\ \mathrm{cm}^{-1}$ とおいて求めた曲線で実験と非常によい一致を示す．プラズモン – LO フォノン相互作用に関する詳細は Klein の論文[5.57]を参照されたい．

第 6 章

電子 – 格子相互作用と電子輸送

6.1 格子振動

6.1.1 音響分枝と光学分枝

結晶は原子や分子が周期的に規則正しく配列したものである．しかし，有限温度では原子は熱運動のため，その平衡位置を中心にして振動をしている．原子はその平衡位置からずれると，その変位に応じて復原力が作用するが，その復原力はフックの法則に従い変位に比例するものと考えられる．簡単のため，図 6.1 のように質量 M の同種原子が連なった系を考え，平衡状態では等間隔 a で並んでいるもの

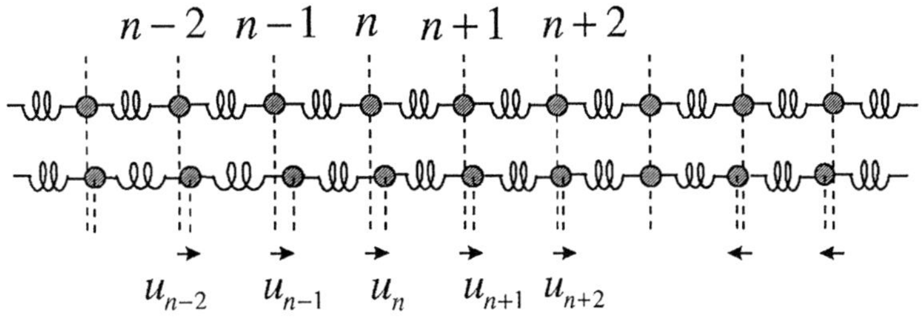

図 6.1: 格子の平衡位置からの変位 (格子振動)

とする．これらの原子には最近接原子間のみに相互作用があるものとし，各原子はばね定数 k_0 で互いに結ばれているものと仮定する．これらの原子の平衡位置からのずれを，$u_0, u_1, u_2, \cdots, u_n, u_{n+1}, \cdots$ とすると，n 番目の原子の運動方程式は

$$
\begin{aligned}
M\frac{d^2}{dt^2}u_n &= -k_0(u_n - u_{n-1}) - k_0(u_n - u_{n+1}) \\
&= k_0(n_{n-1} + u_{n+1} - 2u_n) \qquad (6.1)
\end{aligned}
$$

と書ける．各原子の変位が全く独立であるとすると，近接原子からの大きな力を受けその振動は減衰してしまう．したがって励起エネルギーの低い振動は，原子の列が波状に変位している場合であると考えられる．このような解としては

$$u_n = A\exp[i(qna - \omega t)] \qquad (6.2)$$

が得られる．ここに，$q = \omega/v_s = 2\pi/\lambda$ は波数ベクトルで，ω は角周波数，v_s は音速，λ は波長である．式 (6.2) を式 (6.1) に代入すると

$$M\omega^2 = -k_0 \left(e^{iqa} + e^{-iqa} - 2\right) = 4k_0 \sin^2\left(\frac{qa}{2}\right) \tag{6.3}$$

を得る．これより次の関係が得られる．

$$\omega = 2\sqrt{\frac{k_0}{M}}\left|\sin\left(\frac{qa}{2}\right)\right|. \tag{6.4}$$

いま，波長が原子間隔に比べて十分に大きければ $(qa \ll 1)$，位相速度 v_s は

$$v_s = \frac{\omega}{q} = \sqrt{\frac{k_0}{M}}\,a\,\frac{\sin(qa/2)}{(qa/2)} \cong \sqrt{\frac{k_0}{M}}\,a \qquad (qa \ll 1) \tag{6.5}$$

となる．つまり，波長が十分長い波に対しては一定の位相速度 $v_s = \sqrt{k_0/M}a$ が得られ，これが音速に対応している．図 6.2 は式 (6.4) をグラフに示したものである．この図から明らかなように $\omega - q$ 曲線は周期関数となり，1 周期に相当する $-\pi/a \leq q \leq \pi/a$ の領域に限って議論できることが分か

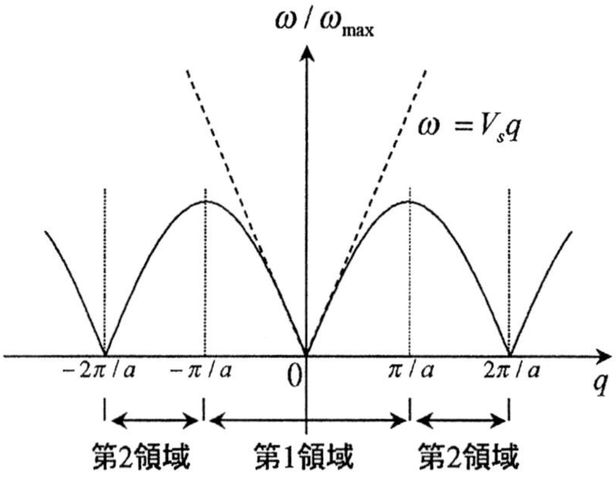

図 6.2: 1 次元格子振動の分散

る．この領域を第 1 ブリルアン領域 (first Brillouin zone) とよび，第 2 ブリルアン領域は図に示した領域となる．第 2 ブリルアン領域以上の領域は全て第 1 ブリルアン領域と等価になることは，1 章 1.4 節の還元領域表示の説明で詳しく述べた．原子の数を N 個とすると振動は N 個の自由度があり，$q = 2\pi n/(Na)$ とすると $n = -N/2 + 1 \sim +N/2$ までの N 個の値がとれる．ただし，この波数ベクトルの値は後に述べる周期的境界条件を用い，式 (6.2) において，$n = 0$ と $n = N$ の変位 u_n が等しいとして求められる．

次に，2 種類の原子からなる格子を考える．質量 M_1 の奇数番目の原子が間隔 a で，質量 M_2 の偶数番目の原子が間隔 a で並んでおり，最近接原子間のみ相互作用があるものとすれば，一種類の原子からなる格子の場合と同様にして

$$\left.\begin{aligned} M_1\frac{d^2}{dt^2}u_{2n+1} &= k_0(u_{2n} + u_{2n+2} - 2u_{2n+1}) \\ M_2\frac{d^2}{dt^2}u_{2n} &= k_0(u_{2n-1} + u_{2n+1} - 2u_{2n}) \end{aligned}\right\} \tag{6.6}$$

なる連立方程式が得られる．この方程式の解として，先の場合のように波を仮定することができるが，もう一つの解として奇数番目と偶数番目の原子が反対方向に変位し，奇数番目の原子のみで波を，また偶数番目の原子のみで波を形成することも可能であることがわかる．そこで

$$u_{2n+1} = A_1 e^{i\{(2n+1)(qa/2)-\omega t\}}, \qquad u_{2n} = A_2 e^{i\{(2n)(qa/2)-\omega t\}} \tag{6.7}$$

とおき，これらを式 (6.6) に代入すると，次の関係式が得られる．

$$\left.\begin{aligned}(M_1\omega^2 - 2k_0)A_1 + \{2k_0\cos(qa/2)\}A_2 = 0\\(M_2\omega^2 - 2k_0)A_2 + \{2k_0\cos(qa/2)\}A_1 = 0\end{aligned}\right\} \tag{6.8}$$

上式の解として $A_1 = A_2 = 0$ をとると，全ての原子は静止した状態となるので，A_1 と A_2 が同時に 0 とならない解を求めなければならない．それは上式で，A_1 と A_2 の係数のつくる行列式が 0 となればよい．これよりつぎの式が得られる．

$$\begin{vmatrix}(M_1\omega^2 - 2k_0) & 2k_0\cos(qa/2)\\2k_0\cos(qa/2) & (M_2\omega^2 - 2k_0)\end{vmatrix} = 0. \tag{6.9}$$

この式は ω^2 について 2 次方程式となるから，その根 ω_-^2 と ω_+^2 は次式で与えられる．

$$\omega_-^2 = \frac{k_0}{M_1M_2}\left[(M_1+M_2) - \sqrt{(M_1+M_2)^2 - 4M_1M_2\sin^2\left(\frac{qa}{2}\right)}\right] \tag{6.10a}$$

$$\omega_+^2 = \frac{k_0}{M_1M_2}\left[(M_1+M_2) + \sqrt{(M_1+M_2)^2 - 4M_1M_2\sin^2\left(\frac{qa}{2}\right)}\right] \tag{6.10b}$$

この結果から明らかなように，$q \to 0$ で ω_- は 0 に近づき，ω_+ は一定値に近づく．角周波数は正の値を有することに注意して，ω_-, ω_+ を，$\alpha = M_1/M_2$ をパラメーターとして，q の関数としてプロットすると，図 6.3 のようになる．図で $1/M_r = 1/M_1 + 1/M_2$ である．ω_- と ω_+ の分枝について，

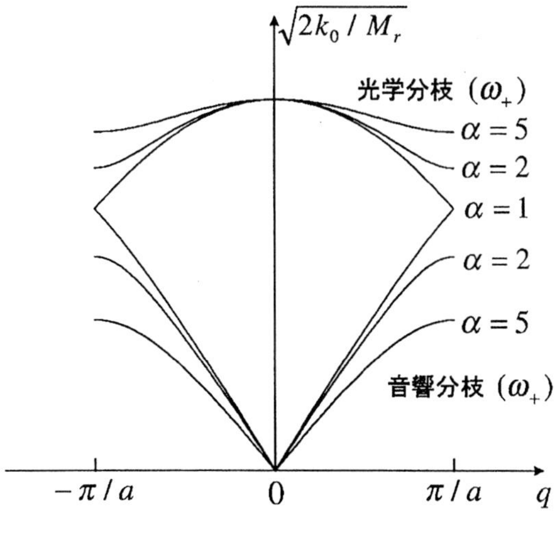

図 6.3: 2 種類の原子からなる格子の角周波数と波数の関係

$q=0$ とすると，式 (6.8)，式 (6.10b)，式 (6.10b) より

$$\left.\begin{aligned} \omega_- &= 0 \\ \frac{A_1}{A_2} &= 1 \end{aligned}\right\} \tag{6.11}$$

$$\left.\begin{aligned} \omega_+ &= \sqrt{2k_0\left(\frac{1}{M_1}+\frac{1}{M_2}\right)} \equiv \sqrt{\frac{2k_0}{M_r}} \\ \frac{A_1}{A_2} &= -\frac{M_2}{M_1} \end{aligned}\right\} \tag{6.12}$$

となる．ω_- の分枝は $M_1 = M_2$ とおけば先に述べた一種類の原子からなる 1 次元格子の結果と一致することから音波に対応するもので，音響分枝 (acoustic branch) あるいは音響モード (acoustic mode) とよばれ，上式の結果から明らかなように ($A_1 = A_2$)，隣あった原子は同方向に変位している (相対変位がない)．これに対し，ω_+ に対するものは，$A_1/A_2 = -M_2/M_1$ であるから，異種の原子は反対方向に変位しており (重心が静止し相対変位があり)，原子がイオン性を有すると相対変位により電界を誘起し，外部から入った電磁波 (赤外領域となる) と相互作用し，赤外線を吸収するので光学分枝 (optical branch) あるいは光学モード (optical mode) とよばれる．図 6.4 は音響モードと光学モードに対する各原子の変位を縦軸にとりプロットしたもので，上に述べた変位の違いが理解できるであろう．

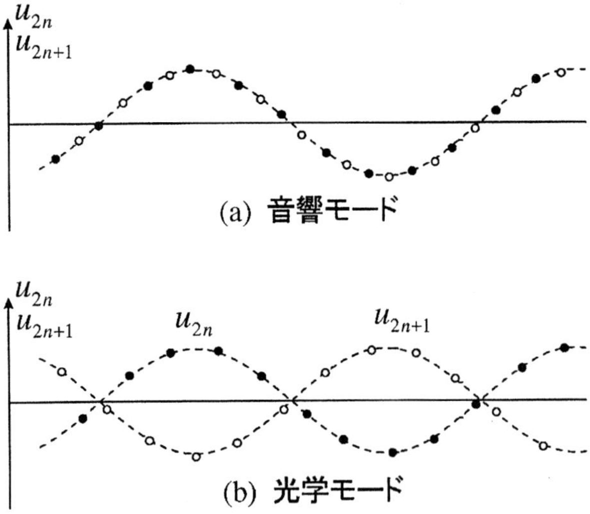

図 6.4: 格子振動のモードと原子の変位．(a) 音響モード，(b) 光学モード

音響モードに対しては $qa \ll 1$ のとき

$$\omega_- \cong \sqrt{\frac{2k_0}{(M_1+M_2)}}\, aq \qquad (qa \ll 1) \tag{6.13}$$

となり，これより音速は

$$v_s = \frac{\omega_-}{q} = \sqrt{\frac{2k_0}{(M_1+M_2)}}\, a \tag{6.14}$$

で与えられ，式 (6.5) と対応していることが分かる．

イオン結晶では波長 20 ～ 100μm の赤外領域で反射率に異常分散が見い出されている．たとえば，NaCl では 40μm と 60μm 近傍で反射率が極大を示す．この波長に対する光の角周波数は $\omega = 2\pi c/\lambda \sim 4 \times 10^{13}\mathrm{s}^{-1}$ 程度となる．この波長に対する波の波数ベクトルは $q = 2\pi/\lambda \sim 10^3\mathrm{cm}^{-1}$ となり，ブリルアン領域の端 $\pi/a \simeq 10^8\mathrm{cm}^{-1}$ に比べ非常に小さい．運動量とエネルギーの保存則を考慮すれば，このような小さな波数ベクトルで大きな角周波数をもつものは光学分枝の ω_+ であることが分かる．

一般に，光学モードは単位胞に 2 個以上の原子を有するときに現れる．音響モードには 1 つの縦波と 2 つの横波があることから，単位胞に s 個の原子を有する結晶では $3s-3$ 個の光学モードが存在する．

6.1.2 調和近似

l 番目の原子の質量が M_l である格子原子の運動を考える．ポテンシャルエネルギー V は格子原子の座標 $\boldsymbol{x}_l$ の関数で，運動エネルギーは各原子の運動エネルギー $\boldsymbol{p}_l$ の和で与えられる．したがって，全体のエネルギーは

$$H = \sum_l \frac{p_l^2}{2M_l} + V(\boldsymbol{x}_1, \boldsymbol{x}_2, \cdots, \boldsymbol{x}_l, \cdots) \tag{6.15}$$

と書ける．簡単のため最近接原子間の力で結ばれた N 個の同一原子からなる鎖を考える．平衡状態での格子の位置を格子間隔を表すベクトル $\boldsymbol{a}$ を用いて

$$\boldsymbol{R}_l = l\boldsymbol{a} \tag{6.16}$$

と表す．簡単のため 1 次元格子を考えると

$$V(\boldsymbol{x}_1, \boldsymbol{x}_2, \cdots, \boldsymbol{x}_l, \cdots) = \sum_l f(x_{l+1} - x_l) \tag{6.17}$$

と表せる．ここに，$f(x_{l+1} - x_l)$ は l と $l+1$ 番目の原子間距離のみの関数である．

l 番目の原子の変位 u_l を次のように定義する．

$$u_l = x_l - la \tag{6.18}$$

原子が格子点 la を占めるときを平衡状態と考えているから，あらゆる l に対して

$$\frac{\partial V}{\partial u_l} = 0; \qquad u_1 = u_2 = u_3 = \cdots = u_N = 0 \tag{6.19}$$

が成立する．したがって，変位 u_l が小さいときにはポテンシャルエネルギーをテイラー展開して

$$V(u_1, u_2, u_3, \cdots, u_N) = V_0 + \frac{1}{2}\sum_{l,l'} u_l u_{l'} \frac{\partial^2 V}{\partial u_l \partial u_{l'}} + \cdots \tag{6.20}$$

と書ける．上式で V に関する 1 次微分は式 (6.19) により消える．また，V_0 はポテンシャルの原点を適当に選べば $V_0 = 0$ とおくことができる．ところで，

$$V = \sum_l f(x_{l+1} - x_l) = \sum_l f(u_{l+1} - u_l + a) \tag{6.21}$$

であるから，$\partial f/\partial u_{l+1} = -\partial f/\partial u_l \equiv \partial f/\partial u$ なる関係を用いて

$$\begin{aligned}\sum_{l,l'} u_l u_{l'} \frac{\partial^2 f}{\partial u_l \partial u_{l'}} &= \sum_l \left\{ u_{l+1}^2 \frac{\partial^2 f}{\partial u_{l+1}^2} + u_l^2 \frac{\partial^2 f}{\partial u_l^2} \right. \\ &\quad \left. + u_{l+1} u_l \frac{\partial^2 f}{\partial u_{l+1} \partial u_l} + u_l u_{l+1} \frac{\partial^2 f}{\partial u_l \partial u_{l+1}} \right\} \\ &= \sum_l \left(u_{l+1}^2 + u_l^2 - u_{l+1} u_l - u_l u_{l+1} \right) \frac{\partial^2 f}{\partial u^2} \\ &\equiv g \sum_l (u_{l+1} - u_l)^2 \end{aligned} \tag{6.22}$$

を得る．ここに，$g = \partial^2 f/\partial u^2$ である．これを式 (6.20) に代入すると

$$V(u_1, u_2, u_3, \cdots, u_N) = V_0 + \frac{1}{2} g \sum_l (u_{l+1} - u_l)^2 \tag{6.23}$$

となる．以上の結果，1次元格子のハミルトニアンは変位 u_l と運動量 p_l で表せることが分かった．これらのパラメーターは独立であり，同一種類の原子のみを考えると交換関係は

$$[u_l, p_{l'}] = u_l p_{l'} - p_{l'} u_l = i\hbar \delta_{l,l'} \tag{6.24}$$

となる．ここに，$p_{l'} = -i\hbar \partial/\partial u_{l'}$ である．以上の結果から，ハミルトニアン H は原子が全て同一質量を有する場合には

$$H = \frac{1}{2M} \sum_l p_l p_l + \frac{1}{2} g \sum_l (2u_l u_l - u_l u_{l+1} - u_l u_{l-1}) \tag{6.25}$$

となる．

上で求めたハミルトニアンは，バネ定数 g で結ばれた1次元格子の運動方程式に対するもので，先に述べた式 (6.1) に対応する．つまり，変位は

$$u_l = A e^{i(qla - \omega t)} \tag{6.26}$$

で与えられる．そこで，周期的境界条件を導入すると

$$u_{l+N} = u_l \tag{6.27}$$

より，波数ベクトル q は

$$\exp(iqaN) = 1, \quad \text{つまり}, \quad q = \frac{2\pi}{aN} l \tag{6.28}$$

を満たさなければならない．ここに l は整数である．このことは，式 (6.25) に周期的境界条件を用いても導かれる[6.10]．

格子振動に対するハミルトニアン式 (6.25) を解くには，フーリエ変換を用いると便利である．つまり，

$$Q_q = \frac{1}{\sqrt{N}} \sum_l u_l e^{-iqal} \tag{6.29}$$

とおくと，変位 u_l は逆変換により

$$\frac{1}{\sqrt{N}}\sum_q Q_q e^{iqal} = \sum_{q,l'} \frac{1}{N} u_{l'} e^{iqa(l-l')} = \frac{1}{N}\sum_{l'} u_{l'} N\delta_{ll'} = u_l \tag{6.30}$$

として求められる．付録 A.2 でも示すように

$$\sum_q e^{iqa(l-l')} = N\delta_{ll'} \tag{6.31}$$

の関係があるが，これは次のようにして証明できる．

$$q = \frac{2\pi}{aN}n = \frac{2\pi}{L}n$$

とおく．ここに，$L = Na$ は N 個の原子列の長さで，結晶の長さを意味する．q は原子の数 N と同数の自由度を持ち，N 個の値が取れる．つまり，n は $1 \sim N$，$0 \sim N-1$，あるいは $-N/2+1 \sim N/2$ の N 個の値が取れる．これがブリルアン領域の概念を与え，q の取りうる領域として，第 1 ブリルアン領域のみを考えればよいことを教えてくれる．これらの n に対応した q の領域を図 6.2 で見てみると，ω と q の関係はこの領域に現われるものの繰り返しとなっている．第 1 ブリルアン領域は通常，

$$\frac{-\pi}{a} < q \leq \frac{\pi}{a}, \qquad (-\frac{N}{2} < n \leq \frac{N}{2}) \tag{6.32}$$

の範囲を選ぶ．左の不等号 $<$ が $\leq$ とならないのは，$-\pi/a$ と π/a は逆格子ベクトル $2\pi/a$ だけ異なり全く同じ状態を表すことによる．また，そうしないと，自由度は N とならず，$N+1$ となってしまうことによる．

$m = l - l'$ (m は整数) とおき，はじめに，$m = 0$ の場合を考える．q が N 個の値を取れることに注意して，

$$\sum_q e^{iqam} = \sum_{n=1}^{N} 1 = N \qquad (m = 0) \tag{6.33}$$

の成立することが分かる．つぎに，$m \neq 0$ の場合を考える．$n = 0$ および $n = N$ に対して $\exp(iqam) = \exp(i2\pi nm/N) = 1$ であるから，

$$\sum_q e^{iqam} = \sum_{n=0}^{N-1} e^{i2\pi nm/N} = \frac{1 - e^{i2\pi m}}{1 - e^{i2\pi m/N}} = 0 \tag{6.34}$$

を得る．これより式 (6.31) は証明された．

また，波数ベクトルを第 1 ブリルアン領域の $-\pi/a < q \leq \pi/a$ ($N/2 < n \leq N/2$) にとり，$n = -N/2+1 \sim N/2$ とする．n に対する和の領域を $n = 0 \sim N-1$ とするため，$\exp[i2\pi(N/2-1)m/N]$ を掛けて割る操作を行うと，

$$\begin{aligned}\sum_q e^{iqam} &= \sum_{n=-N/2+1}^{N/2} e^{i2\pi nm/N} \\ &= e^{-i2\pi(N/2-1)m/N} \sum_{n=-N/2+1}^{N/2} e^{i2\pi(n+N/2-1)m/N}\end{aligned}$$

$$= e^{-i2\pi(N/2-1)m/N} \sum_{n'=0}^{N-1} e^{i2\pi n' m/N}$$

$$= e^{-i2\pi(N/2-1)m/N} \frac{1 - e^{i2\pi m}}{1 - e^{i2\pi m/N}} = 0 \qquad (m \neq 0) \tag{6.35}$$

となる．これらの結果をまとめて，一般に

$$\sum_q e^{iqa(l-l')} = N\delta_{ll'} \tag{6.36}$$

の関係が成立し，式 (6.31) は証明される．以上の結果，次の関係が得られる．

$$u_l = \frac{1}{\sqrt{N}} \sum_q Q_q e^{iqal} \tag{6.37a}$$

$$Q_q = \frac{1}{\sqrt{N}} \sum_l u_l e^{-iqal} \tag{6.37b}$$

格子振動を連続体近似で求めると次のようになる．

$$u(x) = \sum_q Q_q e^{iqx} \tag{6.38a}$$

$$Q_q = \frac{1}{L} \int_{-L/2}^{L/2} u(x) e^{-iqx} dx \tag{6.38b}$$

ここに，L は1次元格子の長さである (この関係は付録 A.2，A.3 を参照して容易に導ける)．

全く同様にして，運動量オペレーターを次のように定義することができる．

$$p_l = \frac{1}{\sqrt{N}} \sum_q P_q e^{-iqal} \tag{6.39a}$$

$$P_q = \frac{1}{\sqrt{N}} \sum_l p_l e^{iqal} \tag{6.39b}$$

また，連続体近似に対しても同様に次のようになる．

$$p(x) = \sum_q P_q e^{-iqx} \tag{6.40a}$$

$$P_q = \frac{1}{L} \int_{-L/2}^{L/2} p(x) e^{iqx} dx \tag{6.40b}$$

一般に，d 次元空間におけるフーリエ変換は付録 A.3 の式 (A.30) と式 (A.31) で与えられ，次の関係が成立する．

$$f(\boldsymbol{r}) = \sum_{\boldsymbol{q}} F(\boldsymbol{q}) e^{i\boldsymbol{q}\cdot\boldsymbol{r}} \tag{6.41a}$$

$$F(\boldsymbol{q}) = \frac{1}{L^d} \int f(\boldsymbol{r}) e^{-i\boldsymbol{q}\cdot\boldsymbol{r}} d^d\boldsymbol{r} \tag{6.41b}$$

また，付録 A.2 に示すように次の関係が成立する．

$$\sum_{\boldsymbol{q}} e^{i\boldsymbol{q}\cdot(\boldsymbol{r}-\boldsymbol{r}')} = L^d \delta(\boldsymbol{r} - \boldsymbol{r}') \tag{6.42a}$$

$$\frac{1}{L^d} \int e^{i(\boldsymbol{q}-\boldsymbol{q}')\cdot\boldsymbol{r}} d^d\boldsymbol{r} = \delta_{\boldsymbol{q},\boldsymbol{q}'} \tag{6.42b}$$

変位 u_l はエルミート形オペレーターであるから，u_l はそのエルミート共役量 $u_l^\dagger$ に等しくなければならない．

$$u_l = u_l^\dagger = \frac{1}{\sqrt{N}}\sum_q Q_q e^{iqal} = \frac{1}{\sqrt{N}}\sum_q Q_q^\dagger e^{-iqal} \tag{6.43}$$

これより

$$Q_q = Q_{-q}^\dagger \text{または} Q_q^\dagger = Q_{-q} \tag{6.44}$$

を得る．ここに，$Q^\dagger$ は Q のエルミート共役オペレーターである．q についての和が正負あることに注意して $\sum Q_q \exp(iqal) = \sum Q_{-q}\exp(-iqal)$ を用いると

$$u_l = \frac{1}{2\sqrt{N}}\sum_q (Q_q e^{iqal} + Q_q^\dagger e^{-iqal}) \tag{6.45}$$

と書くことができる．これらの結果を用いると次のような交換関係が成立する．

$$[Q_q, P_{q'}] = i\hbar\delta_{q,q'} \tag{6.46}$$

これは次のように証明される．

$$\begin{aligned}[Q_q, P_{q'}] &= \frac{1}{N}\left[\sum_l u_l e^{-iqal}, \sum_{l'} p_{l'} e^{iq'al'}\right] \\ &= \frac{1}{N}\sum_{l,l'}[u_l, p_{l'}]e^{-ia(ql-q'l')} \\ &= \frac{1}{N}\sum_{l,l'} i\hbar\delta_{ll'} e^{-ia(ql-q'l')} \\ &= \frac{1}{N}\sum_l i\hbar e^{-ial(q-q')} = i\hbar\delta_{q,q'}\end{aligned} \tag{6.47}$$

連続体近似の場合には

$$\begin{aligned}[Q_q, P_{q'}] &= \frac{1}{L}\iint [u(x), p(x')]e^{i(q'x'-qx)}dxdx' \\ &= i\hbar\frac{1}{L}\iint \delta(x-x')e^{i(q'x'-qx)}dxdx' \\ &= i\hbar\frac{1}{L}\int e^{i(q'-q)x}dx = i\hbar\delta_{q,q'}\end{aligned} \tag{6.48}$$

これらの結果，u_l と $p_{l'}$ の間に式 (6.24) の交換関係が成立するが，u_l と $p_{l'}$ をフーリエ変換して得られた Q_q と $P_{q'}$ の間にも式 (6.48) が成立することが分かる．Q_q と P_q を用いるとハミルトニアン式 (6.25) は次のようになる．

$$\begin{aligned}H &= \frac{1}{2M}\sum_{lqq'}\frac{1}{N}P_q P_{q'} e^{-i(q+q')al} \\ &\quad + \frac{1}{2}g\sum_{lqq'}\frac{1}{N}Q_q Q_{q'}\left\{2e^{i(q+q')al} - e^{i(ql+q'l+q')a} - e^{i(ql+q'l-q')a}\right\} \\ &= \frac{1}{2M}\sum_q P_q P_{-q} + g\sum_q Q_q Q_{-q}\left(1 - \frac{e^{-iqa}+e^{iqa}}{2}\right)\end{aligned}$$

$$= \sum_q \left\{ \frac{1}{2M} P_q P_{-q} + g Q_q Q_{-q} [1 - \cos(qa)] \right\} \tag{6.49}$$

いま,

$$\omega_q = \sqrt{\frac{2g}{M}} \sqrt{1 - \cos(qa)} = 2\sqrt{\frac{g}{M}} \left| \sin\left(\frac{qa}{2}\right) \right| \tag{6.50}$$

とおけば

$$H = \sum_q \left(\frac{1}{2M} P_q P_{-q} + \frac{1}{2} M \omega_q^2 Q_q Q_{-q} \right) \equiv \sum_q \left(\frac{1}{2M} P_q^2 + \frac{1}{2} M \omega_q^2 Q_q^2 \right) \tag{6.51}$$

を得る.このことは N 個の格子からなる式 (6.25) のハミルトニアン H が,フーリエ変換によりモード q で区別される,角周波数 ω_q,運動量 P_q と変位 Q_q で表されたハミルトニアンの和に書き変えられることを意味している.

次に,生成のオペレーター $a_q^\dagger$ と消滅のオペレーター a_q を定義する.

$$a_q^\dagger = \frac{1}{\sqrt{2M\hbar\omega_q}} (M\omega_q Q_{-q} - iP_q) \tag{6.52a}$$

$$a_q = \frac{1}{\sqrt{2M\hbar\omega_q}} (M\omega_q Q_q + iP_{-q}) \tag{6.52b}$$

これを用いると,オペレーター a_q と $a_q^\dagger$ の交換関係は次のようになる.

$$\begin{aligned} [a_q, a_{q'}^\dagger] &= \frac{1}{\sqrt{2M\hbar\omega_q}} \frac{1}{\sqrt{2M\hbar\omega_{q'}}} \{-iM\omega_q [Q_q, P_{q'}] + iM\omega_{q'} [P_{-q}, Q_{-q'}]\} \\ &= \delta_{qq'} \end{aligned} \tag{6.53}$$

これより

$$[a_q, a_q^\dagger] = a_q a_q^\dagger - a_q^\dagger a_q = 1 \tag{6.54}$$

また,式 (6.52a) と (6.52b) を用いると P_q と Q_q は次のように表せる.

$$P_q = i\sqrt{\frac{M\hbar\omega_q}{2}} (a_q^\dagger - a_{-q}) \tag{6.55a}$$

$$Q_q = \sqrt{\frac{\hbar}{2M\omega_q}} (a_{-q}^\dagger + a_q) \tag{6.55b}$$

この関係式を式 (6.51) に代入すると,ハミルトニアンは

$$H = \frac{1}{2} \sum_q \hbar\omega_q (a_q^\dagger a_q + a_q a_q^\dagger) = \sum_q \hbar\omega_q (a_q^\dagger a_q + \frac{1}{2}) \equiv \sum_q H_q \tag{6.56}$$

で与えられる.また

$$\hat{n}_q = a_q^\dagger a_q \tag{6.57}$$

をモード q に対するボゾン (boson) の数オペレーターと呼ぶ.

あるモード q に対するハミルトニアン H_q は

$$H_q = \frac{1}{2M} P_q^2 + \frac{1}{2} M\omega_q^2 Q_q^2 = -\frac{\hbar^2}{2M} \frac{\partial^2}{\partial Q_q^2} + \frac{1}{2} M\omega_q^2 Q_q^2 \tag{6.58}$$

と書ける．ここで，

$$P_q = -i\hbar\frac{\partial}{\partial Q_q} \tag{6.59}$$

を用いた．モード q のハミルトニアン H_q に対するシュレディンガー方程式の固有状態を $|n_q\rangle$ と書くことにすると

$$H_q|n_q\rangle = \left(n_q + \frac{1}{2}\right)\hbar\omega_q|n_q\rangle \tag{6.60}$$

となることは，単純調和振動子のハミルトニアンが式 (6.58) で与えられることから明らかである．全体の系に対する波動関数は

$$|n_1, n_2, \cdots, n_q, \cdots\rangle = \prod_q |n_q\rangle \tag{6.61}$$

で与えられ，全エネルギーは

$$\mathcal{E} = \sum_q \left(n_q + \frac{1}{2}\right)\hbar\omega_q \quad (n_q = 0, 1, 2, \cdots) \tag{6.62}$$

で与えられる．また，熱平衡状態におけるボゾンの励起数の平均値は

$$\overline{n}_q = \frac{1}{e^{\hbar\omega_q/k_BT} - 1} \tag{6.63}$$

である．ボゾンオペレーターに対して次の関係のあることは容易に証明できる (付録 C を参照).

$$a_q^\dagger|n_q\rangle = \sqrt{n_q + 1}|n_q + 1\rangle \tag{6.64a}$$

$$a_q|n_q\rangle = \sqrt{n_q}|n_q - 1\rangle \tag{6.64b}$$

$$a_q^\dagger a_q|n_q\rangle = n_q|n_q\rangle \tag{6.64c}$$

$$a_q a_q^\dagger|n_q\rangle = (n_q + 1)|n_q\rangle \tag{6.64d}$$

以上の結果を用いると格子振動の変位は

$$u_l = \sum_q \sqrt{\frac{\hbar}{2MN\omega_q}}\left(a_q e^{iqal} + a_q^\dagger e^{-iqal}\right) \tag{6.65}$$

となり，3 次元の場合は原子の位置ベクトルを $\boldsymbol{R}_l$ とおくと

$$\boldsymbol{u}_l = \sum_{\boldsymbol{q}} \boldsymbol{e}_{\boldsymbol{q}}\sqrt{\frac{\hbar}{2MN\omega_{\boldsymbol{q}}}}\left(a_{\boldsymbol{q}} e^{i\boldsymbol{q}\cdot\boldsymbol{R}_l} + a_{\boldsymbol{q}}^\dagger e^{-i\boldsymbol{q}\cdot\boldsymbol{R}_l}\right) \tag{6.66}$$

となる．連続体近似では

$$u(x) = \sum_q \sqrt{\frac{\hbar}{2MN\omega_q}}\left(a_q e^{iqx} + a_q^\dagger e^{-iqx}\right) \tag{6.67}$$

となる．3 次元系に拡張することは容易であり，

$$\boldsymbol{u}(\boldsymbol{r}) = \sum_{\boldsymbol{q}} \boldsymbol{e}_{\boldsymbol{q}}\sqrt{\frac{\hbar}{2MN\omega_{\boldsymbol{q}}}}\left(a_{\boldsymbol{q}} e^{i\boldsymbol{q}\cdot\boldsymbol{r}} + a_{\boldsymbol{q}}^\dagger e^{-i\boldsymbol{q}\cdot\boldsymbol{r}}\right) \tag{6.68}$$

となる．ここに，$\boldsymbol{e_q}$ は変位方向の単位ベクトルである．単位胞に質量 M_1，M_2 の 2 個の原子があるときは

$$\boldsymbol{u}(\boldsymbol{r}) = \sum_{\boldsymbol{q}} \boldsymbol{e_q} \sqrt{\frac{\hbar}{2(M_1+M_2)N\omega_{\boldsymbol{q}}}} \left(a_{\boldsymbol{q}} e^{i\boldsymbol{q}\cdot\boldsymbol{r}} + a^{\dagger}_{\boldsymbol{q}} e^{i\boldsymbol{q}\cdot\boldsymbol{r}}\right) \tag{6.69}$$

となる．また，光学振動に対する変位を求めることも簡単である．光学フォノンは単位胞に 2 個以上の原子を有する格子に対して存在する．今，2 個の原子が存在するとし，還元質量 M_r $(1/M_r = 1/M_1 + 1/M_2)$ を用いると，原子の相対変位 $\boldsymbol{u}_r(\boldsymbol{r})$ は

$$\boldsymbol{u}_r(\boldsymbol{r}) = \sum_{\boldsymbol{q}} \boldsymbol{e_q} \sqrt{\frac{\hbar}{2NM_r\omega_q}} \left(a_{\boldsymbol{q}} e^{i\boldsymbol{q}\cdot\boldsymbol{r}} + a^{\dagger}_{\boldsymbol{q}} e^{-i\boldsymbol{q}\cdot\boldsymbol{r}}\right) \tag{6.70}$$

となる．ここに，$\boldsymbol{e_q} = \boldsymbol{u}_r/u_r$ である．

6.2 ボルツマンの輸送方程式

電子の波数ベクトルを $\boldsymbol{k}$ とする．外力 $\boldsymbol{F}$ のもとで電子の波数ベクトルは次のように変化する．

$$\hbar\frac{d\boldsymbol{k}}{dt} = \boldsymbol{F} \tag{6.71}$$

粒子 (電子) が時刻 t で，位置ベクトル $\boldsymbol{r}$ の点に存在し，波数ベクトル $\boldsymbol{k}$ を有する確率を $f(\boldsymbol{k},\boldsymbol{r},t)$ と

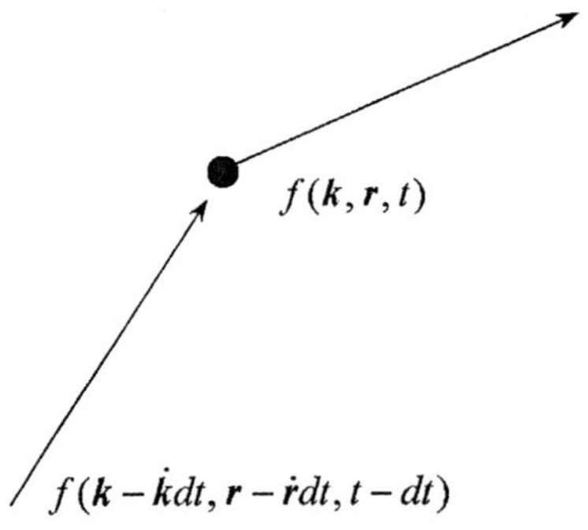

図 6.5: 電子の流れと分布関数の変化．時刻 $t-dt$ で $f(\boldsymbol{k}-\dot{\boldsymbol{k}}dt, \boldsymbol{r}-\dot{\boldsymbol{r}}dt, t-dt)$ であったものが，時刻 t で $f(\boldsymbol{k},\boldsymbol{r},t)$ となる．時刻 t で $f(\boldsymbol{k},\boldsymbol{r},t)$ であったものは dt の後には他の状態に変化する．

定義し，これを粒子 (電子) の分布関数とよぶ．はじめに，電子は散乱などを受けず，外力 (電界や磁界など) により，状態を変えるものとすると，時間 dt の後には，$\boldsymbol{r}+\dot{\boldsymbol{r}}dt$，$\boldsymbol{k}+\dot{\boldsymbol{k}}dt$ の状態に変わる．いま，図 6.5 の助けをかりて，分布関数 $(\boldsymbol{r},\boldsymbol{k},t)$ の時間変化割合を計算してみる．時刻 $t-dt$ において，$\boldsymbol{r}-\dot{\boldsymbol{r}}dt, \boldsymbol{k}-\dot{\boldsymbol{k}}dt$ にあった粒子は時間 dt 後 (時刻 t) においては，$f(\boldsymbol{k},\boldsymbol{r},t)$ となる．したがって，この分布関数の変化割合は，

$$\left(\frac{df}{dt}\right)_{\text{drift}} = \left[f(\boldsymbol{k}-\dot{\boldsymbol{k}}dt, \boldsymbol{r}-\dot{\boldsymbol{r}}dt, t-dt) - f(\boldsymbol{k},\boldsymbol{r},t)\right]\Big/ dt \tag{6.72}$$

と表せる．この式の右辺は次のように理解される．右辺第 1 項は dt 後に $f(\boldsymbol{k},\boldsymbol{r},t)$ となるもので $f(\boldsymbol{k},\boldsymbol{r},t)$ の増加を，右辺第 2 項は $f(\boldsymbol{k},\boldsymbol{r},t)$ であったものが，dt 後には他の状態に変わってしまうものを表している．粒子の散乱を考えていないので，時々刻々と連続的に流れていく変化を表しており，ドリフト項と呼ばれる．ここで，右辺第 1 項をテイラー展開すると，

$$\begin{aligned} &f(\boldsymbol{k}-\dot{\boldsymbol{k}}dt,\boldsymbol{r}-\dot{\boldsymbol{r}}dt,t-dt)\\ &\quad = f(\boldsymbol{k},\boldsymbol{r},t) - \left[\dot{\boldsymbol{k}}\cdot\frac{\partial f}{\partial \boldsymbol{k}} + \dot{\boldsymbol{r}}\cdot\frac{\partial f}{\partial \boldsymbol{r}} + \frac{\partial f}{\partial t}\right]dt + \cdots \\ &\quad \equiv f(\boldsymbol{k},\boldsymbol{r},t) - \left[(\dot{\boldsymbol{k}}\cdot\nabla_{\boldsymbol{k}} f) + (\dot{\boldsymbol{r}}\cdot\nabla_{\boldsymbol{r}} f) + \frac{\partial f}{\partial t}\right]dt + \cdots \end{aligned} \tag{6.73}$$

となる．ここに，

$$\dot{\boldsymbol{k}}\cdot\nabla_{\boldsymbol{k}} f = \dot{\boldsymbol{k}}\cdot \mathrm{grad}_{\boldsymbol{k}} f = \dot{k}_x\frac{\partial f}{\partial k_x} + \dot{k}_y\frac{\partial f}{\partial k_y} + \dot{k}_z\frac{\partial f}{\partial k_z} \tag{6.74}$$

$$\dot{\boldsymbol{r}}\cdot\nabla_{\boldsymbol{r}} f = \dot{\boldsymbol{v}}\cdot \mathrm{grad}_{\boldsymbol{r}} f = \dot{v}_x\frac{\partial f}{\partial x} + \dot{v}_y\frac{\partial f}{\partial y} + \dot{v}_z\frac{\partial f}{\partial z} \tag{6.75}$$

である．ただし，$\boldsymbol{v}=\dot{\boldsymbol{r}}$ は粒子の速度である．式 (6.73) の展開で第 2 項までを考え，これを式 (6.72) に代入すると，ドリフト項は次のようになる．

$$\left(\frac{df}{dt}\right)_{\mathrm{drift}} = -\left[\dot{\boldsymbol{k}}\cdot\nabla_{\boldsymbol{k}} f + \boldsymbol{v}\cdot\nabla_{\boldsymbol{r}} f + \frac{\partial f}{\partial t}\right] \tag{6.76}$$

外力 $\boldsymbol{F}$ の下での波数ベクトルの時間変化は式 (6.71) で与えられるからこれを用いるとドリフト項は

$$\left(\frac{df}{dt}\right)_{\mathrm{drift}} = -\left[\frac{1}{\hbar}(\boldsymbol{F}\cdot\nabla_{\boldsymbol{k}} f) + \boldsymbol{v}\cdot\nabla_{\boldsymbol{r}} f + \frac{\partial f}{\partial t}\right] \tag{6.77}$$

となる．一方，粒子は散乱 (衝突) によってその状態を変えるので，この衝突による分布関数の変化割合を $(df/dt)_{\mathrm{coll}}$ とおくと，釣り合いの条件から

$$\left(\frac{df}{dt}\right)_{\mathrm{drift}} + \left(\frac{df}{dt}\right)_{\mathrm{coll}} = 0 \tag{6.78}$$

が成り立つ．これに式 (6.77) を代入すると

$$\frac{\partial f}{\partial t} + \frac{1}{\hbar}\boldsymbol{F}\cdot\nabla_{\boldsymbol{k}} f + \boldsymbol{v}\cdot\nabla_{\boldsymbol{r}} f = \left(\frac{df}{dt}\right)_{\mathrm{coll}} \tag{6.79}$$

が得られる．この式を**ボルツマンの輸送方程式** (Boltzmann's transport equation) とよぶ．

6.2.1 衝突項と緩和時間

均一な結晶を考え，分布関数は場所 $\boldsymbol{r}$ に依存しないものとして $f(\boldsymbol{k})$ とおく．衝突による $f(\boldsymbol{k})$ の変化は，$\boldsymbol{k}$ 以外のあらゆる $\boldsymbol{k}'$ の状態から $\boldsymbol{k}$ の状態に遷移することにより分布関数 $f(\boldsymbol{k})$ が増加する割合と，$\boldsymbol{k}$ の状態から他のあらゆる $\boldsymbol{k}'$ の状態に遷移することにより $f(\boldsymbol{k})$ が減少する割合を考えればよい．単位時間当たりのそれぞれの遷移確率を $P(\boldsymbol{k}',\boldsymbol{k})$ と $P(\boldsymbol{k},\boldsymbol{k}')$ で表すと，衝突項は次のように書ける．

$$\left(\frac{df}{dt}\right)_{\mathrm{coll}} = \sum_{\boldsymbol{k}'}\{P(\boldsymbol{k}',\boldsymbol{k})f(\boldsymbol{k}')[1-f(\boldsymbol{k})] - P(\boldsymbol{k},\boldsymbol{k}')f(\boldsymbol{k})[1-f(\boldsymbol{k}')]\}. \tag{6.80}$$

ここで，遷移の割合 P にかかる係数 $f(\boldsymbol{k}')[1-f(\boldsymbol{k})]$ は，始状態 $\boldsymbol{k}'$ に電子が存在し，$\boldsymbol{k}$ の終状態に電子が存在しない確率を表している．

簡単のため，フェルミ準位が伝導帯の底よりも下 (禁止帯中) にある場合を考える．このとき，$f(\boldsymbol{k}) \ll 1$，$f(\boldsymbol{k}') \ll 1$ であるから，熱平衡状態の分布関数を $f_0(\boldsymbol{k})$ とすると，式 (6.80) において，$(df/dt)_{\mathrm{coll}} = 0$ より

$$P(\boldsymbol{k}', \boldsymbol{k}) f_0(\boldsymbol{k}') = P(\boldsymbol{k}, \boldsymbol{k}') f_0(\boldsymbol{k}) \tag{6.81}$$

が成立する．この関係を**詳細平衡の原理** (principle of detailed balance) とよぶ．この関係を用いると，式 (6.80) は

$$\left(\frac{df}{dt}\right)_{\mathrm{coll}} = -\sum_{\boldsymbol{k}'} P(\boldsymbol{k}, \boldsymbol{k}') \left[f(\boldsymbol{k}) - f(\boldsymbol{k}') \frac{f_0(\boldsymbol{k})}{f_0(\boldsymbol{k}')} \right] \tag{6.82}$$

となる．$\boldsymbol{k}'$ についての和は積分に置き換えることができる．

$$\left(\frac{df}{dt}\right)_{\mathrm{coll}} = -\frac{V}{(2\pi)^3} \int d^3\boldsymbol{k}' P(\boldsymbol{k}, \boldsymbol{k}') \left[f(\boldsymbol{k}) - f(\boldsymbol{k}') \frac{f_0(\boldsymbol{k})}{f_0(\boldsymbol{k}')} \right]. \tag{6.83}$$

ここに，V は結晶の体積である．

外力が小さく，分布関数の熱平衡状態からのずれが小さいときには，

$$f(\boldsymbol{k}) = f_0(\boldsymbol{k}) + f_1(\boldsymbol{k}) \qquad (f_1(\boldsymbol{k}) \ll f_0(\boldsymbol{k})) \tag{6.84}$$

とおくことができる．衝突によるエネルギーの変化が小さく，状態 $\boldsymbol{k}$ と $\boldsymbol{k}'$ に対応するエネルギー $\mathcal{E}(\boldsymbol{k})$ と $\mathcal{E}(\boldsymbol{k}')$ がほとんど等しいものとすると (弾性衝突)，$f_0(\boldsymbol{k}) \cong f_0(\boldsymbol{k}')$ となるから，式 (6.83) より，

$$\begin{aligned}\left(\frac{df}{dt}\right)_{\mathrm{coll}} &= -f_1(\boldsymbol{k}) \frac{V}{(2\pi)^3} \int d^3\boldsymbol{k}' P(\boldsymbol{k}, \boldsymbol{k}') \left[1 - \frac{f_1(\boldsymbol{k}')}{f_1(\boldsymbol{k})} \right] \\ &\equiv -\frac{f_1(\boldsymbol{k})}{\tau(\boldsymbol{k})} \equiv -\frac{f(\boldsymbol{k}) - f_0(\boldsymbol{k})}{\tau(\boldsymbol{k})}.\end{aligned} \tag{6.85}$$

ここに，$\tau(\boldsymbol{k})$ は衝突の緩和時間 (relaxation time) とよばれ，

$$\frac{1}{\tau(\boldsymbol{k})} = \frac{V}{(2\pi)^3} \int d^3\boldsymbol{k}' P(\boldsymbol{k}, \boldsymbol{k}') \left[1 - \frac{f_1(\boldsymbol{k}')}{f_1(\boldsymbol{k})} \right] \tag{6.86}$$

で与えられ，電子の波数ベクトル $\boldsymbol{k}$，したがって電子のエネルギーの関数である．このような近似を**緩和時間近似** (relaxation approximation) とよぶ．

外力の下で，電子が定常状態に達した後，時刻 $t = 0$ でこの外力を取り去ると，ボルツマンの輸送方程式 (6.79) より，$\partial f/\partial t = (\partial f/\partial t)_{\mathrm{coll}}$ となるが，緩和時間近似の式 (6.85) を用いて，

$$\frac{\partial f}{\partial t} = \left(\frac{df}{dt}\right)_{\mathrm{coll}} = -\frac{f - f_0}{\tau} \tag{6.87}$$

と表せる．簡単のため緩和時間は一定の値をもつものと仮定すると，

$$f - f_0 = (f - f_0)_{t=0} \exp\left(-\frac{t}{\tau}\right) \tag{6.88}$$

となる．ここに，$(f - f_0)_{t=0}$ は時刻 $t = 0$ における，熱平衡状態からの定常状態のずれである．この結果は，外力を時刻 $t = 0$ でとりのぞくと，分布関数は時定数 (緩和時間) τ で指数関数的に変化して熱平衡状態に回復する様子を表している．

緩和時間近似が成立するとき，ボルツマンの輸送方程式 (6.79) は次のようになる．

$$\frac{\partial f}{\partial t}+\frac{1}{\hbar}\boldsymbol{F}\cdot\nabla_{\boldsymbol{k}}f+\boldsymbol{v}\cdot\nabla_{\boldsymbol{r}}f=-\frac{f-f_0}{\tau}. \tag{6.89}$$

空間的に均一な場合を考え，$\nabla_{\boldsymbol{r}}f=0$ とおき，かつ定常状態を仮定して $\partial f/\partial t=0$ とおくと，

$$\frac{1}{\hbar}\boldsymbol{F}\cdot\nabla_{\boldsymbol{k}}f=-\frac{f_1}{\tau} \tag{6.90}$$

となるが，外力が x 方向に働いているものとすると，

$$f_1=-\frac{\tau}{\hbar}F_x\frac{\partial f}{\partial k_x} \tag{6.91}$$

が得られる．電子のエネルギーは波数ベクトルの関数であり，等方的な有効質量 m^* を仮定し，$\mathcal{E}=\hbar^2k^2/2m^*$ とおくと，$\hbar k_x=m^*v_x$ であるから，

$$f_1=-\frac{\tau}{\hbar}F_x\frac{\partial f}{\partial \mathcal{E}}\frac{\partial \mathcal{E}}{\partial k_x}=-\tau v_xF_x\frac{\partial f}{\partial \mathcal{E}} \tag{6.92}$$

となる．上式において $f=f_0+f_1$，$f_0\gg f_1$ の関係を用いると

$$f_1=-\tau v_xF_x\frac{\partial f_0}{\partial \mathcal{E}} \tag{6.93}$$

と近似できる．弾性散乱を仮定し，τ はエネルギー $\mathcal{E}$ の関数とすると，散乱の前後で τ の大きさは変わらないから，式 (6.93) を式 (6.86) に代入すると，緩和時間 $\tau(\boldsymbol{k})$ は次のようになる．

$$\begin{aligned}\frac{1}{\tau(\boldsymbol{k})}&=\frac{V}{(2\pi)^3}\int d^3\boldsymbol{k}'P(\boldsymbol{k},\boldsymbol{k}')\left(1-\frac{k'_x}{k_x}\right)\\&=\frac{V}{(2\pi)^3}\int d^3\boldsymbol{k}'P(\boldsymbol{k},\boldsymbol{k}')(1-\cos\theta)\end{aligned} \tag{6.94}$$

ここに，k_x，k'_x は衝突前後の電子の波数ベクトル $\boldsymbol{k}$，$\boldsymbol{k}'$ の外力方向 (x 方向) の成分で，θ は弾性衝突の場合の $\boldsymbol{k}$ と $\boldsymbol{k}'$ の間の角である．

縮退のある場合の詳細平衡の原理は，式 (6.80) より，

$$P(\boldsymbol{k}',\boldsymbol{k})f_0(\boldsymbol{k}')[1-f_0(\boldsymbol{k})]=P(\boldsymbol{k},\boldsymbol{k}')f_0(\boldsymbol{k})[1-f_0(\boldsymbol{k}')] \tag{6.95}$$

となる．これを用いて，緩和時間を求めると[6.13]

$$\begin{aligned}\frac{1}{\tau(\boldsymbol{k})}&=\frac{1}{1-f_0(\boldsymbol{k})}\sum_{\boldsymbol{k}'}P(\boldsymbol{k},\boldsymbol{k}')[1-f_0(\boldsymbol{k}')]\left(1-\frac{k'_x}{k_x}\right)\\&=\frac{1}{1-f_0(\boldsymbol{k})}\frac{V}{(2\pi)^3}\int d\boldsymbol{k}'P(\boldsymbol{k},\boldsymbol{k}')[1-f_0(\boldsymbol{k}')]\left(1-\frac{k'_x}{k_x}\right)\end{aligned} \tag{6.96}$$

となる．この式で，非縮退系として $f_0(\boldsymbol{k})\ll 1$，$f_0(\boldsymbol{k}')\ll 1$ の関係を用いると先に求めた式 (6.94) と一致する．また，終状態を電子が占有しておれば $1-f_0(\boldsymbol{k}')=0$ となり，遷移が許されないことも理解できる．

6.2.2 移動度と導電率

緩和時間が電子のエネルギーまたは波数ベクトルの関数で与えられておれば，移動度と導電率は次のように計算できる．電界を x 方向に印加したときには，$F_x = -eE_x$ とおき，式 (6.84) と式 (6.93) より，

$$f(\boldsymbol{k}) = f_0(\boldsymbol{k}) + eE_x \tau v_x \frac{\partial f_0}{\partial \mathcal{E}} \tag{6.97}$$

で与えられる．これより，x 方向の電流密度は次式で与えられる．

$$\begin{aligned} J_x &= \frac{2}{(2\pi)^3} \int (-e) v_x f(\boldsymbol{k}) d^3\boldsymbol{k} \\ &= -\frac{e}{4\pi^3} \int v_x f_0(\boldsymbol{k}) d^3\boldsymbol{k} - \frac{e^2 E_x}{4\pi^3} \int \tau v_x^2 \frac{\partial f_0}{\partial \mathcal{E}} d^3.\boldsymbol{k} \end{aligned} \tag{6.98}$$

ここで，因子 2 はスピンを考慮したためである．上式右辺の第 1 項において，$v_x = \hbar k_x / m^*$，$f_0(\boldsymbol{k})$ はフェルミ分布関数またはボルツマン分布関数で与えられるエネルギー $\mathcal{E}(\boldsymbol{k})$ の関数で，$\mathcal{E}$ は $\boldsymbol{k}$ の偶関数であるから，$v_x f_0(\boldsymbol{k})$ は v_x に関して奇関数となる．積分は dk_x について $-\infty$ から $+\infty$ まで行われるから，第 1 項は 0 となり，第 2 項のみが残り結局次のようになる．

$$J_x = -\frac{e^2 E_x}{4\pi^3} \int \tau v_x^2 \frac{\partial f}{\partial \mathcal{E}} d^3\boldsymbol{k}. \tag{6.99}$$

このことは図 6.6 をみれば明らかである．つまり，電界がない場合の熱平衡時の分布関数は $\boldsymbol{k}$ 空間で

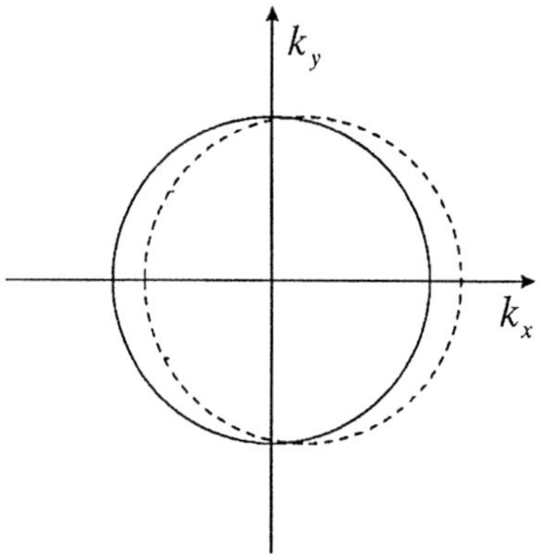

図 6.6: 電界による分布関数の変化

等方的であり，電子の流れは互いに打ち消しあうため全電流は 0 となる．電界が加わると分布関数は $f = f_0 + f_1$ で与えられるように，f_1 の項だけ電界と平行な方向に変位し，その変位に応じて電界と平行な方向への電子の流れが生じる．電子密度を n とすると

$$n = \frac{2}{(2\pi)^3} \int f_0 d^3\boldsymbol{k} \tag{6.100}$$

であるから，これを用いると式 (6.99) は,

$$J_x = -e^2 n E_x \frac{\displaystyle\int \tau v_x^2 \frac{df_0}{d\mathcal{E}} d^3\boldsymbol{k}}{\displaystyle\int f_0 d^3\boldsymbol{k}} = \frac{e^2 n E_x}{k_B T} \frac{\displaystyle\int \tau v_x^2 f_0(1-f_0) d^3\boldsymbol{k}}{\displaystyle\int f_0 d^3\boldsymbol{k}} \tag{6.101}$$

となる．ここで，最後の結果は

$$f_0(\mathcal{E}) = \frac{1}{e^{(\mathcal{E}-\mathcal{E}_F)/k_B T} + 1} \tag{6.102}$$

$$\frac{\partial f_0}{\partial \mathcal{E}} = -\frac{1}{k_B T} f_0(1-f_0) \tag{6.103}$$

を用いて導いた．

式 (6.101) において，被積分関数の $\tau f_0(1-f_0)$ はエネルギー $\mathcal{E}$ の関数となるから，これを $\phi(\mathcal{E})$ とおけば，$d^3\boldsymbol{k} = dk_x dk_y dk_z$ に注目して，

$$\int v_x^2 \phi(\mathcal{E}) d^3\boldsymbol{k} = \int v_y^2 \phi(\mathcal{E}) d^3\boldsymbol{k} = \int v_z^2 \phi(\mathcal{E}) d^3\boldsymbol{k} = \frac{1}{3} \int v^2 \phi(\mathcal{E}) d^3\boldsymbol{k} \tag{6.104}$$

となる．$d^3\boldsymbol{k}$ についての積分は $\mathcal{E} = \hbar^2 k^2/2m^*$ の関係を用いて，$\mathcal{E}$ の積分に置き換えられる．つまり，

$$d^3\boldsymbol{k} = 4\pi k^2 dk = \frac{8\pi m^{*3/2}}{\sqrt{2}\hbar^3} \mathcal{E}^{1/2} d\mathcal{E} \equiv A\mathcal{E}^{1/2} d\mathcal{E} \tag{6.105}$$

である．ここで用いた有効質量 m^* は等方的スカラー有効質量に対する状態密度質量 (effective density of states mass) で，Ge や Si のような等エネルギー面が回転楕円体をした等価なバレー構造からなる場合，m^* は $(m_t^2 m_l)^{1/3} \equiv m_d^*$ と置ける．この関係と式 (6.104)，式 (6.105) を式 (6.101) に代入すると，

$$J_x = \frac{2e^2 n E_x}{3k_B T m^*} \frac{\displaystyle\int_0^\infty \tau \mathcal{E}^{3/2} f_0(1-f_0) d\mathcal{E}}{\displaystyle\int_0^\infty \mathcal{E}^{1/2} f_0 d\mathcal{E}} \tag{6.106}$$

となる．積分の上限はそのバンドの最大値を用いるべきであるが，無限大で近似した．式 (6.101) より明らかなように，状態密度質量は分母と分子に現れ，キャンセルする．上式に現れた m^* は $v_x = \hbar k_x/m^*$ とおくことによって出てきたもので，Ge や Si のような等エネルギー面が回転楕円体をした等価なバレー構造からなり緩和時間が等方的な場合，m^* は 導電度有効質量 (conductivity effective mass) m_c^* $(1/m_c^* \equiv (1/3)(2/m_t + 1/m_l))$ で置き換えられるべきものである．式 (6.106) の計算を以下のように 2 つの場合に分けて考察する．

(a) 金属または縮退した半導体の場合

このときフェルミエネルギー $\mathcal{E}_F$ は伝導帯の中にあり，$-df_0/d\mathcal{E} = f_0(1-f_0)/k_B T$ は $\mathcal{E}_F$ 付近のみで大きな値を有し δ 関数的となり，

$$f_0 \cong 1 \quad (\mathcal{E} \leq \mathcal{E}_F)$$
$$f_0 \cong 0 \quad (\mathcal{E} > \mathcal{E}_F)$$

であるから，

$$\frac{1}{k_BT}\int_0^\infty \tau(\mathcal{E})\mathcal{E}^{3/2}f_0(1-f_0)d\mathcal{E} = -\int_0^\infty \tau(\mathcal{E})\mathcal{E}^{3/2}\frac{df}{d\mathcal{E}}d\mathcal{E} \cong \tau(\mathcal{E}_F)\mathcal{E}_F^{3/2} \tag{6.107}$$

$$\int_0^\infty \mathcal{E}^{1/2}f_0 d\mathcal{E} = \int_0^{\mathcal{E}_F} \mathcal{E}^{1/2}d\mathcal{E} = \frac{2}{3}\mathcal{E}_F^{3/2} \tag{6.108}$$

これらの関係を式 (6.106) に代入すると，

$$J_x = \frac{ne^2\tau(\mathcal{E}_F)}{m^*}E_x \tag{6.109}$$

を得る．ここに，フェルミエネルギーと電子密度 n の間には，式 (6.100) と式 (6.107) を用いて，

$$\mathcal{E}_F = \frac{\hbar^2}{2m^*}(3\pi^2 n)^{2/3} \tag{6.110}$$

の関係があり，$\tau(\mathcal{E}_F)$ は $\mathcal{E} = \mathcal{E}_F$ における (つまり，フェルミ面上における) 電子の緩和時間である．

(b) 縮退していない半導体の場合

このとき $f_0 \ll 1$ で $1 - f_0 \cong 1$ であり，

$$f_0 = \exp\left(\frac{\mathcal{E}_F}{k_BT}\right)\exp\left(-\frac{\mathcal{E}}{k_BT}\right) \equiv A_F\exp\left(-\frac{\mathcal{E}}{k_BT}\right) \tag{6.111}$$

と近似できるから，式 (6.106) は，

$$J_x = \frac{2e^2nE_x}{3k_BTm^*}\int_0^\infty \tau\mathcal{E}^{3/2}f_0 d\mathcal{E} \Big/ \int_0^\infty \mathcal{E}^{1/2}f_0 d\mathcal{E} \tag{6.112}$$

となる．また，部分積分を用いて，

$$\int_0^\infty \mathcal{E}^{3/2}f_0 d\mathcal{E} = \frac{3}{2}k_BT\int_0^\infty \mathcal{E}^{1/2}f_0 d\mathcal{E} \tag{6.113}$$

の関係が得られるので，これを用いて，

$$J_x = \frac{e^2nE_x}{m^*}\int_0^\infty \tau\mathcal{E}^{3/2}f_0 d\mathcal{E} \Big/ \int_0^\infty \mathcal{E}^{3/2}f_0 d\mathcal{E} \tag{6.114}$$

を得る．この結果を，

$$J_x = \frac{ne^2\langle\tau\rangle}{m^*}E_x \tag{6.115}$$

と書くことにすると，

$$\langle\tau\rangle = \frac{\displaystyle\int_0^\infty \tau\mathcal{E}^{3/2}f_0 d\mathcal{E}}{\displaystyle\int_0^\infty \mathcal{E}^{3/2}f_0 d\mathcal{E}} \tag{6.116}$$

となり，$\langle\tau\rangle$ は $\tau(\mathcal{E})$ の平均値を意味している．

電界を x 方向に印加したときの電子の平均速度を $\langle v_x \rangle$ とすると，この平均速度も式 (6.116) より求まることは明らかである．この平均速度はしばしば**ドリフト速度**と呼ばれることがある．これは，電子が衝突をしながら電界と平行方向に**ドリフト運動**をして電流に寄与することからそのように呼ばれるが、衝突と衝突の間の平均時間は緩和時間 $\langle \tau \rangle$ で与えられる．電子の密度を n と置いたから

$$J_x = n(-e)\langle v_x \rangle \tag{6.117}$$

と書くことができるが，このときのドリフト速度 $\langle v_x \rangle$ は式 (6.115) より

$$\langle v_x \rangle = -\frac{e\langle \tau \rangle}{m^*}E_x \equiv -\mu E_x \tag{6.118}$$

と現すことができる．この μ は単位電界を印加したときの電子の平均速度 (ドリフト速度)，つまり電子の動きやすさの目安を与えるので電子の移動度 (mobility) とよぶ．この移動度を後に述べるホール移動度と区別するためドリフト移動度と呼ぶことがある．移動度 μ は $\langle \tau \rangle$ を用いて，

$$\mu = \frac{e\langle \tau \rangle}{m^*} \tag{6.119}$$

となる．また，導電率 σ を

$$J_x = \sigma E_x \tag{6.120}$$

で定義すると，

$$\sigma = \frac{ne^2\langle \tau \rangle}{m^*} = ne\mu \tag{6.121}$$

で与えられる．これらの関係は，縮退した半導体で $\langle \tau(\mathcal{E}) \rangle = \tau(\mathcal{E}_F)$ と置けば，全く同様に考えることができる．

緩和時間 τ がエネルギーの関数として，

$$\tau = a\mathcal{E}^{-s} \tag{6.122}$$

のように表せる場合，式 (6.116) より，

$$\langle \tau \rangle = \frac{a\displaystyle\int_0^\infty \mathcal{E}^{3/2-s}\exp(-\mathcal{E}/k_BT)d\mathcal{E}}{\displaystyle\int_0^\infty \mathcal{E}^{3/2}\exp(-\mathcal{E}/k_BT)d\mathcal{E}} = a(k_BT)^{-s}\frac{\Gamma\left(\frac{5}{2}-s\right)}{\Gamma\left(\frac{5}{2}\right)} \tag{6.123}$$

ここに，$\Gamma(s)$ はガンマ関数で，

$$\Gamma(s) = \int_0^\infty x^{s-1}e^{-x}dx \tag{6.124}$$

$$\Gamma(s+1) = s\Gamma(s), \quad \Gamma(1) = 1, \quad \Gamma(\tfrac{1}{2}) = \sqrt{\pi} \tag{6.125}$$

である．

6.3 散乱確率と行列要素

6.3.1 遷移の行列要素

遷移確率は量子力学の摂動論の結果を用い次のように表される，無摂動のハミルトニアンを H_0，時間に依存する項を含む摂動ハミルトニアンを H_1 とおき

$$H = H_0 + H_1 \tag{6.126}$$

$$H_0|\boldsymbol{k}\rangle = \mathcal{E}(\boldsymbol{k})|\boldsymbol{k}\rangle \tag{6.127}$$

とすると

$$P(\boldsymbol{k},\boldsymbol{k}') = \frac{2\pi}{\hbar}|\langle\boldsymbol{k}'|H_1|\boldsymbol{k}\rangle|^2\delta\left[\mathcal{E}_{\boldsymbol{k}'} - \mathcal{E}_{\boldsymbol{k}}\right]. \tag{6.128}$$

ここで，$\mathcal{E}_{\boldsymbol{k}}$ と $\mathcal{E}_{\boldsymbol{k}'}$ は摂動項を含む系の始状態と終状態のエネルギーを表し，デルタ関数はエネルギーの保存を表している．この関係は次のようにも書かれる．散乱確率 w はあらゆる終状態を考えて

$$\begin{aligned} w &= \frac{2\pi}{\hbar}\sum_{\boldsymbol{k}'}|\langle\boldsymbol{k}'|H_1|\boldsymbol{k}\rangle|^2\delta\left[\mathcal{E}_{\boldsymbol{k}'} - \mathcal{E}_{\boldsymbol{k}}\right] \\ &= \frac{2\pi}{\hbar}\frac{L^3}{(2\pi)^3}\int d^3\boldsymbol{k}'|\langle\boldsymbol{k}'|H_1|\boldsymbol{k}\rangle|^2\delta\left[\mathcal{E}_{\boldsymbol{k}'} - \mathcal{E}_{\boldsymbol{k}}\right] \end{aligned} \tag{6.129}$$

と書ける．

フォノンによる電子の散乱を考えると，式 (6.58) を用いて

$$H = H_e + H_l + H_{el} \tag{6.130}$$

$$H_e|\boldsymbol{k}\rangle = \mathcal{E}(\boldsymbol{k})|\boldsymbol{k}\rangle \tag{6.131}$$

$$H_l|n_{\boldsymbol{q}}\rangle = \hbar\omega_{\boldsymbol{q}}(n_{\boldsymbol{q}} + \frac{1}{2})|n_{\boldsymbol{q}}\rangle \tag{6.132}$$

と書ける．ここに，H_{el} は電子－フォノン相互作用のハミルトニアンである．このとき，

$$P(\boldsymbol{k},\boldsymbol{k}') = \frac{2\pi}{\hbar}|\langle\boldsymbol{k}',\boldsymbol{q}'|H_{el}|\boldsymbol{k},\boldsymbol{q}\rangle|^2\delta\left[\mathcal{E}(\boldsymbol{k}') - \mathcal{E}(\boldsymbol{k}) \mp \hbar\omega_{\boldsymbol{q}}\right] \tag{6.133}$$

となる．ここで，簡単のため $|n_{\boldsymbol{q}}\rangle$ を $|\boldsymbol{q}\rangle$ と表した．また，デルタ関数中に吸収，放出に関与するフォノンのエネルギー $\hbar\omega_{\boldsymbol{q}}$ を含んでいる．

ボルツマン輸送方程式と詳細平衡の原理より，弾性散乱の緩和時間は式 (6.94) より，

$$\begin{aligned} \frac{1}{\tau(\boldsymbol{k})} &= \sum_{\boldsymbol{k}'}P(\boldsymbol{k},\boldsymbol{k}')\left(1 - \frac{k'_x}{k_x}\right) = \sum_{\boldsymbol{k}'}P(\boldsymbol{k},\boldsymbol{k}')(1-\cos\theta) \\ &= \frac{L^3}{(2\pi)^3}\int d^3\boldsymbol{k}'P(\boldsymbol{k},\boldsymbol{k}')(1-\cos\theta) \end{aligned} \tag{6.134}$$

となる．ここに，最後の関係は体積 $V = L^3$ とおいて書き直した．$P(\boldsymbol{k},\boldsymbol{k}')$ は電子が $\boldsymbol{k}$ から $\boldsymbol{k}'$ へ遷移する割合で，θ は $\boldsymbol{k}$ と $\boldsymbol{k}'$ の間の角である．遷移確率 $P(\boldsymbol{k},\boldsymbol{k}')$ は

$$P(\boldsymbol{k},\boldsymbol{k}') = \frac{2\pi}{\hbar}|\langle\boldsymbol{k}',\boldsymbol{q}'|V|\boldsymbol{k},\boldsymbol{q}\rangle|^2\delta\left[\mathcal{E}_{\boldsymbol{k}',\boldsymbol{q}'} - \mathcal{E}_{\boldsymbol{k},\boldsymbol{q}}\right]. \tag{6.135}$$

ここに V は散乱のポテンシャルで，先に H_1 と置いたものであり，$|\boldsymbol{k},\boldsymbol{q}\rangle$ は波数ベクトル $\boldsymbol{k}$ を持つ電子の波動関数 $|\boldsymbol{k}\rangle$ と波数ベクトル $\boldsymbol{q}$ を持つ散乱体の波動関数 $|\boldsymbol{q}\rangle$ の積で与えられる．これより緩和時間は次のようになる．

$$\begin{aligned}\frac{1}{\tau(\boldsymbol{k})} &= \frac{2\pi}{\hbar}\sum_{\boldsymbol{k}'}|\langle\boldsymbol{k}',\boldsymbol{q}'|V|\boldsymbol{k},\boldsymbol{q}\rangle|^2(1-\cos\theta)\delta\left[\mathcal{E}_{\boldsymbol{k}',\boldsymbol{q}'}-\mathcal{E}_{\boldsymbol{k},\boldsymbol{q}}\right]\\ &= \frac{L^3}{(2\pi)^2\hbar}\int d^3\boldsymbol{k}'|\langle\boldsymbol{k}',\boldsymbol{q}'|V|\boldsymbol{k},\boldsymbol{q}\rangle|^2(1-\cos\theta)\delta\left[\mathcal{E}_{\boldsymbol{k}',\boldsymbol{q}'}-\mathcal{E}_{\boldsymbol{k},\boldsymbol{q}}\right].\end{aligned} \tag{6.136}$$

以下の計算では

$$\sum_{\boldsymbol{k}'} = \frac{L^d}{(2\pi)^d}\int d^d\boldsymbol{k}' \tag{6.137}$$

の関係を用いている．散乱の行列要素を求めるには，付録 A.3 に述べてあるフーリエ変換を用いると便利である．つまり，周期的境界条件を用い，半導体の一辺の長さを L と置くと，d 次元の系では

$$V(\boldsymbol{q}) = \frac{1}{L^d}\int d^d\boldsymbol{r}\ V(\boldsymbol{r})e^{-i\boldsymbol{q}\cdot\boldsymbol{r}} \tag{6.138a}$$

$$V(\boldsymbol{r}) = \sum_{\boldsymbol{q}} V(\boldsymbol{q})e^{i\boldsymbol{q}\cdot\boldsymbol{r}} \tag{6.138b}$$

と表される．そこで，

$$\frac{1}{L^d}\int d^d\boldsymbol{r}\ \exp[i(\boldsymbol{q}-\boldsymbol{q}')\cdot\boldsymbol{r}] = \delta_{\boldsymbol{q},\boldsymbol{q}'} \tag{6.139}$$

の関係を用いて (証明は付録 A の A.2 を参照)

$$\begin{aligned}\langle\boldsymbol{k}',\boldsymbol{q}'|V(\boldsymbol{r})|\boldsymbol{k},\boldsymbol{q}\rangle &= \sum_{\boldsymbol{q}''}\langle\boldsymbol{q}'|V(\boldsymbol{q}'')|\boldsymbol{q}\rangle\langle\boldsymbol{k}'|e^{i\boldsymbol{q}''\cdot\boldsymbol{r}}|\boldsymbol{k}\rangle\\ &= \sum_{\boldsymbol{q}''}\langle\boldsymbol{q}'|V(\boldsymbol{q}'')|\boldsymbol{q}\rangle\delta_{\boldsymbol{k}'-\boldsymbol{k},\boldsymbol{q}''}\\ &= \langle\boldsymbol{q}'|V(\boldsymbol{k}'-\boldsymbol{k})|\boldsymbol{q}\rangle\end{aligned} \tag{6.140}$$

と表されることが分かる．上式の結果は，電子の波動関数として

$$|\boldsymbol{k}\rangle = \sqrt{\frac{1}{L^3}}\exp(i\boldsymbol{k}\cdot\boldsymbol{r}) \tag{6.141}$$

を用いているが，ブロッホ関数

$$|\boldsymbol{k}\rangle = \sqrt{\frac{1}{L^3}}u_{\boldsymbol{k}}(\boldsymbol{r})\exp(i\boldsymbol{k}\cdot\boldsymbol{r}) \tag{6.142}$$

を用いた場合には，次のように計算される．積分を単位胞に書換えると次のようになる．

$$\begin{aligned}\langle\boldsymbol{k}'|\exp(i\boldsymbol{q}''\cdot\boldsymbol{r})|\boldsymbol{k}\rangle &= \frac{1}{N\Omega}\int d^3\boldsymbol{r}u^*_{\boldsymbol{k}'}(\boldsymbol{r})u_{\boldsymbol{k}}(\boldsymbol{r})\exp\left[i(\boldsymbol{k}-\boldsymbol{k}'+\boldsymbol{q}'')\cdot\boldsymbol{r}\right]\\ &= \frac{1}{N}\sum_j\exp\left[i(\boldsymbol{k}-\boldsymbol{k}'+\boldsymbol{q}'')\cdot\boldsymbol{R}_j\right]\\ &\quad\times\frac{1}{\Omega}\int_\Omega u^*_{\boldsymbol{k}'}(\boldsymbol{r})u_{\boldsymbol{k}}(\boldsymbol{r})\exp\left[i(\boldsymbol{k}-\boldsymbol{k}'+\boldsymbol{q}'')\cdot\boldsymbol{r}\right]d^3\boldsymbol{r}\\ &= \delta_{\boldsymbol{k}'-\boldsymbol{k},\boldsymbol{q}''}\frac{1}{\Omega}\int_\Omega u^*_{\boldsymbol{k}'}(\boldsymbol{r})u_{\boldsymbol{k}}(\boldsymbol{r})d^3\boldsymbol{r}\\ &= I(\boldsymbol{k},\boldsymbol{k}')\delta_{\boldsymbol{k}'-\boldsymbol{k},\boldsymbol{q}''}.\end{aligned} \tag{6.143}$$

ここで, j についての和は $\boldsymbol{k}-\boldsymbol{k}'+\boldsymbol{q}''+\boldsymbol{G}=0$ ($\boldsymbol{G}$: 逆格子ベクトル) のときのみ残るので, $\delta_{\boldsymbol{k}'-\boldsymbol{k},\ \boldsymbol{q}''+\boldsymbol{G}}$ とおくべきであるが, $\boldsymbol{G}\neq 0$ のウムクラップ過程 (Umklapp process) はないものとし, $\boldsymbol{G}=0$ のノーマル過程 (normal process) のみを考慮した. また,

$$I(\boldsymbol{k},\boldsymbol{k}')=\frac{1}{\Omega}\int_{\Omega}u^*_{\boldsymbol{k}'}(\boldsymbol{r})u_{\boldsymbol{k}}(\boldsymbol{r})d^3\boldsymbol{r}\simeq 1 \tag{6.144}$$

で, $\boldsymbol{R}_j$ は結晶の格子ベクトル, N は単位胞の数, Ω は単位胞の体積である.

以下, 半導体で重要と思われる各種の散乱体による散乱の行列要素を計算する. $|\langle\boldsymbol{k}'|H_1|\boldsymbol{k}\rangle|$ を $|V(\boldsymbol{k}'-\boldsymbol{k})|$ とおいたり, $|M(\boldsymbol{k},\boldsymbol{k}')|$ とおいたりしているが, いずれも各散乱体に対する散乱の行列要素を計算した結果である.

6.3.2 変形ポテンシャル散乱 (音響フォノン散乱)

Bardeen と Shockley の取扱いに従い, 結晶の体積変化 $\Delta(\boldsymbol{r})=\delta V/V$ (V : 体積) により電子のエネルギーが変化する割合を求め, これから電子とフォノンの相互作用ハミルトニアン H_{el} を決定する. つまり

$$H_{el}=D_{\mathrm{ac}}\frac{\delta V}{V}=D_{\mathrm{ac}}\ \mathrm{div}\ \boldsymbol{u}(\boldsymbol{r}) \tag{6.145}$$

と表したときの D_{ac} を音響フォノンの変形ポテンシャルと呼ぶ. ここで, 簡単のため, フォノンは音響フォノンであるとする. フォノンの変位 $\boldsymbol{u}(\boldsymbol{r})$ は

$$\boldsymbol{u}(\boldsymbol{r})=\sum_q\sqrt{\frac{\hbar}{2MN\omega_q}}\boldsymbol{e}_q\left[a_q e^{i\boldsymbol{q}\cdot\boldsymbol{r}}+a_q^{\dagger}e^{-i\boldsymbol{q}\cdot\boldsymbol{r}}\right] \tag{6.146}$$

である. ここに, $\boldsymbol{e}_q$ は格子の変位方向の単位ベクトルである. これより,

$$H_{el}=D_{\mathrm{ac}}\sum_q\sqrt{\frac{\hbar}{2MN\omega_q}}(i\boldsymbol{e}_q\cdot\boldsymbol{q})\left[a_q e^{i\boldsymbol{q}\cdot\boldsymbol{r}}-a_q^{\dagger}e^{-i\boldsymbol{q}\cdot\boldsymbol{r}}\right] \tag{6.147}$$

となる. この結果を用いて行列要素を計算する. ここで, $|\boldsymbol{q}\rangle$ の代わりに $|n_{\boldsymbol{q}}\rangle$ とおき

$$a_{\boldsymbol{q}}|n_{\boldsymbol{q}}\rangle=\sqrt{n_{\boldsymbol{q}}}|n_{\boldsymbol{q}}-1\rangle \tag{6.148a}$$

$$a_{\boldsymbol{q}}^{\dagger}|n_{\boldsymbol{q}}\rangle=\sqrt{n_{\boldsymbol{q}}+1}|n_{\boldsymbol{q}}+1\rangle \tag{6.148b}$$

の関係を用いると, 行列要素は

$$\begin{aligned}\langle\boldsymbol{k}',n_{\boldsymbol{q}'}|H_{el}|\boldsymbol{k},n_{\boldsymbol{q}}\rangle&=D_{\mathrm{ac}}\sum_{\boldsymbol{q}}\sqrt{\frac{\hbar}{2MN\omega_q}}(i\boldsymbol{e}_q\cdot\boldsymbol{q})\sqrt{n_{\boldsymbol{q}}+\frac{1}{2}\mp\frac{1}{2}}\\&\quad\times\frac{1}{L^3}\int d^3\boldsymbol{r}u^*_{\boldsymbol{k}'}(\boldsymbol{r})u_{\boldsymbol{k}}(\boldsymbol{r})e^{i(\boldsymbol{k}-\boldsymbol{k}'\pm\boldsymbol{q})\cdot\boldsymbol{r}}\end{aligned} \tag{6.149}$$

を得る. 先に示したように体積積分を単位胞の積分の和に置き換えると

$$\begin{aligned}\langle\boldsymbol{k}',n_{\boldsymbol{q}'}|H_{el}|\boldsymbol{k},n_{\boldsymbol{q}}\rangle&=D_{\mathrm{ac}}\sum_{\boldsymbol{q}}\sqrt{\frac{\hbar}{2MN\omega_q}}(i\boldsymbol{e}_q\cdot\boldsymbol{q})\sqrt{n_{\boldsymbol{q}}+\frac{1}{2}\pm\frac{1}{2}}\\&\quad\times I(\boldsymbol{k},\boldsymbol{k}')\delta_{\boldsymbol{k}',\boldsymbol{k}\pm\boldsymbol{q}}\end{aligned} \tag{6.150}$$

$$I(\boldsymbol{k}.\boldsymbol{k}')=\frac{1}{\Omega}\int_{\Omega}d^3\boldsymbol{r}u^*_{\boldsymbol{k}'}(\boldsymbol{r})u_{\boldsymbol{k}}(\boldsymbol{r}) \tag{6.151}$$

となる．ここで，$\boldsymbol{q}$ についての和はデルタ関数の性質を用いて，$\boldsymbol{k}'=\boldsymbol{k}\pm\boldsymbol{q}$ (ノーマル過程のみを考慮) の条件を付加すれば消える．

上の計算は，H_{el} をフーリエ変換して，式 (6.140) に代入すれば直ちに求まる．

$$H_{el}(\boldsymbol{r})=\sum_{\boldsymbol{q}}\left[C(\boldsymbol{q})a_{\boldsymbol{q}}e^{i\boldsymbol{q}\cdot\boldsymbol{r}}+C^{\dagger}(\boldsymbol{q})a_{\boldsymbol{q}}^{\dagger}e^{-i\boldsymbol{q}\cdot\boldsymbol{r}}\right] \tag{6.152}$$

$$C(\boldsymbol{q})=D_{\text{ac}}\sqrt{\frac{\hbar}{2MN\omega_q}}(i\boldsymbol{e}_q\cdot\boldsymbol{q}) \tag{6.153}$$

とおくと

$$\begin{aligned}
H_{el}(\boldsymbol{q})&=\frac{1}{L^3}\int d^3\boldsymbol{r}H_{el}(\boldsymbol{r})e^{-i\boldsymbol{q}\cdot\boldsymbol{r}}\\
&=\sum_{\boldsymbol{q}'}\left[C(\boldsymbol{q}')a_{\boldsymbol{q}'}\frac{1}{L^3}\int d^3\boldsymbol{r}e^{i(\boldsymbol{q}'-\boldsymbol{q})\cdot\boldsymbol{r}}+C^{\dagger}(\boldsymbol{q}')a_{\boldsymbol{q}'}^{\dagger}\frac{1}{L^3}\int d^3\boldsymbol{r}e^{-i(\boldsymbol{q}'+\boldsymbol{q})\cdot\boldsymbol{r}}\right]\\
&=\sum_{\boldsymbol{q}'}\left[C(\boldsymbol{q}')a_{\boldsymbol{q}'}\delta_{\boldsymbol{q}',\boldsymbol{q}}+C^{\dagger}(\boldsymbol{q}')a_{\boldsymbol{q}'}^{\dagger}\delta_{\boldsymbol{q}',-\boldsymbol{q}}\right]\\
&=C(\boldsymbol{q})a_{\boldsymbol{q}}+C^{\dagger}(-\boldsymbol{q})a_{-\boldsymbol{q}}^{\dagger}.
\end{aligned} \tag{6.154}$$

これを式 (6.140) に代入すれば直ちに次式を得る．

$$\begin{aligned}
&\langle n_{\boldsymbol{q}'}|V(\boldsymbol{k}'-\boldsymbol{k})|n_{\boldsymbol{q}}\rangle\\
&\quad=\langle n_{\boldsymbol{q}'}|C(\boldsymbol{k}'-\boldsymbol{k})a_{\boldsymbol{k}'-\boldsymbol{k}}+C^{\dagger}(\boldsymbol{k}-\boldsymbol{k}')a_{\boldsymbol{k}-\boldsymbol{k}'}^{\dagger}|n_{\boldsymbol{q}}\rangle\\
&\quad=\begin{cases}C(\boldsymbol{q})\sqrt{n_{\boldsymbol{q}}} & (\boldsymbol{k}'=\boldsymbol{k}+\boldsymbol{q};\ \text{吸収})\\ C^{\dagger}(\boldsymbol{q})\sqrt{n_{\boldsymbol{q}}+1} & (\boldsymbol{k}'=\boldsymbol{k}-\boldsymbol{q};\ \text{放出})\end{cases}
\end{aligned} \tag{6.155}$$

6.3.3 イオン化不純物散乱

(a) ブルックス・ヘリングの式

ze の電荷によるクーロンポテンシャルは実空間で

$$V_i(r)=\frac{ze^2}{4\pi\epsilon r} \tag{6.156}$$

と表される．ここに，価電子や格子の分極による効果を考慮して誘電率 ϵ を含めた．この，誘電率のうち価電子による成分の計算法は後に示す．このポテンシャルをフーリエ変換して，$V_i(\boldsymbol{q})$ を求めれば，散乱の緩和時間は容易に計算できる．

$$V_i(\boldsymbol{q})=\frac{ze^2}{L^3\epsilon}\frac{1}{q^2} \tag{6.157}$$

となる．この計算は容易に実行できるが，計算の都合上と一般性のために，遮蔽されたクーロンポテンシャルを考えることにする．N_I 個のイオンが

$$\rho_I(\boldsymbol{r})=ze\sum_{i=1}^{N_I}\delta(\boldsymbol{r}-\boldsymbol{r}_i) \tag{6.158}$$

のように分布しているものとする．$\boldsymbol{r}_i$ はイオン化した不純物の位置ベクトルである．このイオン化した不純物によるポテンシャルは

$$V_i(\boldsymbol{r}) = \sum_{i=1}^{N_I} V_i(\boldsymbol{r} - \boldsymbol{r}_i) \tag{6.159}$$

と表すことができ，遮蔽を考慮する方法は 6.3.10 項で詳しく述べているので，その結果を用いることにする．遮蔽されたクーロンポテンシャル $V_i(\boldsymbol{r} - \boldsymbol{r}_i)$ は次式で与えられる．

$$V_i(\boldsymbol{r} - \boldsymbol{r}_i) = \frac{ze^2}{4\pi\epsilon} \frac{e^{-q_s|\boldsymbol{r}-\boldsymbol{r}_i|}}{|\boldsymbol{r} - \boldsymbol{r}_i|} \tag{6.160}$$

ここに，$\boldsymbol{q}_s$ はデバイの遮蔽距離 λ_s の逆数で次式で与えられる．

$$q_s = \frac{1}{\lambda_s} = \left(\frac{nze^2}{\epsilon k_B T}\right)^{1/2}. \tag{6.161}$$

上式で，n は伝導電子の密度である．このイオン化不純物のクーロンポテンシャルのフーリエ変換は次のように計算できる．簡単のため1個のイオン化不純物を考え

$$V(r) = C\frac{e^{-q_s r}}{r} \tag{6.162}$$

とおくと，

$$\begin{aligned} V(q) &= \frac{1}{L^3}\int V(r) e^{-i\boldsymbol{q}\cdot\boldsymbol{r}} d^3\boldsymbol{r} \\ &= \frac{C}{L^3}\int \frac{1}{r} e^{-q_s r - i\boldsymbol{q}\cdot\boldsymbol{r}} d^3\boldsymbol{r} \\ &= \frac{2\pi C}{L^3}\int_0^\infty r dr \int_1^{-1} e^{-q_s r - iqr\cos\theta}(-d\cos\theta) \\ &= \frac{1}{L^3}\frac{4\pi C}{q^2 + q_s^2} \end{aligned} \tag{6.163}$$

を得る．これより

$$V(\boldsymbol{q}) = V(q) = \frac{ze^2}{\epsilon L^3}\frac{1}{q^2 + q_s^2} \tag{6.164}$$

となる．上式において，$q_s = 0$ とおけば式 (6.157) が得られる．

この結果を用いると N_I 個のイオン化不純物を有する系では，ポテンシャルのフーリエ係数は次式で与えられる．

$$V(\boldsymbol{q}) = \sum_{i=1}^{N_I} \frac{ze^2}{\epsilon L^3}\frac{1}{q^2 + q_s^2} e^{-i\boldsymbol{q}\cdot\boldsymbol{r}_i} \tag{6.165}$$

緩和時間を求めるには，式 (6.136) あるいは式 (6.140) に式 (6.165) を代入すればよい．つまり，イオン化不純物散乱の行列要素の2乗は

$$\begin{aligned} |V(\boldsymbol{k}' - \boldsymbol{k})|^2 &= \left(\frac{ze^2}{\epsilon L^3}\right)^2 \frac{1}{(|\boldsymbol{k}' - \boldsymbol{k}|^2 + q_s^2)^2} \sum_{i=1}^{N_I}\sum_{j=1}^{N_I} \delta_{ij} \\ &= N_I \left(\frac{ze^2}{\epsilon L^3}\right)^2 \frac{1}{(|\boldsymbol{k}' - \boldsymbol{k}|^2 + q_s^2)^2} \end{aligned} \tag{6.166}$$

となるから，これを式 (6.136) に代入すると

$$\frac{1}{\tau_I(\boldsymbol{k})} = \frac{L^3}{(2\pi)^2\hbar}\int d^3\boldsymbol{k}' N_I \left(\frac{ze^2}{\epsilon L^3}\right)^2 \frac{1}{(|\boldsymbol{k}'-\boldsymbol{k}|^2+q_s^2)^2}(1-\cos\theta) \times \delta\left[\mathcal{E}_{\boldsymbol{k}'}-\mathcal{E}_{\boldsymbol{k}}\right]. \tag{6.167}$$

ここで，不純物の密度を $n_I = N_I/L^3$ とおくと

$$\frac{1}{\tau_I(\boldsymbol{k})} = \frac{n_I}{(2\pi)^2\hbar}\int d^3\boldsymbol{k}' \left(\frac{ze^2}{\epsilon}\right)^2 \frac{1}{(|\boldsymbol{k}'-\boldsymbol{k}|^2+q_s^2)^2}(1-\cos\theta) \times \delta\left[\mathcal{E}_{\boldsymbol{k}'}-\mathcal{E}_{\boldsymbol{k}}\right] \tag{6.168}$$

となる．電子のエネルギーを

$$\mathcal{E}_{\boldsymbol{k}} \equiv \mathcal{E}(\boldsymbol{k}) = \frac{\hbar^2 k^2}{2m^*} \tag{6.169}$$

とおき，

$$d^3\boldsymbol{k}' = 2\pi k'^2 dk' \sin\theta d\theta \tag{6.170}$$

とする．ここに，θ は $\boldsymbol{k}$ と $\boldsymbol{k}'$ の間の角で，$(|\boldsymbol{k}'-\boldsymbol{k}| = 2k\sin(\theta/2))$ である．また，デルタ関数の性質

$$\begin{aligned} k'^2 dk' \delta\left[\frac{\hbar^2 k'^2}{2m^*} - \frac{\hbar^2 k^2}{2m^*}\right] &= \int \frac{2m^*}{\hbar^2} k'^2 dk' \delta[(|\boldsymbol{k}'|-|\boldsymbol{k}|)(|\boldsymbol{k}'|+|\boldsymbol{k}|)] \\ &= \int \frac{2m^*}{\hbar^2}\frac{k'^2}{2|\boldsymbol{k}|} dk' \delta[(|\boldsymbol{k}'|-|\boldsymbol{k}|) \\ &= \int \frac{m^*}{\hbar^2}|\boldsymbol{k}| \end{aligned} \tag{6.171}$$

を用いると，式 (6.168) は次のようになる．

$$\frac{1}{\tau_I(\boldsymbol{k})} = \frac{n_I m^* k}{2\pi\hbar^3}\left(\frac{ze^2}{\epsilon}\right)^2 I(\boldsymbol{k}). \tag{6.172}$$

ここに，

$$\begin{aligned} I(\boldsymbol{k}) &= \int_0^\pi \left[\frac{1}{\{2k\sin^2(\theta/2)\}^2+q_s^2}\right]^2 (1-\cos\theta)\sin\theta d\theta \\ &= \frac{1}{4k^4}\left\{\log[1+(2k\lambda_s)^2] - \frac{(2k\lambda_s)^2}{1+(2k\lambda_s)^2}\right\}. \end{aligned} \tag{6.173}$$

これより，不純物散乱の緩和時間は次式で与えられる．

$$\frac{1}{\tau_I(\mathcal{E})} = \frac{z^2 e^4 n_I}{16\pi\epsilon^2\sqrt{2m^*}}\mathcal{E}^{-3/2}\left[\log\left(1+\frac{8m^*\lambda_s^2\mathcal{E}}{\hbar^2}\right) - \frac{8m^*\lambda_s^2\mathcal{E}/\hbar^2}{1+(8m^*\lambda_s^2\mathcal{E}/\hbar^2)}\right] \tag{6.174}$$

この式は導出者の名前をとり，ブルックス・ヘリング (Brooks-Herring) の式と呼ばれている．

2 次元クーロンポテンシャルをフーリエ変換すると，

$$V(q) = \frac{e^2}{2\epsilon L^2}\frac{1}{q} \tag{6.175}$$

となることを示そう．

$$V(q)=\frac{1}{L^2}\int V(r)e^{i\boldsymbol{q}\cdot\boldsymbol{r}}d^2\boldsymbol{r} \tag{6.176}$$

において，ポテンシャルを

$$V(r)=\frac{e^2}{4\pi\epsilon r} \tag{6.177}$$

とおくと

$$V(q)=\frac{e^2}{4\pi\epsilon L^2}\int_0^\infty dr\int_0^{2\pi}d\phi e^{iqr\cos\phi}=\frac{e^2}{2\epsilon L^2 q}\int_0^\infty d(qr)J_0(qr). \tag{6.178}$$

ここに，$J_0(x)$ は0次の第1種ベッセル関数である．

$$\int_0^\infty J_0(x)dx=1 \tag{6.179}$$

であるから

$$V(q)=\frac{e^2}{2\epsilon L^2}\frac{1}{q} \tag{6.180}$$

が得られる．

(b) コンウェル・ワイスコップの式

コンウェルとワイスコップ[6.19]はラザフォード散乱を半導体のイオン化不純物散乱に適用して散乱の緩和時間を求めた．不純物1個のもつ散乱断面積を A として，単位体積中に n_I 個の不純物が存在するとき，速度 $v=(\partial\mathcal{E}/\partial k)/\hbar$ の電子の衝突の緩和時間 τ_I は $1/\tau_I=n_I vA$ で与えられる．微小立体角 $d\Omega=\sin\theta d\theta d\phi$ の方向に散乱される確率を微分断面積 $\sigma(\theta,\phi)$ として定義すると，等方散乱の場合には，$A=\int\sigma(\theta,\phi)\sin\theta d\theta d\phi$ となる．いま，弾性散乱を仮定し，電子の波数ベクトル $\boldsymbol{k}$ と $\boldsymbol{k}'$ の間の角を θ とすると，

$$\begin{aligned}\frac{1}{\tau_{\mathrm{CW}}}&=n_I v\int_{\phi=0}^{2\pi}\int_{\theta=0}^{\pi}\sigma(\theta,\phi)(1-\cos\theta)\sin\theta d\theta d\phi\\&=2\pi n_I v\int_0^\pi\sigma(\theta)(1-\cos\theta)\sin\theta d\theta\end{aligned} \tag{6.181}$$

となる．電子によるスクリーニングを無視するとイオン化不純物の作るポテンシャルによる散乱はラザフォードの散乱断面積

$$\sigma(\theta)=\frac{1}{4}R^2\mathrm{cosec}^4\left(\frac{\theta}{2}\right),\quad R=\frac{ze^2}{4\pi\epsilon m^* v^2} \tag{6.182}$$

を用いて計算することができる．

多数個の不純物が存在するとき，ある不純物の寄与は近接する不純物との中間で消えると考えられる．つまり，$(2r_m)^{-3}=n_I$ となる r_m で散乱ポテンシャルはカットされると考えられる．ある不純物に注目すると，その中心より r_m 離れた場所を通る電子は，その不純物によって散乱を受けないと考えてよい．この仮定のもとで，図6.7のように

$$\tan(\theta_m/2)=\frac{R}{r_m} \tag{6.183}$$

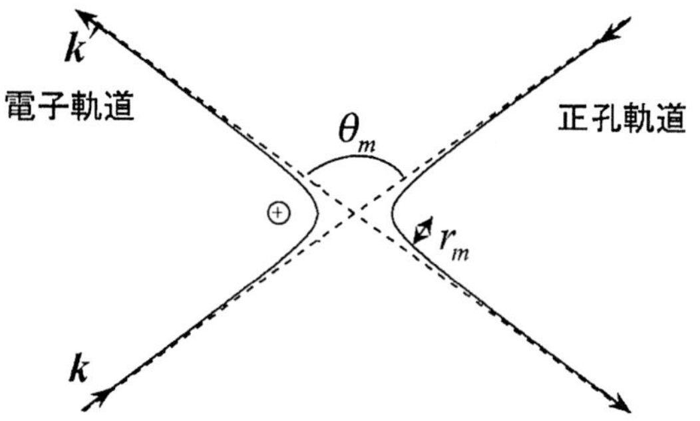

図 6.7: 不純物イオンによる散乱：散乱角のカット

で与えられる角 θ_m で上式の積分を打ち切ることにすると $(\theta_m < \theta < \pi)$,

$$\begin{aligned}\frac{1}{\tau_{\mathrm{CW}}} &= -4\pi n_I v R^2 \ln\left(\sin\frac{\theta_m}{2}\right) = 2\pi n_I v R^2 \ln\left(1+\frac{r_m}{R^2}\right) \\ &= \frac{z^2 e^4 n_I}{16\pi\epsilon^2\sqrt{2m^*}}\mathcal{E}^{-3/2}\ln\left[1+\left(\frac{2\mathcal{E}}{\mathcal{E}_m}\right)^2\right] \qquad (6.184)\end{aligned}$$

$$\frac{2\mathcal{E}}{\mathcal{E}_m} = \frac{r_m}{R}, \qquad \mathcal{E}_m = \frac{ze^2}{4\pi\epsilon r_m} \qquad (6.185)$$

となる．これをコンウェル・ワイスコップ (Conwell-Weisskopf) の不純物散乱の式とよぶ[6.19].

6.3.4 圧電ポテンシャル散乱

結晶にひずみ S_{kl} を加えると，分極 $\boldsymbol{P}$ を誘起する場合がある．この現象を圧電性 (piezoelectricity) とよぶ．結晶の格子振動に圧電性によるポテンシャルが付随して起こるので，電子はこのポテンシャルによって散乱を受ける．この圧電ポテンシャル散乱に対する行列要素は次のようにして求められる．

圧電性物質における分極 $\boldsymbol{P}$ と電気変位 $\boldsymbol{D}$ の i 方向成分は

$$P_i = e_{ikl}S_{kl} \equiv e_{i\alpha}S_\alpha \qquad (6.186)$$

$$\begin{aligned}D_i &= \epsilon^s_{ij}E_j + P_i = \epsilon^s_{ij}E_j + e_{ijk}S_{kl} \\ &= \epsilon^s_{ij}E_j + e_{i\alpha}S_\alpha \qquad (6.187)\end{aligned}$$

と書ける．ここに，ϵ^s_{ij} はひずみが一定の条件下での誘電率である．$e_{ikl} = e_{i\alpha}$ は圧電定数で，方向成分を示す添字 i, j, k, l に対して

kl	=	11	22	33	23,32	13,31	12,21
α	=	1	2	3	4	5	6

なる添字の縮小を用いた．一方，応力 $T_{ij} = T_\alpha$ とひずみの間にはフックの法則が成立し，圧電性がない場合には弾性定数 $c_{\alpha\beta}$ を用いて，$T_\alpha = c^E_{\alpha\beta}S_\beta$ と表される．圧電性がある場合，圧電性により誘起されるひずみや応力を考え，

$$T_\alpha = c_{\alpha\beta}S_\beta - e_{i\alpha}E_i \qquad (6.188)$$

なる関係が得られる．式 (6.187) と式 (6.188) を**圧電基本式**とよぶ．弾性波の変位ベクトルを $\boldsymbol{u}$ とすると，偏向方向の単位ベクトル $\boldsymbol{\pi} = \boldsymbol{u}/|\boldsymbol{u}|$ と伝播方向 $\boldsymbol{q}$ の単位方向ベクトル $\boldsymbol{a} = \boldsymbol{q}/|\boldsymbol{q}|$ を用いて

$$\boldsymbol{u} = \boldsymbol{\pi} u e^{i(q\boldsymbol{a}\cdot\boldsymbol{r} - \omega_{\boldsymbol{q}} t)} \tag{6.189}$$

と表せるから，

$$\begin{aligned} S_{kl} &= \frac{1}{2}\left(\frac{\partial u_k}{\partial r_l} + \frac{\partial u_l}{\partial r_k}\right) \\ &= \frac{1}{2}(iq)(\pi_i a_j + \pi_j a_i)u = iq\pi_k a_l u \end{aligned} \tag{6.190}$$

の関係が得られる．ただし，上式最後の変形はテンソル演算の省略形を用いており，添字の和を省略している．

圧電性により誘起されるポテンシャルを $\phi_{\rm pz}$ とおくと，電界 $\boldsymbol{E}$ は $\boldsymbol{E} = -{\rm grad}\ \phi_{\rm pz}$ であるから，$E_l = -ia_j q\phi_{\rm pz}$ となり，これを用いると，${\rm div}\ \boldsymbol{D} = 0$ の条件より，

$${\rm div}\boldsymbol{D} = \partial D_i/\partial r_i = (\epsilon^s_{ij} a_i a_j q^2 \phi_{\rm pz} - q^2 e_{ikl} a_i \pi_k a_l u) = 0 \tag{6.191}$$

つまり，

$$\phi_{\rm pz} = \frac{e_{ikl} a_i \pi_k a_l}{a_i \epsilon^s_{ij} a_j} \cdot u \equiv \frac{e^*_{\rm pz}}{\epsilon^*} u \tag{6.192}$$

を得る．ここに，$e^*_{\rm pz} = e_{ikl} a_i \pi_k a_l$，$\epsilon^* = a_i \epsilon^*_{ij} a_j$ はそれぞれ有効圧電定数と有効誘電率である．これに対するポテンシャルエネルギーは $V_{\rm pz} = -e\phi_{\rm pz}$ となり，

$$V_{\rm pz} = \frac{ee^*_{\rm pz}}{\epsilon^*} u \tag{6.193}$$

となる．

変位 $\boldsymbol{u}$ に対して量子化した式 (6.68) を用いると，

$$V_{\rm pz}(\boldsymbol{r}) = \sum_{\boldsymbol{q}} \frac{ee^*_{\rm pz}}{\epsilon^*} \sqrt{\frac{\hbar}{2NM\omega_{\boldsymbol{q}}}} \left\{ a_{\boldsymbol{q}} e^{i\boldsymbol{q}\cdot\boldsymbol{r}} + a^\dagger_{\boldsymbol{q}} e^{-i\boldsymbol{q}\cdot\boldsymbol{r}} \right\} \tag{6.194}$$

が得られる．以下の計算は変形ポテンシャル散乱の場合と全く同様である．

$$V_{\rm pz}(\boldsymbol{r}) = \sum_{\boldsymbol{q}} \left[C_{\rm pz}(\boldsymbol{q}) a_{\boldsymbol{q}} e^{i\boldsymbol{q}\cdot\boldsymbol{r}} + C^\dagger_{\rm pz}(\boldsymbol{q}) e^{-i\boldsymbol{q}\cdot\boldsymbol{r}} \right] \tag{6.195}$$

$$C_{\rm pz}(\boldsymbol{q}) = \frac{ee^*_{\rm pz}}{\epsilon^*} \sqrt{\frac{\hbar}{2MN\omega_q}} \tag{6.196}$$

とおくと

$$\begin{aligned} V_{\rm pz}(\boldsymbol{q}) &= \frac{1}{L^3} \int d^3\boldsymbol{r} V_{\rm pz}(\boldsymbol{r}) e^{-i\boldsymbol{q}\cdot\boldsymbol{r}} \\ &= \sum_{\boldsymbol{q}'} \left[C_{\rm pz}(\boldsymbol{q}') a_{\boldsymbol{q}'} \frac{1}{L^3} \int d^3\boldsymbol{r} e^{i(\boldsymbol{q}'-\boldsymbol{q})\cdot\boldsymbol{r}} + C^\dagger_{\rm pz}(\boldsymbol{q}') a^\dagger_{\boldsymbol{q}'} \frac{1}{L^3} \int d^3\boldsymbol{r} e^{-i(\boldsymbol{q}'+\boldsymbol{q})\cdot\boldsymbol{r}} \right] \\ &= \sum_{\boldsymbol{q}'} C_{\rm pz}(\boldsymbol{q}') a_{\boldsymbol{q}'} \delta_{\boldsymbol{q}',\boldsymbol{q}} + C^\dagger_{\rm pz}(\boldsymbol{q}') a^\dagger_{\boldsymbol{q}'} \delta_{\boldsymbol{q}',-\boldsymbol{q}} \\ &= C_{\rm pz}(\boldsymbol{q}) a_{\boldsymbol{q}} + C^\dagger_{\rm pz}(-\boldsymbol{q}) a^\dagger_{-\boldsymbol{q}} \end{aligned} \tag{6.197}$$

これを式 (6.140) に代入すれば，圧電ポテンシャルによる散乱の行列要素に対して，直ちに次式を得る．

$$\begin{aligned}\langle n_{\boldsymbol{q}'}|V_{\mathrm{pz}}(\boldsymbol{k}'-\boldsymbol{k})|n_{\boldsymbol{q}}\rangle &= \langle n_{\boldsymbol{q}'}|C_{\mathrm{pz}}(\boldsymbol{k}'-\boldsymbol{k})a_{\boldsymbol{k}'-\boldsymbol{k}}+C^{\dagger}_{\mathrm{pz}}(\boldsymbol{k}-\boldsymbol{k}')a^{\dagger}_{\boldsymbol{k}-\boldsymbol{k}'}|n_{\boldsymbol{q}}\rangle \\ &= \begin{cases} C_{\mathrm{pz}}(\boldsymbol{q})\sqrt{n_{\boldsymbol{q}}} & (\boldsymbol{k}'=\boldsymbol{k}+\boldsymbol{q};\ \text{吸収}), \\ C^{\dagger}_{\mathrm{pz}}(\boldsymbol{q})\sqrt{n_{\boldsymbol{q}}+1} & (\boldsymbol{k}'=\boldsymbol{k}-\boldsymbol{q};\ \text{放出}). \end{cases}\end{aligned} \tag{6.198}$$

6.3.5 無極性光学フォノン散乱

6.1 節で述べたように，単位胞に 2 個以上の原子を有する結晶では単位胞内の異種原子 (あるいは同種原子) の相対変位による格子振動 (光学振動様式) が存在する．この相対変位によりポテンシャルの変化が誘起され，電子が散乱を受ける．このときの相互作用ポテンシャルは相対変位 $\boldsymbol{u}$ に比例する．光学フォノンに対する変位テンソルは，5.2 節で述べたように，ダイヤモンド型結晶の Ge や Si (閃亜鉛鉱型結晶の GaAs など) では規約表現 $\Gamma_{25'}$ (Γ_4) に属する．したがって，0 次の相互作用を考えると，Γ 点にある s-like な伝導帯 Γ_1 や $\Gamma_{2'}$ ではその行列要素は 0 となる．つまり，ブリルアン領域の中心に極値をもつ単純な非縮退のバンドでは，この相互作用は存在しない．Si の伝導帯のように，ブリルアン領域の $\langle 100\rangle$ 方向にバレーをもつようなものに対しても 0 次の相互作用はなく，高次の相互作用となるため，その寄与は極めて小さいことが知られている．しかし，Ge のように $\langle 111\rangle$ 方向に極小をもつ伝導帯の場合や， Si や Ge の価電子帯の場合にはこの相互作用は強いことが知られている．この光学フォノン散乱の相互作用ハミルトニアンは

$$H_{\mathrm{op}} = D_{\mathrm{op}}\cdot\boldsymbol{u} = \tilde{D}_{\mathrm{op}}\cdot G\cdot\boldsymbol{u} \tag{6.199}$$

と表される (テキストによっては $\tilde{D}_{\mathrm{op}}\cdot\boldsymbol{u}/a_0$，$a_0$ は格子定数，と定義する場合もある)．ここに，G は逆格子ベクトルの大きさで D_{op} は光学フォノンの変形ポテンシャルと呼ばれる．ここで，光学フォノンに対する変位 $\boldsymbol{u}$ は長さの次元をもつ量であるので，D_{op} に G をかけて $\tilde{D}_{\mathrm{op}}$ の次元をエネルギーの単位となるようにしている．相対変位 $\boldsymbol{u}$ に対して，6.1.2 項で述べた式 (6.70) を用いて無極性光学フォノン散乱の行列要素を計算すると次のようになる．ただし，$\omega_q\to\omega_0$ とおく．

$$|M(\boldsymbol{k},\boldsymbol{k}')| = \left(\frac{\hbar}{2NM_r\omega_0}\right)^{1/2} D_{\mathrm{op}}\times\begin{cases}\sqrt{n_0(\omega_0)}, \\ \sqrt{n_0(\omega_0)+1}.\end{cases} \tag{6.200}$$

ここに，$n_0(\omega_0)=1/[\exp(\hbar\omega_0/k_BT)-1]$ は光学フォノンのボーズ・アインシュタイン分布である．音響フォノンの場合と対応させるために

$$E^2_{\mathrm{lop}} \equiv \frac{D^2_{\mathrm{op}}v_s^2}{\omega_0^2} \equiv \frac{\tilde{D}^2_{\mathrm{op}}G^2v_s^2}{\omega_0^2} \tag{6.201}$$

とおくと，E_{lop} は 音響フォノン散乱の変形ポテンシャルと同一の単位 [eV/m] となるので便利である．このような理由で，これを光学フォノンの変形ポテンシャルと定義する場合がある[6.5]．上式の v_s は音速である．

6.3.6 極性光学フォノン散乱

単位胞に2種以上の原子を含む結晶での格子振動では，原子の相対変位に対応して光学振動様式の現れることはすでに述べた．簡単のため2種類の原子 A と B を有する結晶として， この2種類の変位を $\boldsymbol{u}_A$，$\boldsymbol{u}_B$ とおき，相対変位を $\boldsymbol{u}=\boldsymbol{u}_A-\boldsymbol{u}_B$ とする．5.4節の式 (5.124) より，2種類の原子の還元質量を $1/M_r=1/M_A+1/M_B$ とおくと，運動の方程式は次のように表せる．

$$M_r\frac{d^2}{dt^2}\boldsymbol{u}(\boldsymbol{r},t)=-M_r\omega_0^2\boldsymbol{u}(\boldsymbol{r},t)+e^*\boldsymbol{E}_{\rm loc}(\boldsymbol{r},t) \tag{6.202}$$

ここに，e^* は原子対の有効電荷で，$\boldsymbol{E}_{\rm loc}(\boldsymbol{r},t)$ は点 $\boldsymbol{r}$ における局所電界である．この格子振動に付随した分極は，電子分極の寄与を考慮して

$$\boldsymbol{P}(\boldsymbol{r},t)=Ne^*\boldsymbol{u}(\boldsymbol{r},t)+N\alpha\boldsymbol{E}_{\rm loc}(\boldsymbol{r},t) \tag{6.203}$$

で与えられる．N は単位体積あたりの原子対の数で，α は電子分極率である．以下付録 A.3 に示すフーリエ変換を用いる．電界 $\boldsymbol{E}(\boldsymbol{r},t)$，分極 $\boldsymbol{P}(\boldsymbol{r},t)$ などに対してフーリエ変換を施すと次のような関係が得られる．

$$\boldsymbol{P}(\boldsymbol{r},t)=\boldsymbol{P}(\boldsymbol{r})e^{-i\omega t} \tag{6.204a}$$

$$\boldsymbol{P}(\boldsymbol{r})=\frac{L^3}{(2\pi)^3}\int\boldsymbol{P}(\boldsymbol{q})e^{i\boldsymbol{q}\cdot\boldsymbol{r}}d^3\boldsymbol{q} \tag{6.204b}$$

これより，局所電界 $\boldsymbol{E}_{\rm loc}(\boldsymbol{r},t)=\boldsymbol{E}(\boldsymbol{r},t)+(1/3\epsilon_0)\boldsymbol{P}(\boldsymbol{r},t)$ は次のように書ける．

$$\boldsymbol{E}_{\rm loc}(\boldsymbol{q})=\boldsymbol{E}(\boldsymbol{q})+\frac{1}{3\epsilon_0}\boldsymbol{P}(\boldsymbol{q}). \tag{6.205}$$

この結果を用い，式 (6.202) と式 (6.203) より，$\boldsymbol{E}_{\rm loc}$ と $\boldsymbol{u}$ を消去すると，次の関係と式 (5.129) に示したような $\kappa(\omega)$ に関する関係が得られる．

$$\boldsymbol{P}(\boldsymbol{q})=\epsilon_0\chi(\omega)\boldsymbol{E}(\boldsymbol{q})=\epsilon_0(\kappa(\omega)-1)\boldsymbol{E}(\boldsymbol{q}) \tag{6.206}$$

$$\kappa(\omega)=\kappa_\infty\frac{\omega^2-\omega_{\rm LO}^2}{\omega^2-\omega_{\rm TO}^2} \tag{6.207}$$

次に，電子と光学フォノンとの相互作用のハミルトニアンを求める．この光学フォノンが位置 $\boldsymbol{r}$ に作るポテンシャルを $\phi(\boldsymbol{r})$ とすると，この位置における電子に対する相互作用のエネルギーは $-e\phi(\boldsymbol{r})$ で与えられるから，電子と極性光学フォノンの相互作用ハミルトニアンは

$$H_{ep}=-e\phi(\boldsymbol{r})=-e\sum_{\boldsymbol{q}}\phi(\boldsymbol{q})e^{i\boldsymbol{q}\cdot\boldsymbol{r}} \tag{6.208}$$

と表せる．ここに，上式の最後の関係はフーリエ変換を施したものである．$-{\rm grad}\phi(\boldsymbol{r})=\boldsymbol{E}$ の関係があるから，$i\boldsymbol{q}\cdot\phi(\boldsymbol{q})=\boldsymbol{E}(\boldsymbol{q})$ の関係が得られる．この両辺に 対し $\boldsymbol{q}$ の内積をとると，$iq^2\phi(\boldsymbol{q})=(\boldsymbol{q}\cdot\boldsymbol{E}(\boldsymbol{q}))$ が得られるから，電子と光学フォノンとの相互作用ハミルトニアンは

$$H_{ep}=-e\sum_{\boldsymbol{q}}\left[\frac{\boldsymbol{q}\cdot\boldsymbol{E}(\boldsymbol{q})}{-iq^2}\right]e^{i\boldsymbol{q}\cdot\boldsymbol{r}}=\frac{e}{iq^2}[\boldsymbol{q}\cdot\boldsymbol{E}(\boldsymbol{r})] \tag{6.209}$$

で与えられる．電界 $\boldsymbol{E}$ は格子振動に付随したもので，波数ベクトル方向に電界成分 (分極あるいは相対変位) をもつ縦波光学フォノン (LO フォノン: longitudinal optical phonon) のみが寄与することが分かる．この相互作用を電子–極性光学フォノン相互作用 (electron – polar optical phonon interaction) とよぶ．

有効電荷 e^* を求め，上の H_{ep} の大きさを決定するため，Born と Huang [6.12]の方法を用いる．式 (6.202) と式 (6.203) を次のように書き改める．

$$\ddot{\boldsymbol{w}} = b_{11}\boldsymbol{w} + b_{12}\boldsymbol{E} \tag{6.210}$$

$$\boldsymbol{P} = b_{21}\boldsymbol{w} + b_{22}\boldsymbol{E} \tag{6.211}$$

ここで，次のような変数変換を用いた．

$$\boldsymbol{w} = \sqrt{NM_r}\boldsymbol{u}, \tag{6.212a}$$

$$b_{11} = -\omega_0^2 + \frac{Ne^{*2}/3\epsilon_0 M_r}{1 - N\alpha/3\epsilon_0} \tag{6.212b}$$

$$b_{12} = b_{21} = \frac{\sqrt{Ne^{*2}/M_r}}{1 - N\alpha/3\epsilon_0} \tag{6.212c}$$

$$b_{22} = \frac{N\alpha}{1 - N\alpha/3\epsilon_0} \tag{6.212d}$$

ここに定義した係数 b_{ij} は以下のようにして，実際に観測する物理量と関係づけられる．まず，直流 ($\omega = 0$) に対しては，$\ddot{\boldsymbol{w}} = 0$ であるから，式 (6.210) より $\boldsymbol{w} = -(b_{12}/b_{11})\boldsymbol{E}$ を得る．これを式 (6.211) に代入すると，直流に対する分極 (イオン分極と電子分極の寄与を含む) $\boldsymbol{P}_0$ は

$$\boldsymbol{P}_0 = \left(-\frac{b_{12}^2}{b_{11}} + b_{22}\right)\boldsymbol{E} \tag{6.213}$$

となる．これより，静電誘電率 (static dielectric constant) κ_0 は

$$\kappa_0 = 1 + \chi_0 = 1 + \frac{1}{\epsilon_0}\left(b_{22} - \frac{b_{12}^2}{b_{11}}\right) \tag{6.214}$$

で与えられる．次に，原子の変位が電界に追随できないような，非常に高い周波数の電界が印加された状態を考える．このとき，$\boldsymbol{w} = 0$ となるから，分極を $\boldsymbol{P}_\infty$ とおくと，

$$\boldsymbol{P}_\infty = b_{22}\boldsymbol{E} \tag{6.215}$$

となる．これに対応する誘電率を κ_∞ とすると，先と同様にして

$$\kappa_\infty = 1 + \frac{b_{22}}{\epsilon_0} \tag{6.216}$$

となる．この誘電率 κ_∞ を高周波誘電率 (high frequency dielectric constant) とよび，周波数としては通常，可視光の領域を考えている．このような周波数領域では，電子分極のみが寄与する．これらの関係を用いると，式 (6.214) と式 (6.216) は次のように書くことができる．

$$b_{22} = (\kappa_\infty - 1)\epsilon_0 \tag{6.217a}$$

$$\frac{b_{12}^2}{b_{11}} = -(\kappa_0 - \kappa_\infty)\epsilon_0 \tag{6.217b}$$

一方，角周波数 ω の電界に対する分極は，式 (6.210) において $\ddot{\boldsymbol{w}} = -\omega^2 \boldsymbol{w}$ とおいて

$$-\omega^2 \boldsymbol{w} = b_{11}\boldsymbol{w} + b_{12}\boldsymbol{E} \tag{6.218}$$

となる．これより $\boldsymbol{w}$ を求めて，式 (6.211) に代入すると

$$\boldsymbol{P} = \left\{ -\frac{b_{12}b_{21}}{b_{11}+\omega^2} + b_{22} \right\} \boldsymbol{E} \tag{6.219}$$

となる．これらの結果，角周波数 ω に対する誘電率 $\kappa(\omega)$ として

$$\kappa(\omega) = 1 + \frac{b_{22}}{\epsilon_0} - \frac{b_{12}b_{21}/\epsilon_0}{b_{11}+\omega^2} = \kappa_\infty + \frac{\kappa_0 - \kappa_\infty}{1+\omega^2/b_{11}} \tag{6.220}$$

が得られる．この結果を 5.4 節の式 (5.127) と比較すれば

$$b_{11} = -\omega_{\mathrm{TO}}^2 \tag{6.221}$$

となる．また，式 (5.128) の関係も導かれる．

さて，縦波光学フォノンに対しては 5.4 節で述べたように $\kappa(\omega_{\mathrm{LO}}) = 0$ となるから，

$$\boldsymbol{P}_{\mathrm{po}} = -\epsilon_0 \boldsymbol{E} \tag{6.222}$$

となる．これを式 (6.211) に代入して電界 $\boldsymbol{E}$ を消去すると

$$\boldsymbol{P}_{\mathrm{po}} = b_{21}\boldsymbol{w} - \frac{b_{22}}{\epsilon_0}\boldsymbol{P}_{\mathrm{po}} \tag{6.223}$$

となる．式 (6.217b) と式 (6.221) より

$$b_{12}b_{21} = (\kappa_0 - \kappa_\infty)\epsilon_0\omega_{\mathrm{TO}}^2 \tag{6.224}$$

が得られるが，これと式 (6.217a) を用いて式 (6.223) は次のようになる．

$$\boldsymbol{P}_{\mathrm{po}} = \epsilon_0^{1/2}(\kappa_0 - \kappa_\infty)^{1/2}\omega_{\mathrm{TO}}\boldsymbol{w} - (\kappa_\infty - 1)\boldsymbol{P}_{\mathrm{po}} \tag{6.225}$$

あるいは，リディン・サックス・テラーの式 (5.129) を用いて次の関係が得られる．

$$\boldsymbol{P}_{\mathrm{po}} = \epsilon_0^{1/2}\left(\frac{1}{\kappa_\infty} - \frac{1}{\kappa_0}\right)^{1/2}\omega_{\mathrm{LO}}\cdot\boldsymbol{w} \tag{6.226}$$

$\boldsymbol{w}$ を相対変位 $\boldsymbol{u}$ で書き改めると

$$\begin{aligned}\boldsymbol{P}_{\mathrm{po}} &= (\epsilon_0 N M_r)^{1/2}\left(\frac{1}{\kappa_\infty} - \frac{1}{\kappa_0}\right)^{1/2}\omega_{\mathrm{LO}}\cdot\boldsymbol{u} \\ &\equiv N e_c^* \cdot \boldsymbol{u}\end{aligned} \tag{6.227}$$

となる．この最後の関係式は，電荷 e_c^* をもったイオンが分極を起こしていると考えたものに等価で，これを有効電荷 (effective ionic charge) とよび，次式で与えられる．

$$e_c^* = \left(\frac{\epsilon_0 M_r}{N}\right)^{1/2}\left(\frac{1}{\kappa_\infty} - \frac{1}{\kappa_0}\right)^{1/2}\omega_{\mathrm{LO}} \tag{6.228}$$

あるいは

$$\omega_{\mathrm{LO}}^2 - \omega_{\mathrm{TO}}^2 = \frac{\kappa_\infty N}{\epsilon_0 M_r} e_c^{*2} \tag{6.229}$$

この縦波光学振動にともなう電界は次のようになる．

$$\boldsymbol{E} = -\frac{1}{\epsilon_0}\boldsymbol{P}_{\mathrm{po}} = -\frac{Ne_c^*}{\epsilon_0}\boldsymbol{u} \tag{6.230}$$

この式に，相対変位の式 (6.70) を用いると，次の関係が得られる．

$$\begin{aligned}
\boldsymbol{E} &= -\frac{Ne_c^*}{\epsilon_0}\sum_{\boldsymbol{q}}\left(\frac{\hbar}{2L^3 N M_r \omega_{\mathrm{LO}}}\right)^{1/2} \boldsymbol{e}_{\boldsymbol{q}}\left(a_{\boldsymbol{q}} e^{i\boldsymbol{q}\cdot\boldsymbol{r}} + a_{\boldsymbol{q}}^\dagger e^{-i\boldsymbol{q}\cdot\boldsymbol{r}}\right) \\
&= -\frac{1}{\epsilon_0}\left(\frac{\epsilon_0\hbar}{2L^3\omega_{\mathrm{LO}}}\right)^{1/2}\left(\frac{1}{\kappa_\infty} - \frac{1}{\kappa_0}\right)^{1/2} \omega_{\mathrm{LO}} \sum_{\boldsymbol{q}} \boldsymbol{e}_{\boldsymbol{q}}\left(a_{\boldsymbol{q}} e^{i\boldsymbol{q}\cdot\boldsymbol{r}} + a_{\boldsymbol{q}}^\dagger e^{-i\boldsymbol{q}\cdot\boldsymbol{r}}\right) \\
&= -\frac{1}{\epsilon_0}\left(\frac{\hbar}{2L^3\gamma\omega_{\mathrm{LO}}}\right)^{1/2} \sum_{\boldsymbol{q}} \boldsymbol{e}_{\boldsymbol{q}}\left(a_{\boldsymbol{q}} e^{i\boldsymbol{q}\cdot\boldsymbol{r}} + a_{\boldsymbol{q}}^\dagger e^{-i\boldsymbol{q}\cdot\boldsymbol{r}}\right)
\end{aligned} \tag{6.231}$$

ここで，相対変位のノーマルモード展開で用いた N は体積 $V = L^3$ 内の原子対の数であり，この節で用いた原子対の密度 N を用いると $L^3 N$ で置き換えなければならないことに注意されたい．また，定数 γ は次式で与えられる．

$$\frac{1}{\gamma} = \epsilon_0\left(\frac{1}{\kappa_\infty} - \frac{1}{\kappa_0}\right)\omega_{\mathrm{LO}}^2 \tag{6.232}$$

この結果を式 (6.209) に代入すると，電子と縦波光学フォノンとの相互作用ハミルトニアンは次のようになる．

$$\begin{aligned}
H_{ep} &= i\frac{1}{\epsilon_0}\left(\frac{e^2\hbar}{2L^3\gamma\omega_{\mathrm{LO}}}\right)^{1/2}\sum_{\boldsymbol{q}}\frac{1}{q}\left(a_{\boldsymbol{q}} e^{i\boldsymbol{q}\cdot\boldsymbol{r}} + a_{\boldsymbol{q}}^\dagger e^{-i\boldsymbol{q}\cdot\boldsymbol{r}}\right) \\
&\equiv \sum_{\boldsymbol{q}} C_{\mathrm{pop}}(\boldsymbol{q})\left(a_{\boldsymbol{q}} e^{i\boldsymbol{q}\cdot\boldsymbol{r}} + a_{\boldsymbol{q}}^\dagger e^{-i\boldsymbol{q}\cdot\boldsymbol{r}}\right)
\end{aligned} \tag{6.233}$$

ここに，

$$C_{\mathrm{pop}}(\boldsymbol{q}) = i\frac{1}{\epsilon_0}\left(\frac{e^2\hbar}{2L^3\gamma\omega_{\mathrm{LO}}}\right)^{1/2}\frac{1}{q} \tag{6.234}$$

である．電子と極性光学フォノンとの相互作用の強さを次のように無次元の定数 α を用いて表すことがある．

$$|C_{\mathrm{pop}}(\boldsymbol{q})|^2 = \alpha(\hbar\omega_{\mathrm{LO}})^{3/2}\frac{1}{L^3}\left(\frac{\hbar^2}{2m^*}\right)^{1/2}\frac{1}{q^2} \tag{6.235}$$

ここに，α は無次元の結合定数で次式で与えられる．

$$\alpha = \frac{e^2}{\hbar}\frac{1}{\epsilon_0}\left(\frac{1}{\kappa_\infty} - \frac{1}{\kappa_0}\right)\left(\frac{m^*}{2\hbar\omega_{\mathrm{LO}}}\right)^{1/2} \tag{6.236}$$

この α を**フレーリッヒの結合定数** (Fröhlich coupling constant) とよぶことがある．$q = 0$ における H_{op} の発散は 6.3.3 項のイオン化不純物散乱のところで述べたように，キャリアによる遮蔽 (静的

遮蔽) を考え $q^2/(q^2+q_s^2)$ をかけると取り除かれる．つまり

$$C_{\mathrm{pop}}(\boldsymbol{q}) = i\frac{1}{\epsilon_0}\left(\frac{e^2\hbar}{2L^3\gamma\omega_{\mathrm{LO}}}\right)^{1/2}\frac{q}{q^2+q_s^2} \tag{6.237}$$

となる．これより直ちに極性光学フォノン散乱の行列要素が得られる．

$$\begin{aligned}|M(\boldsymbol{k},\boldsymbol{k}')| &= |C_{\mathrm{pop}}|\frac{q}{q^2+q_s^2}\times\begin{cases}\sqrt{n_q}\\ \sqrt{n_q+1}\end{cases}\\ &= \left[\frac{e^2\hbar\omega_{\mathrm{LO}}}{2L^3\epsilon_0}\left(\frac{1}{\kappa_\infty}-\frac{1}{\kappa_0}\right)\right]^{1/2}\frac{q}{q^2+q_s^2}\times\begin{cases}\sqrt{n_q}\\ \sqrt{n_q+1}\end{cases}\end{aligned} \tag{6.238}$$

ここに，n_q は LO フォノンのボース・アインシュタイン分布で次式で与えられる．

$$n_q = \frac{1}{\exp(\hbar\omega_{\mathrm{LO}}/k_BT)-1}$$

6.3.7 バレー間フォノン散乱

上に述べた，変形ポテンシャル型音響フォノン散乱，圧電ポテンシャル散乱，無極性光学フォノン散乱，極性光学フォノン散乱のいずれのフォノンもその関与する波数ベクトルは小さく，長波長領域のフォノンによる散乱である．ところが，Si や Ge のように多数バレー構造の伝導帯からなる場合には，異なるバレー間の散乱にともなう大きな波数ベクトルのフォノンが散乱に寄与する．この効果は特に Si で顕著に現われることが知られている．これをバレー間散乱あるいはインターバレー散乱 (intervalley scattering) とよぶ．Si では，伝導帯の対称性と光学フォノンの対称性から，光学フォノンによるバレー内散乱は禁止される．Si の伝導帯の等エネルギー面は図 2.9 に示したように ⟨100⟩ 方向に長軸をもつ 6 つの回転楕円体からなっている．いま，図 6.8 のように k_x，k_y 軸上のバレーを考えると，異なるバレー間を電子が遷移するとき，$\boldsymbol{k}_f$ と $\boldsymbol{k}_{\mathrm{g}}$ に相当する大きな波数ベクトルの変化を必要とする．この遷移をそれぞれ f 過程，g 過程とよんでいる[注1]．各バレーの底近傍の電子に注目すれば，ほぼバレー間の波数ベクトルに相当する波数ベクトルのフォノンが放出，吸収されるわけで，そのエネルギーは $\hbar\omega_f$ と $\hbar\omega_{\mathrm{g}}$ となる．この散乱は無極性光学フォノンによる散乱と類似しているので，バレー i，j 間の遷移に対する変形ポテンシャル D_{ij} を用いて式 (6.200) にならってバレー間フォノン散乱の行列要素は次のように表される．

$$|M(\boldsymbol{k},\boldsymbol{k}')| = \left(\frac{\hbar}{2NM_r\omega_{ij}}\right)^{1/2}D_{ij}\times\begin{cases}\sqrt{n(\omega_{ij})}\\ \sqrt{n(\omega_{ij})+1}\end{cases} \tag{6.239}$$

6.3.8 縮退したバンドにおける変形ポテンシャル

2.2 節と 2.3 節で述べたようにダイヤモンド型や閃亜鉛鉱型構造をもつ半導体の価電子帯は Γ 点 ($\boldsymbol{k}=0$) で縮退した重い正孔バンドと軽い正孔バンドと，スピン軌道角運動量相互作用で分裂したス

注1 インターバレー散乱の f 過程と g 過程の命名は，電子の遷移に対してバレーの配置がローマ字の f と g に対応していることに由来する．また，g ではなく g の文字を用いたのは図 6.8 で明らかなように，より直感的であるからである．

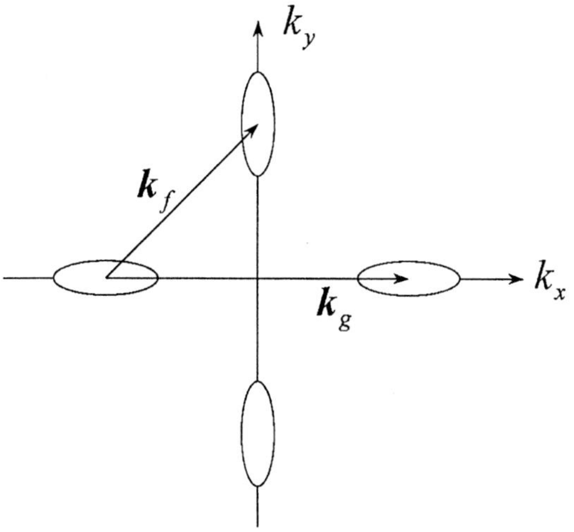

図 6.8: Si におけるバレー間遷移の f 過程と g 過程

ピン軌道分裂バンドから成る．また，4.7 節のピエゾ複屈折のところで述べたように，これらの半導体に応力を印加すると価電子帯は変化し，その変化は Pikus と Bir により求められた有効ひずみハミルトニアン式 (4.166) によって計算することができる．このハミルトニアンには a，b と d の 3 つの変形ポテンシャル定数がある．[100] 方向および [111] 方向の 1 軸性応力を印加すると変形ポテンシャル b と d により，$J = 3/2$ の価電子帯の縮退が解ける．一方，変形ポテンシャル a はひずみテンソル $e_{xx} + e_{yy} + e_{zz} = \text{div}\boldsymbol{u}$ に比例する項で，変位 $\boldsymbol{u}$ の div は体積変化率 $\delta V/V$ に等しい．6.3 節 6.3.2 の項で述べたように，縦波音響フォノンとの相互作用を与える項である．したがって，正孔の移動度はこの変形ポテンシャルの大きさに強く依存することになる．

2.1 節および 6.3.7 項で述べたように，Ge や Si の伝導帯の底は Γ 点 ($\boldsymbol{k} = 0$) に存在せず，それぞれ [111] 方向の L 点と [100] 方向の Δ 軸上にある．したがって， Ge では等価な 4 つの伝導帯が，Si では等価な 6 つの伝導帯が存在する．このように縮退した伝導帯を多数バレー構造 (many valley structure) とよんでいる．Si の場合を例にとると，[100] 方向に 1 軸性応力を加えると [100] と $[\bar{1}00]$ 方向に存在する 2 つのバレーと他の 4 つのバレーではエネルギーが異なり，縮退が一部解ける．一方，[111] 方向の 1 軸性応力は 6 つのバレーに対して等価に振る舞い，縮退は解けない．このような応力の違いによるエネルギー帯構造の変化を表すのに，Herring と Vogt [6.20] は次のようなひずみハミルトニアンを提案した．

$$H_{HV} = \Xi_d \cdot \text{Trace}(\tilde{e}) + \Xi_u \cdot \left[\tilde{m}^{(i)} \cdot \tilde{e} \cdot \tilde{m}^{(i)}\right] \tag{6.240}$$

ここに，$\tilde{e}$ はひずみテンソルで 3×3 の行列，$\text{Trace}(\tilde{e}) = e_{xx} + e_{yy} + e_{zz}$， $\tilde{m}^{(i)}$ は伝導帯 (i) バレー方向への単位ベクトルである．$\Xi_d + \Xi_u$ は静水圧変形ポテンシャル (hydrostatic deformation potential)，Ξ_u はせん断ひずみ変形ポテンシャル (shear deformation potential) とよばれる．図 6.9 に示すような Si における主軸が (i) 方向にあるバレーを考え，一例として [100] 方向のバレーを考え

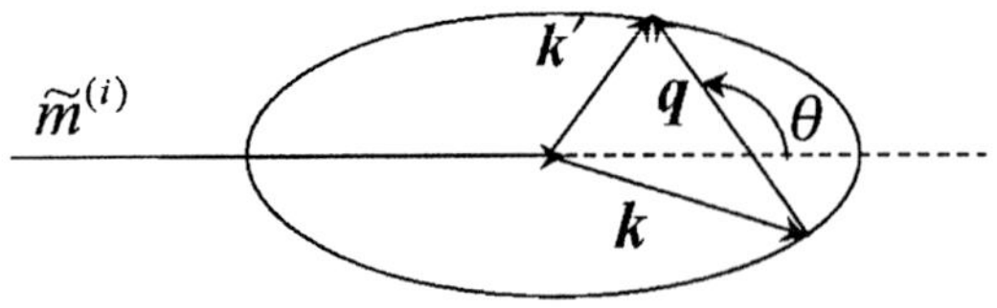

図 6.9: バレー内における変形ポテンシャル散乱. $\boldsymbol{k}$ と $\boldsymbol{k}'$ は散乱前後の電子の波数ベクトル, $\boldsymbol{q}$ はフォノン (格子振動) の波数ベクトル. θ はフォノンの波数ベクトルとバレーの主軸のなす角.

る. このとき, 式 (6.240) から

$$H_{HV} = \Xi_d(e_{xx} + e_{yy} + e_{zz}) + \Xi_u e_{xx} \tag{6.241}$$

を得る. この関係式をヘリング・フォークトの式 (Herring-Vogt relation) とよぶ. 図 6.9 のような散乱配置に対して, 6.3.2 項で定義した変形ポテンシャル $D_{\rm ac}$ は縦波に対しては

$$D_{\rm ac} \to D_{LA} = \Xi_d + \Xi_u \cos^2\theta \tag{6.242}$$

とおける. 横波フォノンに対しても散乱が可能で, $\boldsymbol{q}$ と直交し, 紙面に平行な変位ベクトル $\boldsymbol{u}$ をもつ横波に対して, $e_{xx} = \partial u_x/\partial x \neq 0$ となる. $u_x = u\sin\theta\exp(i\boldsymbol{q}\cdot\boldsymbol{r})$, $q_x = q\cos\theta$ であることに注意して

$$D_{\rm ac} \to D_{TA} = \Xi_u \sin\theta\cos\theta \tag{6.243}$$

とおけばよいことが分かる.

上の取り扱いは, ブリルアン領域の L 点つまり [111] 方向に 4 つの等価な伝導帯の底が存在する Ge に対しても全く同様で, 式 (6.240) を用いることができる. [111] 方向の応力に対しては [111] バレーと他の 3 つの $[\bar{1}11]$, $[1\bar{1}1]$ および $[11\bar{1}]$ バレーとの間の縮退が解ける.

6.3.9 変形ポテンシャルの計算法

電子と格子振動 (フォノン) との相互作用を計算するには, 格子振動によって誘起されるポテンシャルが電子に与える影響を求めなければならない. 光学フォノンによる電子散乱の変形ポテンシャルの計算は Pötz と Vogl [6.21] によってなされ, その後 Zollner ら [6.22] が III-V 化合物半導体で, Fischetti と Laux [6.23] や水野ら [6.24] が Si におけるバレー内フォノン (intra-valley phonon) とインターバレー・フォノン (inter-valley phonon) による散乱の変形ポテンシャルの計算を行っている. これまでに種々の計算手法が提案されているが, ここでは原子が変位したときに起こるポテンシャルエネルギーの変化が電子の感じるポテンシャルであるとする. この近似を リジッドイオンモデル (rigid-ion model) とよぶ. 原子の変位によるポテンシャルエネルギーの変化分をすべての原子にわたって和をとる必要がある. l 番目の単位胞の α 番目の原子の平衡位置を $\boldsymbol{R}_{l,\alpha}$ とおき, 変位を $\boldsymbol{u}_{l,\alpha}$ とする. このとき, 原子の変位によるポテンシャルの変化は

$$H_{\rm el-ph} = \sum_{l,\alpha} [V_\alpha(\boldsymbol{r} - \boldsymbol{R}_{l,\alpha} + \boldsymbol{u}_{l,\alpha}) - V_\alpha(\boldsymbol{r} - \boldsymbol{R}_{l,\alpha})]$$

$$= \sum_{l,\alpha} \boldsymbol{u}_{l,\alpha} \cdot \mathrm{grad}\ V_\alpha(\boldsymbol{r} - \boldsymbol{R}_{l,\alpha}) \tag{6.244}$$

で与えられる．格子の変位ベクトル $\boldsymbol{u}_{l,\alpha}$ は 6.1.2 項の式 (6.66) より[注2]

$$\boldsymbol{u}_{l,\alpha}^{(j)} = \sum_{\boldsymbol{q}} \sqrt{\frac{\hbar}{2M_\alpha N \omega_{\boldsymbol{q}}^{(j)}}} \left(a_{\boldsymbol{q}} + a_{-\boldsymbol{q}}^\dagger\right) \boldsymbol{e}_\alpha^{(j)}(\boldsymbol{q}) e^{i\boldsymbol{q}\cdot\boldsymbol{R}_{l,\alpha}} \tag{6.245}$$

となる．ここに，$\boldsymbol{e}(\boldsymbol{q})$ は格子変位を表す単位ベクトルで，上付き添字の (j) は格子振動のモードを表している．原子の位置ベクトルを $\boldsymbol{R}_{l,\alpha} = \boldsymbol{R}_l + \boldsymbol{\tau}_\alpha$ とおくと，ブロッホの定理から次の関係が得られる．

$$\begin{aligned}&\langle \boldsymbol{k}+\boldsymbol{q}|\mathrm{grad}\ V_\alpha(\boldsymbol{r} - \boldsymbol{R}_{l,\alpha})|\boldsymbol{k}\rangle \\ &\quad = e^{-i\boldsymbol{q}\cdot\boldsymbol{R}_l}\langle \boldsymbol{k}+\boldsymbol{q}|\mathrm{grad}\ V_\alpha(\boldsymbol{r} - \boldsymbol{\tau}_\alpha)|\boldsymbol{k}\rangle\end{aligned} \tag{6.246}$$

フェルミの黄金則を用いると，このポテンシャルに対するゼロでない行列要素は次のようになる．

$$\begin{aligned}&\langle \boldsymbol{k}\pm\boldsymbol{q}, n_{\boldsymbol{q}} \mp 1|H_{\mathrm{el-ph}}|\boldsymbol{k}, n_{\boldsymbol{q}}\rangle \\ &\quad = \sum_\alpha \sqrt{\frac{\hbar}{2NM_\alpha\omega_{\boldsymbol{q}}^{(j)}}} A_\alpha(\boldsymbol{k}, \pm\boldsymbol{q}) \cdot \boldsymbol{e}_\alpha^{(j)}(\pm\boldsymbol{q}) \sqrt{n_{\boldsymbol{q}} + \frac{1}{2} \mp \frac{1}{2}}\end{aligned} \tag{6.247}$$

ここに，

$$A_\alpha(\boldsymbol{k}, \pm\boldsymbol{q}) = -\langle \boldsymbol{k}\pm\boldsymbol{q}|\mathrm{grad}\ V_\alpha(\boldsymbol{r} - \boldsymbol{\tau}_\alpha)|\boldsymbol{k}\rangle e^{i\boldsymbol{q}\cdot\boldsymbol{\tau}_\alpha} \tag{6.248}$$

である．電子の波動関数 $|\boldsymbol{k}\rangle$ は 1.6 節で述べた擬ポテンシャル法で求めたものを，また原子のポテンシャル $V_\alpha(\boldsymbol{r})$ はフーリエ変換すればよい．これらは Cohen と Bergstresser [6.25] の定義に従い次のように書き表される．

$$|\boldsymbol{k}\rangle = \frac{1}{\sqrt{\Omega}} \sum_{\boldsymbol{G}} C_{\boldsymbol{k}}(\boldsymbol{G}) e^{i(\boldsymbol{k}+\boldsymbol{G})\cdot\boldsymbol{r}} \tag{6.249}$$

$$V_\alpha(\boldsymbol{r}) = \frac{1}{2} \sum_{\boldsymbol{G}} V_\alpha(\boldsymbol{G}) e^{i\boldsymbol{G}\cdot\boldsymbol{r}} \tag{6.250}$$

ここで，Ω は単位胞の体積で，係数 $V_\alpha(\boldsymbol{G})$ は

$$V_\alpha(\boldsymbol{G}) = \frac{2}{\Omega} \int_\Omega d^3\boldsymbol{r} V_\alpha(\boldsymbol{r}) e^{-i\boldsymbol{G}\cdot\boldsymbol{r}} \tag{6.251}$$

である．ポテンシャル $V_\alpha(\boldsymbol{r})$ は格子振動による変位を考えなければ，周期関数であるから上のように逆格子ベクトルで展開できるが，格子振動を考えると格子に対して周期関数とはならない．ここでは，$V_\alpha(\boldsymbol{G})$ は準連続的なベクトル $\boldsymbol{G}$ の関数であると考えることにする．つまり，$V_\alpha(\boldsymbol{G}+\boldsymbol{q})$ などは $V_\alpha(\boldsymbol{G})$ を拡張して求められるものとする．このとき，式 (6.247) の係数 $\boldsymbol{A}_\alpha(\boldsymbol{k}, \boldsymbol{q})$ は次のようになる．

$$\begin{aligned}\boldsymbol{A}_\alpha(\boldsymbol{k}, \boldsymbol{q}) = -\frac{i}{2} \sum_{\boldsymbol{G},\boldsymbol{G}'} &C_{\boldsymbol{k}+\boldsymbol{q}}^*(\boldsymbol{G}')C_{\boldsymbol{k}}(\boldsymbol{G})(\boldsymbol{G}' - \boldsymbol{G} + \boldsymbol{q})V_\alpha(\boldsymbol{G}' - \boldsymbol{G} + \boldsymbol{q}) \\ &\times e^{-i(\boldsymbol{G}'-\boldsymbol{G})\cdot\boldsymbol{\tau}_\alpha}\end{aligned} \tag{6.252}$$

[注2] $\sum_{\boldsymbol{q}} a_{-\boldsymbol{q}}^\dagger \exp(i\boldsymbol{q}\cdot\boldsymbol{R}_{l,\alpha}) = \sum_{\boldsymbol{q}} a_{\boldsymbol{q}}^\dagger \exp(-i\boldsymbol{q}\cdot\boldsymbol{R}_{l,\alpha})$ の関係を用いた．

ここに，$\boldsymbol{A}_\alpha(\boldsymbol{k},\boldsymbol{q})$ はベクトル量である．

いま，変形ポテンシャル $D^{(j)}(\boldsymbol{q})$ を

$$\left|\langle \boldsymbol{k}\pm\boldsymbol{q}, n_{\boldsymbol{q}}\mp 1|H_{\mathrm{el-ph}}|\boldsymbol{k}, n_{\boldsymbol{q}}\rangle\right| = \sqrt{\frac{\hbar}{2NM\omega_{\boldsymbol{q}}^{(j)}}}D^{(j)}(\boldsymbol{k},\pm\boldsymbol{q})\sqrt{n_{\boldsymbol{q}}+\frac{1}{2}\mp\frac{1}{2}} \tag{6.253}$$

と定義すると

$$D^{(j)}(\boldsymbol{k},\pm\boldsymbol{q}) = \sqrt{M}\left|\sum_\alpha \frac{1}{\sqrt{M_\alpha}}\boldsymbol{A}(\boldsymbol{k},\pm\boldsymbol{q})\cdot\boldsymbol{e}_\alpha^{(j)}(\pm\boldsymbol{q})\right| \tag{6.254}$$

となる．ここに，イオンの質量に関して Conwell [6.5] の定義に従えば $M=\sum_\alpha M_\alpha$ である．Si の場合，単位胞に同一の原子 2 個を有するので，上式は次のようになる．

$$\begin{aligned} D^{(j)}(\boldsymbol{k},\pm\boldsymbol{q}) &= \sqrt{2}\left|\sum_\alpha \boldsymbol{A}_\alpha(\boldsymbol{k},\pm\boldsymbol{q})\cdot\boldsymbol{e}_\alpha^{(j)}(\pm\boldsymbol{q})\right| \\ &= \frac{1}{\sqrt{2}}\left|\sum_\alpha\sum_{\boldsymbol{G},\boldsymbol{G}'} C^*_{\boldsymbol{k}\pm\boldsymbol{q}}(\boldsymbol{G}')C_{\boldsymbol{k}}(\boldsymbol{G})e^{-i(\boldsymbol{G}'-\boldsymbol{G})\cdot\boldsymbol{\tau}_\alpha}\right. \\ &\quad \left.\times\sum_{\boldsymbol{G},\boldsymbol{G}'} e^{-i(\boldsymbol{G}'-\boldsymbol{G})}V_\alpha(\boldsymbol{G}'-\boldsymbol{G}\pm\boldsymbol{q})(\boldsymbol{G}'-\boldsymbol{G}\pm\boldsymbol{q})\cdot\boldsymbol{e}_\alpha^{(j)}(\pm\boldsymbol{q})\right| \end{aligned} \tag{6.255}$$

さて，式 (6.255) で定義される変形ポテンシャルは エネルギー/長さ [eV/cm] の単位を有し，6.3.2 項，6.3.5 項および 6.3.7 項で述べた変形ポテンシャルと比較すれば明らかなように，光学フォノン散乱やバレー間フォノン散乱の変形ポテンシャルに対応している．一方，音響フォノン散乱の変形ポテンシャルは

$$\Xi = \lim_{\boldsymbol{q}\to 0}\left|\frac{D^{(j)}(\boldsymbol{q})}{\boldsymbol{q}}\right| \tag{6.256}$$

で定義されることも明らかである．式 (6.255) を用いて，変形ポテンシャルを計算するには次のような手順を踏めばよい．

1. まず，格子振動を適当な方法で計算し，モード (j) に対応するフォノンの角周波数 $\omega_{\boldsymbol{q}}^{(j)}$ と変位方向の固有ベクトル $\boldsymbol{e}_\alpha^{(j)}$ を求める．
2. 擬ポテンシャル法を用いて，半導体のエネルギー帯構造を計算し $C_{\boldsymbol{k}}(\boldsymbol{G})$ を求める．
3. エネルギー帯構造の計算に用いた擬ポテンシャル $V_\alpha(\boldsymbol{G})$ から，適当な近似を用いて 準連続関数の $V_\alpha(\boldsymbol{q})$ を $\boldsymbol{q}=0$ から最大の $\boldsymbol{G}$ までの範囲で求める．
4. 上の結果を式 (6.255) に代入して，変形ポテンシャル $D^{(j)}(\boldsymbol{q})$ を電子の波数ベクトル $\boldsymbol{k}$，フォノンの波数ベクトル $\boldsymbol{q}$ の関数として求める．

格子振動の解析はこれまでにシェル・モデル (shell-model) やボンド・チャージ・モデル (bond charge model) などいくつかの方法が報告されている[6.26] ~ [6.30]．ここでは文献[6.29], [6.30]] の ボンド・チャージ・モデルを用いて計算を行った．

次に，擬ポテンシャル $V_\alpha(\boldsymbol{G})$ から準連続関数 $V_\alpha(\boldsymbol{q})$ を求めるには2通りの仮定がある．一番の問題は長波長側の $q \sim 0$ での値の不確定さである．一つはCohen とBegstresser [6.25]の擬ポテンシャルを $V_\alpha(0) = -(2/3)\mathcal{E}_F$ とする方法で，$\mathcal{E}_F$ は価電子のフェルミエネルギーである[6.31]．他の方法は，Bednarek とRössler [6.32]の近似法で $q = 0$ で $V_\alpha(0) = 0$ とおくものである．これら2つの方法で求めた $V(\boldsymbol{q})$ の値が図6.10に示してある．ここで用いた方法は後者のBednarek-Rössler(文献[6.32]) の方法である[6.33]．上に述べた方法で実際に計算したSiにおけるバレー間散乱の変形ポテ

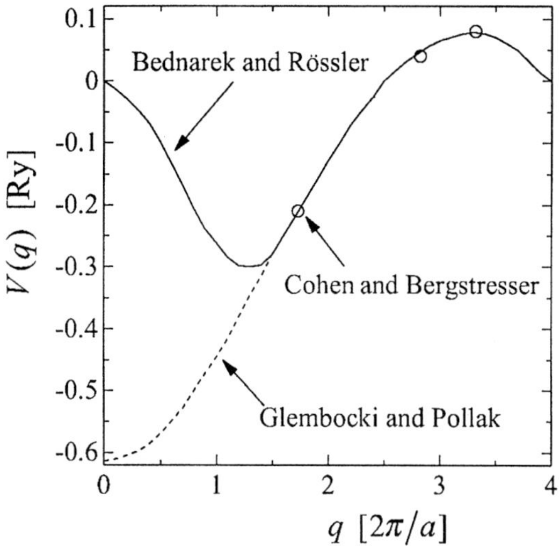

図6.10: Siの擬ポテンシャル $V(\boldsymbol{G})$ (Cohen and Bergstresser [6.25]の値) から求めた $V(\boldsymbol{q})$ の値．近似法としてBednarek and Rössler [6.32]の方法とGlemmbocki and Pollak [6.31]の方法が示してある．

ンシャルと音響フォノン散乱の変形ポテンシャルの例を以下に述べる．一般に，変形ポテンシャルは計算式でも明らかなように，電子の始状態と終状態およびフォノンのモードや波数ベクトルに依存する．図6.11(a) はf–タイプフォノンによるバレー間散乱の変形ポテンシャルの終状態依存性で，電子の散乱方向が挿入図に示してある．図6.11(b) はg–タイプフォノンによるバレー間散乱の変形ポテンシャルの終状態依存性で，同様に電子の散乱方向が挿入図に示してある．各々の計算では，始状態を $\boldsymbol{k}_i = (0.85 - 0.098, 0, 0)$ の位置に固定し，終状態を (a) $\boldsymbol{k}_f = (0.043 \sin\theta, 0.85 - 0.098 \cos\theta, 0)$，(b) $\boldsymbol{k}_f = (-0.85 + 0.098 \cos\theta, 0.043 \sin\theta, 0)$ で与えられる等エネルギー線上 ($\mathcal{E} = 50$ meV) で変化させている．f–タイプのバレー間フォノン散乱では，縦波光学 (LO) フォノンと縦波音響 (LA) フォノン散乱の変形ポテンシャルが大きく，他の横波光学 (TO) フォノンと横波音響 (TA) フォノン散乱の変形ポテンシャルは無視できるほど小さい．また，g–タイプのバレー間フォノン散乱では，LO フォノン散乱の変形ポテンシャルのみが大きな寄与をする．特に，対称性のよい $\theta = 0$ や180度では他のモードのフォノンの変形ポテンシャルは0であり，遷移先の対称性が破れるとTO やTA などのフォノン散乱が若干寄与するようになる．一方，バレー内フォノン散乱についての計算結果を図6.12に実線で示した．予想されるように，バレーが Γ 点でなく X 点近傍の Δ 軸上にあるため，縦波音

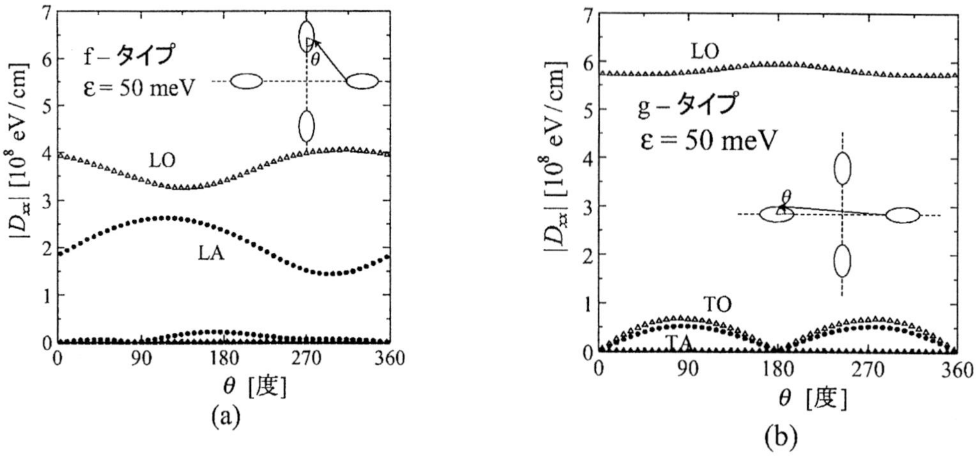

図 6.11: バレー間フォノン散乱 (a) f–タイプ と (b) g–タイプの変形ポテンシャルの終状態依存性．挿入図はブリルアン領域を (100) 面で切った面を表し，電子の遷移を矢印で示している．

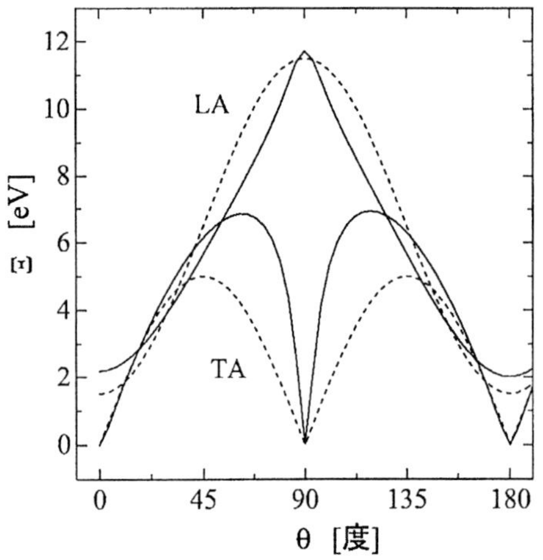

図 6.12: Si におけるバレー内フォノン散乱の変形ポテンシャルの計算結果．θ はフォノンの $\boldsymbol{q}$ ベクトルとバレーの主軸のなす角．破線は Herring と Vogt (文献[6.20]]) の理論式 (6.242) と式 (6.243) において $\Xi_u = 10.0$ eV，$\Xi_d = -11.5$ eV とおいて求めたもの．

響 (LA) フォノンのみならず横波音響 (TO) フォノン散乱も寄与することが分かる．波線は先に 6.3.8 項で述べたように，ヘリング・フォークトの式 (Herring-Vogt relation)(6.242) と式 (6.243) を用いて，$\Xi_u = 10.0$ eV，$\Xi_d = -11.5$ eV とおくと，点線のような曲線が得られ計算結果とその傾向がよく一致している．

6.3.10　電子–電子相互作用とプラズモン散乱

この項では電子–電子相互作用，つまり電子による遮蔽効果，電子–電子散乱や電子–プラズモン散乱を取り扱う．ただし，計算には場の量子化の手法を用いなければならないので本書の初期の目的とする程度を超えてしまう．以下では誘電関数を求める計算を省略するが，その導出の概略を付録 D に示してある．より詳しい内容は参考文献[6.15]や[6.16]，[6.17]を参照されたい．

電子密度が高くなると，電子プラズマによる遮蔽効果が重要となる．乱雑位相近似によると電子の

遮蔽効果を取り入れたときの誘電関数は[6.15] (付録 D を参照)

$$\kappa(q,\omega) = 1 - V(\boldsymbol{q})\sum_{\boldsymbol{k}} \frac{f(\boldsymbol{k}-\boldsymbol{q}) - f(\boldsymbol{k})}{\hbar\omega + i\Gamma + \mathcal{E}(\boldsymbol{k}-\boldsymbol{q}) - \mathcal{E}(\boldsymbol{k})}$$
$$= 1 - \frac{e^2}{\epsilon_0 q^2 L^3}\sum_{\boldsymbol{k}} \frac{f(\boldsymbol{k}-\boldsymbol{q}) - f(\boldsymbol{k})}{\hbar\omega + i\Gamma + \mathcal{E}(\boldsymbol{k}-\boldsymbol{q}) - \mathcal{E}(\boldsymbol{k})} \tag{6.257}$$

となる．これはリンドハード (Lindhard) [6.34]によって最初に導かれたもので，**リンドハードの式** (Lindhard formula) と呼ばれる．この式が $q \to 0$ の極限で古典的に求めた式と一致することは，次のようにして確かめられる．簡単のため，$\Gamma = 0$ とおき，長波長の極限を考え，$q \to 0$ として式 (6.257) の右辺第 2 項を q で展開する．以下の計算では，電子は等方的有効質量 m をもった放物線バンドで表されるものとする．

$$\mathcal{E}(\boldsymbol{k}-\boldsymbol{q}) - \mathcal{E}(\boldsymbol{k}) = \frac{\hbar^2}{2m}(k^2 - 2\boldsymbol{k}\cdot\boldsymbol{q} + q^2) - \frac{\hbar^2 k^2}{2m} \simeq -\frac{\hbar^2 \boldsymbol{k}\cdot\boldsymbol{q}}{m}, \tag{6.258}$$

$$f(\boldsymbol{k}-\boldsymbol{q}) - f(\boldsymbol{k}) = f(\boldsymbol{k}) - \boldsymbol{q}\cdot\boldsymbol{\nabla}_{\boldsymbol{k}} f(\boldsymbol{k}) + \cdots - f(\boldsymbol{k}) \simeq -\boldsymbol{q}\cdot\boldsymbol{\nabla}_{\boldsymbol{k}} f(\boldsymbol{k}). \tag{6.259}$$

これを用いると式 (6.257) は次のようになる．

$$\kappa(0,\omega) = 1 - V(q)\sum_{\boldsymbol{k},i} \frac{q_i\,(\partial f/\partial k_i)}{\hbar\omega - \hbar^2 \boldsymbol{k}\cdot\boldsymbol{q}/m}$$
$$\simeq 1 - \frac{V(q)}{\hbar\omega}\sum_{\boldsymbol{k},i} q_i \frac{\partial f}{\partial k_i}\left[1 + \frac{\hbar\boldsymbol{k}\cdot\boldsymbol{q}}{m\omega}\right]. \tag{6.260}$$

ここに，$\omega(q \to 0) = \omega_0$ とおいた．上式の右辺第 1 項の和 $\sum \partial f/\partial k_i$ は $k \to \infty$ に対する分布関数 f を含むため消え，結局次の関係が得られる．

$$\kappa(0,\omega) = 1 - \frac{V(q)}{\hbar\omega}\sum_{\boldsymbol{k},i} q_i \frac{\partial f}{\partial k_i}\frac{\hbar\boldsymbol{k}\cdot\boldsymbol{q}}{m\omega} \tag{6.261}$$

この式において，$\sum_{\boldsymbol{k}}$ を積分 $2/(2\pi)^3 \int dk_x dk_y dk_z$ とおいて部分積分を行い，再び $\sum_{\boldsymbol{k}}$ で表すと

$$\kappa(0,\omega) = 1 + V(q)\frac{q^2}{m\omega^2}\sum_{\boldsymbol{k}} f(\boldsymbol{k}) = V(q)\frac{q^2 N_e}{m\omega^2} = \frac{e^2}{\epsilon_0 q^2 L^3}\frac{q^2 N_e}{m\omega^2}$$
$$= \kappa_\infty \frac{\omega_p^2}{\omega^2} \tag{6.262}$$

となる．ここに，式 (6.157) の結果を電子のクーロンポテンシャルに対して適用し，$V(q) = e^2/\epsilon_0 L^3 q^2$ の関係を用いた．$\sum f(\boldsymbol{k}) = N_e = L^3 n$ で，N_e は全電子数，n は電子密度として，プラズマ周波数 ω_p を

$$\omega_p^2 \equiv \frac{e^2 n}{\kappa_\infty \epsilon_0 m} \tag{6.263}$$

と定義すると，この角周波数 ω_p は式 (5.157) で与えられるプラズマ周波数と一致する．式 (6.257) の右辺第 1 項の 1 をバックグラウンドの誘電率 κ_∞ で置き換え，以上の結果を用いると

$$\kappa(0,\omega) = \kappa_\infty\left[1 - \frac{\omega_p^2}{\omega^2}\right] \tag{6.264}$$

が得られ，この結果は式 (5.159) と一致することが分かる．

遮蔽効果を考慮した静電誘電率は，$\hbar\omega + i\Gamma \to 0$ とおき，

$$\kappa(q,0) = 1 - V(q)\sum_{\boldsymbol{k}} \frac{f(\boldsymbol{k}-\boldsymbol{q}) - f(\boldsymbol{k})}{\mathcal{E}(\boldsymbol{k}-\boldsymbol{q}) - \mathcal{E}(\boldsymbol{k})} \tag{6.265}$$

で与えられる．これはフェルミ・ディラックの分布関数

$$f(\boldsymbol{k}) = \frac{1}{e^{(\mathcal{E}(\boldsymbol{k})-\mu)/k_BT}+1} \tag{6.266}$$

を用いて容易に計算できる．ここに，μ は化学ポテンシャルである ($T=0$ で化学ポテンシャルはフェルミエネルギー $\mathcal{E}_F$ に等しい．$\mu(T=0) = \mathcal{E}_F$)．

$$\sum_i q_i \frac{\partial f(\boldsymbol{k})}{\partial k_i} = -\sum_i q_i \frac{\partial f(\boldsymbol{k})}{\partial \mu}\frac{\partial \mathcal{E}(\boldsymbol{k})}{\partial k_i} = -\sum_i q_i k_i \frac{\hbar^2}{m}\frac{\partial f(\boldsymbol{k})}{\partial \mu} \tag{6.267}$$

の関係を用いると

$$\kappa(q,0) = \kappa_0 + \frac{e^2}{\epsilon_0 q^2}\frac{\partial}{\partial \mu}\frac{1}{L^3}\sum_{\boldsymbol{k}} f(\boldsymbol{k}) = \kappa_0 + \frac{e^2}{\epsilon_0 q^2}\frac{\partial n}{\partial \mu} \equiv \kappa_0\left(1 + \frac{q_s}{q}\right) \tag{6.268}$$

ここに，q_s は

$$q_s \equiv \frac{1}{\lambda_s} = \sqrt{\frac{e^2}{\kappa_0\epsilon_0}\frac{\partial n}{\partial \mu}} \tag{6.269}$$

で与えられ，遮蔽距離 λ_s の逆数とよばれる．静電的に遮蔽されたポテンシャルは

$$V_s(q,0) = \frac{V(q)}{\kappa(q,0)} = \frac{e^2}{\kappa_0\epsilon_0 L^3}\frac{1}{q^2+q_s^2} \tag{6.270}$$

と表されるからこれをフーリエ変換すると，次の関係が得られる．

$$V_s(\boldsymbol{r}) = \sum_{\boldsymbol{q}} \frac{e^2}{\kappa_0\epsilon_0 L^3}\frac{1}{q^2+q_s^2}e^{i\boldsymbol{q}\cdot\boldsymbol{r}} = \frac{e^2}{4\pi\kappa_0\epsilon_0 r}e^{-\boldsymbol{q}_s\cdot\boldsymbol{r}} \tag{6.271}$$

この結果は 6.3.3 項で述べたイオン化不純物の電子による遮蔽効果を表す式 (6.160) や式 (6.164) と遮蔽距離を除いて一致する．そこで，この遮蔽距離について考察してみる．

縮退した物質ではフェルミエネルギーは式 (6.110) で与えられる．そこで，$\mathcal{E}_F = \mu$ とおくと

$$\frac{\partial n}{\partial \mu} = \frac{3}{2}\frac{n}{\mathcal{E}_F} \tag{6.272}$$

となるから

$$q_s = \sqrt{\frac{3e^2 n}{2\kappa_0\epsilon_0\mathcal{E}_F}} \equiv q_{\mathrm{TF}} \tag{6.273}$$

が得られる．この q_{TF} を**トーマス・フェルミの遮蔽波数** (Thomas-Fermi screening wavenumber) とよぶ．これに対して，非縮退半導体ではフェルミ・ディラックの分布関数をボルツマンの分布関数で近似でき $n = N_c\exp[-(\mathcal{E}_c - \mathcal{E}_F)/k_BT]$ (N_c は伝導帯の有効状態密度) であるから

$$\frac{\partial \mu}{\partial n} = \frac{k_BT}{n} \tag{6.274}$$

となる．したがって，遮蔽距離は

$$q_s = \sqrt{\frac{e^2 n}{\kappa_0 \epsilon_0 k_B T}} \equiv q_{\rm DH} \tag{6.275}$$

で与えられる．この $q_{\rm DH}$ を**デバイ・ヒュッケルの遮蔽波数** (Debye-Hückel screening wavenumber) あるいは単に**デバイの遮蔽距離**の逆数とよぶ．これが先のイオン化不純物散乱での遮蔽効果に用いた式 (6.161) である．

さて，電子や正孔による遮蔽を考慮したときの電子の散乱割合を導いてみる．i 番目の電子の位置を $\boldsymbol{r}_i$ とし j 番目の電子 (正孔としてもよい) の位置を $\boldsymbol{r}_j$ とすると，式 (6.165) より，相互作用のポテンシャルエネルギー $V_{\rm ee}(\boldsymbol{r}_i - \boldsymbol{r}_j)$ のフーリエ変換は

$$V_{\rm ee}(\boldsymbol{q}) = \frac{e^2}{\epsilon_0 L^3} \sum_{i \neq j} \sum_{\boldsymbol{q}} \frac{\exp[-i\boldsymbol{q} \cdot (\boldsymbol{r}_i - \boldsymbol{r}_j)]}{q^2} \tag{6.276}$$

となる．いま，q_c をあるカットオフ波数として，短距離での相互作用 ($q > q_c$) については遮蔽されたクーロンポテンシャルによる 2 体散乱を，長距離相互作用 ($q < q_c$) については電子 (正孔) の集団励起であるプラズモン (プラズモンと LO フォノンの結合したモードの場合もある) による散乱を考えればよいことが分かる．このカットオフ波数に対しては，上で求めた q_s を用いればよいことは容易に想像がつく．

電子とプラズモンの間の相互作用ハミルトニアンを Kittel [6.18] にしたがって求めてみる．ここでは連続体近似を用い，単位体積中に n 個の電子があり，背景にはイオンのような自由に動けない静電荷が一様に分布していて ($|e|\rho_0 = n|e|$)，電気的中性を保っているものとする．簡単のためイオンの変位によるイオン自身のエネルギー変化を無視すると，ハミルトニアン密度は次の式で与えられる．

$$\mathcal{H} = \frac{\hbar^2}{2nm} p_j p_j + \frac{1}{2} e(\rho - \rho_0) V(\boldsymbol{r}) \tag{6.277}$$

ここに，nm はガスの質量密度で，右辺第 2 項の因子 $1/2$ は静電エネルギーが電子ガスの自由エネルギーと等しくなるように置くためである．静電ポテンシャルはポアソンの式

$$\nabla^2 V = -\frac{1}{\epsilon_\infty} e(\rho - \rho_0) \tag{6.278}$$

から求まる．上式ではバックグラウンドの誘電率 $\kappa_\infty \epsilon_0 = \epsilon_\infty$ を考慮している．電子ガスの局所的な体積変化に対する電荷密度の変化 $\delta\rho = (\rho - \rho_0)$ は

$$\frac{\delta\rho}{\rho} = -\Delta(\boldsymbol{r}) \tag{6.279}$$

で与える．Δ は体積変化率である．したがって次の関係が得られる．

$$\delta\rho = -\rho\Delta = -n\frac{\partial R_j}{\partial r_j} \tag{6.280}$$

ここに R_j は 変位の j 方向成分である．プラズマ振動は 5.5 節で述べたように縦波振動 ($Q_q \parallel \boldsymbol{k}$) であるから次の関係を得る．

$$R(\boldsymbol{r}) = \sum_{\boldsymbol{q}} Q_{\boldsymbol{q}} e^{i\boldsymbol{q}\cdot\boldsymbol{r}} \tag{6.281}$$

$$\delta\rho = -in \sum_{\boldsymbol{q}} q Q_{\boldsymbol{q}} e^{i\boldsymbol{q}\cdot\boldsymbol{r}} \tag{6.282}$$

ポテンシャル $V(\boldsymbol{r})$ をフーリエ変換して

$$V(\boldsymbol{r})=\sum_{\boldsymbol{q}} V_q e^{i\boldsymbol{q}\cdot\boldsymbol{r}} \tag{6.283}$$

とおくと

$$\nabla^2 V(\boldsymbol{r})=-\sum_{\boldsymbol{q}} q^2 V_{\boldsymbol{q}} e^{i\boldsymbol{q}\cdot\boldsymbol{r}} \tag{6.284}$$

であるから，ポアソンの式は次のようになる．

$$V_{\boldsymbol{q}}=i\frac{ne}{\epsilon_\infty}\frac{1}{q}Q_{\boldsymbol{q}} \tag{6.285}$$

これらの結果を用いて式 (6.277) の静電ポテンシャルの項を計算すると次のようになる．

$$\begin{aligned}\frac{1}{L^3}\int d^3\boldsymbol{r}\frac{1}{2}e(\rho-\rho_0)V(\boldsymbol{r})&=\sum_{\boldsymbol{q},\boldsymbol{q}'}\int d^3\boldsymbol{r}\frac{n^2e^2}{2\epsilon_\infty}Q_{\boldsymbol{q}}Q_{\boldsymbol{q}'}e^{i(\boldsymbol{q}-\boldsymbol{q}')\cdot\boldsymbol{r}}\frac{k}{k'}\\&=\frac{n^2e^2}{2\epsilon_\infty}\sum_{\boldsymbol{q}}Q_{\boldsymbol{q}}Q_{-\boldsymbol{q}}\end{aligned} \tag{6.286}$$

したがってプラズモンのハミルトニアンは次のようになる (以下 6.1.2 項の取り扱いと全く同じである).

$$\begin{aligned}H&=\sum_{\boldsymbol{q}}\left[\frac{\hbar^2}{2nm}P_{\boldsymbol{q}}P_{-\boldsymbol{q}}+\frac{n^2e^2}{2\epsilon_\infty}Q_{\boldsymbol{q}}Q_{-\boldsymbol{q}}\right]\\&=\sum_{\boldsymbol{q}}\left[\frac{\hbar^2}{2nm}P_{\boldsymbol{q}}P_{-\boldsymbol{q}}+\frac{nm}{2}\omega_p^2Q_{\boldsymbol{q}}Q_{-\boldsymbol{q}}\right]\end{aligned} \tag{6.287}$$

6.1.2 項と同様にして，式 (6.55a)，(6.55b) や (6.56) の関係も $M\to nm$，$\omega_q\to\omega_p$ とおいて直ちに得られる．たとえば，$Q_{\boldsymbol{q}}$ は次式で与えられることは明らかである．

$$Q_{\boldsymbol{q}}=\sqrt{\frac{\hbar}{2L^3nm\omega_p}}(a_{\boldsymbol{q}}+a_{-\boldsymbol{q}}^\dagger) \tag{6.288}$$

電子とプラズモンとの相互作用ハミルトニアンは

$$\begin{aligned}H_{e-pl}=-eV(\boldsymbol{r})&=-e\sum_{\boldsymbol{q}}V_{\boldsymbol{q}}e^{i\boldsymbol{q}\cdot\boldsymbol{r}}=-i\sum_{\boldsymbol{q}}\frac{ne^2}{\epsilon_\infty}\frac{1}{q}Q_{\boldsymbol{q}}e^{i\boldsymbol{q}\cdot\boldsymbol{r}}\\&=-i\sum_{\boldsymbol{q}}\frac{ne^2}{\epsilon_\infty}\frac{1}{q}\sqrt{\frac{\hbar}{2nL^3m\omega_p}}\left(a_{\boldsymbol{q}}e^{i\boldsymbol{q}\cdot\boldsymbol{r}}+a_{-\boldsymbol{q}}^\dagger e^{-i\boldsymbol{q}\cdot\boldsymbol{r}}\right)\\&=-i\sum_{\boldsymbol{q}}\frac{1}{\sqrt{L^3}}\frac{e}{\sqrt{2\epsilon_\infty}}\sqrt{\hbar\omega_p}\frac{1}{q}\left(a_{\boldsymbol{q}}e^{i\boldsymbol{q}\cdot\boldsymbol{r}}+a_{-\boldsymbol{q}}^\dagger e^{-i\boldsymbol{q}\cdot\boldsymbol{r}}\right)\end{aligned} \tag{6.289}$$

となる．ここに，$ne^2/\epsilon_\infty m=\omega_p^2$ の関係を用いた．この結果を用いるとプラズモンによる電子散乱の行列要素は

$$|M(\boldsymbol{k},\boldsymbol{k}')|^2=\frac{e^2}{2\epsilon_\infty L^3}\hbar\omega_p\frac{1}{q^2}\left(n_p+\frac{1}{2}\mp\frac{1}{2}\right)\delta_{\boldsymbol{k}',\boldsymbol{k}\pm\boldsymbol{q}} \tag{6.290}$$

ここに，n_p はエネルギー $\hbar\omega_p$ のプラズモンの励起数を示し，ボース・アインシュタイン統計

$$n_p = \frac{1}{\exp(\hbar\omega_p/k_BT) - 1}$$

で与えられる．

プラズモンによる電子の散乱割合は

$$w = \frac{2\pi}{\hbar}\sum_{\boldsymbol{k}'} |M(\boldsymbol{k},\boldsymbol{k}')|^2 \delta\left(\mathcal{E}(\boldsymbol{k}') - \mathcal{E}(\boldsymbol{k}) \mp \hbar\omega_p\right) \tag{6.291}$$

で与えられる．$\delta_{\boldsymbol{k}',\boldsymbol{k}\mp\boldsymbol{q}}$ の関係を用いて，$q^2 = k'^2 + k^2 - 2kk'\cos\theta$ (θ は $\boldsymbol{k}'$ と $\boldsymbol{k}$ の間の角) とし，$\boldsymbol{k}'$ に関する和を積分

$$\sum_{\boldsymbol{k}'} = \frac{L^3}{(2\pi)^3}\int d^3\boldsymbol{k}' = \frac{L^3}{(2\pi)^3}\int 2\pi k'^2 dk' \int d(\cos\theta) \tag{6.292}$$

に置き換え，プラズモンの波数ベクトルの上限を q_c とすると以下のようになる．$\cos(\theta) = \mp 1$ に対して

$$q_{\max}^2 = k'^2 + k^2 + 2k'k = (k'+k)^2 = q_c^2 \tag{6.293}$$

$$q_{\min}^2 = k'^2 + k^2 - 2k'k = (k'-k)^2 \tag{6.294}$$

と置く．これらの結果，次の関係式を得る．

$$\begin{aligned}\int_{-1}^{+1}\frac{1}{q^2}d(\cos\theta) &= \int_{-1}^{1}\frac{1}{k'^2 + k^2 - 2k'k\cos\theta}d(\cos\theta)\\ &= -\frac{1}{2k'k}\ln\frac{(k'-k)^2}{(k'+k)^2} = \frac{1}{k'k}\ln\frac{q_{\max}}{q_{\min}}\end{aligned} \tag{6.295}$$

これより，電子–プラズモン散乱の割合は次式で与えられる．

$$w_{\mathrm{pl}} = \frac{e^2}{4\pi\hbar\epsilon_\infty}\sqrt{\frac{2m}{\hbar^2}}\frac{\hbar\omega_p}{\sqrt{\mathcal{E}(\boldsymbol{k})}}\left(n_p + \frac{1}{2} \mp \frac{1}{2}\right)\ln\left(\frac{q_{\max}}{q_{\min}}\right) \tag{6.296}$$

ここで，電子に対してスカラー有効質量 m をもつ放物線バンド $\mathcal{E}(\boldsymbol{k}) = \hbar^2k^2/2m$ を仮定した．$q_{\max}$ は q の上限 q_c つまり，先に求めたトーマス・フェルミの遮蔽波数 q_{TF} (あるいはデバイ・ヒュッケルの遮蔽波数) で与えられる．

$$q_{\min} = k\left|1 - \sqrt{1 \pm \frac{\hbar\omega_p}{\mathcal{E}(\boldsymbol{k})}}\right| \equiv k\left|1 + \sqrt{\eta_\pm}\right| \tag{6.297}$$

$$q_{\max} = \equiv q_c = q_{\mathrm{TF}} \quad (\text{または } q_{\mathrm{DH}}) \tag{6.298}$$

を用いて式 (6.296) を書きかえると次のようになる．

$$\begin{aligned}w_{\mathrm{pl}} = \frac{e^2}{4\pi\hbar\epsilon_\infty}\sqrt{\frac{2m}{\hbar^2}}\frac{\hbar\omega_p}{\sqrt{\mathcal{E}(\boldsymbol{k})}}&\left[n_p\ln\left(\frac{q_c}{k\sqrt{\eta_+} - k}\right)\right.\\ &\left.+ (n_p+1)\ln\left(\frac{q_c}{k - k\sqrt{\eta_-}}\right)u(\eta_-)\right]\end{aligned} \tag{6.299}$$

ここに，$\eta_{\pm} = 1 \pm \hbar\omega_p/\mathcal{E}(\boldsymbol{k})$ で，$u(\eta_-) = 1$ ($\eta_- \geq 0$)，$u(\eta_-) = 0$ ($\eta_- < 0$) である．

一方，短距離相互作用について考察してみる．$q > q_c$ に対する電子–電子や電子–正孔間の相互作用は遮蔽されたクーロンポテンシャルによる散乱で記述できる．電子と散乱相手の電子または正孔の間の距離を r とすると，この遮蔽されたクーロンポテンシャルは 6.3.3 項で示したように

$$\phi(\boldsymbol{r}) = \frac{e^2}{4\pi\kappa_0\varepsilon_0}\frac{\exp(-q_s r)}{r} \tag{6.300}$$

で与えられる．ここに q_s はトーマス・フェルミ遮蔽距離の逆数である．電子と衝突相手の電子または正孔の波数ベクトルを $\boldsymbol{k}$，$\boldsymbol{k}_j$ とすると，衝突に対する遷移の行列要素は

$$\begin{aligned} M(\boldsymbol{k}, \boldsymbol{k}') &= \langle \boldsymbol{k}', \boldsymbol{k}'_j | \phi(\boldsymbol{r}) | \boldsymbol{k}', \boldsymbol{k}'_j \rangle \\ &= \frac{e^2}{\kappa_0\varepsilon_0 L^3}\frac{1}{|\boldsymbol{k}' - \boldsymbol{k}|^2 + q_s^2}\delta_{\boldsymbol{k}'+\boldsymbol{k}'_j, \boldsymbol{k}+\boldsymbol{k}_j} \end{aligned} \tag{6.301}$$

となる．これより波数ベクトル $\boldsymbol{k}$ の電子の散乱割合 (プラズモン散乱の散乱割合) は

$$\begin{aligned} w_{e-j}(\boldsymbol{k}) &= \sum_{\boldsymbol{k}_j}\sum_{\boldsymbol{k}'}\sum_{\boldsymbol{k}'_j}\frac{2\pi}{\hbar}|M|^2 f_j(\boldsymbol{k}_j) \\ &\times\delta(\mathcal{E}(\boldsymbol{k}') + \mathcal{E}(\boldsymbol{k}'_j) - \mathcal{E}(\boldsymbol{k}) - \mathcal{E}(\boldsymbol{k}_j)) \end{aligned} \tag{6.302}$$

で与えられる．ここに，$f_j(\boldsymbol{k}_j)$ は衝突相手のキャリアの分布関数である．

6.3.11 合金散乱

化合物半導体で 3 元以上の元素から構成されるものについては，これらの元素は完全に周期的に配置しているとは考えにくい．たとえば，$\mathrm{A}_x\mathrm{B}_{1-x}\mathrm{C}$ のような 3 元化合物半導体を例にとると，平均として $(\mathrm{AC})_x$ と $(\mathrm{BC})_{1-x}$ が均一に混ざっているものと考える近似がよく用いられる．つまり，この混晶のエネルギー帯構造を計算する場合，格子定数をこの比 $x:(1-x)$ を用いて求め，擬ポテンシャルもこの比で平均して計算し，これをもとにバンド計算がなされ，非常によい結果が得られている．この**近似を仮想結晶近似** (virtual-crystal approximation) と呼ぶことがある．つまり，原子 A と B はカチオン C の周りに $x:(1-x)$ で一様に分布しているものと仮定する．したがって，実際の混晶ではこの均一分布からずれているものと考えられる．この不均一性は電子に対するポテンシャルが局所的に変化することを意味し，電子はこの不均一ポテンシャルにより散乱を受ける．これが**合金散乱** (alloy scattering) である (この合金散乱の項については文献[6.8]を参照した)．いま，このポテンシャルの変化分をフーリエ変換して

$$V_{\mathrm{alloy}}(\boldsymbol{r}) = \sum_{\boldsymbol{q}} V_{\mathrm{alloy}}(\boldsymbol{q})\exp(i\boldsymbol{q}\cdot\boldsymbol{r}) \tag{6.303}$$

とおく．このフーリエ成分の大きさは，しばしば平均エネルギーからのずれの 2 乗平均をとり，あらゆる $\boldsymbol{q}$ に対して同じであると仮定する．このフーリエ係数を原子 A と B に対し，それぞれ V_a，V_b とすると，平均のポテンシャル (フーリエ係数) は

$$V_0 = V_a x + V_b(1-x) \tag{6.304}$$

で与えられる．いま，原子 A の占有が x から x' に変化したとすると，この変化によるポテンシャルの変化は

$$V' - V_0 = (V_a - V_b)(x' - x) \tag{6.305}$$

で与えられる．これより，ポテンシャル変化の 2 乗平均は

$$|\langle V' - V_0 \rangle| = |V_a - V_b| \left[\frac{x(1-x)}{N_c} \right]^{1/2} \tag{6.306}$$

となる．ここに，N_c はカチオン C の数で，単位胞の数に相当する．これより遷移の行列要素は

$$\langle \boldsymbol{k}' | H' | \boldsymbol{k} \rangle = |V_a - V_b| \left[\frac{x(1-x)}{N_c} \right]^{1/2} \delta_{\boldsymbol{k} \pm \boldsymbol{q}, \boldsymbol{k}'} \tag{6.307}$$

となり，散乱の割合は

$$w_{\mathrm{alloy}}(\boldsymbol{k}) = \frac{2\pi}{\hbar} (V_a - V_b)^2 \Omega x(1-x) \frac{(2m^*)^{3/2} \sqrt{\mathcal{E}(\boldsymbol{k})}}{4\pi^2 \hbar^3} \tag{6.308}$$

で与えられる．$\Omega = L^3/N_c$ は単位胞の体積である．

合金散乱は $|V_a - V_b|$ に依存するが，この値は一義的には決定できない．不均一性と擬ポテンシャルの関係，電子の伝導帯の対称性，電子親和力など種々の因子に依存し，その値を決定することはほとんど不可能である．したがって $|V_a - V_b|$ の値をフィッティング・パラメーターとして，実測した移動度に合わせるように決定する方法が用いられている．

6.4 散乱割合と緩和時間

散乱の割合と緩和時間は以下に述べる理由から異なる．散乱割合は電子が状態 $\boldsymbol{k}$ から散乱によって $\boldsymbol{k}'$ に散乱される割合を，あらゆる $\boldsymbol{k}'$ について和をとったもので，これを $w(\boldsymbol{k})$ とおくと次のように定義される．

$$w(\boldsymbol{k}) = \sum_{\boldsymbol{k}'} P(\boldsymbol{k}, \boldsymbol{k}') \tag{6.309}$$

ここに，$P(\boldsymbol{k}, \boldsymbol{k}')$ は電子が 状態 $\boldsymbol{k}$ から 状態 $\boldsymbol{k}'$ に遷移する割合で

$$\begin{aligned} P(\boldsymbol{k}, \boldsymbol{k}') &= \frac{2\pi}{\hbar} \left| \langle \boldsymbol{k}' | H_1 | \boldsymbol{k} \rangle \right|^2 \delta(\mathcal{E}_f - \mathcal{E}_i) \\ &= \frac{2\pi}{\hbar} |M(\boldsymbol{k}, \boldsymbol{k}')|^2 \delta(\mathcal{E}(\boldsymbol{k}') - \mathcal{E}(\boldsymbol{k}) \mp \hbar\omega_q) \end{aligned} \tag{6.310}$$

で与えられる．散乱割合や緩和時間は電子のエネルギーの関数として表すことが多い．このときには，等方的有効質量あるいは回転楕円体の放物線バンドを仮定して

$$\mathcal{E}(\boldsymbol{k}) = \frac{\hbar^2 k^2}{2m^*} \tag{6.311}$$

$$\mathcal{E}(\boldsymbol{k}) = \frac{\hbar^2}{2m_t}(k_x^2 + k_y^2) + \frac{\hbar^2}{2m_l} k_z^2 \tag{6.312}$$

あるいは，非放物線バンドを仮定して，式 (2.101) で与えられる

$$\frac{\hbar^2 k^2}{2m_0^*} \equiv \gamma(\mathcal{E}) = \mathcal{E}\left(1 + \frac{\mathcal{E}}{\mathcal{E}_G}\right) \tag{6.313}$$

などの関係を用いて，$\boldsymbol{k}$ の関数を $\mathcal{E}$ の関数として表すことができる．以下の計算では，等方的有効質量をもつ放物線バンドを仮定して計算を行っている．

一方，緩和時間は先に述べたように，弾性散乱に対しては式 (6.94) のように定義でき，電子の散乱角 θ に依存し，散乱割合と因子 $(1-\cos\theta)$ だけ異なる．後ほど，種々の散乱割合と緩和時間の計算結果を示すが，ここではまず，散乱による波数ベクトルとエネルギーの変化，つまり運動量保存則とエネルギー保存則について考察する．

散乱による分布関数の変化割合 $(df/dt)_{\rm coll}$ は電子の散乱確率 $P(\boldsymbol{k},\boldsymbol{k}')$ を用いて，式 (6.80) で与えられるが，$\boldsymbol{k}$ についての和を積分の形で書き表すと，

$$\begin{aligned}\left(\frac{df}{dt}\right)_{\rm coll} &= \sum_{\boldsymbol{k}'}\{P(\boldsymbol{k}',\boldsymbol{k})f(\boldsymbol{k}')[1-f(\boldsymbol{k})] - P(\boldsymbol{k},\boldsymbol{k}')f(\boldsymbol{k})[1-f(\boldsymbol{k}')]\}\\ &= \frac{L^3}{(2\pi)^3}\int d^3\boldsymbol{k}'\,\{P(\boldsymbol{k}',\boldsymbol{k})f(\boldsymbol{k}')[1-f(\boldsymbol{k})]\\ &\qquad -P(\boldsymbol{k},\boldsymbol{k}')f(\boldsymbol{k})[1-f(\boldsymbol{k}')]\}\end{aligned} \tag{6.314}$$

となる．これを式 (6.85) のように緩和近似したときの定数 τ が緩和時間である．前節で求めた散乱による遷移の行列要素を用いれば，衝突項 $(\partial f/\partial t)_{\rm coll}$ を計算することができ，緩和時間 $\tau(\boldsymbol{k})$ が求まる．前節で求めた遷移の行列要素は一般に

$$|M(\boldsymbol{k},\boldsymbol{k}')|^2 = A(q)\times\begin{cases} n_q & (\text{フォノンの吸収})\\ n_q+1 & (\text{フォノンの放出})\end{cases} \tag{6.315}$$

と書くことができる．プラズモンによる散乱の場合も全く同様である．イオン化不純物による散乱では n_q の項は現われず，$q=|\boldsymbol{k}'-\boldsymbol{k}|$ で，かつ弾性散乱 $\mathcal{E}(\boldsymbol{k}')=\mathcal{E}(\boldsymbol{k})$ とすればよいことは明らかである．

フォノン散乱に対しては，$\boldsymbol{k}+\boldsymbol{q}$ の状態からフォノンを放出して $\boldsymbol{k}$ の状態へ，$\boldsymbol{k}$ からフォノンを吸収して $\boldsymbol{k}+\boldsymbol{q}$ の状態へ，$\boldsymbol{k}-\boldsymbol{q}$ の状態からフォノンを吸収して $\boldsymbol{k}$ の状態へ，$\boldsymbol{k}$ の状態からフォノンを放出して $\boldsymbol{k}-\boldsymbol{q}$ の状態へ遷移する合計 4 つの場合が考えられるから，式 (6.314) は次のように書ける．

$$\begin{aligned}\left(\frac{df}{dt}\right)_{\rm coll} = \frac{2\pi}{\hbar}\sum_{\boldsymbol{q}} A(q)\,&\{(n_q+1)f(\boldsymbol{k}+\boldsymbol{q})[1-f(\boldsymbol{k})] - n_q f(\boldsymbol{k})[1-f(\boldsymbol{k}+\boldsymbol{q})]\\ &+n_q f(\boldsymbol{k}-\boldsymbol{q})[1-f(\boldsymbol{k})] - (n_q+1)f(\boldsymbol{k})[1-f(\boldsymbol{k}-\boldsymbol{q})]\}\\ \times\delta\,&\{\mathcal{E}(\boldsymbol{k}')-\mathcal{E}(\boldsymbol{k})\mp\hbar\omega_q\}\end{aligned} \tag{6.316}$$

上式では，$\boldsymbol{k}'=\boldsymbol{k}\pm\boldsymbol{q}$ の関係を用いて $\boldsymbol{k}'$ についての和を $\boldsymbol{q}$ についての和に書き換えてある．電子の分布関数がマクスウエル・ボルツマンの統計で近似できる場合 ($f(\boldsymbol{k}\pm\boldsymbol{q})\ll 1$, $f(\boldsymbol{k})\ll 1$) には次のようになる．

$$\begin{aligned}\left(\frac{df}{dt}\right)_{\rm coll} = \frac{2\pi}{\hbar}\sum_{\boldsymbol{q}} A(q)\,&\{(n_q+1)\,[f(\boldsymbol{k}+\boldsymbol{q})-f(\boldsymbol{k})]\\ &+n_q\,[f(\boldsymbol{k}-\boldsymbol{q})-f(\boldsymbol{k})]\}\,\delta\,\{\mathcal{E}(\boldsymbol{k}\pm\boldsymbol{q})-\mathcal{E}(\boldsymbol{k})\mp\hbar\omega_q\}\end{aligned} \tag{6.317}$$

この計算を実行するにはデルタ関数の性質を用いなければならない．行列要素に現われる $\delta_{\boldsymbol{k}',\boldsymbol{k}\pm\boldsymbol{q}}$ は運動量保存則を，遷移確率に現われる $\delta\left\{\mathcal{E}(\boldsymbol{k}\pm\boldsymbol{q})-\mathcal{E}(\boldsymbol{k})\mp\hbar\omega_q\right\}$ はエネルギー保存則を表している．つまり，

$$\boldsymbol{k}'=\boldsymbol{k}\pm\boldsymbol{q} \tag{6.318}$$

$$\mathcal{E}(\boldsymbol{k}')=\mathcal{E}(\boldsymbol{k})\pm\hbar\omega_q \tag{6.319}$$

である．いま，等方的スカラー質量 m^* をもつ放物線バンドを仮定すると，これらの式より次の関係を得る．

$$\frac{\hbar^2}{2m^*}(\boldsymbol{k}\pm\boldsymbol{q})^2=\frac{\hbar^2}{2m^*}k^2\pm\hbar\omega_q \tag{6.320}$$

そこで図 6.13 に示すように $\boldsymbol{k}$ と $\boldsymbol{q}$ のなす角を β とすると，

$$\pm 2kq\cos\beta+q^2=\pm\frac{2m^*\omega_q}{\hbar} \tag{6.321}$$

となり，音響フォノンに対しては $\omega_q=v_sq$ (v_s：音速) の関係が成立するので

$$q=2k\left(\mp\cos\beta\pm\frac{m^*v_s}{\hbar k}\right) \tag{6.322}$$

が得られる．電子の熱速度を v_{th} とすると，室温で $v_{th}\simeq 2.5\times 10^7$ cm/s となり，$\hbar k\sim m^*v_{th}$ とすると $v_s\simeq 5\times 10^5$ cm/s なので，$m^*v_s/\hbar k\sim 2\times 10^{-2}$ 程度となり，室温近傍では非常に小さな値である．したがって，式 (6.322) から q のとりうる範囲は 0 から $2k(1\pm m^*v_s/\hbar k)$ となり，まとめると表 6.1 のようになる．

表 6.1: フォノンによる電子散乱に対して取りうるフォノンの波数ベクトル q の範囲

	長波長音響フォノン		高エネルギーフォノン (光学フォノン)	
	吸収	放出	吸収	放出
$q_{\max}$	$2k\left(1+\frac{m^*v_s}{\hbar k}\right)$	$2k\left(1-\frac{m^*v_s}{\hbar k}\right)$	$k\left[\left(1+\frac{\hbar\omega_0}{\mathcal{E}}\right)^{1/2}+1\right]$	$k\left[1+\left(1-\frac{\hbar\omega_0}{\mathcal{E}}\right)^{1/2}\right]$
$q_{\min}$	0	0	$k\left[\left(1+\frac{\hbar\omega_0}{\mathcal{E}}\right)^{1/2}-1\right]$	$k\left[1-\left(1-\frac{\hbar\omega_0}{\mathcal{E}}\right)^{1/2}\right]$

図 6.13 は $m^*v_s/\hbar k=0.1$ と仮定して，$\boldsymbol{k}$ が x 方向を向いているときのフォノンの吸収 (外側の実線) とフォノンの放出 (内側の実線) に対する $\boldsymbol{k}'$ を xy 面で描いたものである．点線は $\hbar\omega_q=0$ と仮定した場合の $\boldsymbol{k}'$ で，弾性散乱に対応している．図より明らかなように，散乱後の電子はほぼ円状に分布し，$m^*v_s/\hbar k\ll 1$ となれば，ほぼ弾性等方散乱として扱うことができる．

一方，光学フォノンやバレー間フォノンのように $\hbar\omega_q$ が $\mathcal{E}=\hbar^2k^2/2m^*$ に比べ無視できないようなエネルギーをもっている場合には，式 (6.321) より $\omega_q=\omega_0$ とおいて

$$(q-k\cos\beta)^2=k^2\left(\cos^2\beta\pm\frac{\hbar\omega_0}{\mathcal{E}}\right) \tag{6.323}$$

となるので，表 6.1 に示すような $q_{\min}$ と $q_{\max}$ の間の値しかとりえない．

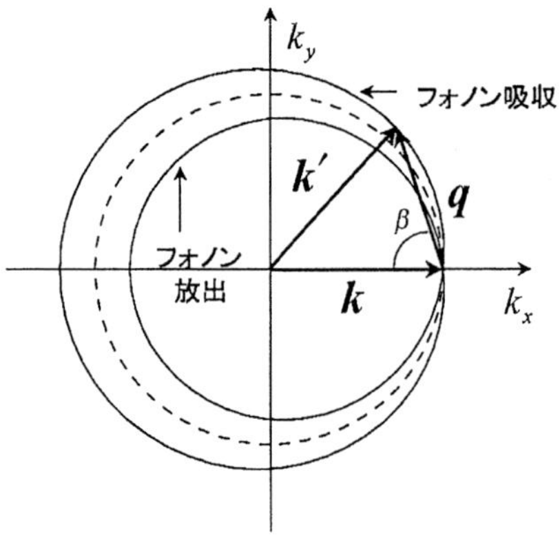

図 6.13: フォノンの吸収，放出をともなう電子散乱における，散乱前後の波数ベクトルの関係 ($m^* v_s/\hbar k = v_s/v_{th} = 0.1$ として).

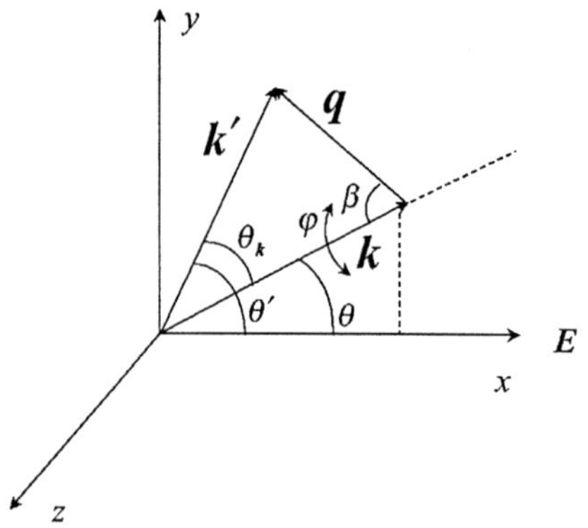

図 6.14: ベクトル $\boldsymbol{k}$, $\boldsymbol{q}$, $\boldsymbol{k}'$ の間の角度の関係

6.4.1 音響フォノン散乱

相互作用に関与する音響フォノンのエネルギーは小さく $\hbar\omega_q/k_BT \ll 1$ とすると $n_q \simeq n_q + 1 \simeq k_BT/\hbar\omega_q = k_BT/\hbar v_s q$ と近似できる，したがって式 (6.153) と式 (6.155) より

$$A(q)\left(n_q + \frac{1}{2} \mp \frac{1}{2}\right) = D_{\mathrm{ac}}^2 q^2 \frac{\hbar}{2L^3\rho\omega_q}\frac{k_BT}{\hbar v_s q} = \frac{D_{\mathrm{ac}}^2 k_BT}{2L^3\rho v_s^2} \tag{6.324}$$

となる．ここに，結晶の密度 ρ を用いて $NM = L^3\rho$ とおいた．図 6.14 のように波数ベクトル $\boldsymbol{k}$, $\boldsymbol{k}'$ と電界 $\boldsymbol{E}$ となす角を θ, θ' とし，$\boldsymbol{k}'$ に関する和あるいは積分は行列要素に現れるクロネッカーのデルタ記号を用いて q に関する積分に置き換える．

$$\sum_{\boldsymbol{k}'} \to \sum_{\boldsymbol{q}} \to \frac{L^3}{(2\pi)^3}\int_0^{2\pi} d\varphi \int_0^{\pi} \sin\beta d\beta \int_{q_{\min}}^{q_{\max}} q^2 dq \tag{6.325}$$

で表せることに注意すると，散乱割合 $w_{\mathrm{ac}}(\boldsymbol{k})$ は次のようになる．

$$\begin{aligned} w_{\mathrm{ac}}(\boldsymbol{k}) &= \sum_{\boldsymbol{k}'} P(\boldsymbol{k}, \boldsymbol{k}') = \frac{L^3}{(2\pi)^3}\frac{2\pi}{\hbar}\int A(q)\left(n_q + \frac{1}{2} \mp \frac{1}{2}\right) q^2 \sin\beta dq d\beta d\varphi \\ &\quad \times\delta\left[\mathcal{E}(\boldsymbol{k}') - \mathcal{E}(\boldsymbol{k}) \mp \hbar\omega_q\right] \\ &= \frac{L^3}{(2\pi)^3}\frac{(2\pi)^2}{\hbar}\int_0^{2k}\frac{D_{\mathrm{ac}}^2 k_BT}{2L^3\rho v_s^2} dq \int d(-\cos\beta) \\ &\quad \times\delta\left[\frac{\hbar^2}{2m^*}(2kq\cos\beta + q^2) \pm \hbar\omega_q\right] \end{aligned} \tag{6.326}$$

デルタ関数の中に ± があるのはフォノンの放出と吸収の 2 つ存在することを意味している．デルタ関数の性質

$$\delta(Ax) = \frac{1}{|A|}\delta(x)$$

を用いると，音響フォノン散乱に対する散乱割合は

$$w_{\mathrm{ac}} = \frac{D_{\mathrm{ac}}^2 k_B T}{2\pi\hbar\rho v_s^2}\int_0^{2k} q^2 \frac{m^*}{\hbar^2 kq}dq = \frac{D_{\mathrm{ac}}^2 k_B T}{2\pi\hbar\rho v_s^2}\frac{m^*}{\hbar^2 k}\int_0^{2k} qdq$$

$$= \frac{D_{\mathrm{ac}}^2 m^* k_B T}{\pi\hbar^3\rho v_s^2}k = \frac{(2m^*)^{3/2}D_{\mathrm{ac}}^2 k_B T}{2\pi\hbar^4\rho v_s^2}\mathcal{E}^{1/2} \tag{6.327}$$

となる．

次に，式 (6.94) を導いたのと同様にして，式 (6.317) から音響フォノン散乱に対する緩和時間 τ_{ac} を求めてみよう．式 (6.317) は

$$\frac{1}{\tau_{\mathrm{ac}}} = \frac{L^3}{(2\pi)^3}\int P(\boldsymbol{k},\boldsymbol{k}')\left(1-\frac{k'\cos\theta'}{k\cos\theta}\right)d\boldsymbol{q}$$

$$= \frac{L^3}{(2\pi)^3}\cdot\frac{2\pi}{\hbar}\int A(q)\left\{(n_q+1)\delta\left[\mathcal{E}(\boldsymbol{k}')-\mathcal{E}(\boldsymbol{k})+\hbar\omega_q\right]\right.$$

$$\left.+\, n_q\delta\left[\mathcal{E}(\boldsymbol{k}')-\mathcal{E}(\boldsymbol{k})-\hbar\omega_q\right]\right\}$$

$$\times\left(1-\frac{k'\cos\theta'}{k\cos\theta}\right)d\varphi\cdot\sin\beta d\beta\cdot q^2 dq \tag{6.328}$$

と書ける．そこで，図 6.14 を参照すれば次の関係が得られる．

$$k'\cos\theta' = k\cos\theta - (q\cos\beta\cos\theta + q\sin\beta\sin\theta\cos\varphi) \tag{6.329}$$

これを式 (6.328) に代入して φ について積分を行い，$\int_0^{2\pi}\cos\varphi d\varphi = 0$ の関係を用いると，

$$\frac{1}{\tau_{\mathrm{ac}}} = \frac{L^3}{(2\pi)^3}\cdot\frac{2\pi}{\hbar}\cdot 2\pi\int_{\beta=0}^{\pi}\int_{q_{\min}}^{q_{\max}}\frac{q}{k}A(q)q^2\cos\beta\sin\beta d\beta dq$$

$$\times\left\{(n_q+1)\delta\left[\mathcal{E}(\boldsymbol{k}')-\mathcal{E}(\boldsymbol{k})+\hbar\omega_q\right]+n_q\delta\left[\mathcal{E}(\boldsymbol{k}')-\mathcal{E}(\boldsymbol{k})-\hbar\omega_q\right]\right\} \tag{6.330}$$

となる．この積分は δ 関数の性質を用いると次のように簡単に計算できる．いま，

$$y = \mathcal{E}_f - \mathcal{E}_i = \frac{\hbar^2}{2m^*}(2kq\cos\beta + q^2) \pm \hbar\omega_q \tag{6.331}$$

とおき，これより

$$dy = \frac{\hbar^2}{2m^*}2kq\sin\beta d\beta = \frac{\hbar^2}{m^*}kq\sin\beta d\beta \tag{6.332}$$

β に関する積分は

$$\int_{\beta=0}^{\pi}\cos\beta\sin\beta d\beta\left\{(n_q+1)\delta(y_e)+n_q\delta(y_a)\right\} \tag{6.333}$$

と書ける．ここに，y_e はフォノンの放出 (式 (6.331) で $+$ 符号)，y_a はフォノンの吸収 ($-$ 符号) に対応するものとする．これより，

$$\int_{\beta=0}^{\pi}\cos\beta\sin\beta d\beta\cdot\delta(y) = \frac{m^*}{\hbar^2 kq}\int\cos\beta dy\cdot\delta(y) = \frac{m^*}{\hbar^2 kq}\cos\beta \tag{6.334}$$

が得られる．そこで，$\cos\beta$ として，$y=0$ に対応する式 (6.321) を用いると

$$\frac{1}{\tau_{\mathrm{ac}}} = \frac{L^3}{2\pi\hbar}\int_{q_{\min}}^{q_{\max}}\frac{1}{k}A(q)\left\{(n_q+1)\left(\frac{q}{2k}+\frac{m^* v_s}{\hbar k}\right)\right.$$

$$\left.+n_q\left(\frac{q}{2k}-\frac{m^* v_s}{\hbar k}\right)\right\}\frac{m^* q^2}{\hbar^2 k}dq \tag{6.335}$$

となる．式(6.153)，式(6.155)を用いて，式(6.315)から $A(q)$ を求め，$q/2k \ll m^* v_s/\hbar k$，$n_q+1 \approx n_q \approx k_BT/\hbar\omega_q$，$\omega_q = v_s q$ とおけば音響フォノン散乱に対する緩和時間は

$$\frac{1}{\tau_{\rm ac}} = \frac{m^* D_{\rm ac}^2}{4\pi\rho\hbar^2 2k^3}\cdot\frac{2k_BT}{\hbar v_s^2}\cdot\frac{(2k)^4}{4} = \frac{D_{\rm ac}^2 m^* k_BT}{\pi\hbar^3\rho v_s^2}k$$
$$= \frac{(2m^*)^{3/2}D_{\rm ac}^2 k_BT}{2\pi\hbar^4\rho v_s^2}\mathcal{E}^{1/2} \tag{6.336}$$

となる．$n_q \approx k_BT/\hbar\omega_q$ とおけない場合（等分配則が成立しない場合）の計算結果は，Conwell と Brown によって与えられている[6.35]．ここに，$\rho = NM/L^3$ は結晶の密度である．この結果を式(6.327)で与えられる散乱割合と比較すると全く等しいことが分かる．つまり，音響フォノン散乱に対しては，低温領域をのぞいて

$$w_{\rm ac}(\mathcal{E}) = \frac{1}{\tau_{\rm ac}(\mathcal{E})} \tag{6.337}$$

が成立する．この結果は，図6.13で示したように，$m^*v_s/\hbar k \ll 1$ で散乱は，弾性散乱で等方的となることからも明らかである．

また，音響フォノン散乱に対する電子の平均自由行程 (mean free path) $l_{\rm ac}$ を

$$\frac{1}{\tau_{\rm ac}} = \frac{v}{l_{\rm ac}} \tag{6.338}$$

で定義すると，

$$l_{\rm ac} = \frac{\pi\hbar^4\rho v_s^2}{m^{*2}D_{\rm ac}^2 k_BT} \tag{6.339}$$

の関係が得られる．回転楕円体をした伝導帯に対しては m^* の代わりに状態密度有効質量 $m_d^* = (m_t^2 m_l)^{1/3}$ を用いればよいことは明らかである．ただし，Ge や Si のように多数バレー構造をした伝導帯に対しては，変形ポテンシャルは6.3.8項の式(6.242)と式(6.243)で与えられ，弾性定数（音速）も結晶軸方向で異なるので一般に複雑な式となる[6.20]．

式(6.336)を用い，Si の場合について計算した音響フォノン散乱の割合が，210頁の図6.15に示してある．図では，$D_{\rm ac} = 10$ eV とし，$m_t = 0.19m$，$m_l = 0.98m$，$v_s = 8.4\times10^3$ m/s，$\rho = 2.332\times10^3{\rm kg/m^3}$ とし，比較のため，バレー間フォノン散乱の割合とあわせてプロットしてある．

6.4.2　無極性光学フォノン散乱

一般に光学フォノンは $\hbar\omega_0 \approx 50$ meV のエネルギー値を有し，電子の室温における平均エネルギー $\mathcal{E} = k_BT \approx 25$meV よりも大きい．したがって，電子は衝突によって大きなエネルギー変化を伴い弾性散乱の近似はできない．そのため，音響フォノン散乱に対する緩和時間計算で用いた近似は必ずしも成立しない．通常は，式(6.328)において，θ 依存性を無視し

$$\left(1 - \frac{k'\cos\theta'}{k\cos\theta}\right) = 1 \tag{6.340}$$

とおく，いわゆる乱雑散乱 (randomising collision) の条件を用いる．この仮定のもとでは緩和時間の逆数は散乱割合と等しくなる．このようなことから，運動量緩和時間に対して散乱割合の式を用いる

場合が多い．散乱割合は

$$w_{\mathrm{op}} = \frac{L^3}{(2\pi)^3}\int_{q_{\min}}^{q_{\max}} A(q)\sin\beta d\beta q^2 dq \\ \times \{(n_q+1)\delta\left[\mathcal{E}(\boldsymbol{k}') - \mathcal{E}(\boldsymbol{k}) + \hbar\omega_q\right] + n_q\delta\left[\mathcal{E}(\boldsymbol{k}') - \mathcal{E}(\boldsymbol{k}) - \hbar\omega_q\right]\} \tag{6.341}$$

で与えられる．これは

$$\int_{\beta=0}^{\pi} \sin\beta d\beta \cdot \delta(y) = \frac{m^*}{\hbar^2 kq} \tag{6.342}$$

を用いて次のように積分できる．

$$w_{\mathrm{op}} = \frac{L^3}{2\pi\hbar}\frac{m^*}{\hbar^2 k}\left\{\int_{q_{\min}}^{q_{\max}} A(q)(n_q+1)qdq + \int_{q_{\min}}^{q_{\max}} A(q)n_q\cdot qdq\right\} \\ = \frac{(2m^*)^{3/2}}{4\pi\hbar^3\rho}\frac{D_{\mathrm{op}}^2}{\omega_0}\left[(n_q+1)\sqrt{\mathcal{E}-\hbar\omega_0} + n_q\sqrt{\mathcal{E}+\hbar\omega_0}\right] \tag{6.343}$$

ここで，積分の領域は表 6.1 の結果を用いた．また，前節の式 (6.200) より係数 $A(q)$ は $A(q) = D_{\mathrm{op}}^2\hbar/(2L^3\rho\omega_0)$ で与えられる．式 (6.201) で定義した変形ポテンシャル E_{lop} を用いると

$$w_{\mathrm{op}} = \frac{E_{\mathrm{lop}}^2}{D_{\mathrm{ac}}^2}\cdot\frac{x_0}{2(e^{x_0}-1)}\cdot\frac{\sqrt{2/m^*}}{l_{\mathrm{ac}}}\left[\sqrt{\mathcal{E}+\hbar\omega_0} + e^{x_0}\sqrt{\mathcal{E}-\hbar\omega_0}\right] \tag{6.344}$$

となる．ここに，$x_0 = \hbar\omega_0/k_B T$ である．回転楕円体をした伝導帯に対しては $m^{*3/2}$ を $(m_t^2 m_l)^{1/2}$ とおけばよいことは明らかである．

無極性光学フォノン散乱に対しても，弾性散乱を仮定して音響フォノン散乱に対して求めた式 (6.328) と同様の式を用いることができるものと仮定すると，運動量緩和時間 $1/\tau_{\mathrm{op}}$ は次式で与えられる．

$$\frac{1}{\tau_{\mathrm{op}}} = \frac{L^3}{2\pi\hbar}\int_{q_{\min}}^{q_{\max}}\frac{1}{k}A(q)\left\{(n_q+1)\left(\frac{q}{2k}+\frac{m^*\omega_0}{\hbar kq}\right)\right. \\ \left. +n_q\left(\frac{q}{2k}-\frac{m^*\omega_0}{\hbar kq}\right)\right\}\frac{m^* q^2}{\hbar^2 k}dq \tag{6.345}$$

これから容易に次式で与えられる無極性光学フォノン散乱の緩和時間を導くことができる．

$$\frac{1}{\tau_{\mathrm{op}}} = \frac{(2m^*)^{3/2}}{4\pi\hbar^3\rho}\frac{D_{\mathrm{op}}^2}{\omega_0}\left[(n_q+1)\sqrt{\mathcal{E}-\hbar\omega_0} + n_q\sqrt{\mathcal{E}+\hbar\omega_0}\right] \tag{6.346}$$

つまり，緩和時間は式 (6.344) で与えられる散乱割合と全く同一の関係式で与えられることが分かる．このようなことから，無極性光学フォノン散乱に対しても音響フォノン散乱と同様，散乱割合と緩和時間を同一の式 (6.346) を用いて表す．

6.4.3 極性光学フォノン散乱

極性光学フォノン散乱も非弾性散乱である．そこで，極性光学フォノン散乱の散乱割合 w_{pop} を無極性光学フォノン散乱の場合と同様にして求める．式 (6.238) を用いると

$$w_{\mathrm{pop}}(\mathcal{E}) = \frac{e^2\omega_{\mathrm{LO}}}{4\pi\epsilon_0}\left(\frac{1}{\kappa_\infty}-\frac{1}{\kappa_0}\right)\frac{m^*}{\hbar^2 k}\left[\int_{q_{\min}}^{q_{\max}}(n_q+1)\frac{dq}{q} + \int_{q_{\min}}^{q_{\max}} n_q\frac{dq}{q}\right]$$

$$
\begin{aligned}
&= \frac{e^2\omega_{\mathrm{LO}}}{4\sqrt{2}\pi\epsilon_0\hbar}\left(\frac{1}{\kappa_\infty}-\frac{1}{\kappa_0}\right)\frac{\sqrt{m^*}}{\sqrt{\mathcal{E}}}\left[(n_q+1)\ln\left|\frac{\sqrt{\mathcal{E}}+\sqrt{\mathcal{E}-\hbar\omega_{\mathrm{LO}}}}{\sqrt{\mathcal{E}}-\sqrt{\mathcal{E}-\hbar\omega_{\mathrm{LO}}}}\right|\right.\\
&\quad\left.+n_q\ln\left|\frac{\sqrt{\mathcal{E}+\hbar\omega_{\mathrm{LO}}}+\sqrt{\mathcal{E}}}{\sqrt{\mathcal{E}+\hbar\omega_{\mathrm{LO}}}-\sqrt{\mathcal{E}}}\right|\right]\\
&= \frac{e^2\omega_{\mathrm{LO}}}{2\sqrt{2}\pi\epsilon_0\hbar}\left(\frac{1}{\kappa_\infty}-\frac{1}{\kappa_0}\right)\frac{\sqrt{m^*}}{\sqrt{\mathcal{E}}}\left[(n_q+1)\sinh^{-1}\sqrt{\frac{\mathcal{E}-\hbar\omega_{\mathrm{LO}}}{\hbar\omega_{\mathrm{LO}}}}\right.\\
&\quad\left.+n_q\sinh^{-1}\sqrt{\frac{\mathcal{E}}{\hbar\omega_{\mathrm{LO}}}}\right]
\end{aligned}
\tag{6.347}
$$

となる．もし，電子の平均エネルギー $\langle\mathcal{E}\rangle$ と LO フォノンエネルギーの間に $\langle\mathcal{E}\rangle \gg \hbar\omega_{\mathrm{LO}}$ の関係が成立すれば，弾性散乱の仮定が成立するので，音響フォノン散乱の場合と同様に取り扱うことができ，極性光学フォノン散乱の散乱割合として次の関係が得られる．

$$
\begin{aligned}
w_{\mathrm{pop}}(\mathcal{E}) &= \frac{1}{\tau_{\mathrm{pop}}}\\
&= \frac{e^2\omega_{\mathrm{LO}}}{4\pi\epsilon_0}\left(\frac{1}{\kappa_\infty}-\frac{1}{\kappa_0}\right)\frac{m^*}{\hbar^2 k}\left[\frac{n_q+1}{2k}\int_0^{2k}dq+\frac{n_q}{2k}\int_0^{2k}dq\right]\\
&= \frac{e^2\omega_{\mathrm{LO}}}{4\sqrt{2}\pi\epsilon_0\hbar}\left(\frac{1}{\kappa_\infty}-\frac{1}{\kappa_0}\right)\frac{\sqrt{m^*}}{\sqrt{\mathcal{E}}}(2n_q+1)\quad(\mathcal{E}\gg\hbar\omega_{\mathrm{LO}})
\end{aligned}
\tag{6.348}
$$

運動量緩和時間 $1/\tau_{\mathrm{pop}}$ を無極性光学フォノンの場合と同様の仮定のもとで式 (6.328) を用いて計算すると次のようになる．

$$
\begin{aligned}
\frac{1}{\tau_{\mathrm{pop}}} = \frac{L^3}{2\pi\hbar}\int_{q_{\min}}^{q_{\max}}\frac{1}{k}A(q)&\left\{(n_q+1)\left(\frac{q}{2k}+\frac{m^*\omega_0}{\hbar kq}\right)\right.\\
&\left.+n_q\left(\frac{q}{2k}-\frac{m^*\omega_0}{\hbar kq}\right)\right\}\frac{m^*q^2}{\hbar^2 k}dq
\end{aligned}
\tag{6.349}
$$

ここに，$A(q)$ は式 (6.238) より次式で与えられる．

$$
A(q) = \frac{e^2\hbar\omega_{\mathrm{LO}}}{2L^3\epsilon_0}\left(\frac{1}{\kappa_\infty}-\frac{1}{\kappa_0}\right)\left(\frac{q}{q^2+q_s^2}\right)^2
\tag{6.350}
$$

簡単のため，遮蔽波数を $q_s = 0$ とおくと，極性光学フォノン散乱の緩和時間として

$$
\begin{aligned}
\frac{1}{\tau_{\mathrm{pop}}(\mathcal{E})} &= \frac{e^2\omega_{\mathrm{LO}}}{4\sqrt{2}\pi\epsilon_0\hbar}\left(\frac{1}{\kappa_\infty}-\frac{1}{\kappa_0}\right)\frac{\sqrt{m^*}}{\sqrt{\mathcal{E}}}\\
&\quad\times\left[(n_q+1)\left\{\sqrt{1-\frac{\hbar\omega_{\mathrm{LO}}}{\mathcal{E}}}+\frac{\hbar\omega_{\mathrm{LO}}}{\mathcal{E}}\sinh^{-1}\left(\frac{\mathcal{E}}{\hbar\omega_{\mathrm{LO}}}-1\right)^{1/2}\right\}\right.\\
&\quad\left.+n_q\left\{\sqrt{1+\frac{\hbar\omega_{\mathrm{LO}}}{\mathcal{E}}}-\frac{\hbar\omega_{\mathrm{LO}}}{\mathcal{E}}\sinh^{-1}\left(\frac{\mathcal{E}}{\hbar\omega_{\mathrm{LO}}}\right)^{1/2}\right\}\right]
\end{aligned}
\tag{6.351}
$$

が得られる．この式は Callen によって最初に導かれたものである[6.36]．

6.4.4 圧電ポテンシャル散乱

音響フォノン散乱と全く同様の取り扱いが可能である．式 (6.196)，式 (6.198) を式 (6.335) に代入して圧電ポテンシャル散乱の緩和時間は (散乱割合もこれに等しい)

$$\frac{1}{\tau_{\rm pz}} = \frac{e^2 m^* k_B T}{2\pi\hbar^3}\left\langle \frac{e_{\rm pz}^{*2}}{c^*\epsilon^{*2}}\right\rangle \frac{1}{k} = \frac{e^2\sqrt{m^*}k_B T}{2\sqrt{2}\pi\hbar^2}\left\langle \frac{e_{\rm pz}^{*2}}{c^*\epsilon^{*2}}\right\rangle \frac{1}{\sqrt{\mathcal{E}}} \tag{6.352}$$

となる．ここに，$\langle\ \rangle$ は $e_{\rm pz}^* = e_{i,kl}a_i\pi_k a_l$，$c^* = c_{ijkl}\pi_i a_j \pi_k a_l\ (= \rho v_s^2)$，$\epsilon^* = \epsilon_{ij}^s a_i a_j$ が結晶内の方向に依存するので $\boldsymbol{q}$ の積分において適当な平均操作をほどこすことを意味する．等エネルギー面が回転楕円体をしている場合については，Zook の論文を参照されたい[6.37]．なお，$e_{\rm pz}^{*2}/C^*\epsilon^* = K^{*2}$ で与えられる K^* は電気機械結合定数 (electromechanical coupling coefficient) とよばれ，圧電性の強さを表す重要なパラメーターの 1 つである．

6.4.5 バレー間フォノン散乱

多数バレー構造をした半導体では，前節の 6.3.7 項で述べたバレー間散乱が重要である．また，GaAs におけるガン効果のように Γ バレーから L バレーへの遷移が重要な役割を果たす場合もある．一般に，バレー間散乱が起こると各バレーの分布関数が変化する．i 番目のバレーの分布関数の変化割合は

$$\begin{aligned}\left(\frac{df_i}{dt}\right)_{\rm coll} = \frac{L^3}{(2\pi)^3}\sum_j^{i\neq j}\int &[P(\boldsymbol{k}+\boldsymbol{q},\boldsymbol{k})f_j(\boldsymbol{k}+\boldsymbol{q})\{1-f_i(\boldsymbol{k})\} \\ &-P(\boldsymbol{k},\boldsymbol{k}+\boldsymbol{q})f_i(\boldsymbol{k})\{1-f_j(\boldsymbol{k}+\boldsymbol{q})\} + P(\boldsymbol{k}-\boldsymbol{q})f_j(\boldsymbol{k}-\boldsymbol{q})\{1-f_i(\boldsymbol{k})\} \\ &-P(\boldsymbol{k},\boldsymbol{k}-\boldsymbol{q})f_i(\boldsymbol{k})\{1-f_j(\boldsymbol{k}-\boldsymbol{q})\}]\,d^3\boldsymbol{q}\end{aligned} \tag{6.353}$$

となることは明らかである．

Ge の $\langle 111\rangle$ バレーや Si の $\langle 100\rangle$ バレーのように等価な多数バレー構造の場合には，低電界では各バレーの分布関数は同じになると考えられる．この時のバレー間フォノン散乱に対する緩和時間は，バレー間フォノンの角周波数 ω_{ij} が一定と考えられ，無極性光学フォノン散乱の場合と全く同様の取り扱いが可能となる．その結果，バレー間フォノン散乱の散乱割合と運動量緩和時間 $\tau_{\rm int}$ は次式で与えられる．

$$\begin{aligned}w_{\rm int}(\mathcal{E}) &= \frac{1}{\tau_{\rm int}(\mathcal{E})} \\ &= \sum_j^{i\neq j}\frac{(2m^*)^{3/2}}{4\pi\hbar^3\rho}\frac{D_{ij}^2}{\omega_{ij}}\left[n_q\sqrt{\mathcal{E}+\hbar\omega_{ij}} + (n_q+1)\sqrt{\mathcal{E}-\hbar\omega_{ij}}\right]\end{aligned} \tag{6.354}$$

ここに，m_j^* は散乱後のバレーにおける状態密度有効質量である．Si の場合，$\sum_j^{i\neq j}$ は等価なバレーについての和で，g–タイプでは 1 つ，f–タイプでは 4 つ存在するから，和を $g_j^{\rm iv}$ なるバレーの縮重度で置き換えると，$g_{\rm g}^{\rm iv} = 1$，$g_{\rm f}^{\rm iv} = 4$ とおけばよい．

バレー間フォノン散乱のフォノンエネルギーや変形ポテンシャルについては数多くの報告があり，それらは確定していないと理解すべきものである．磁気フォノン共鳴の実験によると種々のタイプの

表 6.2: Si におけるバレー間フォノンと変形ポテンシャル．文献[6.40]による．

タイプ	エネルギー [meV]	変形ポテンシャル [10^8 eV/cm]
g-TA	12	0.5
g-LA	18.5	0.8
g-LO	61.2	11.0
f-TA	19.0	0.3
f-LA	47.4	2.0
f-TO	59.0	2.0

フォノンとそのエネルギーが決定されているが，その相互作用の強さを決定するには至っていない[6.38], [6.39]．先に述べたような変形ポテンシャルの計算方法が確立しているが，その結果は計算に用いるパラメーターに依存し，確定するには至っていない．Si におけるホット・エレクトロン現象や，MOSFETs のデバイス・シミュレーションによく用いられるバレー間フォノンのタイプ，エネルギーおよび変形ポテンシャルは，モンテ・カルロ計算で Si におけるドリフト速度の電界依存性を計算し，実験結果と一致するように決定されたものである[6.40]．その結果を表 6.2 に示す．表 6.2 か

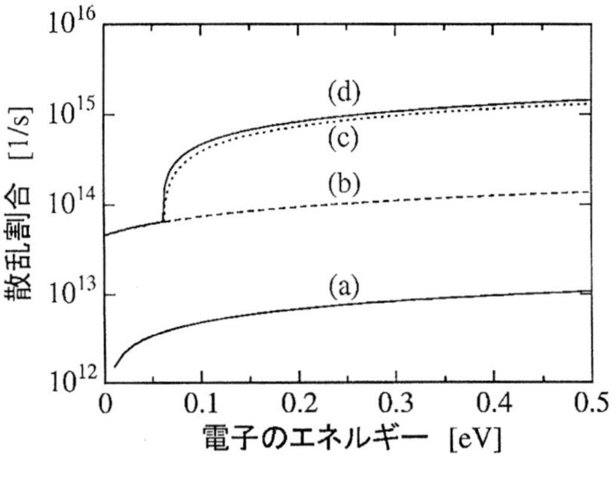

図 6.15: Si における変形ポテンシャル型音響フォノン散乱とバレー間フォノン散乱の割合 $w = 1/\tau$ (運動量緩和時間の逆数)．無極性光学フォノン散乱も全く同様の式で与えられるので係数を変えればその散乱割合を与える．$m_t = 0.19m$，$m_l = 0.98m$, $\rho = 2.332\times10^3\text{kg/m}^3$，$v_s = 8.4\times10^3\text{m/s}$, $D_{\text{ac}} = 10\text{eV}$，$D_{ij} = 11\times10^8$ eV/cm，$\hbar\omega_{ij} = 61.2\text{meV}$，$T = 300\text{K}$ とおいた．(a) 音響フォノン散乱，(b) バレー間フォノン散乱 (フォノン吸収)，(c) バレー間フォノン散乱 (フォノン放出)，(d) バレー間フォノン散乱 (吸収 + 放出)

ら分かるように Si では g–タイプの LO フォノンによるバレー間散乱が一番重要である．そこでこの値を用いて散乱割合 ($1/\tau_{\text{iv}}$) を計算した結果を図 6.15 にプロットした．図で曲線 (a) は変形ポテンシャル型音響フォノン散乱の割合を (b) はバレー間フォノン吸収の割合，(c) はバレー間フォノン放出の割合，(d) はバレー間フォノンの吸収と放出両者を含む散乱割合である．図よりバレー間フォノ

ン散乱の方が音響フォノン散乱よりも強いことが分かる．Si では 6.3.7 項で述べたように，光学フォノンによるバレー内散乱は禁止されているのでその散乱は除外できる．Ge ではバレー内散乱の方が強いので考慮しなければならないが，計算は状態密度有効質量，フォノンエネルギーとその変形ポテンシャルの大きさが異なるのみで，この図にあるような傾向を示すことは明らかである．

6.4.6 イオン化不純物散乱

通常の半導体は，ドナーやアクセプターやその他の多くの不純物を含んでおり，ときにはイオン化した状態で存在する場合がある．このようなイオン化不純物に対しては，電子や正孔はクーロン力を受け，その軌道が曲げられ，散乱を受ける．これがイオン化不純物散乱で，その取り扱いは 6.3 節，6.3.3 項で詳しく論じた．イオン化不純物の電子によるスクリーニング効果を考慮した，イオン化不純物散乱の運動量緩和時間 (散乱割合) はブルックス・ヘリングの式 (6.174) で与えられ，次のように表される．

$$\frac{1}{\tau_{\rm BH}} = \frac{z^2 e^4 n_I}{16\pi\epsilon^2\sqrt{2m^*}}\mathcal{E}^{-3/2}\left[\log(1+\xi) - \frac{\xi}{1+\xi}\right] \tag{6.355}$$

$$\xi = \frac{8\epsilon m^* k_B T}{\hbar^2 e^2 n}\mathcal{E} \tag{6.356}$$

一方，スクリーニングを無視して，ラザフォード散乱の散乱断面積を用いた場合の式をコンウェル・ワイスコップの式とよび，式 (6.184) より運動量緩和時間は

$$\frac{1}{\tau_{\rm CW}} = \frac{z^2 e^4 n_I}{16\pi\epsilon^2\sqrt{2m^*}}\mathcal{E}^{-3/2}\ln\left[1+\left(\frac{2\mathcal{E}}{\mathcal{E}_m}\right)^2\right] \tag{6.357}$$

$$\frac{2\mathcal{E}}{\mathcal{E}_m} = \frac{r_m}{R}\quad\left(\mathcal{E}_m = \frac{ze^2}{4\pi\epsilon r_m}\right) \tag{6.358}$$

で与えられる．

6.4.7 中性不純物散乱

低温になると半導体のドナーやアクセプターは電子や正孔を捕らえ中性となるため，上に述べたようなクーロン散乱には寄与しなくなる．ドナーに捕らえられた電子の波動関数は 3.3 節や 3.4 節で述べたように大きく広がっており，基底状態の有効ボーア半径 a_I は格子間隔に比べ相当大きい．Erginsoy は中性水素原子による電子の散乱の式を有効ボーア半径と有効イオン化エネルギーで置き換え近似的に散乱断面積を求めている[6.41]．電子の波数ベクトルを $\boldsymbol{k}$ とすると，$ka^*_{nI} \leq 0.5$ のとき，電子の散乱断面積は近似的に次式で与えられることを示した．

$$\sigma_{nI} = \frac{20 a_{nI}}{k} \tag{6.359}$$

中性不純物の密度を n_{nI} とおくと，単位断面積を通して電子が単位長さ進む間に散乱される確率は $n_{nI}\sigma_{nI}$ となるから，平均自由行程 $l_{nI} = \tau_{nI}v = \tau_{nI}\hbar k/m^*$ を用いて

$$\frac{1}{l_{nI}} = n_{nI}\sigma_{nI} \tag{6.360}$$

つまり，中性不純物散乱の緩和時間 (散乱割合) は

$$\frac{1}{\tau_{nI}} = \frac{\hbar k}{m^*} \cdot n_{nI}\sigma_I = \frac{20 n_{nI} a_{nI} \hbar}{m^*} \tag{6.361}$$

となる．この近似は s 軌道電子の位相変化をもとに近似計算を行ったもので，Sclar [6.42], [6.43] はさらに近似を上げ，電子エネルギーのより広い範囲で適用できる式を求めている．

6.4.8 プラズモン散乱

プラズモン散乱については，すでに前節の 6.3.10 項で詳しく述べ，散乱割合 w_{pl} を求めた．プラズモン散乱の緩和時間は $1/\tau_{\text{pl}} = w_{\text{pl}}$ で与えられるから式 (6.296) より次の関係が得られる．

$$w_{\text{pl}} = \frac{e^2}{4\pi\hbar\epsilon_\infty}\sqrt{\frac{2m}{\hbar^2}}\frac{\hbar\omega_p}{\sqrt{\mathcal{E}(\boldsymbol{k})}} \times \left[n_p \ln\left(\frac{q_c}{k\sqrt{\eta_+} - k}\right)\right.$$
$$\left. +(n_p+1)\ln\left(\frac{q_c}{k - k\sqrt{\eta_-}}\right)u(\eta_-)\right] \tag{6.362}$$

ここに，$\omega_p = \sqrt{ne^2/\kappa_\infty\epsilon_0 m^*}$ はプラズマ角周波数，q_c はトーマス・フェルミ (あるいはデバイ・ヒュッケル) の遮蔽波数，$\eta_\pm = 1 \pm \hbar\omega_p/\mathcal{E}(\boldsymbol{k})$ ，$u(\eta_-) = 1$ $(\eta_- \geq 0)$，$u(\eta_-) = 0$ $(\eta_- < 0)$ である．

6.4.9 合金散乱

合金散乱については，前節 6.3.11 項で述べ，その散乱割合 w_{alloy} を求めた．これより，合金散乱の緩和時間 (散乱割合) は式 (6.308) より次のようになる．

$$\frac{1}{\tau_{\text{alloy}}} = \frac{2\pi}{\hbar}(V_a - V_b)^2 x(1-x)\Omega\frac{(2m^*)^{3/2}\sqrt{\mathcal{E}(\boldsymbol{k})}}{4\pi^2\hbar^3} \tag{6.363}$$

ここに，Ω は単位胞の体積である．

6.5 移動度

一般に，電子の散乱は種々の過程をいくつか含んでいる場合が多く，全体としての緩和時間 τ は

$$\frac{1}{\tau} = \sum_j \frac{1}{\tau_j} \tag{6.364}$$

のように表される．したがって，この場合の移動度は定義式 (6.116) と式 (6.119) を用いて，緩和時間が等方的な場合

$$\mu = \frac{e}{m_c^*}\langle\tau\rangle = \frac{e}{m_c^*}\left\langle\frac{1}{\sum_j(1/\tau_j)}\right\rangle \tag{6.365}$$

となる．ここで，m_c^* は導電度有効質量 (conductivity effective mass) で，Ge や Si のような等エネルギー面が回転楕円体からなる等価なバレー構造をした伝導帯で，緩和時間が等方的な場合には

$$\frac{1}{m_c^*} = \frac{1}{3}\left(\frac{2}{m_t} + \frac{1}{m_l}\right) \tag{6.366}$$

で与えられ，GaAs のようにスカラー有効質量 m^* を有する場合，$m_c^* = m^*$ となる．一方，緩和時間 $1/\tau$ に現れる有効質量 m^* は状態密度質量で，Ge や Si のような等エネルギー面が回転楕円体をした等価なバレー構造からなる場合，前節で用いた m^* は $(m_t^2 m_l)^{1/3} \equiv m_d^*$ と置くべきものである．Si の場合，$m_t = 0.19m$，$m_l = 0.98m$ とすると，$m_c = 0.260m$，$m_d = 0.328m$ となる．

以下の計算では簡単のため，電子の分布関数としてマクスウエル分布を考えているが，縮退した電子に対しては平均操作が異なる．また，2 つの散乱過程が主に寄与する場合，例えば音響フォノン散乱とイオン化不純物散乱が存在する場合，

$$\frac{1}{\tau} = \frac{1}{\tau_{\rm ac}} + \frac{1}{\tau_I} \tag{6.367}$$

と置けるが，$\langle \tau_{\rm ac} \rangle = \langle \tau_I \rangle$ の近傍をのぞけば，近似的に

$$\frac{1}{\langle \tau \rangle} \simeq \frac{1}{\langle \tau_{\rm ac} \rangle} + \frac{1}{\langle \tau_I \rangle} \tag{6.368}$$

となる．この近似は，各々の散乱過程に対する平均の緩和時間を知れば，全体の移動度の振る舞いのおよその形状を知ることができるので便利である．そのような理由から，個々の散乱に対する緩和時間の平均値，つまり移動度を求めておくのは意味がある．以下の計算では，断らない限りマクスウエル分布を仮定し，式 (6.116) を用いて移動度を計算している．

6.5.1 音響フォノン散乱

音響フォノン散乱の緩和時間として式 (6.336) を用いると，移動度として

$$\mu_{\rm ac} = \frac{2^{3/2}\pi^{1/2} e\hbar^4 \rho v_s^2}{3 m_d^{*3/2} m_c^* D_{\rm ac}^2 (k_B T)^{3/2}} \tag{6.369}$$

が得られる．等方的なスカラー質量 m^* を有する場合，$m_d^{*3/2} m_c^* = m^{*5/2}$ となる．

6.5.2 無極性光学フォノン散乱

無極性光学フォノン散乱の緩和時間として式 (6.346) を用いると，移動度は

$$\mu_{\rm op} = \frac{4\sqrt{2\pi} e\hbar^2 \rho \sqrt{\hbar\omega_0}}{3 m_d^{*3/2} m_c^* D_{\rm op}^2} f(x_0) \tag{6.370}$$

ここに，

$$f(x_0) = x_0^{5/2}\left(e^{x_0} - 1\right) \int_0^\infty x e^{-x} \left[\left(1 + \frac{x_0}{x}\right)^{1/2} + e^{x_0}\left(1 - \frac{x_0}{x}\right)^{1/2}\right]^{-1} dx \tag{6.371}$$

$$x_0 = \frac{\hbar\omega_0}{k_B T}, \qquad x = \frac{\mathcal{E}}{k_B T} \tag{6.372}$$

である．音響フォノン散乱と無極性光学フォノン散乱の両方を考慮した場合の電子の移動度は次のようになる．

$$\mu = \mu_{\rm ac} \cdot I(x_0) \tag{6.373}$$

$$I(x_0)=\int_0^{\infty}e^{-x}\left[1+\frac{l_{\mathrm{ac}}}{l_{\mathrm{op}}}\frac{1}{e^{x_0}-1}\left\{\left(1+\frac{x_0}{x}\right)^{1/2}+e^{x_0}\left(1-\frac{x_0}{x}\right)^{1/2}\right\}\right]^{-1}dx \tag{6.374}$$

$$l_{\mathrm{op}}=\frac{2\pi\hbar^3\rho\omega_0}{(D_{\mathrm{op}}m_d^*)^2},\qquad \frac{l_{\mathrm{ac}}}{l_{\mathrm{op}}}=\frac{x_0}{2}\frac{D_{\mathrm{ac}}^2}{E_{\mathrm{lop}}^2} \tag{6.375}$$

一般に，n-Ge や n-Si における電子移動度の解析はバレー間フォノン散乱を考慮しなければならない

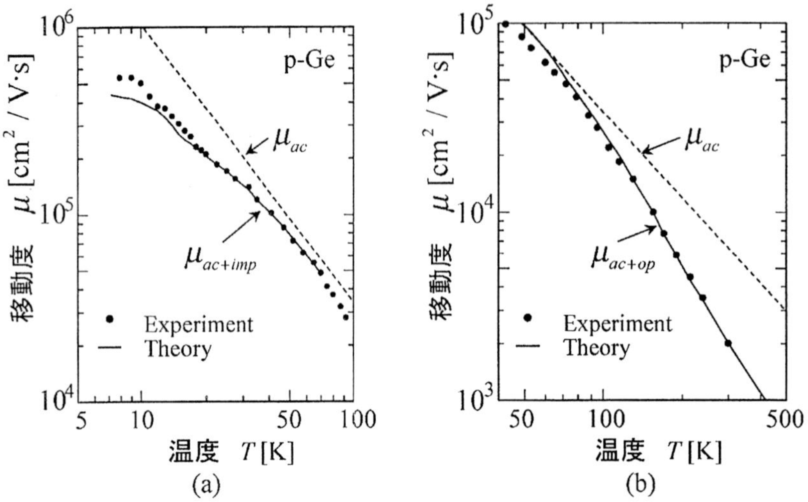

図 6.16: p-Ge における正孔移動度の温度依存性．(a) は低温領域における実験結果をイオン化不純物散乱と音響フォノン散乱を考慮して解析した結果と比較したもの．(b) は高温領域における実験結果を音響フォノン散乱と無極性光学フォノン散乱を考慮して解析した結果と比較したもの．(文献[6.44]を参照)

ので複雑である．n-Ge ではバレー間フォノン散乱が比較的弱いので，音響フォノン散乱と無極性光学フォノン散乱のみを考慮して解析されることが多い．ここでは，無極性光学フォノン散乱により移動度が決まる p-Ge における正孔の移動度の解析結果を述べる[6.44]．1 章と 2 章で述べたように Ge の価電子帯は重い正孔と軽い正孔の 2 種類のバンドからなる．重い正孔バンドの等エネルギー面は球面ではなく等方的ではない．これを球面で近似し，重い正孔と軽い正孔の有効質量を $m_h=0.35m$, $m_l=0.043m$ とおく．これより正孔密度の比は $p_h/p_h=(m_h/m_l)^{3/2}=23.2$ となる．重い正孔の移動度を μ_h，軽い正孔の移動度を μ_l とすると p-Ge における正孔の移動度は次式で与えられる．

$$\mu=\frac{\mu_h p_h+\mu_l p_l}{p_h+p_l}=\frac{1}{24.2}(\mu_l+23.2\mu_h) \tag{6.376}$$

考えられる散乱過程としては，イオン化不純物，音響フォノン，無極性光学フォノンによる散乱があるが，低温ではイオン化不純物と音響フォノン散乱が，高温では音響フォノン散乱と無極性光学フォノン散乱が支配的となるので，温度領域を低温と高温に分け，それぞれ 2 種類の散乱を考慮して解析した結果が図 6.16(a) と (b) に示してある．低温領域の解析から

$$\mu_{\mathrm{ac}}=3.37\times10^7\,T^{-3/2}\qquad \mathrm{cm^2/Vs}$$

$$(\mu_h)_{\rm ac} = 2.60 \times 10^7\ T^{-3/2} \quad {\rm cm^2/Vs} \tag{6.377}$$
$$(\mu_l)_{\rm ac} = 2.12 \times 10^8\ T^{-3/2} \quad {\rm cm^2/Vs}$$

が得られている．重い正孔に対してはバンド内散乱が支配的で，軽い正孔は状態密度の大きい重い正孔の価電子帯へのバンド間遷移が支配的である．この仮定の下では，式 (6.369) より $\mu_h \propto 1/m_h^{5/2}$，$\mu_l \propto 1/m_h^{3/2} m_l$ であるから，$\mu_l/\mu_h = m_h/m_l = 8.1$ となる．上の結果はこの仮定を裏づけるものである．また，高温領域における解析では上で求めた式において，

$$b = \frac{E_{\rm lop}^2}{D_{\rm ac}^2} = \frac{D_{\rm op}^2}{D_{\rm ac}^2} \cdot \frac{v_s^2}{\omega_0^2} = 3.8 \tag{6.378}$$

が最もよい一致を与える．n-Ge における電子移動度の解析から $b = 0.4$ が得られているから，正孔と光学フォノンとの相互作用が相当に強いことが分かる．

6.5.3 極性光学フォノン散乱

極性光学フォノン散乱の緩和時間として式 (6.347) で与えられる散乱時間を用い，電子の分布関数として変位マクスウエル分布 (displaced Maxwellian または drifted Maxwellian distribution function) を用いると，[注3] 以下のような式で電子移動度が与えられる．

$$\mu_{\rm pop} = \frac{3(2\pi\hbar\omega_{\rm LO})^{1/2}}{4m^{*1/2}E_0 n(\omega_{\rm LO})} \frac{1}{x_0^{3/2} e^{x_0/2} K_1(x_0/2)} \tag{6.379}$$

ここに，

$$E_0 = \frac{m^* e\hbar\omega_{\rm LO}}{4\pi\hbar^2\epsilon_0}\left(\frac{1}{\kappa_\infty} - \frac{1}{\kappa}\right), \quad n(\omega_{\rm LO}) = \frac{1}{e^{x_0}-1}, \quad x_0 = \frac{\hbar\omega_{\rm LO}}{k_B T} \tag{6.380}$$

$$K_1(t) = t\int_1^\infty \sqrt{z^2-1}\,e^{-tz}dz = \frac{e^{-t}}{t}\int_0^\infty \sqrt{z(z+2t)}\,e^{-z}dz \tag{6.381}$$

で，$K_1(t)$ は変形ベッセル関数である．$\mathcal{E} \gg \hbar\omega_{\rm LO}$ の場合には式 (6.348) より極性光学フォノン散乱に対する電子移動度として次式を得る．

$$\mu_{\rm pop} \cong \frac{8\sqrt{2k_B T}}{3\sqrt{\pi m^*}E_0} \cdot \frac{e^{x_0}-1}{e^{x_0}+1} \tag{6.382}$$

6.5.4 圧電ポテンシャル散乱

圧電ポテンシャル散乱による電子の移動度は式 (6.352) より次式で与えられる．

$$\mu_{\rm pz} = \frac{16\sqrt{2\pi}\hbar^2}{3m^{*3/2}e\langle e_{\rm pz}^{*2}/c^*\epsilon^{*2}\rangle}(k_B T)^{-1} \tag{6.383}$$

[注3] 変位マクスウエル分布は，電子のドリフト速度を $\boldsymbol{v}_d$ とおくと次式で与えられる．

$$f(\boldsymbol{v}) = \exp\left\{-\frac{m^*(\boldsymbol{v}-\boldsymbol{v}_d)^2}{2k_B T}\right\}$$

6.5.5 バレー間フォノン散乱

バレー間フォノン散乱は無極性光学フォノン散乱の場合と同様の式で与えられ，光学フォノンの変形ポテンシャル $D_{\rm op}$ をバレー間フォノンの変形ポテンシャル D_{ij} で，フォノンエネルギー $\hbar\omega_{\rm op}$ を $\hbar\omega_{ij}$ で置き換えればよい．ただし，Ge や Si では等価なバレーが複数個存在するから，電子の散乱後のバレーの縮重度 $g_{ij}^{\rm iv}$ を考慮しなければならない．その結果バレー間フォノン散乱に対する移動度は，式 (6.354) を用いて次のようになる．

$$\mu_{\rm int} = \frac{4g_{ij}^{\rm iv}\sqrt{2\pi}e\hbar^2\rho(\hbar\omega_{ij})^{1/2}}{3m_d^{*3/2}m_c^*D_{ij}^2}f(x_{ij}) \tag{6.384}$$

ここに，$x_{ij} = \hbar\omega_{ij}/k_BT$ で，$f(x_{ij})$ は式 (6.371) において x_0 を x_{ij} で置き換えればよい．ここで，

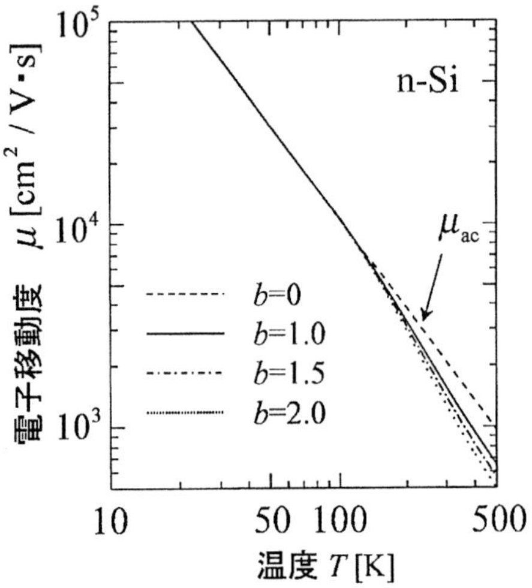

図 6.17: Si における電子移動度の温度依存性．変形ポテンシャル型音響フォノン散乱と g–タイプのバレー間フォノン散乱を考慮した場合．$m_t = 0.19m$，$m_l = 0.98m$，$\rho = 2.332 \times 10^3 {\rm kg/m^3}$，$v_s = 8.4 \times 10^3 {\rm m/s}$，$D_{\rm ac} = 10{\rm eV}$，$D_{ij} = 11 \times 10^8$ eV/cm，$\hbar\omega_{ij} = 61.2{\rm meV}$．$b$ はバレー間フォノン散乱と音響フォノン散乱の強さの比を表すもので，$b = 0$ は音響フォノン散乱のみに相当する．b の定義はテキストを参照．

Si における電子移動度の温度依存性について考察してみる．6.4 節で述べたように，Si の伝導帯は $\langle 100\rangle$ 方向に位置する等価な多数バレー構造をしており，g 過程と f 過程のバレー間散乱が高温領域で支配的となる．この様子を理解するため，音響フォノン散乱と変形ポテンシャルの最も大きい g 過程のバレー間フォノン散乱のみを考慮して，Si における電子移動度を計算してみる．変形ポテンシャルは表 6.2 に与えられているもので，図 6.15 の計算に用いたものと同じ値を用いる．ただし，移動度の実測値と計算結果を合わせるために，バレー間フォノン散乱の変形ポテンシャルをパラメーターとしている．図 6.17 において，パラメーター b は無極性光学フォノン散乱の場合と同様にして

$$b = \frac{E_{\rm iv}^2}{D_{\rm ac}^2}, \qquad E_{\rm iv}^2 = \frac{D_{\rm iv}^2 v_s^2}{\omega_{\rm iv}}$$

と定義してある．図 6.15 の計算に用いたパラメーターを用いると，$b = 1.0$ となる．音響フォノン散乱のみの場合 ($b = 0$)，$T = 300{\rm K}$ における電子移動度は $\mu = 0.207{\rm m^2/Vs}$ となり，実測値の 0.145 m^2/Vs よりもかなり大きいが，$b = 1$ では実測値に近い 0.155 となる．図 6.17 に示すように

$b = 1.5$, $b = 2.0$ と増加させると移動度は減少する．これは電子がより強くバレー間フォノンによって散乱を受けるからである．実際の Si では，この g 過程と f 過程のバレー間フォノン散乱の影響を受けるので，これらを正確に取りいれれば実測値に計算結果をあわせることが可能である．この計算結果より，バレー間フォノン散乱は 低温では寄与せず，$T > 100$K の領域でその寄与の現れることがわかる．

6.5.6 イオン化不純物散乱

イオン化不純物散乱に対する緩和時間は，電子による遮蔽を考慮したブルックス・ヘリングの式 (6.356) あるいは遮蔽を無視したコンウェル・ワイスコップの式 (6.358) で与えられる．いずれの場合も対数の中に含まれる $\mathcal{E}$ が $3k_BT$ のとき，被積分関数は最大となるので，積分を実行する際に対数の中の $\mathcal{E}$ を $3k_BT$ で置き換えて近似すると次のようになる．ブルックス・ヘリングの式は

$$\mu_{\mathrm{BH}} = \frac{64\sqrt{\pi}\epsilon^2}{n_I z^2 e^3 m^{*1/2}}(2k_BT)^{3/2}\left[\log(1+\xi_0) - \frac{\xi_0}{1+\xi_0}\right] \tag{6.385}$$

となる．ここに，

$$\xi_0 = \frac{24\epsilon m^*(k_BT)^2}{\hbar^2 e^2 n} \tag{6.386}$$

である．また，コンウェル・ワイスコップの式は次のようになる．

$$\mu_{\mathrm{CW}} = \frac{64\sqrt{\pi}\epsilon^2}{n_I z^2 e^3 m^{*1/2}}(2k_BT)^{3/2}\left[\ln\left(1 + \frac{144\pi^2\epsilon^2 k_B^2 T^2}{z^2 e^4 n_I^{2/3}}\right)\right] \tag{6.387}$$

6.5.7 中性不純物散乱

中性不純物による散乱の緩和時間としてエルギンソイ (Erginsoy) の式を用いると

$$\mu_{nI} = \frac{e}{20a_{nI}\hbar}\frac{1}{n_{nI}} = \frac{e}{20a_B\hbar}\cdot\frac{m^*/m}{\kappa n_{nI}} \tag{6.388}$$

となる．ここに，a_B はボーア半径である．

6.5.8 合金散乱

合金散乱に対する緩和時間は式 (6.308) または式 (6.363) で与えられる．これより合金散乱に対する移動度は

$$\mu_{\mathrm{alloy}} = \frac{3\pi^{3/2}\hbar^4}{2(V_a - V_b)^2 x(1-x)\Omega}(2m^*)^{-3/2}(k_BT)^{-1/2} \tag{6.389}$$

となる．ここに，Ω は単位胞の体積である．

第 7 章

磁気輸送現象

7.1 ホール効果

電流と直交する方向に磁界を加えると，電流および磁界に垂直な方向に起電力を発生する．この現象は 1879 年に E. H. Hall によって発見されたもので，発見者の名前をとって**ホール効果** (Hall effect) とよんでいる．このホール効果は半導体や金属の電気的特性を調べる上で重要な手段である．この節では，全ての電子が同一の速度をもっていると仮定してホール効果の現象論を述べ，分布関数を考慮した正確な取り扱いは，後にボルツマン方程式を用いて解析する．まず最初に，図 7.1 に示すよ

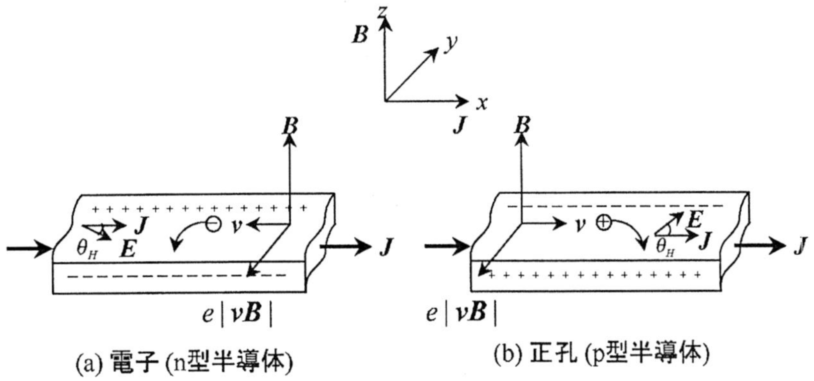

図 7.1: ホール効果の説明図．(a) 電子 (n 形半導体) と (b) 正孔 (p 形半導体) の場合でホール起電力の向きは反対となる．

うな無限に長い試料を考え，これに沿って一様な電流 $\boldsymbol{J}$ が流れているものとする．電子のドリフト速度を $\boldsymbol{v}$ とすると，磁界 $\boldsymbol{B}$ 中ではこの電子はローレンツ力 $\boldsymbol{F} = -e\boldsymbol{v} \times \boldsymbol{B}$ を受ける．ここに，$-e$ は電子の電荷である．電子の密度を n とおくと電流密度は $\boldsymbol{J} = n(-e)\boldsymbol{v}$ で与えられる．いま，電流が x 方向に流れていると，$v_x < 0$ となり電子は x の負の方向に移動する．磁界が z 方向を向いているとすると，電子に対するローレンツ力は $F_y = -e(|v_x|B_z) = -e|v_x|B_z < 0$ となり，電子は $-y$ 方向の力を受ける．y 方向に電流を取り出さなければ，図 7.1 に示すように前面に電子による負電荷が，後面には動けない正電荷 (ドナー) が現れ $-y$ 方向に電界 (ホール電界) $E_y < 0$ が現れ，ローレ

ンツ力と釣り合い，定常状態に達する $(F_y + (-e)E_y = 0)$．この電界 E_y が**ホール電界**とよばれるもので次の関係を与える．

$$E_y = v_x B_z = -\frac{B_z J_x}{ne} \equiv R_H J_x B_z \tag{7.1}$$

ここに R_H は**ホール係数**とよばれ，電子に対しては

$$R_H = -\frac{1}{ne} \tag{7.2}$$

で与えられる．E_x と E_y の間の角，**ホール角** (Hall angle) θ_H は

$$\tan\theta_H = \frac{E_y}{E_x} = -\mu_e B_z = \omega_c \tau \tag{7.3}$$

となる．上式で $J_x = ne\mu_e E_x$，$v_x = -\mu E_x$ なる関係と

$$\omega_c = \frac{eB_z}{m^*}, \qquad \mu_e = \frac{e\tau}{m^*} \tag{7.4}$$

を用いた．すでに定義したように ω_c はサイクロトロン角周波数である．これらの様子が図 7.1(a) に示してある．図 7.1(b) は正電荷つまり正孔の場合を示したもので，電流を x 方向にとると $v_x > 0$ となり，ローレンツ力は $-y$ 方向に働き，正電荷が $-y$ 面にたまるので，ホール電界は電子と反対の方向を向く．このときのホール係数は正孔の密度を p とおくと，

$$R_H = \frac{1}{pe} \tag{7.5}$$

となる．半導体試料の y 方向の幅を w とし，z 方向の厚さを t とすると，y 方向に現れるホール電圧 $V_H = wE_y$ と流した電流 $I_x = J_x wt$ と式 (7.1) を用いてホール電圧は

$$V_H = \frac{R_H}{t} I_x B_z \tag{7.6}$$

となるので，ホール効果の測定からホール係数 R_H が求まり，式 (7.2) より電子密度 n が求まる．

式 (7.2) と式 (7.5) で与えられるホール係数はキャリアの緩和時間 τ がエネルギーに依存しないとして導いている．τ がエネルギーに依存したり，有効質量がスカラーでない場合には次節で述べるように式 (7.2) の代わりに

$$R_H = -\frac{r_H}{ne} \tag{7.7}$$

が得られる．r_H は**ホール係数の散乱因子**ともよばれ，電子の散乱や分布関数などによって決まる定数である．

半導体の電気伝導率 σ に対して，式 (6.121) を用いると，式 (7.2) より

$$|R_H|\sigma = \mu \tag{7.8}$$

なる関係が得られる．この関係は式 (7.7) からわかるように $r_H = 1$ の場合にのみ成立するもので，一般には

$$|R_H|\sigma = r_H \mu \tag{7.9}$$

が成立する．後に述べるように，散乱因子 r_H を求めることはしばしば困難であるので，便宜上

$$|R_H|\sigma = \mu_H \tag{7.10}$$

で与えられる μ_H を定義して，**ホール移動度** (Hall mobility) とよぶ．このホール移動度は先に定義したドリフト移動度と同一の次元を有するが，因子 r_H だけの違いがある．つまり，

$$\frac{\mu_H}{\mu} = r_H \tag{7.11}$$

の関係がある．

以上は簡単なモデルを用いてホール効果の説明を行ったものであるが，ここで後ほど用いるのに便利な式を導出しておく．電子に対する運動の方程式は

$$m^* \frac{d\boldsymbol{v}}{dt} + \frac{m^* \boldsymbol{v}}{\tau} = -e(\boldsymbol{E} + \boldsymbol{v} \times \boldsymbol{B}) \tag{7.12}$$

と書ける．静電界のみを印加した場合を考えると，定常状態では $d\boldsymbol{v}/dt = 0$ となり，定常状態の速度 $\boldsymbol{v}$ は

$$\boldsymbol{v} = -\frac{e\tau}{m^*}\boldsymbol{E} \equiv -\mu \boldsymbol{E} \tag{7.13}$$

で与えられる．この関係式に 6.2.2 項で述べたような平均操作をすれば，式 (6.118) で与えられる電子移動度に関する式と一致することは明らかである．つまり，上式の速度は電子のドリフト速度を与える．磁界を印加した場合，

$$\boldsymbol{v} = -\frac{e\tau}{m^*}(\boldsymbol{E} + \boldsymbol{v} \times \boldsymbol{B}) \tag{7.14}$$

を得る．磁界が z 方向を向いているものとすると，上式より

$$v_x = -\frac{e\tau}{m^*}(E_x + v_y B_z) \tag{7.15a}$$

$$v_y = -\frac{e\tau}{m^*}(E_y - v_x B_z) \tag{7.15b}$$

$$v_z = -\frac{e\tau}{m^*}E_z \tag{7.15c}$$

が得られる．これらの関係式は次のように書きかえられる．

$$v_x = -\frac{e}{m^*}\left[\frac{\tau}{1+\omega_c^2\tau^2}E_x - \frac{\omega_c\tau^2}{1+\omega_c^2\tau^2}E_y\right] \tag{7.16a}$$

$$v_y = -\frac{e}{m^*}\left[\frac{\omega_c\tau^2}{1+\omega_c^2\tau^2}E_x + \frac{\tau}{1+\omega_c^2\tau^2}E_y\right] \tag{7.16b}$$

$$v_z = -\frac{e}{m^*}\tau E_z \tag{7.16c}$$

電流密度は $\boldsymbol{J} = n(-e)\boldsymbol{v}$ で与えられるから

$$J_x = \frac{ne^2}{m^*}\left[\frac{\tau}{1+\omega_c^2\tau^2}E_x - \frac{\omega_c\tau^2}{1+\omega_c^2\tau^2}E_y\right] \tag{7.17a}$$

$$J_y = \frac{ne^2}{m^*}\left[\frac{\omega_c\tau^2}{1+\omega_c^2\tau^2}E_x + \frac{\tau}{1+\omega_c^2\tau^2}E_y\right] \tag{7.17b}$$

$$J_z = \frac{ne^2}{m^*}\tau E_z \tag{7.17c}$$

となる．したがって

$$J_i = \sigma_{ij}E_j, \qquad [J] = [\sigma][E] \tag{7.18}$$

と書くことにすれば

$$[\sigma] = \begin{bmatrix} \sigma_{xx} & \sigma_{xy} & 0 \\ \sigma_{yx} & \sigma_{yy} & 0 \\ 0 & 0 & \sigma_{zz} \end{bmatrix} \tag{7.19}$$

$$\sigma_{xx} = \sigma_{yy} = \frac{ne^2}{m^*} \cdot \frac{\tau}{1+\omega_c^2\tau^2} \tag{7.20a}$$

$$\sigma_{xy} = -\sigma_{yx} = -\frac{ne^2}{m^*} \cdot \frac{\omega_c\tau^2}{1+\omega_c^2\tau^2} \tag{7.20b}$$

$$\sigma_{zz} = \frac{ne^2}{m^*}\tau \equiv \sigma_0 \tag{7.20c}$$

となることは明らかである．

電流を x 方向に流して，磁界を z 方向に加えた場合のホール効果について考えてみよう．このとき，

$$J_x = \sigma_{xx}E_x + \sigma_{xy}E_y \tag{7.21a}$$

$$J_y = \sigma_{yx}E_x + \sigma_{yy}E_y \tag{7.21b}$$

において，y 方向に電流を流さないので $J_y = 0$，つまり

$$E_y = -\frac{\sigma_{yx}}{\sigma_{yy}}E_x = \frac{\sigma_{xy}}{\sigma_{xx}}E_x = -\omega_c\tau E_x \tag{7.22}$$

が得られる．この E_y を式 (7.21a) の J_x の式に代入すると，

$$J_x = \frac{\sigma_{xx}^2 + \sigma_{xy}^2}{\sigma_{xx}}E_x \tag{7.23}$$

となるが，式 (7.20a) と式 (7.20b) を用いると，

$$J_x = \frac{ne^2}{m^*}\tau E_x = ne\mu E_x = \sigma_0 E_x \tag{7.24}$$

となり，電流密度 J_x は磁界 B_z があるなしにかかわらず同じ値を示すことが分かる．これは，磁界が加わっても抵抗が変化しないことを意味し，磁気抵抗効果 (magnetoresistance effect) がないことを意味する．この結果は実験事実と矛盾している．この結論が得られたのは，計算に次のような仮定をしたためであることに注意しなければならない．すなわち，(i) 電子の有効質量が等方的である (等エネルギー面が球状をしている)．(ii) 電子の衝突緩和時間 τ がエネルギーに依存せず一定である．または電子がすべて同じ速度 v を有している．(iii) 試料の形状効果が無視できる (長さが無限である)．

以下，当分はこの仮定の下で計算をすすめる．式 (7.21b) と式 (7.23) より

$$E_y = \frac{\sigma_{xy}}{\sigma_{xx}}E_x = \frac{\sigma_{xy}}{\sigma_{xx}^2 + \sigma_{xy}^2}J_x \equiv R_H B_z J_x \tag{7.25}$$

となるから，ホール係数は一般に

$$R_H = \frac{\sigma_{xy}}{\sigma_{xx}^2 + \sigma_{xy}^2}\frac{1}{B_z} \tag{7.26}$$

で与えられる．今の場合，式 (7.20a)，式 (7.20b) あるいは式 (7.24) を用いると式 (7.25) は

$$E_y = -\omega_c \tau E_x = -\mu B_z \frac{J_x}{\sigma_0} = -\frac{1}{ne} B_z J_x \tag{7.27}$$

となり，$R_H = -1/ne$，つまり式 (7.2) が得られる．

次に，2 種類のキャリアが存在する場合について考えてみよう．それぞれのキャリアに 1 と 2 の添字をつけて区別することにすると，次の関係式が得られる．

$$J_x = \left[\sigma_{xx}^{(1)} + \sigma_{xx}^{(2)}\right] E_x + \left[\sigma_{xy}^{(1)} + \sigma_{xy}^{(2)}\right] E_y \tag{7.28a}$$

$$J_y = \left[\sigma_{xy}^{(1)} + \sigma_{xy}^{(2)}\right] E_x + \left[\sigma_{xx}^{(1)} + \sigma_{xx}^{(2)}\right] E_y \tag{7.28b}$$

それぞれ単独のキャリアのみが存在する場合の電気伝導度を σ_1，σ_2，ホール係数を R_1，R_2 とすると，式 (7.20a)，式 (7.20b) より

$$\sigma_{xx}^{(1)} = \frac{\sigma_1}{1 + \sigma_1^2 R_1^2 B_z^2}, \qquad \sigma_{xy}^{(1)} = -\frac{\sigma_1^2 R_1 B_z}{1 + \sigma_1^2 R_1^2 B_z^2} \tag{7.29}$$

でキャリア 2 についても全く同様の式が得られる．ホール効果の条件 $J_y = 0$ より，式 (7.26) を導いたのと全く同様にして，

$$R_H B_z = \frac{\sigma_{xy}^{(1)} + \sigma_{xy}^{(2)}}{\left[\sigma_{xx}^{(1)} + \sigma_{xx}^{(2)}\right]^2 + \left[\sigma_{xy}^{(1)} + \sigma_{xy}^{(2)}\right]^2} \tag{7.30}$$

が得られる．この式に式 (7.29) などを代入すると

$$R_H = \frac{\sigma_1^2 R_1 (1 + \sigma_2^2 R_2^2 B_z^2) + \sigma_2^2 R_2^2 (1 + \sigma_1^2 R_1^2 B_z^2)}{(\sigma_1 + \sigma_2)^2 + \sigma_1^2 \sigma_2^2 (R_1 + R_2)^2 B_z^2} \tag{7.31}$$

を得る．この式は緩和時間 τ がエネルギーに依存する場合にも成立し，2 種類のキャリアが存在する場合のホール係数を与える一般式である．

$\sigma_1 |R_1| = \mu_1$，$\sigma_2 |R_2| = \mu_2$ であるから，弱磁界で $\mu_1 B_z \ll 1$，$\mu_2 B_z \ll 1$ が成立するときには，式 (7.31) は次のように近似することができる．

$$R_H(0) = \frac{\sigma_1^2 R_1 + \sigma_2^2 R_2}{(\sigma_1 + \sigma_2)^2} \tag{7.32}$$

逆に，強磁界で $\sigma_1 |R_1| B_z = \mu_1 B_z \gg 1$，$\sigma_2 |R_2| B_z = \mu_2 B_z \gg 1$ の条件が満たされるときには，

$$R_H(\infty) = \left(\frac{1}{R_1} + \frac{1}{R_2}\right)^{-1} \tag{7.33}$$

となる．

たとえば，電子と正孔が同時に存在し，それぞれの移動度を μ_e，μ_h，密度を n，p とし，簡単のため $r_H = 1$ とする．$\sigma_1 = ne\mu_e$，$\sigma_2 = pe\mu_h$，$R_1 = -1/ne$，$R_2 = 1/pe$ を式 (7.31) に代入すると，

$$R_H = \frac{(p - nb^2) + b^2 \mu_h^2 B_z^2 (p - n)}{(bn + p)^2 + b^2 \mu_h^2 B_z^2 (p - n)^2} \cdot \frac{1}{e} \tag{7.34}$$

となる．ここに，$b = \mu_e/\mu_h$ なる移動度比を用いた．上に述べた仮定のため，この式は $r_H = 1$ の場合，つまりキャリアの緩和時間がエネルギーに依存せず一定の場合に成立する関係式である．上式より，ホール係数が 0，つまり $R_H = 0$ となるのは次のときである．

$$p = \frac{nb^2(1 + \mu_h^2 B_z^2)}{1 + b^2 \mu_h^2 B_z^2} \tag{7.35}$$

弱磁界のホール係数 $R_H(0)$ と強磁界のホール係数 $R_H(\infty)$ は式 (7.32) と式 (7.33) より次のようになる．

$$R_H(0) = \frac{p\mu_h^2 - n\mu_e^2}{e(p\mu_h + n\mu_e)^2} = \frac{p - b^2 n}{e(nb + p)^2} \tag{7.36}$$

$$R_H(\infty) = \frac{1}{e(p - n)} \tag{7.37}$$

7.2 電流磁気効果

7.2.1 磁気抵抗効果の理論

7.1 節で磁界がある場合の電流密度について考察した．その際，スカラー有効質量 m^* をもった一定の速度 v で運動する自由電子を仮定して，ホール効果を論じ，磁界を印加することによって電気抵抗の変化する磁気抵抗効果は現れないことを示した．ここでは，電流磁気効果の古典論をボルツマン方程式を用いて解く方法について述べる．

直流の電界 $\boldsymbol{E}$ と磁界 $\boldsymbol{B}$ が存在する場合，電子に作用する力，ローレンツ力，は式 (7.12) の右辺で与えられるから，これを式 (6.90) に代入すると

$$-\frac{e}{\hbar}\left(\boldsymbol{E} + \frac{1}{\hbar}\frac{\partial \mathcal{E}}{\partial \boldsymbol{k}} \times \boldsymbol{B}\right) \cdot \frac{\partial f}{\partial \boldsymbol{k}} = -\frac{f - f_0}{\tau} \equiv -\frac{f_1}{\tau} \tag{7.38}$$

となる．熱平衡状態の分布関数 f_0 は $\mathcal{E}(\boldsymbol{k})$ の関数であるから，

$$\frac{\partial f_0}{\partial \boldsymbol{k}} = \frac{\partial f_0}{\partial \mathcal{E}} \cdot \frac{\partial \mathcal{E}}{\partial \boldsymbol{k}} \tag{7.39}$$

となる．式 (7.38) の右辺の $-f_1/\tau$ は第 1 次近似として，左辺の f に f_0 を代入して

$$-\frac{f_1}{\tau} = -\frac{e}{\hbar^2}\left(\frac{\partial \mathcal{E}}{\partial \boldsymbol{k}} \times \boldsymbol{B}\right) \cdot \frac{\partial \mathcal{E}}{\partial \boldsymbol{k}}\frac{\partial f_0}{\partial \mathcal{E}} \tag{7.40}$$

と書けるが，$[\partial \mathcal{E}(\boldsymbol{k})/\partial \boldsymbol{k}] \times \boldsymbol{B}$ は $\partial \mathcal{E}(\boldsymbol{k})/\partial \boldsymbol{k}$ と直交するので式 (7.40) は 0 となる．したがって，分布関数 $f = f_0 + f_1$ のうち磁界 $\boldsymbol{B}$ に寄与する項は f_1 となり，式 (7.38) は

$$-\frac{e}{\hbar}\boldsymbol{E} \cdot \frac{\partial f_0}{\partial \boldsymbol{k}} - \frac{e}{\hbar^2}\frac{\partial \mathcal{E}}{\partial \boldsymbol{k}} \times \boldsymbol{B} \cdot \frac{f_1}{\partial \boldsymbol{k}} = -\frac{f_1}{\tau} \tag{7.41}$$

と近似することができる．この方程式を解くに際して，電界 $\boldsymbol{E}$ があまり大きくなく分布関数の熱平衡状態からのずれは小さいものとする．また，磁界による電子の量子化を無視する．

7.2.2 弱磁界における一般解

磁界 $\boldsymbol{B}$ が弱ければ，$\boldsymbol{B}=0$ の場合の解を用いて，逐次近似法によって解を求めることができる．いま，磁界が印加されていなければ，式 (7.41) より

$$f_1 = \frac{e\tau}{\hbar}\boldsymbol{E}\cdot\frac{\partial f_0}{\partial \boldsymbol{k}} \equiv \frac{e\tau}{\hbar}\left(\boldsymbol{E}\cdot\frac{\partial \mathcal{E}}{\partial \boldsymbol{k}}\right)\frac{\partial f_0}{\partial \mathcal{E}} = \frac{e\tau}{\hbar}\left(\sum_j E_j\frac{\partial \mathcal{E}}{\partial k_j}\right)\frac{\partial f_0}{\partial \mathcal{E}} \equiv f_1^{(0)} \tag{7.42}$$

が得られる．ここに，E_j，$\partial\mathcal{E}/\partial k_j$ は $\boldsymbol{E}$，$\partial\mathcal{E}/\partial\boldsymbol{k}$ の j 方向成分を表している．以下の計算では和の記号を省略する．この f_1 を式 (7.41) の左辺に代入すれば，$\boldsymbol{B}\neq 0$ の場合における分布関数を $\boldsymbol{B}$ の 1 次の位数で求めることができる．つまり，

$$\begin{aligned} f_1 &= f_1^{(0)} + \frac{e\tau}{\hbar^2}\left(\frac{\partial \mathcal{E}}{\partial \boldsymbol{k}}\times\boldsymbol{B}\right)\cdot\frac{\partial f_1^{(0)}}{\partial \boldsymbol{k}} \\ &\quad + \frac{e^2\tau}{\hbar^4}\left(\frac{\partial \mathcal{E}}{\partial \boldsymbol{k}}\times\boldsymbol{B}\right)\cdot\frac{\partial}{\partial \boldsymbol{k}}\left[\tau\left(\frac{\partial \mathcal{E}}{\partial \boldsymbol{k}}\times\boldsymbol{B}\right)\cdot\frac{\partial f_1^{(0)}}{\partial \boldsymbol{k}}\right] \\ &\equiv f_1^{(2)} \end{aligned} \tag{7.43}$$

が得られる．これを電流密度の式

$$\boldsymbol{J} = -\frac{e}{4\pi^3}\int \boldsymbol{v} f_1 d^3\boldsymbol{k} = -\frac{e}{4\pi^3}\int \frac{1}{\hbar}\frac{\partial \mathcal{E}}{\partial \boldsymbol{k}} f_1 d^3\boldsymbol{k} \tag{7.44}$$

に代入すると，電流密度に関する一般式が得られる．この式はテンソル記号を用いて

$$J_i = \sigma_{ij}E_j + \sigma_{ijl}E_jB_l + \sigma_{ijlm}E_jB_lB_m \tag{7.45}$$

と書ける．ここに，右辺第 1，第 2，第 3 項はそれぞれ，式 (7.43) の右辺第 1，第 2，第 3 項から得られるものに対応している．式 (7.44) より

$$J_i = -\frac{e}{4\pi^3\hbar}\int \frac{\partial \mathcal{E}}{\partial k_i} f_1 d^3\boldsymbol{k} \tag{7.46}$$

であるから，次の関係式を得る．

$$\sigma_{ij} = -\frac{e^2}{4\pi^3\hbar^2}\int d^3\boldsymbol{k}\frac{\partial f_0}{\partial \mathcal{E}}\tau\frac{\partial \mathcal{E}}{\partial k_i}\frac{\partial \mathcal{E}}{\partial k_j} \tag{7.47a}$$

$$\sigma_{ijl} = -\frac{e^3}{4\pi^3\hbar^4}\int d^3\boldsymbol{k}\frac{\partial f_0}{\partial \mathcal{E}}\tau\frac{\partial \mathcal{E}}{\partial k_i}\left[\frac{\partial \mathcal{E}}{\partial k_r}\frac{\partial}{\partial k_s}\left(\tau\frac{\partial \mathcal{E}}{\partial k_j}\right)\right]\epsilon_{rls} \tag{7.47b}$$

$$\begin{aligned} \sigma_{ijlm} &= -\frac{e^4}{4\pi^3\hbar^6}\int d^3\boldsymbol{k}\frac{\partial f_0}{\partial \mathcal{E}}\tau\frac{\partial \mathcal{E}}{\partial k_i} \\ &\quad\times\left\{\frac{\partial \mathcal{E}}{\partial k_r}\frac{\partial}{\partial k_s}\left[\tau\frac{\partial \mathcal{E}}{\partial k_t}\frac{\partial}{\partial k_u}\left(\tau\frac{\partial}{\partial k_j}\right)\right]\right\}\epsilon_{mrs}\epsilon_{ltu} \end{aligned} \tag{7.47c}$$

ここに，ϵ_{lrs} はパーミュテーション・テンソル (permutation tensor) とよばれ，添字のうち 2 つが等しければ 0，添字が $12312\cdots$ の順序であれば 1，$21321\cdots$ の順序ならば -1 となる性質をもっている．式 (7.47a)～式 (7.47c) で定義した係数は磁界中での電気伝導度テンソルの一般式で，その ij

成分は $(\sigma_{ij}+\sigma_{ijl}B_l+\sigma_{ijlm}B_lB_m)$ である．σ_{ij} は2階の**電気伝導度テンソル**で $B=0$ における値に等しい．σ_{ijl} は3階の**ホール効果テンソル** (third rank Hall effect tensor) で，σ_{ijlm} は4階の**磁気伝導度テンソル** (fourth rank magnetoconductivity tensor) とよばれる．これらの物理的な意味は次の例題によって明らかとなるであろう．

7.2.3 スカラー有効質量の場合

等エネルギー面は球状をしており

$$\mathcal{E}(\boldsymbol{k})=\frac{\hbar^2}{2m^*}k^2 \tag{7.48}$$

と書けるものとする．ここに，m^* はキャリアのスカラー質量である．これより，

$$\frac{\partial\mathcal{E}}{\partial k_i}=\frac{\hbar^2}{m^*}k_i, \qquad \frac{\partial^2}{\partial k_i\partial k_j}=\frac{\hbar^2}{m^*}\delta_{ij} \tag{7.49}$$

となることは明らかである．これらの関係を式 (7.47a)〜式 (7.47c) に代入して，積分を行えばよいわけであるが，電界 $\boldsymbol{E}$ 方向に極軸を有するような極座標系を採用し，$\boldsymbol{k}$ と $\boldsymbol{E}$ のなす角を θ とする．このとき $d^3\boldsymbol{k}=k^2\sin\theta d\theta d\phi dk$ であるから式 (7.47a) より

$$\begin{aligned}\sigma_{ij}&=-\frac{e^2\hbar^2}{4\pi^3m^{*2}}\int_0^\infty dk\cdot k^2\int_0^\pi d\theta\cdot\sin\theta\int_0^{2\pi}d\phi\cdot k^2\cdot\cos^2\theta\frac{\partial f_0}{\partial\mathcal{E}}\tau\delta_{ij}\\&=-\frac{2ne^2}{3m^*}\left[\int_0^\infty\tau\mathcal{E}^{3/2}\frac{\partial f_0}{\partial\mathcal{E}}d\mathcal{E}\Big/\int_0^\infty\mathcal{E}^{1/2}f_0d\mathcal{E}\right]\delta_{ij}\end{aligned} \tag{7.50}$$

となる．これに式 (6.103) を用いると式 (6.106) と一致する．非縮退半導体を考え，計算を実行すると式 (6.114) の結果が導かれる．同様にして式 (7.47b)，式 (7.47c) も計算ができ，結局次の間系が導かれる．

$$\sigma_{ij}=\frac{ne^2}{m^*}\langle\tau\rangle\delta_{ij}\equiv\sigma_0\delta_{ij} \tag{7.51a}$$

$$\sigma_{ijl}=-\frac{ne^3}{m^{*2}}\langle\tau^2\rangle\epsilon_{ijl}\equiv\gamma_0\epsilon_{ijl} \tag{7.51b}$$

$$\sigma_{ijlm}=\frac{ne^4}{m^{*3}}\langle\tau^3\rangle\epsilon_{mis}\epsilon_{lsj}\equiv\beta_0\epsilon_{mis}\epsilon_{lsj} \tag{7.51c}$$

したがって，弱磁界下での電流密度テンソルを

$$[J]=[\sigma(\boldsymbol{B})][E] \tag{7.52}$$

で表すと，電気伝導度テンソル $[\sigma(\boldsymbol{B})]$ は次のようになる．

$$[\sigma(\boldsymbol{B})]=\begin{bmatrix}\sigma_0+\beta_0[B_y^2+B_z^2] & \gamma_0B_z-\beta_0B_xB_y & -\gamma_0B_y-\beta_0B_xB_z\\ -\gamma_0B_z-\beta_0B_xB_y & \sigma_0+\beta_0(B_x^2+B_z^2) & \gamma_0B_x-\beta_0B_yB_z\\ \gamma_0B_y-\beta_0B_xB_z & -\gamma_0B_x-\beta_0B_yB_z & \sigma_0+\beta_0(B_x^2+B_y^2)\end{bmatrix} \tag{7.53}$$

いま，磁界 B に依存しない項と，B，B^2 に比例する項に分けると次のように書ける．

$$\sigma_{ij}=\begin{bmatrix}\sigma_0&0&0\\0&\sigma_0&0\\0&&\sigma_0\end{bmatrix}, \qquad \sigma_{ijl}B_l=\begin{bmatrix}0&\gamma_0B_z&-\gamma_0B_y\\-\gamma_0B_z&0&\gamma_0B_x\\\gamma_0B_y&-\gamma_0B_x&0\end{bmatrix},$$

$$\sigma_{ijlm}B_lB_m = \begin{bmatrix} \beta_0(B_y^2+B_z^2) & -\beta_0 B_x B_y & -\beta B_x B_z \\ -\beta_0 B_x B_y & \beta_0(B_x^2+B_z^2) & -\beta_0 B_y B_z \\ -\beta_0 B_x B_z & -\beta_0 B_y B_z & \beta_0(B_x^2+B_y^2) \end{bmatrix} \tag{7.54}$$

次に，弱磁界下におけるホール効果について考えてみよう．7.1 節の結果と比較するため，磁界 $\boldsymbol{B}$ は z 方向にかけられているものとして，$B_x = B_y = 0$ とする．このとき，式 (7.53) と式 (7.54) より，

$$J_x = (\sigma_0 + \beta_0 B_z^2)E_x + \gamma_0 B_z E_y \tag{7.55a}$$

$$J_y = -\gamma_0 B_z E_x + (\sigma_0 + \beta_0 B_z^2)E_y \tag{7.55b}$$

となるから，式 (7.20a)〜(7.20c)，式 (7.21a)，(7.21b) と比較して次の結果が得られる．

$$\sigma_{xx} = \sigma_{yy} = \sigma_0 + \beta_0 B_z^2 \frac{ne^2}{m^*}\langle\tau\rangle - \frac{ne^2\omega_c^2}{m^*}\langle\tau^3\rangle \tag{7.56a}$$

$$\sigma_{xy} = -\sigma_{yx} = \gamma_0 B_z = -\frac{ne^2\omega_c}{m^*}\langle\tau^2\rangle \tag{7.56b}$$

ここに，右辺最後の関係は式 (7.51a)〜(7.51c) とサイクロトロン周波数 $\omega_c = eB_z/m^*$ を用いて書きかえたものである．τ がエネルギーに依存せず一定であれば $\langle\tau^n\rangle = \tau^n$ であるから，式 (7.20a)，(7.20b) において，弱磁界の条件 $\omega_c\tau \ll 1$ とおけば式 (7.56a)，(7.56b) の関係と一致することがわかる．ホール係数は $J_y = 0$ の条件を用いて次のように求まる．式 (7.55b) において $J_y = 0$ として E_x を求め，それを式 (7.55a) に代入すれば

$$E_y = \frac{\sigma_{xy}}{\sigma_{xx}^2 + \sigma_{xy}^2}J_x = \frac{\gamma_0}{(\sigma_0 + \beta_0 B_z^2)^2 + \gamma_0 B_z^2}J_x B_z \tag{7.57}$$

となるので，ホール係数 R_H は

$$R_H = \frac{\sigma_{xy}}{\sigma_{xx}^2 + \sigma_{xy}^2}J_x = \frac{\gamma_0}{(\sigma_0 + \beta_0 B_z^2)^2 + \gamma_0^2 B_z^2} \cong \frac{\gamma_0}{\sigma_0^2} \tag{7.58}$$

で与えられる．ここで，最後の関係は弱磁界であるから $\sigma_0 \gg \beta_0 B_z^2$，$\sigma_0 \gg \gamma_0 B_z$ なることを考慮した．式 (7.58) に式 (7.51b) の関係を用いると，弱磁界下のホール係数は

$$R_H = -\frac{r_H}{ne} \tag{7.59}$$

となる．ここに，r_H は

$$r_H = \frac{\langle\tau^2\rangle}{\langle\tau\rangle^2} \tag{7.60}$$

で与えられる．したがって，このホール係数の散乱因子 r_H は分布関数と τ のエネルギー依存性がわかれば計算することができる．たとえば，マクスウエル分布を用い，$\tau = a\mathcal{E}^{-s}$ とすると，式 (6.116) より次式が得られる．

$$r_H = \frac{\Gamma(5/2 - 2s)\Gamma(5/2)}{[\Gamma(5/2 - s)]^2} \tag{7.61}$$

音響フォノン散乱の場合には，$s = 1/2$ であるから

$$r_H = \frac{3\pi}{8} = 1.18 \tag{7.62}$$

となり，ほとんど 1 に等しいが，不純物散乱が支配的な場合には，$s = -3/2$ であるから

$$r_H = \frac{315\pi}{512} = 1.93 \tag{7.63}$$

となり，ホール移動度とドリフト移動度を等しいとおくことはできない．

7.2.4 磁気抵抗効果

スカラー有効質量を有する半導体における任意磁界下のホール係数と磁気抵抗を求めてみよう．いま，

$$f_1 = \boldsymbol{c} \cdot \boldsymbol{k} \tag{7.64}$$

なる関数形を仮定して，係数 $\boldsymbol{c}$ を決定することを考える．これを式 (7.41) に代入すると

$$\left[\frac{\hbar e}{m^*}\frac{\partial f_0}{\partial \mathcal{E}}\boldsymbol{E} + \frac{e}{m^*}\boldsymbol{B} \times \frac{\partial}{\partial \boldsymbol{k}}(\boldsymbol{c} \cdot \boldsymbol{k}) - \frac{\boldsymbol{c}}{\tau}\right] \cdot \boldsymbol{k} = 0 \tag{7.65}$$

となる．これより $\boldsymbol{c}$ を決定するには，式 (7.65) を各成分に分け c_x，c_y，c_z に関する連立方程式として，c_x，c_y，c_z を求める．その結果を式 (7.64) に代入すれば

$$\begin{aligned} f_1 = &\frac{\hbar e}{m^*}\frac{\tau}{1 + (e\tau/m^*)^2 B^2}\frac{\partial f_0}{\partial \mathcal{E}} \\ &\times \left[\boldsymbol{E} + \frac{e\tau}{m^*}\boldsymbol{B} \times \boldsymbol{E} + \left(\frac{e\tau}{m^*}\right)^2 (\boldsymbol{B} \cdot \boldsymbol{E})\boldsymbol{B}\right] \cdot \boldsymbol{k} \end{aligned} \tag{7.66}$$

が得られる．この式の係数を

$$\frac{\tau}{1 + \omega_c^2\tau^2} = \tau - \frac{\omega_c^2\tau^3}{1 + \omega_c^2\tau^2}$$

と変形してみればわかるように，$\omega_c\tau \ll 1$ のときには $\tau - \omega_c^2\tau^3$ となるから，弱磁界の電気伝導度テンソルの式 (7.53) を与えることがわかる．このような比較から，任意の磁界に対する電気伝導度テンソルは式 (7.53) において

$$\gamma_0 \to \gamma = -\frac{ne^3}{m^{*2}}\left\langle \frac{\tau^2}{1 + \omega_c^2\tau^2} \right\rangle \tag{7.67a}$$

$$\beta_0 \to \beta = -\frac{ne^4}{m^{*3}}\left\langle \frac{\tau^3}{1 + \omega_c^2\tau^2} \right\rangle \tag{7.67b}$$

とおきかえればよいことがわかる．ここに，$\langle \cdots \rangle$ は式 (6.116) で与えられる分布関数による平均を意味する．

$B_x = B_y = 0$，$B_z \neq 0$，$E_z = 0$ のときには

$$\begin{aligned} J_x &= (\sigma_0 + \beta B_z^2)E_x + \gamma B_z E_y \\ &= \frac{ne^2}{m^*}\left[\left\langle \frac{\tau}{1 + \omega_c^2\tau^2} \right\rangle E_x - \left\langle \frac{\omega_c\tau^2}{1 + \omega_c^2\tau^2} \right\rangle E_y\right] \end{aligned} \tag{7.68a}$$

$$\begin{aligned} J_y &= -\gamma B_z E_x + (\sigma_0 + \beta B_z^2)E_y \\ &= \frac{ne^2}{m^*}\left[\left\langle \frac{\omega_c\tau^2}{1 + \omega_c^2\tau^2} \right\rangle E_x + \left\langle \frac{\tau}{1 + \omega_c^2\tau^2} \right\rangle E_y\right] \end{aligned} \tag{7.68b}$$

となる．この式と先に求めた式 (7.17a)，(7.17b) を比較すれば，その違いは分布関数による平均操作があるかないかのみで，その他は全く同じであることがわかる．これよりホール係数は

$$R_H = -\frac{1}{ne}\frac{\left\langle \dfrac{\tau^2}{1+\omega_c^2\tau^2}\right\rangle}{\left\langle \dfrac{\tau}{1+\omega_c^2\tau^2}\right\rangle^2 + \omega_c^2\left\langle \dfrac{\tau^2}{1+\omega_c^2\tau^2}\right\rangle^2} \tag{7.69}$$

となる．これよりホール係数の散乱因子 r_H は次式で与えられる．

$$r_H = \frac{\left\langle \dfrac{\tau^2}{1+\omega_c^2\tau^2}\right\rangle}{\left\langle \dfrac{\tau}{1+\omega_c^2\tau^2}\right\rangle^2 + \omega_c^2\left\langle \dfrac{\tau^2}{1+\omega_c^2\tau^2}\right\rangle^2} \tag{7.70}$$

また，$J_y = 0$ より E_y を求め，これを式 (7.68a) に代入すると次の関係式が得られる．

$$J_x = \frac{\sigma_{xx}^2 + \sigma_{xy}^2}{\sigma_{xx}}E_x \equiv \sigma(B)E_x \tag{7.71a}$$

$$\sigma(B) = \frac{ne^2}{m^*}\frac{\left\langle \dfrac{\tau}{1+\omega_c^2\tau^2}\right\rangle^2 + \omega_c^2\left\langle \dfrac{\tau^2}{1+\omega_c^2\tau^2}\right\rangle^2}{\left\langle \dfrac{\tau}{1+\omega_c^2\tau^2}\right\rangle} \tag{7.71b}$$

式 (7.69) より，弱磁界の場合には $\omega_c\tau \ll 1$ とすれば，ただちに式 (7.59)，(7.60) が得られる．一方，強磁界の場合には $\omega_c\tau \gg 1$ として

$$R_H \cong -\frac{1}{ne} \tag{7.72}$$

となり，散乱の種類によらず，強磁界下ではホール係数は飽和の傾向を示す．

磁気抵抗 (magnetoresistance) は式 (7.71b) より計算することができる．抵抗率 ρ は 導電率 (導電度) σ を用いて $\rho = 1/\sigma$ と表されるから

$$\sigma = \sigma_0\left(1 - \frac{\Delta\sigma}{\sigma_0}\right) \tag{7.73a}$$

$$\rho = \rho_0\left(1 + \frac{\Delta\rho}{\rho_0}\right) \tag{7.73b}$$

と書くことにすれば，弱磁界に対しては式 (7.71b) より $\Delta\sigma/\sigma_0 \ll 1$ として

$$-\frac{\Delta\sigma}{\sigma_0} = \frac{\Delta\rho}{\rho_0} = \omega_c^2\frac{\langle\tau^3\rangle\langle\tau\rangle - \langle\tau^2\rangle^2}{\langle\tau\rangle^2} \tag{7.74}$$

となる．弱磁界に対するホール係数の式 (7.59) を $R_H(0)$ とおき，式 (7.60) を用いると次の結果が得られる．

$$\frac{\Delta\rho}{\rho_0} = -\frac{\Delta\sigma}{\sigma_0} = \xi R_H(0)^2\sigma_0^2B_z^2 = \xi(\mu_H B_z)^2 \tag{7.75a}$$

$$\xi = \frac{\langle\tau^3\rangle\langle\tau\rangle}{\langle\tau^2\rangle^2} - 1 \tag{7.75b}$$

いま，$\tau = a\mathcal{E}^{-s}$ と仮定すると，

$$\xi = \frac{\Gamma(5/2-3s)\Gamma(5/2-s)}{[\Gamma(5/2-2s)]} - 1 \tag{7.76}$$

となる．音響フォノン散乱に対しては $s = 1/2$ とすると，

$$\xi = \frac{4}{\pi} - 1 = 0.273 \tag{7.77}$$

となり，不純物散乱に対しては $s = -3/2$ とおいて，

$$\xi = \frac{32768}{6615\pi} - 1 = 0.577 \tag{7.78}$$

となる．一般に，$\langle\tau^3\rangle\langle\tau\rangle$ は $\langle\tau^2\rangle^2$ よりも大きいので $\xi \geq 0$ なる関係が成立する．つまり，磁界を加えると抵抗が増大するいわゆる正の磁気抵抗が観測される．また，τ がエネルギーに依存せず一定の値をもてば $\xi = 0$ となり磁気抵抗はない．$\partial f_0/\partial\mathcal{E}$ が δ 関数的であれば $\langle\tau^n\rangle \cong \tau_F^n$ となり，$\xi \cong 0$，つまり縮退したスカラー有効質量をもつ半導体では磁気抵抗は極めて小さいことになる．磁気抵抗の原因は次のように考えれば理解されるであろう．横磁界中で電子はローレンツ力を受けて曲げられ，ホール電界を誘起する．このホール電界による力とローレンツ力が釣り合ったときに電子は直進しようとする．しかし，電子のエネルギー分布には広がりがあり，ホール電界を誘起するのに相当する平均の速度よりも速い電子や遅い電子が存在するので，これらの電子に働くローレンツ力はホール電界による力とは釣り合わず，両側に広がって移動するので電気抵抗が大きくなる ($\Delta\rho/\rho_0 \geq 0$).

強磁界下での磁気抵抗は式 (7.71b) より次のようになる．$\omega_c\tau \gg 1$ に対する電気伝導率を σ_∞，抵抗率を ρ_∞ とすると，

$$\frac{\sigma_0}{\sigma_\infty} = \frac{\rho_\infty}{\rho_0} = \langle 1/\tau\rangle\langle\tau\rangle \tag{7.79}$$

が得られるので，再び $\tau = a\mathcal{E}^{-s}$ を仮定すると，

$$\frac{\rho_\infty}{\rho_0} = \frac{\Gamma(5/2+s)\cdot\Gamma(5/2-s)}{[\Gamma(5/2)]^2} = \begin{cases} \dfrac{32}{9\pi} = 1.13 & (s = 1/2) \\[2ex] \dfrac{32}{3\pi} = 3.39 & (s = -3/2) \end{cases} \tag{7.80}$$

となる．

7.3 シュブニコフ・ドハース効果

7.3.1 シュブニコフ・ドハース効果の理論

2.5 節で磁界中での電子の運動を論じ，電子はサイクロトロン運動をすることにより量子化され，ランダウ準位が形成されることを述べた．また，その時の電子の状態密度は式 (2.135) で与えられ，その様子は図 2.16 に示されている．縮退した半導体を考え，その電子密度を n，フェルミ準位を $\mathcal{E}_F$ とおくと，$T = 0$ の極限では

$$\mathcal{E}_F = \frac{\hbar^2}{2m^*}\left(3\pi^2 n\right)^{2/3} \tag{7.81}$$

の関係が成立する．この半導体に印加する磁界を変化させると，フェルミ準位がランダウ準位の底をよぎる．フェルミ準位がランダウ準位の底に位置するとき，電子の状態密度が大きいので電子の散乱確率が増大する．この条件は，フェルミ準位が磁界により変化しないとすれば，

$$\mathcal{E}_F = \hbar\omega_c\left(N+\frac{1}{2}\right) = \frac{eB}{m^*}\left(N+\frac{1}{2}\right), \qquad N = 0, 1, 2, \ldots \tag{7.82}$$

と書けるので，電気抵抗は磁界の逆数 $1/B$ に関して周期的に振動する．その周期は

$$\Delta\left(\frac{1}{B}\right) = \frac{e\hbar}{m^*\mathcal{E}_F} = \frac{2e}{\hbar}\left(3\pi^2 n\right)^{-2/3} \tag{7.83}$$

で与えられる．この現象を**シュブニコフ・ドハース効果** (Shubnikov-de Haas effect) とよぶ．古典的なボルツマンの輸送方程式を解くことによってシュブニコフ・ドハース効果を説明することはできない．最もよく知られていてかつ理解しやすい方法は，密度行列を用いる方法であろう．線形理論を一般化した久保の公式を用いる方法が最も良く知られている．その詳細については文献[7.3], [7.4]を参照されたい．ここでは，その結果をできるだけ分かりやすく示す．

前節の結果を用いると，磁界を z 方向に印加したときの横磁気抵抗 $\rho_\perp$，縦磁気抵抗 $\rho_\parallel$ とホール係数は次の関係式で与えられる．

$$\rho_\perp = \frac{\sigma_{xx}}{\sigma_{xx}^2 + \sigma_{xy}^2} \tag{7.84a}$$

$$\rho_\parallel = \frac{1}{\sigma_{zz}} \tag{7.84b}$$

$$R_H = -\frac{1}{B_z}\frac{\sigma_{yx}}{\sigma_{xx}^2 + \sigma_{yx}^2} \tag{7.84c}$$

後に述べるようにシュブニコフ・ドハース効果に限らず磁界中での量子効果，つまり**量子磁気輸送効果** (quantum galvanomagnetic effect)，を観測するには $\omega_c\tau = \mu B_z \gg 1$ の条件が必要となる．このような条件下では，$\sigma_{xy} \gg \sigma_{xx}$ の条件が満たされる．このとき次の関係が成立する．

$$\rho_\perp \cong \frac{\sigma_{xx}}{\sigma_{xy}^2} \tag{7.85a}$$

$$R_H \cong -\frac{1}{B_z\sigma_{yx}} \tag{7.85b}$$

$\omega_c\tau \gg 1$ が満たされるときの，磁気抵抗効果は前節で述べたような古典的な方法で取り扱うことができない．そのことは 2.5 節で述べた内容から理解される．$\omega_c\tau \gg 1$ の条件下では，電子はサイクロトロン運動をし，ランダウ準位を形成する．z 方向に印加された磁界 B_z と直交する x 方向に電界 E_x を印加すると，図 2.15(左) に示したように電子は磁界と電界に直交する y 方向に E_x/B_z の速度で運動する．つまり式 (2.130) で示したように，サイクロトロン中心の座標 (X, Y) は

$$\dot{Y} = \frac{E_x}{B_z}, \qquad \dot{X} = 0 \tag{7.86}$$

で与えられ，電子は y 方向に一定速度で運動する．このとき $J_y = neE_x/B_y \equiv \sigma_{yx}E_x$ となるから，

$$\sigma_{yx} = \frac{ne}{B_z} \tag{7.87}$$

となり，これを式 (7.85b) に代入すれば，7.2 節で強磁界下の条件で求めたホール係数の式 (7.72) と一致する

$$R_H \cong -\frac{1}{ne} \tag{7.88}$$

なる結果が得られる．しかし，x 方向には電子は流れないから $\sigma_{xx}=0$ となる．x 方向に電流が流れるのは図 2.15(右) に示したように，電子が散乱を受けることによるもので，サイクロトロン中心が散乱により変化し，x 方向に運動する成分が現われるからで，このとき $\sigma_{xx}\neq 0$ となる．古典的な輸送現象の解釈では，電子のドリフト運動による電流は散乱によって妨げられるのに対して，強磁界中での電界方向の電流は電子が散乱されることによって誘起される．

上に述べたような例から，量子磁気輸送現象は古典的輸送現象と本質的に異なることが理解される．さらに，電子は磁界に垂直な面内でのサイクロトロン運動のため量子化され，z 方向にのみ自由に運動のできる状態，つまり 1 次元的な振る舞いをする．このとき電子の状態密度は図 2.16 のようになる．電子の状態密度が 1 次元的であるために，散乱の割合 (緩和時間) もランダウ準位の底で発散する性質をもつ．輸送方程式を解き，電流密度を求めるとき再び 1 次元的状態密度が現われる．このため電流密度，したがって導電率を磁界の関数でプロットすると振動する．はじめに述べたように，磁界下の輸送現象は密度行列や久保の公式[7.4]を用いた解析が最も正統的な方法である．ここでは，Roth と Argyres の方法[7.3]を概説する．

磁界中の 1 電子ハミルトニアンを H_0 とすると，

$$H_0 = \frac{1}{2m^*}(\boldsymbol{p}+e\boldsymbol{A})^2 + \mathrm{g}\mu_B \boldsymbol{s}\cdot\boldsymbol{B} \tag{7.89}$$

で与えられる．ここでは，電子のスピンを考慮している．$\mu_B = e\hbar/2m$ である．式 (7.89) の固有値は 2.5 節での取り扱いから明らかなように

$$\mathcal{E}_{n\boldsymbol{k}\pm} = \left(N+\frac{1}{2}\pm\frac{\nu}{2}\right)\hbar\omega_c + \mathcal{E}_z; \qquad \mathcal{E}_z = \frac{\hbar^2 k_z^2}{2m^*} \tag{7.90}$$

で与えられ，$\nu = m^*\mathrm{g}/2m$ である．このときの状態密度が次式で与えられることも明らかである．

$$\begin{aligned} g(\mathcal{E},B_z) &= \frac{1}{V}\sum_{N\boldsymbol{k}\pm}\delta[\mathcal{E}_{N\boldsymbol{k}\pm}-\mathcal{E}] \\ &= \left(\frac{2m^*}{\hbar^2}\right)^{1/2}\frac{1}{(2\pi l)^2}\sum_{N,\pm}\left[\mathcal{E}-\left(N+\frac{1}{2}\pm\frac{\nu}{2}\right)\hbar\omega_c\right]^{-1/2} \end{aligned} \tag{7.91}$$

$V=L^3$ は結晶の体積で，$l=(\hbar/eB)^{1/2}=(\hbar/m^*\omega_c)^{1/2}$ は式 (2.111) で定義したもので，基底軌道の古典的サイクロトロン半径である．一般に d 次元のバンドにおける状態密度 $g^{(d)}$ は

$$g^{(d)} = \frac{2}{V}\sum_{\boldsymbol{k}}\delta[\mathcal{E}_{\boldsymbol{k}}-\mathcal{E}] = \frac{2}{(2\pi)^d}\int d^d\boldsymbol{k} \tag{7.92}$$

で与えられる．3 次元のバンドでは

$$g^{(3)}(\mathcal{E}) = \frac{2}{(2\pi)^3}\int d^3\boldsymbol{k} = \frac{2}{(2\pi)^3}\int 4\pi k^2 dk = \frac{1}{2\pi^2}\left(\frac{2m^*}{\hbar^2}\right)^{3/2}\mathcal{E}^{1/2} \tag{7.93}$$

となる．磁界中での 1 次元状態密度はポアソン和の公式

$$\sum_{m=0}^{\infty}\Phi\left(m+\frac{1}{2}\right)=\sum_{-\infty}^{+\infty}(-1)^r\int_0^{\infty}\Phi(x)e^{2\pi irx}dx \tag{7.94}$$

を用いて計算することができ，$\hbar\omega_c \gg 1$ のとき，3 次元状態密度との間には次の関係が成立する．

$$g(\mathcal{E},B_z)=g^{(3)}\left[1+\left(\frac{\hbar\omega_c}{2\mathcal{E}}\right)^{1/2}\sum_{r=1}^{\infty}\frac{(-1)^r}{r^{1/2}}\cos\left(\frac{2\pi\mathcal{E}}{\hbar\omega_c}r-\frac{\pi}{4}\right)\cos(\pi\nu r)\right] \tag{7.95}$$

このように，磁界中での電子の状態密度は磁界の逆数に対して周期的に振動する．これが磁気抵抗の振動に反映されるわけである．

1 電子密度行列 $\rho_T(t)$ は次の式を満たす．(密度行列については付録 E を参照)

$$i\hbar\frac{d\rho_T}{dt}=[H_0+H'+F,\rho_T] \tag{7.96}$$

ここに，H' は散乱のポテンシャルで，F は電界 $\boldsymbol{E}$ の下での相互作用を表し，

$$F=e\boldsymbol{E}\cdot\boldsymbol{r} \tag{7.97}$$

である．また，電流密度は次式で与えられる．

$$\boldsymbol{J}=-\frac{e}{V}\mathrm{Tr}(\rho_T\boldsymbol{v}) \tag{7.98}$$

ここに，V は体積，$\boldsymbol{v}=(\boldsymbol{p}+e\boldsymbol{A})/m^*$ は速度演算子で，2.5 節で述べたように次式で与えられる．

$$\boldsymbol{v}=\frac{1}{m^*}(p_x,\hbar k_y+eBx,\hbar k_z) \tag{7.99}$$

全電子数は保存されるので，電子密度を n とすると

$$\frac{1}{V}\mathrm{Tr}(\rho_T)=n \tag{7.100}$$

が成立する．密度行列を

$$\rho_T=\rho_0+\rho(t) \tag{7.101}$$

と置くと，ρ_0 はフェルミ・ディラックの分布関数を用いて

$$\rho_0=\frac{1}{e^{(\mathcal{E}-\mathcal{E}_F)/k_BT}+1} \tag{7.102}$$

と表される．これらの結果を用いると式 (7.96) は次のようになる．

$$i\hbar\frac{d\rho(t)}{dt}=[H_0+H',\rho(t)]+[F,f(H_0+H')];\qquad \rho(0)=0 \tag{7.103}$$

ここに，f はフェルミ分布関数である．この 1 電子密度行列を電子－フォノン相互作用について解き，電流密度の式 (7.98) に代入すれば電流密度が求まり，これより磁気伝導度を求めることができる．

7.3.2 縦磁気配置

磁界と電界の両方を z 方向に印加する場合を縦磁界とよび，このときの磁気抵抗を**縦磁気抵抗**とよぶ．簡単のため，添字 $N\boldsymbol{k}\pm$ をまとめて記号 μ で表すことにする．密度行列の対角要素 ρ_μ に対する輸送方程式は次のようになる[7.12]．

$$\sum_\nu \{w_{\mu\nu}\rho_\mu(1-\rho_\nu) - w_{\nu\mu}\rho_\nu(1-\rho_\mu)\} = eE_z v_\mu^z \frac{df(\mathcal{E}_\mu)}{d\mathcal{E}_\mu} \tag{7.104}$$

ここに，v_μ^z はランダウ状態 $|\mu\rangle = |N\boldsymbol{k}\pm\rangle$ に対する速度演算子 $\boldsymbol{v}_\mu$ の z 方向成分であり，$w_{\mu\nu}$ はランダウ状態 $|\mu\rangle$ と $|\nu\rangle$ の間の散乱確率で次のように表される．

$$w_{\mu\nu} = w_{\nu\mu} = \frac{2\pi}{\hbar}|H'_{\mu\nu}|^2\delta[\mathcal{E}_\mu - \mathcal{E}_\nu] \tag{7.105}$$

半導体におけるシュブニコフ・ドハース効果の測定は，先に述べたように $\omega_c\tau \gg 1$ の成立する低温で行われ，不純物散乱と音響フォノン散乱が支配的である．それらの散乱確率は 6.2 節で述べた方法で求めることができる．いずれの散乱もスピンは保存される．不純物散乱では

$$w_{\mu\nu} = \frac{2\pi}{\hbar}\frac{N_I}{V}\sum_{\boldsymbol{q}}|H'(\boldsymbol{q})|^2\left|\langle\mu\left|e^{i\boldsymbol{q}\cdot\boldsymbol{r}}\right|\nu\rangle\right|^2\delta[\mathcal{E}_\mu - \mathcal{E}_\nu] \tag{7.106}$$

音響フォノン散乱では

$$\begin{aligned} w_{\mu\nu} = {} & \frac{2\pi}{\hbar}\sum_q |C(\boldsymbol{q})|^2\left|\langle\mu\left|e^{i\boldsymbol{q}\cdot\boldsymbol{r}}\right|\nu\rangle\right|^2 \\ & \times\{(n_q+1)\delta[\mathcal{E}_\mu - \mathcal{E}_\nu - \hbar\omega_q] + n_q\delta[\mathcal{E}_\mu - \mathcal{E}_\nu + \hbar\omega_q]\} \end{aligned} \tag{7.107}$$

となることは6章の結果を見れば理解できる．ここに，$q = (j, \boldsymbol{q})$ はエネルギー $\hbar\omega_q$ の音響フォノンモード j と波数ベクトル $\boldsymbol{q}$ を表し，n_q はボーズ・アインシュタイン分布関数で $n_q = 1/[\exp(\hbar\omega_q/k_BT)-1]$ である．不純物散乱と音響フォノン散乱の両方の場合に現われる $\langle\mu|\exp(i\boldsymbol{q}\cdot\boldsymbol{r})|\nu\rangle$ は式 (2.123) で与えられる固有関数を用いて計算される．その結果についてはここでは詳述しないが，参考文献を参照されたい[7.4]．

いま，密度行列の対角成分を

$$\rho_\mu = f(\mathcal{E}_\mu) + \varphi_\mu\frac{df(\mathcal{E}_\mu)}{d\mathcal{E}_\mu} \tag{7.108}$$

と展開する．ここに，$f(\mathcal{E}) = 1/[\exp\{(\mathcal{E}-\mathcal{E}_F)/k_BT\}-1]$ はフェルミ・ディラックの分布関数であり，$df/d\mathcal{E}$ は式 (6.103) で与えられる．不純物散乱は弾性散乱であるが，音響フォノン散乱も弾性散乱と仮定すると，散乱の前後で $f(\mathcal{E}_\mu)$ と $f(\mathcal{E}_\nu)$ は等しいと考えることができる．このとき，式 (7.104) の左辺は $\sum_\nu w_{\mu\nu}(\rho_\mu - \rho_\nu)$ であるから，式 (7.104) は次のようになる．

$$\sum_\nu w_{\mu\nu}(\varphi_\mu - \varphi_\nu) = eE_z v_\mu^z \tag{7.109}$$

6.2 節で述べた古典的ボルツマンの輸送方程式の解法と同様に緩和時間近似をすると，

$$\sum_\nu w_{\mu\nu}(\varphi_\mu - \varphi_\nu) = \frac{\varphi_\mu}{\tau_\mu} \tag{7.110}$$

と表すことができる．ここに，緩和時間 τ_μ と 散乱確率 $w_{\mu\nu}$ の間には次の関係が成り立つ．

$$\frac{1}{\tau_{N\boldsymbol{k}\pm}} = \sum_{N'\boldsymbol{k}'} w_{N\boldsymbol{k}\pm,N'\boldsymbol{k}'\pm}\left(1-\frac{k'_z}{k_z}\right) \tag{7.111}$$

6 章 6.4 節で述べたように，等方的弾性散乱の場合，緩和時間の逆数は散乱割合と等しくなる．このとき

$$\varphi_\mu = eE_z\tau_\mu v^z_\mu \tag{7.112}$$

となるから，これを式 (7.108) に代入しその結果を式 (7.98) に用いると，縦磁気抵抗として次式が得られる．

$$\rho_\parallel^{-1} = \sigma_{zz} = -\frac{e^2}{V}\sum_{N\boldsymbol{k}\pm}\frac{df}{d\mathcal{E}_{N\boldsymbol{k}\pm}}\tau^\pm\left(\mathcal{E}_{N\boldsymbol{k}}\right)\left(v^z_{N\boldsymbol{k}}\right)^2 \tag{7.113}$$

磁界中でのフェルミエネルギーは式 (7.91) を用いて

$$n = \int_0^\infty f(\mathcal{E})g(\mathcal{E},B_z)d\mathcal{E} \tag{7.114}$$

で与えられる．電子密度が一定であると仮定すると，磁界中のフェルミエネルギー $\mathcal{E}_F$ は磁界 0 のときのフェルミエネルギー $\mathcal{E}_F^0$ と異なり磁界に依存することになる．一般に，

$$\mathcal{E}_F = \mathcal{E}_F^{(0)} + \mathcal{E}_F^{(1)}B_z^2 + \mathcal{E}_F^{\mathrm{osc}} \tag{7.115}$$

と展開できる．$\mathcal{E}_F^{\mathrm{osc}}$ は $1/B_z$ の周期で振動する成分で，その振幅は $(\hbar\omega_c/\mathcal{E}_F^{(0)})^{3/2}\mathcal{E}_F^{(0)}$ に比例する．一般に，上式の右辺第 2 項以降は小さいので，しばしば $\mathcal{E}_F = \mathcal{E}_F^{(0)}$ とおく．式 (7.113) において，$df/d\mathcal{E} = -(1/k_BT)f(1-f)$ であり，δ 関数的な振舞いをする．このことを考慮すると，$k_BT \ll \hbar\omega_c$ のとき次の結果を得る．

$$\rho_\parallel^{-1} = \rho_0^{-1}\frac{4\sqrt{\mathcal{E}_F^{(0)}}}{n\hbar\omega_c}\sum_\pm\frac{n_\pm}{\sum_N\left[\mathcal{E}_F-(N+\frac{1}{2}\pm\frac{1}{2}\nu)\hbar\omega_c\right]^{-1/2}} \tag{7.116}$$

ここに，$\rho_0 = m^*/ne^2\tau_0(\mathcal{E}_F^{(0)})$ は $B_z = 0$ のときの抵抗率で，$\tau_0(\mathcal{E}_F^{(0)})$ はゼロ磁界下における緩和時間のフェルミエネルギーに対する値である．また，$n_\pm$ はスピン $\pm$ に対する電子密度で $n = n_+ + n_-$ である．$\mathcal{E}_F \gg \hbar\omega_c$ のとき，任意の $k_BT/\hbar\omega_c$ に対して，縦磁気抵抗は次のようになる．

$$\rho_\parallel \cong \rho_0\left[1+\sum_{r=1}^\infty b_r\cos\left(\frac{2\pi\mathcal{E}_F}{\hbar\omega_c}r-\frac{\pi}{4}\right)\right] \tag{7.117}$$

ここに，

$$b_r = \frac{(-1)^r}{r^{1/2}}\left(\frac{\hbar\omega_c}{2\mathcal{E}_F}\right)^{1/2}\frac{2\pi^2rk_BT/\hbar\omega_c}{\sinh(2\pi^2rk_BT/\hbar\omega_c)}\cos(\pi\nu r)e^{-2\pi r\Gamma/\hbar\omega_c} \tag{7.118}$$

で，電子の状態密度のブロードニング (ブロードニング・エネルギー Γ) を考慮した．この式から縦磁気抵抗は，はじめに述べたように $1/B_z$ に対して周期的に振動することがわかる．

7.3.3 横磁気配置

横磁気配置における磁気抵抗，**横磁気抵抗** (transverse magnetoresistance)，の計算は縦磁気配置に比べ複雑である．これははじめにも述べたように，z 方向に磁界を印加し，電界を x 方向に加えると，xy 面内で量子化された電子は散乱が無ければ y 方向に一定の速度 E_x/B_z で運動し，x 方向には流れない．電子が散乱を受けることによって，サイクロトロン中心が x 方向に変化することによってのみ，x 方向に電子が流れ $\sigma_{xx} \neq 0$ となる．

横磁気配置における式 (7.96) の解は，久保らによると弾性散乱に対しては[7.4], [7.13]

$$\sigma_{xx} = \frac{\pi e^2}{\hbar V}\int_{-\infty}^{\infty} d\mathcal{E}\frac{df}{d\mathcal{E}}\mathrm{Tr}\left\{\delta(\mathcal{E}-H)[H',X]\delta(\mathcal{E}-H)[H',X]\right\} \tag{7.119}$$

ここに，$H = H_0 + H'$ で X はサイクロトロン中心の x 成分に対する演算子である．この式を衝突によるブロードニングを考慮して求めた結果は次のようになる[7.3]．

$$\rho_\perp = \rho_0\left[1 + \frac{5}{2}\sum_{r=1}^{\infty} b_r\cos\left(\frac{2\pi\mathcal{E}_F}{\hbar\omega_c}r - \frac{\pi}{4}\right) + R\right] \tag{7.120a}$$

$$R = \frac{3}{4}\frac{\hbar\omega_c}{2\mathcal{E}_F}\left\{\sum_{r=1}^{\infty} b_r\left[\alpha_r\cos\left(\frac{2\pi\mathcal{E}_F}{\hbar\omega_c}r\right) + \beta_r\sin\left(\frac{2\pi\mathcal{E}_F}{\hbar\omega_c}r\right)\right]\right.$$
$$\left. - \ln\left(1 - e^{4\pi\Gamma/\hbar\omega_c}\right)\right\} \tag{7.120b}$$

ここに，b_r は式 (7.118) で与えられ，係数 α_r，β_r は次式で与えられる．

$$\alpha_r = 2r^{1/2}\sum_{s=1}^{\infty}\frac{1}{[s(r+s)]^{1/2}}e^{-4\pi s\Gamma/\hbar\omega_c} \tag{7.121a}$$

$$\beta_r = r^{1/2}\sum_{s=1}^{r-1}\frac{1}{[s(r-s)]^{1/2}} \tag{7.121b}$$

これらの結果，横磁気抵抗も縦磁気抵抗の場合と同様 $1/B_z$ に関して周期的に振動することがわかる．式 (7.120a) の右辺第 2 項は，量子数 N が変化する遷移による横磁気抵抗の振動成分である．また，R は N が変化しない遷移によるもので，Γ が 0 のとき発散する．これは，散乱割合と分布関数を含む積分で 1 次元状態密度の積分が 2 度現れ，N と N' が等しいとき対数発散することによる．各項の寄与は $\Gamma/\mathcal{E}_F$ の大きさに依存し，R の寄与は $r > 1$ (高調波振動成分) で小さくなる．通常，この項を無視して解析することが多い．

縦磁気抵抗，横磁気抵抗ともに，その振動の振幅は

$$\frac{T}{B_z^{1/2}}\exp\{-2\pi^2 k_B(T+T_D)/\hbar\omega_c\}$$

のような磁界および温度依存性を示す．ここに，

$$T_D = \frac{\Gamma}{\pi k_B} \tag{7.122}$$

は**ディングル温度** (Dingle temperature) とよばれる．一方，位相も縦，横磁気配置ともに $-\pi/4$ となるが，計算ではスピンの g 因子による寄与を考慮していないので，実験との比較をすることは難しい．

次に，実験との比較について述べる．実験を行うには，電流端子の他に抵抗を測定する端子をつけなければならない．通常，試料の不均一性による影響を避けるため，いくつかの抵抗測定端子を取り付け，一定電流を電流端子に流して，抵抗端子間の電圧を測定し，最も振動振幅の大きいものを選ぶ．シュブニコフ・ドハース効果は低温で強く観測されるが，振動振幅が弱い場合，後に述べる磁気フォノン共鳴の測定のように，磁界変調による磁気抵抗の磁界による 2 階微分信号の検出や，コンピューターによる微分信号の解析などが最近では用いられるようになった．図 7.2 は n-GaSb におけるシュブニコフ・ドハース効果の測定結果である[7.14]．図では，縦磁気抵抗と横磁気抵抗が磁界の逆数に対してプロットしてあり，上に導いた式のように $1/B$ で周期的に振動している様子がよくわかる．この周期 $2.75T^{-1}$ から，式 (7.83) より電子密度 $n = 1.3 \times 10^{18}$ cm^{-3} が得られる．

シュブニコフ・ドハース効果から電子の有効質量を求めるには次のような解析法が用いられる．

$$\chi = \frac{2\pi^2 k_B T}{\hbar\omega_c}$$

とおくと，振動振幅の温度依存性は

$$\chi \sinh \chi = \frac{2\pi^2 k_B T/\hbar\omega_c}{\sinh(2\pi^2 k_B T/\hbar\omega_c)} \tag{7.123}$$

となるから，この式に $\omega_c = eB/m^*$ を代入し，振幅の温度依存性から m^* を決定することができる．この方法で求めた n-GaSb における有効質量は $m^* = 0.05m$ であるが，電子密度に依存することが観測されている．これは，伝導帯の非放物線性によるものである．

一般に，振動磁気抵抗の振幅は磁界の逆数に対して指数関数的に減衰する．これは，電子の衝突によるランダウ準位のブロードニングによる結果である．シュブニコフ・ドハース効果による磁気抵抗の振動成分の振幅の磁界依存性は

$$\begin{aligned} &\left(\frac{\hbar\omega_c}{\mathcal{E}_F}\right)^{1/2} \frac{\chi}{\sinh\chi} e^{-2\pi\Gamma/\hbar\omega_c} \\ &= \left(\frac{\hbar\omega_c}{\mathcal{E}_F}\right)^{1/2} \frac{2\pi^2 k_B T/\hbar\omega_c}{\sinh(2\pi^2 k_B T/\hbar\omega_c)} e^{-2\pi^2 k_B T_D/\hbar\omega_c} \end{aligned} \tag{7.124}$$

となる．ここに，$T_D = \Gamma/\pi k_B$ は先に定義したようにディングル温度である．したがって，振動成分の振幅を $(\hbar\omega_c/\mathcal{E}_F)^{1/2}(\chi/\sinh\chi)$ で割った値の対数を $1/B$ に対してプロットすると直線となる．この勾配からディングル温度，つまりブロードニングの大きさを決定することができる．図 7.3 に電子密度の異なる n-GaSb の $T = 4.2$K における測定結果[7.14]を示すが，よい直線性を示し，理論とのよい一致を示す．このような解析から $n = 1.3 \times 10^{18}$cm^{-3} の試料では $T_D = 6.6$K が得られている．ランダウ準位のブロードニングを表す量としてディングル温度を見積もったが，これと比較する量として，移動度から得られる移動度温度 (mobility temperature) がある．移動度から運動量緩和時間 τ_m を求めることができ，これより移動度温度は $T_m = \hbar/2\pi k_B T \tau_m$ と見積もることができる．Becker と Fan によると $n = 1.3 \times 10^{18}$cm^{-3} の n-GaSb では $T_m = 4.9$K となる．

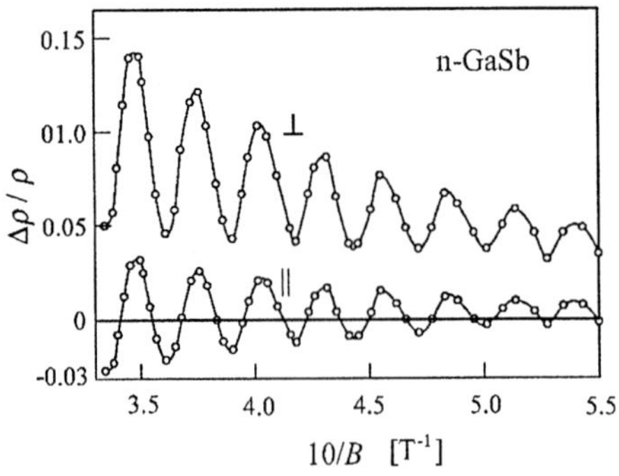

図 7.2: n-GaSb ($n = 1.3 \times 10^{18}$ cm^{-3}) におけるシュブニコフ・ドハース効果．縦および横磁気抵抗が $1/B$ に対してプロットしてある．(Becker and Fan 文献[7.14]による)

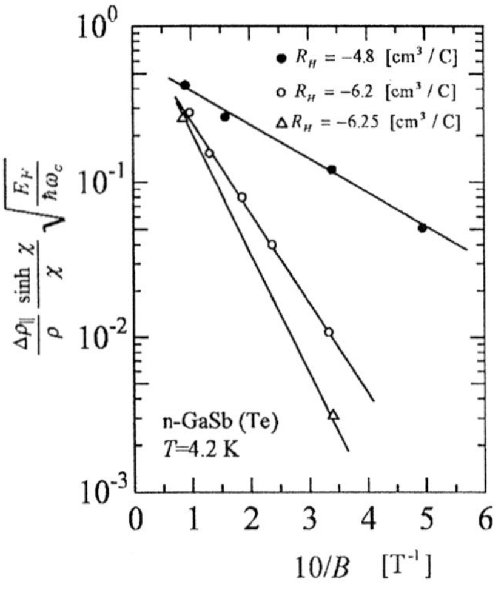

図 7.3: n-GaSb における縦磁気抵抗の振動成分を磁界の逆数 $1/B$ でプロットしたもの．電子密度 (ホール係数 R_H) による減衰 (ディングル温度) の違いが分かる．(Becker and Fan 文献[7.14]による)

7.4 磁気フォノン共鳴

7.4.1 磁気フォノン共鳴の実験と理論

前節のシュブニコフ・ドハース効果では，磁界により量子化されたランダウ準位における電子の弾性散乱により，磁気抵抗が $1/B$ に関して周期的に振動する現象として現れることを説明した．一方，非弾性散乱による磁気抵抗の振動現象は**磁気フォノン共鳴** (magnetophonon resonance) として知られている．これは，ランダウ準位間を光学フォノンを吸収放出して遷移することにより起こる現象で，ランダウ準位の間隔の整数倍がフォノンのエネルギーと等しいとき，磁気抵抗が極大となる現象である．光学フォノンのエネルギーを $\hbar_{\rm LO}$ とすると，共鳴条件は次式で与えられる．

$$N\hbar\omega_c = \hbar\omega_{\rm LO}, \qquad N = 1, 2, 3, \cdots \tag{7.125}$$

ここに，$\omega_c = eB/m^*$ は有効質量 m^* をもつ電子のサイクロトロン角周波数である．磁気フォノン共鳴を観測するには，関与する光学フォノンが十分存在しなければならない．つまり，フォノンの励起数はボーズ・アインシュタイン分布

$$n_{\rm LO} = \frac{1}{e^{\hbar\omega_{\rm LO}/k_BT} - 1} \tag{7.126}$$

で与えられるから，低温で $\hbar\omega_{\rm LO} > k_BT$ となると観測するのが困難となる．つまり，低温ではランダウ準位のブロードニングが小さく量子効果を顕著に反映するが，関与する光学フォノンの数が十分になく，磁気フォノン共鳴は観測されない．一方，高温になると関与するフォノンは十分に励起されているが，ランダウ準位のブロードニングが強く，量子化は消されてしまう．これまでに，電子と光

学フォノンとの相互作用の強い III-V 族化合物半導体を中心に種々の半導体で磁気フォノン共鳴現象が観測されているが，いずれもその振動の強度は上に述べた理由から，$T \cong 150\text{K}$ で最大となり，40 K 以下と 350 K 以上では極めて観測が難しい．ただし，$T \leq 40$ では高電界下で電子がホット・エレクトロンの状態となると，光学フォノンを放出してランダウ準位間を遷移するホット・エレクトロンによる磁気フォノン共鳴が観測されている．

磁気フォノン共鳴は 1961 年に Gurevich と Firsov [7.15] により最初に理論的予言がなされた．ついで 1963 年に Puri と Geballe [7.16]により，InSb における熱起電力が磁界に対して振動的に変化する現象として見出された．磁気抵抗の測定は Firsov ら[7.17]によって 1964 年に n-InSb における実験結果が報告された．磁気抵抗の周期的振動から式 (7.125) を用いて，関与する光学のエネルギーが分かれば電子の有効質量を決定できる．しかも，磁気フォノン共鳴は $T = 150\text{K}$ 前後の温度領域で測定可能なことから，この温度領域における電子の有効質量の温度依存性を研究したり，種々の電子–フォノン相互作用を研究する手段として用いられ，1960–1970 年代に優れた成果が得られ，量子輸送現象解明のための物性研究の手段としてその地位を確立した．なかでも，この研究に大きな指針を与えたのは，一連の III-V 族化合物半導体における磁気フォノン共鳴の測定から，Stradling と Wood [7.5]が，磁気フォノン共鳴の振動成分を表す実験式として

$$\rho_{xx}^{\text{osc}} \propto \exp\left(-\bar{\gamma}\frac{\omega_{\text{LO}}}{\omega_c}\right)\cos\left(2\pi\frac{\omega_{\text{LO}}}{\omega_c}\right) \tag{7.127}$$

なる関係を見出したことである．この式をストラドリング・ウッド (Stradling-Wood) の実験式とよぶ．ここに，$\bar{\gamma}$ は磁界の逆数に関して周期的に振動する成分の指数関数的減衰を表している．この項は，ランダウ準位のブロードニングによるもので，前節で述べたシュブニコフ・ドハース効果のディングル温度を含む項に対応していることは明らかである．磁気フォノン共鳴における磁気抵抗は磁界とともに単調に増加する成分に，磁界の逆数で周期的に振動する成分が重畳されている．この単調な成分を取り除き，振動成分を精度よく測定する方法として，いくつかの方法が提案された．Stradling と Wood が用いた方法は，ホール電圧がほぼ磁界に比例し (σ_{xy}^{-1} に比例)，振動成分が含まれないことから，ρ_{xx} に比例する電圧から磁場に比例するホール電圧を差し引いて振動成分を測定する方法である．その後，磁場変調とロックイン増幅器による磁気抵抗の磁界に関する 2 階微分信号の測定法が大きな成功をおさめた．しかし，最近ではコンピューターの発達により，測定した磁気抵抗を直接数値微分することにより精度のよい測定が可能となっている．

磁界変調では，直流磁界 B に角周波数 ω で振動する弱い交流磁界 $B_1\cos(\omega t)$ を印加し，その 2 倍周波数 2ω で振動する成分を測定する．一般に，磁気抵抗は

$$\rho(B + B_1\cos(\omega t)) = \rho(B) + \frac{d\rho}{dB}B_1\cos(\omega t) + \frac{1}{2}\frac{d^2\rho}{dB^2}[B_1\cos(\omega t)]^2 + \cdots \tag{7.128}$$

と展開される．右辺第 3 項は $\cos(2\omega t)$ で変化する成分を含む．したがって，ロックイン増幅器などを用いて交流磁界の 2 倍周波数成分を測定すれば，磁気抵抗の磁界に関する 2 階微分信号を測定できる．この測定では磁界とともに単調に変化する成分は消え，$-d^2\rho/dB^2$ は式 (7.127) の振動成分に近い形を与える．実際には，式 (7.127) の 2 階微分では指数関数からの寄与があり，完全には一致しないが補正によって正確な測定結果の解析が可能となる．

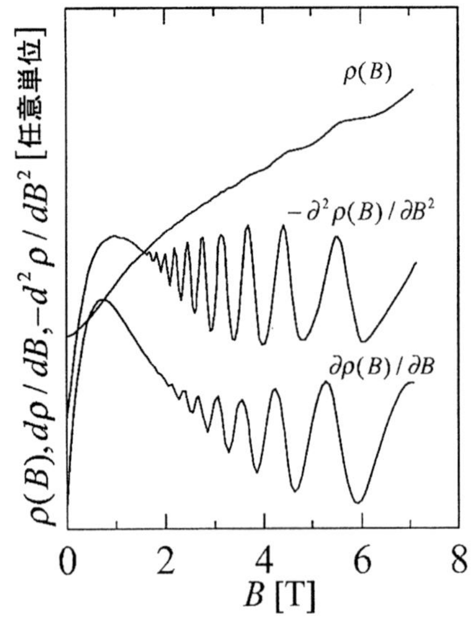

図 7.4: n-GaAs の $T = 77$K における磁気フォノン共鳴．$\rho(B)$ は横磁気抵抗の磁界依存性，$d\rho/dB$ は磁界変調法による横磁気抵抗の磁界に関する 1 階微分信号，$d^2\rho/dB^2$ は磁界変調法による 2 階微分信号．2 階微分信号では磁気フォノン共鳴の様子がはっきりと観測されている．

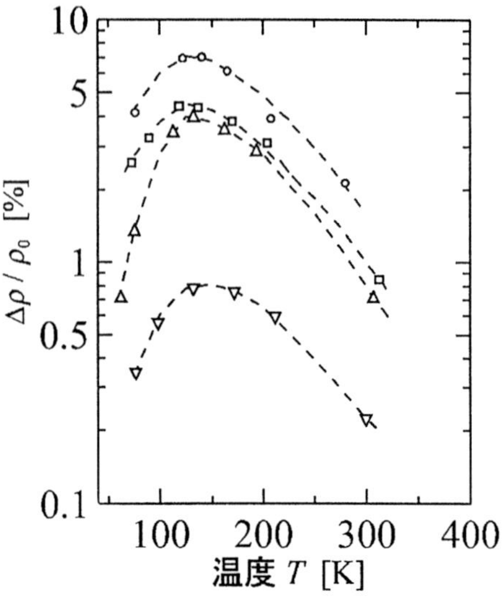

図 7.5: 異なる n-GaAs における磁気フォノン共鳴の $N = 3$ におけるピークの温度依存性．文献[7.5]による．

一例として，n-GaAs の $T = 160$K における磁気フォノン共鳴の測定結果を図 7.4 に示す[7.18]．図において $\rho(B)$ は横磁気抵抗の測定結果で，わずかに磁気抵抗が磁界の増加とともに振動する様子が見える．$d\rho/dB$ は磁界変調法を用いて，変調磁界の周波数で同期した信号をロックイン増幅器で測定したものである．振動はよく見えるようになるが，磁気抵抗と 1 階微分信号ではその極値が 90 度位相が異なる．これに対して，2 階微分信号 $-d^2\rho/dB^2$ では，磁気抵抗の極大値とよく一致していることがはっきりと観測できる．このような磁界変調による磁気フォノン共鳴の測定では，式 (7.125) の N が $N = 18 \sim 20$ まで観測可能で，有効質量の決定が極めて正確に行える．また，極大値を示す磁界の逆数を縦軸に N を横軸にしてプロットすると (ランダウ・プロットとよぶ)，スカラー有効質量であれば直線的な振る舞いをするが，有効質量は通常非放物線性を有するので，ランダウ・プロットが直線からずれる．この解析から，有効質量の非放物線性を論じることができる．

磁気フォノン共鳴は，$\omega_c\tau > 1$ の条件で観測される．このとき，$|\sigma_{xy}| > \sigma_{xx}$ が成立するから，

$$\rho_{xx} \cong \frac{\sigma_{xx}}{\sigma_{xy}^2} \tag{7.129}$$

と近似できる．シュブニコフ・ドハース効果の項でも述べたように，$\sigma_{yx} \cong ne/B$ で与えられ，この関係は散乱ポテンシャル V の 2 次のオーダーで成立する[7.19]．したがって，磁気フォノン共鳴の振動成分は σ_{xx} の振動成分からの寄与である．散乱が無ければ電子は y 方向にのみ E/B の一定速度で流れ，x 方向の電流成分は存在しない．つまり，$\sigma_{xx} = 0$ である．x 方向の電流成分は，電子が散乱されることによりサイクロトロン中心が位置を変え，これによって $\sigma_{xx} \neq 0$ となる．つまり，σ_{xx}

は電子の散乱割合に比例することになる．詳細な計算は後ほど述べるが，以上のことを考慮すると定性的には次のようなことがわかる．電子の LO フォノンによる散乱割合は，電子-LO フォノンの相互作用を表す量の式 (6.235) に比例し，フォノンの放出に対しては $n_{\rm LO}+1$ に，フォノンの吸収に対しては $n_{\rm LO}$ に比例する．$n_{\rm LO}$ は LO フォノンのボーズ・アインシュタイン分布関数である．LO フォノン散乱は，この吸収，放出の和になるが，簡単のため $n_{\rm LO}$ に比例すると仮定する．また，ランダウ準位のブロードニングを Γ で表すと，シュブニコフ・ドハース効果の計算を参考にして，磁気フォノン共鳴の振動成分は (通常，$r=1$ とおくことができる),

$$\begin{aligned}\sigma_{xx} &\sim n_{\rm LO}\sum_{r=1}^{\infty}\exp\left(-2\pi r\frac{\Gamma}{\hbar\omega_c}\right)\cos\left(2\pi r\frac{\omega_{\rm LO}}{\omega_c}\right)\\ &= \frac{1}{\exp(\hbar\omega_{\rm LO}/k_BT)-1}\sum_{r=1}^{\infty}\exp\left(-\bar{\gamma}r\frac{\omega_{\rm LO}}{\omega_c}\right)\cos\left(2\pi r\frac{\omega_{\rm LO}}{\omega_c}\right)\end{aligned} \tag{7.130}$$

と表される．ここに，$\bar{\gamma}=2\pi\Gamma/\hbar\omega_{\rm LO}$ である．この推測結果において $r=1$ とおけば，Stradling-Wood の実験式と一致することは明らかである．磁界が小さくなるとランダウ準位のブロードニング (Γ) のために振動成分が指数関数的に減衰する様子をよく表している．また，上式は磁気フォノン共鳴の温度依存性も説明する．低温になるとブロードニングは小さくなるが LO フォノンの励起数が減少するため振動成分は小さくなる．一方，高温になると LO フォノンの励起数は増すが，ブロードニング定数 Γ が種々の散乱のため増加し，振動成分は指数関数的に減少する．このような理由から，磁気フォノン共鳴の振動成分は温度 150K 付近で最大となり，これより低温あるいは高温となると減衰する．この様子を示したのが図 7.5 である．

さて，以下に磁気フォノン共鳴の理論について述べる．久保の公式によると[7.4], [7.6],

$$\begin{aligned}\sigma_{xx} =& \frac{e^2}{k_BT}\int_{-\infty}^{+\infty}d\mathcal{E}\sum_{\boldsymbol{q}}\frac{2\pi}{\hbar}\left(l^2q_y\right)^2 n_{\rm LO}\left(1+n_{\rm LO}\right)\left[f(\mathcal{E})-f(\mathcal{E}+\hbar\omega_{\rm LO})\right]\\ &\times\delta(\mathcal{E}+\hbar\omega_{\rm LO}-\mathcal{E}_\nu)\delta(\mathcal{E}-\mathcal{E}_{\nu'})\left|\langle\nu'|C(q)e^{-i\boldsymbol{q}\cdot\boldsymbol{r}}|\nu\rangle\right|^2\end{aligned} \tag{7.131}$$

ここに，$l=(\hbar/eB)^{1/2}$, $C(q)$ は式 (6.235) で与えられる電子-LO フォノン相互作用の強さを表す量である．$\boldsymbol{q}$ に関する和を積分に置き換え，電子の磁界中での波動関数に関して式 (2.123) を用いると，

$$\begin{aligned}\sigma_{xx} =& \frac{e^2}{k_BT}\frac{1}{(2\pi)^3}\int dq_xdq_ydq_z\int_{-\infty}^{+\infty}d\mathcal{E}\ n_{\rm LO}(n_{\rm LO}+1)(l^2q_y)^2\frac{2\pi}{\hbar}|C(q)|^2\\ &\times\sum_{N,M}\sum_{X,p_z}\left\{f(\mathcal{E}-\hbar\omega_{\rm LO})-f(\mathcal{E})\right\}\delta(\mathcal{E}-\hbar\omega_{\rm LO}-\mathcal{E}_{N,p_z})\\ &\times\delta(\mathcal{E}-\mathcal{E}_{M,p_z-\hbar q_z})\left|J_{NM}(X,q_x,X-l^2q_y)\right|^2\end{aligned} \tag{7.132}$$

となる．ここに，$J_{NM}(X,q_x,X-l^2q_y)$ は式 (2.123) を用いると次のようになる．

$$\begin{aligned}\langle N,X,p_z|e^{i\boldsymbol{q}\cdot\boldsymbol{r}}|M,X',p_z'\rangle =& J_{NM}(X,q_x,X-l^2q_y)\\ &\times\delta_{p_z-\hbar q_z,p_z'}\delta_{X-l^2q_y,X'}\end{aligned} \tag{7.133}$$

電子の有効質量がスカラーである場合

$$\left|J_{NM}(X,q_x,X-l^2q_y)\right|^2=\frac{N!}{M!}\zeta^{M-N}e^{-\zeta}\left[L_N^{M-N}(\zeta)\right]^2 \tag{7.134}$$

で与えられ，$L_N^M(\zeta)$ はラゲール (Laguerre) の多項式とよばれる．また，$\zeta = l^2(q_x^2 + q_y^2)/2$ である[7.6]．式 (7.132) は積分が可能で次のようになる[7.6]．

$$\sigma_{xx} = \sigma_1 \sum_{N,M} \exp\left\{-2\bar{\alpha}\left(N + \frac{1}{2}\right)\right\} \exp\left\{-\bar{\alpha}(M - N - P - \delta^P)\right\} \times K_0(\bar{\alpha}|N + P - M + \delta^P|) \tag{7.135a}$$

$$\sigma_1 = \frac{ne^2}{m^*} \frac{\alpha}{\sqrt{\pi}\omega_c} n_{\mathrm{LO}} \left(\frac{\hbar\omega_{\mathrm{LO}}}{k_B T}\right)^{3/2} \sinh\bar{\alpha} \tag{7.135b}$$

ここに，$\bar{\alpha} = \hbar\omega_c/2k_BT$ で α は式 (6.236) で定義した電子と LO フォノンとの相互作用の強さを表す無次元の定数である．また，$\delta^P = \omega_{\mathrm{LO}}/\omega_c - P$ で，P は $\omega_{\mathrm{LO}}/\omega_c$ に含まれる最大の整数である．また，$K_0(x)$ はゼロ次の変形ベッセル関数である．式 (7.135b) において，$K_0(x)$ は $x \to 0$ で対数発散をする．つまり，式 (7.135b) は $P = N - M$ で $\delta^P = 0$ のとき，あるいは $P = M - N - 1$ で $\delta^P = 1$ のとき発散する．この発散はシュブニコフ・ドハース効果の場合と同様状態密度の特異性による対数的発散である．この発散を回避するため，ランダウ準位のブロードニングを考慮すると，いわゆるバーカー (Barker) の式が得られる[7.6]．

$$\sigma_{\mathrm{osc}} \sim \sum_{r=1}^{\infty} \frac{1}{r} \exp(-2\pi r\Gamma/\hbar\omega_c) \cos\left(2\pi r \frac{\omega_{\mathrm{LO}}}{\omega_c}\right) \tag{7.136}$$

Stradling-Wood の実験式は上式の $r = 1$ の項のみを考慮した近似式であることが分かる．Barker は，種々の散乱によるブロードニング定数 Γ を計算している．γ，Γ，$\bar{\gamma}$ の間には

$$2\pi\gamma = 2\pi\frac{\Gamma}{\hbar\omega_c} = \bar{\gamma}\frac{\omega_{\mathrm{LO}}}{\omega_c} \tag{7.137}$$

の関係があるが，種々の散乱に対する $\bar{\gamma}$ は以下の通りである．光学フォノン散乱では

$$\bar{\gamma} = 2\pi\left[\frac{\alpha}{2}(1 + n_{\mathrm{LO}})\right]^{2/3} \left[\frac{\omega_c}{\omega_{\mathrm{LO}}}\right]^{2/3} \tag{7.138}$$

音響フォノン散乱では

$$\bar{\gamma} = 2\pi\left[\frac{D_{ac}^2}{8\pi\rho V_s^2}\left(\frac{2m^* k_B T}{\hbar^2}\right)^{3/2} (\hbar\omega_c k_B T)^{-1/2}\right]^{2/3} \left[\frac{\omega_c}{\omega_{\mathrm{LO}}}\right]^{2/3} \tag{7.139}$$

単独の不純物 (電子散乱に対して同時に 2 個以上の不純物を感じない) に対しては

$$\bar{\gamma} = \frac{2\pi}{\hbar\omega_{\mathrm{LO}}}\left[\frac{e^4}{4\pi(\kappa\epsilon_0)^2}\left(\frac{\hbar^2}{2m^*}\right)^{1/2}\right]^{2/5} N_I^{2/5} \tag{7.140}$$

ここに，N_I は不純物密度である．不純物密度が高くなると電子は同時に 2 個以上の不純物ポテンシャルにより散乱を受ける．このような現象をバンド・テイリング (band tailing) と呼ぶが，このとき

$$\bar{\gamma} = \frac{\sqrt{\pi}e^{3/2}}{\hbar\omega_{\mathrm{LO}}}(\kappa\epsilon_0)^{3/4}\left[\frac{k_B T}{4}\right]^{1/4}\left[\frac{N_I^2}{n}\right]^{1/4} \tag{7.141}$$

となる．ここに，n は電子密度である．

はじめに述べたように，磁気フォノン共鳴では半導体の光学フォノンのエネルギーがわかれば，式(7.125)から電子の有効質量を決定することができる．光学フォノンのエネルギーはラマン散乱から正確な値が決定されるので，磁気フォノン共鳴の実験から有効質量の非放物線性やバンドパラメーターに関する情報が得られる[7.5], [7.7]．化合物半導体の多くでは，その伝導帯の底は $\boldsymbol{k} = 0$ (Γ 点)に存在する．このとき，有効質量は2.4節で述べたように式(2.88)で与えられる．この式を用いて行列要素 P の大きさが議論されるが，さらに高い伝導帯の寄与を考慮して Herman と Weisbuch は次の式を導いている[7.20]．

$$\frac{m}{m^*} - 1 = \frac{P_0^2}{3}\left(\frac{2}{E_0} + \frac{1}{E_0 + \Delta}\right) + \frac{P_1^2}{3}\left(\frac{2}{E(\Gamma_8^c) - E_0} + \frac{1}{E(\Gamma_7^c) - E_0}\right) + C \tag{7.142}$$

ここに，E_0 は Γ_6^c 伝導帯と Γ_8^v 価電子帯の間のエネルギーギャップで Δ_0 は価電子帯のスピン軌道分裂エネルギー，$E(\Gamma_c^8)$ と (Γ_c^7) は Γ_c^6 伝導帯よりも高エネルギーに位置する伝導帯のエネルギーで，$P_0(P_1)$ は伝導帯(高いエネルギー状態の伝導帯)と価電子帯の間の運動量行列要素である．定数 C はさらに高エネルギー側に存在する伝導帯からの寄与を表しており，$C = 2$ の値を得ている．式(7.142)はダイヤモンド型結晶に対するもので，反転対称性をもたない III-V 族化合物半導体に適用するには注意が必要である．実際に，実験結果の解析から Shantharama ら[7.21]は P_1^2 と C は Herman と Weisbuch [7.20]により決定された値よりも非常に小さいことを報告している．Hazama ら[7.22]は閃亜鉛鉱型結晶に対するバンド構造を考慮して，式(7.142)で与えられる P_0，P_1 を $\boldsymbol{k}\cdot\boldsymbol{p}$ 理論を用いて GaAs，InSb と InP で計算し，GaAs では $P_0^2 = 23.55\text{eV}$ であるが，$P_1^2 = 0.13\text{eV}$ と非常に小さく，C の値も GaAs で -0.8，InSb と InP では $C = 0$ を得ている．これらの結果は Shantharama の実験結果とよい一致を示す．

7.4.2 種々の磁気フォノン共鳴

上に述べた磁気フォノン共鳴は理論的に予測され，種々の半導体で主として $T >$77K の温度領域で観測されている．この共鳴以外にも下記のような磁気フォノン共鳴が観測されている．

(a) 不純物シリーズ

半導体試料を $T < 40\text{K}$ の温度領域に保ち，少し高い電界を印加すると，電子の平均エネルギーが格子温度よりも高いホット・エレクトロンの状態になる．このホット・エレクトロンが LO フォノンを放出して，ランダウ準位から浅いドナー不純物準位に遷移する，いわゆる不純物シリーズが観測されている[7.23] ~ [7.25]．このときの共鳴条件は次式で与えられる．

$$N'\hbar\omega_c + E_I(B) = \hbar\omega_{\text{LO}}, \quad N' = 1, 2, 3, \ldots \tag{7.143}$$

ここに，$E_I(B)$ は磁界 B 中におけるドナー不純物のイオン化エネルギーである．不純物シリーズの解析から半導体の不純物準位に関する情報，特に不純物準位の磁界依存性を調べることができる．縦磁気抵抗の配置で測定した不純物シリーズの一例が図 7.6 に示してある[7.25]．

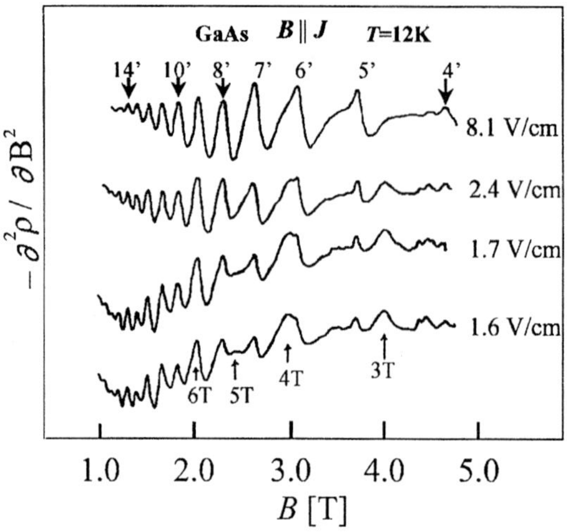

図 7.6: n-GaAs の $T = 12$K における縦磁気配置での磁気フォノン共鳴で，磁界変調法により磁気抵抗の磁界に関する 2 階微分信号が示されている．低電界領域ではホット・エレクトロンが TA フォノンを同時に 2 個放出してランダウ準位間を遷移する 2TA シリーズが観測されている．高電界になるとこの 2TA シリーズが消え，LO フォノンを放出してランダウ準位から不純物準位に遷移する不純物シリーズが観測されるようになる．(文献[7.25]による)

(b) 2TA フォノン・シリーズ

しばしば不純物シリーズと同時に観測されるものとして，フォノン分枝でブリルアン領域の端で大きな状態密度をもつ TA フォノン (横波音響フォノン) を同時に 2 個放出してランダウ準位間を遷移する，いわゆる 2TA シリーズがある．このときの共鳴条件式は (文献[7.24]を参照)

$$M\hbar\omega_c = 2\hbar\omega_{\rm TA}, \quad M = 1, 2, 3, \ldots \tag{7.144}$$

で与えられる．ここに，$\hbar\omega_{\rm TA}$ は TA フォノンのエネルギーである．すでに述べたように，このシリーズは図 7.6 に n-GaAs の $T = 12$K における磁気フォノン共鳴の実験結果で見られる．磁界は縦磁気配置で，ホット・エレクトロンの温度を変えるため電界を 1.6 から 8.1V/cm の範囲で変えて測定を行った．図において低電界領域で 3T，4T，... の記号で示された 2TA シリーズがはっきりと認められる．電界を上げていくと 2TA シリーズが消え，$4', 5', \ldots$ の記号で示された不純物シリーズが支配的となる．式 (7.144) から，フォノンのエネルギー $\hbar\omega_{\rm TA(X)} = 9.8$meV が得られるが，この値は中性子散乱で得られた値[7.26] $\hbar\omega_{\rm TA(X)} = 9.7$meV とよく一致している．

(c) バレー間フォノン・シリーズ

Si や Ge の伝導帯の底は 1 章のバンド構造の計算結果と 2 章のサイクロトロン共鳴の解析で示したようにブリルアン領域の Γ 点ではなく，それぞれ ⟨100⟩ 方向の Δ 軸上 X 点近くと ⟨111⟩ 方向の L 点に存在する．このため，Si では 6 個の等価な伝導帯が，Ge では 4 個の等価な伝度帯が存在する．このような等価な複数個の伝導帯を多数バレー構造とよぶ．このような多数バレー構造をした伝導帯を有する半導体では，等価なバレー間をフォノンの吸収，放出を伴って遷移する，バレー間電子遷移が起こる．このとき関与するフォノンにはいくつかの種類があるが，それぞれのフォノンエネルギーはほぼ一定であるから，バレー間フォノン遷移をともなった磁気フォノン共鳴が観測される．Si では電子移動度を決める散乱は低温では音響フォノン散乱であるが，高温ではバレー間フォノン散乱が支配的となる．Si におけるバレー間フォノンによる磁気フォノン共鳴は，Portal ら[7.27]，Eaves ら[7.28]や Hamaguchi ら[7.29]により観測されている．Ge ではバレー間フォノン散乱は弱いが磁気フォノン共鳴で明確に観測されている[7.28], [7.30]．図 7.7 は高純度 n-Si の $T = 77$K における縦磁気抵抗の磁場変調による 2 階微分信号で磁気フォノン共鳴が明確に現れている．

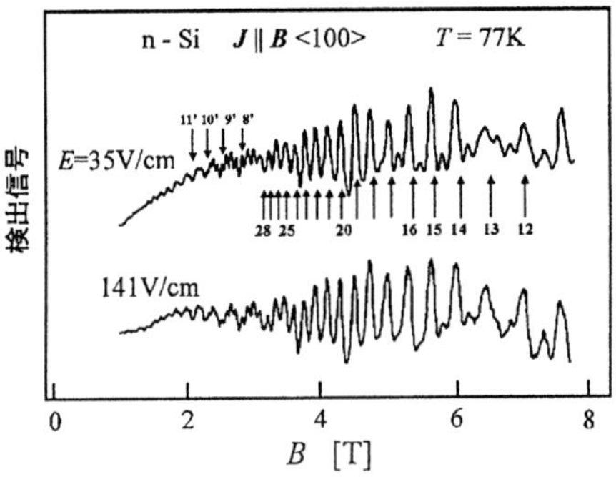

図 7.7: 縦磁気配置 $\boldsymbol{J} \parallel \boldsymbol{B}\langle 100\rangle$，$T = 77$K での n-Si における磁気抵抗の 2 階微分信号．いくつかの振動成分を含んでいる様子が見られる．図 7.8 に示すフーリエ解析から得られた基本磁界 84.7T のシリーズが 12 – 28 の番号で，また基本磁界 21.4T のシリーズが 8' – 11' で示してある．測定結果は電界が 35V/cm と 141V/cm に対するもの．

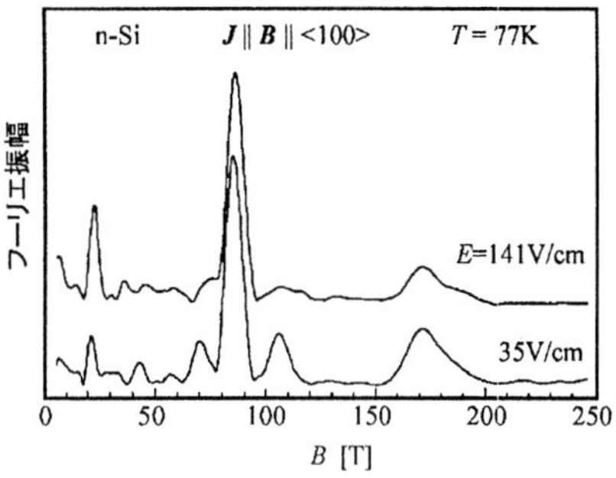

図 7.8: 図 7.7 のフーリエスペクトル．ピークに対する磁界はバレー間磁気フォノン共鳴の基本磁界 (とその高調波成分) で，基本磁界からバレー間フォノンの種類やエネルギーに関する情報が得られる．

バレー間フォノン散乱による磁気フォノン共鳴の条件は有効質量の異方性を考慮して次のようになる．

$$\left(M + \frac{1}{2}\right)\hbar\omega_{c1} - \left(N + \frac{1}{2}\right)\hbar\omega_{c2} = \pm\hbar\omega_{\text{int}}, \quad M, N = 0, 1, 2, \ldots \tag{7.145}$$

ここに，$\omega_{ci} = \hbar eB/m_{ci}$ は i 番目のバレーにおける有効質量 (磁界に垂直な面内の) m_{ci} に対するサイクロトロン角周波数で，$\hbar\omega_{\text{int}}$ はバレー間フォノンのエネルギーである．式 (7.145) から異なる 2 つのバレー間磁気フォノン共鳴が予想される．つまり，M あるいは N のいずれかを一定にして以下に示すような 2 つのシリーズが得られる．バレー (2) のランダウ指数 N を固定して，バレー (1) のランダウ準位 M に遷移するときの共鳴磁界 B_M は

$$\frac{1}{B_M} = \frac{1}{B_{fM}}(M + \gamma_N) \tag{7.146}$$

となる．ここに，

$$\frac{1}{B_{fM}} = \Delta\left(\frac{1}{B}\right)_1 = \frac{e}{m_{c1}\omega_{\text{int}}} \tag{7.147a}$$

$$\gamma_N = \frac{1}{2} - \left(N + \frac{1}{2}\right)\frac{m_{c1}}{m_{c2}} \tag{7.147b}$$

で，M を固定した場合は次のようになる．

$$\frac{1}{B_N} = \frac{1}{B_{fN}}(N + \gamma_M) \tag{7.148}$$

ここに，

$$\frac{1}{B_{fN}} = \Delta\left(\frac{1}{B}\right)_2 = \frac{e}{m_{c2}\omega_{\mathrm{int}}} \tag{7.149a}$$

$$\gamma_M = \frac{1}{2} - \left(M + \frac{1}{2}\right)\frac{m_{c2}}{m_{c1}} \tag{7.149b}$$

バレー間フォノン散乱による磁気フォノン共鳴では，上に述べたように M と N の両方が変わるランダウ準位間遷移が考えられる．また，関与するバレー間フォノンの種類も多く，Si では g–タイプと f–タイプの音響フォノン，光学フォノンがあり，多数の種類の共鳴が考えられる．このようなことから，共鳴条件を満たす遷移が多く，磁気抵抗の測定結果から直接関与するフォノンの種類やランダウ準位指数を同定することは難しい．最もポピュラーな方法は，磁気抵抗の振動成分を磁界の逆数に対して等間隔となるようにデータを補完して，200～400 個のデータを作成する．これをフーリエ変換すれば，振動成分の基本周波数，つまり基本磁界 B_{fM}，B_{fN} が得られる．一例として．図 7.7 の n-Si における磁気フォノン共鳴のフーリエスペクトルが図 7.8 に示してある．このフーリエ解析から基本磁界 $B_f = 21.4$ と 84.7 T が得られる．低電界では 70 T と 106 T 付近にもピークが見られる．170 T 付近のピークは 84.7 T の 2 倍の高調波成分であると考えられる．

6.3.7 項で述べたように，Si におけるバレー間フォノン散乱には g–タイプのフォノンと f–タイプのフォノンが関与する．このうち g–タイプのフォノンは同軸上のバレー間散乱，f–タイプフォノンは直行する軸上のバレー間遷移を与える．したがって，$\langle 100\rangle$ 方向に磁界を印加した場合，g–タイプのバレー間フォノン散乱はサイクロトロン角周波数の同じ $\langle 100\rangle$ 軸方向のバレー間と，これとは異なるサイクロトロン角周波数の $\langle 010\rangle$ および $\langle 001\rangle$ 軸方向のバレー間フォノン散乱では異なる磁気共鳴のシリーズを与える．また，この 2 種類の g–フォノン散乱では，始状態のランダウ準位と終状態のランダウ準位が等しいので，GaAs などの LO フォノン散乱による磁気フォノン共鳴の式 (7.125) と同じになる．一方，f–タイプのバレー間フォノン散乱では始状態と終状態のランダウ準位が異なり，$\langle 100\rangle$ 軸上のバレーから他の軸上のバレーに遷移する場合には始状態と終状態ではサイクロトロン角周波数の異なるランダウ準位が関与する．一方，$\langle 010\rangle$ 軸上のバレーと $\langle 001\rangle$ 軸上のバレー間の遷移では始状態と終状態のサイクロトロン角周波数が同じランダウ準位間の遷移となり，同じ f–タイプフォノンによるバレー間散乱でも異なるシリーズを与える．伝導帯の底が Δ 軸上のブリルアン領域の端 (k_{100} とする) に近い $0.85 \times k_{100}$ にあるから，g–タイプのバレー間フォノンの端数ベクトルは $\langle 100\rangle$ 方向に $q_g = 0.3 \times k_{100}$ の大きさをもつ．一方，Σ 軸のバンド端の端数ベクトルを k_{110} $(= 3/2\sqrt{2} \times 2\pi/a)$ とすると，関与する f–フォノンの端数ベクトルは $q_f = 0.85\sqrt{2} \times 2\pi/a$ であるから，$q_f = 0.92 \times k_{110}$ となる．中性子散乱によって測定されたフォノンの分散曲線をもとに，これらの端数ベクトルに対するバレー間フォノンのエネルギーを見積もることができる．Si の電子の有効質量はサイクロトロン共鳴の実験で正確に測定されているのでその値を用いて，磁気フォノン共鳴の実験からバレー間フォノンのエネルギーを決定できる．この解析からは種々のバレー間フォノンのタイプとエネルギーが得られるので，中性子散乱の結果を参考にして電子散乱に寄与するバレー間フォノンのタイプとエネルギーを推定することができる[7.29]．しかし，その同定にはかなりの不確定要素が含まれ完全なものとは言えない．Si における磁気共鳴の実験では高純度の n-Si を用いるので電子は縮退しておらず，共鳴には始状態の電子はランダウ指数の小さい (0 または 1 程度の) ものが関与するものと考えることができる．

7.4.3 高磁界高電界下の磁気フォノン共鳴

以上に述べた磁気フォノン共鳴は，低電界強磁界下の条件で観測されたもので，低温におけるホット・エレクトロンの磁気フォノンでもせいぜい数 100V/cm の電界で測定されている．電界の効果を調べる研究はいくつかのグループでなされたが，いずれもバルクの結晶を用いているので電界強度に限界があった．Eaves ら[7.31]は GaAs のエピタキシャル成長層を用いた n^+nn^+ 構造の素子において，層に垂直な方向 (x 方向) に電流を流し，これと直行する層に平行な方向 (z 方向) に磁界を印加することにより，高電界と高磁界の条件を満たして磁気抵抗を測定することに成功した．図 7.9 は Eaves らの実験結果を示したもので，電流が小さい低電界では，通常の LO フォノンによる磁気フォノン共鳴が観測されるが，電流を大きくして高電界とすると通常の磁気フォノン共鳴のピークがくぼみ，LO フォノン共鳴が崩れていくように見える．Eaves らはこの現象を，電子が不純物散乱や音響フォノン散乱 (擬弾性散乱) により，異なるランダウ準位間を遷移する過程が支配するようになるためであるとして説明した．つまり，図 7.10 に示すように，低電界では異なるランダウ準位間の重なり積分は小さいが，高電界になると重なり積分は大きくなり，擬弾性散乱の確率が増大し支配的となると通常の LO フォノン散乱に基づく磁気フォノン共鳴が弱められ，結果としてくぼみができると説明した．この過程を QUILLS(QUasi-elastic Inter-Landau Level Scattering) とよんだ．これに対して Mori ら[7.32], [7.33]は図 7.11 に示すように，高電界下ではランダウ準位が電界によって傾くこと，電子が散乱によってサイクロトロン中心が電界方向に沿って変化することによって電界方向に電流が誘起されるという 2 つのことを考慮すると，通常の磁気フォノン共鳴の条件より低い磁界と高い磁界の 2 通りの遷移が可能となり，通常の磁気フォノン共鳴の両側に LO フォノンの吸放出を伴った共鳴ピークが現れることを示し，これを IILLS(Inelastic Inter-Landau Level Scattering) とよんだ．これは式 (7.131) より明らかなように，電子のサイクロトロン中心座標を (X, Y) とすると，σ_{xx} が $(\Delta X)^2 = (l^2 q_y)^2$ に比例することを考慮したものである．したがって，垂直遷移では $\Delta X = 0$ となり σ_{xx} には寄与しない．先に LO フォノン散乱による磁気フォノン共鳴に関する理論で，久保の公式を基にした Barker の式 (7.131) を述べたが，この式から IILLS の式を導く．ただし，久保の式そのものが線形理論であり，以降の計算も電界によりランダウ準位が変化するが，σ_{xx} の計算自体は線形理論の範囲で近似できるものと仮定している．式 (7.131) は次のように書ける．

$$\sigma_{xx} = \frac{e^2\beta}{2}\sum_i\sum_f\sum_{\boldsymbol{q}}(l^2 q_y)^2(P^{\mathrm{em}}_{i\to f} + P^{\mathrm{ab}}_{i\to f}) \tag{7.150}$$

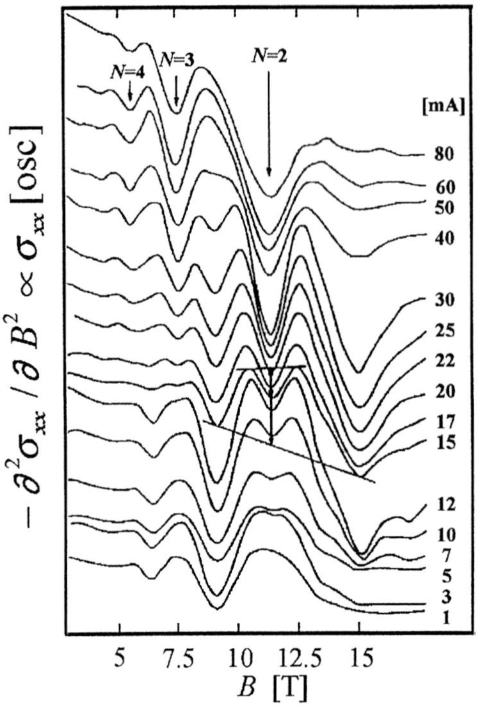

図 7.9: n $^+$nn$^+$ 構造 GaAs における横磁気配置 ($\boldsymbol{J} \perp \boldsymbol{B}$) での磁気フォノン共鳴の実験結果 ($T = 300$K). 高電界を実現するためエピタキシャル成長層に垂直な方向に電流を流している. 電流の小さい低電界領域では通常の磁気フォノン共鳴が観測されるが, 電流を大きくして高電界とするにつれ, ピークのところにくぼみが現れる (文献[7.31]による). 最初, Eaves らにより電子の擬弾性散乱をともなうランダウ準位間の遷移による現象として説明されたが, 後に Mori ら (文献[7.32]を参照) により, LO フォノンによる非弾性散乱の過程で両側にピークが現れる現象として説明された.

ここに, $\beta = 1/k_BT$ で, 右辺の 2 項はそれぞれ LO フォノン放出と吸収の確率を, i と f はそれぞれ電子の始状態と終状態を表している. LO フォノンの放出と吸収の割合は次式で与えられる.

$$P^{\mathrm{em}}_{i\to f} = \frac{2\pi}{\hbar}(n_{\mathrm{LO}}+1)\left|\langle f|C^*(q)e^{-i\boldsymbol{q}\cdot\boldsymbol{r}}|i\rangle\right|^2 \times f(\mathcal{E}_i)\{1 - f(\mathcal{E}_i - \hbar\omega_{\mathrm{LO}})\}\delta[\mathcal{E}_f - (\mathcal{E}_i - \hbar\omega_{\mathrm{LO}})] \tag{7.151}$$

$$P^{\mathrm{ab}}_{i\to f} = \frac{2\pi}{\hbar}n_{\mathrm{LO}}\left|\langle f|C(q)e^{1\boldsymbol{q}\cdot\boldsymbol{r}}|i\rangle\right|^2 \times f(\mathcal{E}_i)\{1 - f(\mathcal{E}_i + \hbar\omega_{\mathrm{LO}})\}\delta[\mathcal{E}_f - (\mathcal{E}_i + \hbar\omega_{\mathrm{LO}})] \tag{7.152}$$

ここに, n_{LO} は LO フォノンのボーズ・アインシュタイン分布関数, $f(\mathcal{E})$ は電子のフェルミ・ディラック分布関数で問題とする半導体ではマクスウエル・ボルツマン分布関数で近似できる. $\mathcal{E}_i$, $\mathcal{E}_f$ は電子の始状態と終状態のエネルギーである. 上式の 2 つの項はいずれも同じように σ_{xx} に寄与するので, 以下の計算では吸収の項のみを考えることにする.

電界 ($\boldsymbol{E} \parallel x$) と磁界 ($\boldsymbol{B} \parallel z$) が存在する場合のハミルトニアンは, ベクトルポテンシャル

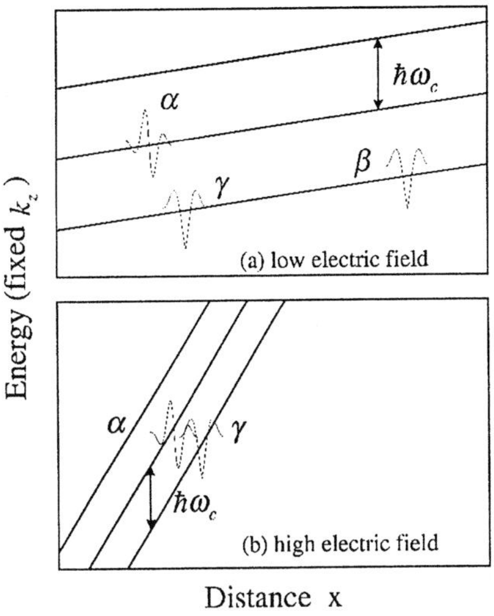

図 7.10: 異なるランダウ準位 (k_z を固定した 3 つの隣接する準位) の (a) 低電界下におけるエネルギー準位と, (b) 高電界下におけるエネルギー準位. 高電界になると, 2 つの準位の波動関数が重なり, エネルギーが等しくなる $(n+1)$ 番目と n 番目のランダウ準位間を遷移する確率が増大する (QUILLS).

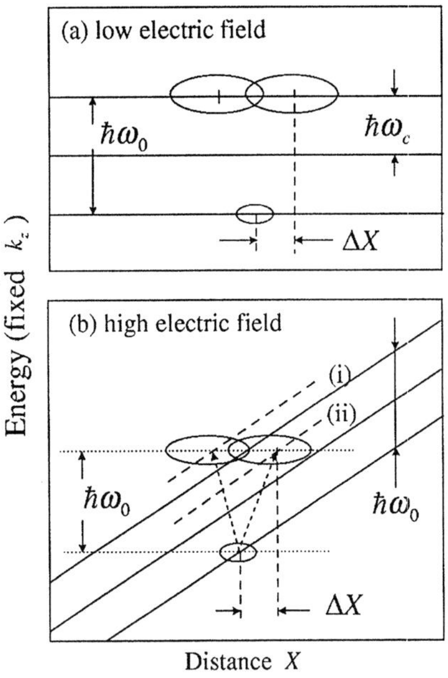

図 7.11: 電界誘起によるランダウ準位間の遷移 (IILLS). k_z を固定した隣接する 3 つのランダウ準位と古典的なランダウ軌道 $(N=0,1,2)$ が示してある. (a) 低電界で σ_{xx} に寄与する電子の遷移で垂直遷移は寄与しない. (b) 高電界で非垂直遷移を考えると (i) の高磁界側と (ii) の低磁界側の遷移が磁気フォノン共鳴の条件を満たし, 2 つのピークが現れる. 図では $N=0$ と $N=2$ の準位間エネルギーがフォノンエネルギー $\hbar\omega_0$ に等しい.

$\boldsymbol{A}=B(0,x,0)$ を用いて次のように書ける.

$$H=\frac{1}{2m^*}(\boldsymbol{p}+e\boldsymbol{A})^2+exE \tag{7.153}$$

このハミルトニアンに対する固有関数と固有値は次式で与えられる.

$$\psi_n=\exp(ik_yy)\exp(ik_zz)\phi_n(x-X) \tag{7.154}$$

$$E_\nu=\left(n+\frac{1}{2}\right)\hbar\omega_0+\frac{\hbar^2k_z^2}{2m^*}+eEX_\nu+\frac{1}{2}m^*\left(\frac{E}{B}\right)^2 \tag{7.155}$$

ここに, $\phi_n(x)$ は単純調和振動子の解, $n=0,1,2,\cdots$, で y 方向に対しては周期的境界条件を満たし, $k_y=0,\pm2\pi/L,\pm4\pi/L,\cdots$, k_z は磁界に平行な方向の電子の波数ベクトルである. サイクロトロン運動の中心座標 X は

$$X=-\left(l_B^2k_y+\frac{E}{\omega_cB}\right) \tag{7.156}$$

で L は y 方向の長さである. これらの結果を考慮して, Barker [7.6]が磁気フォノン共鳴を導いた手

法を踏襲すれば次の式が求められる (N. Mori 他; 文献[7.32]を参照).

$$\sigma_{\mathrm{osc}} \sim \sum_{r=1}^{\infty} \frac{1}{r} \exp(-2\pi r\gamma) \left[\cos 2\pi r \left(\bar{\omega}_0 + \frac{\sqrt{3}}{2} \bar{e} \sqrt{\bar{\omega}_0 + 1} \right) + \cos 2\pi r \left(\bar{\omega}_0 - \frac{\sqrt{3}}{2} \bar{e} \sqrt{\bar{\omega}_0 + 1} \right) \right] \tag{7.157}$$

ここに,

$$\bar{e} = \frac{\sqrt{2} e E l_B}{\hbar \omega_c}$$
$$\bar{\omega}_0 = \frac{\omega_0}{\omega_c} \tag{7.158}$$

であり, 低電界の極限では $\bar{e} = 0$ となり, Barker の導いた式 (7.136) が得られる. また, 式 (7.157) より共鳴の条件は

$$\bar{\omega}_0 \pm \frac{\sqrt{3}}{2} \bar{e} \sqrt{\bar{\omega}_0 + 1} = N \tag{7.159}$$

つまり, 共鳴磁界は

$$B_N^{\pm} \sim \frac{B_0}{N} \pm \sqrt{\frac{3}{2} \frac{m^*}{e l_0 B_0}} E \tag{7.160}$$

で与えられる. ここに, $B_0/N = B_N$ は低電界下における通常の磁気フォノン共鳴の共鳴磁界である. 高電界下では, LO フォノンによる非弾性散乱による電界誘起磁気フォノン共鳴が低電界下の共鳴磁界 B_N の両側に現れる. 式 (7.157) を用いて, GaAs における σ_{osc} の磁界 B に関する 2 階微分を計算し, 0 から 3.5kV/cm までの電界に対して $N = 2$ 近傍の磁界に対してプロットしたのが図 7.13 である. この図から明らかなように, 低電界における 11T 近傍のピークが矢印で示すように低磁界側と高磁界側に分離していく様子がわかる. 図 7.12 はピーク位置を電界の関数としてプロットしたもので, Eaves ら[7.31]の実験値を上に述べた理論計算と比較したもので, 実験点と理論曲線 (直線) がよく一致している. 以上の結果は LO フォノンの吸収のみを考えているが, 吸収と放出の両者を考えた場合どのようになるかは示されていない. この不完全さを補う理論としては, Wakahara と Ando [7.34]による理論計算があるが, その結果は Mori らの線形理論の結果とおおむね一致している.

7.4.4 ポーラロン効果

磁気フォノン共鳴のように, 電子と LO フォノンとの結合が強い場合, 電子はフォノンの放出・吸収をしながらフォノンの雲を伴って運動する状態が実現する. このような状態を**ポーラロン**とよび, 電子はフォノンを伴いながら運動するためバンド端の有効質量よりも重くなる. これは図 7.14 を用いて以下のように説明される. 通常の電子－フォノン相互作用は図 7.14(a) のように状態 $|\boldsymbol{k}\rangle$ の電子が波数ベクトル $\boldsymbol{q}$ のフォノンを放出して $|\boldsymbol{k}-\boldsymbol{q}\rangle$ の状態に遷移する過程と (b) のように $|\boldsymbol{k}-\boldsymbol{q}\rangle$ の電子がフォノン (波数ベクトル $\boldsymbol{q}$) を吸収して $|\boldsymbol{k}\rangle$ の状態に遷移する過程が考えられる. これら 2 つの過程は独立な電子の散乱過程である. ところが, 電子と LO フォノンの結合が強くなると状態 $|\boldsymbol{k}\rangle$ の電子がフォノン (波数ベクトル $\boldsymbol{q}$ のフォノン) を放出し, 直ちに吸収し $|\boldsymbol{k}\rangle$ の状態に戻る図 7.14(c) のよ

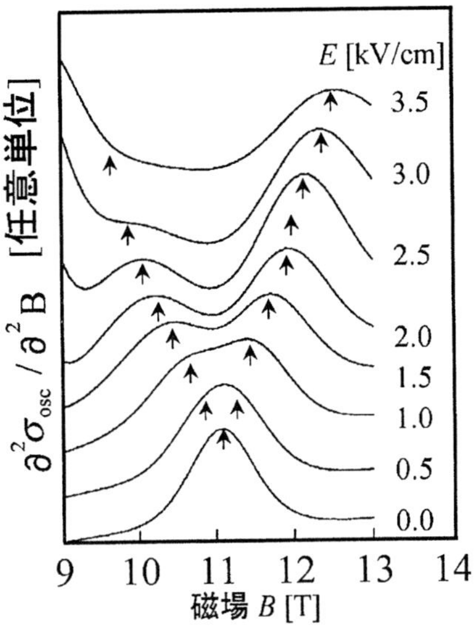

図 7.12: LO フォノンによる異なるランダウ間遷移に基づく電界誘起磁気フォノン共鳴の理論 (IILLS) の計算結果. GaAs の $N = 2$ 近傍における $\partial^2\sigma_{\rm osc}/\partial B^2$ を磁界 B の関数でプロットしたもので, 電界 0 における 11T 近傍のピークが低磁界側と高磁界側に分離していく様子が見られる.

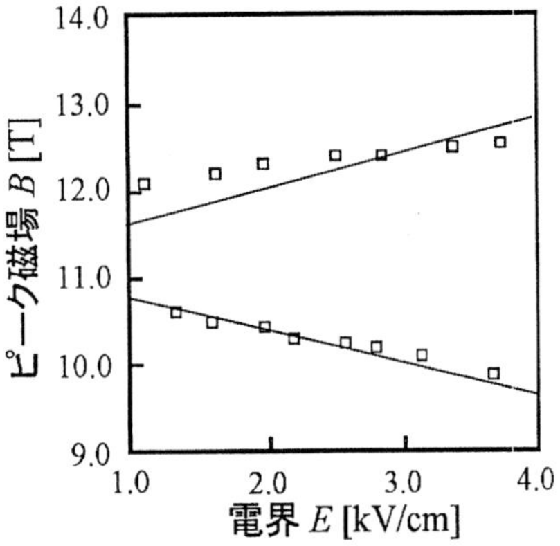

図 7.13: 電界誘起によるランダウ準位間の遷移に基づく磁気フォノン共鳴 (IILLS). 実験結果 (Eaves ら文献[7.31]) と理論計算 (直線) との比較. GaAs における $N = 2$ のピークの分離を比較したもの.

うな複合状態が起こる. このダイヤグラムを見て明らかなように, ポーラロンの状態は 2 次の摂動で計算される.

以下では, スカラー質量をもち放物線近似できる伝導帯を考え, 温度 $T = 0$ かつ $B = 0$ の最も簡単な場合を考える. 相互作用のある電子とフォノンの系におけるハミルトニアンは次のように書ける.

$$H = H_0 + H' \tag{7.161}$$

ここに, H_0 は相互作用のない電子とフォノンのハミルトニアンで

$$H_0 = \frac{p^2}{2m^*} + \sum_{\boldsymbol{q}} \hbar\omega_{\rm LO}\left(a_{\boldsymbol{q}}^\dagger a_{\boldsymbol{q}} + \frac{1}{2}\right) \tag{7.162}$$

また, H' は電子とフォノンの相互作用を表すハミルトニアンで, Fröhlich 型の相互作用を仮定すると

$$H' = \sum_{\boldsymbol{q}} V_{\boldsymbol{q}}\left(a_{\boldsymbol{q}} e^{i\boldsymbol{q}\cdot\boldsymbol{r}} + a_{\boldsymbol{q}}^\dagger e^{-i\boldsymbol{q}\cdot\boldsymbol{r}}\right) \tag{7.163}$$

ここに, 式 (6.235) と式 (6.236) を用いて

$$V_{\boldsymbol{q}} = \frac{i\hbar\omega_{\rm LO}}{q}\left(\frac{\hbar}{2m^*\omega_{\rm LO}}\right)^{1/4}(4\pi\alpha)^{1/2} \tag{7.164}$$

$$\alpha = \frac{e^2}{\hbar}\left(\frac{1}{\epsilon_\infty} - \frac{1}{\epsilon_0}\right)\left(\frac{m^*}{2\hbar\omega_{\rm LO}}\right)^{1/2} \tag{7.165}$$

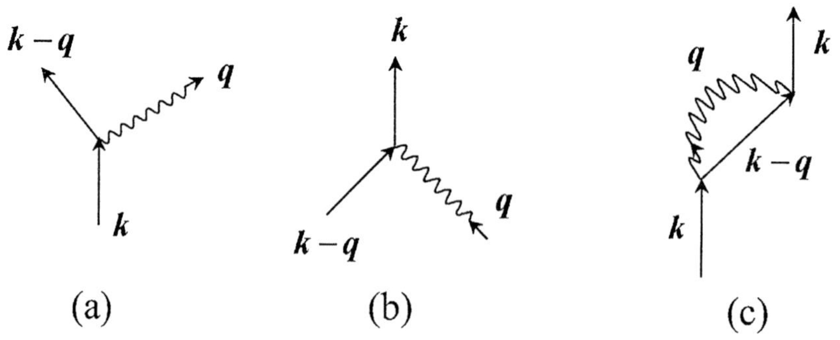

図 7.14: 電子と LO フォノンの相互作用．(a) は電子 $|\boldsymbol{k}\rangle$ が波数ベクトル $\boldsymbol{q}$ のフォノンを放出して $|\boldsymbol{k}-\boldsymbol{q}\rangle$ の状態に散乱される過程．(b) は電子 $|\boldsymbol{k}-\boldsymbol{q}\rangle$ が波数ベクトル $\boldsymbol{q}$ のフォノンを吸収して $\boldsymbol{k}\rangle$ の状態に散乱される過程．(c) は電子とフォノンとの結合が強くなり，$|\boldsymbol{k}\rangle$ の電子が波数ベクトル $\boldsymbol{q}$ のフォノンを吸収・放出してもとの $|\boldsymbol{k}\rangle$ の状態に戻る複合状態で，電子はフォノンの雲を伴いながら運動するポーラロン状態を形成する．

である．H_0 に対する固有状態は電子の波数ベクトル $\boldsymbol{k}$ と波数ベクトル $\boldsymbol{q}$ のフォノンの数 n_q によって指定された状態 $|\boldsymbol{k}, n_q\rangle$ で与えられ，固有エネルギーは次式で与えられる．

$$\mathcal{E}(\boldsymbol{k}, n_q) = \frac{\hbar^2 k^2}{2m^*} + \sum_{\boldsymbol{q}} \hbar\omega_{\mathrm{LO}} \left(n_q + \frac{1}{2} \right) \tag{7.166}$$

$T = 0$ の状態を考えているので，フォノン系は真空状態であるとすると非摂動系の固有状態は $|\boldsymbol{k}, 0\rangle$ で与えられる．このときの摂動エネルギーは

$$\Delta\mathcal{E} = \langle \boldsymbol{k}, 0|H'|\boldsymbol{k}, 0\rangle + \sum_{n_q \neq 0, \boldsymbol{k}'} \frac{\langle \boldsymbol{k}, 0|H'|\boldsymbol{k}', n_q\rangle\langle \boldsymbol{k}', n_q|H'|\boldsymbol{k}, 0\rangle}{\mathcal{E}(\boldsymbol{k}, 0) - \mathcal{E}(\boldsymbol{k}', n_q)} \tag{7.167}$$

となる．上式の右辺第 2 項が図 7.14(c) のダイヤグラムに対応していることは明らかである．1 次の摂動である右辺第 1 項は H' にフォノンの生成と消滅の演算子を含み 0 となる．式 (7.167) の右辺第 2 項は，$n_q = 1$ 以外の項は消えるので，分子に現れる行列要素は次のようになる．

$$\langle \boldsymbol{k}', 1_q|H'|\boldsymbol{k}, 0\rangle = V_{\boldsymbol{q}}\delta(\boldsymbol{k} - \boldsymbol{k}' - \boldsymbol{q}) \tag{7.168}$$

$$\langle \boldsymbol{k}, 0|H'|\boldsymbol{k}', 1_q\rangle = V_{\boldsymbol{q}}\delta(-\boldsymbol{k} + \boldsymbol{k}' + \boldsymbol{q}) \tag{7.169}$$

式 (7.168) はフォノンの放出を，式 (7.169) はフォノンの吸収を表しており，図 7.14(c) に対応している．デルタ関数から中間状態の電子の波数ベクトル $\boldsymbol{k}' = \boldsymbol{k} - \boldsymbol{q}$ を得る．

始状態と終状態のエネルギーは

$$\mathcal{E}(\boldsymbol{k}, 0) = \mathcal{E}(\boldsymbol{k}) = \frac{\hbar^2 k^2}{2m^*} \tag{7.170}$$

で，フォノン $\boldsymbol{q}$ が 1 個励起され，電子の状態が $|\boldsymbol{k} - \boldsymbol{q}\rangle$ となった中間状態のエネルギーは

$$\mathcal{E}(\boldsymbol{k}', n_q) = \mathcal{E}(\boldsymbol{k} - \boldsymbol{q}, 1_q) = \frac{\hbar^2}{2m^*}(\boldsymbol{k} - \boldsymbol{q})^2 + \hbar\omega_{\mathrm{LO}} \tag{7.171}$$

で与えられる．これらの結果を式 (7.167) に代入すると次の結果を得る．

$$\Delta\mathcal{E}(\boldsymbol{k}) = \sum_{\boldsymbol{q}} \frac{|V_{\boldsymbol{q}}|^2}{\mathcal{E}(\boldsymbol{k}) - \mathcal{E}(\boldsymbol{k}-\boldsymbol{q}) - \hbar\omega_{\mathrm{LO}}} \tag{7.172}$$

$\boldsymbol{k}'$ に関する和を運動量保存則を用いて $\boldsymbol{q}$ についての和に書き換え，さらに和を $\sum_{\boldsymbol{q}} = (L^3/8\pi^3)\int d^3\boldsymbol{q}$ の関係を用いて積分に変えると，

$$\begin{aligned}\Delta\mathcal{E}(\boldsymbol{k}) &= \frac{\alpha\hbar\omega_{\mathrm{LO}}u}{2\pi^2}\int \frac{1}{k^2 - (\boldsymbol{k}-\boldsymbol{q})^2 - u^2q^2}\frac{d^3\boldsymbol{q}}{q^2} \\ &= \frac{\alpha\hbar\omega_{\mathrm{LO}}u}{2\pi k}\int_0^{\infty}\frac{1}{q}\ln\left[\frac{2kq - q^2 - u^2}{2kq + q^2 + u^2}\right]dq\end{aligned} \tag{7.173}$$

となる．この式の導出は 6.3.10 項で述べた方法で実行できる (式 (6.292) から式 (6.295) を参照)．ここに，$u = \sqrt{2m^*\omega_{\mathrm{LO}}/\hbar}$ で，積分の上限を $q_{\max} \to \infty$ とした．この積分を実行すると[注1]

$$\Delta\mathcal{E}(\boldsymbol{k}) = -\alpha\hbar\omega_{\mathrm{LO}}\frac{\sin^{-1}(k/u)}{k/u} \tag{7.174}$$

を得る．$u = k$ とおくと $\hbar^2k^2/2m^* = \hbar\omega_{\mathrm{LO}}$ となる．電子のエネルギーが LO フォノンエネルギーよりも小さい領域，つまり $k < u$ の場合には，$\sin^{-1}x = x + \frac{1}{6}x^3 + \cdots$ の近似を用いて，電子のエネルギーは次のように近似される．

$$\mathcal{E} = \frac{\hbar^2k^2}{2m^*} + \Delta\mathcal{E} = -\alpha\hbar\omega_{\mathrm{LO}} + \frac{\hbar^2k^2}{2m^*}\left(1 - \frac{\alpha}{6}\right) + \mathrm{O}(k^4) \tag{7.175}$$

このように，摂動エネルギーを伝導電子に加えて求めたものをポーラロンの自己エネルギーと呼ぶ．このときのポーラロンの有効質量を m^*_{pol} とおくと

$$m^*_{\mathrm{pol}} = \frac{m^*}{1 - \alpha/6} \tag{7.176}$$

あるいは

$$m^*_{\mathrm{pol}} = \left(1 + \frac{\alpha}{6}\right)m^* \tag{7.177}$$

と表すことができる．

磁気フォノン共鳴で観測される有効質量は，ポーラロン効果のもとでの有効質量であるから，バンド端有効質量を求めるには式 (7.177) による補正が必要である．また，ポーラロン状態は式 (7.175) で与えられるように，伝導帯よりも $\alpha\hbar\omega_{\mathrm{LO}}$ だけ低いエネルギー状態となっている．価電子帯についても同様に正孔のポーラロン状態ができるから，光でポーラロンを励起する場合，禁止帯幅よりも低いエネルギーで励起されることがわかる．

注1 このままでは積分できないので，被積分関数を $\boldsymbol{k}$ と $\boldsymbol{q}$ の関数と考える，まず，$\boldsymbol{k}$ について微分し，これを $\boldsymbol{q}$ で積分し，その後 $\boldsymbol{k}$ で積分すればよい．

第 8 章

量子構造

8.1 歴史的背景

半導体における量子構造あるいは量子効果デバイスという言葉が用いられるようになったのは 1980 年代であろう．これは，MOSFET (Metal-Oxide-Semiconductor Field Effect Transistor) における反転層のキャリアが界面方向に量子化されて，平行な面内で 2 次元的な振る舞いをすることが 1960 年代後半に明らかになり，1980 年にこの 2 次元電子を用いて量子ホール効果が von Klitzing ら [8.15] により見出されてから，2 次元電子の輸送現象が注目されるようになったことによる．一方，1960 年代に Esaki と Tsu [8.16] が分子ビームエピタキシャル (MBE) 成長法を用いて，超格子を作りブロッホ振動を観測することに成功し，MBE 成長法が各所で取り入れられ，いわゆるこの章で取り上げる量子構造の作製と量子化を反映した電子輸送や光学的性質が観測されるようになった．これまでに，2 次元電子輸送，擬 1 次元構造 (量子細線：quantum wire)，0 次元構造 (量子ドット：quantum dot)，超格子等の研究がなされている．これらは現在も研究の途上にあり，この章でまとめることは非常に難しい．そこで，これらの量子構造を研究する上で重要な物理現象をいくつか取り上げて説明を試みたい．

これまでの研究の背景から，MOSFET における 2 次元電子ガスのことを理解し，ヘテロ構造についてより深い考察をする方法がもっともよい方法ではないかと考えている．そこで，この章では MOSFET の 2 次元電子ガスについて詳しく述べ，ヘテロ構造についていくつか重要なものを取り上げることにする．

8.2 2 次元電子系

8.2.1 MOS 反転層の 2 次元電子

電子の 2 次元性の存在を最初に観測したのは MOSFET であり，量子効果を最初に観測したのも MOSFET においてであった．MOSFET の 2 次元性を考察すると非常に重要な情報が得られる．ヘテロ構造を用いた種々の素子における 2 次元的な量子化を論じる場合も非常に役立つ．そこでこの節では MOSFET における 2 次元電子ガスについて論じる．

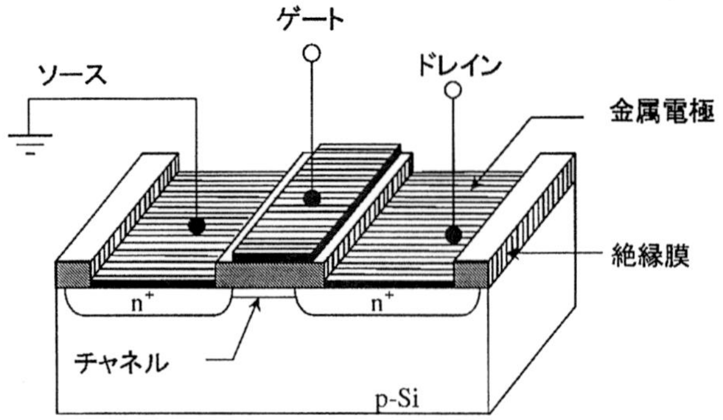

図 8.1: MOS 型電界効果トランジスター (MOSFET) の構造．p-Si 基板上に，酸化膜 (絶縁体膜) を形成し，その上に金属電極膜をつけゲート電極とする．ソース電極とドレイン電極は，p-Si 基板に n^+ 不純物を拡散しオーミックな金属電極を形成している．ゲート電極に正の電圧を印加するとゲート下に 電子の n チャネルが形成され，ソース・ドレイン間を電流が流れる．

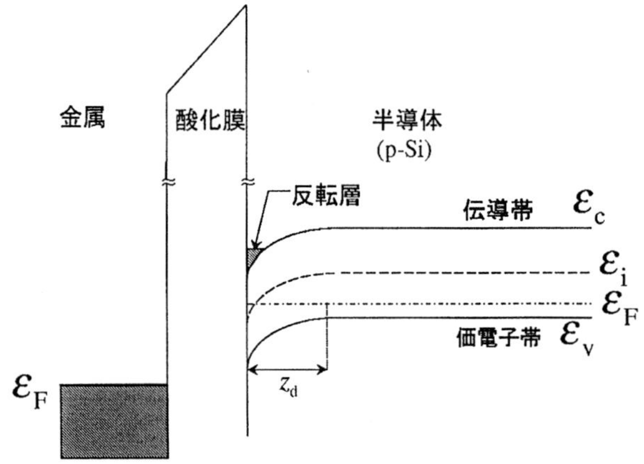

図 8.2: 上図の MOSFET においてゲートに正の電圧を印加した場合のエネルギー図で，半導体 (p-Si) と絶縁体膜の界面近傍に電子の反転層が形成される．この電子は界面と平行な方向にのみ動き 2 次元的な振る舞いをする．p-Si 基板の界面近傍ではバンドが曲がるため正孔が空乏化しイオン化したアクセプターが z_d の距離だけむき出しとなり，これを超えると正孔とアクセプターは中性を保つ．

図 8.1 は MOSFET の構造を示したもので，p-Si 基板上に形成された酸化膜とゲート電極，オーミック電極のソースとドレイン電極から成っている．MOSFET はゲート電極に印加する電圧で絶縁体膜 (酸化膜) 下に誘起されるチャネル層の電子を制御し，ソース・ドレイン間に流れる電流を制御する，いわゆる 3 極管型のデバイスである．その動作特性については文献[8.1]に詳述されている．この素子のゲート電極に正の電圧を印加した場合のエネルギー図が図 8.2 に示してある．印加電界によって，金属ゲート電極のエネルギーは下がり，絶縁膜との界面近傍の半導体表面は図のように曲げられ，電子が伝導帯に誘起される．p-Si 基板に対して電子が誘起されるので，この電子の層を反転層 (inversion layer) とよぶ．価電子帯も同様に曲げられるから，界面近傍の価電子帯は電子で埋められ，

負に帯電したアクセプターが取り残される．この領域を空乏層 (depletion region) とよび，その長さが z_d で表してある．半導体の奥深く ($z \to \infty$) では，正孔とアクセプターは中性を保ち，フェルミエネルギーは $\mathcal{E}_F$ で与えられる．反転層の電子は界面近傍に閉じ込められ，z 方向に量子化され，x，y 方向 (界面に平行な面内) にしか動けない．このようなことから，反転層内の電子は2次元状態を形成することがわかる．このような電子を2次元電子ガス (2DEG: two-dimensional electron gas) と呼ぶ．

(a) 三角ポテンシャル近似

図8.2を見ればわかるように，反転層の電子は酸化膜との界面に閉じ込められ，その閉じ込めポテンシャルは比較的三角ポテンシャルに似ている．この界面での電界を E_s とし，閉じ込めの方向を z 軸方向にとると，閉じ込めポテンシャルは

$$\phi(z) = -E_s z \tag{8.1}$$

と近似することができる．また，空乏層による電位は，イオン化したアクセプター N_A とドナー N_D ($N_A \gg N_D$) が，深さ方向 (z 方向) に界面から z_d まで一様に分布しているものとすると，ポアソンの式から

$$\phi_d(z) = \frac{e(N_A - N_D)}{2\kappa_s \epsilon_0} z^2 \tag{8.2}$$

で与えられる．ここに，κ_s は Si の比誘電率である．この項での計算ではこの空乏層によるポテンシャルへの寄与を無視する．電子は z 方向に閉じ込められ，x，y 方向にしか動けないものとする．このとき，x, y 面の面積を A として，

$$\psi(x, y, z) = A^{-1/2} \exp(ik_x + ik_y)\zeta_i(z) \tag{8.3}$$

とおけば，z 方向についてのシュレディンガー方程式は

$$-\frac{\hbar^2}{2m_3}\frac{d^2}{dz^2}\zeta_i(z) - e\phi(z)\zeta_i(z) = \mathcal{E}_i\zeta_i(z) \tag{8.4}$$

となる．ここで，m_3 は z 方向の電子の有効質量である．この式に式 (8.1) で与えられる三角ポテンシャルを代入して整理すると次のようになる．

$$\frac{d^2}{dz^2}\zeta_i(z) + \frac{2m_3 e E_s}{\hbar^2}\left[\frac{\mathcal{E}_i}{eE_s} - z\right]\zeta_i(z) = 0 \tag{8.5}$$

この方程式は5.1.2項で，フランツ・ケルディッシュ効果の説明に出てきた式と全く同一である．いま，

$$z' = \left[\frac{2m_3 e E_s}{\hbar^2}\right]^{1/3}\left[z - \frac{\mathcal{E}_i}{eE_s}\right] \tag{8.6}$$

とおくと，式 (8.5) は次のようになる．

$$\frac{d^2\zeta_i(z')}{dz'^2} - z'\zeta_i(z') = 0 \tag{8.7}$$

この方程式の解は5.1.2項で述べたようにエアリー関数で与えられる．

$$\zeta_i(z') = C_i \cdot \mathrm{Ai}(z') \tag{8.8}$$

C_i は規格化の条件より

$$C_i = \frac{\sqrt{eE_s}}{(e^2 E_s \hbar^2/2m_3)^{1/3}} \tag{8.9}$$

である．つまり

$$\zeta(z) = C_i \cdot \mathrm{Ai}\left([2m_3 eE_s/\hbar^2]^{1/3}[z - \mathcal{E}_i/eE_s]\right) \tag{8.10}$$

となる．酸化膜と p-Si の界面のポテンシャルは非常に高く，近似的に無限大とおけるものとすると，$\zeta(z=0)=0$ とおけるから

$$\mathcal{E}_i \approx \frac{\hbar^2}{2m_3}\left[\frac{3}{2}\pi eE_s\left(i+\frac{3}{4}\right)\right]^{2/3} \tag{8.11}$$

で与えられる[8.17]．この近似解は大きな i に対してよい近似となるが，小さな i に対してもよい近似となっている．たとえば $i=0$ に対して $i+3/4=0.75$ であるが，厳密な計算では これを 0.7587 とおけばよい．以下さらに近似は正確となる．以上の計算結果からわかるように，電子は z 方向に閉じ込められ量子化されるため，飛び飛びの値をもつようになる．x，y 方向の運動エネルギーを加えると，電子のエネルギーは次のようになる．

$$\mathcal{E} = \mathcal{E}_i + \frac{\hbar^2 k_x^2}{2m_1} + \frac{\hbar^2 k_y^2}{2m_2} \tag{8.12}$$

次に，2次元電子ガスの状態密度や電子に作用するポテンシャルについて考察しておく．2次元電子ガスの状態密度は

$$\frac{2L^2}{(2\pi)^2}dk_x dk_y$$

となるから，単位面積当たりの状態密度は

$$\frac{2}{(2\pi)^2}dk_x dk_y \tag{8.13}$$

で与えられる．上式の因子 2 はスピンを考慮したためである．$k_x/\sqrt{m_1/m}=k'_x$，$k_y/\sqrt{m_2/m}=k'_y$ なる変数変換を行うと式 (8.12) は

$$\mathcal{E} = \mathcal{E}_i + \frac{\hbar^2}{2m}(k_x'^2 + k_y'^2) = \mathcal{E}_i + \frac{\hbar^2}{2m}k'^2$$

となる．そこで状態密度有効質量 $m_d=\sqrt{m_1 m_2}$ を定義し，$2k'dk' = d(k'^2) = (2m/\hbar^2)d(\mathcal{E}-\mathcal{E}_i)$ であることを考慮すると

$$\frac{2}{(2\pi)^2}dk_x dk_y = \frac{2}{(2\pi)^2}\frac{m_d}{m}2\pi k' dk' = \frac{m_d}{\pi\hbar^2}d(\mathcal{E}-\mathcal{E}_i)$$

の関係を得る．これが2次元電子ガスの状態密度で，これを図示したのが図 8.3 である．3次元では放物線であったものが，2次元ではステップ状になることから，それぞれをサブバンドとよび，$\mathcal{E}_i$ をサブバンドの底のエネルギー，あるいは単にサブバンドエネルギーとよぶことがある．

Si における伝導帯は 2.1 節の図 2.9 に示したように複数のバレーからなり，状態密度もバレーの縮重度 n_v を考慮しなければならない．たとえば，Si の (001) 面上に酸化膜が形成された Si-MOSFET を考えると，界面に垂直な方向に長軸をもつ $m_3=m_l$ の等価な 2 つのバレー ($n_v=2$) と界面に平行

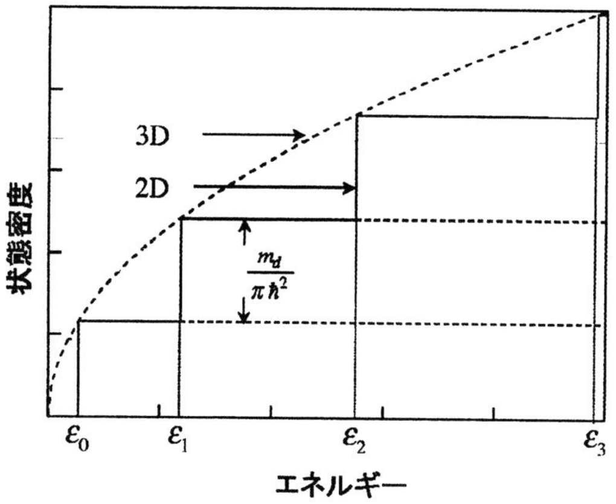

図 8.3: 2次元電子ガスの状態密度 (実線). 各サブバンドの底のエネルギーが $\mathcal{E}_i$ で示してあり, 状態密度は各サブバンドとも $m_d/\pi\hbar^2$ で与えられるのでステップ状となる. 3次元の状態密度 (破線) は $\sqrt{\mathcal{E}}$ に比例し, 放物線となる. サブバンド間隔が無限に小さくなる極限では2次元の状態密度は放物線に近づく.

な方向に長軸をもつ $m_3 = m_t$ の等価な4つのバレー ($n_v = 4$) の2種類が存在する. このことを考慮すると, サブバンドも2種類のシリーズが現れる. そこで, $\mathcal{E}_i$ に対応するバレーの縮重度を n_{vi} とすると, Si における2次元電子ガスの状態密度は

$$J^i_{2D}(\mathcal{E})d(\mathcal{E}-\mathcal{E}_i) = \frac{n_{vi}m_{di}}{\pi\hbar^2}d(\mathcal{E}-\mathcal{E}_i) \tag{8.14}$$

となる. 電子はフェルミ・ディラックの統計に従うから, サブバンド E_i の2次元電子ガスの面密度 N_i は次式のように計算される.

$$\begin{aligned} N_i &= \int_{E_i}^{\infty} J^i_{2D}(\mathcal{E})\frac{1}{\exp\left[(\mathcal{E}-\mathcal{E}_F)/k_BT\right]+1}d\mathcal{E} \\ &= \frac{n_{vi}m_{di}k_BT}{\pi\hbar^2}F_0\left[(\mathcal{E}_F-\mathcal{E}_i)/k_BT\right] \end{aligned} \tag{8.15}$$

$$F_0(x) = \ln(1+e^x) \tag{8.16}$$

ここに, $\mathcal{E}_F$ はフェルミエネルギーである. 反転層内の電子密度 (面密度)N_{inv} は

$$N_{\text{inv}} = \sum_i N_i \tag{8.17}$$

で与えられる. 空乏層内の電荷密度は

$$\rho_{\text{depl}}(z) = -e(N_A - N_D), \qquad 0 < z \leq z_d \tag{8.18}$$

$$\rho_{\text{depl}}(z) = 0, \qquad z > z_d \tag{8.19}$$

であるから, 空乏層内におけるイオン化した不純物による電荷の面密度 N_{depl} は

$$N_{\text{depl}} = (N_A - N_D)z_d \tag{8.20}$$

で与えられ，z_d は式 (8.2) においてポテンシャルの曲がり ϕ_d が求まれば決まる[8.18]．この曲がりの大きさは図 8.2 でも見られるように，$z \to \infty$ におけるエネルギーを $(\mathcal{E}_c - \mathcal{E}_F)_b$ として，ソース・ドレイン間に電圧が印加されていなければ，反転電子による寄与を除いたものとなるから，$T = 0$ で

$$\phi_d = (\mathcal{E}_c - \mathcal{E}_F)_b + \mathcal{E}_F - \frac{eN_{\text{inv}} z_{\text{av}}}{\kappa_s \epsilon_0} \tag{8.21}$$

で与えられる．ここに，$\mathcal{E}_F$ は Si-SiO$_2$ 界面において伝導帯の底から測ったフェルミエネルギーであり，

$$z_{\text{av}} = \frac{1}{N_{\text{inv}}} \sum_i N_i z_i \tag{8.22}$$

$$z_i = \int z|\zeta_i(z)|^2 dz \bigg/ \int |\zeta_i(z)|^2 dz \tag{8.23}$$

である．界面における半導体 Si 表面の電界は全電荷面密度で決まるから，表面電界を $-E_s$ とおくと，

$$E_s = \frac{e(N_{\text{inv}} + N_{\text{depl}})}{\kappa_s \epsilon_0} \tag{8.24}$$

となる.ここに，$N_{\text{depl}} = z_d(N_A - N_D)$ である． ポテンシャル $\phi(z)$ はポアソンの式から求まる．

$$\frac{d^2\phi(z)}{dz^2} = -\frac{1}{\kappa_S \epsilon_0}\left[\rho_{\text{depl}}(z) - e\sum_i N_i \zeta_i^2(z)\right] \tag{8.25}$$

(b) 変分法による解

変分法は波動関数の形を仮定して，エネルギーを最小にするようにそのパラメーターを決定する方法である．界面 $z = 0$ で $\zeta(z = 0) = 0$，$z \to \infty$ で $\zeta(z = \infty) = 0$ となるような波動関数として Fang-Howard の試行関数[8.19]を用いることにする．

$$\zeta_0(z) = \left(\frac{1}{2}b^3\right)^{1/2} z e^{-bz/2} \tag{8.26}$$

この仮定は反転層に存在する電子密度が小さく，最低のサブバンド ($\mathcal{E}_i$ をサブバンド i の底のエネルギーとよぶ) のみを電子が占有する場合にはよい近似となる．この試行関数を用いて，エネルギーが最低となるように変分パラメーター b を決定する．式 (8.26) を 1 次元のシュレディンガー波動方程式 (8.4) に代入し，エネルギー $\mathcal{E}_0$ の期待値を求めると，

$$\mathcal{E}_0 = \frac{\hbar^2 b^2}{8m_3} + \frac{3e^2}{\kappa_s \epsilon_0 b}\left[N_{\text{depl}} + \frac{11}{16}N_{\text{inv}} - \frac{2}{b}(N_A - N_D)\right] \tag{8.27}$$

このエネルギーを最低にするようにして決定した種々の値は近似的に次のようになる．

$$b_0 = \left(\frac{12 m_3 e^2 N^*}{\kappa_s \epsilon_0 \hbar^2}\right)^{1/3} \tag{8.28a}$$

$$z_0 = \left(\frac{9\kappa_s \epsilon_0 \hbar^2}{4 m_3 e^2 N^*}\right)^{1/3} \tag{8.28b}$$

$$\mathcal{E}_0 = \left(\frac{3}{2}\right)^{5/3}\left(\frac{e^2\hbar}{m_3^{1/2}\kappa_s \epsilon_0}\right)^{2/3}\left(N_{\text{depl}} + \frac{55}{96}N_{\text{inv}}\right)\frac{1}{N^{*1/3}} \tag{8.28c}$$

ここに，$N^* = N_{\rm depl} + \frac{11}{32}$ である．この計算結果をもとに，Si の (111) 面における $\mathcal{E}_0$ を計算し，自己無撞着計算と比較すると非常によい一致が得られている (文献[8.18]を参照).

(c) 自己無撞着法による解

シュレディンガー方程式，ポアソンの方程式と電子のシート密度に関する3つの方程式は

$$\left[-\frac{\hbar^2}{2m_3}\frac{d^2}{dz^2} + [\mathcal{E}_i - e\phi(z)]\right]\zeta_i(z) = 0 \tag{8.29}$$

$$\frac{d^2\phi(z)}{dz^2} = -\frac{1}{\kappa_s\epsilon_0}\left[\rho_{\rm depl} - e\sum_i N_i|\zeta_i(z)|^2\right] \tag{8.30}$$

$$N_i = \frac{n_v m_d k_B T}{\pi\hbar^2}\ln\left[1 + \exp\left(\frac{E_F - \mathcal{E}_i}{k_B T}\right)\right] \tag{8.31}$$

である．この連立方程式を自己無撞着に求めるには次のような数値解法が用いられる．Si/SiO_2 界面を $z = 0$ にとり，波動関数が収束するような距離 $z = L$ を選ぶ (たとえば 20nm 程度)．区間 $[0, L]$ を 200 程度に分割し，$h = L/200$ とする．以下の計算は，エネルギーや距離を無次元となるようにパラメーターを定義すると計算が容易となる．差分化の方法を用いると関数 $f(z)$ の差分は次のようになる．

$$\frac{df}{dz} \to \frac{f_{(j+1)} - f_{(j)}}{h} \tag{8.32}$$

$$\frac{d^2f}{dz^2} \to \frac{f_{(j+1)} - 2f_{(j)} + f_{(j-1)}}{h^2} \tag{8.33}$$

この差分化を用いると，シュレディンガー方程式 (8.29) とポアソンの式 (8.30) は 200 × 200 の行列方程式となる．いずれも2階微分方程式であるから，対応する行列式は対角成分とその両隣にのみ成分をもつ3重対角行列となるので，その数値解法は容易である．シュレディンガー方程式は固有値と固有関数を与えるが，今の場合のように差分化法を用いると，200 の固有値と 200 通りの固有関数が上の行列式から得られる．これらは 200 個の差分化の精度でシュレディンガー方程式の正しい解を与える[注1]．一方，ポアソンの方程式は初期値 E_s が分かれば逐次近似で解くこともできる．あるいは，$z = 0$ と $z = L$ における値が分かれば3重対角行列の解法がある．これら2つの方程式には波動関数 $\zeta_i(z)$ とポテンシャル $\phi(z)$ が含まれており，解は独立ではない．この連立方程式の自己無撞着解を求める方法の一例について述べる．

(1) Si の面方位を決定する．(001) 面の場合，$m_3 = m_l$，$n_v = 2$ と $m_3 = m_t$，$n_v = 4$ の2つのシュレディンガー方程式を解く．

(2) 初期値：$N_{\rm inv}$，$N_A - N_D$ を決定する．

[注1] シュレディンガーの方程式は連続関数であるが，上の方法では有限の点に分解されており，200×200 の行列方程式となっている．この行列を対角化すれば，固有値と固有関数が求まる．通常，低いエネルギーの状態が必要となるので，最低のエネルギーからいくつかの固有値と固有関数を求めればよい．解法についてはいくつかの方法があるので数値解析のテキストを参照されたい．

(3) 全電子密度 $N_{\rm inv}$ が基底状態 $\mathcal{E}_0$ に分布すると仮定し，Fang-Howard の試行関数を用いた解より，$z_{\rm av}$，z_d，ϕ_d，$N_{\rm depl}$，$\mathcal{E}_s$ 等のパラメーターを決定する．次回からの計算では新しい値に置き換える．

(4) これらの初期値を用いて，まずポアソンの方程式 (8.30) を解き，ポテンシャル $\phi(z)$ の近似解を決定する[注2]．

(5) 上のポテンシャルをシュレディンガー方程式 (8.29) に代入し，波動関数 $\zeta_i(z)$ と固有値 $\mathcal{E}_i$ を求める．

(6) 式 (8.31) より各サブバンドの電子密度を求める．

(7) (3) のデータを置き換え，以下 (3) – (6) の計算を繰り返し，エネルギー $\mathcal{E}_i$ が収束するまで実行する．

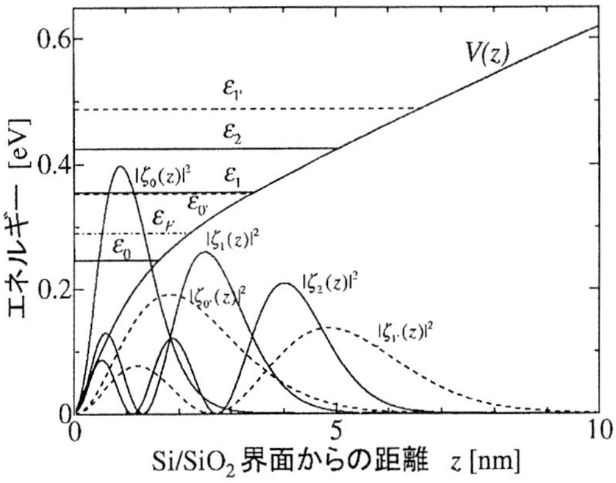

図 8.4: Si(001) 面内の反転電子の自己無撞着解．ポテンシャルエネルギー $V(z)$，波動関数 $|\zeta_i(z)|^2$，サブバンドエネルギー $\mathcal{E}_i$ とフェルミエネルギー (水平の一点鎖線) が示されている．サブバンド $\mathcal{E}_i$ は水平の実線で，$\mathcal{E}_{i'}$ は水平の破線で，対応する波動関数も実線と破線で示してある．$N_{\rm inv} = 1.0 \times 10^{13}{\rm cm}^{-2}$，$N_A = 5.0 \times 10^{17}{\rm cm}^{-3}$，$T = 300{\rm K}$．フェルミエネルギー $\mathcal{E}_F = 0.292$ eV が得られている．

図 8.4 は (001) 面に形成された MOSFET の反転層の電子状態の自己無撞着計算の結果を示す．密度 $N_{\rm inv} = 1.0 \times 10^{13}{\rm cm}^{-2}$ で，$N_A = 5.0 \times 10^{17}{\rm cm}^{-3}$ とし，$m_l = 0.916m$，$m_t = 0.190m$，$\kappa_s = 11.7$ とした．(001) 面では $m_3 = m_l$，$n_v = 2$ に対応したサブバンド $\mathcal{E}_0$，$\mathcal{E}_1, \mathcal{E}_2, \ldots$ と $m_3 = m_t$，$n_v = 4$ に対応したサブバンド $\mathcal{E}_{0'}$，$\mathcal{E}_{1'}$，$\mathcal{E}_{2'}$，$\ldots$ シリーズが現れる．図 8.4 の実線は Si/SiO_2 界面での伝導帯の底のエネルギーを 0 としてポテンシャルエネルギー $V(z)$ をプロットしたものである．水平の実線は $\mathcal{E}_i$ $(i = 0, 1, 2)$ で，破線は $\mathcal{E}_{i'}$ $(i' = 0, 1)$ で，フェルミエネルギーが一点鎖線で示されている．$\mathcal{E}_i$ シリーズに対する波動関数の 2 乗が実線で，また $\mathcal{E}_{i'}$ シリーズに対する波動関数の 2 乗が破線で示されている．$\mathcal{E}_1$ と $\mathcal{E}_{0'}$ の値が非常に近いことは注目に値する．なお，表 8.1 には自己無撞着解として得られた，サブバンドエネルギー，電子の占有率，波動関数の広がりの平均値を表す $z_{\rm av}$ を示す．また，

[注2] $N_{\rm depl}$ を無視し，$F_s = eN_{\rm inv}$ とおき，三角ポテンシャルを初期値としてシュレディンガー方程式を解いても，反復計算で十分収束する．

フェルミエネルギーは $\mathcal{E}_F = 0.292\text{eV}$ が得られた．これらの結果を見ても，Si-MOS 反転層の電子

表 8.1: MOSFET の (001) 面 Si 反転層における自己無撞着解．
$N_{\text{inv}} = 1.0 \times 10^{13}\text{cm}^{-2}$，$N_A = 5.0 \times 10^{17}\text{cm}^{-3}$，$T = 300\text{K}$.

記号	サブバンド エネルギー [meV]	電子占有率 [%]	平均距離 z_{av} [nm]
$\mathcal{E}_0$	245.3	79.9	1.11
$\mathcal{E}_1$	355.4	3.4	2.39
$\mathcal{E}_2$	424.5	0.2	3.44
$\mathcal{E}_{0'}$	352.5	16.4	2.28
$\mathcal{E}_{1'}$	488.3	0.1	4.46
$\mathcal{E}_{2'}$	590.2	0.0	6.19
$\mathcal{E}_{3'}$	676.7	0.0	7.75

は 2 次元量子化されていることがわかる．実験ではシュブニコフ・ドハース効果やその他の結果が多数報告されているが，1980 年に発見された 2 次元電子ガスの量子ホール効果がもっとも有名である．これについては後に述べる．

8.2.2 量子井戸と HEMT

半導体単結晶として自然界に存在したり合成されてきたものは，Ge，Si，GaAs などのように，単体または化合物の周期構造からなるものであった．ところが，1960 年代後半から 1970 年代にかけて Esaki らが超高真空中で，たとえば GaAs を n 原子層，AlAs を m 原子層ずつ周期的に成長させた，いわゆる**超格子**の概念を実現できることを示すと，新しい量子構造が次々に提案され実験が行われるようになった．Esaki らの目的は，超格子を用いたブロッホ振動の実証であった．

ところで，異種の半導体を同一基板上に成長させるにはいくつかの制約が存在する．物質 A と物質 B が異なる場合，この接合をヘテロ接合とよびその性質は両者の物理的化学的性質に強く依存する．特に良質のヘテロ接合を得るには，A と B 物質の格子定数が等しい，**格子整合** (lattice match) が必要である．このようなとき成長条件を適当に選べば，格子の整合がとれた成長，**スードモルフィック成長** (pseudomorphic growth)，が可能となる．**格子不整合**は A と B 結晶の格子定数を a_A，a_B とすると，$\eta = 2|a_A - a_B|/(a_A + a_B)$ で定義される．格子不整が小さいヘテロ接合ではスードモルフィックな結晶成長が可能であるが，格子不整が大きくなると歪を緩和するため，ある原子層数を超えると格子欠陥 (misfit dislocation) が発生する．そこで，格子欠陥の発生を避けるため，この臨界原子層数を超えない層を交互に成長させる方法をとり，超格子を成長させることが可能である．このように歪を緩和させることなく成長させた超格子を**歪超格子** (strained-layer superlattice) と呼ぶ．歪の影響をできるだけ避けて，超格子や量子井戸を成長させるには格子定数の違いの少ない，格子整合のとれた (lattice matched) 物質を選ぶ必要がある．図 8.5 は代表的な III-V 族化合物半導体 (立方晶閃亜鉛鉱) の格子定数とエネルギー禁止帯幅の関係を示したもので，黒丸●は直接遷移を白丸○は間接遷

移 を表している．たとえば，GaAs と AlAs の格子定数はそれぞれ 5.653，5.660A で，格子不整は

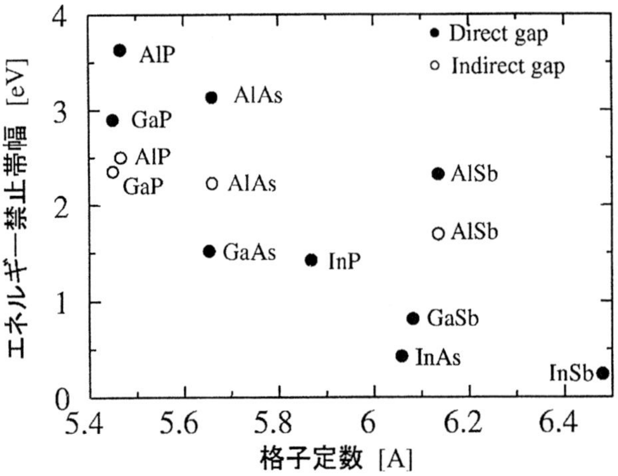

図 8.5: III-V 族化合物半導体のエネルギー禁止帯幅を格子定数の関数でプロットしたもので，黒丸は直接遷移，白丸は間接遷移に対応する．

$\eta = 0.12\%$ である．このように格子不整が小さい物質間では結晶成長がスードモルフィックになる．このようなことから初期のヘテロ接合の研究では，GaAs と $Al_xGa_{1-x}As$ $(x = 0 \sim 1)$ を用いた構造が盛んに用いられた．格子不整の大きい物質間では，3 元素間化合物を用いて格子整合をとることができる．たとえば，GaInAs と InP などの組み合わせで格子整合をとることが可能である．また 4 元素間化合物を含めると組み合わせは非常に多くなる．

さて，格子整合のとれたヘテロ接合のエネルギー図を描くと図 8.6 のような組み合わせがある．Esaki らによるとタイプ I, II, III の 3 種類が考えられる．タイプ I では禁止帯幅の小さい半導体 B の伝導帯が極小となり，価電子帯は極大となるので，励起された電子と正孔はこの領域に存在する．一方，タイプ II(staggered) では伝導帯が極小となる A と価電子帯が極大となる B が異なり，空間的な間接バンドギャップとなる．タイプ III(misaligned) では，ゼロ・ギャップ (半金属) あるいは禁止帯幅の小さい半導体のような振る舞いをする．

ここでは，タイプ I のヘテロ構造を用いた量子井戸について少し考察してみる．伝導帯が極小となる領域を井戸層，極大となる領域を障壁層とよぶ．障壁層が十分に厚いと電子はこの障壁層に阻まれて量子井戸領域に閉じ込められ，ヘテロ界面に垂直な方向は量子化されサブバンドを構成する．界面に平行な方向には電子は自由に運動できるから，このような量子井戸では電子や正孔は 2 次元的な振る舞いをする．この様子を示したのが図 8.7 である．図 8.7(a) は不純物をドープしていない場合で，井戸層と障壁層ともに電気的に中性であり，電界は存在しない．図 8.7(b) のようにドナーを一様にドープすると，ドナーから励起された電子は井戸層に蓄えられ井戸層内で 2 次元電子ガス状態を形成する．移動度を考えると，この 2 次元電子ガスは井戸層のドナーによる不純物散乱の影響で，特に低温では移動度の低下が起こる．そこで，図 8.7(c) のように障壁層にドナー不純物をドープし，このドナーから供給された電子を井戸層に閉じ込めると，電子は不純物散乱の影響が極端に軽減され，移動度の大幅な改善が期待できる．不純物ポテンシャルは遠距離相互作用であるため，障壁層のイ

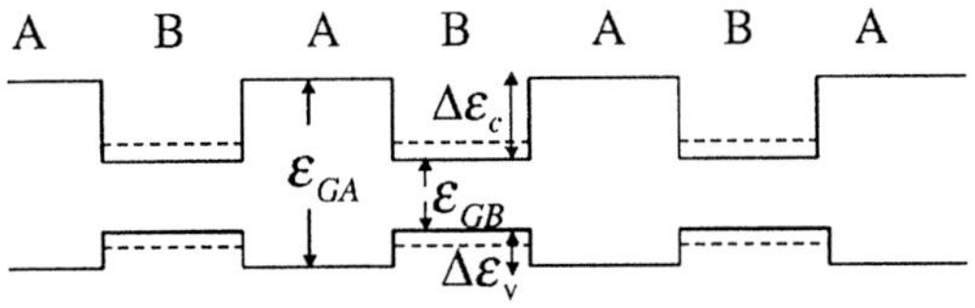

(a) **タイプ** I

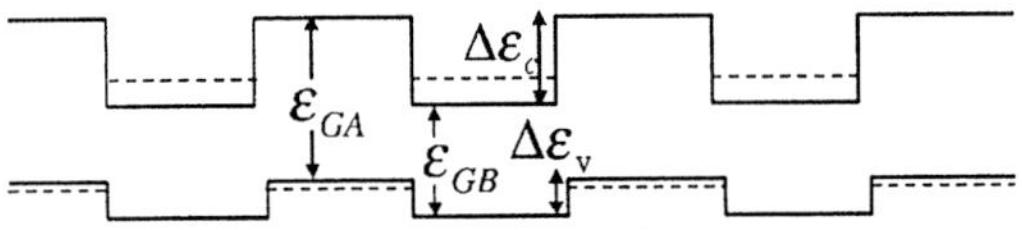

(b) **タイプ** II

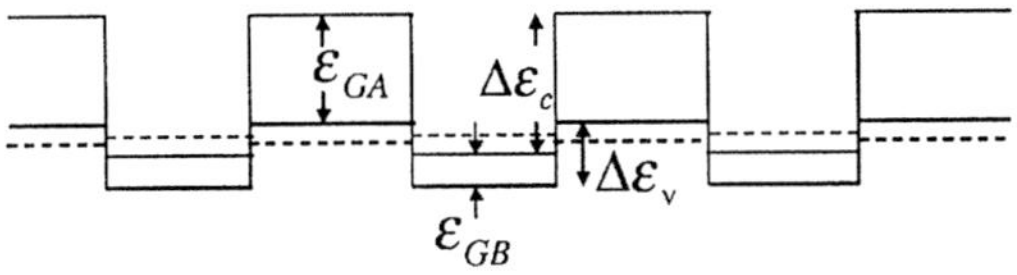

(c) **タイプ** III

図 8.6: ヘテロ接合の 3 つのタイプ．(a) タイプ I は電子と正孔の閉じ込められる領域が空間的に一致している．(b) タイプ II(staggered) は電子と正孔の閉じ込められる領域が異なり，空間的に間接遷移となる．(c) タイプ III(misaligned) はゼロ・ギャップとなる．

オン化不純物からの影響を受ける．そこでさらに，不純物散乱の影響を低減するため，障壁層のうち井戸層に近い領域に不純物をドープしないスペーサー領域を設ける．このような方法を**変調ドープ** (modulation dope) とよぶ[8.20]．これらの構造では，電子はヘテロ界面の伝導帯不連続値 $\Delta\mathcal{E}_c$ の障壁で閉じ込められ，障壁に垂直な方向は量子化され，障壁に平行な方向には自由に動ける 2 次元電子ガスを形成する．簡単のため，この障壁が無限に大きく，井戸層は $z = 0$ と $z = L$ (井戸幅 L) であるとすると，電子のエンベロープ関数 $\zeta_n(z)$ は 1 次元のシュレディンガー方程式

$$-\frac{\hbar^2}{2m^*}\frac{d^2}{dz^2}\zeta_n(z) = \mathcal{E}_n\zeta_n(z)$$

を解き

$$\zeta_n(z) = A\sin\left(\frac{\pi}{L}nz\right) \tag{8.34}$$

となる．ここに，A は規格化定数で $A = \sqrt{2/L}$ である．この固有関数に対する固有値は

$$\mathcal{E}_n = \frac{\hbar^2}{2m^*}\left(\frac{\pi}{L}n\right)^2 \tag{8.35}$$

で，電子の全エネルギーは次式で与えられる．

$$\mathcal{E} = \frac{\hbar^2}{2m^*}\left(k_x^2 + k_y^2\right) + \frac{\hbar^2}{2m^*}\left(\frac{\pi}{L}n\right)^2 \equiv \frac{\hbar^2}{2m^*}\left(k_x^2 + k_y^2\right) + \mathcal{E}_n \tag{8.36}$$

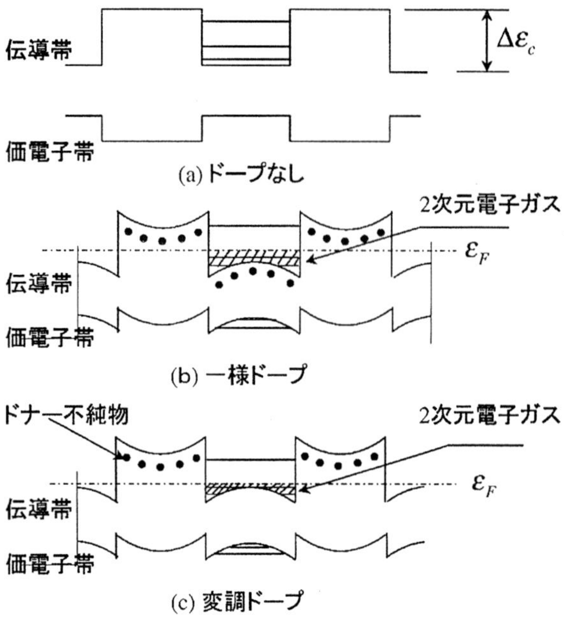

図 8.7: ヘテロ構造における変調ドープ．(a) は不純物をドープしていない場合で，電界は存在せず一様である．少数の電子を光などで励起すると井戸層に平行な線で示されたサブバンドに励起され，価電子帯の正孔と再結合して元の状態にもどる．(b) は不純物ドナーを障壁層，井戸層ともに一様にドープした場合で，電子は移動層に閉じ込められ 2 次元電子ガス状態を形成する．(c) は変調ドープとよばれ，障壁層にのみドナー不純物をドープし，電子を井戸層に閉じ込め，電子とイオン化不純物との分離を行い，不純物散乱の影響を防ぎ高移動度の 2 次元電子ガスを形成する方法である．

固有関数 $\zeta_n(z)$ は異なる n に対して直交する関数であり，$n=1$ を基底状態とすると，波動関数がゼロをよぎる数 (関数の節の数) は $n-1$ で与えられる．つまり，節の数 $(n-1)$ が多いほど高いエネルギー状態を与える．このことは後に述べる，自己無撞着解に対しても一般的に成立する関係である．

ヘテロ構造における 2 次元電子ガスの自己無撞着解法について述べる．一般に物質が異なると，電子の有効質量と誘電率が異なる．ここでは，有効質量近似を用いて 2 次元電子ガスの状態を求める方法について述べる．電子の粒子速度が連続であり，電界が連続であるとすると，解くべき連立方程式は次のようになる．シュレディンガー方程式は

$$-\frac{\hbar^2}{2}\frac{d}{dz}\frac{1}{m^*(z)}\frac{d}{dz}\zeta_n(z)+V(z)\zeta_n(z)=\mathcal{E}_n\zeta_n(z) \tag{8.37}$$

で与えられ，ポテンシャル $\phi(z)=-(1/e)V(z)$ に関するポアソンの式

$$\frac{d}{dz}\kappa(z)\frac{d}{dz}\phi(z)=-\frac{1}{\epsilon_0}\left(\rho(z)+e\sum_n N_n|\zeta_n(z)|^2\right) \tag{8.38}$$

となる．ここに，有効質量 $m^*(z)$ と比誘電率 $\epsilon(z)$ の場所依存性を考慮している．MOSFET における自己無撞着解を求めたのと同様にして容易にこの連立方程式を解くことができる．$L=20\text{nm}$ と

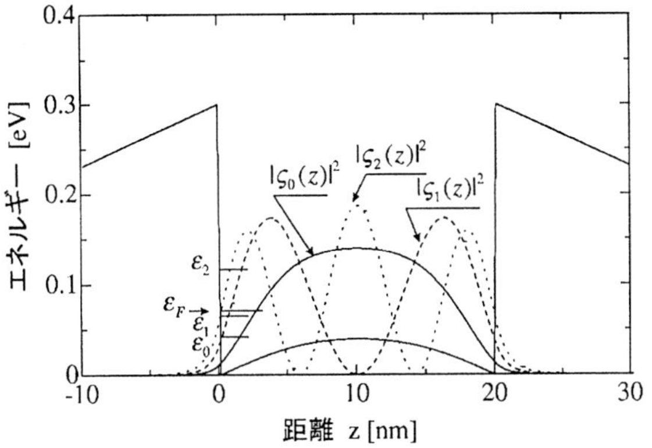

図 8.8: 井戸幅 20nm の AlGaAs/GaAs 量子井戸における電子状態の自己無撞着解．電子密度 $N_s = 10^{12}\mathrm{cm}^{-2}$，AlGaAs 側にスペーサー層 10nm を有する変調ドープ型量子井戸で温度 $T = 4.2\mathrm{K}$ における結果．サブバンドエネルギーとフェルミエネルギーが横線で，また波動関数の 2 乗がプロットしてある．

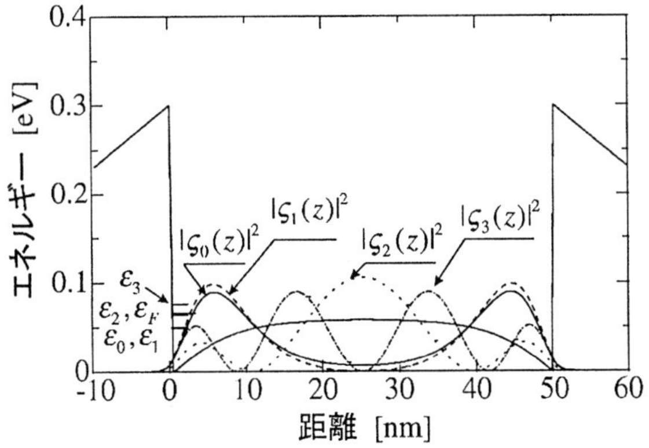

図 8.9: 井戸幅 50nm の AlGaAs/GaAs 量子井戸における電子状態の自己無撞着解．電子密度 $N_s = 10^{12}\mathrm{cm}^{-2}$，AlGaAs 側にスペーサー層 10nm を有する変調ドープ型量子井戸で温度 $T = 4.2\mathrm{K}$ における結果．サブバンドエネルギーとフェルミエネルギーが横線で，また波動関数の 2 乗がプロットしてある．

50nm の場合について求めた結果をそれぞれ，図 8.8 と図 8.9 に示してある．計算では，簡単のため有効質量 $m^* = 0.068m$ で，誘電率 $\kappa = 12.9$ でともに一様とした．また，障壁の高さを $\Delta\mathcal{E}_c = 0.3$ eV とし，電子密度は $N_s = 10^{12}\mathrm{cm}^{-2}$ とし，温度は $T = 4.2$ K とした．また，表 8.2 にはサブバンドエネルギー $\mathcal{E}_n$，フェルミエネルギー $\mathcal{E}_F$ および各サブバンドの電子密度 N_n がまとめてある．

先に，変調ドープを使えば電子移動度を高くすることができることを述べた．Mimura は GaAs MESFET (<u>M</u>etal <u>S</u>emiconductor <u>F</u>ield <u>E</u>ffect <u>T</u>ransistor) における特性改善には GaAs の表面準位が重要であるとの結論に達し，その改善方法を模索しているときに AlGaAs/GaAs ヘテロ構造を用いる着想を得た．Hiyamizu 等に相談し，FET 構造の結晶成長を依頼，1980 年に FET 特性を確認し，これを**高電子移動度トランジスター** (HEMT: High Electron Mobility Transistor) と命名した

表 8.2: 井戸幅 20nm と 50nm の AlGaAs/GaAs/AlGaAs 量子井戸における自己無撞着解法により求めたフェルミエネルギー，サブバンドエネルギーと各サブバンドの電子密度．$m^* = 0.068m$, $\epsilon = 12.9$, $N_s = 10^{12}\mathrm{cm}^{-2}$, 温度 $T = 4.2\mathrm{K}$ とした．

	$L = 20\mathrm{nm}$		$L = 50\mathrm{nm}$	
n	$\mathcal{E}_n$ [eV]	N_n [$10^{11}\mathrm{cm}^{-2}$]	$\mathcal{E}_n$ [eV]	N_n [$10^{11}\mathrm{cm}^{-2}$]
0	0.042	8.3	0.049	4.8
1	0.065	1.7	0.050	4.7
2	0.116	0	0.064	0.55
$\mathcal{E}_F$	0.071		0.066	

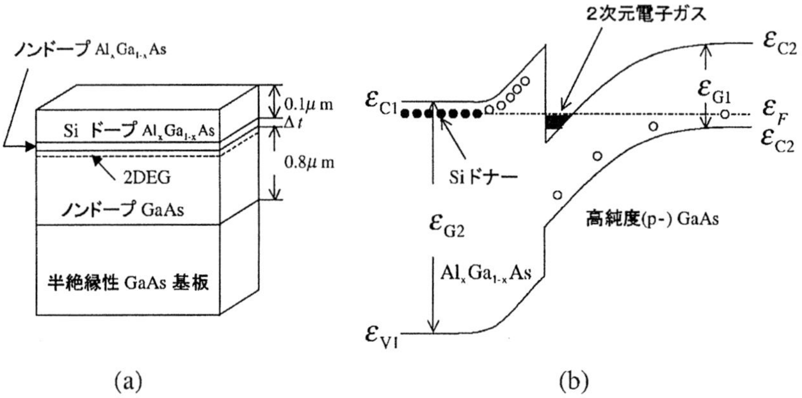

図 8.10: (a)HEMT の構造と，(b) エネルギー帯図．(文献[8.22]による)

[8.21]．HEMT の構造を図 8.10(a) に示す．GaAs 基板上に MBE 法で高純度 GaAs 層を成長させ，ついで，$\mathrm{Al}_x\mathrm{Ga}_{1-x}\mathrm{As}$ ($x \cong 0.3$) を 60 ～ 100 Å 成長させた後，ドナーとして Si を含む $\mathrm{Al}_x\mathrm{Ga}_{1-x}\mathrm{As}$ を成長させる．さらに，AlGaAs の表面が酸化されるのを防ぐため，AlGaAs 層の上にキャップ層とよばれる GaAs 層をつけたものが用いられる．この GaAs 表面に AuGeNi などの金属を蒸着し，熱拡散によりオーミック電極を形成し，これをソースとドレイン電極とする．その電極の間に Al などからなるショットキー電極を形成し，これをゲート電極とする．2 次元電子密度はこのゲート電極に印加する電圧により制御する．図 8.10(b) は AlGaAs/GaAs 界面近くのエネルギー帯図を示したもので，AlGaAs 層のイオン化したドナーと GaAs 層の 2 次元電子ガスが分離されて存在する．このような HEMT における電子移動度および電子密度を温度の関数として示したのが図 8.11 で，電子密度は全温度領域でほぼ一定に保たれている．一方，電子移動度は不純物散乱による影響が少ないため，低温で高い移動度が得られている[8.22]．その後，構造を改良したり，より高純度の成長が可能となり，$1 \times 10^7\mathrm{cm}^{-2}/\mathrm{V{\cdot}s}$ を超える高い電子移動度が得られている．なお，図 8.11 において，光を照射した場合の電子密度と電子移動度が △ と○で示してある．光照射により電子密度が増加し，電子移動度も

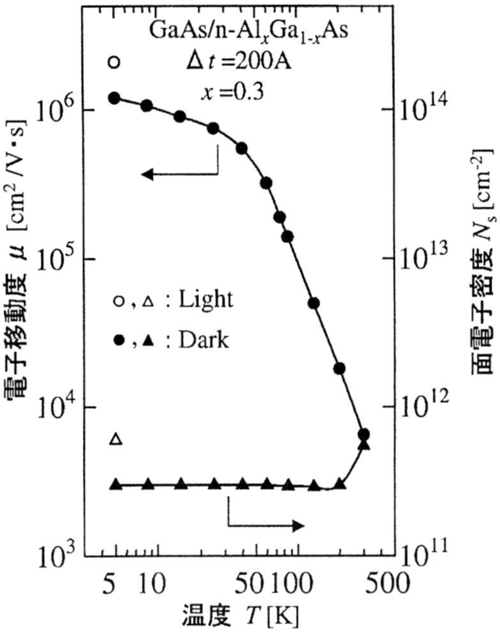

図 8.11: HEMT における電子密度と電子移動度の温度依存性．△と○は光照射時の電子密度と電子移動度である．(文献[8.22]による)

増加する．

図 8.12 は HEMT における自己無撞着解の一例を示すもので，$N_s = 6 \times 10^{11}\mathrm{cm}^{-2}$，$\Delta t = 10\mathrm{nm}$ とし，$T = 4.2\mathrm{K}$ における結果である．フェルミエネルギーは $\mathcal{E}_F = 0.085\mathrm{eV}$ となり，その下には基底サブバンドの $\mathcal{E}_0 = 0.064\mathrm{eV}$ のみが存在し，縮退した状態となっており，すべての電子がこの基底サブバンドを占有している．

8.3　2次元電子ガスの輸送現象

8.3.1　基本的な関係式

この節における以下の計算は文献[8.3] ~ [8.8]の論文を参考にしている．GaAs や AlGaAs の伝導帯の底の電子は有効質量近似で記述することができる．つまり，バルクの状態では電子の波動関数は

$$\Psi = V^{-1/2} \sum_{\boldsymbol{k}} C_{\boldsymbol{k}} \exp(i\boldsymbol{k} \cdot \boldsymbol{r}) \tag{8.39}$$

で Ψ は体積 V で規格化されており，$\sum |C_{\boldsymbol{k}}|^2 = 1$ である．バンド端のエネルギーは

$$\mathcal{E}(\boldsymbol{k}) = \frac{\hbar^2 k^2}{2m^*} \tag{8.40}$$

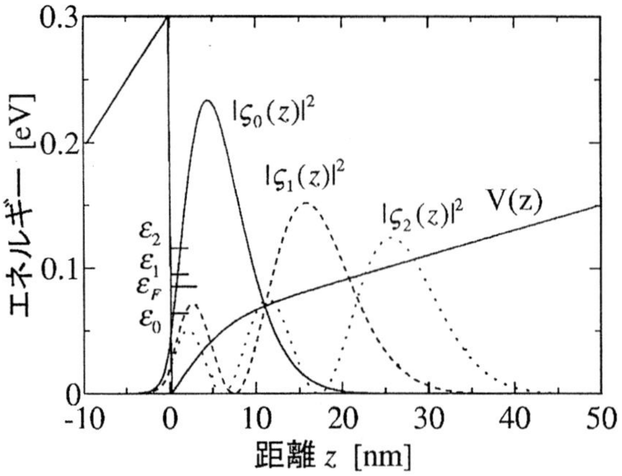

図 8.12: HEMT, $Al_xGa_{1-x}As/GaAs$ $(x = 0.3)$ における 2 次元電子ガスの自己無撞着解 $(N_s = 6 \times 10^{11}\mathrm{cm}^{-2},\ T = 4.2\ \mathrm{K})$. $\Delta\mathcal{E}_c = 0.3\mathrm{eV}$ と仮定した．スペーサー $\Delta t = 10\mathrm{nm}$, $m^* = 0.068m$ とした．伝導帯の底が実線で，また各サブバンドに対する波動関数の 2 乗がプロットしてある．$\mathcal{E}_F = 0.085$，$\mathcal{E}_0 = 0.064$，$\mathcal{E}_1 = 0.095$，$\mathcal{E}_2 = 0.115\mathrm{eV}$ で，$N_0 = 6 \times 10^{11}\mathrm{cm}^{-2}$, N_1，$N_2 \cong 0$ である．

で与えられる．以下，有効質量近似が成立するものとして議論する．いま，ヘテロ構造において z 方向に電子を閉じ込めた場合，2 次元電子ガスの波動関数は式 (8.3) で与えられ

$$\Psi = \zeta(z)A^{-1/2}\exp(i\boldsymbol{k}_{\parallel}\cdot\boldsymbol{r}_{\parallel}) \tag{8.41}$$

となる．ここに，A は $x-y$ 面の面積で，L を z 方向の長さとすると，体積は V=AL である．規格化の条件は

$$\int |\zeta(z)|^2 dz = 1 \tag{8.42}$$

と書ける．ヘテロ接合における井戸内の電子のエネルギーは

$$\mathcal{E}(\boldsymbol{k}) = \mathcal{E}_n + \mathcal{E}(\boldsymbol{k}_{\parallel}) \tag{8.43}$$

と書けることはすでに述べた．ここに $\boldsymbol{k}_{\parallel}$ はヘテロ界面に平行な波数ベクトルで

$$k_{\parallel}^2 = k_x^2 + k_y^2 \tag{8.44}$$

で,

$$\mathcal{E}(k_{\parallel}) = \frac{\hbar^2}{2m^*}(k_x^2 + k_y^2) \tag{8.45}$$

である．

以下，簡単のため無限に高い障壁をもつ，井戸幅 W の量子井戸を考える．このとき，波動関数とエネルギーは前項 8.2.2 で示したように，次のようになる．

$$\zeta_n(z) = \sqrt{\frac{2}{W}}\sin\left(\frac{n\pi}{W}z\right) \tag{8.46}$$

$$\mathcal{E}_n = \frac{\hbar^2}{2m^*}\left(\frac{\pi}{W}\right)^2 n^2 \tag{8.47}$$

以下の計算では式 (8.46) を用いた結果を示すが，自己無撞着法により求めた波動関数を用いて数値計算を行うことは容易であろう．以下，Price [8.3] によって導かれた結果を示す．

フォノンは3次元的な振る舞いをするものと仮定し，その波数ベクトルを電子と同様，$\boldsymbol{q}^2 = \boldsymbol{q}_{\parallel}^2 + q_z^2$ とする．電子はフォノンの吸収・放出により $\boldsymbol{q}_{\parallel}$ だけ変化するが，z 方向についてはこのような保存則は成立せず，散乱に対して次のような積分が現れる．

$$I_{mn}(q_z) = \int_0^W \zeta_m(z)^* \zeta_n(z) \exp(iq_z z) dz \tag{8.48}$$

$m = n$ はサブバンド内遷移に，$m \neq n$ はサブバンド間遷移に相当する．この積分には波動関数の規格化・直交の条件から，次のようなデルタ関数の関係が成立することは明らかである．

$$I_{mn}(0) = \begin{cases} 1 & (m = n \text{ のとき}) \\ 0 & (m \neq n \text{ のとき}) \end{cases} \tag{8.49}$$

次に，散乱確率の計算で現れる重要な関係式の定義とその計算式を示す．

$$\int_{-\infty}^{\infty} |I_{mn}(q_z)|^2 \, dq_z = 2\pi \int_0^W \Phi_{mn}^2 dz, \tag{8.50}$$

ここに，

$$\Phi_{mn}(z) = \zeta_m^*(z)\zeta_n(z) \tag{8.51}$$

である．次のような係数を定義すると便利である．

$$\frac{1}{b_{mn}} = 2\int_0^W \Phi_{mn}^2 dz \tag{8.52}$$

これを用いると次の関係が得られる．

$$\int_{-\infty}^{\infty} |I_{nn}|^2 \, dq_z = \frac{\pi}{b_{nn}} \tag{8.53}$$

同様にして，

$$\int_{-\infty}^{\infty} |I_{mn}|^2 \, dq_z = \frac{\pi}{b_{mn}} \tag{8.54}$$

波動関数 $\zeta_n(z)$ として式 (8.46) を用いると，

$$b_{nn} = \frac{W}{3} \tag{8.55}$$

$$b_{mn} = \frac{W}{2} \quad (n \neq m) \tag{8.56}$$

となり，いずれもサブバンド m，n に依存しない結果が得られる．上式の結果は，サブバンド内遷移 $(m = n)$ とサブバンド間遷移 $(m \neq n)$ で b_{mn} が異なることを示している．この $1/b$ の値は $|I|^2$ が q に関して減少する目安を与えるものである．式 (8.46) で与えられる波動関数を用いると $I_{mn}(q)$ は次のようになる．

$$I_{nn}(q) = \frac{\sin(\frac{1}{2}Wq)}{\frac{1}{2}Wq} \frac{n^2}{n^2 - (Wq/2\pi)^2} P \tag{8.57}$$

$$I_{mn}(q) = \frac{\genfrac{}{}{0pt}{}{\sin}{\cos}(\frac{1}{2}Wq)}{\frac{1}{2}Wq} \frac{4mn(Wq/\pi)^2}{4m^2n^2 - [m^2 + n^2 - (Wq/\pi)^2]^2} P \tag{8.58}$$

ここに，$I_{mn}(q)$ の右辺の複号において上の sin() は m と n が共に偶数か奇数である場合で，下の cos() は m と n のうちどちらかが偶数で他が奇数の場合に相当し，P は位相因子で $|P|=1$ であり，その位相角は $\pm\frac{1}{2}Wq$ である．

8.3.2 散乱割合

(a) 音響フォノン散乱と無極性光学フォノン散乱

6.3 節で 3 次元系における電子の散乱の行列要素について詳しく述べた．ここでは，この 3 次元系における散乱の行列要素をもとに，2 次元系の散乱割合を計算してみる．電子－格子振動の相互作用ハミルトニアンを H_1 として，式 (6.155) を用いると散乱の行列要素は次のように書ける．

$$\langle \boldsymbol{k}'|H_1^{\pm}|\boldsymbol{k}\rangle = \left(n(\boldsymbol{q})+\frac{1}{2}\pm\frac{1}{2}\right)^{1/2}\delta^{\pm}_{\boldsymbol{k},\boldsymbol{k}'\pm\boldsymbol{q}}C_{\boldsymbol{q}} \tag{8.59}$$

ここに，± の上 (下) の記号は波数ベクトル $\boldsymbol{q}$，エネルギー $\hbar\omega$ のフォノンの放出 (吸収) を表し，$\boldsymbol{k}$ と $\boldsymbol{k}'$ は電子の初期状態と終状態を，また $n(\boldsymbol{q})$ はフォノンの励起数を表しており，ボーズ・アインシュタイン分布関数で与えられる．$\boldsymbol{q}$ は

$$\pm\boldsymbol{q} = \boldsymbol{k}-\boldsymbol{k}' \tag{8.60}$$

と書ける．散乱割合は 6.4 節で述べた結果を用いて，

$$\begin{aligned} w_{\mathrm{III}}(\boldsymbol{k},\boldsymbol{k}') &= w_{\mathrm{III}}^{+}+w_{\mathrm{III}}^{-} \\ &= \frac{2\pi}{\hbar}\sum_{\boldsymbol{k}'}\left|C_{\boldsymbol{q}}\right|^2\{n(\boldsymbol{q})\delta\left[\mathcal{E}(\boldsymbol{k})-\mathcal{E}(\boldsymbol{k}')+\hbar\omega\right] \\ &\qquad +(n(\boldsymbol{q})+1)\delta\left[\mathcal{E}(\boldsymbol{k})-\mathcal{E}(\boldsymbol{k}')-\hbar\omega\right]\} \end{aligned} \tag{8.61}$$

と書ける．散乱において電子のスピンは保存されることと，式 (8.60) を用い，終状態の和を積分に置き換えると

$$\sum_{\boldsymbol{k}'} = \frac{1}{(2\pi)^3}\int d^3\boldsymbol{k}' = \frac{1}{(2\pi)^3}\int d^3\boldsymbol{q} \tag{8.62}$$

の関係が成立する．フォノンの励起数を $n(\boldsymbol{q})\sim n(\boldsymbol{q})+1\sim k_BT/\hbar\omega$ と近似すると

$$w_{\mathrm{III}} = \frac{2\pi}{\hbar}\frac{2}{(2\pi)^3}S_{\mathrm{III}}\int d^3\boldsymbol{k}'\delta\left(\mathcal{E}(\boldsymbol{k})-\mathcal{E}(\boldsymbol{k}')\right) \tag{8.63}$$

となる．ここに，

$$S_{\mathrm{III}} = \frac{k_BT}{\hbar\omega}|C|^2 = \frac{k_BTD_{\mathrm{ac}}^2}{2\rho v_s^2} \tag{8.64}$$

で，デルタ関数を含む積分は下のように 3 次元の状態密度を与える．

$$\begin{aligned} g_{\mathrm{III}} &= \frac{1}{(2\pi)^3}\int\delta\left(\mathcal{E}(\boldsymbol{k})-\mathcal{E}(\boldsymbol{k}')\right)d^3vk' = \frac{1}{(2\pi)^3}4\pi k^2\frac{dk}{d\mathcal{E}} \\ &= \frac{1}{(2\pi)^3}\left[\frac{2\pi(2m^*)^{3/2}}{\hbar^3}\right]\mathcal{E}^{1/2} \end{aligned} \tag{8.65}$$

つまり，エネルギー $\mathcal{E}$ と $\mathcal{E}+d\mathcal{E}$ の間の単位体積当たりの状態の数はスピン・フリップを無視しているので，縮重度を1として，$g_{\rm III}d\mathcal{E}$ で与えられる．

2次元系の電子の散乱においては，ブロッホ関数 (8.41) を用いた空間積分がヘテロ界面に垂直な dz と平行な $d\boldsymbol{r}_\parallel$ な成分に分離されることから，行列要素には 8.3.1 項で述べた $I_{mn}(q_z)$ と，$\sum_{\boldsymbol{k}'}\delta[\mathcal{E}(\boldsymbol{k}_\parallel)+\mathcal{E}_m-\mathcal{E}(\boldsymbol{k}'_\parallel)-\mathcal{E}_n\pm\hbar\omega]$ を含む項が現れる．ここに，$\boldsymbol{k}_\parallel$ $(\boldsymbol{q}_\parallel)$ と $\boldsymbol{k}'_\parallel$ $(\boldsymbol{q}'_\parallel)$ はヘテロ界面に平行な波数ベクトルの成分を表している．終状態の和を $1/(2\pi)^3 d^2\boldsymbol{q}_\parallel dq_z$ とおき，$\boldsymbol{q}_\parallel$ に関する積分をデルタ関数の性質を使って，$d^2\boldsymbol{k}_\parallel$ の積分に置き換えると次の結果を得る．

$$
\begin{aligned}
w_{\rm II} &= \frac{2\pi}{\hbar}\frac{1}{(2\pi)^3}\int |I_{mn}(q_z)|^2 dq_z \\
&\times \int |C|^2 \left\{ n(\boldsymbol{q})\delta\left[\mathcal{E}(\boldsymbol{k}_\parallel)-\mathcal{E}(\boldsymbol{k}'_\parallel)+\Delta\mathcal{E}_{mn}+\hbar\omega\right]\right. \\
&\qquad \left. +\,(n(\boldsymbol{q})+1)\delta\left[\mathcal{E}(\boldsymbol{k}_\parallel)-\mathcal{E}(\boldsymbol{k}'_\parallel)+\Delta\mathcal{E}_{mn}-\hbar\omega\right]\right\} d^2\boldsymbol{k}'_\parallel
\end{aligned} \tag{8.66}
$$

ここに，

$$
\Delta\mathcal{E}_{mn}=\mathcal{E}_m-\mathcal{E}_n=-\Delta\mathcal{E}_{nm} \tag{8.67}
$$

である．3次元の場合の計算と同様の仮定をすると，

$$
S_{\rm II}=\int S_{\rm III}\,|I_{mn}(q_z)|^2\,dq_z \tag{8.68}
$$

となることは明らかである．2次元の状態密度は

$$
g_{\rm II}=\int \delta\left[\mathcal{E}(\boldsymbol{k}_\parallel)-\mathcal{E}(\boldsymbol{k}'_\parallel)\right] d^2\boldsymbol{k}'_\parallel = 2\pi k_\parallel \frac{dk_\parallel}{d\mathcal{E}} = \frac{2\pi m^*}{\hbar^2} \tag{8.69}
$$

となるから

$$
w_{\rm II}=\frac{1}{b}\frac{m^*}{\hbar^3}\frac{k_BTD_{\rm ac}^2}{2\rho v_s^2}\times u(\mathcal{E}(\boldsymbol{k}_\parallel)-\Delta\mathcal{E}_{nm}) \tag{8.70}
$$

が得られる．$u(x)$ はステップ関数で，$u(x\geq 0)=1$，$u(x<0)=0$ である．ここで，b について考察しておかなければならない．n 番目のサブバンド内のみの散乱に対しては，$1/b=3/W$ とおくことができ，基底サブバンド内の散乱についてはこの関係を用いればよい．また，サブバンド間遷移に対しては $b=2/W$ であるから，サブバンド m における実効的な b の値は，エネルギー $\mathcal{E}$ が $\mathcal{E}_n<\mathcal{E}_{n+1}$ にある電子が音響フォノンによって散乱される場合，

$$
g_{\rm II}\cdot\frac{\pi}{b}=g_{\rm II}\left[\frac{\pi}{b_{mm}}+\sum_j\frac{\pi}{b_{mj}}\right]=g_{\rm II}\left[\frac{3\pi}{W}+(n-1)\frac{2\pi}{W}\right] \tag{8.71}
$$

となる．ここで，$m\leq n$ である．大きな n に対しては上式の $g_{\rm II}$ にかかる係数は $\cong(2m^*\mathcal{E})^{1/2}2/\hbar=g_{\rm III}/g_{\rm II}$ となるから，式 (8.71) は $\cong g_{\rm III}$ となり，散乱は3次元的なものに近づく．

無極性光学フォノン散乱に対しても同様の取り扱いができ，2次元電子の散乱割合は次のようになる．

$$
w_{op}=\frac{1}{b}\frac{D_{op}^2m^*}{4\rho\hbar^2\omega_0}\left[n(\omega_0)+\frac{1}{2}\pm\frac{1}{2}\right]\times u(\mathcal{E}(\boldsymbol{k}_\parallel)\mp\hbar\omega_0-\Delta\mathcal{E}_{nm}) \tag{8.72}
$$

(b) バレー間フォノン散乱

Siなどのように多数バレー構造をした伝導帯では，大きな波数ベクトルのフォノンを介してバレー間を遷移するバレー間フォノン散乱が重要である．この散乱は6.3.7項のバルク半導体の散乱で述べたように変形ポテンシャル理論でよく説明できる．関与するフォノンの角周波数を ω_{ij}，変形ポテンシャルを D_{ij} とし，電子の始状態がバレー i，サブバンド m，波数ベクトル $\boldsymbol{k}_\parallel$ から，終状態がバレー j，サブバンド n，波数ベクトル $\boldsymbol{k}'_\parallel$ へ散乱される割合 $w_{\rm int} = 1/\tau_{\rm int}$ は次のように計算される．

バレー間フォノン散乱の場合，相互作用の強さを決める係数は

$$C_q = \sqrt{\frac{\hbar}{2\rho\omega_{ij}}} D_{ij} \tag{8.73}$$

で与えられる．電子の始状態と終状態のエネルギーはそれぞれ

$$\mathcal{E}_{im}(\boldsymbol{k}_\parallel) = \frac{\hbar^2 \boldsymbol{k}_\parallel^2}{2m_i^*} + \mathcal{E}_{im} \tag{8.74}$$

$$\mathcal{E}_{jn}(\boldsymbol{k}_\parallel) = \frac{\hbar^2 \boldsymbol{k}_\parallel^{\prime 2}}{2m_j^*} + \mathcal{E}_{jn} \tag{8.75}$$

と表される．ここに，m_i^* と m_j^* はバレー i と j における等方的な有効質量で，異方性がある場合，最後の結果でそれぞれの状態密度有効質量に置き換えればよい．また，$\mathcal{E}_{im}$ と $\mathcal{E}_{jn}$ はサブバンド m と n の底のエネルギーである．これらを用いると散乱割合は

$$\begin{aligned} w_{\rm int} = {} & \frac{2\pi}{\hbar} \frac{\hbar D_{ij}^2}{2\rho\omega_{ij}} \frac{\nu_j}{(2\pi)^2} \int_{\boldsymbol{k}'_\parallel} \frac{1}{2\pi} \int_{q_z} |I_{mn}(q_z)|^2 \\ & \times \delta\left[\mathcal{E}_{jn}(\boldsymbol{k}'_\parallel) - \mathcal{E}_{im}(\boldsymbol{k}_\parallel) \pm \hbar\omega_{ij}\right] \left(n_q + \frac{1}{2} \mp \frac{1}{2}\right) dq_z d^2\boldsymbol{k}'_\parallel \end{aligned} \tag{8.76}$$

となる．ここに，ν_j は終状態の等価なバレーが ν_j 個あることを意味する． いま，

$$D = \frac{m_j^*}{m_i^*} \boldsymbol{k}_\parallel^2 + \frac{2m_j^*}{\hbar^2} \left(\mathcal{E}_{im} - \mathcal{E}_{jn} \mp \hbar\omega_{ij}\right) \tag{8.77}$$

とおくと，式(8.76)の δ 関数を含む積分は

$$\begin{aligned} \int_{\boldsymbol{k}'_\parallel} \delta\left[\frac{\hbar^2}{2m_j^*}(k_\parallel^{\prime 2} - D)\right] d^2\boldsymbol{k}'_\parallel &= \int_0^\infty \delta\left[\frac{\hbar^2}{2m_j^*}(k_\parallel^{\prime 2} - D)\right] 2\pi k'_\parallel dk'_\parallel \\ &= \frac{2\pi m_j^*}{\hbar^2} u(D) \end{aligned} \tag{8.78}$$

となる．q_z に関する積分は音響フォノン散乱の場合と同様となるので，バレー間フォノン散乱の割合は

$$w_{\rm int} = \frac{\nu_j D_{ij}^2 m_j^*}{2\rho\hbar^2\omega_{ij}} \cdot \frac{1}{2b_{mn}} \left(n_q + \frac{1}{2} \mp \frac{1}{2}\right) \cdot u(D) \tag{8.79}$$

となる．

(c) 極性光学フォノン散乱

次に，極性光学フォノン散乱について考察する．極性光学フォノン散乱はその行列要素がフォノンの波数ベクトルに関して q^{-1} 依存性を有するため，上の2つの散乱と取り扱いが異なる．6.3.6 項で求めた式 (6.235) より電子と極性光学フォノンとの相互作用に対しては

$$|C_{\rm pop}(\boldsymbol{q})|^2 = \alpha(\hbar\omega_{\rm LO})^{3/2}\frac{1}{L^3}\left(\frac{\hbar^2}{2m^*}\right)^{1/2}\frac{1}{q^2} \tag{8.80}$$

が得られる．ここに，α は無次元の量で式 (6.236) で与えられる．ここに，$L^3 = V$ は3次元結晶における体積であるが，ここでは波動関数を式 (8.41) のように規格化しているので，この項を省いて考察できる．つまり

$$|C_{\rm pop}(\boldsymbol{q})|^2 = \alpha(\hbar\omega_{\rm LO})^{3/2}\left(\frac{\hbar^2}{2m^*}\right)^{1/2}\frac{1}{q^2} = \frac{e^2\hbar\omega_0}{2\epsilon_0}\left(\frac{1}{\kappa_\infty} - \frac{1}{\kappa_0}\right)\frac{1}{q^2} \tag{8.81}$$

とおいて，以下の計算を行う．フォノンの波数ベクトル $\boldsymbol{q}$ をヘテロ界面に垂直な成分 q_z と平行な成分 $\boldsymbol{Q} = \pm(\boldsymbol{k}_\parallel - \boldsymbol{k}'_\parallel)$ に分ける．これより

$$J_{mn}(Q) \equiv \int_{-\infty}^{+\infty}\frac{|I_{mn}(q_z)|^2}{q_z^2 + Q^2}dq_z \tag{8.82}$$

を得る．この結果，2次元電子の散乱割合は

$$\begin{aligned} w_{\rm pop} = & \int \frac{e^2\omega_0}{2(2\pi)^2\epsilon_0}\left(\frac{1}{\kappa_\infty} - \frac{1}{\kappa_0}\right)J_{mn}(Q)d^2\boldsymbol{k}'_\parallel \\ & \times\left\{\left(n(\omega_0) + \frac{1}{2} \pm \frac{1}{2}\right)\delta\left[\mathcal{E}(\boldsymbol{k}_\parallel) - \mathcal{E}(\boldsymbol{k}'_\parallel) \mp \hbar\omega_0 - \Delta\mathcal{E}_{nm}\right]\right\} \end{aligned} \tag{8.83}$$

となる．式 (8.82) は式 (8.51) を用いると次のように書ける．

$$J_{mn}(Q) = \frac{\pi}{Q}\iint dz_1 dz_2 \Phi_{mn}(z_1)\Phi_{mn}(z_2)\exp(-Q|z_1 - z_2|) \tag{8.84}$$

Price [8.3] にしたがって2つの極端な場合について考察してみる．先に述べたように $|I_{mn}|^2$ は q が増加するにつれて急激に減少する．もし，Q がこの減少をはじめる q よりも小さいとすると，$|I_{nn}(q_z)|^2$ に対して $q_z = 0$ の値をとり，かつ積分の外に出すことができる．この結果，

$$J_{nn}(0) \simeq \frac{\pi}{Q} \qquad (\text{小さな } Q \text{ に対して}) \tag{8.85}$$

と近似できる．また，$J_{mn}(0)$ に対しては，指数関数の項を $1 - Q|z_1 - z_2| + \cdots$ と展開して

$$J_{mn}(0) \simeq \frac{2W}{\pi}\frac{m^2 + n^2}{(m^2 - n^2)^2} \qquad (\text{小さな } Q \text{ に対して}) \tag{8.86}$$

と近似することも可能である．ここに，波動関数として無限大障壁をもつ量子井戸に対する固有関数の式 (8.46) を用いた．

一方，大きな Q に対しては $I_{mn}(q_z)$ に含まれる，$\sin(Wq_z/2)/(Wq_z/2)$ がデルタ関数的な振る舞いをすることから

$$J_{mn} \simeq \frac{\pi}{b_{mn}Q^2} \qquad (\text{大きな } Q \text{ に対して}) \tag{8.87}$$

と近似することができる.

これらの結果をもとに，サブバンド内遷移の強さを決める $|I_{nn}(q_z)|^2$，$J_{nn}(Q)$ とサブバンド間遷移の強さを決める $|I_{mn}(q_z)|^2$，$J_{mn}(Q)$ $(m \neq n)$ について，いくつかの計算結果を示したのが図 8.13 と図 8.14 である．サブバンド内遷移に関しては，$J_{11}(Q)$ と $J_{22}(Q)$ の差はほとんどないので前者のみが示してある．$|I_{mn}(q_z)|^2$ は音響フォノン散乱と無極性光学フォノン散乱によるサブバンド内遷移 $(m = n)$ とサブバンド間遷移 $(m \neq n)$ の強さを，$J_{mn}(Q)$ は極性光学フォノン散乱の強さを表している.

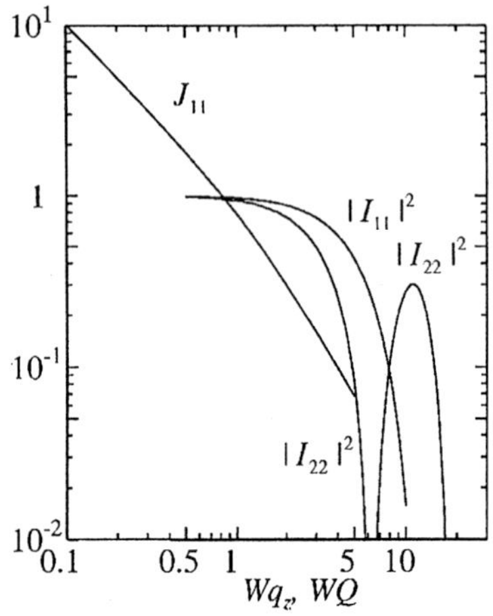

図 8.13: サブバンド内遷移の強さを与える関数の q_z と Q 依存性．音響フォノンと無極性光学フォノン散乱による基底サブバンド内遷移 $|I_{11}(q_z)|^2$ と 2 番目のサブバンド内遷移の強さを与える $|I_{22}(q_z)|^2$ が Wq_z の関数として示してある．また，極性光学フォノン散乱によるサブバンド内遷移の強さを与える $J_{11}(Q)/WQ$ が WQ の関数として示してあるが，第 2 サブバンド内遷移の強さを与える $J_{22}(Q)/WQ$ もほとんど同じ値を示すので省略してある.

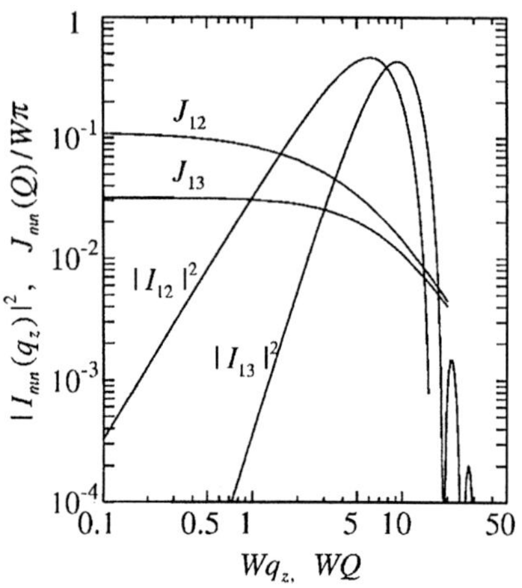

図 8.14: サブバンド間遷移の強さを与える関数の q_z と Q 依存性．音響フォノンと無極性光学フォノン散乱による基底サブバンドと第 2 および第 3 サブバンド間遷移の強さを与える $|I_{12}(q_z)|^2$ と $|I_{13}(q_z)|^2$ が Wq_z の関数として示してある．また，極性光学フォノン散乱による基底サブバンドと第 2 および第 3 サブバンド間遷移の強さを与える $J_{12}(Q)/WQ$ および $J_{13}(Q)/WQ$ が WQ の関数として示してある.

Price [8.3]にしたがって，極性光学フォノン散乱の割合を見積もってみよう．式 (8.83) より明らかなように散乱の割合は $Q = |\boldsymbol{k}_\parallel - \boldsymbol{k}'_\parallel|$ に依存する．ここでは，サブバンド間遷移が重要な場合について考察してみる．温度が

$$T < \frac{\hbar\omega_0}{k_B} \equiv T_0 \tag{8.88}$$

の範囲である場合を考える．このとき，サブバンド間遷移における Q の値は $\mathcal{E}(k_0) = \hbar\omega_0$ となる波数ベクトル

$$k_0 = \left(\frac{2m^*\omega_0}{\hbar}\right)^{1/2} \tag{8.89}$$

に近い値をとるであろう．もし，$\Delta\mathcal{E}_{12}$ が $\hbar\omega_0$ よりも k_BT の数倍程度以上大きいとき，サブバンド間遷移は無視できる．フォノンを放出するのに十分なエネルギーをもった電子が少ないことから,

フォノンの吸収過程のみが重要となるので，式 (8.83) で $n(\omega_0)$ に比例する項のみを考え，$J_{11}(Q)$ を $J_{11}(k_0)$ で置き換えると，散乱割合は次式で与えられる．

$$w_{\rm pop} \simeq n(\omega_0) J_{11}(k_0) k_0^2 \frac{e^2}{8\pi\hbar\epsilon_0}\left(\frac{1}{\kappa_\infty}-\frac{1}{\kappa_0}\right) \tag{8.90}$$

式 (8.47) と (8.89) より

$$\left(\frac{1}{3}Wk_0\right)^2 = \frac{\pi^2}{3}\frac{\hbar\omega_0}{\Delta\mathcal{E}_{12}} \tag{8.91}$$

の関係がある．先に示したように，$b_{11} = 1/3W$ であるから，k_0 を Q とおき，式 (8.91) の左辺は $(bQ)^2$ とおく．このとき，$\hbar\omega_0 < \Delta\mathcal{E}_{12}$ とすると式 (8.91) より bQ は 0 から $\pi/\sqrt{3} = 1.814$ の間の値をとり，式 (8.90) で与えられる散乱割合は $J_{11}(k_0)$ を通して Wk_0 に依存する．GaAs では $k_0 = 2.52 \times 10^6 \mathrm{cm}^{-1}$ であるから，2 次元電子の層の幅 W と $1/k_0$ の大小関係が散乱割合に大きな影響を与える．$1/k_0 \simeq 4\mathrm{nm}$ となるから，実際の 2 次元電子デバイスの層幅が $10 \sim 100\mathrm{nm}$ 以上であることを考えて $Wk_0 > 1$ の条件が成立するものとしてよい．このとき，式 (8.87) を用いて，式 (8.90) は次のようになる．

$$\begin{aligned} w_{\rm pop} &\simeq \frac{\pi}{b_{11}}\frac{e^2}{8\pi\hbar\epsilon_0}\left(\frac{1}{\kappa_\infty}-\frac{1}{\kappa_0}\right)n(\omega_0) = \frac{3}{W}\frac{e^2}{8\hbar\epsilon_0}\left(\frac{1}{\kappa_\infty}-\frac{1}{\kappa_0}\right)n(\omega_0) \\ &\sim 4.84 \times 10^{13} \times \frac{1}{W[\mathrm{nm}]}\cdot n(\omega_0) \qquad [\mathrm{s}^{-1}] \end{aligned} \tag{8.92}$$

そこで，量子井戸の幅を 10nm とすると，$T = 300\mathrm{K}$ で $n(\omega_0) = 0.327$ となるから，$w_{\rm pop} = 1.58 \times 10^{12}\mathrm{s}^{-1}$，$T = 100\mathrm{K}$ では $n(\omega_0) = 0.0152$ となるから $w_{\rm pop} = 7.36 \times 10^{11}\mathrm{s}^{-1}$ となる．

一方，量子井戸幅が十分小さいとき，式 (8.85) を用いて，式 (8.90) は次のようになる．

$$w_{\rm pop} = k_0 \frac{e^2}{8\hbar\epsilon_0}\left(\frac{1}{\kappa_\infty}-\frac{1}{\kappa_0}\right)n(\omega_0) \sim 1.22 \times 10^{13} \times n(\omega_0) \qquad [\mathrm{s}^{-1}] \tag{8.93}$$

この式を用いて同様の計算をすると，$T = 300\mathrm{K}$ で $3.99 \times 10^{12}\mathrm{s}^{-1}$，$T = 100\mathrm{K}$ で $1.85 \times 10^{11}\mathrm{s}^{-1}$ となる．したがって，どちらの近似を用いても散乱確率に大差はない．

一方，変形ポテンシャル型音響フォノン散乱は，式 (8.70) において $W = 10\mathrm{nm}$ とおくと，$T = 300\mathrm{K}$ で $1.16 \times 10^{12}\mathrm{s}^{-1}$，$T = 100\mathrm{K}$ で $0.386 \times 10^{12}\mathrm{s}^{-1}$ となる．光学フォノン散乱は低温になるとフォノンの励起数が急激に減少し，その散乱割合も急激に減少する．したがって，低温 ($T < 100\mathrm{K}$) では，音響フォノン散乱が支配的で，高温になると光学フォノン散乱が重要となる．

(d) 圧電ポテンシャル散乱

III-V 族化合物半導体の多くは閃亜鉛鉱型結晶構造を有し，音響フォノンの伝播に伴って圧電電界の波が誘起される．この圧電ポテンシャルの波によって電子は散乱を受ける．3 次元系電子の圧電ポテンシャルによる散乱は 6.3.4 項で述べた．ここでは，フォノンを 3 次元的に取り扱い，2 次元電子系の圧電ポテンシャル散乱について論じる．式 (6.196) から

$$|C_{\rm pz}(\boldsymbol{q})|^2 = \left(\frac{e \cdot e_{\rm pz}^*}{\epsilon^*}\right)^2 \frac{\hbar}{2MN\omega_q} \tag{8.94}$$

ここに，$MN = \rho$ は原子の密度で，$e_{\rm pz}^*$ は圧電定数，$\epsilon = \kappa\epsilon_0$ である．$\omega_q = \boldsymbol{v}_s \cdot \boldsymbol{q}$ の関係を用いる，等分配法則が成り立つものとして $n(\omega_q) = k_B T/\hbar\omega_q$ と近似すると．変形ポテンシャル型音響フォノン散乱との比較から次の関係が成り立つ．

$$D_{\rm ac}^2 \to \left(\frac{e \cdot e_{14}}{\epsilon}\right)^2 \frac{A}{Q^2 + q_z^2} \tag{8.95}$$

ここに，$A(\boldsymbol{Q}, q_z)$ はフォノンの伝播方向に依存し，異方性を表す無次元の因子である．音響フォノン散乱では，サブバンド内遷移に対して関与するフォノンの波数ベクトル Q が小さく $|I_{nn}|^2$ を含む積分において，$|I_{nn}|^2$ 以外の項は急激に減少するので，$|I_{nn}|^2$ を 1 と近似することができる．このとき

$$D_{\rm ac}^2 \frac{\pi}{b} \to \left(\frac{e \cdot e_{14}}{\epsilon}\right)^2 \frac{\pi}{W} B \tag{8.96}$$

となる．ここに，

$$B = \frac{Q}{\pi} \int_{-\infty}^{\infty} \frac{A}{Q^2 + q_z^2} dq_z \tag{8.97}$$

である．圧電散乱では横波，縦波共に散乱に寄与するから，それぞれを B_t，B_l とおくと

$$S_{\rm II} = \frac{k_B T}{\epsilon^2 Q} \frac{\pi}{2} \left[\frac{(e \cdot e_l)^2 B_l}{\rho v_l^2} + 2\frac{(e \cdot e_t)^2 B_t}{\rho v_t^2}\right] \tag{8.98}$$

となる．ここに e_t と e_l は，それぞれ，縦波と横波音波に対する圧電定数で，GaAs の場合 $e_t = e_{a4}$，$e_l = 0$ である．圧電定数 e_{14} は GaAs で $-0.160 \mathrm{C/m^2}$ の値を有する．Price [8.3] の計算結果によると

$$B_l = \frac{9}{32}, \qquad 2B_t = \frac{13}{32} \tag{8.99}$$

となる．

圧電ポテンシャルによるサブバンド間散乱は弾性散乱として取り扱えるので，Q と $\boldsymbol{k}_\parallel$ の間には次の関係が成り立つ．

$$Q^2 = 2(1 - \cos\theta) k_\parallel^2 \tag{8.100}$$

ここに，θ は電子の波数ベクトル $\boldsymbol{k}_\parallel$ の始状態と終状態の間の角である．圧電ポテンシャルによる 2 次元電子ガスの散乱の割合は

$$w_{\rm piez} = \frac{m^*}{\pi\hbar^3} \langle S_{\rm II} \rangle \tag{8.101}$$

で与えられる．ここに，$\langle\rangle$ は角 θ についての平均を意味している．移動度を決める緩和時間は 6.2 節で述べたように散乱割合に $(1 - \cos\theta)$ を掛けて平均をとらなければならない．つまり，緩和時間は

$$\frac{1}{\tau} = \frac{m^*}{\pi\hbar^3} \langle (1 - \cos\theta) S_{\rm II} \rangle \tag{8.102}$$

で与えられる．式 (8.98) で示されるように，圧電ポテンシャル散乱の因子 $S_{\rm II}$ は $1/Q$ に比例する．そこで，式 (8.100) の関係を用いて式 (8.102) の平均をとると，

$$\left\langle \frac{k_\parallel}{Q}(1 - \cos\theta) \right\rangle = \frac{2}{\pi} \tag{8.103}$$

が得られる．したがって，サブバンド $\mathcal{E}_m$ における電子の緩和時間 τ_{piez} は次式で与えられる．

$$\begin{aligned}\frac{1}{\tau_{\text{piez}}} &= \frac{m^*}{\pi\hbar^3}\frac{2}{\pi}(QS_{\text{II}})\frac{1}{k_\parallel} \\ &= \frac{\sqrt{m^*}}{\sqrt{2}\pi\hbar^2\epsilon^2}\left[\frac{(e\cdot e_l)^2 B_l}{\rho v_l^2} + \frac{2(e\cdot e_t)^2 B_t}{\rho v_t^2}\right]\frac{k_B T}{\sqrt{\mathcal{E}-\mathcal{E}_m}}\end{aligned} \tag{8.104}$$

(e) イオン化不純物散乱

イオン化した不純物はクーロンポテンシャルを作るので電子はそのポテンシャルにより散乱を受ける[8.4], [8.23], [8.24]．いま，位置 $(\boldsymbol{r}_{0\parallel}, z_0)$ に $+e$ の点電荷があるとすると，この電荷の作る静電ポテンシャル $\phi(\boldsymbol{r}_\parallel, z)$ は

$$\phi(\boldsymbol{r}_\parallel, z) = \frac{e}{4\pi\kappa\epsilon_0}\frac{1}{\sqrt{(\boldsymbol{r}_\parallel - \boldsymbol{r}_{\parallel 0})^2 + (z-z_0)^2}} \tag{8.105}$$

となる．ここに，$\kappa\epsilon_0$ は今考えている半導体の誘電率である．このイオン化不純物による散乱のハミルトニアンは

$$H_{\text{ion}} = -e\phi \tag{8.106}$$

で与えられるから，サブバンド m，電子の波数ベクトル $\boldsymbol{k}_\parallel$ の電子がサブバンド n，波数ベクトル $\boldsymbol{k}'_\parallel$ の状態に散乱される場合の行列要素は次式で与えられる．

$$\begin{aligned}\langle n, \boldsymbol{k}'_\parallel | H_{\text{ion}} | m, \boldsymbol{k}_\parallel\rangle = &-\frac{e^2}{4\pi\kappa\epsilon_0 A}\int \zeta_n^*(z)\zeta_m(z)dz \\ &\times \int \frac{\exp\left[i(\boldsymbol{k}_\parallel - \boldsymbol{k}'_\parallel)\cdot\boldsymbol{r}_\parallel\right]}{\sqrt{(\boldsymbol{r}_\parallel - \boldsymbol{r}_{\parallel 0})^2 + (z-z_0)^2}} d^2\boldsymbol{k}_\parallel\end{aligned} \tag{8.107}$$

ここで，A は規格化のための面積である．$\boldsymbol{Q} = \boldsymbol{k}_\parallel - \boldsymbol{k}'_\parallel$ とおいて行列要素の 2 乗を求めると

$$|\langle n, \boldsymbol{k}'_\parallel | H_{\text{ion}} | m, \boldsymbol{k}_\parallel\rangle|^2 = \left(\frac{e^2}{2\pi\kappa\epsilon_0}\right)^2 \frac{1}{A^2 Q^2}|I_{mn}(Q, z_0)|^2 \tag{8.108}$$

となる．ここに，

$$I_{mn}(Q, z_0) = \int \zeta_m^*(z)\zeta_n(z)\exp(Q|z-z_0|)dz \tag{8.109}$$

である．2次元電子が $(\boldsymbol{r}_{\parallel 0}, z_0)$ にある点電荷 $+e$ により，$|m, \boldsymbol{k}_\parallel\rangle$ から $|n, \boldsymbol{k}'_\parallel\rangle$ へ散乱される割合は

$$P(m, \boldsymbol{k}_\parallel \to n, \boldsymbol{k}'_\parallel; z_0) = \frac{2\pi}{\hbar}|\langle n, \boldsymbol{k}'_\parallel | H_{\text{ion}} | m, \boldsymbol{k}_\parallel\rangle|^2 \delta[\mathcal{E}(\boldsymbol{k}'_\parallel) - \mathcal{E}(\boldsymbol{k}_\parallel)] \tag{8.110}$$

で与えられる．ここに，

$$\mathcal{E}(\boldsymbol{k}_\parallel) = \frac{\hbar^2 k_\parallel^2}{2m^*} + \mathcal{E}_m \tag{8.111}$$

$$\mathcal{E}(\boldsymbol{k}'_\parallel) = \frac{\hbar^2 k_\parallel'^2}{2m^*} + \mathcal{E}_n \tag{8.112}$$

である．イオン化不純物濃度が xy 面内で一様で，z 方向の面密度が $g_{\mathrm{ion}}(z)$ であるとすると，式 (8.110) の遷移確率は次のようになる．

$$P(m,\boldsymbol{k}_{\parallel}\to n,\boldsymbol{k}'_{\parallel}) = A\int P(m,\boldsymbol{k}_{\parallel}\to n,\boldsymbol{k}'_{\parallel};z_0)g_{\mathrm{ion}}(z_0)dz_0$$
$$= \frac{2\pi}{\hbar}\left(\frac{e^2}{2\pi\kappa\epsilon_0}\right)^2\frac{1}{Q^2A}J^{\mathrm{ion}}_{mn}(Q)\delta\left[\mathcal{E}(\boldsymbol{k}'_{\parallel})-\mathcal{E}(\boldsymbol{k}_{\parallel})\right] \tag{8.113}$$

ここに，$J^{\mathrm{ion}}_{mn}(Q)$ は次式で与えられる．

$$J^{\mathrm{ion}}_{mn}(Q) = \int |I_{mn}(Q,z_0)|^2\, g_{\mathrm{ion}}(z_0)dz_0 \tag{8.114}$$

2 次元電子ガスのイオン化不純物散乱は弾性散乱として扱えるので，緩和時間は

$$\frac{1}{\tau_{\mathrm{ion}}} = \sum_n\sum_{\boldsymbol{k}'_{\parallel}} P(m,\boldsymbol{k}_{\parallel}\to n,\boldsymbol{k}'_{\parallel})\left(1-\frac{k'_x}{k_x}\right) \tag{8.115}$$

となり，$\boldsymbol{k}'_{\parallel}$ に関する和を積分に変換し，散乱角を $k'_x/k_x=\cos\theta$ とすると，

$$\frac{1}{\tau_{\mathrm{ion}}} = \sum_n\int\frac{2\pi}{\hbar}\left(\frac{e^2}{2\pi\kappa\epsilon_0}\right)^2\frac{1}{Q^2}J^{\mathrm{ion}}_{mn}(Q)\delta\left[\mathcal{E}_n-\mathcal{E}_m+\frac{\hbar^2k'^2_{\parallel}}{2m^*}-\frac{\hbar^2k^2_{\parallel}}{2m^*}\right]$$
$$\times(1-\cos\theta)d^2\boldsymbol{k}'_{\parallel} \tag{8.116}$$

となる．ここで

$$D = k^2-\frac{2m^*}{\hbar^2}(\mathcal{E}_n-\mathcal{E}_m) \tag{8.117}$$

$$Q = \sqrt{k^2+D-2k\sqrt{D}\cos\theta} \tag{8.118}$$

と定義すると，デルタ関数の性質を利用して次の関係を得る．

$$\frac{1}{\tau_{\mathrm{ion}}} = \sum_n\left(\frac{m^*e^4}{8\pi\hbar^3(\kappa\epsilon_0)^2}\right)\int\frac{J^{\mathrm{ion}}_{mn}(Q)}{[Q(\theta)]^2}(1-\cos\theta)d\theta\cdot u(D) \tag{8.119}$$

後に述べるように 2 次元電子ガス (面密度: N_s) によるスクリーニング (遮蔽) を考慮すると緩和時間は次のようになる．

$$\frac{1}{\tau_{\mathrm{ion}}} = \sum_n\left(\frac{m^*e^4}{8\pi\hbar^3(\kappa\epsilon_0)^2}\right)\int\frac{J^{\mathrm{ion}}_{mn}(Q(\theta))\,(1-\cos\theta)}{[Q(\theta)+PH_{mn}(Q(\theta))]^2}d\theta\cdot u(D) \tag{8.120}$$

ここに，スクリーニングパラメーター P および H_{mn} は

$$P = \frac{e^2N_s}{2\kappa\epsilon_0k_BT} \tag{8.121}$$

$$H_{mn}(Q(\theta)) = \iint\zeta_m(z_1)\zeta_m(z_2)\zeta_n(z_1)\zeta_n(z_2)$$
$$\times\exp\left(-Q(\theta)|z_1-z_2|\right)dz_1dz_2 \tag{8.122}$$

で与えられる．

(f) 表面粗さ散乱

2次元電子ガスを形成するには，電子を閉じ込める障壁が必要である．Si-MOSFET の場合，酸化膜 SiO_2 と半導体 Si の界面で，GaAs/AlGaAs などのヘテロ構造では GaAs/AlGaAs の界面が用いられる．これらの界面を原子オーダーの完全な平坦さで作ることは不可能で，電子はこの界面の乱れ (表面粗さ) により散乱を受ける．この表面粗さによる散乱については理論的に研究されている[8.2]，[8.25]，[8.26]．界面に平行な面を xy 面とし，垂直方向を z 軸とする．界面には z 方向に不規則なゆらぎ $\Delta(x,y)$ があるものとすると，ポテンシャル $V(z)$ にゆらぎを発生し，このポテンシャルのゆらぎが電子に対する散乱ポテンシャルを与える．$\Delta(x,y)$ は小さく，ゆっくりと変化するものと仮定して $\Delta(x,y)$ の1次の項で近似すると，表面粗さによる摂動ハミルトニアン $H_{\rm sr}$ は

$$H_{\rm sr} = -\frac{dV}{dz}\Delta(x,y) \tag{8.123}$$

となる．以下，簡単のためサブバンド内散乱について考察する．波数ベクトル $\boldsymbol{k}_\parallel$ の始状態と波数ベクトル $\boldsymbol{k}'_\parallel$ の終状態の間の行列要素は

$$\begin{aligned}\langle \boldsymbol{k}'_\parallel|H_{\rm sr}|\boldsymbol{k}_\parallel\rangle &= -\int_{-\infty}^{\infty}\zeta^*(z)\frac{dV}{dz}\zeta(z)dz\frac{1}{A}\int_A \Delta(x,y)e^{i(\boldsymbol{k}_\parallel-\boldsymbol{k}'_\parallel)\cdot\boldsymbol{r}_\parallel}d^2\boldsymbol{r}_\parallel \\ &= -F_{\rm eff}\Delta(\boldsymbol{k}_\parallel-\boldsymbol{k}'_\parallel)\end{aligned} \tag{8.124}$$

となる．ここに，

$$F_{\rm eff} = \int_{-\infty}^{\infty}\zeta^*(z)\frac{dV}{dz}\zeta(z)dz \tag{8.125}$$

$$\Delta(\boldsymbol{Q}) = \frac{1}{A}\int_A \Delta(\boldsymbol{r}_\parallel)e^{i\boldsymbol{Q}\cdot\boldsymbol{r}_\parallel}d^2\boldsymbol{r}_\parallel \tag{8.126}$$

また，$\boldsymbol{Q}=\boldsymbol{k}_\parallel-\boldsymbol{k}'_\parallel$，$\boldsymbol{r}_\parallel$ は xy 面内の位置ベクトル，A は規格化のための面積，$\zeta(z)$ は電子の包絡関数である．$F_{\rm eff}/e$ は界面における実効電界 $E_{\rm eff}$ で次のように表される[8.25]．

$$F_{\rm eff} = \frac{e^2}{\kappa\epsilon_0}\left(\frac{1}{2}N_s + N_{\rm depl}\right) = eE_{\rm eff} \tag{8.127}$$

N_s は電子の面密度，$N_{\rm depl}$ は空乏層内の空間電荷密度である (この関係は Si-MOSFET の反転層内の電子に対して導かれた)．表面粗さの相関を表す関数としてガウス型関数を仮定すると

$$\langle\Delta(\boldsymbol{r})\Delta(\boldsymbol{r}')\rangle = \Delta^2\exp\left[\frac{(\boldsymbol{r}-\boldsymbol{r}')^2}{\Lambda^2}\right] \tag{8.128}$$

と表すことができる．ここに，Δ は高さ方向 (z 方向) の平均の変位を表し，Λ は表面に平行な方向の空間的変化の大きさを表す．これより次の関係を得る．

$$\langle|\Delta(\boldsymbol{Q})|^2\rangle = \frac{\pi\Delta^2\Lambda^2}{A}\exp\left[-\frac{Q^2\Lambda^2}{4}\right] \tag{8.129}$$

この近似を用いると，表面粗さによる散乱の割合，緩和時間 $\tau_{\rm sr}$ は

$$\frac{1}{\tau_{\rm sr}} = \frac{2\pi}{\hbar}\sum_{\boldsymbol{k}'_\parallel}|\langle\boldsymbol{k}'_\parallel|H_{\rm sr}|\boldsymbol{k}_\parallel\rangle|^2\delta[\mathcal{E}(\boldsymbol{k}'_\parallel)-\mathcal{E}(\boldsymbol{k}_\parallel)]\left(1-\frac{k'_x}{k_x}\right) \tag{8.130}$$

となる．ここで，$(1-k_x'/k_x)$ を $(1-\cos\theta)$ とおき，スクリーニングを考慮し，$\boldsymbol{k}_\parallel'$ に関する和を $\boldsymbol{Q}$ に関する和に変換すると

$$\frac{1}{\tau_{\rm sr}}=\frac{2\pi}{\hbar}\sum_{\boldsymbol{Q}}\frac{\pi}{A}\left[\frac{\Delta\Lambda e^2N^*}{\epsilon(Q)}\right]^2\exp\left[-\frac{Q^2\Lambda^2}{4}\right]$$
$$\times\delta\left[\mathcal{E}(\boldsymbol{k}_\parallel-\boldsymbol{Q})-\mathcal{E}(\boldsymbol{k}_\parallel)\right](1-\cos\theta) \tag{8.131}$$

なる関係を得る．ここに，$N^*=(N_s/2+N_{\rm depl})$ で，$\epsilon(Q)$ はスクリーニング効果を含んだ誘電関数で

$$\epsilon(Q)=\kappa\epsilon_0\left[1+\frac{1}{\kappa\epsilon_0}\frac{1}{Q}\frac{e^2m^*}{2\pi\hbar^2}F(Q)\right] \tag{8.132}$$

で与えられる．$\kappa\epsilon_0$ はスクリーニング効果を無視したときの半導体の誘電率である[注3]．また，$F(Q)$ は次式で与えられる．

$$F(Q)=\int dz_1\int dz_2\,|\zeta(z_1)|^2\,|\zeta(z_2)|^2\exp(-Q|z_1-z_2|) \tag{8.133}$$

式 (8.131) を近似して

$$\frac{1}{\tau_{\rm sr}(Q)}\simeq\frac{\pi m^*\Delta^2\Lambda^2e^4N^{*2}}{\hbar^3\left[\epsilon(Q)\right]^2}\exp\left(-\frac{Q^2\Lambda^2}{4}\right) \tag{8.134}$$

とおくことができる．

表面粗さによる散乱では，電子移動度が $1/N^{*2}$ に比例していることから，電子密度が増加するとほぼその2乗で減少することが予想される．このことは Si-MOSFET における実験で確かめられている．たとえば，Hartstein 等[8.27]によると，$(N_s+2N_{\rm depl})^2$ よりも $(N_s+N_{\rm depl})^2$ に依存して移動度は減少する[8.2]．また，表面粗さをガウス関数で近似するよりも，指数関数で近似する方が実験結果をよく説明するという報告もある[8.28], [8.29]．

(g) スクリーニング

2次元電子ガスによるスクリーニング効果を，イオン化不純物の場合について考察する．いま，イオン化不純物の存在によりポテンシャルが $\delta\phi(\boldsymbol{r})$ だけ変化し，このため電子の占有率に変化が生じるものとする．このときのサブバンド i におけるサブバンドエネルギー $\mathcal{E}_i$ は，

$$\delta\mathcal{E}_i(\boldsymbol{r}_\parallel)=-e\bar{\phi}(\boldsymbol{r}_\parallel)=-e\int_{-\infty}^{\infty}\delta\phi(\boldsymbol{r})|\zeta_i(z)|^2dz \tag{8.135}$$

だけ変化する．よって，イオン化不純物の存在によって誘起される電荷は

$$\rho_{\rm ind}(\boldsymbol{r})=-e\sum_i\delta N_i|\zeta(z)|^2=-e\sum_i\frac{\partial N_i}{\partial\mathcal{E}_i}\delta\mathcal{E}_i|\zeta(z)|^2$$
$$=e^2\sum_i\frac{\partial N_i}{\partial\mathcal{E}_i}\bar{\phi}_i(\boldsymbol{r}_\parallel)|\zeta(z)|^2=-e^2\sum_i\frac{\partial N_i}{\partial\mathcal{E}_F}\bar{\phi}_i(\boldsymbol{r}_\parallel)|\zeta(z)|^2 \tag{8.136}$$

注3 Si-MOSFET の場合には半導体と絶縁体の誘電率を含めて考察しなければならない．文献[8.2]を参照

で与えられる．ここで，サブバンド i における電子密度 N_i は式 (8.15) で与えられるから

$$\frac{\partial N_i}{\partial \mathcal{E}_F} = \frac{m_{di} n_{vi}}{\pi \hbar^2} \frac{1}{1+\exp\left[(\mathcal{E}_i - \mathcal{E}_F)/k_B T\right]} \tag{8.137}$$

となり，これを式 (8.136) に代入すると，誘起電荷は次のようになる．

$$\rho_{\text{ind}}(\boldsymbol{r}) = -2\kappa\epsilon_0 \sum_i P_i \bar{\phi}(\boldsymbol{r}_\parallel)|\zeta(z)|^2 \tag{8.138}$$

ここで，P_i は次式で定義される．

$$P_i = \frac{e^2}{2\kappa\epsilon_0} \frac{m_{di} n_{vi}}{\pi \hbar^2} \frac{1}{1+\exp\left[(\mathcal{E}_i - \mathcal{E}_F)/k_B T\right]} \tag{8.139}$$

これらの結果を用いると，2次元電子ガスによるスクリーニング効果を考慮したときのポアソン方程式は

$$\nabla^2 \delta\phi(\boldsymbol{r}) = -\frac{1}{\kappa\epsilon_0}\left[\rho_{\text{ext}}(\boldsymbol{r}) + \rho_{\text{ind}}(\boldsymbol{r})\right] \tag{8.140}$$

となる．イオン化不純物によるポテンシャル $\delta\phi(\boldsymbol{r})$ を $\tilde{\phi}(\boldsymbol{r})$ とおいて，式 (8.138) を式 (8.140) に代入すると次式を得る．

$$\nabla^2 \tilde{\phi}(\boldsymbol{r}) - 2\sum_i P_i |\zeta(z)|^2 \int_{-\infty}^{\infty} \tilde{\phi}(\boldsymbol{r})|\zeta(z)|^2 dz = -\frac{1}{\kappa\epsilon_0}\rho_{\text{ext}}(\boldsymbol{r}) \tag{8.141}$$

$z = z_0$ に存在する正電荷 e は次のように表される．

$$\rho_{\text{ext}}(\boldsymbol{r}) = e \cdot \delta(\boldsymbol{r}_\parallel)\delta(z - z_0) \tag{8.142}$$

これを式 (8.141) に代入すると，

$$\nabla^2 \tilde{\phi}(\boldsymbol{r}) - 2\sum_i P_i |\zeta_i(z)|^2 \int_{-\infty}^{\infty} \tilde{\phi}(\boldsymbol{r})|\zeta_i(z)|^2 dz = -\frac{e}{\kappa\epsilon_0}\delta(\boldsymbol{r}_\parallel)\delta(z - z_0) \tag{8.143}$$

となる．上式の両辺に対して，フーリエ変換

$$\tilde{\Phi}(\boldsymbol{Q}, z) = \int \tilde{\phi}(\boldsymbol{r}_\parallel, z) e^{i\boldsymbol{Q}\cdot\boldsymbol{r}_\parallel} d^2\boldsymbol{r}_\parallel \tag{8.144}$$

を施すと

$$\left(\frac{\partial^2}{\partial z^2} - Q^2\right)\tilde{\Phi}(\boldsymbol{Q}, z) - 2\sum_i P_i |\zeta_i(z)|^2 \bar{\Phi}(\boldsymbol{Q}) = -\frac{e}{\kappa\epsilon_0}\delta(z - z_0) \tag{8.145}$$

となる．ここに，

$$\bar{\Phi}_i(\boldsymbol{Q}) = \int_{-\infty}^{\infty} \tilde{\Phi}(\boldsymbol{Q}, z)|\zeta_i(z)|^2 dz \tag{8.146}$$

である．いま，

$$f(z) = -\frac{e}{\kappa\epsilon_0}\delta(z - z_0) + 2\sum_i P_i |\zeta_i(z)|^2 \bar{\Phi}_i(\boldsymbol{Q}) \tag{8.147}$$

とおくと，式 (8.145) は次のようになる．

$$\left(\frac{\partial^2}{\partial z^2} - Q^2\right)\tilde{\Phi}(\boldsymbol{Q}, z) = f(z) \tag{8.148}$$

上式の両辺をフーリエ変換し

$$\hat{\psi}(\boldsymbol{Q}, q_z) = \int_{-\infty}^{\infty} \tilde{\Phi}(\boldsymbol{Q}, z) e^{iq_z z} dz \tag{8.149}$$

$$\hat{f}(q_z) = \int_{-\infty}^{\infty} \tilde{\Phi}(\boldsymbol{Q}, z) e^{iq_z z} dz \tag{8.150}$$

の関係を用いると式 (8.148) は次のようになる.

$$\hat{\psi}(\boldsymbol{Q}, q_z) = -\frac{\hat{f}(q_z)}{q_z^2 + Q^2} \tag{8.151}$$

上式を逆フーリエ変換すると次の結果を得る.

$$\begin{aligned}
\tilde{\Phi}(\boldsymbol{Q}, z) &= \frac{1}{2\pi} \int_{-\infty}^{\infty} \hat{\psi}(\boldsymbol{Q}, q_z) e^{-iq_z z} dq_z = -\frac{1}{2\pi} \int_{-\infty}^{\infty} \frac{\hat{f}(q_z) e^{-iq_z z}}{q_z^2 + Q^2} dq_z \\
&= -\frac{1}{2\pi} \int_{-\infty}^{\infty} f(z') dz' \int_{-\infty}^{\infty} \frac{e^{-iq_z z}}{q_z^2 + Q^2} dq_z = -\int_{-\infty}^{\infty} \frac{e^{-Q|z-z'|}}{2Q} f(z') dz' \\
&= -\int_{-\infty}^{\infty} \frac{e^{-Q|z-z'|}}{2Q} \left[-\frac{e}{\kappa\epsilon_0} \delta(z' - z_0) + 2 \sum_i P_i |\zeta_i(z')|^2 \bar{\Phi}_i(\boldsymbol{Q}) \right] dz' \\
&= \frac{e}{\kappa\epsilon_0} \frac{e^{-Q|z-z_0|}}{2Q} - \sum_i P_i \bar{\Phi}_i(\boldsymbol{Q}) \int_{-\infty}^{\infty} \frac{e^{-Q|z-z'|}}{Q} |\zeta_i(z')|^2 dz'
\end{aligned} \tag{8.152}$$

スクリーニングを考慮したイオン化不純物により，サブバンド m，波数ベクトル $\boldsymbol{k}_{\parallel}$ の始状態から，サブバンド n，波数ベクトル $\boldsymbol{k}'_{\parallel}$ の終状態へ散乱される場合の行列要素 $\tilde{M}$ は

$$\begin{aligned}
\tilde{M} &= \langle n, \boldsymbol{k}'_{\parallel} | e\tilde{\phi} | m, \boldsymbol{k}_{\parallel} \rangle = \int_{-\infty}^{\infty} \zeta_n^*(z) \zeta_m(z) dz \frac{e}{A} \int_A \tilde{\phi}(\boldsymbol{r}) e^{i(\boldsymbol{k}_{\parallel} - \boldsymbol{k}'_{\parallel}) \cdot \boldsymbol{r}_{\parallel}} d^2 \boldsymbol{r}_{\parallel} \\
&= \frac{e}{A} \int_{-\infty}^{\infty} \zeta_n^*(z) \zeta_m(z) \tilde{\Phi}(\boldsymbol{Q}, z) dz \\
&= \frac{e^2}{2\kappa\epsilon_0 QA} \int_{-\infty}^{\infty} \zeta_n^*(z) \zeta_m(z) e^{-Q|z-z_0|} dz \\
&\quad - \sum_i \frac{e}{A} P_i \bar{\Phi}(\boldsymbol{Q}) \frac{1}{Q} \int_{-\infty}^{\infty} dz \int_{-\infty}^{\infty} dz' \zeta_n^*(z) \zeta_m(z) |\zeta_i(z')|^2 e^{-Q|z-z'|} \\
&= \langle n, \boldsymbol{k}'_{\parallel} | e\phi | m, \boldsymbol{k}_{\parallel} \rangle - \sum_i P_i \langle i, \boldsymbol{k}'_{\parallel} | e\tilde{\phi} | i, \boldsymbol{k}_{\parallel} \rangle \left[\frac{H_{mn}(Q)}{Q} \right]
\end{aligned} \tag{8.153}$$

となる．そこで

$$M = \langle n, \boldsymbol{k}'_{\parallel} | e\phi | m, \boldsymbol{k}_{\parallel} \rangle \tag{8.154}$$

$$\tilde{M} = \langle n, \boldsymbol{k}'_{\parallel} | e\tilde{\phi} | m, \boldsymbol{k}_{\parallel} \rangle \tag{8.155}$$

$$H_{mn}^i(Q) = \int_{-\infty}^{\infty} dz \int_{-\infty}^{\infty} dz' \zeta_n^*(z) \zeta_m(z) |\zeta_i(z')|^2 e^{-Q|z-z'|} \tag{8.156}$$

とおくと，ϕ，M は2次元電子ガスによるスクリーニングが無いときのポテンシャルと行列要素を表している．したがって，スクリーニングを考慮した場合の行列要素として，上の定義式と式 (8.153)

より，次の関係を得る．

$$\tilde{M} = M - P\tilde{M}\frac{H^i_{mn}}{Q} \tag{8.157}$$

$$\tilde{M} = \frac{Q}{Q + PH^i_{mn}}M \tag{8.158}$$

8.3.3　2 次元電子ガスの移動度

電子の移動度を求めるにはボルツマンの輸送方程式を解く方法が一般的である．3 次元のバルク半導体については 6 章で詳しく述べた．2 次元電子ガスについてもまったく同様の取り扱いが可能で，異なる点は 2 次元電子ガスの緩和時間 τ と 2 次元電子ガスの状態密度を考慮しなければならない点である．6.2 節の取り扱いに従い，外部電界が小さく，分布関数の熱平衡状態 f_0 からのずれが小さく

$$f = f_0 + f_1 \qquad (f_1 \ll f_0) \tag{8.159}$$

とすると，緩和時間 τ を用いて式 (6.93) と同様，

$$f_1 = -\tau v_x F_x \frac{\partial f_0}{\partial \mathcal{E}} \tag{8.160}$$

なる近似が成立する．電界 E_x を x 方向に印加した場合，$F_x = -eE_x$ であるから

$$f(\boldsymbol{k}_{\parallel}) = f_0(\boldsymbol{k}_{\parallel}) + eE_x\tau v_x\frac{\partial f_0}{\partial \mathcal{E}} \tag{8.161}$$

となる．したがって，x 方向の電流密度は

$$\begin{aligned} J_x &= \frac{2}{(2\pi)^2}\int(-e)v_x f(\boldsymbol{k}_{\parallel})d^2\boldsymbol{k}_{\parallel} \\ &= -\frac{e}{2\pi^2}\int v_x f_0(\boldsymbol{k}_{\parallel})d^2\boldsymbol{k}_{\parallel} - \frac{e^2E_x}{2\pi^2}\int \tau v_x^2\frac{\partial f_0}{\partial \mathcal{E}}d^2\boldsymbol{k}_{\parallel} \end{aligned} \tag{8.162}$$

で与えられるが，因子 2 はスピンを考慮したもので，第 2 式の右辺の第 1 項は，$v_x f_0$ が k_x に対して奇関数となり，k_x を $-\infty$ から $+\infty$ まで積分すると 0 となる．結局

$$J_x = -\frac{e^2E_x}{2\pi^2}\int \tau v_x^2\frac{\partial f_0}{\partial \mathcal{E}}d^2\boldsymbol{k}_{\parallel} \tag{8.163}$$

を得る．2 次元電子ガスの電子密度 (簡単のため，1 つのサブバンドのみを考える) を N とすると，

$$N = \frac{2}{(2\pi)^2}\int f_0 d^2\boldsymbol{k}_{\parallel} \tag{8.164}$$

で与えられるから，電流密度の式 (8.163) は次のようになる．

$$J_x = -e^2NE_x\frac{\displaystyle\int_0^{\infty}\tau v_x^2\frac{\partial f_0}{\partial \mathcal{E}}d^2\boldsymbol{k}_{\parallel}}{\displaystyle\int_0^{\infty}f_0 d^2\boldsymbol{k}_{\parallel}} \tag{8.165}$$

i 番目のサブバンドにおける2次元電子のエネルギーは，xy 面内で等方的な有効質量 m^* を有するとすると

$$\mathcal{E} = \mathcal{E}_i + \frac{\hbar^2}{2m^*}\boldsymbol{k}_{\parallel}^2 = \mathcal{E}_i + \frac{1}{2}m^* v_{\parallel}^2 \tag{8.166}$$

と書ける．ただし，$\hbar\boldsymbol{k}_{\parallel} = m^*\boldsymbol{v}_{\parallel}$ である．v_x^2 の平均値を $\langle v_x^2\rangle$ とおくと，$\langle v_x^2\rangle = \langle v_y^2\rangle$ であるから，

$$\left\langle v_x^2\right\rangle = \frac{1}{2}\left\langle v_x^2 + v_y^2\right\rangle = \frac{1}{2}\left\langle v_{\parallel}^2\right\rangle = \frac{1}{m^*}\left\langle \mathcal{E} - \mathcal{E}_i\right\rangle \tag{8.167}$$

となるから，この関係を式 (8.165) に代入し，$\boldsymbol{k}_{\parallel}$ に関する積分をエネルギー $\mathcal{E}$ に変換すると

$$J_x = -\frac{e^2NE_x}{m^*}\frac{\displaystyle\int_{\mathcal{E}_i}^{\infty}\tau(\mathcal{E}-\mathcal{E}_i)\frac{df_0(\mathcal{E})}{d\mathcal{E}}d\mathcal{E}}{\displaystyle\int_{\mathcal{E}_i}^{\infty}f_0(\mathcal{E})d\mathcal{E}} \tag{8.168}$$

となる．上式において $\mathcal{E} - \mathcal{E}_i = \mathcal{E}'$ とおき，再び $\mathcal{E}'$ を $\mathcal{E}$ と書き換えると

$$J_x = -\frac{e^2NE_x}{m^*}\frac{\displaystyle\int_{0}^{\infty}\tau\mathcal{E}\frac{df_0(\mathcal{E}+\mathcal{E}_i)}{d\mathcal{E}}d\mathcal{E}}{\displaystyle\int_{0}^{\infty}f_0(\mathcal{E}+\mathcal{E}_i)d\mathcal{E}} \tag{8.169}$$

となる．そこで電流密度を

$$J_x = \frac{Ne^2E_x}{m^*}\langle\tau\rangle \tag{8.170}$$

と表すと，

$$\langle\tau\rangle = -\frac{\displaystyle\int_{0}^{\infty}\tau\mathcal{E}\frac{df_0(\mathcal{E}+\mathcal{E}_i)}{d\mathcal{E}}d\mathcal{E}}{\displaystyle\int_{0}^{\infty}f_0(\mathcal{E}+\mathcal{E}_i)d\mathcal{E}} \tag{8.171}$$

である．この $\langle\tau\rangle$ は緩和時間の分布関数による平均値を表している．

2次元電子ガスが縮退している場合，分布関数 f_0 にフェルミ・ディラック分布関数

$$f_0(\mathcal{E}) = \frac{1}{1+\exp\left(\dfrac{\mathcal{E}-\mathcal{E}_F}{k_BT}\right)} \tag{8.172}$$

を用いると，式 (8.171) は次のようになる．

$$\langle\tau\rangle = \frac{\displaystyle\int_{0}^{\infty}\mathcal{E}\tau f_0(\mathcal{E}+\mathcal{E}_i)\left[1-f_0(\mathcal{E}+\mathcal{E}_i)\right]d\mathcal{E}}{\displaystyle\int_{0}^{\infty}\mathcal{E}f_0(\mathcal{E}+\mathcal{E}_i)\left[1-f_0(\mathcal{E}+\mathcal{E}_i)\right]d\mathcal{E}} \tag{8.173}$$

一方，縮退をしていない場合，分布関数 f_0 にマクスウエル・ボルツマン分布関数

$$f_0(\mathcal{E}) = A\exp\left(-\frac{\mathcal{E}}{k_BT}\right) \tag{8.174}$$

を用いると，緩和時間の平均値は次のようになる．

$$\langle \tau \rangle = \frac{\displaystyle\int_0^\infty \mathcal{E} \tau f_0 d\mathcal{E}}{\displaystyle\int_0^\infty \mathcal{E} f_0 d\mathcal{E}} \tag{8.175}$$

電子移動度 μ は緩和時間の平均値 $\langle \tau \rangle$ を用いて

$$\mu = \frac{e \langle \tau \rangle}{m^*} \tag{8.176}$$

で与えられ，緩和時間は種々の散乱によって決定され，個々の散乱については前節で述べた．これらの散乱の緩和時間を $\langle \tau \rangle_i$ とおくとすべて散乱による緩和時間は

$$\frac{1}{\tau} = \sum_i \frac{1}{\tau_i} \tag{8.177}$$

で与えられるから，この τ を式 (8.173) または式 (8.175) に代入して平均値を求め，移動度を計算することができる．

ここで，2 次元電子ガスの移動度について，実験と計算を行った結果について考察する．ここでは，典型的な例として Si-MOSFET の反転電子の移動度について述べる．p-型基板からなる MOSFET のゲートに正の電圧を印加すると，Si/SiO_2 の界面に電子が誘起され反転電子層を形成することは 8.2.1 項で述べた．用いた MOSFET 基板のアクセプター密度は $N_A = 8 \times 10^{16} \mathrm{cm}^{-3}$ である．反転電子密度は

$$N_s = \frac{C_{\mathrm{ox}}}{e}(V_g - V_{\mathrm{th}}) \tag{8.178}$$

で与えられる．ここに，C_{ox} はゲート酸化膜の容量，V_g はゲート電圧，V_{th} は閾値電圧である．また，界面にかかる実効電界 E_{eff} は式 (8.127) の関係を用いて求めた．図 8.15 は $T = 77\mathrm{K}$ において電子移動度の実効電界依存性を測定した結果 μ_{exp} と計算結果の比較が示してある[8.30]．μ_{ion} はイオン化不純物散乱による電子移動度を計算により求めたものである．μ_{ps} は音響フォノン散乱，インターバレーフォノン散乱および表面粗さ散乱による電子移動度の E_{eff} 依存性である．計算では，表面粗さのパラメーターとして $\Delta\Lambda = 25 \times 10^{-20} \mathrm{m}^2$ を仮定した．これらの散乱をすべて考慮したときの移動度が μ で示してある．実験，計算ともに実効電界 E_{eff} の大きい領域で移動度は E_{eff}^{-2} 依存性をよく表している．

図 8.16 は反転電子密度 $N_s = 3 \times 10^{12} \mathrm{cm}^{-2}$ に対する電子移動度の温度依存性の実験結果と計算結果の比較を示している．実験結果は μ_{exp} で示してある．一方，各種散乱による移動度は，イオン化不純物散乱 μ_{ion}，インターバレーフォノン散乱 μ_{int}，音響フォノン散乱 μ_{ac}，表面粗さ散乱 μ_{sr} とこれらのすべてを考慮した移動度 μ_{total} が示してある[8.31]．実験と計算結果は比較的よい一致を示している．

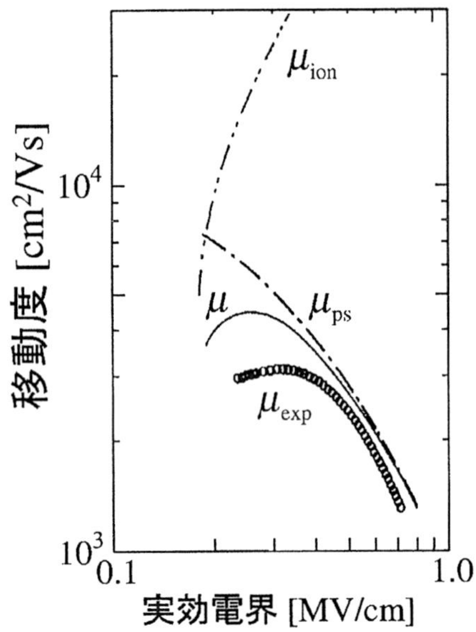

図 8.15: $T = 77$K における MOSFET の電子移動度の実効電界依存性．実験結果の白丸 $\mu_{\rm exp}$ はコンダクタンス法から求めた実効電子移動度で実線の μ は表面粗さのパラメーター $\Delta\Lambda = 25 \times 10^{-20}{\rm m}^2$ を用い，他の散乱仮定を取り入れて計算した移動度である．$\mu_{\rm ion}$ はイオン化不純物散乱による移動度，$\mu_{\rm ps}$ は音響フォノン散乱，インターバレーフォノン散乱および表面粗さ散乱による移動度．

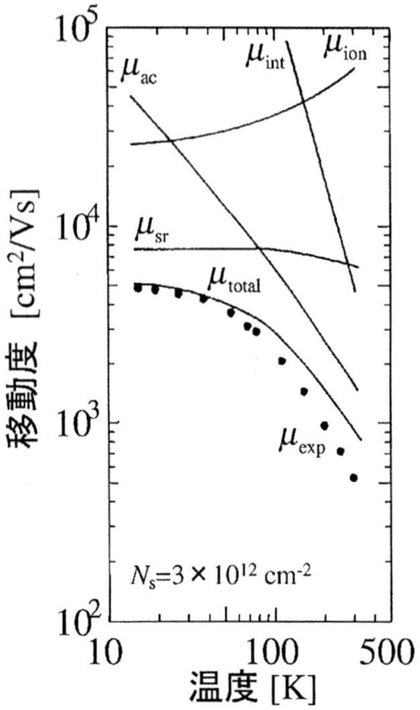

図 8.16: コンダクタンス法より求めた MOSFET における電子移動度の温度依存性と計算結果との比較．$\mu_{\rm exp}$ は実験結果で，各々の散乱はイオン化不純物散乱が $\mu_{\rm ion}$ で，インターバレーフォノン散乱が $\mu_{\rm int}$ で，音響フォノン散乱が $\mu_{\rm ac}$ で，表面粗さ散乱が $\mu_{\rm sr}$ で，またこれら全ての散乱を考慮した移動度が $\mu_{\rm total}$ で示してある．

8.4　超格子

8.4.1　クローニッヒ・ペニーモデル

超格子 (superlattices) については，解説書が多数出版されている．中でも P. Y. Yu と M. Cardona [8.9]の 9 章には，量子閉じ込め，超格子のエネルギー帯構造や格子振動について詳しい記述がなされている．この章では，超格子の電子的性質を理解する上で最も重要な超格子のエネルギー帯について比較的詳しく述べたい．しかし，エネルギー帯構造の計算法として種々の方法が報告されており，それらを網羅することは不可能である．ここでは，比較的計算が容易で，物理的な解釈も容易な強結合近似について述べ，実験との比較を試みる．

超格子の理解を助けるために，最もよく用いられる**クローニッヒ・ペニーのモデル** (Kronig-Penney model) について述べよう．この方法は擬 1 次元的なバンド構造を理解する方法の 1 つとしてよく知

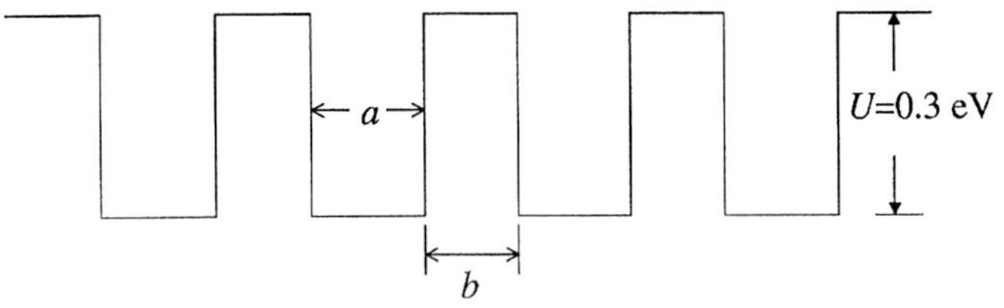

図 8.17: クローニッヒ・ペニーのモデルで計算するための周期 $a+b$ の超格子．井戸層幅 a，障壁層幅を b とし，伝導帯の不連続値を 0.3eV としている．実際の計算では簡単のため，$a=b$ とし，井戸層，障壁層両者の伝導帯の底の電子の有効質量は等しく $m^*=0.067m$ としている．

られているものである．いま，$GaAs/Al_xGa_{1-x}As$ のように格子不整のほとんどない半導体を z 軸方向に成長させた場合を考える．xy 面での電子については考慮しないことにすると ($k_x=k_y=0$ とする)，z 方向のエネルギー状態を考えればよい．図 8.17 のように，井戸層幅 a，障壁層幅 b，超格子の周期 $d=a+b$ の半導体を考える．簡単のため 2 種類の半導体の電子的性質はほとんど類似しているが，電子親和力の違いから伝導帯の底が一致せず，$U=0.3\text{eV}$ の不連続になっているものとする．2 つの半導体の伝導帯における電子の有効質量は m_A^*，m_B^* であるとする．ブロッホ波数ベクトルを $k_z=k$，エネルギーを $\mathcal{E}$ とおくと，クローニッヒ・ペニーのモデルに対する式は次のようになる．$\mathcal{E}>U$ のとき，

$$\cos(kd)=\cos(k_1a)\cos(k_2b)-\frac{k_1^2+k_2^2}{2k_1k_2}\sin(k_1a)\sin(k_2b) \tag{8.179}$$

となり，$\mathcal{E}<U$ のとき，

$$\cos(kd)=\cos(k_1a)\cosh(\kappa b)-\frac{k_1^2-\kappa^2}{2k_1\kappa}\sin(k_1a)\sinh(\kappa b) \tag{8.180}$$

となる．ここに，k_1，k_2 と κ は次のように定義される．

$$\mathcal{E}=\frac{\hbar^2k_1^2}{2m_A^*} \tag{8.181a}$$

$$\mathcal{E}-U=\frac{\hbar^2k_2^2}{2m_B^*} \quad \mathcal{E}>U, \tag{8.181b}$$

$$U-\mathcal{E}=\frac{\hbar^2\kappa^2}{2m_A^*} \quad \mathcal{E}<U. \tag{8.181c}$$

これらの方程式 (8.179) と (8.180) は数値解析によって容易に解くことができる．図 8.17 において簡単のため，$a=b$，$d=2a$，$m_A^*=m_B^*=m^*=0.067m$ とおき数値計算した結果を図 8.18 に示す．横軸は井戸幅あるいは障壁層幅の a で，縦軸の塗りつぶした領域はエネルギー固有値の存在する領域である．a が大きいとき，障壁を通して電子が侵入する確率は減少し，電子は井戸層に閉じ込められ，離散準位を形成する．したがってこの領域では，電子の波動関数は井戸層に閉じ込められ，先に解いた 2 次元電子ガスの状態と一致する．a の大きいときでもエネルギーの高い領域では，電子に対

する障壁が実質的に低くなるから，電子の侵入が起こりバンド状態を形成する．また，障壁層幅 a が小さくなると，電子の侵入が起こり電子はバンドを形成する．このようなバンドのことを**ミニバンド** (miniband) とよぶ．

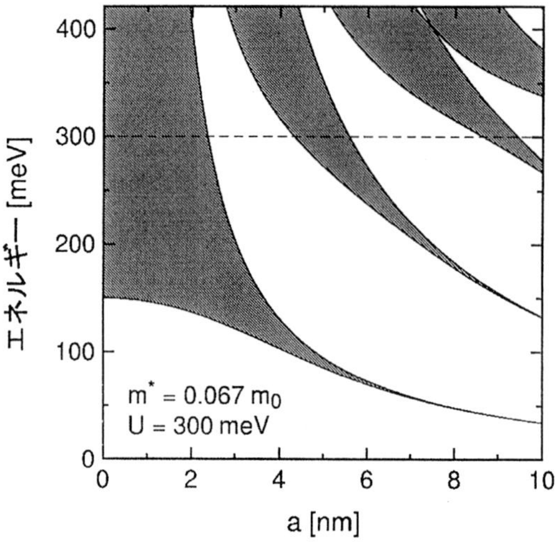

図 8.18: クローニッヒ・ペニーのモデルによる超格子のエネルギーの障壁幅 (井戸幅) 依存性．計算では井戸幅 a と障壁幅 b は等しくともに a とし，超格子周期 $d = a + a$，両者の伝導帯の底の電子の有効質量は等しく $m^* = 0.067m$ とし，伝導帯の不連続値を $U = 0.3\text{eV}$ とした．a が大きいとき，電子は障壁により量子井戸内に閉じ込められ，離散的な準位となるが，エネルギーの高い領域や a の小さい領域では，電子は障壁を通して侵入し，ミニバンドを形成する．

8.4.2 ブリルアン領域の折り返し効果

上述のように，格子定数 a と b からなる超格子の周期は $a + b$ となる．この結果，第1ブリルアン領域の長さは $2\pi/(a + b)$ となる．このように超格子では，単位格子が大きくなるためにブリルアン領域が縮小される．これは，バルクのブリルアン領域 $2\pi/a$ が超格子のブリルアン領域に折り返されることに対応する．この結果，元のバルクのバンドは超格子のブリルアン領域に折り返され，多数のミニバンドを形成することになる．これは超格子特有の効果であり，**バンド折り返し** (zone-folding effect) とよばれる．このことを，直接遷移型と間接遷移型の半導体の2つの場合について考察してみる．図 8.19(a) の実線は直接遷移型半導体のバンドで，図 8.19(b) の実線は間接遷移型半導体のバンドである．仮にそれぞれとよく似た電子的性質をもつ半導体を1層ずつ交互に成長させ超格子を作ると，そのバンドはそれぞれの図の破線で示されるように，$2\pi/2a$ の点で折り返される．この結果，図 8.19(b) の間接遷移型半導体では，$\boldsymbol{k} = 0$ に伝導帯の底が現れ，**擬直接遷移型** (quasi-direct transition) になる可能性がある．例えば，GaAs と AlAs は格子定数がほぼ等しく，GaAs は直接遷移型で AlAs は間接遷移型半導体であることはよく知られている．そこで，$(\text{GaAs})_1/(\text{AlAs})_1$ の超格子を作ると，バンド折り返しにより AlAs の X 点の伝導帯が Γ 点に現れ，擬直接遷移型の性質を示す可能性がある．このように，超格子構造を用いるとエネルギー帯構造を自由自在にコントロールし，人工的に新しい物性を示す物質を設計することが可能となる.

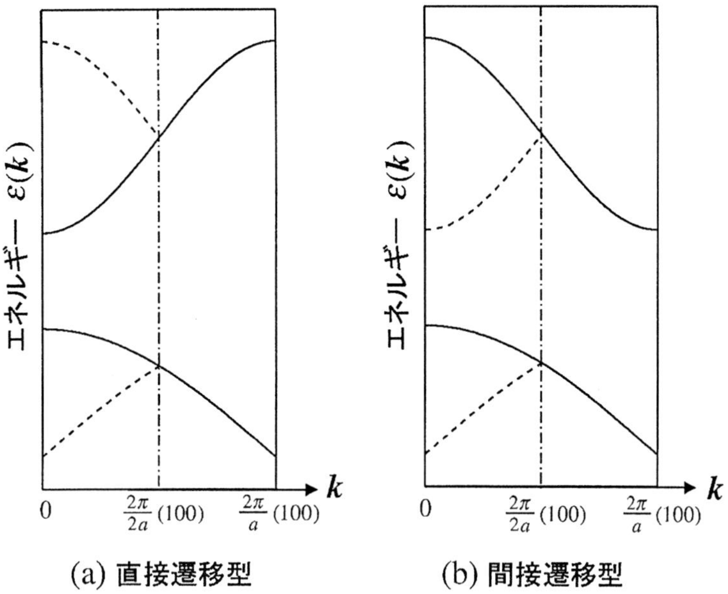

図 8.19: 超格子構造が形成されてポテンシャルの周期がバルクの 2 倍となった場合のバンド折り返し効果. (a) は直接遷移型半導体, (b) は間接遷移型半導体の場合で, バンド折り返しにより点線のバンドが形成される.

GaAs や AlAs は 1.5 節の図 1.4 で示したように閃亜鉛鉱型構造をしている. これは, 2 つの異種原子の面心立方格子が互いに対角線に沿って, その $a/4$ だけ変位して組み合わさったものである. これらのバルク結晶は点群では $T_d(\bar{4}3m)$ 群の対称性を有するが, 周期的な積層構造をもつ超格子となると, その対称性は低下する. GaAs を n 層, AlAs を m 層ずつ積層した $(\mathrm{GaAs})_n/(\mathrm{AlAs})_m$ 超格子を考えると, $n+m$ が偶数のとき, ブラベ格子は単純正方晶で, 空間群 D_{2d}^5 $(P\bar{4}m2)$ の対称性をもつ結晶構造となり, $n+m$ が奇数のとき, ブラベ格子は体心正方晶で, 空間群 D_{2d}^9 $(I\bar{4}m2)$ の対称性をもつ結晶構造となる. GaAs と AlAs は格子整合しているものとし, その格子定数を a_0 とする. 図 8.20 は $(\mathrm{GaAs})_1/(\mathrm{AlAs})_1$ 超格子の結晶構造を示したものであるが, これを参考にすると, 上の正方晶の基本ベクトルはいずれも $a = a_0/\sqrt{2}$, $c = (n+m)a_0/2$ となる. これらの結果を用いると, 1.5 節の結果から $(\mathrm{GaAs})_n/(\mathrm{AlAs})_m$ 超格子の単位胞の体積は $a_0^3/4$ の $(n+m)$ 倍となり, 逆格子も容易に計算できる. 求めた逆格子ベクトルをもとに計算した, $(\mathrm{GaAs})_n/(\mathrm{AlAs})_m$ 超格子の第 1 ブリルアン領域が図 8.21 と図 8.22 に示してある. 図 8.21 には $(n+m) = 2$ $(n = m = 1)$ の場合の第 1 ブリルアン領域が, 図 8.22 には $(n+m) = 3$ の場合の第 1 ブリルアン領域が示してある. 図では, 超格子のブリルアン領域の境界点は, 閃亜鉛鉱型結晶のブリルアン領域の点と区別するため, $\underline{\mathrm{Z}}$ や $\underline{\mathrm{X}}$ のように下線を付けている. しかし, 後に述べる超格子の計算や実験では, 下線を付けずに用いている. 図より明らかなように, $(\mathrm{GaAs})_n/(\mathrm{AlAs})_m$ 超格子における $(n+m)$ の他の組み合わせについても, 第 1 ブリルアン領域は, $(n+m)$ が偶数のとき単純正方晶, $(n+m)$ が奇数のとき体心正方晶となる. これらの結果をもとに, 超格子のエネルギーバンドの計算が可能となる.

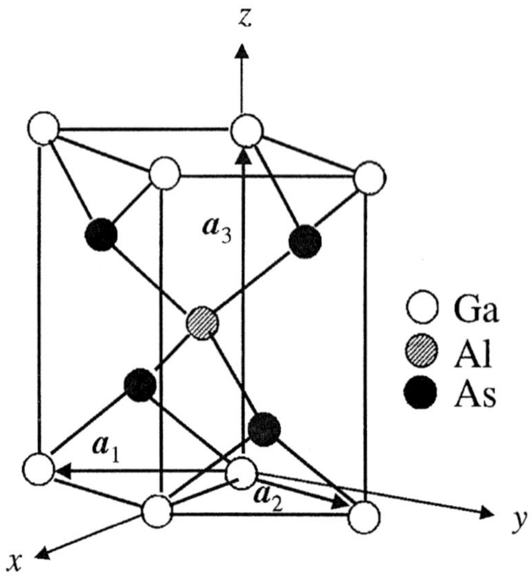

図 8.20: $(GaAs)_1/(AlAs)_1$ 超格子の結晶構造．2つの閃亜鉛鉱型結晶が成長方向に積み重なっている．

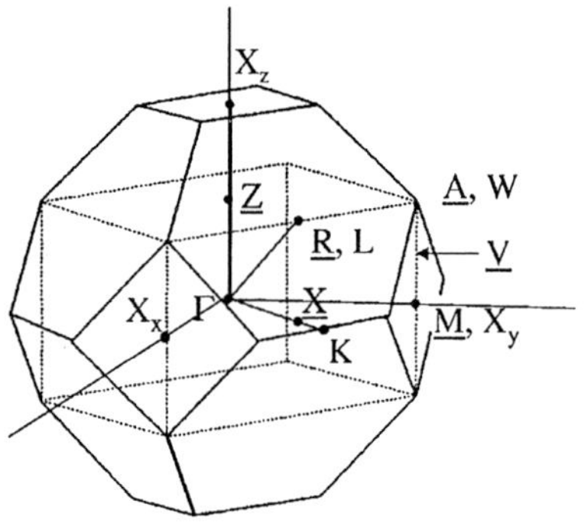

図 8.21: $(GaAs)_n/(AlAs)_m$ 超格子で $(n+m)=2$ の場合の第1ブリルアン領域が閃亜鉛鉱型結晶の第1ブリルアン領域と重ねて示してある．一般に，$(n+m)$ が偶数の場合の第1ブリルアン領域も X_z 方向の折り返しが異なるのみで，単純正方晶型となる．

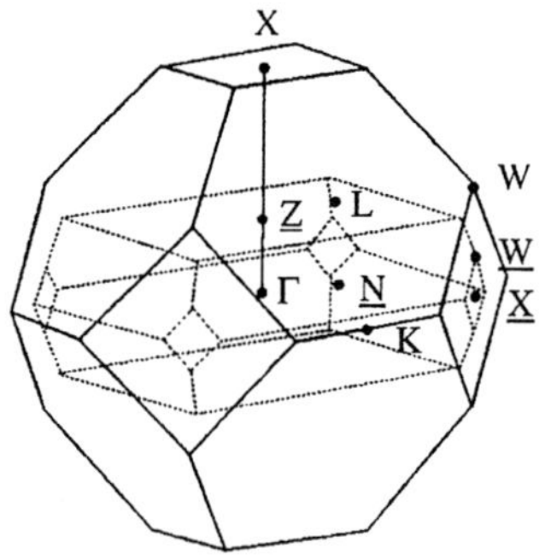

図 8.22: $(GaAs)_n/(AlAs)_m$ 超格子 $(n+m)=3$ の場合の第1ブリルアン領域が閃亜鉛鉱型結晶の第1ブリルアン領域と重ねて示してある．一般に，$(n+m)$ が奇数の場合の第1ブリルアン領域も X_z 方向の折り返しが異なるのみで，体心正方晶型となる．

ここでは，$(GaAs)_n/(AlAs)_n$ 超格子のエネルギー帯構造について理論計算の例と実験結果との比較を述べる．エネルギー帯構造の理論計算，実験による研究は多数報告されており，それらを網羅することは不可能であるし，またテキストの趣旨にも合わない．そこで，物理的な性質を比較的よく理解できると思われる，強結合近似の理論とフォトレフレクタンス法やフォトルミネッセンス法などによる実験結果との比較を行う[8.32] ~ [8.34]．GaAs の伝導帯の底は Γ 点にあり，AlAs の伝導帯の底は X 点にある．したがって，$(GaAs)_n/(AlAs)_n$ 超格子の n を変えればこの2つの伝導帯の底の交差が起こる可能性がある．つまり，タイプIとタイプII超格子間の交差が期待できる．代表的な実験はフォトルミネッセンス法によるものである[8.35] ~ [8.46]．一方，$(GaAs)_n/(AlAs)_n$ 超格子のエネルギー帯構造の計算は，エンベロープ関数モデル[8.47]，強結合近似法[8.48] ~ [8.55]，経験的および自己無撞着擬ポテンシャル法[8.56] ~ [8.59]，局所密度近似法[8.60] ~ [8.65]や Augmented-Spherical-Wave 法による計算[8.66]などが報告されている．

8.4.3 強結合近似

強結合近似は，原子軌道の線形結合を基本としたエネルギー帯構造の計算方法であり[8.67]，最少数の原子軌道による化学結合を考慮している．考慮する原子軌道の数を多くするほど近似の精度はよくなるが，計算時間が増す．半導体のバンド計算でよく用いられる方法としては原子軌道 s，p_x，p_y，p_z の 4 軌道を考慮する方法がある．一般にこれらの原子軌道を規格直交化するには Löwdin の方法[8.68]が用いられる．いま，系の波動関数 $|\psi\rangle$ は固有値方程式

$$H|\psi\rangle = \mathcal{E}|\psi\rangle \tag{8.182}$$

を満たす．ここに，$\mathcal{E}$ はエネルギー固有値である．波動関数を原子軌道関数 $|\phi_j(\boldsymbol{r})\rangle$ で展開すると，

$$|\psi\rangle = \sum_j C_j|\phi_j\rangle \tag{8.183}$$

となる．変分法によれば，エネルギー

$$\mathcal{E} = \frac{\langle\psi|H|\psi\rangle}{\langle\psi|\psi\rangle} \tag{8.184}$$

は展開係数 C_j を変えることにより，最小とすることができる．これより，

$$(H_{ij} - \mathcal{E}\delta_{ij})\,C_j = 0 \tag{8.185}$$

を得る．上式が有理な解をもつための条件は

$$\det|H_{ij} - \mathcal{E}\delta_{ij}| = 0 \tag{8.186}$$

となる．ここで，

$$H_{ij} = \langle\phi_i|H|\phi_j\rangle \tag{8.187}$$

である．

基底 $|\phi_j\rangle$ を結晶の有限数の原子軌道とすると，規格化，直交，完全性を満たさない．そこで，あらかじめ規格化直交化された基底を考える必要がある．原子軌道 $|\phi_j\rangle$ から次式で定義される Löwdin 軌道を用いてバンド計算が行われる．Löwdin 軌道は次式で定義される．

$$|\phi_i^L\rangle = \sum_{ij} S_{ij}^{-1}|\phi_j\rangle \tag{8.188}$$

$$S_{ij} = \langle\phi_i|\phi_j\rangle. \tag{8.189}$$

この Löwdin 軌道 $|\phi_i^L\rangle$ を基底にすると，式 (8.186) は次のようになる．

$$\det\left|H_{ij}^L - \mathcal{E}\delta_{i,j}\right| = 0 \tag{8.190}$$

ここに,

$$H_{ij}^L = \langle \phi_i^L | H | \phi_j^L \rangle \tag{8.191}$$

である．以下に述べる強結合近似ではこの Löwdin 軌道を原子軌道として扱っている．

結晶のバンド構造の計算では，周期的境界条件を用いると便利である．ここでは，閃亜鉛鉱型構造の結晶を考え，原子軌道から周期的境界条件を満たすブロッホ和 (quasi-atomic functions) を次のように定義する．

$$|nb\boldsymbol{k}) = \frac{1}{\sqrt{N}} \sum_{\boldsymbol{R}_i} \exp\left[i\boldsymbol{k} \cdot (\boldsymbol{R}_i + \boldsymbol{v}_b)\right] |nb\boldsymbol{R}_i) \tag{8.192}$$

ここに，N は結晶中の単位格子の数，b は a (アニオン) または c (カチオン)，$\boldsymbol{R}_i$ はアニオンの位置，$\boldsymbol{v}_b$ は $\delta_{b,c}(a_0/4)(1,1,1)$，$n$ は軌道関数 s, p_x, p_y, p_z である．ブロッホ関数 $|\boldsymbol{k}\lambda\rangle$ に対するシュレディンガー方程式は,

$$[H - \mathcal{E}(\boldsymbol{k},\lambda)]\, |\boldsymbol{k}\lambda\rangle = 0 \tag{8.193}$$

となる．ここで，λ はバンドの指標である．上式を行列で表示すると,

$$\sum_{n,b'} \left[(nb\boldsymbol{k}|H|n'b'\boldsymbol{k}) - \mathcal{E}(\boldsymbol{k},\lambda)\delta_{n,n'},\delta_{b,b'}\right](n'b'\boldsymbol{k}|\boldsymbol{k}\lambda\rangle = 0 \tag{8.194}$$

となる．ブロッホ関数 $|\boldsymbol{k}\lambda\rangle$ はブロッホ和 $|nb\boldsymbol{k})$ を用いて次のように書ける．

$$|\lambda\boldsymbol{k}\rangle = \sum_{n,b} |nb\boldsymbol{k})(nb\boldsymbol{k}|\boldsymbol{k}\lambda\rangle \tag{8.195}$$

行列要素 $(nb\boldsymbol{k}|H|n'b'\boldsymbol{k})$ は次のようになる．

$$(nb\boldsymbol{k}|H|n'b'\boldsymbol{k}) = \frac{1}{N} \sum_{\boldsymbol{R}_i,\boldsymbol{R}_j} e^{i\boldsymbol{k}\cdot(\boldsymbol{R}_i - \boldsymbol{R}_j + \boldsymbol{v}_b - \boldsymbol{v}_{b'})}(nb\boldsymbol{R}_j|H|n'b'\boldsymbol{R}_i) \tag{8.196}$$

$(nb\boldsymbol{R}_j|H|n'b'\boldsymbol{R}_i)$ は $\boldsymbol{R}_m = \boldsymbol{R}_i - \boldsymbol{R}_j + \boldsymbol{v}_b - \boldsymbol{v}_{b'}$ のみに依存するものと仮定する．この仮定を2中心近似 (two-center approximation) という[8.67]．この仮定を用いると式 (8.196) は次のようになる．

$$(nb\boldsymbol{k}|H|n'b'\boldsymbol{k}) = \sum_{\boldsymbol{R}_m} \exp(i\boldsymbol{k}\cdot\boldsymbol{R}_m)(nb0|H|n'b'\boldsymbol{R}_m) \tag{8.197}$$

ここに，$(nb0|H|n'b'\boldsymbol{R}_m)$ は原子間行列要素といい，表 8.3 のように与えられる．$(nn'\sigma)$ と $(nn'\pi)$ は

表 8.3: 原子間行列要素 $(nb0|H|n'b'\boldsymbol{R}_m)$ (l, m, n は $\boldsymbol{R}_m$ の方向余弦) で右側の記号は Slater-Koster の記述法 (文献[8.67]) による．

$\mathcal{E}_{ss} \equiv (sb0\|H\|sb'\boldsymbol{R}_m)$	$(ss\sigma)$
$\mathcal{E}_{sx} \equiv (sb0\|H\|p_x b'\boldsymbol{R}_m)$	$l(sp\sigma)$
$\mathcal{E}_{xx} \equiv (p_x b0\|H\|p_x b'\boldsymbol{R}_m)$	$l^2(pp\sigma) + (1-l^2)(pp\pi)$
$\mathcal{E}_{xy} \equiv (p_x b0\|H\|p_y b'\boldsymbol{R}_m)$	$lm(pp\sigma) - lm(pp\pi)$
$\mathcal{E}_{xz} \equiv (p_x b0\|H\|p_z b'\boldsymbol{R}_m)$	$ln(pp\sigma) - ln(pp\pi)$

それぞれ原子軌道 n と n' との σ 結合，π 結合の原子間行列要素である．これらの原子間行列要素は経験的または半経験的に決定されているが，この値の精度により強結合近似法の正確さが決まる．また，この原子間行列要素の大きさはボンド長 d の -2 乗 (d^{-2}) に比例する[8.10]．ここに述べた，s，p_x，p_y，p_z 原子軌道とその最近接原子軌道相互作用を用いた半導体のバンド計算は Chadi と Cohen [8.69]によってなされたが，間接遷移型半導体のバンド構造を得るに至っていない．この矛盾を解決する方法として 2 つの方法が報告されている．つまり，最近接のみならず第 2 近接原子間軌道相互作用を取り入れる方法[8.32]と，sp^3 軌道以外に励起状態の s^* 軌道を考慮する方法[8.11]である．以下の計算では両者について簡単に解説する．

8.4.4 sp^3s^* 強結合近似

一般に，強結合近似によるバンド計算は，価電子帯の記述には成功しているが，高いエネルギーをもつ伝導帯の記述は無理であると指摘されてきた[8.10]．この原因は，伝導電子のように結晶中に非局在した波動関数を，原子近傍に局在した原子軌道で表現することに無理があるからである．このことが間接遷移型半導体の伝導帯端を得ることのできない原因である．Vogl ら[8.11]は伝導帯についても比較的よい記述が可能となるように，基底関数として s，p 軌道の他に s 軌道の励起状態 s^* 軌道を加えた．これを sp^3s^* 強結合近似とよぶ．はじめに，Vogl らの方法で III-V 化合物半導体のバンドを計算する方法について述べる．

sp^3s^* 強結合近似では，式 (8.195) における原子軌道 n はアニオンに対して 5 個，カチオンに対して 5 個，合計 10 個の値がある．したがって，$|nb\boldsymbol{k})$ 基底に対するハミルトニアンの行列は 10 行 ×10 列となる．これらは文献[8.11]の表 (A) で与えられる．この行列については次項 8.4.5 にも示されている．この行列方程式を解けば III-V 族化合物半導体のバンド構造は容易に求めることができる．一例として，文献[8.11]のパラメーターを用いて計算した GaAs と AlAs のバンド構造を図 8.23 と図 8.24 に示す．この図から明らかなように，sp^3 強結合近似では AlAs の間接遷移型バンド構造を得ることはできないが，sp^3s^* 強結合近似では実験をよく説明する間接遷移型バンド構造が得られる．

8.4.5 超格子のエネルギーバンド計算

2 つの異なる閃亜鉛鉱型構造の物質 ca，CA を (001) 面上に交互に積層した超格子 $(\mathrm{ca})_n/(\mathrm{CA})_m$ を考える．ここに，c，C，と a，A はそれぞれカチオンとアニオンを指す．$(\mathrm{ca})_n/(\mathrm{CA})_m$ 超格子では，単位格子 (その位置ベクトルを $\boldsymbol{R}_i$，i は各単位格子を指す) には $2(n+m)$ 個の原子を含み，それぞれの原子は s，p_x，p_y，p_z，s^* の 5 つの軌道をもつ．このとき，ブロッホ和は次式のように書ける．

$$|\chi_j^\alpha(\boldsymbol{k})\rangle = \frac{1}{\sqrt{N}}\sum_{\boldsymbol{R}_i}\exp\left[i\boldsymbol{k}\cdot(\boldsymbol{R}_i+\boldsymbol{\tau}_j)\right]|\alpha j\rangle \tag{8.198}$$

ここに，$\alpha = s$，p_x，p_y，p_z，s^* で，j は単位格子中の原子を指し，その位置を $\boldsymbol{\tau}_j$ で表している．この基底で超格子のハミルトニアンは次のようになる．

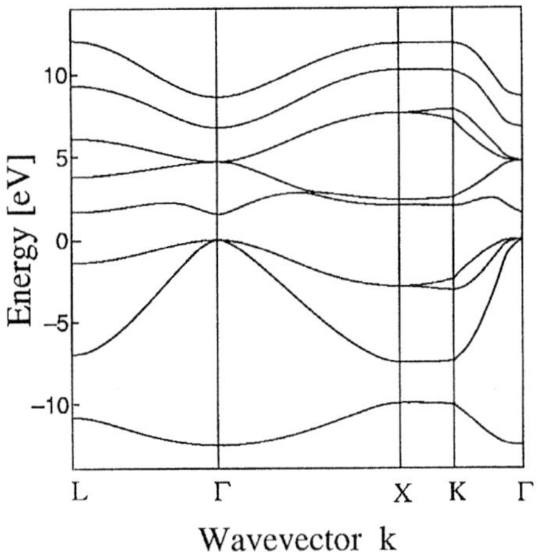

図 8.23: sp^3s^* 強結合近似により求めたバルク GaAs のエネルギーバンド構造.

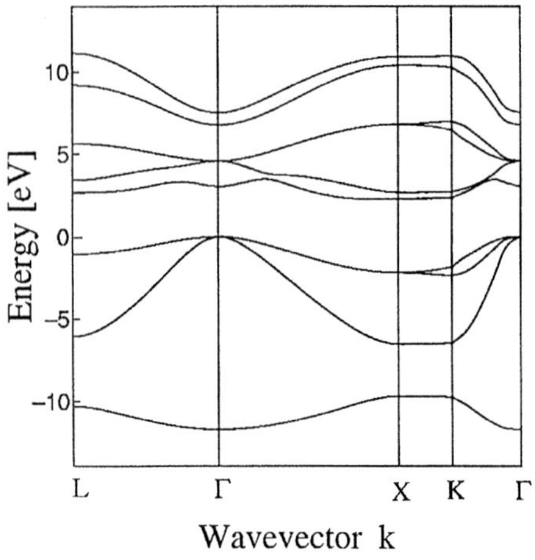

図 8.24: sp^3s^* 強結合近似により求めたバルク AlAs のエネルギーバンド構造.

$$
\hat{H} = \begin{array}{c} \\ 1 \\ 2 \\ 3 \\ \vdots \\ \vdots \\ 2n \\ 1 \\ 2 \\ 3 \\ \vdots \\ \vdots \\ 2m \end{array}
\begin{array}{cccccccccccc}
1 & 2 & 3 & \cdots & \cdots & 2n & 1 & 2 & 3 & \cdots & \cdots & 2m \\
\widehat{a} & \widehat{ac} & & & & & & & & & & \widehat{Ca}^{\dagger} \\
 & \widehat{c} & \widehat{ca} & & & & & & & & & \\
 & & \hat{a} & \ddots & & & & & 0 & & & \\
 & & & \ddots & \ddots & & & & & & & \\
 & & & & \ddots & \widehat{ac} & & & & & & \\
 & & & & & \widehat{c} & \widehat{cA} & & & & & \\
 & & & & & & \widehat{A} & \widehat{AC} & & & & \\
 & & & & & & & \widehat{C} & \widehat{CA} & & & \\
 & & & & & & & & \widehat{A} & \ddots & & \\
 & & & & & & & & & \ddots & \ddots & \\
 & h.c. & & & & & & & & & \widehat{A} & \widehat{AC} \\
 & & & & & & & & & & & \widehat{C}
\end{array} \tag{8.199}
$$

ここに，$h.c.$ はエルミート共役を意味し，上式の各要素は次の行列で与えられる.

$$
\widehat{a} = \begin{array}{c} \\ s \\ p_x \\ p_y \\ p_z \\ s^* \end{array}
\begin{array}{ccccc}
s & p_x & p_y & p_z & s^* \\
\mathcal{E}_{sa} & 0 & 0 & 0 & 0 \\
0 & \mathcal{E}_{pa} & 0 & 0 & 0 \\
0 & 0 & \mathcal{E}_{pa} & 0 & 0 \\
0 & 0 & 0 & \mathcal{E}_{pa} & 0 \\
0 & 0 & 0 & 0 & \mathcal{E}_{s^*a}
\end{array} \tag{8.200a}
$$

$$
\widehat{c} = \begin{array}{c} \\ s \\ p_x \\ p_y \\ p_z \\ s^* \end{array}
\begin{array}{ccccc}
s & p_x & p_y & p_z & s^* \\
\mathcal{E}_{sc} & 0 & 0 & 0 & 0 \\
0 & \mathcal{E}_{pc} & 0 & 0 & 0 \\
0 & 0 & \mathcal{E}_{pc} & 0 & 0 \\
0 & 0 & 0 & \mathcal{E}_{pc} & 0 \\
0 & 0 & 0 & 0 & \mathcal{E}_{s^*c}
\end{array} \tag{8.200b}
$$

$$\widehat{ac} = \begin{array}{c} \\ s \\ p_x \\ p_y \\ p_z \\ s^* \end{array} \begin{array}{c} \begin{array}{ccccc} s & p_x & p_y & p_z & s^* \end{array} \\ \begin{pmatrix} V_{ss}g_0 & V_{sapc}g_1 & V_{sapc}g_1 & V_{sapc}g_0 & 0 \\ -V_{scpa}g_1 & V_{xx}g_0 & V_{xy}g_0 & V_{xy}g_1 & -V_{s^*cpa}g_1 \\ -V_{scpa}g_1 & V_{xy}g_0 & V_{xx}g_0 & V_{xy}g_1 & -V_{s^*cpa}g_1 \\ -V_{scpa}g_0 & V_{xy}g_1 & V_{xy}g_1 & V_{xx}g_0 & -V_{s^*cpa}g_0 \\ 0 & V_{s^*apc}g_1 & V_{s^*apc}g_1 & V_{s^*apc}g_0 & 0 \end{pmatrix} \end{array} \tag{8.200c}$$

$$\widehat{ca} = \begin{array}{c} \\ s \\ p_x \\ p_y \\ p_z \\ s^* \end{array} \begin{array}{c} \begin{array}{ccccc} s & p_x & p_y & p_z & s^* \end{array} \\ \begin{pmatrix} V_{ss}g_2 & -V_{scpa}g_3 & V_{scpa}g_3 & V_{scpa}g_2 & 0 \\ V_{sapc}g_3 & V_{xx}g_2 & -V_{xy}g_2 & -V_{xy}g_3 & V_{s^*apc}g_3 \\ -V_{sapc}g_3 & -V_{xy}g_2 & V_{xx}g_2 & V_{xy}g_3 & -V_{s^*apc}g_3 \\ -V_{sapc}g_2 & -V_{xy}g_3 & V_{xy}g_3 & V_{xx}g_2 & -V_{s^*apc}g_2 \\ 0 & -V_{s^*cpa}g_3 & V_{s^*cpa}g_3 & V_{s^*cpa}g_2 & 0 \end{pmatrix} \end{array} \tag{8.200d}$$

位相因子 g_i $(i = 0 \sim 4)$ は，$\boldsymbol{k} = (\xi, \eta, \zeta)2\pi/a_0$ とすると，

$$g_0 = \frac{1}{2}\exp\left(i\frac{\zeta}{2}\right)\cos\left(\frac{\xi+\eta}{2}\right) \tag{8.201a}$$

$$g_1 = \frac{i}{2}\exp\left(i\frac{\zeta}{2}\right)\sin\left(\frac{\xi+\eta}{2}\right) \tag{8.201b}$$

$$g_2 = \frac{1}{2}\exp\left(i\frac{\zeta}{2}\right)\cos\left(\frac{\xi-\eta}{2}\right) \tag{8.201c}$$

$$g_3 = \frac{i}{2}\exp\left(i\frac{\zeta}{2}\right)\sin\left(\frac{\xi-\eta}{2}\right) \tag{8.201d}$$

となる[注4]．$\widehat{ac}$，$\widehat{ca}$ などはバルクの第 1 近接相互作用を，$\widehat{cA}$，$\widehat{Ca}$ はヘテロ界面での相互作用を表している．

上では，一般的な $(n+m)$ 超格子のエネルギーバンド構造を計算するためのハミルトニアン行列を求めた．これを用いて，ブリルアン領域内の任意の $\boldsymbol{k}$ 点でのエネルギーを求めることができる．ただし，計算にはいくつかのパラメーターを経験的に決定しなければならない．その前に，バルクの半導体 (GaAs，AlAs など) のエネルギー帯のハミルトニアン行列について言及しておく．$n = 1$，$m = 0$ とおけばバルクの行列要素が求まる．つまり，

$$\widehat{H}(\text{bulk}) = \widehat{H}(n=1, m=0) = \begin{vmatrix} \widehat{a} + \widehat{aa} + \widehat{aa}^{\dagger} & \widehat{ac} + \widehat{ca}^{\dagger} \\ \widehat{ac}^{\dagger} + \widehat{ca} & \widehat{c} + \widehat{cc} + \widehat{cc}^{\dagger} \end{vmatrix} \tag{8.203}$$

は GaAs などバルク半導体に対する強結合近似ハミルトニアン行列であり，その要素を代入すれば，先に述べた文献[8.11]の表 (A) の行列そのものが得られる．

注4 位相因子の求め方は下記の通りである．例えばバルクの場合では，中心のアニオンの周りの 4 つの最近接の位置ベクトルを $\boldsymbol{d}_1 = (111)a/4$，$\boldsymbol{d}_2 = (\bar{1}1\bar{1})a/4$，$\boldsymbol{d}_3 = (\bar{1}\bar{1}1)a/4$，$\boldsymbol{d}_4 = (1\bar{1}\bar{1})a/4$ とおくと，

$$\begin{aligned} g_0 &= e^{i\boldsymbol{k}\cdot\boldsymbol{d}_1} + e^{i\boldsymbol{k}\cdot\boldsymbol{d}_2} + e^{i\boldsymbol{k}\cdot\boldsymbol{d}_3} + e^{i\boldsymbol{k}\cdot\boldsymbol{d}_4} \\ g_1 &= e^{i\boldsymbol{k}\cdot\boldsymbol{d}_1} + e^{i\boldsymbol{k}\cdot\boldsymbol{d}_2} - e^{i\boldsymbol{k}\cdot\boldsymbol{d}_3} - e^{i\boldsymbol{k}\cdot\boldsymbol{d}_4} \\ g_2 &= e^{i\boldsymbol{k}\cdot\boldsymbol{d}_1} - e^{i\boldsymbol{k}\cdot\boldsymbol{d}_2} + e^{i\boldsymbol{k}\cdot\boldsymbol{d}_3} - e^{i\boldsymbol{k}\cdot\boldsymbol{d}_4} \\ g_3 &= e^{i\boldsymbol{k}\cdot\boldsymbol{d}_1} - e^{i\boldsymbol{k}\cdot\boldsymbol{d}_2} - e^{i\boldsymbol{k}\cdot\boldsymbol{d}_3} + e^{i\boldsymbol{k}\cdot\boldsymbol{d}_4} \end{aligned} \tag{8.202}$$

となる．超格子に対しても類似の方法で本文の式を得る．また，第 2 近接原子に対しても同様の計算から後述の $g_4 \sim g_{11}$ を導ける．

さて，強結合近似のパラメーターは次のように経験的に与えられる．

$$\mathcal{E}_{s\pm} = [\mathcal{E}(\Gamma_1^c) + \mathcal{E}(\Gamma_1^v) \pm \Delta\mathcal{E}_s] \tag{8.204a}$$

$$\mathcal{E}_{p\pm} = \mathcal{E}_{xx\pm} = [\mathcal{E}(\Gamma_{15}^c) + \mathcal{E}(\Gamma_{15}^c)_{15}^v \pm \Delta\mathcal{E}_p] \tag{8.204b}$$

$$V_{ss} = 4\mathcal{E}_{ss}(\frac{1}{2}\frac{1}{2}\frac{1}{2}) = -\sqrt{\mathcal{E}_{s+}\mathcal{E}_{s-} - \mathcal{E}(\Gamma_1^c)\mathcal{E}(\Gamma_1^v)} \tag{8.204c}$$

$$V_{xx} = 4\mathcal{E}_{xx}(\frac{1}{2}\frac{1}{2}\frac{1}{2}) = \sqrt{\mathcal{E}_{p+}\mathcal{E}_{p-} - \mathcal{E}(\Gamma_{15}^c)\mathcal{E}(\Gamma_{15}^v)} \tag{8.204d}$$

$$V_{xy} = 4\mathcal{E}_{xy}(\frac{1}{2}\frac{1}{2}\frac{1}{2}) = \sqrt{\mathcal{E}_{p+}\mathcal{E}_{p-} - \mathcal{E}(X_5^c)\mathcal{E}(X_5^v)} \tag{8.204e}$$

$$V_{s\pm p\mp} = 4\mathcal{E}_{s\pm p\mp}(\frac{1}{2}\frac{1}{2}\frac{1}{2}) = \sqrt{[\mathcal{E}_{s\pm}C_{\pm} - D_{\pm}]/[\mathcal{E}_{s\pm} - \mathcal{E}_{s^*\pm}]} \tag{8.204f}$$

$$V_{s^*\pm p\mp} = 4\mathcal{E}_{s^*\pm p\mp}(\frac{1}{2}\frac{1}{2}\frac{1}{2}) = \sqrt{[\mathcal{E}_{s^*\pm}C_{\pm} - D_{\pm}]/[\mathcal{E}_{s^*\pm} - \mathcal{E}_{s\pm}]} \tag{8.204g}$$

ここに，

$$\begin{aligned} C_{\pm} = {} & \mathcal{E}_{s\pm}\mathcal{E}_{p\mp} - \mathcal{E}(X_{\pm}^v)\mathcal{E}(X_{\pm}^c) \\ & + [\mathcal{E}_{s\pm} + \mathcal{E}_{p\mp} - \mathcal{E}(X_{\pm}^v) - \mathcal{E}(X_{\pm}^c)][\mathcal{E}_{s^*\pm} - \mathcal{E}(X_{\pm}^v) - \mathcal{E}(X_{\pm}^c)] \end{aligned} \tag{8.205a}$$

$$D_{\pm} = \det \begin{vmatrix} \mathcal{E}_{s\pm} & \mathcal{E}(X_{\pm}^c) & \mathcal{E}(X_{\pm}^v) \\ \mathcal{E}(X_{\pm}^c) & \mathcal{E}_{p\mp} & \mathcal{E}(X_{\pm}^v) \\ \mathcal{E}(X_{\pm}^c) & \mathcal{E}(X_{\pm}^c) & \mathcal{E}_{s^*\pm}, \end{vmatrix} \tag{8.205b}$$

である．ここに，$\mathcal{E}(X_+) = \mathcal{E}(X_3)$，$\mathcal{E}(X_-) = \mathcal{E}(X_1)$ であり，+，− はそれぞれアニオン，カチオンを示している．また，$\Delta\mathcal{E}(\alpha) = \mathcal{E}_{\alpha c} - \mathcal{E}_{\alpha a}$ を意味する．なお，上式では Slater-Koster の記法 (文献 [8.67]) を用いている．強結合近似のパラメーターを求める簡便な方法が Yamaguchi [8.53] によって報告されている．

超格子における sp^3s^* 強結合近似によるエネルギー帯構造の計算と実験との比較は Fujimoto ら [8.33] によってなされている．この論文では $(\mathrm{GaAs})_n/(\mathrm{AlAs})_n$ ($n = 1 - 15$) における，フォトレフレクタンスとフォトルミネッセンスの実験から求められた遷移エネルギーとバンド計算の結果を比較しているが，計算の仮定にいくつかの問題のあることが，後に Matsuoka ら [8.34] によって指摘されている．フォトレフレクタンスは試料の表面にエネルギー禁止帯幅以上のフォトンエネルギーをもつ弱いレーザー光を照射し，電子－正孔対を励起し，一方のキャリアが表面で再結合することにより，励起されたもう一方のキャリアが表面電界を変化させることを利用して，電極を用いずに試料表面の電界変調を行うもので，変調分光法の一種である．

図 8.25 と図 8.26 に，$(\mathrm{GaAs})_n/(\mathrm{AlAs})_n$ 超格子のうち $n = 8$ と $n = 12$ における，フォトレフレクタンス (PR) およびフォトルミネッセンス (PL) の実験結果を示す．図では 5.1.3 項で述べた変調分光の解析法である Aspnes の理論を用いたベストフィットが実線で示してある．また，このベストフィットから得られた遷移エネルギーの位置が矢印で示してある．

図 8.25 の $(\mathrm{GaAs})_8/(\mathrm{AlAs})_8$ 超格子において 4 つの矢印で示した遷移エネルギーは，1.797 eV，1.897 eV，1.915 eV，1.951 eV である．この試料では，PR の一番大きいピーク (1.9 eV 付近) より低エネルギー側に弱い構造 (1.797 eV) が見られる．PR スペクトルは直接遷移を強く反映するという特徴から考えて，この弱い構造は遷移確率の小さい直接遷移であると考えられる．つまり，X_z 伝導

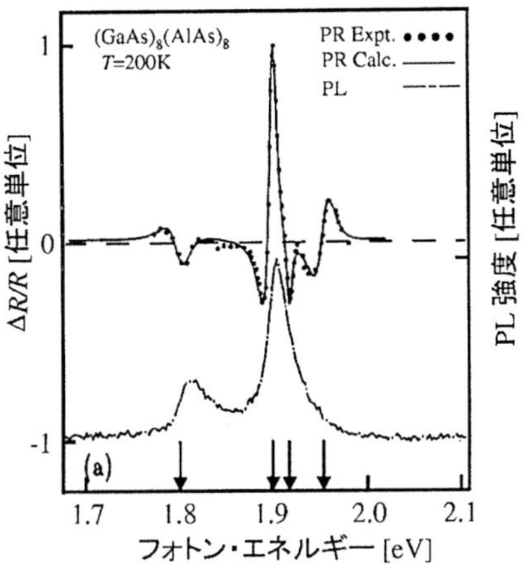

図 8.25: $(GaAs)_8/(AlAs)_8$ 超格子におけるフォトレフレクタンス (PR) とフォトルミネッセンス (PL) のスペクトル．実線は PR スペクトルの解析結果で，矢印は解析から得た遷移エネルギーを示す．また，一点鎖線は PL の測定結果である．($T = 200$K)

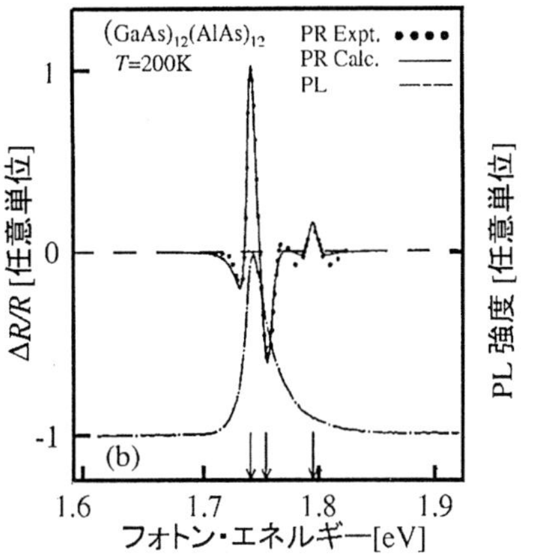

図 8.26: $(GaAs)_{12}/(AlAs)_{12}$ 超格子におけるフォトレフレクタンス (PR) とフォトルミネッセンス (PL) のスペクトル．実線は PR スペクトルの解析結果で，矢印は解析から得た遷移エネルギーを示す．また，一点鎖線は PL の測定結果である．($T = 200$K)

帯端と重い正孔の価電子帯端との間の擬直接遷移 ($X_z - \Gamma_h$ 遷移) と考えられる．また，メインのピークは Γ 伝導帯端と重い正孔の価電子帯端との間の直接遷移 ($\Gamma - \Gamma_h$) であり，1.95 eV 付近のピークは，Γ 伝導帯端と軽い正孔の価電子帯端 (価電子帯で折り返したもの) との直接遷移 ($\Gamma - \Gamma_l$) と考えられる．また，PL のピークは 1.8515 eV と 1.902 eV にあり，この 2 つのピークはそれぞれ PR の弱い構造 (1.797 eV) とメインピーク (1.9 eV 付近) とのよい対応を示している．

図 8.26 では 200K における $(GaAs)_{12}/(AlAs)_{12}$ 超格子における PR スペクトルおよびその解析結果が示されている．PR スペクトルの解析から，1.7 eV から 1.85 eV の狭いエネルギー領域において，3 つの遷移エネルギー (1.740eV，1.754 eV，1.793 eV) が得られている．しかし，図 8.25 の $(GaAs)_8/(AlAs)_8$ 超格子で観測された弱い構造は低エネルギー側に見られない．これは X_z 伝導帯端が Γ 伝導帯端よりも高エネルギー側にあるか，またはこの 2 つの伝導帯端がミキシングを起こしているかのいずれかであると考えられる．PL スペクトルは 1.75 eV 付近にピークを示すが，これは PR ピークとよい対応を示している．これらの実験結果と強結合近似による計算結果の比較については以下に述べる．

図 8.27 に実験結果と sp^3s^* 強結合近似による計算結果の比較を示す．同様の実験と計算の比較は Fujimoto ら[8.33]による報告もある．いずれの計算でも，価電子帯の不連続値を 0.54eV としている．この図から明らかなように，計算結果は $n = 8$ 付近で直接許容遷移と間接遷移の交差が起こり，$n < 5$ で擬直接遷移が起こる．しかし，実験結果によると，$n = 12$ 付近で直接許容遷移と間接あるいは擬直接遷移 (X_z 直接遷移) との交差が起こり，n の小さい領域での不一致が著しい．$n < 8$ では間接遷移が最低のエネルギーとなるが，$n = 1$ では R 点，それ以外では M 点がそのエネルギーに対応している．この図における実験と計算の不一致は，sp^3s^* 強結合近似で AlAs バルクの X バレーの有効質量の異方性が再現できていないことが原因である[8.34], [8.70]．

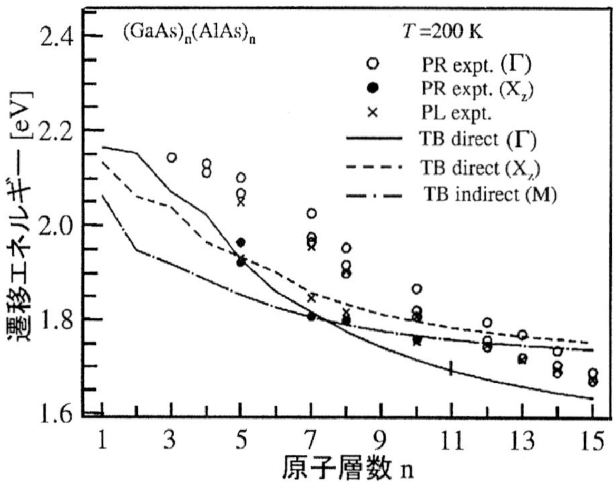

図 8.27: sp^3s^* 強結合近似により計算した $(\mathrm{GaAs})_n/(\mathrm{AlAs})_n$ 超格子の遷移エネルギーの層数依存性．実線，点線，一点鎖線は，それぞれ sp^3s^* 強結合近似により得られた直接許容遷移，擬直接遷移，間接遷移に対する遷移エネルギーを示す．Matsuoka ら (文献[8.34]) による実験結果もあわせて示してある．sp^3s^* 強結合近似による計算では，$n = 8$ で直接許容遷移と間接遷移への交差が起こり，$n < 5$ で擬直接遷移が低エネルギー側に現れる．

8.4.6 第 2 近接 sp^3 強結合近似

超格子ではブリルアン領域の折り返しが重要であることを先に述べた．特に，X_z や X_{xy} 状態の記述には，X バレーの有効質量の異方性が実験結果を正確に反映していなければならない．sp^3s^* 強結合近似は間接遷移型半導体を説明する方法として優れていることは認められているが，伝導帯の底での有効質量の異方性を十分説明できる保証はない．実験事実を反映させるには，膨大な量のパラメーターを再度決定しなければならない．超格子で問題にしている遷移では，X_z や X_{xy} が重要である．つまり，X 点における伝導帯のエネルギーと有効質量の異方性を反映させれば，擬直接遷移や間接遷移の情報を正確に求めることが可能である．このことに注目して Lu と Sham [8.32]は，第 2 近接 sp^3 強結合近似による超格子のバンド計算を行い，実験結果を矛盾なく説明することに成功している．Matsuoka ら[8.34]はこの方法を用いて，$(\mathrm{GaAs})_n/(\mathrm{AlAs})_n$ 超格子のバンド計算を行い，実験結果とよい一致を得ている．

$(\mathrm{ca})_n(\mathrm{CA})_m$ 超格子は，単位格子 $\boldsymbol{R}_i$(i は単位格子を指す) に $2(n+m)$ 個の原子を含み，それぞれの原子は s，p_x，p_y，p_z の 4 つの軌道をもつ．このとき，この軌道で表した超格子のハミルトニアン行列要素は，形の上では sp^3s^* 強結合近似と同様に，式 (8.199) のようになる．ただし，その要素は異なり，以下のように与えられる．

$$
\widehat{b} = \begin{array}{c} \\ s \\ p_x \\ p_y \\ p_z \end{array}
\begin{array}{c} \begin{array}{cccc} s & p_x & p_y & p_z \end{array} \\
\begin{pmatrix}
\mathcal{E}_{sb} + \mathcal{E}_{sbsb} g_7 & \mathcal{E}_{sbxb} g_{10} & \mathcal{E}_{sbxb} g_{11} & 0 \\
-\mathcal{E}_{sbxb} g_{10} & \mathcal{E}_{pb} + \mathcal{E}_{xbxb} g_7 & -i\lambda_b + \mathcal{E}_{xbyb} g_4 & \lambda_b \\
-\mathcal{E}_{sbxb} g_{11} & i\lambda_b + \mathcal{E}_{xbyb} g_4 & \mathcal{E}_{pb} + \mathcal{E}_{xbxb} g_7 & -i\lambda_b \\
0 & \lambda_b & i\lambda_b & \mathcal{E}_{pb} + \mathcal{E}_{zbzb} g_7
\end{pmatrix} \end{array}
$$

$$\widehat{ac} = \begin{array}{c} \\ s \\ p_x \\ p_y \\ p_z \end{array} \begin{array}{c} \begin{array}{cccc} s & p_x & p_y & p_z \end{array} \\ \begin{pmatrix} V_{ss}g_0 & V_{sapc}g_1 & V_{sapc}g_1 & V_{sapc}g_0 \\ -V_{scpa}g_1 & V_{xx}g_0 & V_{xy}g_0 & V_{xy}g_1 \\ -V_{scpa}g_1 & V_{xy}g_0 & V_{xx}g_0 & V_{xy}g_1 \\ -V_{scpa}g_0 & V_{xy}g_1 & V_{xy}g_1 & V_{xx}g_0 \end{pmatrix} \end{array}$$

$$\widehat{ca} = \begin{array}{c} \\ s \\ p_x \\ p_y \\ p_z \end{array} \begin{array}{c} \begin{array}{cccc} s & p_x & p_y & p_z \end{array} \\ \begin{pmatrix} V_{ss}g_2 & -V_{scpa}g_3 & V_{scpa}g_3 & V_{scpa}g_2 \\ V_{sapc}g_3 & V_{xx}g_2 & -V_{xy}g_2 & -V_{xy}g_3 \\ -V_{sapc}g_3 & -V_{xy}g_2 & V_{xx}g_2 & V_{xy}g_3 \\ -V_{sapc}g_2 & -V_{xy}g_3 & V_{xy}g_3 & V_{xx}g_2 \end{pmatrix} \end{array}$$

$$\widehat{bb} = \begin{array}{c} \\ s \\ p_x \\ p_y \\ p_z \end{array} \begin{array}{c} \begin{array}{cccc} s & p_x & p_y & p_z \end{array} \\ \begin{pmatrix} \mathcal{E}_{sbsb}(g_8+g_9) & -\mathcal{E}_{sbxb}g_5 & -\mathcal{E}_{sbxb}g_6 & \mathcal{E}_{sbxb}(g_8+g_9) \\ \mathcal{E}_{sbxb}g_5 & \mathcal{E}_{xbxb}g_8+\mathcal{E}_{zbzb}g_9 & 0 & -\mathcal{E}_{xbyb}g_5 \\ \mathcal{E}_{sbxb}g_6 & 0 & \mathcal{E}_{xbxb}g_9+\mathcal{E}_{zbzb}g_8 & -\mathcal{E}_{xbyb}g_6 \\ -\mathcal{E}_{sbxb}(g_8+g_9) & -\mathcal{E}_{xbyb}g_5 & -\mathcal{E}_{xbyb}g_6 & \mathcal{E}_{xbxb}(g_8+g_9) \end{pmatrix} \end{array}$$

ここに,

$$\begin{array}{lll} \mathcal{E}_{\alpha b} = \mathcal{E}_{\alpha}(000)_b, & V_{ss} = 4\mathcal{E}_{ss}(\tfrac{1}{2}\tfrac{1}{2}\tfrac{1}{2}), & V_{xx} = 4\mathcal{E}_{xx}(\tfrac{1}{2}\tfrac{1}{2}\tfrac{1}{2}), \\ V_{xy} = 4\mathcal{E}_{xy}(\tfrac{1}{2}\tfrac{1}{2}\tfrac{1}{2}), & V_{sapc} = 4\mathcal{E}_{sx}(\tfrac{1}{2}\tfrac{1}{2}\tfrac{1}{2})_{ac}, & V_{scpa} = 4\mathcal{E}_{sx}(\tfrac{1}{2}\tfrac{1}{2}\tfrac{1}{2})_{ca}, \\ \mathcal{E}_{sbsb} = 4\mathcal{E}_{ss}(110)_b, & \mathcal{E}_{sbxb} = 4\mathcal{E}_{sx}(110)_b, & \mathcal{E}_{xbxb} = 4\mathcal{E}_{xx}(110)_b, \\ \mathcal{E}_{xbyb} = 4\mathcal{E}_{xy}(110)_b, & \mathcal{E}_{zbzb} = 4\mathcal{E}_{xx}(011)_b & \end{array}$$

また, λ_b は p 軌道のスピン・軌道角運動量相互作用を表す. Δ_a, Δ_c をそれぞれアニオン, カチオンの p 軌道の再直交化されたスピン・軌道分裂とすると

$$\lambda_b = \frac{1}{3}\Delta_b, \qquad (b = a, c) \tag{8.206}$$

で定義され, $|p_x b\alpha)$, $|p_y b\alpha)$, $|p_z b\alpha)$ の間には次の関係が成立する.

$$(p_x b\alpha|H_{\text{so}}|p_y b\alpha) = -i\lambda_b \tag{8.207a}$$
$$(p_x b\alpha|H_{\text{so}}|p_z b\alpha) = \lambda_b \tag{8.207b}$$
$$(p_y b\alpha|H_{\text{so}}|p_x b\alpha) = i\lambda_b \tag{8.207c}$$
$$(p_y b\alpha|H_{\text{so}}|p_z b\alpha) = -i\lambda_b \tag{8.207d}$$
$$(p_z b\alpha|H_{\text{so}}|p_x b\alpha) = \lambda_b \tag{8.207e}$$
$$(p_z b\alpha|H_{\text{so}}|p_y b\alpha) = i\lambda_b \tag{8.207f}$$

なお, p 軌道の再直交化スピン・軌道分裂エネルギーの値は表 8.4 に示す. また, 位相因子 $g_i(i = 0 \sim 11)$ は $g_0 \sim g_3$ は式 (8.201a) ~ (8.201d) で与えられ, その他は次式で与えられる.

$$g_4 = \sin(\xi)\sin(\eta) \tag{8.208a}$$

表 8.4: p 軌道の再直交化スピン・軌道分裂エネルギー [eV]

Al	Si	P	S
0.024	0.044	0.067	0.074

$$g_5 = -\frac{i}{2}\exp(i\zeta)\sin(\xi) \tag{8.208b}$$

$$g_6 = -\frac{i}{2}\exp(i\zeta)\sin(\eta) \tag{8.208c}$$

$$g_7 = \cos\xi\cos\eta \tag{8.208d}$$

$$g_8 = \frac{1}{2}\exp(i\zeta)\cos\xi \tag{8.208e}$$

$$g_9 = \frac{1}{2}\exp(i\zeta)\cos\eta \tag{8.208f}$$

$$g_{10} = i\sin\xi\cos\eta \tag{8.208g}$$

$$g_{11} = i\cos\xi\sin\eta \tag{8.208h}$$

なお，計算に用いたパラメーターは Lu と Sham の決定した値で，表 8.5 に示してある．また，この表にないパラメーターは 0 とした．計算ではスピン・軌道角運動量相互作用は無視した．

表 8.5: Slater-Koster(文献[8.67]) の記述法による強結合近似のパラメーター

SK 記号	GaAs	AlAs
$\mathcal{E}_{ss}(000)_a$	7.0012	7.3378
$\mathcal{E}_{ss}(000)_c$	7.2004	6.1030
$\mathcal{E}_{xx}(000)_a$	−0.6498	0.4592
$\mathcal{E}_{xx}(000)_c$	5.7192	6.0433
$\mathcal{E}_{ss}(\frac{1}{2}\frac{1}{2}\frac{1}{2})$	0.6084	0.4657
$\mathcal{E}_{xx}(\frac{1}{2}\frac{1}{2}\frac{1}{2})$	−0.5586	−0.5401
$\mathcal{E}_{xy}(\frac{1}{2}\frac{1}{2}\frac{1}{2})$	−1.2224	−1.4245
$\mathcal{E}_{sx}(\frac{1}{2}\frac{1}{2}\frac{1}{2})_{ac}$	−0.6375	−0.4981
$\mathcal{E}_{sx}(\frac{1}{2}\frac{1}{2}\frac{1}{2})_{ca}$	−.1.8169	−1.8926
$\mathcal{E}_{ss}(110)_a$	−0.3699	−0.2534
$\mathcal{E}_{sx}(110)_a$	−0.5760	−0.8941
$\mathcal{E}_{xx}(110)_a$	0.2813	0.1453
$\mathcal{E}_{xx}(011)_c$	−0.6500	−0.7912

ところで，GaAs/AlAs 超格子のバンド構造を計算する場合，ヘテロ界面に関係した原子 (界面の As) に関するパラメーターの決定法が問題となる．通常は次のような近似法が用いられる．

1. 界面原子 As の $\mathcal{E}_{sb}$，$\mathcal{E}_{pb}$，λ_b は，GaAs と AlAs の平均値を用いる．
2. 界面原子 As と Ga 原子や Al 原子との第 1 近接相互作用については，それぞれ GaAs，AlAs 中での値を用いる．
3. Ga 原子と Al 原子との第 2 近接相互作用については，GaAs 中での Ga 原子同士の場合と AlAs 中での Al 原子同士の場合のそれぞれの値の平均値を用いる．
4. 界面の As 原子同士の第 2 近接相互作用については，GaAs と AlAs のそれぞれの平均値を用

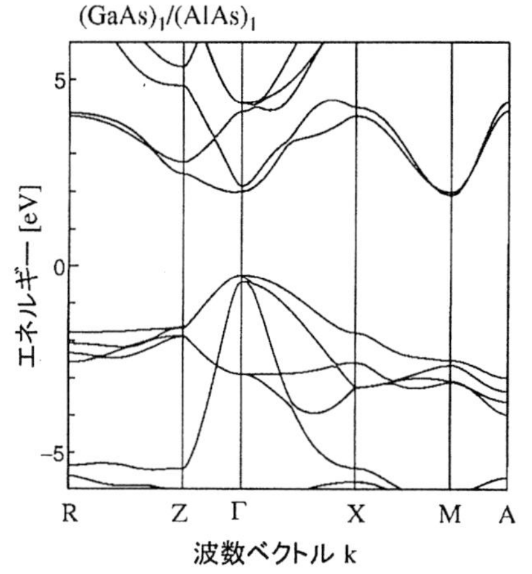

図 8.28: 第 2 近接 sp^3 強結合近似を用いて計算した $(GaAs)_1/(AlAs)_1$ 超格子のエネルギー帯構造.

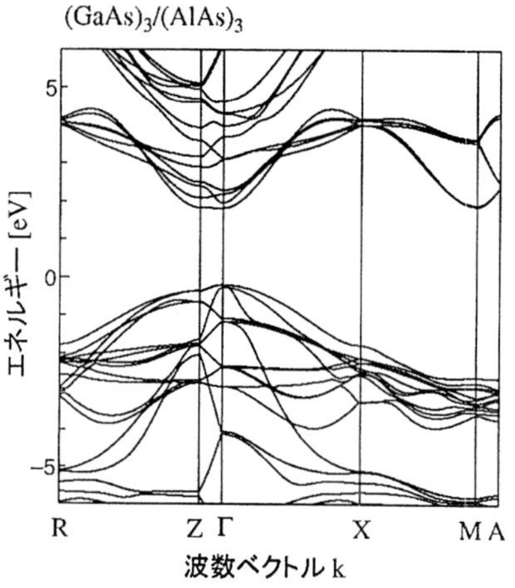

図 8.29: 第 2 近接 sp^3 強結合近似を用いて計算した $(GaAs)_3/(AlAs)_3$ 超格子のエネルギー帯構造.

いる. 界面の As 原子と GaAs あるいは AlAs 中の As 原子との第 2 近接相互作用については, それぞれ GaAs, AlAs 中での値を用いる.

このような近似は, GaAs と AlAs での As に関するパラメーターが同程度の値をもつときよい近似となる. Lu と Sham [8.32]によると, $n > 3$ ではこの近似は計算結果にあまり影響を与えない. さらに, この近似は波動関数の対称性を満たすためにも必要である[8.70].

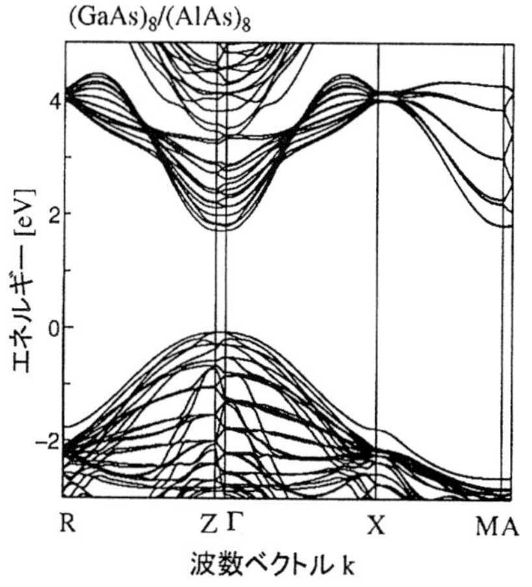

図 8.30: 第 2 近接 sp^3 強結合近似を用いて計算した $(GaAs)_8/(AlAs)_8$ 超格子のエネルギー帯構造.

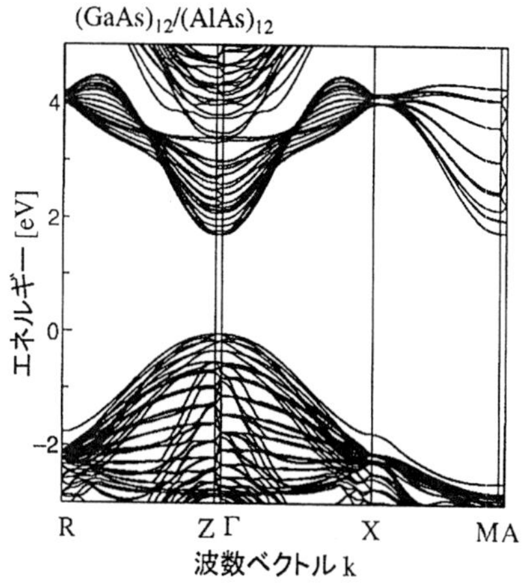

図 8.31: 第 2 近接 sp^3 強結合近似を用いて計算した $(GaAs)_{12}/(AlAs)_{12}$ 超格子のエネルギー帯構造.

これらの条件の下で, Lu と Sham [8.32]のパラメーターを用い, 価電子帯の不連続値を $\Delta\mathcal{E}_v = 0.55\text{eV}$ として計算した $(GaAs)_n/(AlAs)_n$ 超格子のエネルギーバンド構造の例 ($n = 1, 3, 8$ と 12) を図 8.28 から図 8.31 に示す.

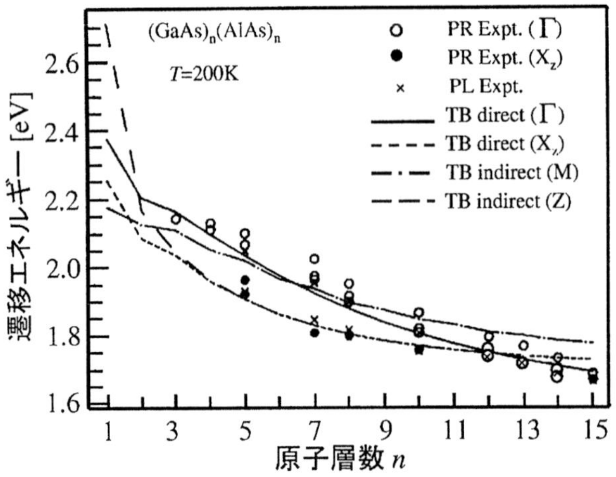

図 8.32: 第 2 近接 sp^3 強結合近似により計算した $(GaAs)_n/(AlAs)_n$ 超格子の遷移エネルギーの層数依存性．実線，破線はそれぞれ第 2 近接 sp^3 強結合近似より得られた直接許容遷移，擬直接遷移で，一点鎖線は M 点が関係した間接遷移の遷移エネルギーである．実験値もあわせて示してあり，PR はフォトレフレクタンス，PL はフォトルミネッセンスの結果である．この理論によると，$n = 12$ で直接許容遷移と擬直接遷移の交差が起こること，および $n = 1$ を除いて，X_{xy} 伝導帯端は X_z 伝導帯端よりも高エネルギー側にある．(文献[8.34]を参照)

図 8.32 には，第 2 近接 sp^3 強結合近似を用いて計算した $(GaAs)_n/(AlAs)_n$ 超格子における遷移エネルギーを層数 n の関数として示してある．計算では，価電子帯の不連続値を $\Delta\mathcal{E}_v = 0.55\text{eV}$ とした．この計算では Lu と Sham [8.32]のパラメーターを用いている．また，実験データは図 8.27 と同じもので，PR はフォトレフレクタンス，PL はフォトルミネッセンスのスペクトル解析から得られた遷移エネルギーである．計算結果を見ると，$n < 12$ では $n = 1$ を除いて，最低の遷移エネルギーをもつ遷移は X_z 伝導帯端の関係する直接遷移である．また，$n = 1$ を除けば，X_z 伝導帯端は X_{xy} 伝導帯端 (M 点) よりも低エネルギー側に位置する．この結果は，有効質量近似の結果[8.71], [8.72]とよく対応しており，AlAs の X バレーでの有効質量の異方性を正確に取り入れることの重要性を示唆している．$n = 1$ では，M 点にある X_{xy} 伝導帯端が最低のエネルギーをもつ伝導帯端となるが，用いるパラメーターに強く依存することや実験で完全な $(GaAs)_1/(AlAs)_1$ 超格子を作ることがほとんど不可能なことを考えると，簡単に結論は出せない．Ge ら[8.73] は PL と PLE，応力下での PL 測定を行い，$n < 3$ では X_{xy} 伝導帯端が最低のエネルギーをもち，間接遷移型であると結論している．ただし，この領域では L 点の伝導帯端を考慮する必要があり，この点を考慮した計算結果と比較検討する必要がある．

最後に，エネルギー帯端での原子軌道の寄与の度合いについて考察してみる．固有値に対応する固有ベクトルの要素は，各々対応する原子および原子軌道の混合の度合いを表す．このことから，単位格子中の電子分布は次式によって与えられる．

$$|\langle\lambda\boldsymbol{k}|\lambda\boldsymbol{k}\rangle|^2 = \sum_n |\langle nbj\boldsymbol{k}|\lambda\boldsymbol{k}\rangle|^2 \tag{8.209}$$

ここに，$n = s, p_x, p_y, p_z$，$b = a, c, j$ は原子の位置を表し $j = 1 \sim 2(n+m)$ である．図 8.34(a),

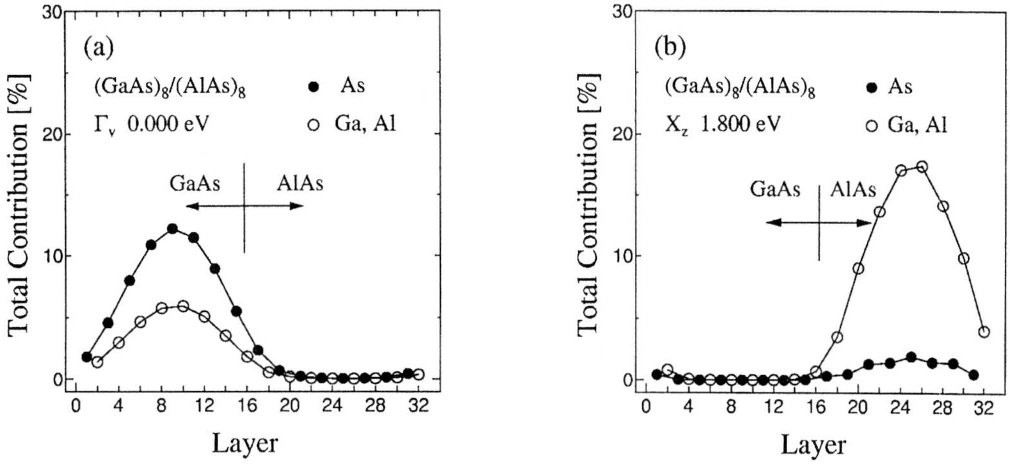

図 8.33: $(GaAs)_8/(AlAs)_8$ 超格子における (a) 荷電子帯 (Γ_v) および (b) X_z 伝導帯 (X 点が Γ 点に折り返したもの)

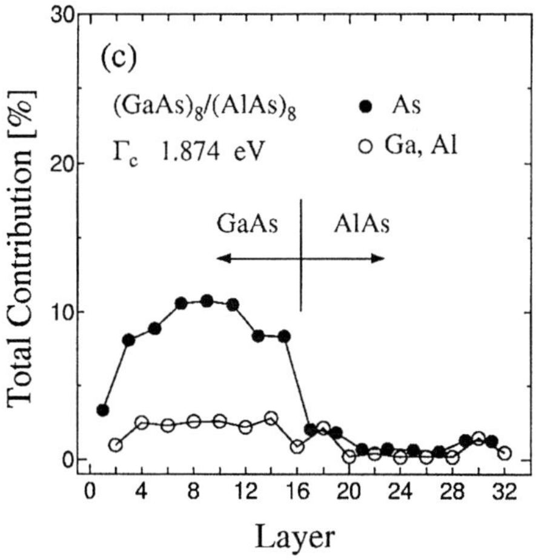

図 8.34: $(GaAs)_8/(AlAs)_8$ 超格子における Γ_c 伝導帯におけ各原子点からの電子の寄与.

(b), (c) に $(GaAs)_8/(AlAs)_8$ 超格子における価電子帯の頂上 (Γ_v), X_z 伝導帯および Γ 伝導帯 (Γ_c) での軌道関数の単位格子中での分布を示す. この図より明らかなように, 荷電子帯端 (Γ_v) では GaAs 層の波動関数が密であり, X_z 伝導帯端 (X_z が Γ 点に折り返したもの) では AlAs 層の波動関数が, また Γ_c 伝導帯端では GaAs 層の波動関数が密となっている. このような考察から, 価電子帯や伝導帯端での対称性, AlAs の X 点の寄与, GaAs の Γ 点の寄与などが分かる. これらの電子分布は, 明らかに対称操作 IC_4 を満たしており, 仮定の正しいことが分かる.

8.5 メゾスコピック現象

8.5.1 メゾスコピック領域

マクロスコピック (巨視的 : macroscopic) という言葉に対して，**ミクロスコピック** (微視的 : microscopic) という言葉が用いられる[注5]. 真空管を例にとると，発明以来改良を加えられたものを含めても全て手のひらに乗り，電気回路はハンダごてなどを用いて作られたから，マクロスコピックな素子であるといえる．ところが，トランジスターは発明以来，非常に小さく大まかに分類すればミクロな素子であると言われた．例えば，トランジスターの動作原理はエミッターからベース領域に注入された少数キャリアが拡散によりコレクターに到達することにより，エミッターの信号がコレクター電流信号となることによる．このベース領域はまさにミクロンの寸法であるから，トランジスターはミクロの世界に入った電子素子に加えられても不思議ではない．そのトランジスターが現在では，約 1 cm^2 のシリコン基板の中に 1 千万個以上も組み込まれている超 LSI が世界中で利用されているのであるから，昔のトランジスターはミクロな素子の部類には入らない．超 LSI の寸法が年代によってどのように微細化されてきたか，また今後どのように微細化されていくかを示したのが図 8.35 である．図より明らかなように，年代と共にメモリーの容量は着実に増え，対応する素子の寸法は減少している．この傾向が続くと，21 世紀の初頭で 1Gb の DRAM が 0.1μm の寸法で作製されるようになる．

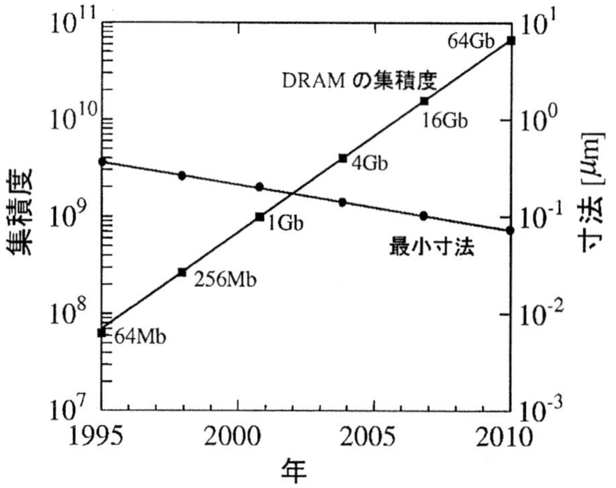

図 8.35: 半導体メモリー DRAM 集積度の世代変化．DRAM の容量とその最小寸法が年代に対してプロットしてあり，次世代ではサブミクロンの領域に入ることが予想される．

1980 年代に入って，半導体の微細加工技術を駆使して，金属のリングや半導体細線，ポイントコンタクト素子などの物性が研究されるようになってきた．そのきっかけは Aharonov と Bohm が 1959 年に発表した論文で，固体中の電子は位相因子をもっており，それが磁界の影響を受けるという，いわゆる**アハラノフ・ボーム効果**についての論文である[8.74]．この効果は電子が特に非弾性散乱を受

注5 この節の内容の多くは文献[8.12]による．

けると位相の情報を失うので，そのような散乱のない系でなければ観測されない．一例として，真空中を伝播するエネルギーの決まった電子が，図 8.36 のように微細なソレノイドからなる磁束 Φ を囲むように通過する場合を考える．このような系では，電子の干渉効果が表れ, 磁束量子 $\Phi_0 = h/e$ または，$\Phi_0/2$ の周期で振動することが観測される．実験では金属リングを用い，一様磁界を印加しているが抵抗が h/e の周期で振動する[8.75]．この干渉効果は次のように説明される．電子波 $\psi(\boldsymbol{r})$ は

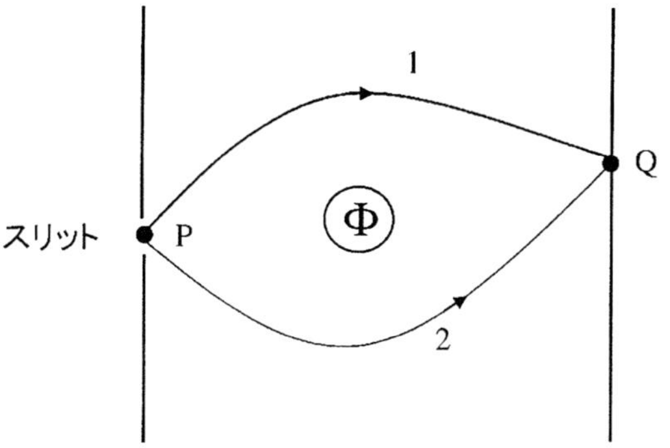

図 8.36: 電子波の干渉．電子波がスリットを出て，磁束 Φ を含むソレノイドの領域を通過すると，スクリーン Q 上に干渉が現れる．

シュレディンガー方程式を用いて

$$\left[\frac{1}{2m}(\boldsymbol{p}+e\boldsymbol{A})^2 + V(\boldsymbol{r})\right]\psi(\boldsymbol{r}) = \mathcal{E}\psi(\boldsymbol{r}) \tag{8.210}$$

と記述される．ここに，m は電子の質量，$-e$ は電子の電荷，$\boldsymbol{A}$ はベクトルポテンシャル，$\mathcal{E}$ はエネルギー固有値である．簡単のため，$V(\boldsymbol{r}) = 0$ とし，電子波は平面波 $\psi(\boldsymbol{r}) \propto e^{-\boldsymbol{k}\cdot\boldsymbol{r}}$ $(k = \sqrt{2m\mathcal{E}})$ で与えられるものとする．2 つの異なる経路を通ってきた電子波のスクリーン Q 上での波動関数を $\psi_i(Q)$ $(i = 1, 2)$ とする．スクリーン Q 上での干渉の強度は $\mathrm{Re}[\psi_1^*(Q)\psi_2(Q)] \propto \cos\theta_{12}(Q)$ に比例する．ここに，$\theta_{12}(Q)$ は 2 つの経路を経た波の位相差である．磁束が存在する場合，電子波を次のように表してみる．

$$\psi_i(\boldsymbol{r}; \boldsymbol{A}) = \exp[-i\theta_i(\boldsymbol{r})]\psi_i(\boldsymbol{r}) \tag{8.211}$$

$$\theta_i(\boldsymbol{r}) = \frac{2\pi}{\Phi_0}\int_P^Q \boldsymbol{A}\cdot d\boldsymbol{s}_i \tag{8.212}$$

ここに，$\Phi_0 = h/e$ は**磁束量子**で，$\int d\boldsymbol{s}_i$ は経路 i についての線積分を表す．また，スクリーン Q 上での電子波の干渉強度は次式で与えられる．

$$\begin{aligned} |\psi_1(Q) + \psi_2(Q)|^2 &= |\psi_1(Q)|2 + |\psi_2(Q)|2 + 2\mathrm{Re}\psi_1^*(Q)\psi_2(Q) \\ &\simeq 2|\psi_1^0(Q)|^2 \left\{1 + \cos[\xi_E(Q) + (\theta_1 - \theta_2)]\right\} \end{aligned} \tag{8.213}$$

$$\begin{aligned} \theta_1 - \theta_2 &= \frac{2\pi}{\Phi_0}\left[\int_P^Q \boldsymbol{A}(\boldsymbol{s})\cdot d\boldsymbol{s}_1 - \int_P^Q \boldsymbol{A}(\boldsymbol{s})\cdot d\boldsymbol{s}_2\right] \\ &= \frac{2\pi}{\Phi_0}\oint \boldsymbol{A}(\boldsymbol{s})\cdot d\boldsymbol{s} = 2\pi\frac{\Phi}{\Phi_0} \end{aligned} \tag{8.214}$$

ここで，$|\psi_1(Q)|^2 \sim |\psi_2(Q)|^2 \sim |\psi_1^0(Q)|^2$ と仮定した．また，位相 $\xi_E(Q)$ は $\psi_1^{0*}(Q)\psi_2^0(Q) = |\psi_1^0|^2 \exp[i\xi_E(Q)]$ で定義される．この式から明らかなように，点 Q における電子波の干渉強度は Φ/Φ_0 の関数となり，周期的な振動を示す．これをアハロノフ・ボーム効果 (Aharonov-Bohm effect; AB 効果) とよぶ[8.74]．

AB 効果の実験に用いられたのは，金線のリングで直径 825nm (0.8 μm, 線幅 49nm) であるからそれほど微細な素子であるとは言えない[8.75]．その後, 半導体をリング状に加工したものを用いて Ishibashi ら[8.76]は h/e の振動を見出した．この実験に用いられた試料は直径が 1μm であり，このような寸法の系でも量子力学的効果がはっきりと観測されたのである．この前後から寸法がミクロン程度でも顕著に量子力学的効果が観測できることが分かり，このような系をマクロとミクロの中間である**メゾスコピック系** (mesoscopic system) と呼ぶようになった[8.12]．つまり，このような新しい研究から，マクロとミクロの区別がはっきりとするようになり，ミクロはむしろ原子寸法的な系を呼ぶときに用いられるようになった．これに対し，メゾスコピックな系はその中に含まれる電子の状態に依存し，後に述べる電子の平均自由行程や拡散長などに依存して寸法が決定される．大まかには，ミクロン程度の寸法を指すが，そのような系で顕著な量子力学的効果が見られるような系と考えるべきである．このマクロとミクロの中間に位置し，メゾスコピック領域と呼ばれる系では，近年新しい現象の発見と解明が次から次へとなされ，これまでに理解されたとする現象をもメゾスコピック領域で完成した新しい理論で再考するという流れまで出ている．

8.5.2 メゾスコピック領域の定義

ここでメゾスコピック現象を理解するための物理量を定義しておく[8.12]．半導体 (固体) における電気伝導は平均自由行程 (mean free path) やフェルミ波長などで記述される．平均自由行程 Λ は電子が衝突と衝突の間に走る平均距離で電子が散乱されるまでの平均時間，緩和時間 τ とフェルミ速度 v_F を用いて

$$\Lambda = v_F \tau \tag{8.215}$$

と表される．電気伝導率 σ と移動度 μ は

$$\sigma = \frac{ne^2\tau}{m} = ne\mu \tag{8.216}$$

$$\mu = \frac{e\tau}{m} \tag{8.217}$$

と書ける．ここに，n は電子密度，m は電子の (有効) 質量，$-e$ は電荷である．フェルミ波長 λ_F はフェルミエネルギー $\mathcal{E}_F$ に相当する電子の波長で

$$\frac{\hbar^2 k_F^2}{2m} = \mathcal{E}_F \tag{8.218}$$

$$\lambda_F = \frac{2\pi}{k_F} \tag{8.219}$$

の関係式で与えられる．金属では電子密度が高くフェルミエネルギーが大きいので，フェルミ波長は $\lambda_F \sim 1$Å となるが，半導体では電子密度が低いのでフェルミ波長は非常に大きくなる．例えば,

GaAs/AlGaAs ヘテロ構造における 2 次元電子ガスでは

$$\lambda_F \sim 400\text{Å}\ (n \sim 3 \times 10^{11}\text{cm}^{-2}) \tag{8.220}$$

$$\Lambda = 1 \sim 100\mu\text{m} \tag{8.221}$$

となる．この寸法は，先に述べた微細加工の寸法よりも大きく，そのような系での電気伝導は従来に見られなかった振舞いで支配される可能性がある．

これらの物理量以外に，拡散係数 D や熱拡散長 L_T も現象を解析する目安としてよく用いられる．これらは次式で与えられる．

$$D \sim v_F^2\tau = \frac{\Lambda^2}{\tau} = \Lambda v_F \tag{8.222}$$

$$L_T = \sqrt{\frac{D\hbar}{k_B T}} \tag{8.223}$$

電子の干渉効果を解析するとき，位相コヒーレンス長

$$L_\phi = \sqrt{D\tau_\phi} = \Lambda\sqrt{\frac{\tau_\phi}{\tau}} \tag{8.224}$$

がしばしば重要となる．ここに，τ_ϕ は非弾性散乱で決まる位相緩和時間と呼ばれるものである．

試料の形状が十分に長く，電子が電極間を衝突を繰り返しながら移動し，運動が古典的ボルツマンの輸送方程式で記述できるような場合，電子は**拡散領域**にあるとよぶ．一方，電子がほとんど散乱を受けずに電極間を通過するような場合を**バリスティック領域**とよんでいる．マクロな系とミクロな系の中間に位置する**メゾスコピック**な系を特徴づけるのは位相コヒーレンス長 L_ϕ で，試料の寸法がこの位相コヒーレンス長よりも短くなると，その系の形状に特徴的な量子力学的効果が現れる．メゾスコピック領域では，拡散領域の一部とバリスティック領域を含み，上で定義した物理量を用いると次のように表される[8.12]．

$$\textbf{メゾスコピック領域} = \begin{cases} \text{拡散領域} & (L \gg \Lambda) \\ \text{バリスティック領域} & (L \ll \Lambda) \end{cases} \tag{8.225}$$

ここに，L は系の寸法で，拡散領域では電気伝導は試料の形状 L に依存せず，バリスティック領域では電気伝導は試料の形状 L に依存する．電子移動度の大きい半導体では，平均自由行程が数 10 μm になり，容易にバリスティック伝導領域を実現できる．また半導体では，電子のフェルミ波長が数 100 μm となるから，ヘテロ構造を用いて電子を閉じ込め量子効果を顕著に引き出すことが可能となる．

8.5.3 ランダウアー公式とビュティカー・ランダウアー公式

図 8.37 に示すような系を用いてランダウアーの公式を説明する．導体の両端に理想的な導線を接続し，これに理想的な電極 (リザバー) 1 と 2 をつなぐ．左右のリザバーのケミカルポテンシャルを μ_1，μ_2 とし，理想的な導線のケミカルポテンシャルを μ_A，μ_B とする．電子のチャネルは 1 次元的で，そのエネルギーは $\mathcal{E} = \hbar^2 k_x^2/2m^*$ で与えられるものとすると，一方向 (正の方向) に進む電子の状態密度は $\partial n_+/\partial\mathcal{E} = 1/\pi\hbar v_x$ となる (2 つのスピン状態を考慮している)．ここに，電子の速度

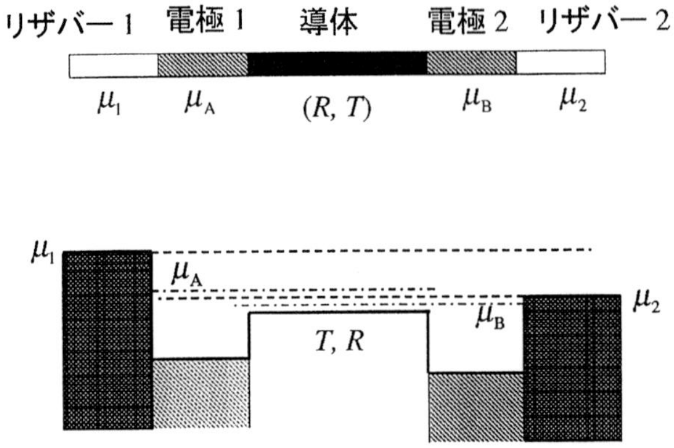

図 8.37: ランダウアーの公式を導くための系の形状．系の両端に理想的な導線をつなぎ，その導線に理想的な電極 (リザバー) を接触させる．系の電流は電極間のケミカルポテンシャルの違いによって流れる．

v_x は $m^* v_x = \hbar k_x$ である．この系のチャネルを通しての電子の透過率を T，反射率を R とする．$T + R = 1$ の関係が成立する．この系の電流は，

$$I = (-e) v_x \frac{\partial n_+}{\partial \mathcal{E}} T(\mu_1 - \mu_2) = -\frac{e}{\pi\hbar} T(\mu_1 - \mu_2) \tag{8.226}$$

となる．電極間の電位差は $-eV_{21} = \mu_1 - \mu_2$ で与えられるから，2端子間のコンダクタンスは

$$G = \frac{I}{V_{21}} = \frac{e^2}{\pi\hbar} T = \frac{2e^2}{h} T \tag{8.227}$$

となる．実際のコンダクタンスは系に印加した電圧と電流の関係であって，電極間の電圧と電流の間の関係ではない．反射率が1の場合，左側の導線は電極1と，右側の導線は電極2と平衡にある．したがって，$-eV = \mu_1 - \mu_2$ となる．一方，透過率が1の場合，$-eV = 0$ である．一般の透過率 T と反射率 R に対しては

$$-eV = R(\mu_1 - \mu_2) \tag{8.228}$$

となる (T. Ando : 文献[8.12] 2章参照)．これより系のコンダクタンスは

$$G = \frac{e^2}{\pi\hbar} \frac{T}{R} = \frac{e^2}{\pi\hbar} \frac{T}{1 - T} \tag{8.229}$$

となる．これが**ランダウアーの公式** (Landauer formula) である[8.77]．

電極を2つ以上もつ系における伝導を公式化したのは Landauer と Büttiker で，ランダウアーの公式を多電極系に拡張して下のようなビュティカー・ランダウアーの公式 (Büttiker–Landauer formula) が導かれた[8.78]．図 8.38 は4個の電極をもつ伝導体の模式図で，4個の電極はケミカルポテンシャル μ_1，μ_2，μ_3，μ_4 のリザバーにつながれている．影を施した部分は散乱のある (disordered) 導体とする．これらのリザバーはキャリアとそのエネルギーの供給および吸収を担っている．$T = 0\text{K}$ の状態では電極は μ_i までのエネルギーのキャリアを供給できる．電極から出て，リザバーに到達したキャリアはその位相とエネルギーに対応して吸収される．電極で影のない部分は完全な導線で，影のある

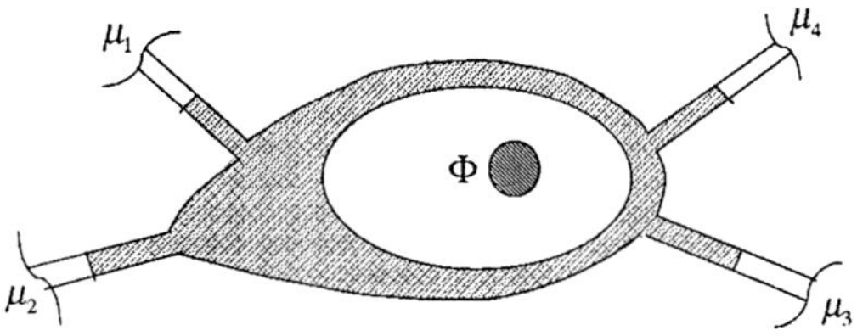

図 8.38: 不完全導体に完全導体からなる 4 つの電極をつないだ素子．4 つの電極はケミカルポテンシャル μ_1，μ_2，μ_3，μ_4 のリザバーにつながれており，Aharonov-Bohm 磁束 Φ は試料の空洞部に印加されている．

リザバー部分との間では散乱 (弾性散乱) はないものとする．はじめに，この完全導体の電極は 1 次元量子チャネルであると仮定する．このとき，フェルミエネルギーをもつキャリアは，正の速度 (リザバーから遠ざかる方向) と負の速度をもつ 2 種類が存在する．試料内での散乱は弾性散乱で，非弾性散乱はリザバー内でのみ起こるものとする．このとき試料内での現象は S 行列を用いて記述することができる．いま，入射電流の振幅 α_i に対して外側に向うそれぞれの振幅を α_i' とすると $(i = 1, \cdots, 4)$

$$\alpha_i' = \sum_{i=1}^{i=4} s_{ij}\alpha_j \tag{8.230}$$

と表される．電流は保存されるから S 行列はユニタリー，$S^\dagger = S^{-1}$ でなければならない．ここに，$S^\dagger$ は S のエルミート共役である．時間反転から $S^*(-\Phi) = S^{-1}(\Phi)$ が要求される ($*$ は複素共役の意味)．これより S 行列は，$s_{ij}(\Phi) = s_{ji}(-\Phi)$ (reciprocity relations) を満たさなければならない．伝達振幅 $s_{ij}(\Phi)$ は磁束 Φ のもとで，接合 j から出射したキャリアが接合 i に伝達される振幅を与え，これは接合 i のキャリアが接合 j に伝達される振幅に等しい．いま，キャリアが電極 j から出て，電極 i に達する伝達確率を $T_{ij} = |s_{ij}|^2$，$i \neq j$ とし，電極 i に入射したキャリアが電極 i に反射される確率を $R_{ii} = |s_{ii}|^2$ とする．このとき，S 行列の相反性から次の関係が成立する．

$$R_{ii}(\Phi) = R_{ii}(-\Phi), \qquad T_{ij}(\Phi) = T_{ji}(-\Phi) \tag{8.231}$$

各電極に流れる電流を求めてみよう．各電極間のポテンシャル差が小さく，キャリアの伝達率および反射率のエネルギー依存性は無視できるものとする．いま，4 つのケミカルポテンシャル μ_i よりも小さいケミカルポテンシャル μ_0 を導入する．μ_0 以下では，正の速度と負の速度の両方の状態が満たされているから，正味の電流は 0 である．したがって，μ_0 以上の $\Delta\mu_i = \mu_i - \mu_0$ のエネルギー領域を考慮すればよい．先に示した 1 次元チャネルにおける電流密度の式 (8.226) の導出過程を参考にすれば，リザバー i から電極 i に出射される電流は $ev_i(dn/d\mathcal{E})\Delta\mu_i$ で与えられる．ここに，v_i は電極 i におけるフェルミエネルギーでの速度である．フェルミエネルギーで正または負の速度をもつキャリアの状態密度 (1 つのスピン状態に対して) は $dn_i/d\mathcal{E} = 1/2\pi\hbar v_i$ であるから，リザバー i から出射される電流は $(e/h)\Delta\mu_i$ となる．いま，電極 1 について考える．電流 $(e/h)(1 - R_{11})\Delta\mu_1$ がリザバー 1 に再び反射して注入される．リザバー 2 からリザバー 1 に入射するキャリアにより，電極 1 での電流は $-(e/h)T_{12}\Delta\mu_2$ だけ減少する．同様にして，電極 3 と 4 の寄与は $-(e/h)(T_{13}\Delta\mu_3 + T_{14}\Delta\mu_4)$ となる．これらの寄与の和をとり，他の電極での電流を求めて加えると，リザバーから導体に流れ出る電流に対して次の結果を得る．

$$I_i = \frac{e}{h}\left[(1 - R_{ii})\mu_i - \sum_{i \neq j} T_{ij}\mu_j\right] \tag{8.232}$$

ここで，電流ははじめに定義した参照ポテンシャル μ_0 に依存しないことが分かる．これを**ビュティカー・ランダウアーの公式**とよぶ．また，全ての端子 i について

$$R_{ii} + \sum_{j \neq i} T_{ij} = 1 \tag{8.233}$$

が成り立つ．

上述の結果は，キャリアのチャネルが 1 つの場合について求めた．一般には，キャリアの運動と垂直な方向には不連続に量子化された準位 $\mathcal{E}_n$ $(n = 1, 2, \cdots)$ がある．したがって，$\mathcal{E}_n$ とフェルミエネルギー $\mathcal{E}_F$ の関係により，伝導に関与するチャネル数が変化する．いま，この量子チャネル数を N_i とすると散乱行列は $(\sum N_i)^2$ を含む．これを $s_{ij,mn}$ で表すことにする．この要素は電極 j のチャネル n のキャリアが電極 i チャネル m に遷移する振幅を意味する．電極 i，チャネル n に入射するキャリアが，同じ電極 i，チャネル m に反射される確率は $R_{ii,mn} = |s_{ii,mn}|^2$ と表され，電極 j，チャネル n に入射したキャリアが電極 i，チャネル m に伝達される確率は $T_{ij,mn} = |s_{ij,mn}|^2$ と表される．電極 i の電流のうち電極 j に注入されたキャリアによるものは

$$I_{ij} = -\frac{e}{h}\sum_{mn} T_{ij,mn}\Delta\mu_j \tag{8.234}$$

で与えられる．そこで

$$R_{ii} = \sum_{mn} R_{ii,mn}, \quad T_{ij} = \sum_{mn} T_{ij,mn} \tag{8.235}$$

と定義すると，電極 i のチャネル数が N_i の場合，リザバーから導体に流れる電流は次のように一般化される．

$$I_i = \frac{e}{h}\left[(N_i - R_{ii})\mu_i - \sum_{i \neq j} T_{ij}\mu_j\right] \tag{8.236}$$

上の結果は，各リザバーでの電流とケミカルポテンシャルを同時に測定すれば，コンダクタンスは (e/h) に [ ] 内の数値を掛けた量から求まることを意味している．実際の測定では，電極の電流端子と電圧端子を適当に選んで行われる．例えば，図 8.38 の 4 電極素子を用いて考察してみる．電流 I_1 を電極 1 から入れ，電極 3 から取り出し，電流 I_2 を電極 2 から入れ，電極 4 から取り出すことにする．このとき式 (8.236) を $I_1 = -I_3$ と $I_2 = -I_4$ の条件で解かなければならない．その結果は，電位差 $V_i = \mu_i/e$ を用いて次のように表される．

$$I_1 = \alpha_{11}(V_1 - V_3) - \alpha_{12}(V_2 - V_4) \tag{8.237}$$

$$I_2 = = -\alpha_{21}(V_1 - V_3) + \alpha_{22}(V_2 - V_4) \tag{8.238}$$

ここに，係数 α_{ij} は次式で与えられる．

$$\alpha_{11} = (e^2/h)[(1 - R_{11})S - (T_{14} + T_{12})(T_{41} + T_{21})]/S \tag{8.239a}$$

$$\alpha_{12} = (e^2/h)(T_{12}T_{34} - T_{14}T_{32})/S \tag{8.239b}$$

$$\alpha_{21} = (e^2/h)(T_{21}T_{43} - T_{23}T_{41})/S \tag{8.239c}$$

$$\alpha_{22} = (e^2/h)[(1 - R_{22})S - (T_{21} + T_{23})(T_{32} + T_{12})]/S \tag{8.239d}$$

$$S = T_{12} + T_{14} + T_{32} + T_{34} = T_{21} + T_{41} + T_{23} + T_{43} \tag{8.239e}$$

これより，対角成分は対称で $\alpha_{11}(\Phi) = \alpha_{22}(-\Phi)$，$\alpha_{22}(\Phi) = \alpha_{22}(-\Phi)$ を満たし，非対角成分は $\alpha_{12}(\Phi) = \alpha_{21}(-\Phi)$ の関係を満たす．

式 (8.237) と (8.238) を用いて系の抵抗を求める方法について述べる．図 8.38 のような系では，通常 2 つの電極間に電流を流し，2 つの電極のケミカルポテンシャルが測定される．例えば，電極 1 から 3 に電流を流し，電極 2 と 4 に流れる電流が 0 で，測定されたポテンシャルが $\mu_2 = eV_2$ で $\mu_4 = eV_4$ であるとする．式 (8.238) において，$I_2 = 0$ とすると，$V_2 - V_4 = (\alpha_{21}/\alpha_{22})(V_1 - V_3)$ を得る．これを式 (8.237) に代入すると，電流 I_1 は $(V_2 - V_4)$ の関数で表される．したがって，電流を 1 と 3 に流し，ポテンシャルを 2 と 4 で測定したときの抵抗は次式で与えられる．

$$\mathcal{R}_{13,24} = \frac{V_2 - V_4}{I_1} = \frac{\alpha_{21}}{\alpha_{11}\alpha_{22} - \alpha_{12}\alpha_{21}} \tag{8.240}$$

α_{21} は対称でないので，抵抗 $\mathcal{R}_{13,24}$ は対称ではない．電流と電圧測定の端子を入れ替えると

$$\mathcal{R}_{24,13} = \frac{\alpha_{12}}{\alpha_{11}\alpha_{22} - \alpha_{12}\alpha_{21}} \tag{8.241}$$

となり，これらの抵抗の和 $\mathcal{S}_\alpha = (\mathcal{R}_{13,24} + \mathcal{R}_{24,13})/2$ は対称となる．

一般に 4 端子回路において，ある磁束 Φ に対して，電流が電極 m より入り，電極 n から取り出されるとき，電極 k と l の間の電位差を測定すると，抵抗は次のように定義される[8.79]．

$$\mathcal{R}_{mn,kl} = \frac{h}{e^2}\frac{(T_{km}T_{ln} - T_{kn}T_{lm})}{D} \tag{8.242}$$

ここに，$D = (h/e^2)^2(\alpha_{11}\alpha_{22} - \alpha_{12}\alpha_{21})/S$ である．また，D は mn，kl の交換に対して不変であるから，$\mathcal{R}_{mn,kl} = -\mathcal{R}_{mn,lk} = -\mathcal{R}_{nm,kl}$ の関係が成立する．

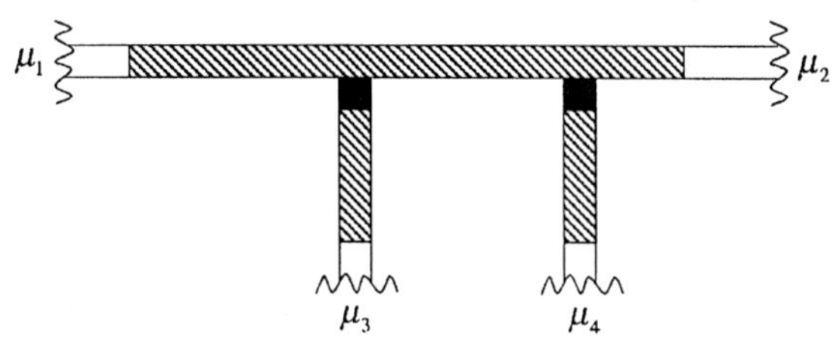

図 8.39: 4 つの電極をもつ導体．電流端子 1 と 2 に対し，電圧プローブ 3 と 4 がトンネル接合 (黒塗りの部分) を通して取り付けられている．

ここで，ビュティカー・ランダウアーの公式とランダウアーの公式との関係について述べる．図 8.39 に示すような素子を考える．電流を端子 1 から流し，端子 2 で取り出す．端子 3 と 4 は電圧測定端子

でトンネル障壁を通して導体と弱く結合しているものとする．このとき次の関係が得られる[8.78]．

$$\mu_3 - \mu_4 = \frac{T_{31}T_{42}}{(T_{31}+T_{32})(T_{41}+T_{42})}(\mu_1 - \mu_2) \tag{8.243}$$

電圧プローブは理想的な電極を通して導体に接触しており，導体内の電圧プローブ間には弾性散乱のみがあり，透過係数 T と反射係数 R でその特性が表されるものとする．これらの仮定により，$T_{12} = T_{21} = T$，$T_{31} = T_{13} = T_{42} = T_{24} = 1 + R$，$T_{32} = T_{23} = T_{14} = T_{41} = T$ で $T_{43} = T_{34} = T$ であるから，これらの関係を式 (8.243) に代入すると次の関係が得られる．

$$\mu_3 - \mu_4 = \frac{1}{4}[(1+R)^2 - (1-R)^2](\mu_1 - \mu_2) = R(\mu_1 - \mu_2) \tag{8.244}$$

電流は $I = (e/h)T(\mu_1 - \mu_2)$ で与えられるから，抵抗 $\mathcal{R}$(コンダクタンス: $G = 1/\mathcal{R}$) は

$$\mathcal{R} = \frac{h}{e^2}\frac{R}{T} \tag{8.245}$$

となる．スピンの縮重度 2 を考慮すると，上式はランダウアーの公式 (8.229) と一致する．

8.5.4 メゾスコピック領域における種々の研究

メゾスコピック構造を用いた研究は非常に盛んで，これまでに数多くの現象が観測されてきた．また，このような研究を通じてメゾスコピック構造の定義が明らかにされたのは事実である．量子ホール効果もビュティカー・ランダウアーの公式を用いて説明がなされており，メソスコピック領域における現象の代表的な例として注目されていることに注意されたい．以下の節では，これまでに重点的に研究され，現在も最先端の研究課題となっている現象のいくつかをあげ簡単な解説を行いたい．はじめにも述べたように，メゾスコピック構造を用いた研究は現在，半導体物理，半導体を用いた新機能素子や半導体最先端デバイス研究の分野として広く取り上げられており，ここに解説するもの以外にも多数の興味ある研究がなされていることに注意をしていただきたい．

8.6 アハラノフ・ボーム効果 (AB 効果)

8.5.1 項で述べたように，アハラノフとボームが 1959 年に量子力学的考察から予言したものである．電子が小さなソレノイドを囲む 2 つの経路をたどるとき，磁界 (ベクトルポテンシャル) を変化させると，磁界が磁束量子 $\Phi_0 = h/e$ の整数倍になると金属リングのコンダクタンスが振動する現象で，Webb らにより実証された[8.75], [8.80], [8.81]．その例を図 8.40 に示す．図中の挿入図は金線のリング構造で線幅 40nm，リング直径 0.8μm である．このリングは，リングの対称な位置につけられた金の導線に接続され，外部回路を経て磁気抵抗が測定できる構造になっている．一方の電極から入った電子波は，リングの入り口で 2 つに分かれ，磁界の影響を受けて他方の電極で干渉を起こす．磁束を h/e の整数倍増やすごとに干渉の位相は 2π の整数倍変化し，磁気抵抗に周期 h/e の振動が現れる．図 8.40 に測定された磁気抵抗が磁界の関数で示されているが，磁界 0 から 8T の全測定領域で振動が観測されており，その周期は 0.0076 T (1/0.0076 T^{-1}) である．この周期は金線のリングを通し

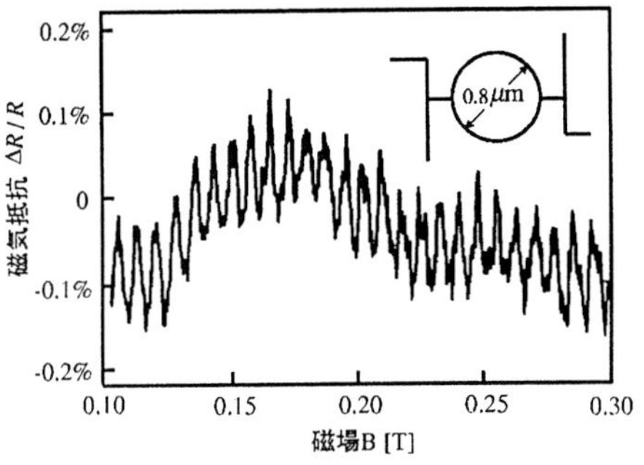

図 8.40: 図中に挿入した直径 0.8μm，線幅 40nm の金線のリングにおける磁気抵抗の周期的な振動．周期 h/e とその 2 倍の高調波成分 $2h/e$ が $B = 0 \sim 8$T の範囲で観測されている．$T = 50$mK.

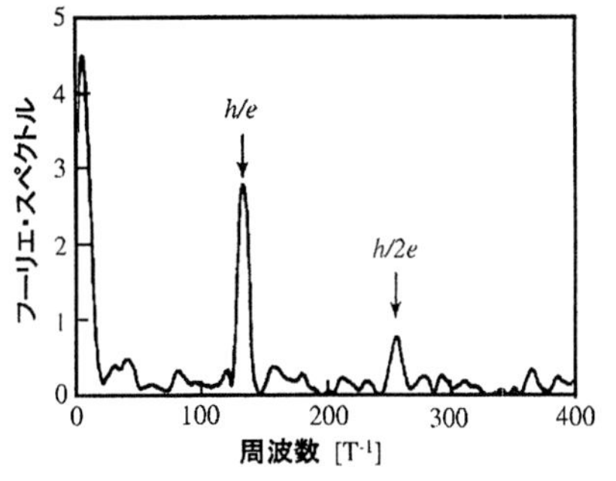

図 8.41: 左の図 8.40 のフーリエ変換．周期 h/e ($1/0.0076\ \mathrm{T}^{-1}$) は磁束量子が金属リングを通過する条件に相当する．弱い 2 倍の高調波成分 $2h/e$ ($1/0.0038\ \mathrm{T}^{-1}$) も観測されている．

ての磁束量子 h/e の変化に相当している．したがって，$0 \sim 8$ T の磁界の領域で 1,000 以上のアハロノフ・ボーム振動を観測していることになる．この磁気抵抗のフーリエ変換には図 8.41 のように，周期 h/e と弱いがその 2 倍の周期 $2h/e$ ($1/0.0038\ \mathrm{T}^{-1}$) の 2 つのピークが見られる．この 2 つの周期は全測定領域の 8 T の磁界まで観測されている．AB 効果はゆらぎの現象と関係していることが理論的に示されている．干渉を起こす電子は多数の状態 (チャネル) からなり，これが乱雑な動きをすることから，コンダクタンスにゆらぎをもたらすのである．したがって，チャネル数が大きくなるマクロな系では AB 効果は観測されなくなる．そのようなマクロな系では，AB 効果に代わって磁束 $\Phi_0/2$ を周期とする AAS 効果 (Altshuler-Aronov-Spivak effect) が観測される[8.82].

8.7 バリスティック電子伝導

半導体素子が微細化され，電極間隔が電子の平均自由行程より短くなると，電子は散乱を受けることなくバリスティックに電極間を通り抜けることが可能となる．この現象は，真空管の電子の運動との類似性から注目されたが[8.83]，上に述べたような電極やリザバーの影響が考慮されていない．後にランダウアーの公式が適用され，メゾスコピック現象の 典型的な例とされるコンダクタンスの量子化が見出され注目を集めた．これは，図 8.42 に示すような 2 次元電子ガスを有する AlGaAs/GaAs 素子の上に，スプリットゲートからなるポイントコンタクトを作り，電子をこのポイントコンタクトを通して通過させると，コンダクタンスが $2e^2/h$ の整数倍に量子化されるというものである．この現象は van Wees ら[8.84]と Wharam ら[8.85]により独立に見出された．その結果の一例が図 8.43 に示してある．スプリットゲート構造に電圧を加えると，電子の通過する領域 (チャネル) が狭められ (空乏層がのびるため)，あるモードの電子しか通過できなくなる．ランダウアーの公式を用いるとこの実験結果は次のように説明される．

反射率の影響が無視できるとき，チャネルのモードごとに透過率が異なれば

$$G = \frac{2e^2}{h} \sum_{n=1}^{N} T_n \tag{8.246}$$

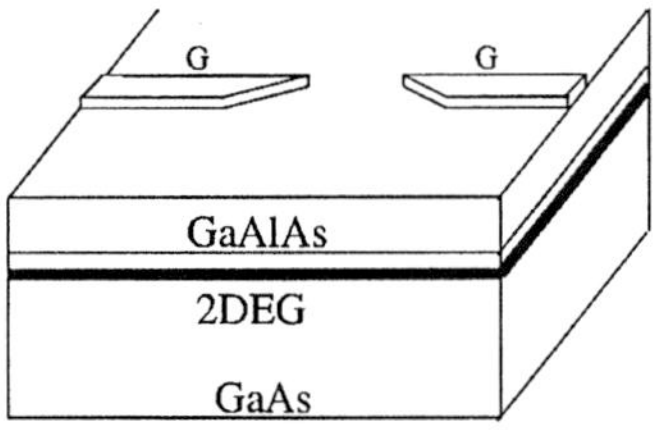

図 8.42: 擬1次元系におけるコンダクタンス量子化の実験に用いられたスプリットゲート型構造．2次元電子ガス系の上にゲートを設け，ゲート電極Gでポイントコンタクト間のチャネルを制御し，ここを通る電子のコンダクタンスを測定する．

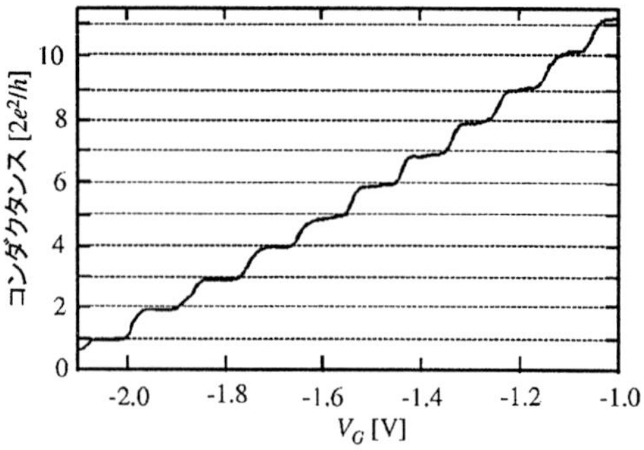

図 8.43: スプリットゲート構造におけるコンダクタンス量子化の実験結果．横軸はゲート電極Gに加える電圧，縦軸はコンダクタンスを $2e^2/h$ の単位でプロットしたもの．

となることは明らかである．$n = 1, 2, \cdots, N$ のモードの電子がポイントコンタクトを通過できるものとすると，いずれも $T_n \approx 1$ とおけるから，

$$G \approx \frac{2e^2}{h} N \tag{8.247}$$

となる．図 8.42 のような試料を用いて，ゲート電極の電圧を変えると通過できる電子のチャネル (モード) が変わり，図 8.43 のように $2e^2/h$ の整数倍で量子化されたコンダクタンスが観測されるわけである．

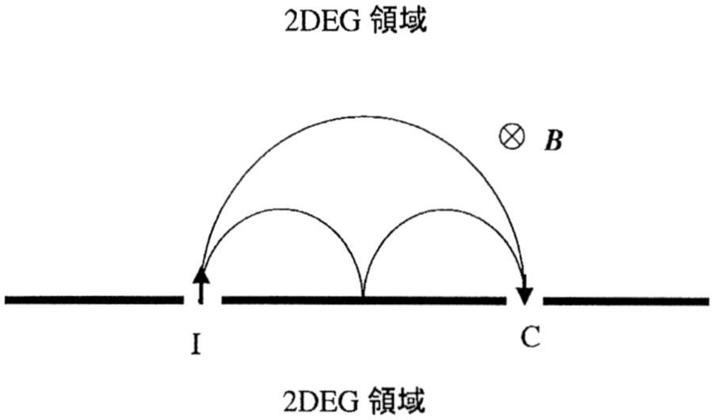

図 8.44: 磁気フォーカシングに用いられた試料の模式図．磁界中で，注入チャネル I から電子ビームを注入し，検出チャネル C で電圧変化を観測すると，磁界に関して周期的に振動する．

電子のバリスティック運動の観測としてよく知られているものに，磁界によるフォーカシング効果がある．これは図 8.44 のように距離 L だけ離れた位置に 2 つのポイントコンタクトを有する素子に，磁界を垂直方向に印加するとサイクロトロン直径 $2r_c$ の整数倍が L に等しくなると ($2Nr_c = L$,

$N = 1, 2, 3, \cdots$)，電子が出射口から入射口に入り，電流や電圧の変化として観測されるものである[8.86], [8.87].

8.8 量子ホール効果

メゾスコピック領域における研究で最も重要かつインパクトの大きい研究成果は量子ホール効果である．その物理学的解明のみならず，標準抵抗として国際標準に採用されたことからもその重要性は明らかである．量子ホール効果は1980年にフォン・クリッツィング (Klaus von Klitzing) により発見された[8.15]．図8.45はその実験結果を示すもので，用いた試料はMOSFETで ゲート電極に電

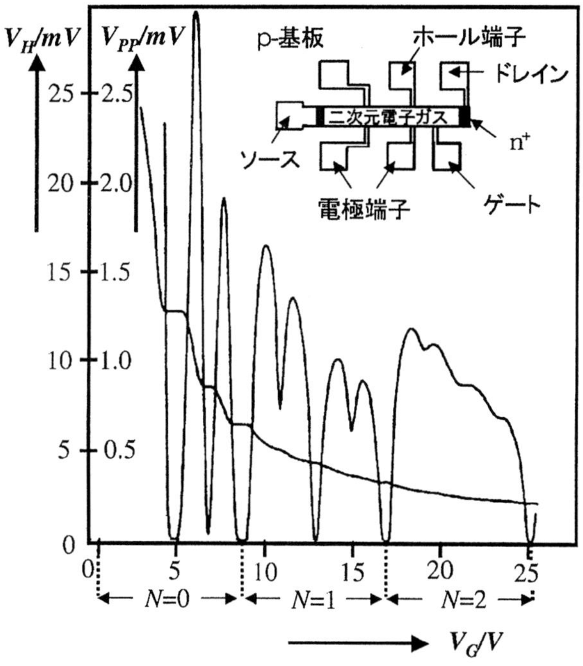

図8.45: MOSFETの反転層内の2次元電子ガスにおけるホール電圧 V_H とポテンシャル測定用プローブ間の電位差 V_{pp} のゲート電圧 V_G 依存性．測定温度は $T = 1.5$K で，印加磁界は $B = 18$T，ソース・ドレイン間の電流は $I = 1\mu$A である．挿入図面はデバイスの構造で，長さは $L = 400\mu$m，幅 $W = 50\mu$m で，ポテンシャル・プローブ間の距離は $L_{pp} = 130\mu$m である．V_{pp} はシュブニコフ・ドハース振動を表し，σ_{xx} に比例している．この V_{pp} が極小となるところで，ホール電圧 V_H(σ_{xy} に比例) は平坦となり，ホール抵抗 $\mathcal{R}_K = V_H/I$ が量子化される．実験ではゲート電圧を変化させ2次元電子ガスの密度を変えることによって電子のランダウ準位占有率を変えている．N はランダウ準位のインデックスを表す．

圧を印加することにより反転層に2次元電子ガスを形成し，このホール効果を測定したものである．ソース・ドレイン間に一定電流を流し，界面に垂直な方向に磁界を印加したとき，ゲート電圧を変え電子密度を変化させると，古典論によればホール伝導度 σ_{xy} は後述のごとく反転電子密度 N_s に比例して変化するはずである．ホール電圧はホール抵抗に比例し，反転電子密度に反比例する．フォン・

クリッツィングによる図8.45の結果はホール電圧は反転電子密度に反比例せず，ある領域で平坦となることを示している．実験は，ソース・ドレイン電流を $I = 1\mu\text{A}$ とし，磁界 $B = 18\text{T}$ を印加し，温度 $T = 1.5\text{K}$ で行われたものである．σ_{xx} に比例する V_{pp} が極小となる領域で，ホール電圧は平坦となっている．このとき，ホール電圧をソース・ドレイン間を流れる電流で割って求まるホール抵抗は

$$\mathcal{R}_H = \frac{h}{e^2} \cdot \frac{1}{i} = \frac{25813}{i}\ \Omega \tag{8.248}$$

となる．ここに，$i = 1, 2, 3, \cdots$ のように量子化される．7.1節で定義したホール係数 R_H と区別するため，ホール抵抗を $\mathcal{R}_H$ で定義した．その後の精密測定の結果，世界各地での測定結果が0.1ppm以上の精度で一致することが分かった．国際度量衡委員会は1988年9月に，1990年から量子ホール抵抗を抵抗標準として用い

$$R_K = 25812.807\ \Omega \tag{8.249}$$

の値を使用することに決定した．この定数をフォン・クリッツィング (von Klitzing) 定数とよぶ．後に，i が分数に対してもホール抵抗や磁気抵抗に異常が見出され，上の現象を**整数量子ホール効果** (IQHE: integer quantum Hall effect)，後者を**分数量子ホール効果** (FQHE:fractional quantum Hall effect) と呼ぶようになった．量子ホール効果の発見は我が国における，T. Ando，Y. Uemura，S. Kawaji らの研究に触発されてなされたもので，これら我が国の研究者の業績は高く評価されるべきである． 図8.46はAlGaAs/GaAsヘテロ構造における2次元電子ガスの量子ホール効果で，この試料では電子移動度が高いので，量子ホール効果が非常にはっきりと観測される[8.88]．Kawajiらは量子ホール抵抗を国際標準抵抗として利用するのに必要な精度について詳細な研究を行った (Kawaji : 参考文献[8.14])．また，Komiyama，Kawajiらは量子ホール効果の測定で電流を大きくすると量子ホール効果のプラトーが消える現象を種々の角度から研究している[8.12], [8.14].

2次元電子密度を N_s とし，サイクロトロン角周波数を $\omega_c = eB/m^*$ とすると，磁界中での導電率は次のように表される．

$$\sigma_{xy} = -\frac{N_s e}{B} + \frac{\sigma_{xx}}{\omega_c \tau} \tag{8.250}$$

$\omega_c \tau = 0$ または $\omega_c \tau \gg 1$ のとき

$$\sigma_{xy} = -\frac{N_s e}{B} \tag{8.251}$$

となる．2次元系の電子の状態密度は $m^*/2\pi\hbar^2$ で一定である．基底ランダウ準位のサイクロトロン半径を l とおくと，磁界中での2次元電子系の各ランダウ準位の状態密度は次式で与えられる．

$$\frac{1}{2\pi l^2} = \frac{m^*}{2\pi\hbar^2} \cdot \hbar\omega_c = \frac{eB}{2\pi\hbar} = \frac{eB}{h} \tag{8.252}$$

今，ランダウ準位がスピン縮重しているとすると，上の状態密度は2倍される．ここでは簡単のため，スピンの縮重については無視し，1つのスピンについてのみ考えることにする．この状態密度のブロードニングを無視し，デルタ関数的な状態密度に対してフェルミエネルギーがどのように変化するかを考察してみる．ランダウ準位は

$$\mathcal{E}_N = \left(N + \frac{1}{2}\right)$$

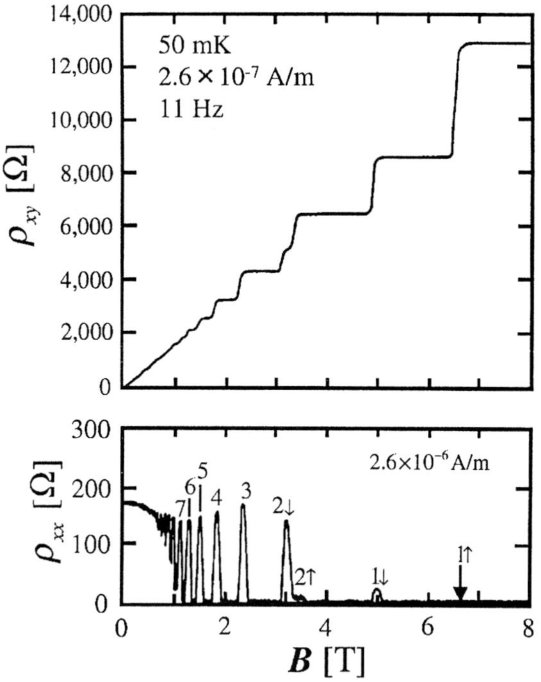

図 8.46: AlGaAs/GaAs における量子ホール効果．高電子移動度の 2 次元電子ガスを用いているため，ホール導電率 σ_{xy} に明瞭な平坦部が観測される．下図はこのときの磁気抵抗 σ_{xx} の磁界依存性で，数字はランダウ量子数とそのスピン分極が示してある．$T = 50\text{mK}$，$I = 2.6\mu\text{A/m}$.

となる．これを $m^* = 0.067m$ に対してプロットしたのが図 8.47 である．2 次元電子密度を $N_s = 4.0 \times 10^{11}\text{cm}^{-2}$ とすると，ランダウ準位 $N = 0$ に電子を許容できる最低の磁界は

$$\frac{eB_1}{h} = N_s, \qquad B_1 = 16.6 \text{ T}$$

となる．磁界を B_1 より低くすると，$N = 0$ のランダウ準位には電子を許容することができず，$N = 1$ の準位に一部の電子が入る．さらに磁界を下げると，$B_2 = B_1/2$ の磁界以下で電子は $N = 2$ のランダウ準位を占有する．このようにして求めたフェルミエネルギーが図 8.47 に太線でプロットしてある．電子が i 番目のランダウ準位 ($i = N + 1$ とする) までを占有しておれば

$$N_s = i \cdot \frac{eB}{h} \tag{8.253}$$

であるから

$$\sigma_{xy} = -i \cdot \frac{e^2}{h} \tag{8.254}$$

となる．このときホール抵抗は

$$\mathcal{R}_H = \frac{1}{i} \cdot \frac{h}{e^2} = \frac{25813}{i}\ \Omega \tag{8.255}$$

となり，式 (8.248) の関係が導かれる．

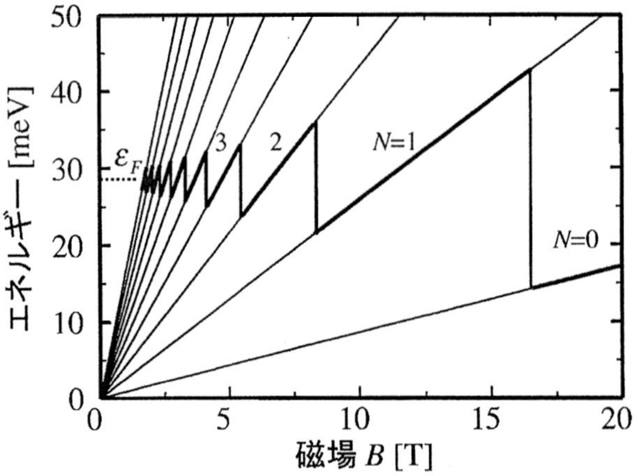

図 8.47: 有効質量 $m^* = 0.67m$ の電子に対するランダウ準位と2次元電子密度 $N_s = 4.0 \times 10^{-11}\mathrm{cm}^{-2}$ に対するフェルミエネルギー．状態密度を面積 $(2eB/h)$ のデルタ関数とした場合で，フェルミエネルギーが磁界変化に対して振動的に変化する．この振動に対応したシュブニコフ・ドハース振動が σ_{xx} に現れる．ランダウ準位のスピン縮重は無視している．

以上の取り扱いでは，ランダウ準位の占有 i が変わるところで，$\mathcal{R}_H$ は量子化された値になっているということを意味するだけである．ホール抵抗が量子化されてある磁界の範囲で平坦となる説明はできない．古典論によれば，ホール電圧はホール抵抗

$$\mathcal{R}_H = \frac{B}{N_s e} \tag{8.256}$$

に比例する．ホール抵抗は磁界に比例し，電子密度に反比例する．N_s が i 番目のランダウ準位までをちょうど満たした状態は式 (8.253) で与えられ，$N_s = ieB/h$ となっているだけで，もちろんプラトーは現れない．この状態を磁束の量子化から見てみると，やはり特異な状態になっていることが分かる．電子が基底ランダウ準位を満たしている場合を考える ($i = 1$; $N = 0$)．すでに述べたように，磁束量子は h/e で，電子の占める面積は $2\pi l^2 = h/(eB)$ である．量子ホール効果の条件式 (8.253) において $i = 1$ とおくと，$B/N_s = h/e$ となり，電子のランダウ軌道1個当たり1本の磁束量子が貫いていることになる．一般に，占有率 i の量子ホール効果状態では i 本の磁束量子が貫いていることになる．このように，量子ホール効果の状態は，磁束の量子化を伴っていることがわかるが，やはりホール抵抗の平坦さの説明にはならない．

量子ホール効果の理論的説明は Aoki と Ando により線形応答の理論を用いてなされた[8.89]．その後，ゲージ変換を用いた理論が Laughlin [8.90]によって報告された．また，エッジ電流の重要性が Halperin [8.91]により指摘され，Büttiker [8.92]は Landauer の公式を拡張した Büttiker-Landauer の公式を用いて，このエッジ電流を取り扱い，整数量子ホール効果の説明に成功している．量子ホール効果の総合報告は文献[8.93] ~ [8.95]を参照されたい．

このテキストは理論の詳細を紹介することを目的としていないので，これらの理論のいくつかについてその概略を紹介する．はじめに，Aoki-Ando の線形理論の骨子を述べる．電子の散乱によるランダウ準位のブロードニングや電子の局在準位を無視すると，電子はランダウ軌道を形成し，整数量

子ホール効果の条件では，例えば，古典論では $i=1$ に対しては N_i 個の電子が，ちょうど一面に詰まってサイクロトロン軌道を占めている状態である．式 (8.252) と式 (8.253) より，$2\pi l^2 \times N_i = 1$ となり，古典論の描像に対応している．この状態では電子は電界方向には運動しないから，縦方向電流は流れず，$\sigma_{xx}=0$ となる．また，σ_{xy} にも何ら異常は現れない．この磁界の前後でホール抵抗が

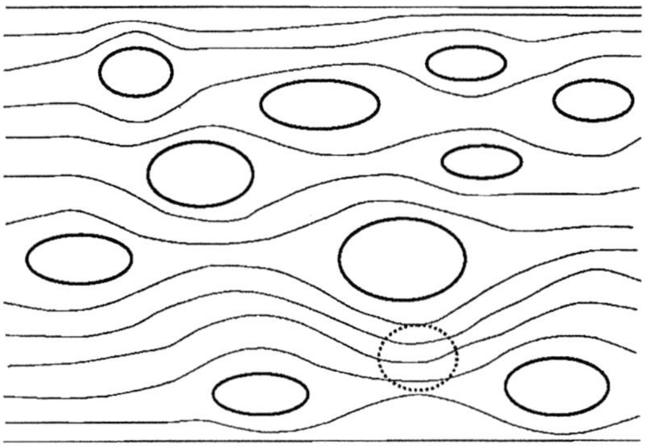

図 8.48: 不規則ポテンシャルが，磁気長に比べゆっくりと変動する場合，電子はサイクロトロン運動の中心がポテンシャルの等高線に沿って古典的軌道を描くが (ポテンシャルの谷では実線)，ポテンシャルの山では破線のような運動をする．

一定となり，プラトーが現れるのは電子の局在化によるものである．図 8.48 は不規則ポテンシャルが磁気長に比べてゆっくりと変化する場合で，電子はポテンシャルの山や谷の等高線に沿って，古典的軌道を描く．この運動によって電子は局在化し電流には寄与しない．電子密度を増すと，等ポテンシャル線が閉じなくなり，電子は電界方向に流れるようになる．このようにして，ランダウ準位がエネルギーに対して幅をもつ場合には，このランダウ準位の上端と下端で電子は局在し，電流に寄与しない．これを分かりやすく示したのが図 8.49 で，フェルミ準位が状態密度のハッチしてある部分 (局在化した準位) にあるときには，電流に寄与せず ($\sigma_{xx}=0$)，$\sigma_{xy}=ie^2/h$ となり，量子ホール効果のプラトーが現れる．フェルミ準位が非局在の状態部分にある場合には，$\sigma_{xy}=N_s e/B$ で変化し，次のランダウ準位が電子で満たされると，$\sigma_{xy}=(i+1)e^2/h$ で量子化される．

試料の形状を考慮すると，図 8.50 に示すように，中心に近いところではサイクロトロン運動を完結できるが，試料の界面に近づくと，界面のポテンシャルにさえぎられ**スキッピング運動** (skipping motion) をする．図 8.50 では，磁界は試料に垂直上向きで電子の運動が矢印で示してある．このような境界条件を考慮すると，磁界中の電子状態は図 8.51 のようになる[8.91]．この図では，電流を x 方向に流し，磁界を z 方向に印加した場合の電子エネルギーの y 方向分布が示されており，y_1 と y_2 は試料の境界面である．y 方向の中心部では電子はサイクロトロン軌道を完結し，電子状態は平坦となっているが，y_1 と y_2 の近傍では，電子はサイクロトロン運動はできず，y 面に衝突反射し運動するいわゆるスキッピング運動をしながら x 方向に流れる．これを**エッジ電流** (edge current) とよび，このチャネルを**エッジ・チャネル** (edge channel) と呼ぶ．このエッジ・チャネルの電子はまさにバリスティック運動であり，ランダウアーの公式で議論できるはずである[8.92]．ここでは，Büttiker の考えに沿って解説してみる．実際には，試料の電極は 2 個でなくホール電圧測定のための端子をもっ

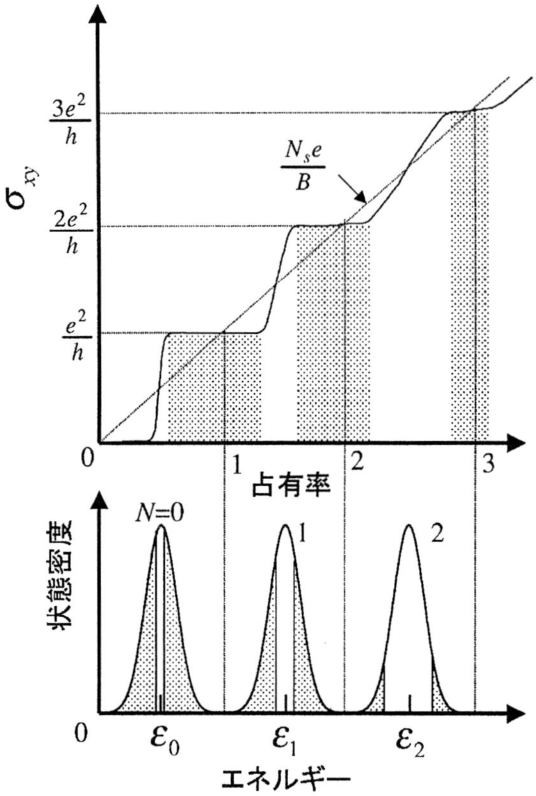

図 8.49: 量子ホール効果のプラトーの説明．図では磁界を固定して，電子密度を変化させたときの電子の占有状態の変化が示されている．ランダウ準位が一部局在化し，ここを占有する電子は伝導に寄与しない．このように，電子の占有状態によってホール電圧に平坦部 (プラトー) が現れる．

ていることを考慮しなければならない．

はじめに，境界条件を考慮したときのエッジ状態について考察してみる．ベクトルポテンシャルを $\boldsymbol{A} = (-By, 0, 0)$ とおくと，有効質量 m^*，電荷 $-e$ の電子に対するハミルトニアンは 2.5 節で述べたように次式で与えられる．

$$H = \frac{1}{2m^*}\left[(p_x + eBy) + p_y^2\right] + V(y) \tag{8.257}$$

磁界の印加により，電子は xy 面内でサイクロトロン運動をするが，波動関数は $\psi_{j,k} = \exp(ikx)F_j(y)$ のように変数分離できる．関数 F は次式の固有関数として求められる．

$$\left[-\frac{\hbar^2}{2m^*}\frac{\partial^2}{\partial y^2} + \frac{1}{2}m^*\omega_c^2(y - y_0)^2 + V(y)\right] F_j(y) = \mathcal{E}_j F_j(y) \tag{8.258}$$

ここに，$\omega_c = eB/m^*$ はサイクロトロン角周波数である．式 (8.258) の固有値は

$$y_0 = -\frac{\hbar k}{m^*}\frac{1}{\omega_c} = -kl^2 \tag{8.259}$$

に依存する．ここに，$l = \sqrt{\hbar/eB}$ である．図 8.51 において，閉じ込めポテンシャルが平坦な部分で

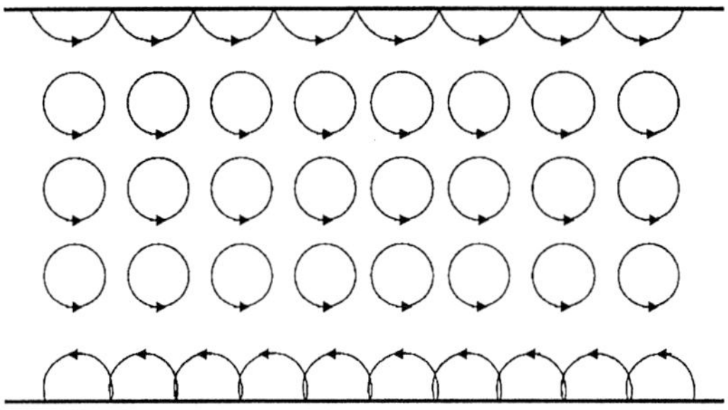

図 8.50: 2 次元電子ガスの磁界中での運動．試料中心部ではサイクロトロン運動を完結するが，試料界面にサイクロトロン中心が近づくと，電子はサイクロトロン運動を完結できずスキッピング運動をする．上と下のスキッピング運動ではサイクロトロン中心と界面の距離が異なる．このスキッピング運動が量子ホール効果におけるエッジ・チャネルを形成する．

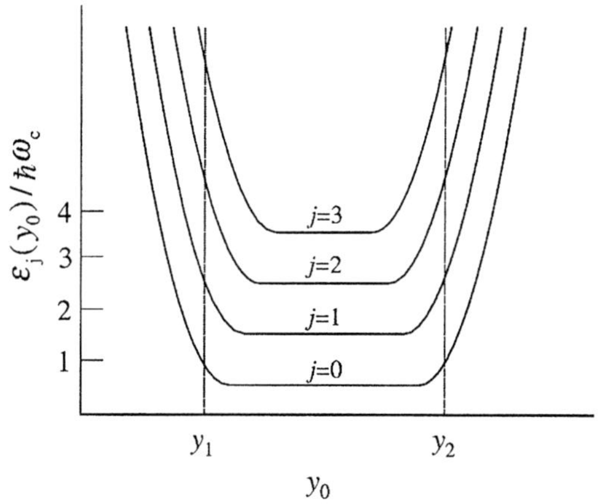

図 8.51: 試料の境界条件として，試料表面が角型ポテンシャルを形成しているものと仮定したときの強磁界中での電子のエネルギースペクトル．ランダウ準位は試料の中心部では $\mathcal{E}_j = \hbar\omega_c(j+1/2)$ で平坦であるが，試料表面近傍では曲がる．y_0 は単純調和振動子に対する波動関数の中心である．文献[8.91]による．

は $V(y) \equiv 0$ とおくことにすると，式 (8.258) の解は

$$\mathcal{E}_{jk} = \hbar\omega_c\left(j + \frac{1}{2}\right) \tag{8.260}$$

で与えられ，$j = 0, 1, 2, \ldots$ となることはすでに 2.5 節で述べた．式 (8.260) はパラメーター y_0(したがって，k) に依存しなくなる．しかし，図 8.51 に示すように，試料端に近い y_1 や y_2 になると，電子はサイクロトロン軌道を完結することができず，スキッピング運動をするようになり，電子のエネルギー固有値は y_0 の関数となり，式 (8.260) からずれ，エッジに近づくほど高くなることが分かる．この領域ではエネルギーは距離 $|y_1 - y_0|$ あるいは $|y_2 - y_0|$ に依存する．図 8.51 はこのことを反映してエネルギーをプロットしてある．このようなことから，この領域でのエネルギーは次のように書き表

せる.

$$\mathcal{E}_{jk} = \mathcal{E}(j, \omega_c, y_0(k)) \tag{8.261}$$

このようなエッジ状態のキャリアに対して，エッジに沿った速度は次のように定義できる.

$$v_{jk} = \frac{1}{\hbar}\frac{d\mathcal{E}_{jk}}{dk} = \frac{1}{\hbar}\frac{d\mathcal{E}_{jk}}{dy_0}\frac{dy_0}{dk} \tag{8.262}$$

つまり，エッジに沿った速度はランダウ準位の勾配 $d\mathcal{E}/dy_0$ に比例する．したがって，高い方のエッジ y_2 側では負で，低い方のエッジ y_1 側では正になる (図 8.51 参照)．紙面から上向きに出る方向の強磁界を印加すると，dy_0/dk は負であるから，高いほうのエッジにおける $d\mathcal{E}/dy_0$ は正で，低いほうのエッジにおける $d\mathcal{E}/dy_0$ は負となる．図 8.51 でバルクのランダウ準位，つまりランダウ準位が平坦な部分では $\mathcal{E}$ は y_0 に依存しないので，この領域のキャリアの速度は 0 である．これは，磁界によりキャリアがサイクロトロン軌道を完成していて，量子化され，磁界に垂直な面内でのサイクロトロン中心の運動はなくなるからである．この領域における状態密度はすでに 2.5 節で述べた通りである．ランダウ準位 $\mathcal{E}_j$ に付随し，エッジに沿った方向の状態密度は，1 次元の状態密度で $dn/dk = 1/2\pi$ となるから，$dn/dk = dn/dy_0|dy_0/dk|$ となる．式 (8.259) より $dn/dy_0 = 1/(2\pi l^2)$ となる．エネルギーに対する状態密度は，次のように速度と関係づけられる.

$$\left[\frac{dn}{d\mathcal{E}}\right]_j = \frac{dn}{dk}\left[\frac{dk}{d\mathcal{E}}\right]_j = \frac{1}{2\pi\hbar v_{jk}} \tag{8.263}$$

フェルミエネルギーにおける状態は，式 (8.261) で与えられる $\mathcal{E}_{jk}$ を用いて，$\mathcal{E}_F = \mathcal{E}_{jk}$ の関係から決まる．これよりフェルミエネルギーにおける k の値が決まる．これらは離散的な値，$n = 1, \ldots, N$ からなる状態をとる．また，N は k の正と負の値に対して考えなければならない．フェルミエネルギーが変化して，バルクのランダウ準位を切る毎に，このエッジ状態の数は N から $N-1$ のように変化する.

初めに，2 端子回路を考え，ランダウアーの公式を用いてエッジに流れ込む電流を計算してみる．このエッジ状態に流れる電流は

$$I = ev_j\left[\frac{dn}{d\mathcal{E}}\right]_j(\mu_1 - \mu_2) = \frac{e}{h}\Delta\mu \tag{8.264}$$

となる．エッジ状態に流れ込む電流は量子チャネルに流れ込む電流に等しいから，このときの 2 端子回路の抵抗は

$$\mathcal{R} = \frac{h}{e^2}\frac{1}{N} \tag{8.265}$$

となる．ここに，N はエッジ状態の数 (正の速度に対する 1 次元チャネルの数) である．式 (8.265) は 2 端子回路の抵抗であって，ホール抵抗ではない．これは先にランダウアーの公式の項で述べたものを再度求めたに過ぎない.

次に，ホール電極の付いた試料におけるエッジ電流からホール抵抗の量子化について考察してみる．図 8.52 のような 6 つの電極をもったホールバー付きの試料について考える．電極に番号 1,2,3, ..., 6 をつける．電流を電極 1(ソース) から流し，電極 4(ドレイン) から取り出すことにする．電流は電子流に $-e$ を掛けたもので，その方向は電子流とは逆転する．図 8.52 の矢印の方向は電子流の方向を示

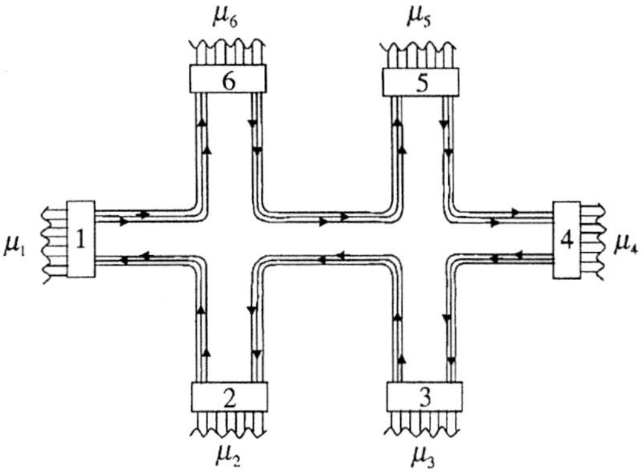

図 8.52: ホール効果測定電極の付いた試料に，紙面に垂直上向きの磁界を印加した場合のエッジ状態の電子流の流れを示したもので，2 つのエッジ・チャネルを考えている．コヒーレントな電子運動はリザバーで散乱を受け位相情報を失う．非弾性散乱長よりも電極間隔は長い．この状態でホールプラトーが説明される．図では電子流の方向に矢印を付けている．

している．ホール電極は，通常 2 と 6 か 3 と 5 の組み合わせで取り扱われるが，一般には 2 と 5 と 2, 3 と 6 の組み合わせでも同じになることが分かる．エッジ電流は 1 次元的で，試料の角ではローレンツ力を受けているから曲がることが可能である．電極 1 から出た電流は，電圧測定で電流を外に取り出さない電極 6 に入るが，その電極の他の隅から流れ込んだ電流と等しい電流が流れ出なければならない．電極 5, 3, 2 を電圧端子とすれば全く同様である．電極 1 と 4 では電流が流れ込む端子であるから，試料から流れ込んだ電流と他の隅から試料に取り込んだ電流の差が正味の電流である．簡単のため，エッジには $N_i \equiv N$ 個のエッジ・チャネルがある (N_i 個のランダウ準位まで電子が詰まっている) とする．式 (8.236) のビュティカー・ランダウアー (Büttiker-Landauer) の公式を用いてこのエッジ・チャネルの電流を計算する．各電極と 2 次元電子ガス系との接触は完全であり，$R_{ii} = 0$ とする．ソース電極の電流は $I_1 = -I$ で，ドレイン電極での電流は $I_4 = +I$ である．他の電圧端子の電流は全て 0 である．どのエッジでも $N_i = N$ であるから，$T_{61} = N$, $T_{56} = N$, $T_{45} = N$, $T_{34} = N$, $T_{23} = N$, $T_{12} = N$ となり他の全ての透過確率は消える．これらの結果，各端子のリザバーから半導体中のエッジ電流として流れ出る電流は

$$
\begin{aligned}
I_1 &= \frac{Ne}{h}(\mu_1 - \mu_2) = -I, & I_4 &= \frac{Ne}{h}(\mu_4 - \mu_5) = I, \\
I_2 &= \frac{Ne}{h}(\mu_2 - \mu_3) = 0, & I_3 &= \frac{Ne}{h}(\mu_3 - \mu_4) = 0, \\
I_5 &= \frac{Ne}{h}(\mu_5 - \mu_6) = 0, & I_6 &= \frac{Ne}{h}(\mu_6 - \mu_1) = 0
\end{aligned}
\tag{8.266}
$$

となる．これより，

$$
\mathcal{R}_{14,62} = \frac{\mu_6 - \mu_2}{-eI} = \frac{h}{e^2} \cdot \frac{1}{N} \tag{8.267}
$$

が導かれ，この結果は式 (8.248) と一致し ($N \to i$)，量子ホール効果の説明ができる．また，$\mathcal{R}_{14,53} = \mathcal{R}_{14,63} \equiv \mathcal{R}_{14,62}$ となることも明らかである．さらに，このとき，

$$
\mathcal{R}_{xx} = \mathcal{R}_{14,23} = \mathcal{R}_{14,56} = 0 \tag{8.268}
$$

となり，縦方向 (x 方向) の抵抗 $\mathcal{R}_{xx}$ が 0 で，$\sigma_{xx}=0$ となる実験結果とも一致している．量子ホール効果の理論としては，この他に代表的なものとして，Laughlin のゲージ変換を用いた理論がある [8.90].

量子ホール効果の発見は半導体物理学に大きな貢献をした．その後，Tsui，Stormer と Gossard により，ホール抵抗の平坦部と ρ_{xx} の消失が，占有因子 ν (整数量子ホール効果の場合の i) が $\nu=1/3$ でも起こることが見出され[8.96]，これを**分数量子ホール効果** (FQHE: fractional quantum Hall effect) とよぶようになった．その後，$\nu=5/3, 4/3, 2/3, 3/5, 4/7, 4/9, 3/7, 2/5$ など，$\nu=p/q$ (q は常に奇数) で顕著な分数量子ホール効果が観測された．このように，量子ホール効果の物理学領域は一段と広がりを見せた．また，文献[8.96]の論文でウィグナー結晶の存在が示唆されたために大きな興味を引き，実験と理論による研究が積極的に行われ，現在も半導体物理の最重要課題となっている．分数量子ホール効果の理論は Laughlin が電子の多体効果を取り入れた理論を提唱し多くの実験を説明したが[8.97]，現在でも複合ボゾン，複合フェルミオン・モデルなど種々な解釈が提案されている．これらの解説については Aoki の解説に詳しい[8.14].

図 8.53 は分数量子ホール効果の実験の一例を示すもので，占有率 ν=1/2 と 1/4 近傍の対角導電度 σ_{xx} の磁界依存性を示すものである[8.98]．分数量子ホール効果の物理モデルは次のようなもので

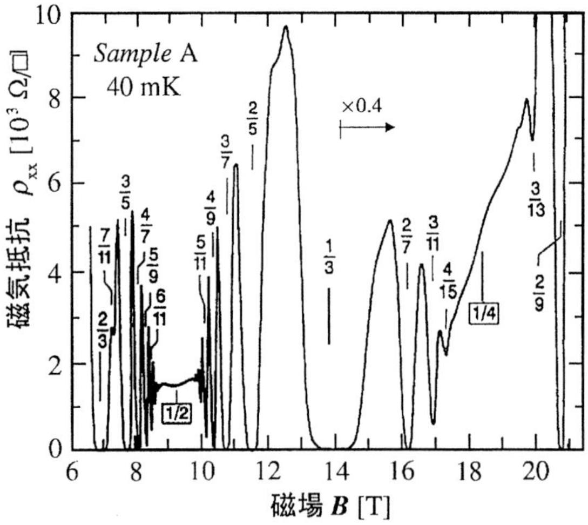

図 8.53: 磁気導電度の対角成分 σ_{xx} の磁界依存性．占有率 $\nu=1/2$ と $1/3$ 近傍の結果が示されているが，磁界 14T 以上の領域ではデータは 2.5 の因子で割って示してある．$\nu=1/2$ 付近の姉妹シリーズ $p/(2p\pm1)$ が明確に観測されている．

あると考えられている．極低温で強磁界中では，2 次元電子ガスは，クーロン相互作用が支配的となり，占有率 $\nu=p/q$(q は常に奇数) で量子液体 (quantum liquids) に凝縮することによる．この場合の占有率は整数量子ホールの場合と異なり，ランダウ準位を部分的にしか電子が占有していない．最も顕著に凝縮が起こるのは占有率が $\nu=1/q$ の場合で，Laughlin の多体波動関数を用いて説明される[8.97]．この基底状態の上にはギャップが存在し，電気伝導度 σ_{xx} はその占有率近辺で消滅する．したがって，ホール伝導度も σ_{xy}=hq/e^2 に量子化される．このエネルギーギャップを超えて励起す

ると，分数電荷 e/q をもった準粒子 (quasi-particle) が作られる．このような凝縮は他の電子密度で占有率が $\nu=1/q$ の近くでも起こり，一般的に $\nu=p/q$ の分数量子ホール効果が観測される．しかし，実験ではこの関係式で表される以外の分数量子ホール効果が観測されており，その解釈が統一されずに今日に至っている．なかでも，注目に値するのは Jiang らの実験である[8.99]．彼らは $\nu=1/2$ で σ_{xx} の非常に深い極小を見出しており，その極小値の温度依存性が他の分数量子ホール効果の場合と異なることを報告している．図 8.53 で明らかなように，$p/(2p\pm1)$ のシリーズは $\nu=9/19$ と $9/17$ まで $\nu=1/2$ の極小に対して現れ，$\nu=1/4$ の分数量子ホール効果状態に対しては，$p/(4p\pm1)$ で表される $\nu=1/3,2/5,3/7,4/9$ と $5/11$ が観測されている．これらの FQHE の観測結果を最もよく説明する理論として，Jain [8.100]による複合フェルミオン・モデル (composite fermion model) であるとされているが，全ての観測結果を矛盾なく説明するには至っていない．

8.9 クーロン・ブロッケイドと単一電子トランジスター

通常の半導体素子は多数の電子を利用している．MOSFET を例にとると，$1\mathrm{cm}^2$ 当たりに 10^{11} から 10^{12} の電子が存在するから，$1\mu\mathrm{m}\times1\mu\mathrm{m}$ の素子を考えても，10^3 から 10^4 個の電子が動作に関与している．もし，現在の集積化技術が進歩すると将来，加工寸法が $0.1\mu\mathrm{m}$ に近づき，動作に関与する電子数が一段と少なくなる．極限は 1 個の電子で半導体の動作を制御する時代が来るかもしれない．しかし，電子数が少なくなり数十から数個となると，従来の半導体素子と異なる動作原理に基づく新しい素子が可能となる．現在，そのような新しい素子に関する研究が盛んに行われているが，このような素子で最も基本となる動作は，クーロン・ブロッケイドであると考えられる[8.101], [8.102]．ここでは，この現象の基本について述べる[8.103] ~ [8.105]．図 8.54 に示すようなトンネル接合を考える．接合に蓄えられるエネルギーは

$$U=\frac{Q^2}{2C} \tag{8.269}$$

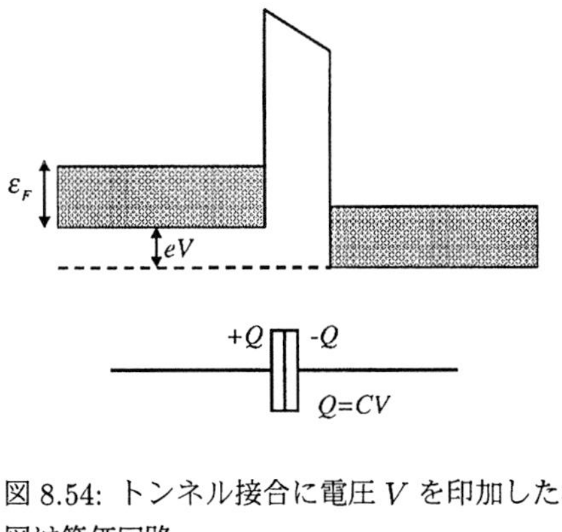

図 8.54: トンネル接合に電圧 V を印加した場合．下図は等価回路．

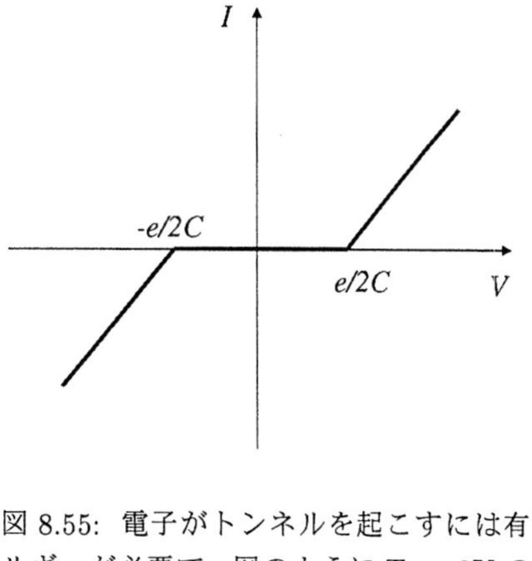

図 8.55: 電子がトンネルを起こすには有限のエネルギーが必要で，図のように $T=0\mathrm{K}$ の極限では $V=e/2C$ 以下の電圧では電流は流れない．これをクーロン・ギャップとよぶ．

接合にかかっている電圧 V の下で，運動エネルギー $\mathcal{E}_s(k)$ をもったソース電極の電子がドレイン電極の運動エネルギー $\mathcal{E}_d(k')$ の状態にトンネルするから次式が成立する．

$$\mathcal{E}_s(k) + \frac{1}{2}CV^2 = \mathcal{E}_d(k') + \frac{(CV-e)^2}{2C} \tag{8.270}$$

トンネルする電子に対してパウリの排他律が満たされなければならないから

$$\mathcal{E}_s(k) < \mathcal{E}_F - k_BT, \qquad \mathcal{E}_d(k') > \mathcal{E}_F + k_BT \tag{8.271}$$

これより次式の関係が得られる．

$$\mathcal{E}_d(k') - \mathcal{E}_s(k) > 2k_BT \tag{8.272}$$

したがって，トンネルの条件は

$$eV \geq \frac{e^2}{2C} - 2k_BT \tag{8.273}$$

となり，温度に依存する閾値電圧以下では電流が流れない．$T=0$ の極限では，$V=e/2C$ 以下では電流は流れない．これを**クーロン・ギャップ** (Coulomb gap) と呼び，図 8.55 のような特性が得られる．また，このようにトンネルが禁止されることを**クーロン・ブロッケイド** (Coulomb blockade) とよぶ．

図 8.54 のトンネル接合における静電エネルギーの変化を考察することにより，クーロン・ブロッケイド現象をもう少し詳しく検討してみよう．いま，微小接合の静電容量を C とし，1 個の電子がトンネルすることによる静電エネルギーの変化を計算してみる．この系では 1 個の電子のトンネルする前後の静電エネルギーの変化は，1 電子のクーロン・エネルギー

$$\mathcal{E}_C = \frac{e^2}{2C}$$

の程度である．このエネルギーはマクロな寸法の接合では極めて小さく，熱雑音に隠れてしまい認識できない．しかし，接合面積が $0.01\mu\mathrm{m}^2$，接合絶縁膜の厚さが 1nm くらいとなると，上式のクーロン・エネルギーは 1K 程度となる．したがって，トンネル接合を 1K よりも低温にすれば，$\mathcal{E}_C$ がトンネル確率を支配する領域になることが予測される．

接合面には，電荷 Q が蓄えられているとすると，この系の静電エネルギーは $Q^2/2C$ で与えられる．この系で，電子 1 個が接合のマイナス電極からプラス電極にトンネルするとプラスとマイナス電極の電荷は $\pm(Q-e)$ に変わる．このときのトンネル前後における静電エネルギーの変化は

$$\Delta\mathcal{E} = \frac{(Q-e)^2}{2C} - \frac{Q^2}{2C} = \frac{e}{C}\left(\frac{e}{2} - Q\right) = \mathcal{E}_C - eV \tag{8.274}$$

となる．上式の右辺最後の関係は，トンネル接合にかかっている電圧 $V=Q/C$ を用いて書き変えたものである．この結果は，電子 1 個がトンネルするとき，この系では，自分自身のクーロン・エネルギー $\mathcal{E}_C$ を失い，電源から eV だけエネルギーをもらうことを意味している．したがって，この系で電子がトンネルできるためには，接合にかかっている電圧が $V > \mathcal{E}_C/e$ でなければならない．逆に，

$$V < \frac{\mathcal{E}_C}{e} \tag{8.275}$$

のとき，十分低温 ($k_BT \ll \mathcal{E}_C$) である限り電子はトンネルできない．

同様にして，プラス電極から電子が1個マイナス電極にトンネルするとすると，電極の電荷は $\pm(Q+e)$ となるから，静電エネルギーの変化は

$$\Delta\mathcal{E} = \frac{(Q+e)^2}{2C} - \frac{Q^2}{2C} = eV + \mathcal{E}_C \tag{8.276}$$

で与えられるから，接合の電圧が

$$-\frac{\mathcal{E}_C}{e} < V \tag{8.277}$$

のとき，電子はトンネルすることができない．以上の結果，$|V| < 2/2C$，つまり，$|Q| < e/2$ のとき，トンネルは禁止されクーロン・ギャップが現れる．

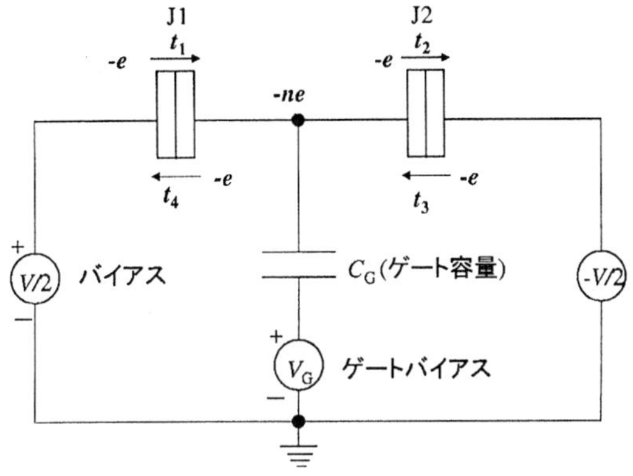

図 8.56: 2 つのトンネル接合と電子制御のためのコンデンサーからなる単一電子トランジスター回路．矢印はクーロン・アイランドに n 個の電子が存在するとき，1 個の電子がトンネルする 4 つの過程を示している．

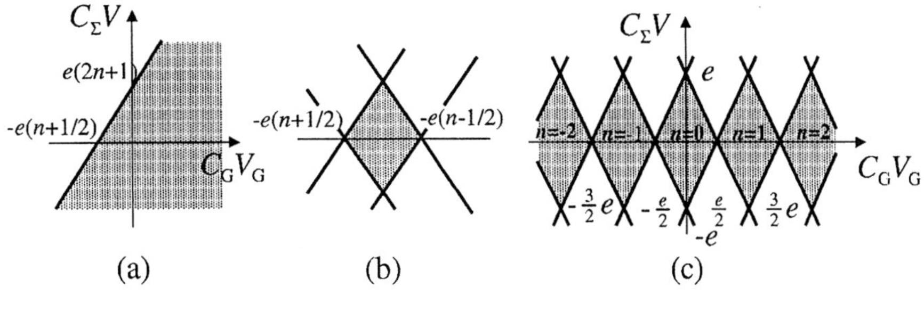

図 8.57: 図 8.56 に示す単一電子トランジスター回路の動作特性．(a) 図 8.56 において，クーロン・アイランドに n 個の電子が存在するとき，トンネル過程 t_1 が起こらない条件がアミの領域で示してある．(b) 同図でトンネル過程，t_1，t_2，t_3，t_4 のいずれも起こらない条件がアミの領域で示されている．(c) 異なる n 個の電子に対してトンネルの起こらない条件がアミの領域である．

次に，単一電子トランジスターについて考察してみよう．最も単純な単一電子トランジスター回路は図 8.56 で与えられる．このクーロン・ブロッケイド現象を用いた**単一電子トランジスター** (SET:

Single Electron Transistor) の動作特性は次のように説明される．この基本構成では，2つのトンネル接合が直列に接続され，その接合の間にできる孤立部分を**クーロン・アイランド** (Coulomb island) とよぶが，ここに接合容量 C_G のコンデンサーを介して外部からクーロン・アイランドの電子数を制御する．この電極部をゲート電極とよぶが，ゲート電極を通してのトンネルは無視できる構造になっている．トランジスターと対比させるため，左のトンネル接合に至る部分をソース電極，右側のトンネル接合を出た部分をドレイン電極とよぶ．図 8.56 のようにソースとドレイン電極に $+V/2$，$-V/2$ の電圧を印加し，ゲート電極にはこれらの電極とは独立に V_G の電圧を印加するものとする．トンネル接合を通して電子がトンネルするためには式 (8.274) から，静電エネルギーの変化 $\Delta\mathcal{E}$ が零または負でなければならない (電子がトンネルした後，より安定な低いエネルギー状態が存在するから)．逆に，$\Delta\mathcal{E}>0$ の場合，トンネルは起こらない．はじめに，クーロン・アイランドには n 個の余分の電子 (電荷: $-ne$) が存在するものとする．この n 個の電子が1個増減するようなトンネルとしては，図 8.56 に示す，t_1，t_2，t_3，t_4 の4つの過程が考えられる．これら4つのトンネル過程に対する静電エネルギーの変化を $\Delta\mathcal{E}_1$，...，$\Delta\mathcal{E}_4$ とする．これらがいずれも正であればトンネルが禁止され，クーロン・アイランドの電子数は変化せず，電流は流れない．例えば，トンネル過程1の場合の静電エネルギーの変化 $\Delta\mathcal{E}_1$ は，

$$\Delta\mathcal{E}_1=\frac{e}{C_\Sigma}\left[\frac{C_\Sigma}{2}V-C_GV_G-e\left(n+\frac{1}{2}\right)\right] \tag{8.278}$$

$$C_\Sigma=2C+C_G \tag{8.279}$$

となる．ここに，C_Σ はクーロン・アイランドから見た全静電容量である．全く同様にして，$\Delta\mathcal{E}_2$，$\Delta\mathcal{E}_3$，$\Delta\mathcal{E}_4$ も計算でき，その結果は式 (8.278) の右辺最後の項が $\pm(n\pm1/2)$ のいずれかをとるのみである．式 (8.278) において，C_GV_G を横軸に，$C_\Sigma V$ を縦軸にとり，それをプロットしたのが図 8.57(a) である．この図でアミを施した部分では $\Delta\mathcal{E}_1>0$ となりトンネルは禁止される．4つのトンネル過程が全て禁止される領域は図 8.57(b) のアミを施した部分で菱形となる．この菱形を**クーロン・ダイヤモンド** (Coulomb diamond) とよぶことがある．電子数 n を固定せず，異なる n に対してトンネル禁止の領域を示したのが図 8.57(c) である．次に，この単一電子素子におけるトンネル電流について考察してみよう．ソースとドレイン電極に印加する電圧を一定に保ち，ゲート電圧を変化させた場合，図 8.58 に示す点線に沿って変化するから，トンネルが禁止される菱形領域の内部と，トンネルが許される菱形外部を交互に通過することになる．したがって，ソース・ドレイン電流は図 8.58 下に示すように周期的に流れる．図 8.58 から明らかなように，このときのゲート電極の電荷の変化分は e 以下で，電子1個の電荷よりも小さい値で，スイッチ動作が行えることである．このように，ゲート電圧でソース・ドレイン電流を制御できることから，MOSFET や MESFET の動作と対比してこのようなトンネル素子を組み合わせた回路を単一電子トランジスターとよぶ．

クーロン・ブロッケイド現象を実際のデバイスに応用する場合には，室温近い温度での動作を考えると $e^2/2C$ が k_BT よりも大きくなければならないので，容量を十分小さくしなければならない．$T=300\mathrm{K}$ とすると，$C\leq3.1\times10^{-18}\mathrm{F}=3.1\mathrm{aF}$ となる．現在の微細加工の技術でこの条件を満たす単体の素子を作ることは可能であるが，回路を構成して大規模な集積化をするには，雑音，対放射線，均一で再現性よく集積化することなど多くの問題を解決しなければならない．これまでに種々の報告がなされているが，現在までのところその物理現象の解明が中心である．最近，種々の方法で単

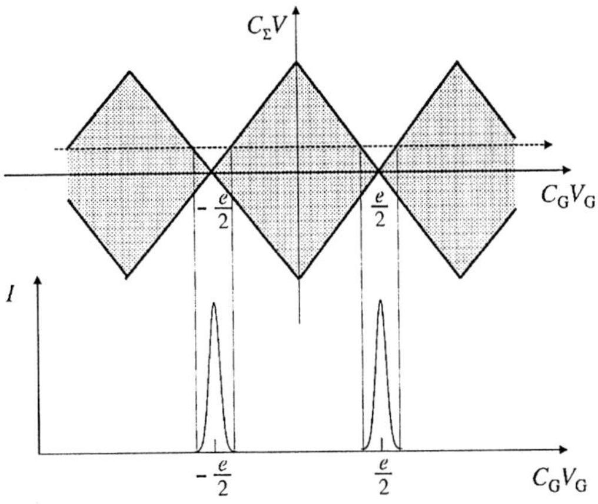

図 8.58: SET 回路のソース・ドレイン電流をゲート電圧 V_G で制御するときの特性．ソース・ドレイン電圧を一定に保ち，ゲート電圧 V_G を変化させるとトンネル禁止領域とトンネル可能領域を交互に通過し，ゲート電圧 V_G がアミのない部分を通るとき，トンネル電流が流れ，ソース・ドレイン電流が流れる．

一電子で動作するトランジスターを作り，このクーロン・ブロッケイド現象を室温で観測した例が報告されている[8.106] ∼ [8.110]．また，Yano らはポリシリコンを用いて，微細 MOSFET を作り，ゲート近傍のトラップに電子 1 個を捕獲させ，FET の閾値電圧を変化させることにより，SET メモリーを構成して注目を集めている[8.111]．

付 録

A デルタ関数とフーリエ変換

A.1 ディラックのデルタ関数

物性の計算ではしばしば次のデルタ関数が現れる．

$$\delta(\omega) = \frac{1}{2\pi}\int_{-\infty}^{+\infty} e^{i\omega t}dt \tag{A.1}$$

また，ω に関する積分において，$\varepsilon > 0$ とすると

$$\lim_{\varepsilon\to+0}\frac{1}{\omega - i\varepsilon} = \mathcal{P}\frac{1}{\omega} + i\pi\delta(\omega) \tag{A.2}$$

なる関係が成立する．ここに，$\mathcal{P}$ は積分の主値をとることを意味する．

まず，

$$\int_0^{\infty} e^{i\omega t}dt$$

を考える．この積分は ω が実数のとき収束しない．そこで，無限に小さい正の値をもつ ε を考え，ω を $\omega + i\varepsilon$ で置き換える．

$$\int_0^{\infty} e^{i\omega t}dt = \lim_{\varepsilon\to 0}\int_0^{\infty} e^{i(\omega+i\varepsilon)t}dt = \lim_{\varepsilon\to 0}\frac{i}{\omega + i\varepsilon} \tag{A.3}$$

を得る[注1]．同様にして

$$\int_{-\infty}^{0} e^{i\omega t}dt = \lim_{\varepsilon\to 0}\frac{-i}{\omega - i\varepsilon} \tag{A.4}$$

を得る．これより

$$\int_{-\infty}^{\infty} e^{i\omega t}dt = \lim_{\varepsilon\to 0}\left[\frac{i}{\omega + i\varepsilon} - \frac{i}{\omega - i\varepsilon}\right] = \lim_{\varepsilon\to 0}\frac{2\varepsilon}{\omega^2 + \varepsilon^2} \tag{A.5}$$

ところで，

$$F_L(\omega) = \frac{\varepsilon/\pi}{\omega^2 + \varepsilon^2}$$

[注1] 厳密には lim と $\int$ の交換可能には証明が必要である．

はローレンツ (Lorentz) 関数とよばれ，$\omega = 0$ を中心とする半値幅 2ε の関数で，ω に関する積分は 1 となり[注2]，$\varepsilon \to 0$ ではデルタ関数的な振舞いをする．つまり，

$$\int_{-\infty}^{\infty} F_L(\omega) d\omega = \int_{-\infty}^{\infty} \frac{\varepsilon/\pi}{\omega^2 + \varepsilon^2} d\omega = \int_{-\infty}^{\infty} \delta(\omega) d\omega = 1$$

これより，

$$\frac{1}{2\pi} \int_{-\infty}^{\infty} e^{i\omega t} dt = \lim_{\varepsilon \to 0} \frac{\varepsilon/\pi}{\omega^2 + \varepsilon^2} = \delta(\omega) \tag{A.6}$$

の関係が得られる．

次に，2 番目の公式 (ディラックの恒等式，Dirac identity) は

$$\frac{1}{\omega - i\varepsilon} = \frac{\omega}{\omega^2 + \varepsilon^2} + i \frac{\varepsilon}{\omega^2 + \varepsilon^2}$$

で右辺第 1 項は $\varepsilon \to 0$ の極限で $1/\omega$ の値を有する．右辺第 2 項はデルタ関数で置き換えられるから，結局

$$\lim_{\varepsilon \to 0} \frac{1}{\omega - i\varepsilon} = \mathcal{P} \frac{1}{\omega} + i\pi\delta(\omega) \tag{A.7}$$

の関係が導かれる．ここに，$\mathcal{P}$ は積分の主値をとることを意味し，コーシーの主値 (Cauchy principal value) とよばれ，次のように定義される．

$$\begin{aligned} \int_{-\infty}^{+\infty} f(\omega') \mathcal{P} \left[\frac{1}{\omega - \omega'} \right] d\omega' &= \mathcal{P} \int_{-\infty}^{+\infty} \frac{f(\omega')}{\omega - \omega'} d\omega' \\ &= \lim_{\varepsilon \to 0} \left(\int_{-\infty}^{\omega - \varepsilon} \frac{f(\omega')}{\omega - \omega'} d\omega' + \int_{\omega + \varepsilon}^{+\infty} \frac{f(\omega')}{\omega - \omega'} d\omega' \right). \end{aligned} \tag{A.8}$$

A.2 周期的境界条件とデルタ関数

上で述べたディラックのデルタ関数は積分領域が $[-\infty, +\infty]$ であるが，物性論では結晶の寸法 L に対して $[-L/2, L/2]$ の領域とし，しばしば周期的境界条件が用いられる．つまり，格子定数を a とすると，波数ベクトル $q = 2\pi n/L$ $(n = 0, \pm 1, \pm 2, \ldots)$ は 格子点の数 N $(n = -N/2 + 1 \sim N/2)$ に対応した $[-\pi/a, +\pi/a]$ の範囲，つまり逆格子ベクトルの大きさ $2\pi/a$ で与えられる第 1 ブリルアン領域を考えればよい．(ここでは，格子振動の波数ベクトル $\boldsymbol{q}$ で定義しているが，電子の波数ベクトル $\boldsymbol{k}$ についても全く同様である.) このとき

$$\frac{1}{L} \int_{-L/2}^{L/2} e^{i(q-q')x} dx = \delta_{q,q'} \tag{A.9}$$

[注2] 次の関係から求まる．

$$\int_0^{\infty} \frac{dx}{a^2 + b^2 x^2} = \frac{1}{ab} \left[\arctan \frac{b}{a} x \right]_0^{\infty} = \frac{1}{ab} \cdot \frac{\pi}{2}$$

この証明は変数変換 $bx/a = \tan z = \sin z / \cos z$ を用いればよい．積分の領域を $[-\infty, +\infty]$ とすると

$$\begin{aligned} \frac{\varepsilon}{\pi} \int_{-\infty}^{+\infty} \frac{d\omega}{\omega^2 + \varepsilon^2} &= \frac{\varepsilon}{\pi} \left[\int_{-\infty}^{0} \frac{d\omega}{\omega^2 + \varepsilon^2} + \int_{0}^{+\infty} \frac{d\omega}{\omega^2 + \varepsilon^2} \right] = \frac{2\varepsilon}{\pi} \int_0^{\infty} \frac{d\omega}{\omega^2 + \varepsilon^2} \\ &= \frac{2\varepsilon}{\pi} \left[\frac{1}{\varepsilon} \frac{\pi}{2} \right] = 1 \end{aligned}$$

$$\sum_q e^{iq(x-x')} = L\delta(x-x') \tag{A.10}$$

あるいは d 次元の結晶に対しては

$$\frac{1}{L^d}\int_V e^{i(\boldsymbol{q}-\boldsymbol{q}')\cdot\boldsymbol{r}} d^d\boldsymbol{r} = \delta_{\boldsymbol{q},\boldsymbol{q}'} \tag{A.11}$$

$$\sum_{\boldsymbol{q}} e^{i\boldsymbol{q}\cdot(\boldsymbol{r}-\boldsymbol{r}')} = L^d\delta(\boldsymbol{r}-\boldsymbol{r}') \tag{A.12}$$

の関係が成立する．

まず，1 次元の場合について証明する．周期的境界条件から

$$e^{iqL} = 1, \quad q = \frac{2\pi n}{L}$$

が成り立つ．

$q \neq q'$ のとき

$$\int_{-L/2}^{L/2} e^{i(q-q')x}dx = \left[\frac{e^{i(q-q')x}}{i(q-q')}\right]_{-L/2}^{L/2} = \frac{2\sin[(q-q')L/2]}{(q-q')} \tag{A.13}$$

$q = 2\pi n/L$，$q' = 2\pi m/L$，$(m \neq n)$ とおくと上式は 0 となる．また，$q = q'$ のとき

$$\int_{-L/2}^{L/2} e^{i(q-q')x}dx = \int_{-L/2}^{L/2} 1dx = L$$

となるから，結局

$$\frac{1}{L}\int_{-L/2}^{L/2} e^{i(q-q')x}dx = \delta_{q,q'}$$

の関係が得られ，式 (A.9) は証明される．

式 (A.10) の関係は，式 (A.9) のフーリエの逆変換に対応していることは次に述べるフーリエ変換の項で理解できる．簡単のため $x' = 0$ とおき

$$\sum_q e^{iqx} = L\delta(x)$$

の両辺に $(1/L)\exp(-iq'x)$ をかけ，$[-L/2, L/2]$ の領域で積分し，式 (A.9) を用いると，

$$\text{左辺} = \sum_q \frac{1}{L}\int_{-L/2}^{L/2} e^{i(q-q')x}dx = \sum_q \delta_{q,q'} = 1$$

$$\text{右辺} = \int_{-L/2}^{L/2} e^{-iqx}dx\delta(x) = 1$$

となり，式 (A.10) の関係が成立することが理解できる．

あるいは，q についての和を積分

$$\sum_q = \frac{L}{2\pi}\int dq$$

に置き換え

$$\sum_q e^{iq(x-x')} = \frac{L}{2\pi}\int e^{iq(x-x')}dq = L\delta(x-x')$$

となることからも理解できる.

3 次元の場合については，次のように証明される.

N 個の格子点からなる結晶を考え，その格子点までの位置ベクトルを $\boldsymbol{R}_j$ とする. 周期的境界条件を用い，積分を N 個の単位胞 Ω の積分に書き換えると,

$$\begin{aligned}
I &= \frac{1}{L^3}\int_V \exp[i(\boldsymbol{q}-\boldsymbol{q}')\cdot\boldsymbol{r}]d^3\boldsymbol{r} \\
&= \frac{1}{N\Omega}\sum_j^N \exp[i(\boldsymbol{q}-\boldsymbol{q}')\cdot\boldsymbol{R}_j]\int_\Omega \exp[i(\boldsymbol{q}-\boldsymbol{q}')\cdot\boldsymbol{r}]d^3\boldsymbol{r} \\
&= \delta_{\boldsymbol{q},\boldsymbol{q}'}\frac{1}{\Omega}\int_\Omega \exp[i(\boldsymbol{q}-\boldsymbol{q}')\cdot\boldsymbol{r}]d^3\boldsymbol{r} \\
&= \begin{cases} 1 & (\boldsymbol{q}=\boldsymbol{q}' \text{のとき}) \\ 0 & (\boldsymbol{q}\neq\boldsymbol{q}' \text{のとき}) \end{cases}
\end{aligned} \tag{A.14}$$

ここに

$$\begin{aligned}
\sum_j^N \exp[i(\boldsymbol{q}-\boldsymbol{q}')\cdot\boldsymbol{R}_j] &= \sum_{j=0}^{N-1} \exp[i(\boldsymbol{q}-\boldsymbol{q}')\cdot\boldsymbol{R}_j] \\
&= \frac{1-\exp[i(\boldsymbol{q}-\boldsymbol{q}')\cdot\boldsymbol{R}N]}{1-\exp[i(\boldsymbol{q}-\boldsymbol{q}')\cdot\boldsymbol{R}]} \\
&= 0 \quad (\boldsymbol{q}-\boldsymbol{q}'\neq 0 \text{ のとき})
\end{aligned} \tag{A.15}$$

なぜなら，$\boldsymbol{q}$ と $\boldsymbol{R}$ をベクトルの各成分にわけ $q_x = (2\pi/L)n_x$　$(n_x = 0, \pm1, \pm2, \pm3, \ldots)$, $R_x = am_x$ $(m_x = 0, 1, 2, \ldots, N-1)$ とおくと

$$\frac{2\pi}{L}n_x aN = 2\pi n_x \tag{A.16}$$

などとなるからである.

$\boldsymbol{q}-\boldsymbol{q}'=0$ のときは

$$\sum_{j=0}^{N-1} \exp[i(\boldsymbol{q}-\boldsymbol{q}')\cdot\boldsymbol{R}_j] = N \tag{A.17}$$

となり，一般に，電子やフォノンの波数ベクトル $\boldsymbol{k}$ や $\boldsymbol{q}$ に対して次の関係が成り立つ.

$$\sum_j \exp[i(\boldsymbol{k}-\boldsymbol{k}')\cdot\boldsymbol{R}_j] = N\delta_{\boldsymbol{k},\boldsymbol{k}'} \tag{A.18}$$

$$\sum_j \exp[i(\boldsymbol{q}-\boldsymbol{q}')\cdot\boldsymbol{R}_j] = N\delta_{\boldsymbol{q},\boldsymbol{q}'} \tag{A.19}$$

また

$$\frac{1}{\Omega}\int_\Omega \exp[i(\boldsymbol{q}-\boldsymbol{q}')\cdot\boldsymbol{r}]d^3\boldsymbol{r} = 1 \quad (\boldsymbol{q}=\boldsymbol{q}' \text{のとき}) \tag{A.20}$$

これらの結果

$$\frac{1}{L^d}\int \exp[i(\boldsymbol{q}-\boldsymbol{q}')\cdot\boldsymbol{r}]d^d\boldsymbol{r} \equiv \delta_{\boldsymbol{q},\boldsymbol{q}'} = \begin{cases} 1 & (\boldsymbol{q}=\boldsymbol{q}'\text{のとき}) \\ 0 & (\boldsymbol{q}\neq\boldsymbol{q}'\text{のとき}) \end{cases} \tag{A.21}$$

を得る.

A.3 フーリエ変換

よく知られているように数学で用いるフーリエ変換は

$$f(x) = \frac{1}{\sqrt{2\pi}}\int_{-\infty}^{\infty} F(k)\exp(ikx)dk \tag{A.22}$$

$$F(k) = \frac{1}{\sqrt{2\pi}}\int_{-\infty}^{\infty} f(x)\exp(-ikx)dx \tag{A.23}$$

関数 $F(k)$ は関数 $f(x)$ のフーリエ変換，関数 $f(x)$ は関数 $F(k)$ のフーリエ変換と呼ばれる.

フーリエ変換の式 (A.23) が存在するためには $f(x)$ は次の条件を満たさなければならない.

$$\int_{-\infty}^{\infty} |f(x)|^2 dx < \infty \tag{A.24}$$

以上のフーリエ変換は 1 次元で示したものであるが，3 次元に拡張するのは容易である.

$$f(x,y,z) = \left(\frac{1}{2\pi}\right)^{3/2}\int_{-\infty}^{\infty}\int_{-\infty}^{\infty}\int_{-\infty}^{\infty} F(k_x,k_y,k_z) \times \exp\left[i(k_x x + k_y y + k_z z)\right] dk_x dk_y dk_z. \tag{A.25}$$

ここで，ベクトル記号 $(x,y,z)=\boldsymbol{r}$， $dxdydz = d^3\boldsymbol{r}$， $(k_x,k_y,k_z)=\boldsymbol{k}$， $dk_x dk_y dk_z = d^3\boldsymbol{k}$ を用いると次のように書ける.

$$f(\boldsymbol{r}) = \left(\frac{1}{2\pi}\right)^{3/2}\int_{-\infty}^{\infty} F(\boldsymbol{k})\exp(i\boldsymbol{k}\cdot\boldsymbol{r})d^3\boldsymbol{k} \tag{A.26}$$

$$F(\boldsymbol{k}) = \left(\frac{1}{2\pi}\right)^{3/2}\int_{-\infty}^{\infty} f(\boldsymbol{r})\exp(-i\boldsymbol{k}\cdot\boldsymbol{r})d^3\boldsymbol{r} \tag{A.27}$$

一方，周期的境界条件をもつ結晶でのフーリエ変換は次のように定義される．1 次元空間においては

$$f(x) = \sum_q F(q)e^{iqx} \tag{A.28}$$

$$F(q) = \frac{1}{L}\int f(x)e^{-iqx}dx \tag{A.29}$$

が成立する．式 (A.28) を関数 $f(x)$ のフーリエ展開とよび，その係数 $F(q)$ をフーリエ係数，あるいは式 (A.29) を $f(x)$ のフーリエ変換とよぶ.

一般に，d 次元空間におけるフーリエ変換は次式で与えられる．

$$f(\boldsymbol{r}) = \sum_{\boldsymbol{q}} F(\boldsymbol{q}) e^{i\boldsymbol{q}\cdot\boldsymbol{r}} \tag{A.30}$$

$$F(\boldsymbol{q}) = \frac{1}{L^d} \int f(\boldsymbol{r}) e^{-i\boldsymbol{q}\cdot\boldsymbol{r}} d^d\boldsymbol{r} \tag{A.31}$$

$\boldsymbol{q}$ 空間での和を積分に置きかえると，式 (A.30) は次のように書ける．

$$f(\boldsymbol{r}) = \frac{L^d}{(2\pi)^d} \int F(\boldsymbol{q}) e^{i\boldsymbol{q}\cdot\boldsymbol{r}} d^d\boldsymbol{r} \tag{A.32}$$

式 (A.28) のフーリエ係数が式 (A.29) で与えられることは次のように証明できる．式 (A.29) に式 (A.28) を代入し，式 (A.9) を用いると

$$F(q) = \sum_{q'} \frac{1}{L} \int F(q') e^{i(q'-q)x} dx = \sum_{q'} F(q') \delta_{q',q} = F(q)$$

となることから明らかである．逆に，式 (A.28) に式 (A.29) を代入すると

$$f(x) = \sum_{q} \frac{1}{L} \int f(x') e^{iq(x-x')} dx = \int f(x') \delta(x - x') dx = f(x)$$

より明らかなように式 (A.10)

$$\sum_{q} e^{iq(x-x')} = L\delta(x - x')$$

が成り立たなければならない．

B 立方晶における1軸性応力とひずみ成分

結晶の変位を $\boldsymbol{u}$ とするとひずみは次のように定義される．

$$e_{ij} = \left(\frac{du_i}{dx_j} + \frac{du_j}{dx_i} \right) \tag{B.1}$$

一方，j 軸に垂直な面内で i 軸方向の単位面積当たりの力を応力 T_{ij} と定義すると，フックの法則は

$$T_{ij} = c_{ijkl} e_{kl} \tag{B.2}$$

と表される．c_{ijkl} は弾性定数とよばれる．いま，

$$\begin{array}{lcccccc} ij: & xx & yy & zz & yz,zy & zx,xz & xy,yx \\ \alpha: & 1 & 2 & 3 & 4 & 5 & 6 \end{array} \tag{B.3}$$

と定義すると

$$T_\alpha = c_{\alpha\beta} e_\beta \tag{B.4}$$

$$e_\alpha = s_{\alpha\beta} T_\beta \quad \alpha, \beta = 1,\ 2,\ 3,\ 4,\ 5,\ 6 \tag{B.5}$$

ここに，$s_{\alpha\beta}$ は弾性コンプライアンス定数とよばれる．このとき

$$c_{\alpha\beta} = c_{ijkl} \tag{B.6}$$

が成立するが，ひずみテンソルに対しては

$$\begin{array}{lll} e_{xx} = e_1, & e_{yy} = e_2, & e_{zz} = e_3 \\ 2e_{yz} = 2e_{zy} = e_4, & 2e_{zx} = 2e_{xz} = e_5, & 2e_{xy} = 2e_{yx} = e_6 \end{array} \tag{B.7}$$

また，弾性コンプライアンス定数については

$$\begin{array}{lll} s_{xxxx} = s_{11}, & s_{xxyy} = s_{12}, & s_{xxzz} = s_{13} \\ 2s_{xxyz} = s_{14}, & 2s_{xxzx} = s_{15}, & 2s_{xxxy} = s_{16} \\ 4s_{yzyz} = s_{44}, & 4s_{yzzx} = s_{45} = s_{45}, & 4s_{yzxy} = s_{46} = s_{64} \end{array} \tag{B.8}$$

などの関係が成立する[注3]．

1 軸性応力を (110) 面内で印加した場合のひずみの成分を計算してみる．1 軸性応力 X を印加する方向を z' として，これに直交する x', y' 方向をとり，(x', y', z') 座標を考える．このとき，応力テンソルは次のように書ける．

$$||T'|| = \left| \begin{array}{c} 0 \\ 0 \\ X \\ 0 \\ 0 \\ 0 \end{array} \right| \tag{B.9}$$

このテンソルを結晶の (x, y, z) 座標に変換する．変換は一般に

$$x_i = (a^{-1})_{ij} x'_j \tag{B.10}$$

と表されるから，変換行列は次のようになる．

$$||a^{-1}|| = \left| \begin{array}{ccc} \frac{1}{\sqrt{2}} & \frac{1}{\sqrt{2}}\cos\theta & \frac{1}{\sqrt{2}}\sin\theta \\ -\frac{1}{\sqrt{2}} & \frac{1}{\sqrt{2}}\cos\theta & \frac{1}{\sqrt{2}}\sin\theta \\ 0 & -\sin\theta & \cos\theta \end{array} \right| \tag{B.11}$$

ここに，θ は z と z' の間の角度である．応力テンソルの変換は

$$T_{ik} = (a^{-1})_{ij}(a^{-1})_{kl} T'_{jl} \tag{B.12}$$

であるから，座標系 (x, y, z) における応力は次のようになる．

$$||T|| = \left| \begin{array}{c} T_{xx} \\ T_{yy} \\ T_{zz} \\ T_{yz} \\ T_{zx} \\ T_{xy} \end{array} \right| = X \left| \begin{array}{c} \frac{1}{2}\sin^2\theta \\ \frac{1}{2}\sin^2\theta \\ \cos^2\theta \\ \frac{1}{\sqrt{2}}\sin\theta\cos\theta \\ \frac{1}{\sqrt{2}}\sin\theta\cos\theta \\ \frac{1}{2}\sin^2\theta \end{array} \right| \tag{B.13}$$

[注3] 浜口智尋; 固体物性 上 (丸善，1975) 参照

これより，ひずみの成分は

$$
||e|| = \left|\begin{matrix} e_1 \\ e_2 \\ e_3 \\ e_4 \\ e_5 \\ e_6 \end{matrix}\right| = X \left|\begin{matrix} s_{11}\frac{1}{2}\sin^2\theta + s_{12}(\frac{1}{2}\sin^2\theta + \cos^2\theta) \\ s_{11}\frac{1}{2}\sin^2\theta + s_{12}(\frac{1}{2}\sin^2\theta + \cos^2\theta) \\ s_{11}\cos^2\theta + s_{12}\sin^2\theta \\ \frac{1}{\sqrt{2}}s_{44}\cos\theta\sin\theta \\ \frac{1}{\sqrt{2}}s_{44}\cos\theta\sin\theta \\ \frac{1}{2}s_{44}\sin^2\theta \end{matrix}\right| \tag{B.14}
$$

ひずみテンソル e_α と e_{ij} の間には，式 (B.7) の関係があるから

$$
\begin{aligned}
e_{xx} &= e_{yy} = X\left[\frac{1}{2}s_{11}\sin^2\theta + s_{12}\left(\frac{1}{2}\sin^2\theta + \cos^2\theta\right)\right] \\
e_{zz} &= X[s_{11}\cos^2\theta + s_{12}\sin^2\theta] \\
e_{xy} &= \frac{X}{4}s_{44}\sin^2\theta \\
e_{zx} &= e_{yz} = \frac{X}{2\sqrt{2}}s_{44}\cos\theta\sin\theta
\end{aligned} \tag{B.15}
$$

となる．

上に述べたように，ひずみテンソルは 2 階対称テンソルで，その独立な成分は $e_{xx}, e_{yy}, e_{zz}, e_{yz} = e_{zy}, e_{zx} = e_{xz}, e_{xy} = e_{yx}$ の 6 成分である．このひずみテンソルは結晶の対称性と密接に関係しており，ラマン散乱や変形ポテンシャル散乱を考えるとき，このひずみテンソルを群論の助けを借りて分類すると便利である．ここでは，立方晶に対するひずみテンソルの既約表現について簡単に述べておく (ただし，群論の記号は閃亜鉛鉱型結晶の T_d グループに対するものを用いた)．

表に T_d 群の指標を示す．対称ひずみテンソル e_{ij} はこの表の助けを借りると，1 次元の Γ_1，2 次元の Γ_3 と 3 次元の Γ_4 の既約表現に分類することができる．つまり，

$$
\begin{aligned}
&\Gamma_1 : e_{xx} + e_{yy} + e_{zz} \\
&\Gamma_3 : e_{xx} - e_{yy}, \quad e_{zz} - (e_{xx} + e_{yy})/2 \\
&\Gamma_4 : e_{xy}, \quad e_{yz}, \quad e_{zx}
\end{aligned} \tag{B.16}
$$

となる．

ひずみテンソル e_{ij} は次のような 3 つの行列を用いて表すことも可能である．

$$
\begin{aligned}
[e_{ij}(\Gamma_1)] &= \frac{1}{3}\begin{bmatrix} e_{xx}+e_{yy}+e_{zz} & 0 & 0 \\ 0 & e_{xx}+e_{yy}+e_{zz} & 0 \\ 0 & 0 & e_{xx}+e_{yy}+e_{zz} \end{bmatrix} \\
[e_{ij}(\Gamma_3)] &= \frac{1}{3}\begin{bmatrix} 2e_{xx}-(e_{yy}+e_{zz}) & 0 & 0 \\ 0 & 2e_{yy}-(e_{zz}+e_{xx}) & 0 \\ 0 & 0 & 2e_{zz}-(e_{xx}+e_{yy}) \end{bmatrix} \\
[e_{ij}(\Gamma_4)] &= \begin{bmatrix} 0 & e_{xy} & e_{xz} \\ e_{xy} & 0 & e_{yz} \\ e_{xz} & e_{yz} & 0 \end{bmatrix}
\end{aligned} \tag{B.17}
$$

T_d 群の指標と基底関数

KST	BSW	MLC	E	$3C_2$	$6S_4$	6σ	$8C_3$	基底関数
Γ_1	Γ_1	A_1	1	1	1	1	1	xyz
Γ_2	Γ_2	A_2	1	1	−1	−1	1	$x^4(y^2-z^2)+y^4(z^2-x^2)+z^4(x^2-y^2)$
Γ_3	Γ_{12}	E	2	2	0	0	−1	(x^2-y^2), $z^2-(x^2+y^2)/2$
Γ_5	Γ_{25}	T_1	3	−1	1	−1	0	$x(y^2-z^2)$, $y(z^2-x^2)$, $z(x^2-y^2)$
Γ_4	Γ_{15}	T_2	3	−1	−1	1	0	x, y, z

KST: Koster の記号,

BSW: Bouckaert, Smoluchowski and Wigner の記号,

MLC: 分子 (molecular) 記号.

C ボゾン演算子

本書では格子振動の量子化について述べた．ここでは，一部証明を省略した内容について触れる．簡単のため，添え字を省略する．調和振動子のハミルトニアンは

$$H = \frac{1}{2M}\left(p^2 + M^2\omega^2 q^2\right) \tag{C.1}$$

と表される．ここに，交換関係

$$[q, p] = i\hbar \tag{C.2}$$

が成立する．いま，

$$P = \sqrt{\frac{1}{M}} \cdot p \tag{C.3}$$

$$Q = \sqrt{M} q \tag{C.4}$$

とおくと，ハミルトニアンは

$$H = \frac{1}{2}\left(P^2 + \omega^2 Q^2\right) \tag{C.5}$$

となり，交換関係は次のように書ける．

$$[Q, P] = i\hbar \tag{C.6}$$

6.1.2 項で述べたように，新しい変数を次のように定義する．

$$a = \left(\frac{1}{2\hbar\omega}\right)^{1/2} (\omega Q + iP) \tag{C.7}$$

$$a^\dagger = \left(\frac{1}{2\hbar\omega}\right)^{1/2} (\omega Q - iP) \tag{C.8}$$

ここに，a と $a^\dagger$ はエルミート共役である．このオペレーターを用いて，逆に Q と P を定義すると次式を得る．

$$Q = \left(\frac{\hbar}{2\omega}\right)^{1/2} \left(a + a^\dagger\right) \tag{C.9}$$

$$P = -\boldsymbol{i} \left(\frac{\hbar}{2\omega}\right)^{1/2} \left(a - a^\dagger\right) \tag{C.10}$$

これらの関係から次の関係を得る．

$$a^\dagger a = \frac{1}{\hbar\omega}\left(H - \frac{1}{2}\hbar\omega\right) \tag{C.11}$$

$$aa^\dagger = \frac{1}{\hbar\omega}\left(H + \frac{1}{2}\hbar\omega\right) \tag{C.12}$$

また，交換関係

$$\left[a, a^\dagger\right] = aa^\dagger - a^\dagger a = 1 \tag{C.13}$$

これらの結果，

$$H = \left(a^\dagger a + \frac{1}{2}\right)\hbar\omega \tag{C.14}$$

なる関係を得る．オペレーター $a^\dagger$ と a はオブザーバブル (observable) ではない．これらのオペレーターは状態を変える働きをもつ．すでに 6.1.2 項で述べたように数オペレーター $\hat{n}$ で表すことにする．

いま，調和振動子の固有状態を $|n\rangle$ とし，その固有値を $\mathcal{E}_n$ とすると，

$$H|n\rangle = \hbar\omega\left(a^\dagger a + \frac{1}{2}\right)|n\rangle = \mathcal{E}_n|n\rangle \tag{C.15}$$

となる．これに交換関係の式 (C.13) を用いると次のように書き換えられる．

$$\hbar\omega\left(aa^\dagger - 1 + \frac{1}{2}\right)|n\rangle = \mathcal{E}_n|n\rangle \tag{C.16}$$

この式の両辺に左から $a^\dagger$ をかけると

$$\hbar\omega\left(a^\dagger aa^\dagger - a^\dagger + \frac{1}{2}a^\dagger\right)|n\rangle = \mathcal{E}_n a^\dagger|n\rangle \tag{C.17}$$

この左辺第 2 項目を右辺に移項し整理すると

$$\hbar\omega\left(a^\dagger a + \frac{1}{2}\right)a^\dagger|n\rangle = Ha^\dagger|n\rangle = \left(\mathcal{E}_n + \hbar\omega\right)a^\dagger|n\rangle \tag{C.18}$$

を得る．この式は固有状態 $a^\dagger|n\rangle$ に関する調和振動子の固有方程式でその固有値は $\mathcal{E}_n + \hbar\omega$ であると考えることができる．あるいは，固有状態 $|n\rangle$ にオペレーター $a^\dagger$ が作用すると，固有値は $\mathcal{E}_n$ から $\mathcal{E}_n + \hbar\omega$ へと変化するものと考えることができる．このようなことから新しい固有状態と固有値を次のように書くことにする．

$$a^\dagger|n\rangle = c_n|n+1\rangle \tag{C.19}$$

$$\mathcal{E}_n + \hbar\omega = \mathcal{E}_{n+1} \tag{C.20}$$

ただし，式 (C.19) の定数 c_n は固有状態 $|n+1\rangle$ を規格化するための定数で，後に決定する方法を述べる．この関係を式 (C.18) に用いると次のように書き換えができる．

$$H|n+1\rangle = \mathcal{E}_{n+1}|n+1\rangle \tag{C.21}$$

全く同様にして式 (C.16) の両辺に左から a をかけ，全く同様の手続きから次の関係を得る．

$$Ha|n\rangle = (\mathcal{E}_n - \hbar\omega)\, a|n\rangle \tag{C.22}$$

となるから，固有状態 $a|n\rangle$ の固有値は $\mathcal{E}_n - \hbar\omega$ と考えることができる．そこで先の場合と同様に

$$a|n\rangle = c'_n|n-1\rangle \tag{C.23}$$

$$\mathcal{E}_n - \hbar\omega = \mathcal{E}_{n-1} \tag{C.24}$$

と書くことができる．ここに，c'_n は固有状態 $|n-1\rangle$ を規格化するための定数である．これらの関係を用いると次式が成立する．

$$H|n-1\rangle = \mathcal{E}_{n-1}|n-1\rangle \tag{C.25}$$

式 (C.21) と式 (C.25) を導いた過程より明らかなように，調和振動子の固有状態 $|n\rangle$ と固有値 $\mathcal{E}_n$ がわかれば他のあらゆる固有状態と固有値を求めることができる．しかもこれらのエネルギー固有値は $\hbar\omega$ ずつ異なることがわかる．状態 $|n\rangle$ が基底状態でなければ，$a|n\rangle$ が存在し，そのエネルギー固有値は $\mathcal{E}_n$ よりも $\hbar\omega$ だけ低い．さらに，$a|n\rangle$ が基底状態でなければ $a^2|n\rangle$ が存在し，$|n\rangle$ の状態よりもエネルギーが $2\hbar\omega$ だけ低い固有値を有する．一方，$a^\dagger a$ の固有値は負にはならないので[注4]，最低の固有状態 $|0\rangle$ が見出される．その基底状態の固有値を $\mathcal{E}_0$ とし，基底状態に a を作用させた場合を考えると

$$Ha|0\rangle = (\mathcal{E}_0 - \hbar\omega)a|0\rangle \tag{C.26}$$

となるが，基底状態よりも低い固有値を有する固有状態は存在しないから

$$a|0\rangle = 0 \tag{C.27}$$

とならなければならない．この条件を用いて式 (C.25) の基底状態 $|0\rangle$ に対する固有方程式を書くと次のようになる．

$$H|0\rangle = \frac{1}{2}\hbar\omega|0\rangle = \mathcal{E}_0|0\rangle \tag{C.28}$$

つまり，基底状態のエネルギー固有値は

$$\mathcal{E}_0 = \frac{1}{2}\hbar\omega \tag{C.29}$$

となり，式 (C.20) あるいは式 (C.24) より次の関係を得る．

$$\mathcal{E}_n = \left(n + \frac{1}{2}\right)\hbar\omega \qquad n = 0, 1, 2, \cdots \tag{C.30}$$

式 (C.16) と式 (C.30) より次のように書くことができる．

$$H|n\rangle = \hbar\omega\left(n + \frac{1}{2}\right)|n\rangle = \hbar\omega\left(n + \frac{1}{2}\right)|n\rangle \tag{C.31}$$

$$n|n\rangle = a^\dagger a|n\rangle = n|n\rangle \tag{C.32}$$

[注4] 数演算子 $a^\dagger a$ の固有状態・固有値を $|n\rangle$, n と表すと，$|a|n\rangle|^2 = \langle n|a^\dagger a|n\rangle = \langle n|n|n\rangle = n\,||n\rangle|^2$ より明らか．

これはオペレーター $\hat{n} = a^\dagger a$ の固有値が n であることを表している．全く同様にして，式 (C.16) に交換関係の式 (C.13) を用いると次の関係が導ける．

$$aa^\dagger|n\rangle = (n+1)|n\rangle \tag{C.33}$$

さて，先に仮定した規格化定数 c_n と c'_n を決定してみよう．固有状態 $|n\rangle$，$|n+1\rangle$，$|n-1\rangle$ は次のように規格化されるべきである．

$$\langle n|n\rangle = \langle n+1|n+1\rangle = \langle n-1|n-1\rangle \tag{C.34}$$

式 (C.19) のエルミート共役を両辺からかけ式 (C.33) と式 (C.34) を用いることにより

$$\begin{aligned}\langle n+1|c_n^* c_n|n+1\rangle &= \langle n|aa^\dagger|n\rangle \\ &= (n+1)\langle n|n\rangle = n+1\end{aligned} \tag{C.35}$$

つまり，

$$|c_n|^2 = n+1 \tag{C.36}$$

となるから，c_n の位相定数を 0 とおいて，式 (C.19) を次のように書くことができる．

$$a^\dagger|n\rangle = \sqrt{n+1}\,|n+1\rangle \tag{C.37}$$

全く同様にして式 (C.24) より次式を得る．

$$a|n\rangle = \sqrt{n}\,|n-1\rangle \tag{C.38}$$

また，固有関数の直交性 $\langle n|n'\rangle = \delta_{n,n'}$ が成立するから，オペレーター $a^\dagger$ と a の行列要素で 0 でないものは次のようになる．

$$\langle n+1|a^\dagger|n\rangle = \sqrt{n+1} \tag{C.39}$$

$$\langle n-1|a|n\rangle = \sqrt{n} \tag{C.40}$$

以上の結果から，オペレーター $a^\dagger$ を生成のオペレーター (creation operator) とよび，a を消滅のオペレーター (annihilation operator) とよぶ．

先に，ある状態 $n\rangle$ がわかれば他の状態は決定できると述べたが，基底状態 $|0\rangle$ を用いて固有状態 $|n\rangle$ は求まる．式 (C.37) より $(n!)^{1/2}|n\rangle = (a^\dagger)^n|0\rangle$ であるから，つぎの関係が得られる．

$$|n\rangle = (n!)^{-1/2}(a^\dagger)^n|0\rangle \tag{C.41}$$

6.1.2 項で述べたように，格子振動はモード (ここではモードを μ で表す) の和で与えられる．この固有状態は $|n_1, n_2, \ldots, n_\mu, \ldots\rangle$ で与えられるので，次のような関係が成立する．

$$a_\mu|n_1, n_2, \ldots, n_\mu, \ldots\rangle = \sqrt{n_\mu}\,|n_1, n_2, \ldots, n_\mu - 1, \ldots\rangle \tag{C.42}$$

$$a_\mu^\dagger|n_1, n_2, \ldots, n_\mu, \ldots\rangle = \sqrt{1+n_\mu}\,|n_1, n_2, \ldots, n_\mu + 1, \ldots\rangle \tag{C.43}$$

$$a_\mu a_\nu - a_\nu a_\mu = a_\mu^\dagger a_\nu^\dagger - a_\nu^\dagger a_\mu^\dagger = 0 \tag{C.44}$$

$$a_\mu a_\nu^\dagger - a_\nu^\dagger a_\mu = \delta_{\mu\nu} \tag{C.45}$$

あるいは

$$[a_\mu, a_\nu]_- = \left[a_\mu^\dagger, a_\nu^\dagger\right]_- = 0 \tag{C.46}$$

$$\left[a_\mu, a_\nu^\dagger\right]_- = \delta_{\mu\nu} \tag{C.47}$$

$$\begin{aligned} a_\mu a_\mu^\dagger |\ldots, n_\mu, \ldots\rangle &= \sqrt{n_\mu + 1} a_\mu |\ldots, n_\mu + 1, \ldots\rangle \\ &= (n_\mu + 1) |\ldots, n_\mu, \ldots\rangle \end{aligned} \tag{C.48}$$

$$\begin{aligned} a_\mu^\dagger a_\mu |\ldots, n_\mu, \ldots\rangle &= \sqrt{n_\mu} a_\mu^\dagger |\ldots, n_\mu - 1, \ldots\rangle \\ &= (n_\mu) |\ldots, n_\mu, \ldots\rangle \end{aligned} \tag{C.49}$$

D 乱雑位相近似とリンドハードの誘電関数

ここでは Haug と Koch[注5]の方法に従いプラズマ遮蔽効果について論じる．電子の密度演算子 (electron density operator) $\langle \rho(\boldsymbol{q}) \rangle$ は

$$\langle \rho(\boldsymbol{q}) \rangle = -\frac{e}{L^3} \sum_{\boldsymbol{k}} \langle c_{\boldsymbol{k}-\boldsymbol{q}}^\dagger c_{\boldsymbol{k}} \rangle \tag{D.1}$$

と表される．クーロンポテンシャルを $V(\boldsymbol{r})$，電子密度の揺らぎにより誘起されるポテンシャルを $V_{\mathrm{ind}}(\boldsymbol{r})$ とおくと，電子に対する実効的なポテンシャルエネルギー $V_{\mathrm{eff}}(\boldsymbol{r})$ は

$$V_{\mathrm{eff}}(\boldsymbol{r}) = V(\boldsymbol{r}) + V_{\mathrm{ind}}(\boldsymbol{r}) \tag{D.2}$$

と表される．この実効的なポテンシャルエネルギー $V_{\mathrm{eff}}(\boldsymbol{r})$ は自己無撞着的に求めなければならない．これをフーリエ変換すると

$$V_{\mathrm{eff}}(\boldsymbol{q}) = V(\boldsymbol{q}) + V_{\mathrm{ind}}(\boldsymbol{q}) \tag{D.3}$$

となる．電子のハミルトニアンは

$$\mathcal{H} = \sum_{\boldsymbol{k}} \mathcal{E}(\boldsymbol{k}) c_{\boldsymbol{k}}^\dagger c_{\boldsymbol{k}} + \sum_{\boldsymbol{k},\boldsymbol{q}'} V_{\mathrm{eff}}(\boldsymbol{q}') c_{\boldsymbol{k}+\boldsymbol{q}'}^\dagger c_{\boldsymbol{k}} \tag{D.4}$$

と書ける．$c_{\boldsymbol{k}-\boldsymbol{q}}^\dagger c_{\boldsymbol{k}}$ に関するハイゼンベルグの運動方程式から

$$\begin{aligned} \frac{d}{dt} c_{\boldsymbol{k}-\boldsymbol{q}}^\dagger c_{\boldsymbol{k}} &= \frac{i}{\hbar} \left[\mathcal{H},\ c_{\boldsymbol{k}-\boldsymbol{q}}^\dagger c_{\boldsymbol{k}}\right] \\ &= \frac{i}{\hbar} \left(\mathcal{E}(\boldsymbol{k}-\boldsymbol{q}) - \mathcal{E}(\boldsymbol{k})\right) c_{\boldsymbol{k}-\boldsymbol{q}'}^\dagger c_{\boldsymbol{k}} \\ &\quad - \frac{i}{\hbar} \sum_{\boldsymbol{q}'} V_{\mathrm{eff}}(\boldsymbol{q}') \left(c_{\boldsymbol{k}-\boldsymbol{q}}^\dagger c_{\boldsymbol{k}-\boldsymbol{q}'} - c_{\boldsymbol{k}+\boldsymbol{q}'-\boldsymbol{q}}^\dagger c_{\boldsymbol{k}}\right) \end{aligned} \tag{D.5}$$

[注5] H. Haug and S. W. Koch: *Quantum Theory of the Optical and Electronic Properties of Semiconductors*, (World Scientific, Singapore, 1993), Chapter 7 and 8.

の関係を得る．上式の右辺の最後の 2 項に乱雑位相近似 (random phase approximation)[注6]用いると (脚注 5 参照)

$$\frac{d}{dt}\langle c^\dagger_{\boldsymbol{k}-\boldsymbol{q}}c_{\boldsymbol{k}}\rangle = \frac{i}{\hbar}\left(\mathcal{E}(\boldsymbol{k}-\boldsymbol{q})-\mathcal{E}(\boldsymbol{k})\right)\langle c^\dagger_{\boldsymbol{k}-\boldsymbol{q}}c_{\boldsymbol{k}}\rangle - \frac{i}{\hbar}V_{\text{eff}}(\boldsymbol{q})\left[f(\boldsymbol{k}-\boldsymbol{q})-f(\boldsymbol{k})\right] \tag{D.6}$$

を得る．ここに

$$f(\boldsymbol{k}) = \langle c^\dagger_{\boldsymbol{k}}c_{\boldsymbol{k}}\rangle \tag{D.7}$$

の関係を用いた．

電子密度は $\langle c^\dagger_{\boldsymbol{k}-\boldsymbol{q}}c_{\boldsymbol{k}}\rangle \propto \exp[-i(\omega+i\Gamma/\hbar)t]$ で変化するものと仮定すると，式 (D.6) から次の式が得られる．

$$(\hbar\omega+i\Gamma+\mathcal{E}(\boldsymbol{k}-\boldsymbol{q})-\mathcal{E}(\boldsymbol{k}))\langle c^\dagger_{\boldsymbol{k}-\boldsymbol{q}}c_{\boldsymbol{k}}\rangle = V_{\text{eff}}(\boldsymbol{q})\left[f(\boldsymbol{k}-\boldsymbol{q})-f(\boldsymbol{k})\right] \tag{D.8}$$

この両辺に $-e/L^3$ をかけ，$\boldsymbol{k}$ についての和をとり，式 (D.1) の関係を用いると

$$\langle\rho(\boldsymbol{q})\rangle = -\frac{e^2}{L^3}V_{\text{eff}}(\boldsymbol{q})\sum_{\boldsymbol{k}}\frac{f(\boldsymbol{k}-\boldsymbol{q})-f(\boldsymbol{k})}{\hbar\omega+i\Gamma+\mathcal{E}(\boldsymbol{k}-\boldsymbol{q})-\mathcal{E}(\boldsymbol{k})} \tag{D.9}$$

となる．誘起された電荷の作るポテンシャルはポアソンの方程式に従い

$$\nabla^2 V_{\text{ind}}(\boldsymbol{r}) = \frac{e\rho(\boldsymbol{r})}{\epsilon_0} \tag{D.10}$$

で与えられるが，これをフーリエ変換して次の関係を得る．

$$\begin{aligned} V_{\text{ind}}(\boldsymbol{q}) &= -\frac{e}{\epsilon_0 q^2}\rho(\boldsymbol{q}) = \frac{e^2}{\epsilon_0 q^2 L^3}V_{\text{eff}}(\boldsymbol{q})\sum_{\boldsymbol{k}}\frac{f(\boldsymbol{k}-\boldsymbol{q})-f(\boldsymbol{k})}{\hbar\omega+i\Gamma+\mathcal{E}(\boldsymbol{k}-\boldsymbol{q})-\mathcal{E}(\boldsymbol{k})} \\ &= V(\boldsymbol{q})V_{\text{eff}}(\boldsymbol{q})\sum_{\boldsymbol{k}}\frac{f(\boldsymbol{k}-\boldsymbol{q})-f(\boldsymbol{k})}{\hbar\omega+i\Gamma+\mathcal{E}(\boldsymbol{k}-\boldsymbol{q})-\mathcal{E}(\boldsymbol{k})} \end{aligned} \tag{D.11}$$

これを式 (D.3) に代入すると，式 (6.257) つまり

$$\begin{aligned} \kappa(q,\omega) &= 1 - V(\boldsymbol{q})\sum_{\boldsymbol{k}}\frac{f(\boldsymbol{k}-\boldsymbol{q})-f(\boldsymbol{k})}{\hbar\omega+i\Gamma+\mathcal{E}(\boldsymbol{k}-\boldsymbol{q})-\mathcal{E}(\boldsymbol{k})} \\ &= 1 - \frac{e^2}{\epsilon_0 q^2 L^3}\sum_{\boldsymbol{k}}\frac{f(\boldsymbol{k}-\boldsymbol{q})-f(\boldsymbol{k})}{\hbar\omega+i\Gamma+\mathcal{E}(\boldsymbol{k}-\boldsymbol{q})-\mathcal{E}(\boldsymbol{k})} \end{aligned} \tag{D.12}$$

が導かれる．

注6 期待値 $\langle c^\dagger_{\boldsymbol{k}}c_{\boldsymbol{k}'}\rangle$ が $\langle c^\dagger_{\boldsymbol{k}}c_{\boldsymbol{k}'}\rangle \propto e^{i(\omega_{\boldsymbol{k}}-\omega_{\boldsymbol{k}'})t}$ で近似できるものとし，これらの和 $\sum_{\boldsymbol{k},\boldsymbol{k}'} e^{i(\omega_{\boldsymbol{k}}-\omega_{\boldsymbol{k}'})t}$ を考えると，$\boldsymbol{k} \neq \boldsymbol{k}'$ の項は振動し平均的な寄与は 0 となる．したがって，$\boldsymbol{k} = \boldsymbol{k}'$ の項のみが寄与する．この近似を乱雑位相近似とよぶ．

E 密度行列

ここでは，密度行列 (density matrix) の概要について述べる．密度行列に関するよい参考書は多数あるが，ここではキッテルの教科書[注7] に沿って述べる．

はじめに，完全・規格化された関数の系 u_n を考える．任意の関数はこの関数系で展開が可能で，ハミルトニアン Hamiltonian H の固有関数は次のように展開できる．

$$\psi(x,t) = \sum_n c_n(t) u_n(x) \tag{E.1}$$

ここに，関数の直交化の性質を用いて次の関係を得る．

$$\langle u_n | u_m \rangle = \int u_n^* u_m dx = \delta_{nm} \tag{E.2}$$

密度行列は次の式で定義される．

$$\rho_{nm} = \overline{c_m^* c_n} \tag{E.3}$$

ここで，式 (E.3) の添字の m と n は順序を入れ替えることができる．また，バーはそのアンサンブルのすべての系についての (アンサンブル) 平均を表している．密度行列に関する重要な性質を以下にまとめる．

1. $\sum_n \rho_{nn} = \mathrm{Tr}\{\rho\} = 1$

   この関係から次の関係が導ける．

$$\overline{\langle \psi | \psi \rangle} = \overline{\sum_n c_n^* c_n} = \sum_n \rho_{nn} = \mathrm{Tr}\{\rho\} = 1. \tag{E.4}$$

2. $\overline{\langle F \rangle} = \mathrm{Tr}\{F\rho\}$

   ここに，$\overline{\langle F \rangle}$ はオブザーバブル F のアンサンブル平均を表している．この関係は次のようにして導くことができる．

$$\overline{\langle F \rangle} = \overline{\langle \psi | F | \psi \rangle} = \sum_{m,n} F_{mn} \overline{c_m^* c_n} = \sum_{m,n} F_{mn} \rho_{nm} \tag{E.5}$$

   また，これより

$$\overline{\langle F \rangle} = \sum_m (F\rho)_{mm} = \mathrm{Tr}\{F\rho\} \tag{E.6}$$

   ここで，トレース (trace) は用いる表現には無関係で，したがってアンサンブル平均も表現に依存しない．

3. $i\hbar \dfrac{\partial \rho}{\partial t} = -[\rho, H] = -(\rho H - H\rho)$

   上式はハミルトニアン H に対する密度行列 ρ の時間依存性を与える．この関係を導くには波動関数の式 (E.1) をシュレディンガーの式に代入する．

$$i\hbar \frac{\partial \psi}{\partial t} = H\psi \tag{E.7}$$

注7 C. Kittel: *Elementary Statistical Mechanics*, (John Wiley & Sons, 1958).

$$i\hbar\frac{\partial\psi}{\partial t}=i\hbar\sum_k\frac{\partial c_k}{\partial t}u_k(x)=H\psi=\sum_k c_k H u_k(x) \tag{E.8}$$

を得る．この式の左から $u_n(x)$ をかけ，空間積分をすると次の関係を得る．

$$i\hbar\frac{\partial c_n}{\partial t}=\sum_k H_{nk}c_k \tag{E.9}$$

ここに，式 (E.2) の規格化直交性と次式を用いた．

$$H_{nk}=\langle u_n|H|u_k\rangle=\int u_n^*(x)Hu_k(x)dx \tag{E.10}$$

同様にして次の関係を得る．

$$-i\hbar\frac{\partial c_m^*}{\partial t}=\sum_k H_{mk}^* c_k^* \tag{E.11}$$

式 (E.3) から次の関係を得る．

$$i\hbar\frac{\partial\rho_{nm}}{\partial t}=i\hbar\frac{\partial}{\partial t}\overline{c_m^*c_n}=i\hbar\overline{\left(\frac{\partial c_m^*}{\partial t}c_n+c_m^*\frac{\partial c_n}{\partial t}\right)} \tag{E.12}$$

式 (E.9) と式 (E.11) を式 (E.12) に代入すると, 次の関係が得られる．

$$i\hbar\frac{\partial\rho_{nm}}{\partial t}=-\left(\rho H-H\rho\right)_{nm} \tag{E.13}$$

4. $Z=\mathrm{Tr}\left\{e^{-\beta H}\right\}$

ここに，Z は分配関数 (partition function) である．カノニカルアンサンブル (脚注 7 を参照) に関して

$$\rho=e^{\beta(F-H)} \tag{E.14}$$

が成り立つ．ここに，F はヘルムホルツの自由エネルギー (Helmholtz free energy) で H はハミルトニアンである．量子力学的表現では分配関数 Z は次式で与えられる．(脚注 7 を参照)

$$Z=\sum_i e^{-\beta E_i} \tag{E.15}$$

ここに，$\beta=k_BT$ である．ヘルムホルツの自由エネルギーと分配関数 $\log Z=-\beta F$ を用いて，次の関係を得る．

$$Z=e^{-\beta F}=\sum e^{-\beta E_n}=\mathrm{Tr}\left\{e^{-\beta H}\right\} \tag{E.16}$$

トレースはユニタリー変換に対して不変であるから，分配関数は任意の表現に対する $e^{-\beta H}$ のトレースをとることにより計算することができる．これらの結果を用いると次の関係を導ける．

$$\rho=\frac{e^{-\beta H}}{\mathrm{Tr}\left\{e^{-\beta H}\right\}} \tag{E.17}$$

この関係は非常に重要でオブザーバブル量のアンサンブル平均を求めるのに用いられる．

参 考 文 献

1章参考文献

[1.1] 浜口智尋：固体物性 上，(丸善，1975)，下，(丸善，1976).

[1.2] 応用物理学会関西支部編:化合物半導体; 基礎物性とその応用，(日刊工業新聞社，1986).

[1.3] 浜口智尋，井上正崇，谷口研二：半導体デバイス工学，(昭晃堂，1985).
以上は筆者がこれまでに書いた著書で，入門的内容と実際の計算例が示されている．

[1.4] C. Kittel: *Introduction to Solid State Physics*, Seventh Edition, (John Wiley & Sons, New York 1996).

[1.5] C. Kittel: *Quantum Theory of Solids*, (John Wiley & Sons, New York 1963).

[1.6] J. Callaway: *Quantum Theory of the Solid State*, 2 vols. (Academic Press, New York 1974).

[1.7] W. A. Harrison: *Electronic Structure and the Properties of Solids; The Physics of the Chemical Bond*, (W. H. Freeman and Company, San Francisco 1980).

[1.8] M. Cardona: *"Optical Properties and Band Structure of Germanium and Zincblende-Type Semiconductors"*, Proceedings of the International School of Physics ≪Enrico Fermi≫, (Academic Press, 1972) pp. 514–580.
この文献は半導体のエネルギー帯構造と光学的性質を詳細解説したもので，非常に優れた内容のものである．

[1.9] F. Bassani and G. Pastori Parravicini: *Electronic States and Optical Transitions in Solids*, (Pergamon Press, New York 1975).

[1.10] P. Yu and M. Cardona: *Fundamentals of Semiconductors*, (Springer, New York 1996).

[1.11] M. L. Cohen and T. K. Bergstresser: Phys. Rev. **141** (1966) 789.

[1.12] J. R. Chelikowsky and M. L. Cohen: Phys. Rev. B**10** (1974) 5095.

[1.13] D. Brust: Phys. Rev. **134** (1964) A1337.

[1.14] E. O. Kane: J. Phys. Chem. Solids, **1** (1956) 82.

[1.15] L. P. Buckaert, R. Smoluchowski and E. Wigner: Phys. Rev. **50** (1936) 58.

[1.16] G. Dresselhaus, A. F. Kip and C. Kittel: Phys. Rev. **98** (1955) 368.

[1.17] M. Cardona and F. H. Pollak: Phys. Rev. **142** (1966) 530.

[1.18] G. F. Koster, J. O. Dimmock, R. G. Wheeler and H. Statz: *Properties of The Thirty-Two Point Groups*, (M.I.T. Press, Cambridge, Massachussetts, 1963).

以上は，1章を理解する上で重要な参考文献である．以下に本章で引用したその他の文献をあげる．

[1.19] P. O. Löwdin: J. Chem. Phys. **19** (1951) 1396.

[1.20] F. H. Pollak, C. W. Higginbotham and M. Cardona: J. Phys. Soc. Jpn. **21**, Supplement (1966) 20.

[1.21] H. Hazama, Y. Itoh and C. Hamaguchi: J. Phys. Soc. Jpn. **54** (1985) 269.

[1.22] T. Nakashima, C. Hamaguchi, J. Komeno and M. Ozeki: J. Phys. Soc. Jpn. **54** (1985) 725.

[1.23] H. Hazama, T. Sugimasa, T. Imachi and C. Hamaguchi: J. Phys. Soc. Jpn. **55** (1986) 1282.

2章参考文献

[2.1] G. Dresselhaus, A. F. Kip and C. Kittel: Phys. Rev. **98** (1955) 368.

[2.2] J. M. Luttinger: Phys. Rev. **102** (1956) 1030.

[2.3] E. O. Kane: J. Phys. Chem. Solids, **1** (1957) 82, 249.

[2.4] R. Kubo, H. Hasegawa and N. Hashitsume: J. Phys. Soc. Jpn. **14** (1959) 56.

[2.5] R. Kubo, S. J. Miyake and N. Hashitsume: *Solid State Physics*, ed. F. Seitz and D. Turnbull, (Academic Press, New York, 1965), Vol. 17, pp. 269.

[2.6] J. M. Luttinger and W. Kohn: Phys. Rev. **97** (1955) 869.

[2.7] R. Bowers and Y. Yafet: Phys. Rev. **115** (1959) 1165.

[2.8] Q. H. F. Vrehen: J. Phys. Chem. Solids, **29** (1968) 129.

[2.9] C. R. Pidgeon and R. N. Brown: Phys. Rev. **146** (1966) 575.

3章参考文献

[3.1] G. Wannier: Phys. Rev. **50** (1937) 191.

[3.2] J. M. Luttinger and W. Kohn: Phys. Rev. **97** (1955) 869.

[3.3] W. Kohn and J. M. Luttinger: Phys. Rev. **98** (1955) 915.

[3.4] C. Kittel and A. H. Mitchell: Phys. Rev. **96** (1954) 1488.

[3.5] W. Kohn and J. M. Luttinger: Phys. Rev. **97** (1955) 1721.

[3.6] W. Kohn: *Solid State Physics*, edited by F. Seitz and D. Turnbull, (Academic Press, New York, 1957), Vol. 5, pp. 257–320.

[3.7] D. K. Wilson and Feher: Phys. Rev. **124** (1961) 1068.

[3.8] R. A. Faulkner: Phys. Rev. **184** (1969) 713.

[3.9] R. L. Aggarwal and A. K. Ramdas: Phys. Rev. **140**, A1246 (1965).

4章参考文献

[4.1] P. Y. Yu and M. Cardona: *Fundamentals of Semiconductors*, (Springer, Heidelberg 1996).

[4.2] J. O. Dimmock: *Semiconductors and Semimetals*, edited by R. K. Willardson and A. C. Beer, (Academic, New York 1967), Vol. 3, pp. 259–319.

[4.3] F. Abelès (edited): *Optical Properties of Solids*, (North-Holland, Amsterdam 1972).

[4.4] D. L. Greenaway and G. Harbeke: *Optical Properties and Band Structure of Semiconductors*, (Pergamon, New York 1968).

[4.5] L. van Hove: Phys. Rev. **89** (1953) 1189.

[4.6] M. Cardona: *Modulation Spectroscopy*, edited by F. Seitz, D. Turnbull and H. Ehrenreich, (Academic, New York 1969).

[4.7] B. Batz: *Semiconductors and Semimetals*, edited by Vol. 9, (Academic Press, 1972).

[4.8] G. G. MacFarlane and V. Roberts: Phys. Rev. **98** (1955) 1865–1866.

[4.9] G. G. MacFarlane, T. P. McLean, J. E. Quarrington and V. Roberts: Phys. Rev. **108** (1957) 1377–1383.

[4.10] R. J. Elliott: Phys. Rev. **108** (1954) 1384.

[4.11] H. Haug and S. E. Koch: *Quantum Theory of the Optical and Electronic Properties of Semiconductors*, (World Scientific, Sigapore 1993) Chap. 10, 11 参照.

[4.12] M. D. Sturge: Phys. Rev. **127** (1962) 768.

[4.13] M. Gershenzon, D. G. Thomas and R. E. Dietz: Proc. Int. Conf. Semicond. Phys. (Exeter, 1962) p. 752.

[4.14] F. H. Pollak, C. W. Higginbotham and M. Cardona: J. Phys. Soc. Jpn. *Suppl.* **21** (1966) 20.

[4.15] 浜口智尋: 固体物性 上 (丸善, 1975).

[4.16] M. Cardona: *Optical Properties and Band Structure of Germanium and Zincblende-Type Semiconductors*, Proc. Int. School of Physics ≪Enrico Fermi≫ on Atomic Structure and Properties of Solids, (Academic Press, 1972) pp. 514 - 580.

[4.17] C. W. Higginbotham, M. Cardona and F. H. Pollak: Phys. Rev. **184** (1969) 821.

[4.18] 浜口智尋: 電子物性入門, (丸善, 1979) p.46.

[4.19] P. Y. Yu and M. Cardona: J. Phys. Chem. Solids, **34** (1973) 29.

[4.20] G. E. Picus and G. L. Bir: Soviet Phys. – Solid State **1** (1959) 136, **1** (1960) 1502, **6** (1964) 261; Soviet Phys. – JETP **14** (1962) 1075.

[4.21] F. H. Pollak and M. Cardona: Phys. Rev. **172** (1968) 816.

5 章参考文献

[5.1] 浜口智尋：固体物性 下 (丸善, 1976).

[5.2] M. Cardona: *Modulation Spectroscopy*, Solid State Physics, Suppl. 11 (Academic, New York 1969).

[5.3] D. E. Aspnes: Modulation spectroscopy/electric field effects on the dielectric function of semiconductors, *Handbook of Semiconductors*, ed. by M. Balkanski (North-Holland,

Amsterdam 1980), Vol. 2, pp. 109–154.

[5.4] P. Yu and M. Cardona: *Fundamentals of Semiconductors: Physics and Materials Properties*, (Springer, 1996).

[5.5] B. O. Seraphin: Electroreflectance, *Semiconductors and Semimetals*, ed. by R. K. Willardson and A. C. Beer (Academic, New York 1972), Vol. 9, pp. 1–149.

[5.6] D. F. Blossey and P. Handler: Electreoabsorption, *Semiconductors and Semimetals*, ed. by R. K. Willardson and A. C. Beer (Academic, New York 1972), Vol. 9, pp. 257–314.

[5.7] D. E. Aspnes and N. Bottka: Electric-Field Effects on the Dielectric Function of Semiconductors and Insulators, *Semiconductors and Semimetals*, ed. by R. K. Willardson and A. C. Beer (Academic, New York 1972), Vol. 9, pp. 457-543.

[5.8] R. Loudon: *The Quantum Theory of Light*, (Oxford, 1973).

[5.9] R. Loudon: *The Raman Effect in Crystals*, Advan. Phys. **13** (1964) pp. 423–482. Erratum, Advan. Phys. **14** (1965) 621.

[5.10] 浜口智尋:「異方性結晶におけるブリルアン散乱」, 応用物理, 第42巻, 第9号 (1973) 866.

[5.11] M. Cardona: Light Scattering as a Form of Modulation Spectroscopy, Surface Science **37** (1973) pp. 100–119.

以上は, 5章を理解する上で重要な参考文献である. 以下に本章で引用したその他の文献をあげる.

[5.12] M. Abramowitz and I. A. Stegun: *Handbook of Mathematical Functions*, (Dover, 1965) 446.

[5.13] W. Franz: Z. Naturforsch. **13** (1958) 484.

[5.14] L. V. Keldysh: Zh. Eksper. Teor. Fiz. **34** (1958) 1138. [English transl.: Sov. Phys. JETP, **7** (1958) 788.]

[5.15] B. O. Seraphin and N. Bottka: Phys. Rev. **145** (1966) 628.

[5.16] D. E. Aspnes: Phys. Rev. **147** (1966) 554.

[5.17] Y. Hamakawa, P. Handler and F. A. Germano: Phys. Rev. **167** (1966) 709.

[5.18] H. R. Philipp and H. Ehrenreich: *Semiconductors and Semimetals*, ed. by R. K. Willardson and A. C. Beer (Academic, New York 1967), Vol. 3, pp. 93–124.

[5.19] D. E. Aspnes: Phys. Rev. Letts., **28** (1972) 168.

[5.20] D. E. Aspnes and J. E. Rowe: Phys. Rev. B **5** (1972) 4022.

[5.21] D. E. Aspnes: Surface Science, **37** (1973) 418.

[5.22] M. Haraguchi, Y. Nakagawa, M. Fukui and S. Muto: Jpn. J. Appl. Phys. **30** (1991) 1367.

[5.23] H. M. J. Smith: Phil. Trans. A **241** (1948) 105.

[5.24] P. A. Temple and C. E. Hathaway: Phys. Rev. B **6** (1973) 3685.

[5.25] R. Loudon: Proc. Roy. Soc. **A275** (1963) 218.

[5.26] G. L. Bir and G. E. Pikus: Soviet-Phys. – Solid State Phys., **2** (1961) 2039.

[5.27] M. Cardona: Surface Science, **37** (1973) 100.

[5.28] S. Adachi and C. Hamaguchi: J. Phys. C: Solid State Phys. **12** (1979) 2917.
[5.29] B. A. Weinstein and M. Cardona: Phys. Rev. B**8** (1973) 2795.
[5.30] L. Brillouin: Ann. Phys. (Paris), **17** (1922) 88.
[5.31] F. Pockels: Ann. Physik, **37** (1889) 144, 372, **39** (1890) 440.
[5.32] G. B. Benedek and K. Fritsch: Phys. Rev. **149** (1966) 647.
[5.33] C. Hamaguchi: J. Phys. Soc. Jpn. **35** (1973) 832.
[5.34] D. F. Nelson, P. D. Lazay and M. Lax: Phys. Rev. B **6** (1972) 3109.
[5.35] R. W. Dixon: IEEE J. Quantum Electron. **QE-3** (1967) 85.
[5.36] J. R. Sandercock: Phys. Rev. Lett. **28** (1972) 237.
[5.37] D. L. White: J. Appl. Phys. **33** (1962) 2547.
[5.38] B. W. Hakki and R. W. Dixon: Appl. Phys. Lett. **14** (1969) 185.
[5.39] D. L. Spears and R. Bray: Phys. Lett. **29A** (1969) 670.
[5.40] D. L. Spears: Phys. Rev. **B2** (1970) 1931.
[5.41] E. D. Palik and R. Bray: Phys. Rev. **B3** (1971) 3302.
[5.42] M. Yamada, C. Hamaguchi, K. Matsumoto and J. Nakai: Phys. Rev. **B7** (1973) 2682.
[5.43] D. K. Garrod and R. Bray: Phys. Rev. B **6** (1972) 1314.
[5.44] A. Feldman and D. Horowitz: J. Appl. Phys. **39** (1968) 5597.
[5.45] K. Ando and C. Hamaguchi: Phys. Rev. B **11** (1975) 3876.
[5.46] K. Ando, K. Yamabe, S. Hamada and C. Hamaguchi: J. Phys. Soc. Jpn. **41** (1976) 1593.
[5.47] K. Yamabe, K. Ando and C. Hamaguchi: Jpn. J. Appl. Phys. **16** (1977) 747.
[5.48] S. Adachi and C. Hamaguchi: Phys. Rev. B **19** (1979) 938.
[5.49] 浜口智尋：電子物性入門, (丸善，1979) pp. 48 - 50.
[5.50] C. H. Henry and J. J. Hopfield: Phys. Rev. Lett. **15** (1965) 964.
[5.51] R. Ulbrich and C. Weisbuch: Phys. Rev. Lett. **38** (1977) 865.
[5.52] H. Y. Fan, W. Spitzer and R. J. Collins: Phys. Rev. **101** (1956) 556.
[5.53] W. G. Spitzer and H. Y. Fan: Phys. Rev. **106** (1957) 882.
[5.54] V. L. Gurevich, A. I. Larkin and Yu. A. Firsov: Fiz. Tverd. Tela **4** (1962) 185.
[5.55] A. Mooradian and G. B. Wright: Phys. Rev. Lett. **16** (1966) 999.
[5.56] A. Mooradian: *Advances in Solid State Physics*, ed. by O. Madelung (Pergamon, 1969) 74.
[5.57] M. V. Klein: *Light Scattering in Solids*, ed. by M. Cardona (Springer, 1975) p. 148.

6章参考文献

[6.1] J. M. Ziman: *Electrons and Phonons*, (Oxford Univ. Press, 1963).
[6.2] E. G. S. Paige: Progress in Semiconductors, Vol.8, (Heywood, 1964).
[6.3] B. R. Nag: *Theory of Electrical Transport*, (Pergamon Press, 1972).

[6.4] A. Haug: *Theoretical Solid State Physics*, (Pergamon Press, 1972).
[6.5] E. M. Conwell: *High Field Transport in Semiconductors*, Solid State Physics, Suppl. 9, (Academic Press, 1967).
[6.6] R. A. Smith: *Wave Mechanics of Crystalline Solids*, (Chapman and Hall, 1969).
[6.7] K. Seeger: *Semiconductor Physics*, (Springer-Verlag, 1973).
[6.8] B. K. Ridley: *Quantum Processes in Semiconductors*, (Oxford University Press, Oxford, 1988) .
[6.9] 浜口智尋: 固体物性 上, (丸善, 1975).
[6.10] 浜口智尋: 固体物性 下, (丸善, 1976).
[6.11] 阿部龍蔵: 電気伝導, (培風館, 1969).
[6.12] M. Born and K. Huang: *Dynamical Theory of Crystal Lattice*, (Oxford Univ. Press, 1988).
[6.13] 浜口智尋, 谷口研二：半導体デバイスの物理, (朝倉書店, 1990).
[6:14] H. Brooks: Advances in Electronics and Electron Physics, Vol. **8**, 85.
[6.15] H. Haug and S. W. Koch: *Quantum Theory of the Optical and Electronic Properties of Semiconductors*, (World Scientific, Singapore 1993), Chapter 7 and 8.
[6.16] G. D. Mahan: *Many-Particle Physics*, (Plenum Press, New York 1986), Chapter 5
[6.17] D. K. Ferry and R. O. Grondin: *Physics of Submicron Devices*, (Plenum Press, New York, 1991), Chapter 7.
[6.18] C. Kittel: *Quantum Theory of Solids*, (John Wiley & Sons, New York 1963), Chapter 2.

以上は，6 章を理解する上で重要な参考文献である．以下に本章で引用したその他の文献をあげる．

[6.19] E. M. Conwell and V. F. Weisskopf: Phys. Rev. **77** (1950) 388.
[6.20] C. Herring and E. Vogt: Phys. Rev. **101** (1956) 944.
[6.21] W. Pötz and P. Vogl: Phys. Rev. B **24** (1981) 2025.
[6.22] S. Zollner, S. Gopalan, and M. Cardona: Appl. Phys. Lett. **54** (1989) 614, J. Appl. Phys. **68** (1990) 1682, Phys. Rev. B **44** (1991) 13446.
[6.23] M. Fischetti and S. E. Laux: Phys. Rev. B **38** (1988) 9721.
[6.24] H. Mizuno, K. Taniguchi and C. Hamaguchi: Phys. Rev. B **48** (1993) 1512.
[6.25] M. L. Cohen and T. K. Bergstresser: Phys. Rev. **141** (1966) 789.
[6.26] K. Kunc and O. H. Nielsen: Computer Phys. Commun. **16** (1979) 181.
[6.27] G. Dolling and J. L. T. Waugh: *Lattice Dynamics*, ed. by R. F. Wallis (Pergamon, Oxford, 1965) pp. 19–32.
[6.28] K. Kunc and H. Bilz: Solid State Commun. **19** (1976) 1027.
[6.29] W. Weber: Phys. Rev. B **15** (1977) 4789.
[6.30] O. H. Nielsen and W. Weber: Computer Phys. Commun. **17** (1979) 413.
[6.31] O. J. Glembocki and F. H. Pollak: Phys. Rev. Lett. **48** (1982) 413.

[6.32] S. Bednarek and U. Rössler: Phys. Rev. Lett. **48** (1982) 1296.
[6.33] Hiroyuki Mizuno: MS Thesis, Osaka Univ. (1995).
[6.34] J. Lindhard: Mat. Fys. Medd. **28** (1954) 8.
[6.35] E. M. Conwell and A. L. Brown: J. Phys. Chem. Solids, **15** (1960) 208.
[6.36] H. Callen: Phys. Rev. **76** (1949) 1394.
[6.37] J. Zook: Phys. Rev. **136** (1964) **A** 869.
[6.38] L. Eaves, R. A. Hoult, R. A. Stradling, R. J. Tidey, J. C. Portal and S. Askenazy: J. Phys. C **8** (1975) 1034.
[6.39] C. Hamaguchi, Y. Hirose and K. Shimomae: Jpn. J. Appl. Phys. **22** (1983) Suppl. 22–3, p.190.
[6.40] C. Jacoboni and L. Reggiani: Rev. Mod. Phys. **55** (1983) 645.
[6.41] C. Erginsoy: Phys. Rev. **79** (1950) 1013.
[6.42] N. Sclar: Phys. Rev. **104** (1956) 1548.
[6.43] T. C. McGill and R. Baron: Phys. Rev. B **11** (1975) 5208.
[6.44] D. M. Brown and R. Bray: Phys. Rev. **127** (1962) 1593.

7章参考文献

[7.1] K. Seeger: *Semiconductor Physics*, (Springer-Verlag, 1973).
[7.2] 浜口智尋: 固体物理 下, (丸善, 1976).
[7.3] L. M. Roth and P. N. Argyres: *Semiconductors and Semimetals*, edited by R. K. Willardson and A. C. Beer, (Academic Press, New York 1966), Vol. 1, 159–202.
[7.4] R. Kubo, S. J. Miyake, and N. Hashitsume: *Solid State Physics*, edited by F. Seitz and D. Turnbull, (Academic Press, New York 1965), Vol. 17, p. 279.
[7.5] R. A. Stradling and R. A. Wood: J. Phys. C **1** (1968) 1711.
[7.6] J. R. Barker: J. Phys. C: Solid State Phys. **5** (1972) 1657-74.
[7.7] P. G. Harper, J. W. Hodby and R. A. Stradling: Rep. Prog. Phys. **36** (1973) 1.
[7.8] R. V. Parfenev, G. I. Kharus, I. M. Tsidilkovskii and S. S. Shalyt: Sov. Phys. USP **17** (1974) 1.
[7.9] R. L. Peterson: in *Semiconductors and Semimetals*, Vol. **10**, edited by R. K. Willardson and A. C. Beer, (Academic Press, New York 1975) p. 221.
[7.10] R. J. Nicholas: Prog. Quantum Electronics, **10** (1985) 1.
[7.11] C. Hamaguchi and N. Mori: Physica B, **164** (1990) 85–96.
以上は，7章を理解する上で重要な参考文献である．以下に本章で引用したその他の文献をあげる．
[7.12] P. N. Argyres: Phys. Rev. **117** (1960) 315.
[7.13] R. Kubo, H. Hasegawa, and N. Hashitsume: J. Phys. Soc. Jpn. **14** (1959) 56.
[7.14] W. M. Becker and H. Y. Fan: *Proc. 7th Intern. Conf. on the Physics of Semiconductors*,

(Dumond, Paris and Academic Press, New York 1964) p. 663.
[7.15] V. L. Gurevich and Y. A. Firsov: *Zh. Eksp. Teor. Fiz.* **40** (1961) 198-213 (Sov. Phys.–JETP **13** (1961) 137–146.
[7.16] S. M. Puri and T. H. Geballe: *Bull. Amer. Phys. Soc.* **8** (1963) 309.
[7.17] Y. A. Firsov, V. L. Gurevich, R. V. Pareen'ef and S. S. Shalyt: Phys. Rev. Lett. **12** (1964) 660.
[7.18] H. Hazama, T. Sugimasa, T. Imachi and C. Hamaguchi: J. Phys. Soc. Jpn. **54** (1985) 3488.
[7.19] P. N. Argyres and L. M. Roth: J. Phys. Chem. Solids, **12** (1959) 89.
[7.20] C. Herman and C. Weisbuch: Phys. Rev. **B15** (1977) 823.
[7.21] L. G. Shantharama, A. R. Adams, C. N. Ahmad and R. J. Nicholas: J. Phys. C**17** (1984) 4429.
[7.22] H. Hazama, T. Sugimasa, T. Imachi and C. Hamaguchi: J. Phys. Soc. Jpn. **55** (1986) 1282.
[7.23] R. A. Stradling and R. A. Wood: Solid State Commun. **6** (1968) 701.
[7.24] R. A. Stradling and R. A. Wood: J. Phys. C**3** (1970) 2425.
[7.25] C. Hamaguchi, K. Shimomae and Y. Hirose: Jpn. J. Appl. Phys. **21** (1982) Suppl. 21–3, p. 92.
[7.26] J. L. T. Waugh and G. Dolling: Phys. Rev. **132** (1963) 2410.
[7.27] J. C. Portal, L. Eaves, S. Askenazy and R. A. Stradling: Solid State Commun. **14** (1974) 1241.
[7.28] L. Eaves, R. A. Hoult, R. A. Stradling, R. J. Tidey, J. C. Portal and S. Skenazy: J. Phys. **C8** (1975) 1034.
[7.29] C. Hamaguchi, Y. Hirose and K. Shimomae: Jpn. J. Appl. Phys. **22** (1983) Suppl. 22–3, 190.
[7.30] Y. Hirose, T. Tsukahara and C. Hamaguchi: J. Phys. Soc. Jpn. **52** (1983) 4291.
[7.31] L. Eaves, P. P. Guimaraes, F. W. Sheard, J. C. Portal and G. Hill: J. Phys. C **17** (1984) 6177.
[7.32] N. Mori, N. Nakamura, K. Taniguchi and C. Hamaguchi: Semicond. Sci. Technol. **2** (1987) 542.
[7.33] N. Mori, N. Nakamura, K. Taniguchi and C. Hamaguchi: J. Phs. Soc. Jpn. **57** (1988) 205.
[7.34] S. Wakahara and T. Ando: J. Phys. Soc. Jpn. **61** (1992) 1257.

8章参考文献

[8.1] S. M. Sze: *Physics of Semiconductor Devices*, (Wiley-Interscience, New York 1969) Chapt. 9, 10, pp. 425–566.

[8.2] T. Ando, A. B. Fowler and F. Stern:"Electronic Properties of two-dimensional systems" Rev. Mod. Phys. **54** (1982) 437–672.

[8.3] P. J. Price: "Two-Dimensional Electron Transport in Semiconductor Layers. I. Phonon Scattering," Annalls of Physics, **133**(2) (1981) 217–239.

[8.4] P. J. Price: "Two-dimensional electron transport in Semiconductor layers II. Screening," J. Vac. Sci. Technol., **19**(3) (1981) 599–603.

[8.5] P. J. Price: "Electron transport in polar heterolayers," Surface Science, **113** (1982) 199–210.

[8.6] P. J. Price and F. Stern: "Carrier Confinement Effects," Surface Science, **132** (1983) 577–593.

[8.7] B. K. Ridley: "The electron-phonon interaction in quasi-two-dimensional semiconductor quantum-well structures," J. Phys. C: Solid State Phys. **15** (1982) 5899–5917.

[8.8] F. A. Riddoch and B. K. Ridkey: "On the scattering of electrons by polar phonons in quasi-2D quantum wells," J. Phys. C: Solid Sate Phys. **16** (1983) 6971–6982.

[8.9] P. Y. Yu and M. Cardona: *Fundamentals of Semiconductors*, (Springer, New York 1996), Chapter 9.

[8.10] W. Harrison: *Electronic Structure and the Properties of Solids*, (Freeman, San Francisco 1980).

[8.11] P. Vogl, H. P. Hjalmarson and J. D. Dow: "A semi-empirical tight-binding theory of the electronic structure of semiconductors," J. Phys. Chem. Solids **44** (1983) 365.

[8.12] 難波 進編：メゾスコピック現象の基礎，(オーム社，1994). この中にメゾスコピック現象に関する種々の解説がなされている.

[8.13] T. Ando, Y. Arakawa, S. Komiyama and H. Nakashima: "Mesoscopic Physics and Electronics", (Springer, 1998). 文献[8.12]の内容の多くが英訳されたものである.

[8.14] 安藤恒也編：量子効果と磁場，(丸善，1995).

以上は，8 章を理解する上で重要な参考文献である．以下に本章で引用したその他の文献をあげる．

[8.15] K. von Klitzing, G. Dorda and M. Pepper: Phys. Rev. Leet. **45** (1980) 494.

[8.16] L. Esaki and R. Tsu: IBM J. Res. Devel. **14** (1970) 61.

[8.17] M. Abramowitz and I. A. Stegun: *Handbook of Mathematical Functions*, (Dover, 1965) p.446.

[8.18] F. Stern: Phys. Rev. **B5** (1972) 4891.

[8.19] F. F. Fang and W. E. Howard: Phys. Rev. Lett. **16** (1966) 797.

[8.20] R. Dingle, H. L. Störmer, A. C. Gossard and W. Wiegmann: Appl. Phys. Lett. **33** (1978) 665.

[8.21] T. Mimura, S. Hiyamizu, T. Fujii and K. Nanbu: Jpn. J. Appl. Phys. **19** (1980) L255.

[8.22] S. Hiyamizu, J. Saito, K. Nambu and T. Ishikawa: Jpn. J. Appl. Phys. **22** (1983) L609.

[8.23] K. Hess: Appl. Phys. Lett. **35** (1979) 484.

[8.24] S. Mori and T. Ando: J. Phys. Soc. Jpn. **48** (1980) 865.

[8.25] Y. Matsumoto and Y. Uemura: Proc. 6th Int. Vacuum Congress and 2nd Int. Conf. on Solid Surfaces, Kyoto, 1974, Jpn. J. Appl. Phys. **13** (1974) Suppl. 2, p. 367.

[8.26] T. Ando: J. Phys. Soc. Jpn. **43** (1977) 1616.

[8.27] A. Hartstein and A. B. Fowler: *Proceedings of the 13th International Conference on the Physics of Semiconductors, Rome*, edited by F. G. Fumi, (North-Holland, Amsterdam 1976) pp. 741–745.

[8.28] S. M. Goodnick, D. K. Ferry, C. W. Wilmsen, Z. Liliental, D. Fathy and O. L. Klivanek: Phys. Rev. B**32** (1985) 8171.

[8.29] S. Yamakawa, H. Ueno, K. Taniguci and C. Hamaguchi: J. Appl. Phys. **79** (1996) 911. この文献と文献[8.28]の参考文献を参照されたい.

[8.30] K. Masaki: Ph.D thesis, Osaka University, (1992).

[8.31] K. Masaki, K. Taniguci, C. Hamaguchi and M. Iwase: Jpn. J. Appl. Phys. **30** (1991) 2734.

[8.32] Y.-T. Lu and L. J. Sham: Phys. Rev. B**40** (1989) 5567.

[8.33] H. Fujimoto, C. Hamaguchi, T. Nakazawa, K. Taniguchi and K. Imanishi: Phys. Rev. B**41** (1990)7593.

[8.34] T. Matsuoka, T. Nakazawa, T. Ohya, K. Taniguchi and C. Hamaguchi: Phys. Rev. B**43** (1991) 11798.

[8.35] A. Ishibashi, Y. Mori, M. Itahashi and N. Watanabe: J. Appl. Phys. **58** (1985) 2691.

[8.36] E. Finkman, M. D. Sturge and M. C. Tamargo: Appl. Phys. Lett. **49** (1986) 1299.

[8.37] E. Finkman, M. D. Sturge, M.-H. Meynadier, R. E. Nahory, M. C. Tamargo, D. M. Hwang, and C. C. Chang: J. Lumin. **39** (1987) 57.

[8.38] G. Danan, B. Etienne, F. Mollot, R. Planel, A. M. Jeaqn-Louis, F. Alexandre, B. Jusserand, G. Le Roux, J. Y. Marzin, H. Savary and B. Sermage: Phys. Rev. B**35** (1987) 6207.

[8.39] J. Nagle, M. Garriga, W. Stolz, T. Isu and K. Ploog: J. Phys. (Paris) Colloq. **48** (1987) C5–495.

[8.40] F. Minami, K. Hirata, K. Era, T. Yao and Y. Matsumoto: Phys. Rev. B **36** (1987) 2875.

[8.41] D. S. Jiang, K. Kelting, H. J. Queisser and K. Ploog: J. Appl. Phys. **63** (1988) 845.

[8.42] K. Takahashi, T. Hayakawa, T. Suyama, M. Kondo, S. Yamamoto and T. Hijikata: J. Appl. Phys. **63** (1988) 1729.

[8.43] M.-H. Meynadier, R. E. Nahory, J. M. Workock, M. C. Tamargo, J. L. de Miguel and M. D. Sturge: Phys. Rev. Lett. **60** (1988) 1338.

[8.44] J. E. Golub, P. F. Liao, D. J. Eilenberger, J. P. Haribison, L. T. Florez and Y. Prior: Appl. Phys. Lett. **53** (1988) 2584.

[8.45] K. J. Moore, P. Dawson and C. T. Foxon: Phys. Rev. B **38** (1988) 3368, K. J. Moore,

G. Duggan, P. Dawson and C. T. Foxon: Phys. Rev. B **38** (1988) 5535.
[8.46] H. Kato, Y. Okada, M. Nakayama and Y. Watanabe: Solid State Commun. **70** (1989) 535.
[8.47] G. Bastard: Phys. Rev. B **25** (1982) 7584.
[8.48] J. N. Schulman and T. C. McGill: Phys. Rev. Lett. **39** (1977) 1681; Phys. Rev. B **19** (1979) 6341; J. Vac. Sci. Technol. **15** (1978) 1456; Phys. Rev. B **23** (1981) 4149.
[8.49] H. Rücker, M. Hanke, F. Bechstedt and R. Enderlein: Superlatt. Microstruct. **2** (1986) 477.
[8.50] J. Ihm: Appl. Phys. Lett. **50** (1987) 1068.
[8.51] L. Brey and C. Tejedor: Phys. Reb. **B** (1987) 9112.
[8.52] S. Nara: Jpn. J. Appl. Phys. **26** (1987) 690, 1713.
[8.53] E. Yamaguchi: J. Phys. Soc. Jpn. **56** (1987) 2835.
[8.54] K. K. Mon: Solid. State. Commun. **41** (1982) 699.
[8.55] W. A. Harrison: Phys. Rev. B **23** (1981) 5230.
[8.56] E. Caruthers and P. J. Lin-Chung: Phys. Rev. B **17** (1978) 2705.
[8.57] W. Andreoni and R. Car: Phys. Rev. B **21** (1980) 3334.
[8.58] M. A. Gell, D. Ninno, M. Jaros and D. C. Herbert: Phys. Rev. B **34** (1986) 2416; M. A. Gell and D. C. Herbert, *ibid.* **35** (1987) 9591.
Jian-Bai Xia: Phys. Rev. B **38** (1988) 8358.
[8.59] J. S. Nelson, C. Y. Fong, Inder P. Batta, W. E. Pickett and B. K. Klein: Phys. Rev. B **37** (1988) 10203.
[8.60] T. Nakayama and H. Kamimura: J. Phys. Soc. Jpn. **54** (1985) 4726.
[8.61] I. P. Batra, S. Ciraci and J. S. Nelson: J. Vac. Sci. Technol. B **5** (1987) 1300.
[8.62] D. M. Bylander and L. Kleiman: Phys. Rev. B **36** (1987) 3229.
[8.63] S.-H. Wei and A. Zunger: J. Appl. Phys. **63** (1988) 5795.
[8.64] Y. Hatsugai and T. Fujiwara: Phys. Rev. B **37** (1988) 1280.
[8.65] S. Massidda, B. I. Min and A. J. Freeman: Phys. Rev. B **38** (1988) 1970.
[8.66] R. Eppenga and M. F. H. Schuurmans: Phys. Rev. B **38** (1988) 3541.
[8.67] J. C. Slater and G. F. Koster: Phys. Rev. **94** (1954) 1498.
[8.68] P. O. Löwdin: J. Chem Phys. **18** (1950) 365.
[8.69] D. J. Chadi and M. L. Cohen: Phys. Stat. Solidi **68** (1975) 405.
[8.70] T. Matsuoka: Ph.D. Thesis, Osaka University (1991).
[8.71] K. J. Moore, G. Duggan, P. Dawson and C. T. Foxon: Phys. Rev. B**38** (1988) 1204.
[8.72] M. Nakayama, I. Tanaka, I. Kimura and H. Nishimura: Jpn. J. Appl. Phys. **29** (1990) 41.
[8.73] W. Ge, M. D. Sturge, W. D. Schmidt, L. N. Pfeiffer and K. W. West: Appl. Phys. Lett. **57** (1990) 55.
[8.74] Y. Aharonov and D. Bohm: Phys. Rev. **115** (1959) 485.

[8.75] R. A. Webb, S. Washburn, C. P. Umbach and R. B. Laibowitz: Phys. Rev. Lett. **54** (1985) 2696.

[8.76] K. Ishibashi, Y. Takagaki, K. Gamo, S. Namba, K. Murase, Y. Aoyagi, and M. Kawabe: Solid State Commun. **64**(4) (1987) 573.

[8.77] R. Landauer: IBM J. Res. Dev. **1** (1957) 223; Philos. Mag. **21** (1970) 863.

[8.78] M. Büttiker: Phys. Rev. B **35** (1987) 4123.

[8.79] M. Büttiker: IBM J. Res. Develop. **32** (1988) 317.

[8.80] B. Schwarzschild: Physics Today, **39** (1986) 17.

[8.81] R. A. Webb, S. Washburn, A. D. Scott, C. P. Umbach and R. B. Laibowitz: Jpn. J. Appl. Phys. **26** (1987) Suppl. p. 26.

[8.82] L. Altshuler, A. G. Aronov and B. Z. Spivak: JETP Lett. **33** (1981) 101.

[8.83] M. S. Shur and L. F. Eastman: IEEE Trans. Electron Devices, **ED-26** (1979) 1677.

[8.84] B. J. van Wees, H. van Houten, C. W. J. Beenakker, J. G. Williamson, L. P. Kouwenhoven, D. van der Marel and C. T. Foxon: Phys. Rev. Lett. **60** (1988) 848.

[8.85] D. A. Wharam, T. J. Thornton, R. Newbury, M. Pepper, H. Ahmed, J. E. F. Frost, D. G. Hasko, D. C. Peakock, D. A. Ritchie and G. A. C. Jones: J. Phys. **C21** (1988) L209.

[8.86] H. van Houten, B. J. van Wees, J. E. Mooij, C. W. J. Beenakker, J. G. Williamson and C. T. Foxon: Europhys. Lett. **5** (1988)721.

[8.87] B. J. van Wees, H. van Houten, C. W. J. Beenakker, L. P. Kouwenhoven, J. G. Williamson, J. E. Mooij, C. T. Foxon and J. J. Harris: Proc. 19th Int. Conf. Physics of Semiconductors, Warsaw, 1988, *ed.* W. Zawadzki, (1988) p. 39.

[8.88] M. A. Paalanen, D. C. Tsui and A. C. Gossard: Phys. Rev. B**25** (1982) 5566.

[8.89] H. Aoki and T. Ando: Solid State Commun. **38** (1981) 1079.

[8.90] R. B. Laughlin: Phys. Rev. B**23** (1981) 5632.

[8.91] B. I. Halperin: Phys. Rev. B**25** (1982) 2185.

[8.92] M. Büttiker: Phys. Rev. B**38**(1988) 9375.

[8.93] Halperin: Helv. Phys. Acta **56** (1983) 75.

[8.94] D. R. Yennie: Rev. Mod. Phys. **59** (1987) 781.

[8.95] H. Aoki: Rep. Prog. Phys. **50** (1987) 655.

[8.96] D. C. Tsui, H. L. Stormer and A. C. Gossard: Phys. Rev. Lett. **48** (1982) 1559.

[8.97] R. B. Laughlin: Phys. Rev. Lett. **50** (1983) 1395.

[8.98] H. L. Stormer, R. R. Du, W. Kang, D. C. Tsui, L. N. Pfeiffer, K. W. Baldwin and K. W. West: Semicond. Sci. Technol. **9** (1994) 1853.

[8.99] H. W. Jiang, H. L. Stormer, D. C. Tsui, L. N. Pfeiffer and K. W. West: Phys. Rev. B**46** (1989) 12013. Phys. Rev. B**46** (1992) 10468. Phys. Rev. B**46** (1992) 10468.

[8.100] J. K. Jain: Phys. Rev. B**40** (1989) 8079. Phys. Rev. B**41** (1990) 7653.

[8.101] D. V. Averin and K. K. Likarev: *Mesoscopic Phenomena in Solids, ed.* B. L. Al'tshuler, P. A. Lee and R. A. Webb, (Elsevier, Amsterdam 1991).

[8.102] H. Grabert and M. Devoret,*ed.*: *Single Charge Tunneling*, (Plenum, New York 1992).

[8.103] M. Stopa: 参考文献[8.12] pp.56-66.

[8.104] 上田正仁: 応用物理，第62巻，第9号，(1993)889–897.

[8.105] 勝本信吾: 科学，Vol. 63, No.8 (1993) 530–537.

[8.106] T. A. Fulton and G. J. Dolan: Phys. Rev. Lett. **95**(1987) 109.

[8.107] D. C. Ralph, C. T. Black and M. Tinkham: Phys. Rev. Lett. **74** (1995) 3241.

[8.108] W. Chen, H. Ahmed and K. Nakazato: Appl. Phys. Lett. **66** (1995) 3383.

[8.109] D. L. Klein, P. L. McEuen, J. E. Bowen Katari, R. Roth and A. P. Alivisatos: Appl. Phys. Lett. **68** (1996) 2574.

[8.110] K. Matsumoto, M. Ishii, K. Segawa, Y. Oka, B. J. Vartanian and J. S. Harris: Appl. Phys. Lett. **68** (1996) 34.

[8.111] K. Yano, T. Ishii, T. Hashimoto, T. Kobayashi, F. Murai and K. Seki: IEEE Trans. Electron Devices, **41** (1994) 1628. Appl. Phys. Lett. **67** (1995) 828.

索引

［サ行］

[タ行]

[ナ行]

[ハ行]

[マ行]

[ヤ行]

著者略歴

浜口智尋（はまぐち・ちひろ）

1937年　伊勢市に生まれる
1966年　大阪大学大学院博士課程修了
1967年　パーデュー大学物理学科客員研究員
1985年　大阪大学工学部電子工学科教授
現　在　大阪大学名誉教授
　　　　高知工科大学客員教授
　　　　工学博士

専　攻　半導体物性，半導体デバイス物理

半導体物理　　定価はカバーに表示

2001年5月15日　初版第1刷
2012年10月25日　　第5刷

著　者　浜口智尋
発行者　朝倉邦造
発行所　株式会社　朝倉書店
東京都新宿区新小川町6-29
郵便番号　162-8707
電　話　03(3260)0141
FAX　03(3260)0180
http://www.asakura.co.jp

〈検印省略〉

平河工業社・渡辺製本

ISBN 978-4-254-22145-9　C3055　　Printed in Japan